Trastornos Ácido-base

Fisiología, patología y clínica

EDICIONES UNIVERSIDAD CATÓLICA DE CHILE
Vicerrectoría de Comunicaciones y Extensión Cultural
Av. Libertador Bernardo O'Higgins 390, Santiago, Chile

editorialedicionesuc@uc.cl
www.ediciones.uc.cl

Transtornos ácido-base
Físiología, patología y clínica

Rodrigo Andrés Sepúlveda Palamara

Enero 2024
ISBN N° 978-956-14-3230-7
ISBN digital N° 978-956-14-3231-4

Diseño:
Francisca Galilea R.

Impresor:
Salesianos Impresores S.A.

CIP-Pontificia Universidad Católica de Chile

Sepúlveda Palamara, Rodrigo Andrés, autor.
Trastornos ácido-base : fisiología, patología y clínica /
Rodrigo Andrés Sepúlveda Palamara.

Incluye bibliografía.

1. Bioquímica física.
2. Equilibrio ácido-base.
3. Química fisiológica.
I. Tít.

2024 572.4 + DDC23 RDA

FACULTAD DE MEDICINA

Trastornos Ácido-base

Fisiología, patología y clínica

Rodrigo A. Sepúlveda Palamara

PONTIFICIA UNIVERSIDAD CATÓLICA DE CHILE

EDICIONES UC

Dedicado a mis hijos, Eduardo y Rodrigo;
a mi esposa, Bernardita;
a mi madre, Gabriela;
y a mi hermano, Sebastián.

ÍNDICE GENERAL

ÍNDICE ESPECÍFICO

ABREVIACIONES UTILIZADAS

11βOHSDH	11β-hidroxiesteroide-deshidrogenasa
A^-	Base conjugada del ácido
AC	Anhidrasa carbónica
Ác.	Ácido o acidosis
ACTH	Hormona adrenocorticotropa
ADH	Hormona antidiurética
AG	Anion Gap
AH	Ácido
AINEs	Antiinflamatorios no esteroidales
Al.	Alcalosis
Alb	Albúmina
AMPc	Adenosina monofosfato cíclico
Amp.	Ampolla
An.	Anión
ANM	Aniones no medidos
AQP	Acuaporinas
AT_{Fosf}	Acidez titulable como fosfato
atm	Atmósfera (unidad)
A_{TOT}	Suma de ácido débil más su base conjugada
ATP	Adenosina trifosfato
ATR	Acidosis tubular renal
AU	Ácido úrico
B	Base
BB	Base *buffer*
BH^+	Ácido conjugado de la base
BUN	Nitrógeno ureico en sangre
C	Concentración molar
$CaCO_3$	Carbonato de calcio
CaO_2	Contenido arterial de O_2
Cat.	Catión
CFTR	Canal regulador de conductancia transmembrana y excreción de Cl^-

CitC	Citocromo-C-oxidasa
Cl^-	Cloro o cloruro
CN	Cianuro
CNM	Cationes no medidos
CO	Monóxido de carbono
CO_2	Dióxido de carbono
$CO_3^=$	Carbonato aniónico
CoA	Coenzima A
CoQ	Coenzima Q
COO-	Grupo carboxilo aniónico
COOH	Grupo carboxilo
COHb	Carboxihemoglobina
CvO_2	Contenido venoso de O_2
d	Día
desoxiHb	Desoxihemoglobina
DM	Diabetes mellitus
DNA	Ácido desoxirribonucleico
$D(Aa)O_2$	Diferencia alvéolo-arterial de O_2
EB	Exceso de base
EBS	Exceso de base estándar
EB(B)	Exceso de base en sangre
EB (ecf)	Exceso de base en el extracelular
ECM	Errores congénitos del metabolismo
EdB	Espacio del bicarbonato
EDTA	Ácido etilendiaminotetraacético
ENA	Excreción neta de ácido
EPOC	Enfermedad pulmonar obstructiva crónica
Eq	Equivalente químico
ERC	Enfermedad renal crónica
eVFG	VFG estimada
FAD	Flavín adenín dinucleótido oxidado
$FADH_2$	Flavín adenín dinucleótido reducido
FC	Frecuencia cardiaca
FE	Fracción excretada
FEV	Fístula entero-vesical
FiCO	Fracción inspirada de monóxido de carbono

FiO_2	Fracción inspirada de oxígeno
FR	Frecuencia respiratoria
G	Glucosa
g	Gramo
G6P	Glucosa-6-fosfato
GR	Receptor de glucocorticoides
h	Hora
H^+	Hidrogenión, ion hidrógeno o protón
H_2CO_3	Ácido carbónico
H_2O	Agua
H_2PO_4	Ácido dihidrógeno fosfato
H_3O^+	Ion hidronio
Hb	Hemoglobina
HCl	Ácido clorhídrico
HCN	Ácido cianhídrico
HCO_3^-	Bicarbonato
$HPO_4^=$	Ácido hidrógeno fosfato
HTA	Hipertensión arterial
IC95%	Intervalo de confianza 95% de seguridad
IV	Intravenoso
K^+	Potasio
K^+_u	Potasio urinario
Ka	Constante del ácido
Kb	Constante de la base
Kc	Constante de disociación
kg	Kilogramo
Kh	Constante de Henry para un gas
Kw	Constante del agua
L	Litros
LCR	Líquido céfalo-raquídeo
LHS	Lipasa hormono sensible
LipL	Lipoproteína lipasa
log	Logaritmo en base 10
LP	Lipoproteína
lpm	Latidos por minuto
m	Metros

m^2	Metros cuadrados
MCT	Transportadores monocarboxilo
mEq	Miliequivalentes
metHb	Metahemoglobina
mg	Miligramos
min	Minutos
mL	Mililitros
mmHg	Milímetros de mercurio
mmol	Milimol
mol	Mol o moles
MR	Receptor de mineralocorticoides
mRNA	Ácido ribonucleico mensajero
mV	Milivoltios
N	Normal químico
n	Nano
N_2	Nitrógeno
Na^+	Sodio
NAD	Nicotinamida adenina dinucleótido
NAD^+	NAD oxidado
NADH	NAD reducido
$NADP^+$	NAD fosfato oxidado
NADPH	NAD fosfato reducido
NaCl	Cloruro de sodio
$NaCO_3^-$	Carbonato de sodio
$NaHCO_3$	Bicarbonato de sodio
NaOH	Hidróxido de sodio
neoG	Gluconeogénesis
nEq	Nanoequivalentes
NH_3	Amoniaco
NH_4Cl	Cloruro de amonio
NH_4^+	Ion amonio
nm	Nanometros
NM	No medido
nmol	Nanomol
NU	Nitrógeno ureico
NUU	Nitrógeno ureico urinario

NUT	Nitrógeno urinario total
O_2	Oxígeno
OH^-	Ion o anión hidroxilo
Osm	Osmolal
oxiHb	Oxihemoglobina
p	$-\log_{10}$
P	Presión parcial
PA	Presión arterial
PACO	Presión parcial alveolar de CO
$PACO_2$	Presión parcial alveolar de CO_2
$PaCO_2$	Presión parcial de CO_2 en sangre arterial
PAO_2	Presión parcial alveolar de O_2
PaO_2	Presión parcial de O_2 en sangre arterial
Patm	Presión atmosférica
PCO_2	Presión parcial de CO_2
PCO_2^t	Presión parcial de CO_2 adecuada a la temperatura
PDH	Piruvato deshidrogenasa
PEP	Fosfoenolpiruvato
PEPCK	Fosfoenolpiruvato carboxikinasa
PH_2O	Presión parcial del vapor de agua
PiO_2	Presión parcial de O_2 inspirado
PO_2	Presión parcial de O_2
$PvCO_2$	Presión parcial de CO_2 en sangre venosa
PvO_2	Presión parcial de O_2 en sangre venosa
pH	$-\log_{10}$ de la concentración de H^+ en mol/L
P^{HA}	Pseudohiperaldosteronismo
P_{HA}	Pseudohipoaldosteronismo
pH_{st}	pH estandarizado
pH^t	pH adecuado a la temperatura
pKa	$-\log_{10}$ de Ka
pKb	$-\log_{10}$ de Kb
pKc	$-\log_{10}$ Kc
pKw	$-\log_{10}$ Kw
pOH	$-\log_{10}$ de la concentración de OH^- en mol/L
Q	Perfusión
R	Radical químico / coeficiente respiratorio

R-A-A	Renina-Angiotensina-Aldosterona
Ref	Referencia
rpm	Respiraciones por minuto
RNA	Ácido ribonucleico
s	Siglo
S	Coeficiente de solubilidad
$SaO_2Hb\%$	Saturación de oxígeno de la hemoglobina
SC	Subcutáneo
SCO_2	Coeficiente de solubilidad para el CO_2
SCN	Tiocianato
SGLT2	Cotransportador sodio-glucosa tipo 2
SID	Diferencia de iones fuertes
SMCT	Transportadores monocarboxilo-sodio
SRIS	Síndrome de Respuesta Inflamatoria Sistémica
$st[HCO_3^-]$	Concentración estandarizada de bicarbonato
t	Temperatura
TCO_2	CO_2 total
TG	Triglicéridos
Tmax	Transporte tubular máximo
TTKG	Gradiente transtubular de potasio
T°	Temperatura
UCI	Unidad de Cuidados Intensivos
U_{Fosf}	Concentración urinaria de fosfato
UPC	Unidad de paciente crítico
V	Ventilación / Volumen de orina
v	Velocidad
VA	Ventilación alveolar
VCE	Volumen circulatorio efectivo
vCO_2	Producción de CO_2
VD	Volumen de distribución
VEC	Volumen extracelular
VFG	Velocidad de filtración glomerular
VIH	Virus de la inmunodeficiencia humana
VO	Vía oral
vO_2	Consumo de O_2
Vt	Volumen tidal o corriente

°C	Grados Celsius
µEq	Microequivalentes
µm	Micrómetros
µmol	Micromoles
Δ	Cambio, delta o variación
ΔBB	Delta base *buffer*
ΔU-B PCO_2	Diferencia de PCO_2 urinaria y sanguínea
≈	Aproximadamente
[ ]	Concentración de…
[ ]p	Concentración plasmática de…
[ ]u	Concentración urinaria de…
$[A^-]$	Concentración de la base conjugada
[AH]	Concentración del ácido
[B]	Concentración de la base
$[BH^+]$	Concentración del ácido conjugado
$[Cl^-]$	Concentración de cloro
$[Cl^-]u$	Concentración urinaria de cloro
$[CO_2]$	Concentración de dióxido de carbono
$[H^+]$	Concentración de hidrogeniones
$[H_2O]$	Concentración de agua
$[HCO_3^-]$	Concentración de bicarbonato
$[HCO_3^-]p$	Concentración plasmática de bicarbonato
$[H_2CO_3]$	Concentración de ácido carbónico
$[K^+]$	Concentración de potasio
$[K^+]p$	Concentración plasmática de potasio
$[Na^+]$	Concentración de sodio

FACTORES DE CONVERSIÓN

Celsius a Fahrenheit	→ multiplicar por 1,8 y sumar 32
Fahrenheit a Celsius	→ restar 32 y multiplicar por 0,5555
mmHg a kilopascal	→ multiplicar por 0,1333
kilopascal a mmHg	→ multiplicar por 7,502
Ác. Acetil Salicílico µg/mL a mmol/L	→ multiplicar por 7,25
Ác. Acetil Salicílico mmol/L a µg/mL	→ multiplicar por 0,138
Albúmina g/dL a mmol/L	→ multiplicar por 0,1515
Albúmina mmol/L a g/dL	→ multiplicar por 6,6
Amonio µg/dL a µmol/L	→ multiplicar por 0,587
Amonio µmol/L a µg/dL	→ multiplicar por 1,703
Calcio mg/dL a mEq/L	→ multiplicar por 0,125
Calcio mEq/L a mg/dL	→ multiplicar por 2,004
Calcio mg/dL a mmol/L	→ multiplicar por 0,2495
Calcio mmol/L a mg/dL	→ multiplicar por 4,008
Cloro mg/dL a mmol/L	→ multiplicar por 0,2821
Cloro mmol/L a mg/dL	→ multiplicar por 3,5453
Creatinina mg/dL a µmol/L	→ multiplicar por 88,402
Creatinina µmol/L a mg/dL	→ multiplicar por 0,0113
Fosfato mg/dL a mmol/L	→ multiplicar por 0,3226
Fosfato mmol/L a mg/dL	→ multiplicar por 3,0974
Glucosa mg/dL a mmol/L	→ multiplicar por 0,555
Glucosa mmol/L a mg/dL	→ multiplicar por 18,016
Hemoglobina g/dL a mmol/L	→ multiplicar por 0,62
Hemoglobina mmol/L a g/dL	→ multiplicar por 1,611
Lactato mg/dL a mmol/L	→ multiplicar por 0,111
Lactato mmol/L a mg/dL	→ multiplicar por 9,008
Nitrógeno Ureico mg/dL a mmol/L	→ multiplicar por 0,3651
Nitrógeno Ureico mmol/L a mg/dL	→ multiplicar por 2,808
Potasio mg/dL a mmol/L	→ multiplicar por 0,2557

Potasio mmol/L a mg/dL	→ multiplicar por 3,9102
Sodio mg/dL a mmol/L	→ multiplicar por 0,435
Sodio mmol/L a mg/dL	→ multiplicar por 2,3

FÓRMULAS RECOMENDADAS PARA USO CLÍNICO

1. Ecuación de Henderson-Hasselbalch para el CO_2 en sangre arterial (Capítulo 3):

$$pH = 6{,}1 + \log_{10} \frac{[HCO_3^-]}{0{,}03 \times PaCO_2}$$

2. Ecuación de Kassirer & Bleich (Capítulo 3):

$$[H^+]\left(\frac{nmol}{L}\right) = 24 \times \frac{PaCO_2(mmHg)}{[HCO_3^-]\left(\frac{mmol}{L}\right)}$$

3. Fórmula para TCO_2 a partir del HCO_3^- y PCO_2 medidos (Capítulo 5):

$$TCO_2 = [HCO_3^-] + 0{,}03 \times PCO_2$$

4. Fórmula para HCO_3^- real o actual (Capítulo 5):

$$HCO_3^- = 0{,}0307 \cdot PCO_2 \cdot 10^{(pH-6{,}105)}$$

5. Fórmula para Exceso de Base y Exceso de Base Estándar (Capítulo 5 y 18):

$$EB = \left(1 - 0{,}014 \times Hb\left[\frac{g}{dL}\right]\right)\left\{([HCO_3^-]real - 24{,}8) + \left(7{,}7 + 1{,}43 \times Hb\left[\frac{g}{dL}\right]\right)(pH - 7{,}4)\right\}$$

$$EBS = [HCO_3^-]real - 24{,}8 + \{16{,}2 \times (pH - 7{,}4)\}$$

6. Fórmula para HCO_3^- estándar (Capítulo 5 y 18):

$$st[HCO_3^-] = \frac{EB}{1{,}2} + 23$$

7. Corrección de gases (alfa-Stat) en pacientes con hipotermia (Capítulo 4):

Por cada grado Celsius bajo 37 °C: agregar 0,012 unidades al pH, restar 5 mmHg a la PO_2 y restar 2 mmHg a la PCO_2

8. Presión parcial alveolar de O_2 (Capítulo 5)

$$PAO_2 = FiO_2 \times (Patm - 47) - \frac{PaCO_2}{0{,}8}$$

9. Contenido arterial de O_2 (Capítulo 5):

$$CaO_2 = [Hb] \times 1{,}34 \times Sat\% + PaO_2 \times 0{,}003$$

10. Ventilación alveolar (Capítulo 5):

$$VA = Vt \times FR = \frac{vCO_2}{PaCO_2}$$

11. Diferencia alvéolo-arterial de O2 (Capítulo 5 y 9):

$$D(Aa)O_2 = \left(FiO_2 \times (Patm - 47) - \frac{PaCO_2}{0{,}8}\right) - PaO_2$$

12. Presión atmosférica (Patm) a una altura (Alt) determinada (Capítulo 9):

$$Patm\ (mmHg) = 760 \times e^{(-1{,}18 \times 10^{-4} \times Alt)}$$

13. $D(Aa)O_2$ normal (Capítulo 5 y 9):

$$D(Aa)O_2\ normal = \frac{Edad}{4} + 4$$

14. Excreción neta de ácido urinario (Capítulo 6 y 14):

$$ENA = [NH_4^+]_u + [Acidez\ titulable]_u - [HCO_3^-]_u$$

15. Excreción de H^+ como acidez titulable dependiente del fosfato. La duplicación de este valor es aproximadamente la Acidez Titulable total (Capítulo 6).

$$AT_{Fosf} = U_{Fosf} \times V \times \left(\frac{1}{10^{(pHu-6{,}8)} + 1} - 0{,}2\right)$$

16. Fórmulas de compensación ácido-base esperada para cada trastorno primario (Capítulo 8):

Acidosis metabólica:

$$PaCO_2 = (40 - \{1{,}2(24 - [HCO_3^-])\}) \pm 2$$

Alcalosis metabólica:

$$PaCO_2 = (40 + \{0{,}7([HCO_3^-] - 24)\}) \pm 2$$

Acidosis respiratoria aguda:

$$[HCO_3^-] = 24 + \{0{,}1(PaCO_2 - 40)\}$$

Acidosis respiratoria crónica:

$$[HCO_3^-] = (24 + \{0{,}4(PaCO_2 - 40)\}) \pm 2$$

Alcalosis respiratoria aguda:

$$[HCO_3^-] = 24 - \{0{,}2(40 - PaCO_2)\}$$

Alcalosis respiratoria crónica:

$$[HCO_3^-] = (24 - \{0{,}45(40 - PaCO_2)\}) \pm 2$$

17. Exceso de HCO_3^- (Capítulo 11):

$$Exceso\ HCO_3^- = ([HCO_3^-]_{medido} - [HCO_3^-]_{deseado}) \times 0{,}5 \times peso$$

18. Anion Gap plasmático (Capítulo 13):

$$AG\ plasmático = [Na^+] - [Cl^-] - [HCO_3^-]$$

19. AG plasmático corregido por albúmina (Capítulo 13):

$$AG\ corregido = AG\ plasmático + 2{,}5\{4{,}4 - albúmina\ (mg/dL)\}$$

20. Delta Ratio (ΔΔ Ratio) en acidosis metabólica (Capítulo 13):

$$\Delta\Delta\ Ratio = \frac{AG - 10}{24 - [HCO_3^-]}$$

21. Osmolaridad plasmática calculada (Capítulo 13):

$$Osmolaridad = 2 \times [Na^+] + \frac{Glicemia\ (mg/dL)}{2{,}8} + \frac{BUN\ (mg/dL)}{18}$$

22. Gap osmolar plasmático (Capítulo 13):

$$GOP = Osm\ medida - Osm\ calculada$$

23. Anion Gap urinario (Capítulo 13):

$$AG\ urinario = [Na^+]_u + [K^+]_u - [Cl^-]_u$$

24. Osmolaridad urinaria calculada (Capítulo 13):

$$Osm\ urinaria = 2([Na^+]_u + [K^+]_u) + \frac{Glucosa\ (mg/dL)}{2{,}8} + \frac{NUU\ (mg/dL)}{18}$$

25. Gap osmolar urinario (Capítulo 13):

$$GOU = Osm\ urinaria\ medida - Osm\ urinaria\ calculada$$

26. Estimación de NH_4^+ urinario en mmol/L (Capítulo 13):

$$NH_4^+ = 82 - 0{,}8(AG\ urinario) \quad \text{(Orina 24 horas)}$$

$$NH_4^+ = 23{,}5 - 0{,}42(AG\ urinario) \quad \text{(Orina aislada)}$$

$$NH_4^+ = \frac{Gap\ Osmolar\ urinario}{2}$$

27. Fracción excretada urinaria de HCO_3^- (Capítulo 13 y 14):

$$FEHCO_3^- = \frac{[HCO_3^-]_u \times [Creatinina]_p}{[HCO_3^-]_p \times [Creatinina]_u} \times 100$$

28. Espacio del bicarbonato (EdB) (Capítulo 16):

$$EdB = \left(0{,}4 + \frac{2{,}6}{[HCO_3^-]_p\ medido}\right)$$

29. Déficit de bicarbonato en "mEq" (Capítulo 16 y 18):

Fórmula 1.

$$Déficit\ HCO_3^- = ([HCO_3^-]_{deseado} - [HCO_3^-]_{medido}) \times 0{,}5 \times peso$$

Fórmula 2.

$$Déficit\ HCO_3^- = ([HCO_3^-]_{deseado} - [HCO_3^-]_{medido}) \times EdB \times peso$$

Fórmula 3.

$$Déficit\ HCO_3^- = 0{,}3 \times Peso(kg) \times EBS\left(\frac{mEq}{L}\right)$$

30. Variación natremia con 1 L de solución (Capítulo 16):

$$Variación\ [Na^+]\left(\frac{mEq}{L}\right) = \frac{[Na^+]_{solución} - [Na^+]_{paciente}}{Agua\ Corporal + 1}$$

31. Velocidad máxima de infusión de una solución según su concentración de Na+ (Capítulo 16):

$$Vel\ inf\ máx\ \left(\frac{L}{h}\right) = \frac{máx \uparrow natremia\left(\frac{mEq}{L \times h}\right)(Agua\ Corporal + 1)}{[Na^+]_{solución} - [Na^+]_{paciente}}$$

Como margen de seguridad se utilizan máximos aumentos de natremia <0,5 mEq/L/h. Esta fórmula se emplea para administrar $NaHCO_3$ hipertónico.

32. Volumen total de solución $NaHCO_3$ a administrar (Capítulo 16):

$$Volumen\ total\ (L) = \frac{Déficit\ de\ HCO_3^-(mEq)}{Concentración\ HCO_3^-solución\ \left(\frac{mEq}{L}\right)}$$

33. Variación kalemia según pH (Capítulo 17):

En acidosis la kalemia aumenta 0,6 (±0,4) mEq/L por cada 0,1 unidades de descenso en el pH.

En alcalosis la kalemia disminuye 0,4-0,5 mEq/L por cada 0,1 unidades de aumento en el pH.

34. Base *buffer* (Capítulo 18):

$$BB = [Na^+] + [K^+] - [Cl^-]$$

35. Fórmulas de compensación ácido-base esperada según método de exceso de base (Capítulo 18):

Acidosis metabólica: $PaCO_2 = 40 + EBS$
Alcalosis metabólica: $PaCO_2 = 40 + 0{,}6 \times EBS$
Acidosis y alcalosis respiratoria aguda: $EBS = 0 \pm 2{,}5$
Acidosis respiratoria crónica: $EBS = 0{,}4 \times (PaCO_2 - 40)$
Alcalosis respiratoria crónica: $EBS = 0{,}4 \times (PaCO_2 - 40)$

36. Diferencia aparente de iones fuertes (SIDa) (mEq/L) (Capítulo 19):

Fórmula 1.

$$SIDa = [Na^+] + [K^+] - [Cl^-]$$

Fórmula 2.

$$SIDa = [Na^+] + [K^+] + [Mg^{++}] + [Ca^{++}] - [Cl^-] - [Lactato^-]$$

37. Diferencia efectiva de iones fuertes (SIDe) (mEq/L) (Capítulo 19):

$$SIDe = [HCO_3^-] + \left(Albúmina\left[\frac{g}{L}\right] \times \{0{,}123pH - 0{,}631\}\right) + \left(Fosfato\left[\frac{mg}{dL}\right] \times \{0{,}099pH - 0{,}15\}\right)$$

38. Gap de iones fuertes (SIG) (mEq/L) (Capítulo 19):

$$SIG = SIDa - SIDe$$

39. Fórmulas para concentración total de ácidos débiles no volátiles y sus aniones débiles ([A_{TOT}]) en plasma (Capítulo 19):

Fórmula 1.

$$[A_{TOT}] = Albúmina\left[\frac{g}{L}\right] \times 0{,}38$$

Fórmula 2.

$$[A_{TOT}] = Proteínas\left[\frac{g}{L}\right] \times 0{,}22$$

40. Ecuación de Stewart (Capítulo 19):

$$pH = pKc + \frac{\frac{SID - Ka[A_{TOT}]}{Ka + 10^{-pH}}}{0{,}03 \times PaCO_2}$$

ÍNDICE DE TABLAS

ÍNDICE DE FIGURAS

PREFACIO

Quizás los trastornos ácido-base sean uno de los campos más complejos en la medicina. Además de ser afecciones muy prevalentes, sobre todo en pacientes graves, requieren una adecuada interpretación; para esto es necesario el conocimiento y dominio de un tema que muchas veces puede ser arduo, confuso, inabarcable y sujeto a innumerables controversias.

Los trastornos ácido-base suelen presentarse asociados a patologías subyacentes responsables de las alteraciones. Esto implica que frecuentemente el trastorno revierte con el tratamiento de la enfermedad causal, sin embargo, sus efectos deletéreos pueden precipitar a un estado de "no retorno", desde el cual se dificulta el tratamiento y, por tanto, se ensombrece el pronóstico.

Los protones o hidrogeniones (H^+), elemento fundamental en las reacciones ácido-base, son altamente reactivos, generando cambios químicos en variados componentes celulares. Esto provoca la desestructuración de proteínas, lípidos y carbohidratos; afectando severamente la función celular.

Por esta razón, existe un complejo sistema homeostático de regulación ácido-base, que permite mantener un estado de equilibrio en el cual son posibles todas las funciones químicas y enzimáticas celulares. En este sistema homeostático participan las células, líquido extracelular, función respiratoria y renal. Solo basta que este sistema homeostático no funcione correctamente para que aparezcan los trastornos.

Tradicionalmente, los trastornos ácido-base se han clasificado según el proceso que genera cambios en el pH plasmático (acidosis o alcalosis). Para dilucidar el mecanismo fisiopatológico, se busca si la alteración corresponde a un defecto "respiratorio" o "metabólico". La evaluación del "componente respiratorio" se realiza utilizando la presión parcial de CO_2 en sangre arterial ($PaCO_2$). Sin embargo, existen muchas controversias sobre la forma correcta de analizar el "componente metabólico". Por años se ha empleado el método "tradicional" (fisiológico o de Boston), que mide este "componente metabólico" según la concentración de bicarbonato en el plasma ($[HCO_3^-]$) mediante la ecuación de Henderson-Hasselbalch[1]. De hecho, todos los conocimientos y modelos fisiopatológicos existentes se sustentan en esta idea. Sin embargo, el HCO_3^- es insuficiente para describir el complejo comportamiento del "componente metabólico". Por esta situación, Singer & Hastings y Siggaard-Andersen desarrollaron el concepto de exceso de base (o método de Copenhague); que permitía cuantificar exactamente este defecto "metabólico"[2,3].

Lamentablemente, el modelo de "exceso de base" tampoco logró explicar satisfactoriamente todas las alteraciones existentes en el "componente metabólico". Stewart[4], desarrolló un método físico-químico para la evaluación de trastornos ácido-base, el cual contraria los conocimientos actuales de la teoría ácido-base y prometía dar explicación a todas las alteraciones observadas.

En este libro se revisarán variados aspectos de los trastornos ácido-base para lograr un entendimiento y dominio óptimo del tema. Se analizarán conceptos básicos de la teoría química ácido-base, la fisiología en torno a la regulación del pH en el organismo, la fisiopatología y detallado análisis de los trastornos; con sus cuadros característicos, enfrentamiento clínico, tratamiento y manejo de conceptos asociados. Además, se revisarán los modelos de interpretación ácido-base existentes en la literatura, discutiendo cual es el más útil en la práctica médica.

1. Teoría ácido-base

Es importante resaltar que el conjunto de conceptos "ácido-base" aún siguen siendo una teoría. Si bien ha evolucionado bastante desde sus primeras concepciones, es un tema abierto, que ha sido interpretado de diversas maneras por muchos científicos, pero finalmente se ha llegado a una definición integradora que explica de forma completa los eventos observados tanto experimentalmente, como en la naturaleza.

Antiguamente, se clasificaban las sustancias químicas por un determinado comportamiento. Las sustancias "ácidas" se reconocían por características como su sabor, capacidad de conductividad eléctrica, corrosión de metales, generar cambios de color, producir efervescencia en otros compuestos, etc. De forma similar, las "bases", eran poseedoras de atributos especiales.

Tabla 1. Características de sustancias ácidas y básicas.

Ácidos	**Bases**
sabor "ácido"	sabor "amargo"
enrojecen colorantes vegetales	azulean colorantes vegetales
corrosivos para la piel	corrosivos para la piel, consistencia jabonosa
disueltos conducen electricidad	disueltos conducen electricidad
disuelven metales	disuelven grasas
pierden sus propiedades al reaccionar con bases	pierden sus propiedades al reaccionar con ácidos

Antoine Lavoisier, padre de la Química, postuló en el siglo XVIII, por primera vez, una teoría ácido-base[5]. En ella indicaba que los compuestos "ácidos" debían su comportamiento al oxígeno que poseían en su estructura molecular. Gay Lussac, en 1814, estableció que no era el oxígeno, sino el hidrógeno la molécula común en los compuestos ácidos. Justus von Liebig, en 1838, agregó que los ácidos tenían la capacidad de perder un hidrógeno para reemplazarlo por un elemento metal. Esta idea es vigente actualmente y fue complementada y mejorada excelsamente por Arrhenius. Su concepto de la teoría ácido-base le significó ganar el Premio Nobel de Química el año 1903.

Según Arrhenius un ácido era aquel compuesto capaz de ceder iones hidrógeno o protones (H^+) al medio, mientras que una base entregaba iones hidroxilo (OH^-). El ácido era, por lo tanto, un compuesto que se transformaba en un anión más H^+; mientras la base formaba un catión más OH^-. Se entendía las ecuaciones ácido-base como reacciones de cationes y aniones. Se explicaba, además, la reacción de neutralización, en la cual, la mezcla de un ácido y base generaban agua y sal.

$$HCl\ (\text{ácido}) \rightarrow H^+ + Cl^-$$

$$NaOH\ (\text{base}) \rightarrow Na^+ + OH^-$$

$$HCl + NaOH \rightarrow NaCl + H_2O\ (\text{neutralización})$$

De esta forma, el agua era un compuesto especial, ya que tenía la capacidad de generar la misma cantidad de OH^- y H^+; es decir, podía tener comportamiento de ácido y base. Se dice que el agua es una sustancia anfótera por esta propiedad.

$$H_2O \leftrightarrow H^+ + OH$$

Más tarde, en 1923, dos autores; Brønsted y Lowry, señalan una teoría en la cual postulaban como ácidos aquellos compuestos capaces de ceder H^+ al medio y como base a los que aceptan el H^+[5]. Se cambiaba el concepto de generación de agua y sales, y se agregaba el de ácido y base conjugada. Ya no era un problema de cationes y aniones, sino de transferencia de H^+. La teoría de Brønsted-Lowry incluye a la de Arrhenius y, además, explica reacciones ácido-base que no están relacionadas al agua.

Un ejemplo es el amoniaco (NH_3), una base que acepta protones para generar ion amonio (NH_4^+). Este último tiene la capacidad de ceder su H^+, por lo tanto, es el ácido conjugado de la base:

$$NH_3 + H^+ \leftrightarrow NH_4^+$$

$$B + H^+ \leftrightarrow BH^+$$

B es la base y BH+ el ácido conjugado.

De la misma forma, un ácido cede protones formando su base conjugada; siendo la ecuación general de los ácidos:

$$AH \leftrightarrow A^- + H^+$$

AH es el ácido y A- la base conjugada.

La definición de Brønsted-Lowry es actualmente la más empleada para caracterizar reacciones ácido-base, ya que explica en forma didáctica y simple las variaciones químicas evidenciadas. Sin embargo, no se revelaba el comportamiento ácido que tenían algunos compuestos en los que no había liberación de hidrógeno.

Lewis, al poco tiempo, explicaría en una nueva teoría la realidad de las reacciones ácido-base[5]. Se caracteriza a los ácidos y bases desde un concepto distinto, sustentado en la formación de compuestos químicos mediado por el traspaso de pares electrónicos; y no de H^+. Se describe a la "base" como aquella molécula capaz de ceder un par electrónico y un "ácido" quien los acepta.

Todo elemento tiende a adquirir una configuración eléctricamente estable[5]. Los elementos más estables son los gases nobles que pueden estar aislados en la naturaleza sin formar compuestos. En cambio, otros elementos se enlazan entre ellos formando compuestos químicos, y así, logran una configuración electrónica estable. Los gases nobles se caracterizan por tener ocho electrones en el último nivel (dos en el caso del helio). Es decir, tienen su último orbital atómico completo, y esto, es lo que les brinda estabilidad eléctrica[5].

Por ejemplo, el NaCl es un compuesto que confiere estabilidad tanto al sodio como al cloro. Si el sodio perdiera un electrón tendría una configuración electrónica similar a la del neón; un gas noble. En cambio, para el cloro sería benéfico ganar un electrón con el cual tendría configuración similar al argón (otro gas noble). Es por esta situación que forman un compuesto "prestando" electrones, y así, creando un "enlace" se logra la estabilidad eléctrica (Figura 1).

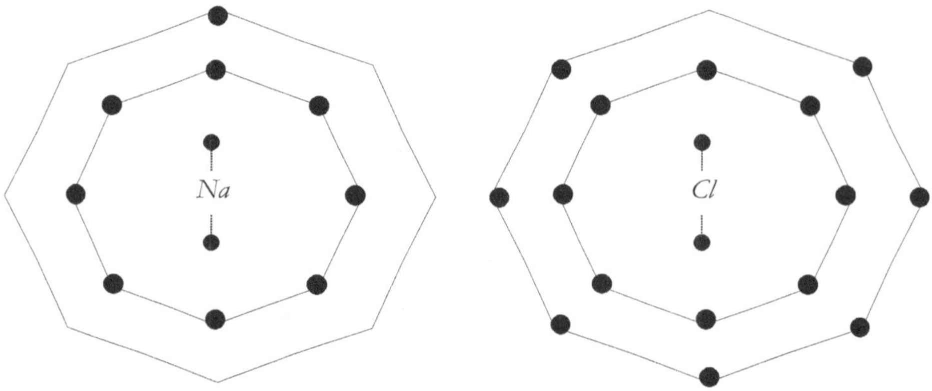

Si el sodio (Na) forma un enlace entregando su electrón solitario del último orbital al cloro (Cl), ambos quedan con orbitales completos. El NaCl puede separarse en catión Na^+ y anión Cl^-. El cloruro (Cl^-) se queda con el electrón del Na^+, y así, ambos mantienen sus últimos orbitales completos.

Figura 1. Configuración electrónica del sodio y cloro; generación de iones y sal.

Esta interacción es la base de la formación de compuestos y, por tanto, de la materia que existe en el Universo. La teoría de Lewis describe otra forma de interactuar para lograr una estabilidad eléctrica: las reacciones ácido-base (Figura 2).

En la Figura 2, el NH_3 (base) entrega un par electrónico al hidrógeno del HCl (ácido), el cual "cede su H^+" para esta reacción. Así, ambos compuestos (Cl^- y NH_4^+) adquieren estabilidad eléctrica en su último orbital atómico. El nitrógeno del NH_3 posee cinco electrones en su último nivel, por lo tanto, requiere tres electrones para adquirir la configuración del Neón. Así, se enlaza con tres hidrógenos obteniendo estabilidad eléctrica (NH_3). El nitrógeno queda con tres de sus electrones "ocupados" formando enlaces con hidrógeno mientras un par está libre. Ese par electrónico puede ser entregado al hidrógeno del ácido clorhídrico el que, a su vez, pierde un ion H^+ (cede H^+ según Brønsted-Lowry). Finalmente, el par de electrones es cedido al H^+ quien, uniéndose al NH_3, logra la estabilidad eléctrica al conseguir la configuración electrónica del gas noble helio. Y, además, el ion Cl^- al haberse quedado con el electrón del hidrógeno, continúa teniendo la configuración electrónica estable del argón.

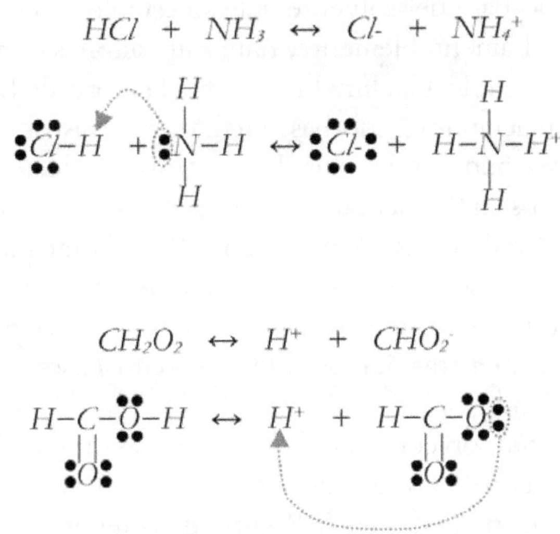

Figura 2. Reacción ácido-base del ácido clorhídrico más amoniaco y reacción del ácido metanoico.

El caso del ácido metanoico o fórmico es similar (Figura 2). El formato (CHO_2^-) actúa como base al ceder un par electrónico del oxígeno. Este par electrónico es aceptado por un protón del medio, quien uniéndose a la molécula genera el ácido fórmico (CH_2O_2). Si el hidrógeno del ácido fórmico cede su par electrónico, se separa del ácido generando un protón (H^+) y su base conjugada: el formato.

Es decir, en las reacciones ácido-base donde hay transferencia de protones, el hidrógeno del ácido pierde su par electrónico entregándolo a la molécula de ácido. Esto genera un protón más la base conjugada. Al inverso, la base dona su par electrónico a un protón del medio para formar un ácido. Estas reacciones se encuentran en equilibrio en la naturaleza y la capacidad que tiene el compuesto para aportar protones al medio determinará sus propiedades de ácido.

La teoría de Lewis permite integrar todos los conceptos, demostrando que las reacciones ácido-base son un evento asociado a la formación de compuestos debido a la tendencia de los elementos por lograr su estabilidad electrónica.

La teoría ácido-base de Arrhenius explicaba los fenómenos químicos ácido-base que ocurrían cuando el solvente era agua, pero no permitía entender las reacciones fuera de ella. La teoría de Brønsted-Lowry independizó las reacciones ácido-base del solvente acuoso estableciendo que solo existía un traspaso de H^+. Lamentablemente, había situaciones donde no ocurría la transferencia de esta molécula. Finalmente, fue la teoría de Lewis la que logró explicar todas las reacciones ácido-base mediante el traspaso de pares electrónicos. Sin embargo, aún faltaba más. Las distintas moléculas no transferían sus pares electrónicos en forma homogénea a otra molécula, sino que preferían algunas en desmedro de otras. Pearson, en 1963, clasifica los ácidos y bases de Lewis según propiedades como el tamaño molecular, estado de oxidación, carga y polarizabilidad. Distingue los ácidos "duros" que tienden a reaccionar con bases "duras", mientras ácidos "blandos" con bases "blandas" (Teoría ácido-base duro-blando)[6].

Todas las teorías son correctas, la diferencia es que conforme van evolucionando incluyen a la teoría anterior, además de explicar los vacíos existentes. Es similar a lo que ocurre en Física; la Relatividad General de Einstein incluye a la Mecánica Clásica newtoniana, dando explicación a algunos eventos que esta última no permitía, sin embargo, aún es totalmente vigente y correcta.

En medicina y ciencias biológicas las reacciones ácido-base involucran un solvente acuoso y, disueltas en este, moléculas orgánicas e inorgánicas. Los ácidos orgánicos son aquellos que poseen un esqueleto de carbono más un grupo carboxilo (-COOH), el cual es capaz de entregar H^+ al medio (aceptar pares electrónicos). Una base orgánica ($R\text{-}COO^-$) acepta H^+ (cede pares electrónicos). Las moléculas inorgánicas poseen otros elementos en su estructura sin un esqueleto carbonado. Todos los ácidos o álcalis inorgánicos que participan de reacciones ácido-base biológicas (ej. H_2SO_4 o ácido sulfúrico, H_3PO_4 o ácido fosfórico, HCl o ácido clorhídrico), tienen hidrógeno en su estructura el cual será intercambiado como H^+. En suma, las reacciones ácido-base biológicas de seres vivos ocurren en un solvente acuoso y las moléculas "ácidas" o "básicas" intercambian H^+. Por simplicidad, en la práctica médica, se utiliza la teoría de Brønsted-Lowry para esquematizar las reacciones ácido-base.

2. Propiedades de los ácidos y las bases

Existen muchas sustancias ácidas y básicas en la naturaleza. Algunas tienen la capacidad de generar graves efectos a la integridad del ser humano. Sin embargo, otras no producen mayores consecuencias siendo incluso posible ingerirlas con los alimentos o ser utilizadas por el organismo para llevar a cabo sus funciones.

Se han descrito una serie de propiedades químicas a las cuales están sujetos los ácidos y bases[5]. Estas mismas propiedades permiten caracterizarlos y cuantificar su actividad.

Entre los principios a los cuales obedecen estos compuestos químicos se encuentran:

- Ley de conservación de la materia: la masa no se crea ni se destruye, solo se transforma.
- Principio o ley de acción de masas: toda sustancia incompletamente disociada alcanza un "equilibrio de disociación" (que se evalúa con una "constante de disociación").
- Ley de electroneutralidad en el agua: la suma de cargas positivas y negativas debe ser cero.

Las reacciones ácido-base biológicas ocurren en soluciones acuosas, donde este compuesto es por lejos predominante. De hecho, si se considera el ser humano, un 60% de su peso corporal es agua y una cantidad ínfima corresponde a sustancias ácidas o básicas.

En solución acuosa un ácido entregará H^+ o consumirá OH^- (hidroxilo) proveniente de la autoionización del agua. Ambos comportamientos definen un ácido.

$$AH \leftrightarrow A^- + H^+$$

$$AH + OH^- \leftrightarrow A^- + H_2O$$

Del mismo modo, una base es aquella que captura H^+ o cede OH^- en solución acuosa.

$$BOH \leftrightarrow B^+ + OH^-$$

$$BOH + H^+ \leftrightarrow B^+ + H_2O$$

AH será el ácido y A^- la base conjugada. Esta última puede hidrolizar el agua para consumir H^+ y ceder OH^-. Análogamente BOH es la base y B^+ su ácido conjugado, ya que este último puede hidrolizar el agua para entregar OH^- y capturar H^+.

Finalmente, las moléculas de H^+ y OH^- provendrán de la autoionización del agua, como también, de la actividad ácido-base sobre ella. Estas moléculas son altamente reactivas y producirán cambios en los compuestos presentes en la solución.

En condiciones reales el H^+ es muy reactivo, por lo que no existe en forma aislada, debe interactuar con otra molécula de agua formando H_3O^+. De todas formas, por simplicidad, el ion hidronio (H_3O^+), que es realmente la forma en la que se encuentra el ion hidrógeno, se expresa como H^+.

Para un ácido en solución acuosa:

$$AH + H_2O \leftrightarrow A^- + H_3O^+$$

$$AH + H_2O \leftrightarrow A^- + H^+$$

2.1 La constante de disociación iónica, constante de acidez y constante de basicidad

Mientras más H^+ entregue un ácido al medio será más "fuerte". Lo mismo se aplica para una base si esta capta muchos hidrogeniones del medio (o cede OH^-).

Por lo anteriormente explicitado, es necesario medir qué tan fuerte es un ácido o una base, y esto se realiza con una **constante de disociación iónica** (Kc)[5].

Un ácido fuerte generará gran cantidad de H^+, por lo tanto, en una relación entre la concentración de productos sobre reactantes, el valor será mayor. Está razón se conoce como "constante de disociación" y expresa la esencia del compuesto químico, es decir, qué tan capaz es para disociarse.

$$Kc = \frac{[A^-][H^+]}{[AH][H_2O]}$$

Como las reacciones ocurren en agua (H_2O) y debido a que su concentración en una solución es inmensamente mayor que la de otros compuestos químicos, prácticamente no sufre variaciones significativas en su valor. Esto no es así para ácidos y bases, los cuales pueden sufrir modificaciones considerables. Haciendo una analogía con el agua del planeta, un humano consume 1,5 L/d de agua, en cambio, un elefante bebe 150 L/d de agua. Para toda el agua que hay en el planeta esta diferencia no es considerable y su valor se mantendrá prácticamente constante. Pero si se observa el caso particular, un elefante consume 100 veces más agua que un humano, por lo tanto, sería mucho más "fuerte" para esta acción.

Como la concentración de agua ($[H_2O]$) se mantiene constante, es posible "agregarla" a la constante de disociación (Kc) para crear un nuevo valor. En esta situación, al tratarse de un ácido, se expresa como Ka o **constante de acidez**.

$$AH + H_2O \leftrightarrow A^- + H^+$$

$$Kc \cdot [H_2O] = \frac{[A^-][H^+]}{[AH]} = \boldsymbol{Ka}$$

La misma razón de disociación se aplica para las bases, llamándose **constante de basicidad** (Kb)[5].

$$BOH + H_2O \leftrightarrow BH^+ + OH^-$$

$$Kc \cdot [H_2O] = \frac{[BH^+][OH^-]}{[BOH]} = \boldsymbol{Kb}$$

Cada compuesto tendrá una constante específica que refleja su esencia en cuanto a capacidad para comportarse como ácido o base (Tablas 2 y 3).

Tabla 2. Ácidos

Ácido	Reacción	Ka	pKa
Clorhídrico	$HCl + H_2O \leftrightarrow Cl^- + H_3O^+$	>55,55	−6,2
Yódico	$HIO_3 + H_2O \leftrightarrow IO_3^- + H_3O^+$	0,19	0,72
Fosfórico	$H_3PO_4 + H_2O \leftrightarrow H_2PO_4^- + H_3O^+$	$7{,}5 \cdot 10^{-3}$	2,13
Fluorhídrico	$HF + H_2O \leftrightarrow F^- + H_3O^+$	$3{,}5 \cdot 10^{-4}$	3,45
Carbónico	$H_2CO_3 \leftrightarrow HCO_3^- + H^+$	$2{,}5 \cdot 10^{-4}$	3,6
Acético	$CH_3COOH + H_2O \leftrightarrow CH_3COO^- + H_3O^+$	$1{,}8 \cdot 10^{-5}$	4,75
Carbónico en agua	$H_2CO_3 + H_2O \leftrightarrow HCO_3^- + H_3O^+$	$4{,}2 \cdot 10^{-7}$	6,37
Dihidrógeno-fosfato	$H_2PO_4^- + H_2O \leftrightarrow HPO_4^{=} + H_3O^+$	$1{,}6 \cdot 10^{-7}$	6,8
Amonio	$NH_4^+ + H_2O \leftrightarrow NH_3 + H_3O^+$	$5{,}6 \cdot 10^{-10}$	9,25
Hidrógeno-sulfuro	$HS^- + H_2O \leftrightarrow S^{=} + H_3O^+$	$1{,}0 \cdot 10^{-13}$	12,7
Agua	$H_2O + H_2O \leftrightarrow H_3O^+ + OH^-$	$1{,}8 \cdot 10^{-16}$	15,7

Tabla 3. Bases

Base	Reacción	Kb	pKb
Hidróxido sódico	$NaOH \rightarrow Na^+ + OH^-$	Muy alto	<0
Metilamina	$CH_3NH_2 + H_2O \leftrightarrow CH_3NH_3^+ + OH^-$	$3{,}7 \cdot 10^{-4}$	3,43
Carbonato	$CO_3^{=} + H_2O \leftrightarrow HCO_3^- + OH^-$	$2{,}1 \cdot 10^{-4}$	3,67
Amoniaco	$NH_3 + H_2O \leftrightarrow NH_4^+ + OH^-$	$1{,}8 \cdot 10^{-5}$	4,75
Bicarbonato	$HCO_3^- + H_2O \leftrightarrow H_2CO_3 + OH^-$	$2{,}3 \cdot 10^{-8}$	7,63
Anilina	$C_6H_5NH_2 + H_2O \leftrightarrow C_6H_5NH_3^+ + OH^-$	$4{,}0 \cdot 10^{-10}$	9,4
Fluoruro	$F^- + H_2O \leftrightarrow HF + OH^-$	$2{,}8 \cdot 10^{-11}$	10,55
Agua	$H_2O + H_2O \leftrightarrow H_3O^+ + OH^-$	$1{,}8 \cdot 10^{-16}$	15,7

Un elemento incompletamente disociado se encuentra en ambas conformaciones, es decir, un ácido estará tanto en forma AH, como en su forma disociada. El ácido (AH) tendrá un determinado Ka, y su base conjugada (A^-), también poseerá un valor de Kb específico. Lo mismo se aplica para las bases. Un ejemplo es la base amoniaco, que capta un H^+ para formar ion amonio siendo el Kb de esta reacción $1{,}8 \cdot 10^{-5}$. Sin embargo, como la reacción es bidireccional, el ácido conjugado (ion amonio) puede ceder H^+ al medio. El Ka de esa reacción es $5{,}6 \cdot 10^{-10}$ (Tablas 2 y 3).

$$NH_3 + H_2O \leftrightarrow NH_4^+ + OH^- \ (Kb = 1{,}8 \cdot 10^{-5})$$

$$NH_4^+ \leftrightarrow NH_3 + H^+ \ (Ka = 5{,}6 \cdot 10^{-10})$$

Comparando ambos valores se aprecia que el Kb de la reacción es mucho mayor al Ka, por lo tanto, el comportamiento predominante será el de una base.

Cada compuesto, ya sea ácido o base, tendrá su esencia; una capacidad determinada para ceder o capturar H^+ del medio (que se mide con el Ka o Kb).

Si un ácido ($AH \leftrightarrow A^- + H^+$) tiene gran tendencia a disociarse, al ser añadido a una solución acuosa cederá abundantes H^+. Es decir, la reacción ocurrirá inicialmente con mayor velocidad hacia la formación de $A^- + H^+$, y la velocidad hacia la formación de AH será mínima. Por lo tanto, existe una "energía potencial" del ácido que determina formación de H^+ y es liberada rápidamente en forma de velocidad de reacción. Esta liberación de "energía potencial" continuará hasta que la velocidad de reacción en ambos sentidos sea idéntica, es decir, la velocidad de formación de $A^- + H^+$ sea la misma que la velocidad de formación de AH. En ese momento ya no habrá una "energía potencial" predominante en ningún lado de la reacción, porque el ácido ya realizó su cometido; cedió H^+ al medio. Esta liberación de "energía potencial" ocurre instantáneamente, por lo tanto, cuando se analizan las nuevas concentraciones de los compuestos en la solución, la velocidad de formación de $A^- + H^+$ ya es igual a la de formación de AH.

El Ka del ácido será evaluado con estas nuevas concentraciones, momento en que la velocidad de formación de productos es igual a la de reactantes.

A + B ↔	C + D
(reactantes)	*(productos)*

v (productos) = v (reactantes)

Por lo tanto, el Ka de un ácido representa un **estado de equilibrio**, el cual se mantendrá **siempre constante**[5].

Si el ácido es añadido a una solución básica (con baja [H^+]) la "energía potencial" que posee para ceder H^+ es mucho mayor que si es agregado a una solución ácida (con alta [H^+]). Es decir, un ácido cede H^+ hasta cierto punto, ya que si aumenta enormemente la [H^+]; también lo hará la "energía potencial" que propicia la formación de AH y, por tanto, la velocidad de formación de reactantes.

Este comportamiento obedece al **principio químico de acción de masas** que se produce en las reacciones bidireccionales, en las cuales, si aumenta la cantidad de productos o reactantes, habrá una redirección contraria del elemento que aumentó[5]. Es decir, si aumentan los reactantes habrá una redirección (mayor "energía potencial") hacia la formación de productos y viceversa.

El principio de acción de masas es lo que mantiene constantes al Ka y Kb; modificando las concentraciones de los componentes en una reacción química bidireccional mediante cambios en las velocidades de reacción. Por ejemplo, si se agrega un ácido a una solución acuosa con baja [H^+], se consumirá prácticamente todo el AH (ácido) disminuyendo su concentración. Esto producirá grandes cantidades de A^- (base conjugada) y H^+. Las reacciones son muy rápidas (instantáneas) y las nuevas concentraciones mantendrán el Ka constante ($\uparrow[H^+]\uparrow[A^-]/\downarrow[AH]$). El alto numerador y bajo denominador determinan un Ka "elevado", propio de los ácidos. Si este mismo ácido fuese añadido a una solución acuosa con elevada [H^+] y se comportara de la misma forma que en la solución anterior, el numerador aumentaría extra-orbitariamente y el Ka sería enorme ($\uparrow\uparrow[H^+]\uparrow[A^-]/\downarrow[AH]$). Sin embargo, esta situación no ocurre, ya que la alta concentración de hidrogeniones de la solución imposibilita al ácido para ceder sus H^+, así, no hay gran generación de A^- ni consumo de AH. Finalmente, el Ka se mantiene constante porque la elevada concentración de H^+ se contrarresta con una menor [A^-] y mayor [AH] ($\uparrow[H^+][A^-]/[AH]$).

El principio de acción de masas es de tal importancia en el comportamiento de un ácido, que es posible invertir la reacción. Solo se necesita aumentar la concentración de la base conjugada (A^-) para que la reacción se invierta, así, consumirá H^+ del medio para disminuir el valor del numerador y aumentar el denominador; con objeto de mantener su Ka (o pKa).

Los ácidos fuertes tienen un Ka >55,55 (se disocian en su totalidad; pKa <−1,7); los semifuertes entre 10^{-4} y 55,55 (pKa −1,7 a 4); los débiles entre 10^{-10} y 10^{-4} (pKa 4 a 10); y los ácidos muy débiles, menor a 10^{-10} (pKa >10). Lo mismo se aplica para el Kb de compuestos básicos.

Cuando se realizan cálculos, la concentración de cada componente es muy pequeña, generalmente en el orden de "nano moles" (nmol) por Litro, es decir, 10^{-9} mol/L. Para simplificar la notación de valores se realiza un ajuste matemático aplicando la operación "$-log_{10}$".

Si, por ejemplo, la concentración de H^+ en una solución fuese de 40 nmol/L, al aplicar $-log_{10}$ (simbolizado como "p"):

$$-log_{10}\,(40 \cdot 10^{-9})\ mol/L = 7{,}4$$

"p" es el $-\log_{10}$ de la concentración de H^+ en la solución, o como se simboliza: "pH". Luego, para saber la concentración real en "mol/L", se debe hacer el proceso inverso:

$$pH = 7{,}4$$

$$-log_{10}\,[H^+] = 7{,}4$$

$$(10^{-7{,}4}) = [H^+]$$

$$4 \cdot 10^{-8} = [H^+]\ mol/L$$

Ahí se obtiene nuevamente la concentración inicial, expresada en mol/L. Como la valencia del H^+ es =1, puede expresarse indistintamente en moles o equivalentes (Eq).

Por lo tanto, mientras menor sea el pH, mayor será la concentración de H^+ del medio.

Es cuestionable si la notación de las reacciones ácido-base, utilizando la operación $-log_{10}$, significa una simplificación en los cálculos matemáticos, pero es muy útil para el análisis del agua (como se verá más adelante). Cabe resaltar, que independiente de esto, el pH indicará siempre un valor: "la concentración de H^+".

En los rangos biológicos una forma rápida para determinar la $[H^+]$ a partir del pH, es conociendo que, por cada 0,3 unidades de aumento o disminución, la $[H^+]$ se duplica o disminuye a la mitad. Si el pH cae de 7,4 (40 nEq/L) a 7,1 y luego a 6,8; la $[H^+]$ se duplica, por lo tanto, será 80 y luego 160 nEq/L. Al contrario, si se eleva a 7,7; la $[H^+]$ será 20 nEq/L[7].

Desde la ecuación de constante de acidez (Ka) se desprende la fórmula de Henderson-Hasselbalch (Capítulo 3), la cual permite calcular el pH en una reacción ácido-base:

$$- \log Ka = - \log\left(\frac{[H^+][A^-]}{[AH]}\right)$$

$$- \log Ka = - \log[H^+] + - \log[A^-] - - \log[AH]$$

$$- \log Ka = - \log[H^+] - \log[A^-] + \log[AH]$$

$$\log[H^+] = \log Ka - \log[A^-] + \log[AH]$$

$$-\log[H^+] = -\log Ka + \log[A^-] - \log[AH]$$

$$\boldsymbol{p[H^+] = pKa + \log\left(\frac{[A^-]}{[AH]}\right)}$$

Existe en la literatura una idea de que el pKa representa el pH que debe tener una solución para que un ácido se encuentre 50% como reactante (AH) y el otro 50% en forma disociada (A^- + H^+).

Si [AH] = [A-], se simplificarán

$$pKa = p\frac{[A^-][H^+]}{[AH]}$$

pKa = pH

Este es un concepto insuficiente; el pKa (o Ka) es una cuantificación propia y única de cada compuesto ácido, que representa el "estado de equilibrio" donde las velocidades de formación de reactantes y productos son iguales. El pH del medio influirá en el comportamiento del ácido modificando las velocidades de reacción hacia reactantes o productos; y así, determinará las nuevas concentraciones de cada componente (incluyendo el nuevo pH). Cuando las velocidades de reacción se igualan, las concentraciones de reactantes y productos se mantienen estacionarias en el tiempo. El cociente de estas concentraciones, "en equilibrio", es el pKa, y siempre se mantendrá constante.

Por lo tanto, el pKa es independiente del pH que tenga inicialmente la solución, ya que está determinado por la "esencia" del ácido. Para las bases y el pKb (o Kb) se aplica lo mismo.

Mencionamos que las constantes de disociación no sufren variaciones. Esta afirmación presenta una excepción. La temperatura puede modificar mínimamente el pKa o pKb (Ka o Kb). Mayores temperaturas vuelven a un ácido más fuerte, es decir, aumenta ligeramente la capacidad para formar productos (incrementa el Ka y disminuye el pKa). En las reacciones ácido-base biológicas, el rango de variación de la temperatura es despreciable. Por lo tanto, se puede desestimar el efecto de la temperatura sobre la constante de disociación[8].

2.2 El H_2O es un ácido y una base

El agua es un anfótero, ya que tiene la capacidad para generar la misma cantidad (o concentración) de H^+ y OH^-. Por lo tanto, según la teoría ácido-base de Arrhenius, se comporta como ácido y base.

H_2O + $H_2O \leftrightarrow H_3O^+ + OH^-$

(ácido) + *(base)*

$H_2O \leftrightarrow H^+ + OH^-$ *(en forma simplificada)*

Ahora, es necesario calcular la constante de disociación de esta reacción (Kc). Se continuará expresando el ion hidronio como H^+.

$$Kc = \frac{[OH^-][H^+]}{[H_2O]}$$

En 1 litro de agua hay 55,6 moles de H_2O. Esto debido a que el peso molecular del H_2O es 18 g/mol. Si 1 mol de H_2O pesa 18 g, la cantidad de moles que representan 1.000 g es 55,6. Es decir, en 1 litro de agua hay $55{,}6 \cdot 6{,}02 \cdot 10^{23}$ ($\approx 10^{24}$) moléculas de H_2O.

En ese litro de agua, no todas las moléculas están en la forma de H_2O, sino que algunas existen como H^+ y OH^- (autoionización del agua). Es posible medir la concentración de estos iones, el valor corresponde a 10^{-7} mol/L de H^+ y la misma concentración de OH^-. Es decir, hay $10^{-7} \cdot 6{,}02 \cdot 10^{23}$ moléculas de cada uno ($\approx 10^{16}$).

Por lo tanto, hay 100.000.000 (cien millones) de veces más moléculas de H_2O, que de iones. Esto demuestra, por qué, la concentración de H_2O es prácticamente constante, independiente de las reacciones ácido-base que ocurran en ella.

La constante de disociación del agua (Kc) sería

$$Kc = \frac{[10^{-7}][10^{-7}]}{[55{,}6]}$$

$Kc = 1{,}8 \cdot 10^{-16}$

Si se aplica el $-\log_{10}(p)$ *a este valor, resulta:*

$pKc = 15{,}74$

El pKa de esta reacción sería también 15,74; porque el agua es un ácido al entregar H^+ al medio. Pero su pKb también es 15,74; ya que cede OH^- a la solución.

Por lo tanto, en el agua... pKc=pKa=pKb

Como el agua es el medio donde ocurren todas las reacciones biológicas, cualquier compuesto que tenga un pKa menor a 15,74 será más "ácido" que el agua, ya que entrega más H^+ al medio. También, si un compuesto tiene un pKb menor a 15,74 será más "básico" que el agua (Tablas 2 y 3).

Como se mencionó anteriormente, la concentración de agua es prácticamente constante, por lo tanto, puede añadirse al Kc para crear una nueva constante: Kw. Esta constante de disociación (Kw) es específica del agua.

$$Kc \cdot [H_2O] = [H^+][OH^-] = \boldsymbol{Kw}$$

$$Kw = [H^+][OH^-]$$

$$Kw = [10^{-7}][10^{-7}]$$

$$Kw = 10^{-14}$$

Si se aplica $-log_{10}$ (p)...

$$pKw = p([H^+][OH^-])$$

Siguiendo propiedades de logaritmos...

$$pKw = p[H^+] + p[OH^-]$$

$$pKw = -log_{10}(10^{-7}) + -log_{10}(10^{-7})$$

$$pKw = 7 + 7$$

$$pKw = 14$$

Acá se demuestra, cómo el agua entrega al medio una $[H^+]$ de 7 medido según pH, y también, 7 de $[OH^-]$ según pOH.

De esta igualdad deriva el concepto de que el pH neutro es 7, ya que "el agua", la sustancia anfótera en donde ocurren prácticamente todas las reacciones químicas ácido-base, es quien entrega 10^{-7} mol/L de H^+ al medio (pH =7).

El Kw también refleja una situación de equilibrio para el agua. El H_2O obedece al principio de acción de masas, por lo tanto, si al medio se agrega H^+ (adición de un ácido), el pH disminuirá, pero su Kw se mantendrá constante. Esto permite predecir cuál será la nueva concentración de OH^-, ya que la suma del pH y pOH siempre será 14. Esta condición se aplica solo al agua, porque el denominador fue excluido al agregarlo a una constante (Kw) y la operación "$-log_{10}$" permite predecir las concentraciones de H^+ y OH^- con una simple suma.

Por ejemplo, si se agrega 0,7 g de HCl a 1 L de agua, ¿qué ocurrirá con el pH? El HCl es un ácido muy fuerte con pKa −6,2 (los ácidos muy fuertes tienen pKa <−1,7); y, por tanto, se divide prácticamente en su totalidad a H^+ y Cl^-. El peso molecular del HCl es 35 g/mol, así, 0,7 g equivale a 0,02 moles.

HCl	→	H^+	+	Cl^-
0,02 moles		*0,02 moles*		*0,02 moles*

Si el agua normalmente tiene 10^{-7} moles de H^+ en 1 Litro, y se agrega 0,02; la nueva concentración de H^+ será 0,0200001 mol/L, es decir, un pH de 1,7. Esto ocurre porque el HCl es un ácido muy fuerte. Al mismo tiempo, se puede afirmar que el pOH de la solución será de 12,3; ya que tanto el HCl y el agua deberán llegar a su estado de equilibrio, manteniendo constante su Ka y Kw respectivamente.

Pero, hay que analizar qué ocurre si se agrega un ácido débil, como el amonio (NH_4^+).

$$NH_4^+ \leftrightarrow H^+ + NH_3$$

Es posible agregar NH_4^+ en solución acuosa cuando se diluye la sal cloruro de amonio (NH_4Cl). Luego, el amonio entrará en un equilibrio bidireccional donde entregará una cantidad equimolar de H^+ y amoniaco (NH_3).

$$NH_4Cl \rightarrow Cl^- + NH_4^+ \leftrightarrow H^+ + NH_3$$

El NH_4Cl tiene una masa molar de 53,5 g/mol y el NH_4^+ 18 g/mol. Si se diluye 2,1 g de NH_4Cl en una solución acuosa, este se disocia completamente aportando 0,039 moles de NH_4^+, y también, de Cl^-. Esto equivale a 0,7 g de NH_4^+.

A diferencia del HCl, el NH_4^+ se disociará parcialmente en H^+ y NH_3, ya que es un ácido débil que participa de reacciones bidireccionales. Mediante el Ka del NH_4^+ (Ka = $5{,}6 \cdot 10^{-10}$) podemos afirmar que por cada 1 molécula de NH_3 o H^+ aportado por este ácido, existirán 1,8 millones de moléculas de NH_4^+.

$$Ka = 5{,}6 \times 10^{-10} = \frac{[H^+][NH_3]}{[NH_4^+]}$$

Si bien el NH_4^+ se consume para generar una cantidad equimolar de H^+ y NH_3, la magnitud de NH_4^+ consumido es despreciable por el Ka mencionado anteriormente. Así, podemos establecer la siguiente igualdad matemática:

$$Ka = 5{,}6 \times 10^{-10} = \frac{[H^+][NH_3]}{[NH_4^+]} = \frac{X^2}{0{,}039}$$

$$5{,}6 \times 10^{-10} = \frac{X^2}{0{,}039}$$

Por lo tanto, $X = 4{,}67 \cdot 10^{-6}$ *mol/L*

Si el agua entrega 10^{-7} moles de H^+ en 1 Litro y 0,7 g de NH_4^+ proporcionan $4{,}67 \cdot 10^{-6}$ mol/L de H^+, el contenido final será $4{,}77 \cdot 10^{-6}$ (pH =5,3). Como el agua debe mantener su Kw, el pOH será 8,7.

La diferencia es considerable, la misma cantidad de cada ácido tiene distinto efecto en 1 Litro de agua; el HCl (ácido fuerte) cambia el pH de 7 a 1,7; mientras el NH_4^+ lo disminuye a 5,3 (ácido débil). El HCl se disocia prácticamente en un 100% a H^+ y Cl^-. En cambio, de 0,039 moles de amonio se generaron solo 0,0000046 moles de H^+ y la misma cantidad de NH_3, es decir, se disocia el 0,01% del amonio. Aun así, esta pequeña proporción de H^+ basta para que sea un ácido y descienda significativamente el pH de la solución acuosa. Esta situación muestra lo importante que es el principio de acción de masas en el comportamiento de un ácido. Se evidencia, además, cómo cualquier cambio en el pH de la solución, obliga al agua y otros compuestos presentes en ella a modificar la concentración de sus componentes.

2.3 Relación entre pKa y pKb en solución acuosa

Definimos a un ácido como aquel compuesto capaz de entregar H^+ o consumir OH^- en solución acuosa. Al contrario, una base es la que captura H^+ o entrega OH^-. Las acciones anteriores pueden ser llevadas a cabo en forma directa por el ácido o base, o mediante inducción de hidrólisis o cambios en el estado de autoionización del H_2O.

Si se observa el comportamiento de un ácido en solución acuosa es posible representar la siguiente reacción:

$$AH \leftrightarrow A^- + H^+ + OH^- \leftrightarrow H_2O + A^- \leftrightarrow AH + OH^-$$

Al observar la reacción desde la izquierda, el aporte de H^+ producirá consumo de OH^- formando H_2O. Desde la derecha, se produce un fenómeno similar; consumo de OH^-. Finalmente, podemos representar la reacción de un ácido de dos maneras:

$$AH \leftrightarrow H^+ + A^-$$

$$AH + OH^- \leftrightarrow H_2O + A^-$$

Del mismo modo, al analizar el comportamiento de una base en solución acuosa se establece la siguiente reacción:

$$BOH \leftrightarrow B^+ + OH^- + H^+ \leftrightarrow H_2O + B^+ \leftrightarrow BOH + H^+$$

El efecto final de la base es consumo de H^+. La reacción desde la izquierda, al aportar OH^-, favorece el consumo de H^+, generando H_2O. Por la derecha ocurre la misma situación (consumo de H^+). Luego, representamos la reacción de una base en agua de 2 formas:

$$BOH \leftrightarrow OH^- + B^+$$

$$BOH + H^+ \leftrightarrow H_2O + B^+$$

En solución acuosa la actividad ácido-base se puede determinar evaluando la relación entre las concentraciones de H^+ y OH^-, que se conocen mediante el pKw (pH + pOH = 14 = pKw). Por lo tanto, un ácido es aquel que produce predomino de $[H^+]$ por sobre $[OH^-]$ (menor pH y mayor pOH). En cambio, una base es la que disminuye la $[H^+]$ en beneficio de la $[OH^-]$ (mayor pH y menor pOH).

Si un determinado ácido y base se encuentran en la misma reacción química bidireccional (conjugados), es posible establecer lo siguiente:

$$\leftrightarrow \underline{AH \leftrightarrow A^- + H^+} + OH^- \leftrightarrow H_2O + \underline{A^- \leftrightarrow OH^- + AH} \leftrightarrow$$

(Donde AH *es el ácido y* A- *la base conjugada)*

La reacción anterior ocurre en un bucle infinito dentro de una solución acuosa, donde las velocidades de reacción son idénticas en todos los sentidos y las concentraciones de cada compuesto se mantienen constantes (estado de equilibrio).

Si predomina [AH] la direccionalidad tiende a ser centrípeta (generación de H^+ y/o consumo de OH^-). Al contrario, si predomina la base conjugada (A^-), las reacciones preferentes serán centrífugas (generación de OH^- y/o consumo de H^+). Desde este bucle es posible aislar la reacción del ácido y de la base conjugada. El Ka del ácido estará determinado por: $Ka=[A^-][H^+]/[AH]$, mientras el Kb de la base conjugada, por: $Kb=[AH][OH^-]/[A^-]$.

Sin embargo, como la solución es acuosa, H^+ y OH^- deberán obedecer al equilibrio del H_2O.

Por lo tanto, si despejamos $[H^+]$ y $[OH^-]$ obtendremos las siguientes ecuaciones:

$$[H^+] = \frac{Ka \times [AH]}{[A^-]} \qquad [OH^-] = \frac{Kb \times [A^-]}{[AH]}$$

Como $[H^+]\cdot[OH^-]=Kw$, podemos establecer que:

$$Kw = \frac{Ka \times [AH]}{[A^-]} \times \frac{Kb \times [A^-]}{[AH]}$$

Luego, simplificando la fórmula anterior

$$Kw = Ka \times Kb$$

Expresado con $-log_{10}$ (p)

$$pKw = pKa + pKb = 14$$

Es decir, para un par ácido-base conjugados disueltos en solución acusa; el pKa del ácido sumado al pKb de la base conjugada equivale a pKw (=14).

Por ejemplo, el CO_2 al reaccionar con el agua se transforma en H_2CO_3, y este, en $H^+ + HCO_3^-$.

$$CO_2 + H_2O \leftrightarrow H^+ + HCO_3^-$$

En la reacción anterior el pKa del ácido (CO_2) equivale a 6,35 ($Ka = 4{,}47\cdot10^{-7}$).

La reacción de la base conjugada para determinar el Kb no es la inversa, sino la reacción en donde se produce OH^-, ya que se está utilizando una propiedad del agua (pH + pOH = pKw) para determinar las características de un par ácido-base conjugados.

$$HCO_3^- \leftrightarrow CO_2 + OH^-$$

En este ejemplo, el pKb del HCO_3^- es 7,65 (Ka = $2{,}24 \cdot 10^{-8}$). Consecuentemente, si se suma pKa (6,35) más pKb (7,65); el resultado es 14 (pKw).

Otro ejemplo es el catión amonio (NH_4^+) y el amoniaco (NH_3). El primero es un ácido, y el segundo, su base conjugada. Desde la perspectiva del amoniaco, dicho compuesto es una base y el NH_4^+ su ácido conjugado. Comparando el pKa y pKb de cada reacción, podemos establecer que la "esencia" de este compuesto es a comportarse preferentemente como una base. Sin embargo, si la [NH_4^+] es elevada el comportamiento será el de un ácido.

$$NH_4^+ + H_2O \leftrightarrow NH_3 + H_3O^+ \ (pKa = 9{,}25)$$

$$NH_4^+ \leftrightarrow NH_3 + H^+ \ (\textit{notación simplificada})$$

$$\textit{Donde } Ka = \frac{[NH_3][H^+]}{[NH_4^+]}$$

Mientras

$$NH_3 + H_2O \leftrightarrow NH_4^+ + OH^- \ (pKb = 4{,}75)$$

$$NH_3 \leftrightarrow NH_4^+ + OH^- \ (\textit{notación simplificada})$$

$$\textit{Donde } Kb = \frac{[NH_4^+][OH^-]}{[NH_3]}$$

Si multiplicamos Ka · Kb

$$Ka \times Kb = \frac{[NH_3][H^+]}{[NH_4^+]} \times \frac{[NH_4^+][OH^-]}{[NH_3]}$$

Simplificando

$$Ka \times Kb = [H^+] \times [OH^-] = Kw$$

En el caso del NH_3/NH_4^+, el pKa es 9,25 y pKb 4,75; la suma de ellos es =14.

Es decir, conociendo el pKa de un ácido, es posible obtener el pKb de su base conjugada simplemente restando el valor del pKa a 14. Lo mismo se aplica para el pKb de las bases y el pKa de sus ácidos conjugados.

3. Fisiología ácido-base en el agua corporal

El 50-60% del peso corporal en un humano es agua. Todas las reacciones biológicas ocurren en este solvente. El pH del plasma (y del líquido extracelular) es 7,4; es decir, levemente alcalino, ya que hay una mayor proporción de bases que eliminan H^+ del medio.

Si el pH extracelular es 7,4; significa que la concentración de H^+ es $4 \cdot 10^{-8}$ mol/L (40 nmol/L o 40 nEq/L). El pH intracelular es aproximadamente 6,9-7,2[9,10].

Diariamente el organismo genera grandes cantidades de H^+ provenientes de "ácidos fijos y ácido carbónico". La vida es posible únicamente en rangos de pH que van de 6,8 a 7,8 (16 a 160 nEq/L de $[H^+]$)[11,12]. Por lo tanto, deben existir sistemas que regulen este parámetro en forma perfecta, ya que, como se vio anteriormente, el humano es "agua" y la adición de una pequeña cantidad de ácido provocará una enorme variación del pH.

El metabolismo de proteínas (aminoácidos) y ácidos nucleicos, genera ácidos fijos o no volátiles. Diariamente se producen 50 a 100 mmol de H^+ (1 mmol de H^+ al día por kilogramo de peso en adultos y 1-3 mmol/kg/d en niños) [13,14]. En un hombre de 80 kg, siendo el 50% de su peso corporal agua (40 L); se producirán 80 mmol/d de H^+ que generarán una concentración de 2 mmol/L en el agua corporal total (pH =2,7). Esto es incompatible con la vida, por lo que existen mecanismos para minimizar rápidamente los cambios de pH: "sistemas *buffer*". Además, la función renal es capaz de excretar diariamente esos 80 mmol de H^+. De esta forma, la concentración de H^+ se mantiene en 40 nmol/L.

El metabolismo celular, junto al catabolismo de grasas e hidratos de carbono, produce 15.000 mmol/d de CO_2[13]. El CO_2 reacciona con agua formando ácido carbónico, por esta situación se habla del CO_2 como ácido volátil, carbónico o "no fijo"; aunque en estricto rigor, no es un ácido. Si los 15 moles diarios de CO_2 se disolvieran en el agua corporal, correspondería a una concentración de 375 mmol/L en un hombre de 80 kg (tomando 50% de su peso como agua corporal). Sin embargo, la concentración normal de CO_2 es 1,2 mmol/L gracias al pulmón que elimina el exceso de CO_2.

Espontáneamente, de todo el CO_2 disuelto en agua, una proporción menor formará H_2CO_3; siendo el tiempo medio de esta reacción 8 segundos a 37 °C[15].

Reacción del CO_2 en un medio acuoso:

$$CO_2 + H_2O \longleftrightarrow H_2CO_3 \leftrightarrow H^+ + HCO_3^-$$

La hidratación del CO_2 es un proceso muy lento, gracias a esto las gaseosas que consumimos a diario no contienen cantidades importantes de ácido carbónico. Sí son ácidas, pero debido a la adición de ácido fosfórico y azúcares refinadas; no por el CO_2 disuelto.

Al contrario de la hidratación/deshidratación del CO_2/H_2CO_3, la generación de H^+ y HCO_3^- a partir del H_2CO_3 ocurre instantáneamente.

Afortunadamente, la hidratación/deshidratación del CO_2/H_2CO_3 en el organismo humano sucede rápidamente, y esto se debe a la acción catalizadora de la enzima anhidrasa carbónica (AC) ubicada en el glóbulo rojo y otros tejidos. Esta enzima acelera la reacción en forma bidireccional, es decir, solo disminuye el tiempo que tarda el CO_2/H_2CO_3 en llegar a su Kc (Capítulo 2).

Así, la reacción del CO_2 en el plasma es:

$$CO_2 + H_2O \leftrightarrow H_2CO_3 \leftrightarrow H^+ + HCO_3^-$$

La AC acelera la hidratación/deshidratación del CO_2/H_2CO_3 unas 10.000 veces. Tan efectiva es, que para alterar su efecto biológico es necesario inhibir más del 99,5% de la actividad enzimática. Este grado de inhibición se logra con dosis de acetazolamida de 20 mg/kg de peso[16].

El ácido carbónico es un ácido débil que entrega H^+ al medio. Mientras más CO_2 exista, habrá más H_2CO_3, y así, disminuirá el pH. Lo contrario ocurre si desciende el CO_2, ya que, por principio de acción de masas, la ecuación se direccionará hacia los reactantes. Esto significa que la concentración de CO_2 y H_2CO_3 son proporcionales, variarán siempre en la misma razón. Luego, la eficiente acción de la enzima AC nos permite simplificar la reacción química:

$$CO_2 + H_2O \leftrightarrow H^+ + HCO_3^-$$

El pKa de esta reacción sería:

$$pKa = p\frac{[H^+][HCO_3^-]}{[CO_2]}$$

Por lo anterior, el CO_2 se comporta como un ácido en el organismo, y las moléculas que en su metabolización generen CO_2; serán las fuentes del ácido carbónico, volátil o "no fijo".

En suma, la viabilidad celular es posible únicamente gracias a que el pH de su medio acuoso se mantiene levemente alcalino (≈7,4). Diariamente recibimos una enorme carga de ácidos (fijos y carbónicos) que obligan a la existencia de un complejo sistema homeostático. Este sistema está compuesto por detectores del estado ácido-base, amortiguadores y órganos efectores (riñón y pulmón) que mantendrán el equilibrio ácido-base.

3.1 Origen evolutivo del estado ácido-base del agua corporal

Por lo mencionado anteriormente, pareciera que los sistemas biológicos deben "defenderse" de la carga "inevitable" de ácidos que reciben por su metabolismo. Solo así, pueden sobrevivir. Esta aseveración se encuentra alejada de la realidad. El metabolismo y "manipulación" de ácidos orgánicos, es el mecanismo que tienen los sistemas biológicos para obtener energía. Y solo con ella pueden llevar a cabo las funciones que permiten su subsistencia (Capítulo 7).

La vida se originó en los océanos, un medio acuoso predominantemente "alcalino" (pH 7 a 9). Esta realidad facilitó la existencia de reacciones ácidas en ella, para luego generar energía, y así, la evolución de los procesos celulares.

El compuesto que refleja el "comportamiento alcalino" de las aguas oceánicas y continentales; es el HCO_3^-.

Las aguas naturales contienen CO_2 que proviene desde la atmósfera (el cual se disuelve en ellas), y también, deriva de la descomposición de materia orgánica. El CO_2 tiene un comportamiento "ácido" cuya hidratación produce ácido carbónico, y este, H^+ más HCO_3^-. El HCO_3^- puede volver a aportar un H^+ al medio, transformándose en carbonato.

$$CO_2 + H_2O \leftrightarrow H_2CO_3 \leftrightarrow H^+ + HCO_3^- \leftrightarrow H^+ + CO_3^=$$

El pKa del H_2CO_3 es 6,35; mientras el pKa del HCO_3^- es 10,33. Al contrario, las reacciones de las bases conjugadas son:

$$CO_3^{=} + H_2O \leftrightarrow HCO_3^- + OH^- \ (pKb = 3{,}67)$$

$$HCO_3^- \leftrightarrow CO_2 + OH^- \ (pKb = 7{,}65)$$

Al comparar el pKa y pKb del sistema CO_2/HCO_3^- se aprecia que el CO_2 es veinte veces más fuerte como ácido, que el HCO_3^- como base. Es decir, el CO_2 disuelto acidificará el medio. Por otro lado, el $CO_3^{=}$ es 4,5 millones de veces más fuerte como base, que el HCO_3^- como ácido. Esto significa que la última reacción prácticamente no tiene cabida en los rangos de pH biológicos. Sin embargo, demuestra que el HCO_3^-, al igual que el agua, es un compuesto anfótero; puede actuar como ácido o base según las condiciones del medio. Para los rangos de pH biológicos, el HCO_3^- estará actuando como una base.

Si el CO_2 fuera el único compuesto ácido-base presente en aguas naturales, estas serían medios "ácidos" con predominio de H^+; siendo el HCO_3^- solo una evidencia química de esta realidad.

Sin embargo, la mayor parte de los compuestos ácido-base de las aguas naturales no provienen del CO_2 atmosférico, sino del lavado de rocas calizas en los suelos marinos. La roca caliza es una roca sedimentaria ubicada preferentemente en la porción más superficial del suelo rocoso terrestre (por tanto, en contacto con el agua), y compuesta principalmente por carbonato de calcio ($CaCO_3$).

Las sales de $CaCO_3$ se diluyen en aguas naturales aportando Ca^{++} y $CO_3^{=}$. El carbonato es una base semifuerte (pKb = 3,67) que hidrolizará el agua entregando una gran cantidad de HCO_3^- y OH^-. Es decir, el $CaCO_3$ es el principal compuesto que alcaliniza las aguas naturales, siendo la alta concentración de HCO_3^- la consecuencia química de esta situación (Figura 3).

Como la vida surgió desde los océanos, el pH alcalino permitió descomponer ácidos para obtener energía, estableciendo un pH celular neto cercano al valor neutral.

Posteriormente, cuando las especies abandonaron los océanos para poblar la superficie terrestre, debieron llevarse consigo este "océano", ligeramente alcalino, que baña las células y facilita el metabolismo celular. Así, el riñón es el principal órgano encargado de mantener el líquido extracelular en una composición "similar al océano", con abundante cantidad de NaCl, y también, de HCO_3^-[17].

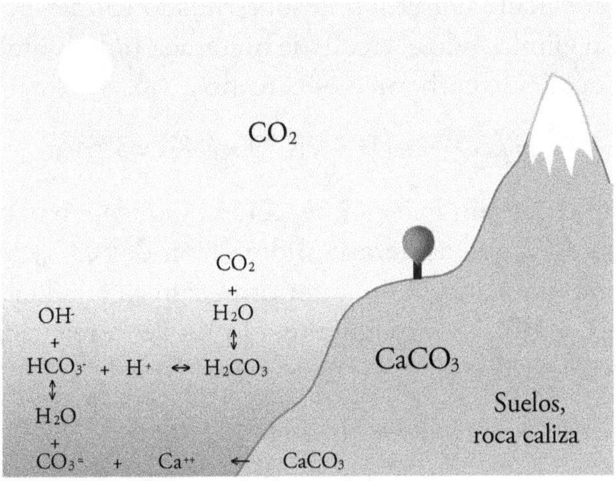

Figura 3. Establecimiento del pH alcalino en aguas naturales.

El riñón no puede aportar $CO_3^{=}$ como base, ya que precipitaría con otros minerales. Sin embargo, entrega una cantidad masiva de HCO_3^- al líquido extracelular. Asociado a lo anterior, el pulmón elimina intensamente CO_2. Así, es posible redireccionar la ecuación del CO_2/HCO_3^- (consumiendo H^+) para mantener un pH levemente alcalino en el extracelular.

$$CO_2 + H_2O \leftarrow H^+ + HCO_3^-$$

3.2 El pKa del ácido carbónico

En muchos textos de química se explicita el pKa del ácido carbónico en torno a un valor de 6,35. Sin embargo, estudios más recientes lo cuantifican en 3,6[18]. El motivo de esta enorme discordancia es que el ácido carbónico solo existe en medios acuosos, no se encuentra como tal en la atmósfera. Por lo tanto, se obtiene al hidratar el CO_2 disuelto en agua formando H_2CO_3. Cuando se equilibran las velocidades de reacción entre productos y reactantes, es posible estimar el pKa con la concentración de cada compuesto:

$$CO_2 + H_2O \leftrightarrow H_2CO_3 \leftrightarrow H^+ + HCO_3^-$$

Pero en esta reacción, el H_2CO_3 no solo está formando H^+ y HCO_3^-, sino que también, se está deshidratando para generar CO_2 y H_2O. Si no se considera esta situación, el cálculo del pKa será subestimado (pKa = 6,35). Cuando se ajusta la reacción eliminando el efecto de hidratación/deshidratación del CO_2/ H_2CO_3, el pKa del ácido carbónico es cercano a 3,6.

$$H_2CO_3 \leftrightarrow H^+ + HCO_3^- \ (pKa = 3,6)$$

Para complejizar aún más esta reacción química, en el cuerpo humano existe la enzima AC, que acelera la hidratación del CO_2; provocando que se comporte como un ácido. A lo anterior, se agrega la adición y extracción continua de CO_2 y HCO_3^-. Finalmente, el pKa de la reacción en equilibrio queda en torno a un valor de 6,1.

$$CO_2 + H_2O \leftrightarrow H^+ + HCO_3^- \ (pKa = 6,1)$$

3.3 Ecuación de Henderson-Hasselbalch

A principios del siglo XX, cuando los fenómenos ácido-base eran explicados aún por la teoría de Arrhenius (Capítulo 1), investigadores de la época encontraron que en el plasma humano había un sistema ácido-base muy prevalente. El CO_2, ácido carbónico, bicarbonato y sus derivados eran tan predominantes que debían ser los encargados de establecer la concentración de H^+. En el año 1909 Henderson organizó una serie de ecuaciones para los ácidos carbónicos que obedecían al principio de acción de masas[1,19,20]:

$$CO_2 + H_2O \leftrightarrow H_2CO_3 \leftrightarrow H^+ + HCO_3^-$$

Para el H_2CO_3...

$$K1 = \frac{[H^+][HCO_3^-]}{[H_2CO_3]}$$

$$[H^+] = \frac{K1 \cdot [H_2CO_3]}{[HCO_3^-]}$$

Para el CO_2...

$$K2 = \frac{[H_2CO_3]}{[CO_2][H_2O]}$$

$$[H_2CO_3] = [CO_2][H_2O] \cdot K2$$

Como la $[H_2O]$ es constante...

$$[H_2CO_3] = [CO_2] \cdot \mathrm{K3}$$

Sustituyendo [H_2CO_3] en la segunda ecuación…

$$[H^+] = \frac{K1 \cdot K3 \cdot [CO_2]}{[HCO_3^-]}$$

$$[H^+] = \frac{K4 \cdot [CO_2]}{[HCO_3^-]}$$

$$Ka = K4 = \frac{[H^+][HCO_3^-]}{[CO_2]}$$

Sørensen creó la notación "pH", usando la operación "$-log_{10}$" para representar las reacciones ácido-base. Así, Hasselbalch aplicó esta notación a las ecuaciones de Henderson para designar las reacciones de los ácidos carbónicos:

$$p[H^+] = pKa + log\frac{[HCO_3^-]}{[CO_2]}$$

$$p[H^+] = pKa + log\frac{[HCO_3^-]}{SCO_2 \cdot PCO_2}$$

El pKa es 6,1 y SCO_2, un coeficiente de solubilidad que transforma la presión parcial (P) de CO_2 en [CO_2] mmol/L[11,12,21]. SCO_2 equivale a 0,03 (1 mmHg de presión parcial de CO_2 determina una concentración de 0,03 mmol/L en agua).

Esta ecuación permitió caracterizar los fenómenos ácido-base que ocurrían en el organismo, se determinaba el pH y se establecía que la PCO_2 era un parámetro dependiente de la función respiratoria, mientras la [HCO_3^-], representaba el "componente metabólico" regulado por la función renal. Pero fue Van Slyke, entre 1917 a 1923, quien logró instaurar este método en la práctica médica[22,23].

La ecuación de Henderson-Hasselbalch explicaba los trastornos ácido-base y se convertiría en el modelo más utilizado para el enfrentamiento de estos cuadros: el "método tradicional".

Kassirer y Bleich eliminaron la operación logarítmica de la ecuación Henderson-Hasselbalch, para crear una igualdad más útil en clínica. Permite conocer la [H^+] en nEq/L a partir de la [HCO_3^-] en mEq/L y PCO_2 en mmHg[24]:

$$[H^+] = 24 \times \frac{PCO_2}{[HCO_3^-]}$$

3.4 Los *buffers* protegen al organismo de los cambios en el pH

Como se mencionó al comenzar este capítulo, la carga diaria de H^+ provenientes de ácidos fijos es 80 mmol/día. Si no fuera porque el plasma es una solución *buffer*, esta carga generaría una $[H^+]$ de ≈2 mmol/L (pH =2,7); algo incompatible con la vida.

Los *buffer*, amortiguadores o tampones; funcionan reaccionando con H^+, transformándose a otro compuesto. Así, no hay aumento significativo de la $[H^+]$. En una solución acuosa los compuestos que pueden cumplir esta función son ácidos o bases débiles que se encuentran en gran cantidad.

En el agua corporal existe un "ácido débil" en abundancia: el CO_2. La concentración normal de sus componentes en el líquido extracelular es[12]:

$[H^+]$: 40 nmol/L

$[HCO_3^-]$: 24 mmol/L

$[CO_2]$: 1,2 mmol/L

pH: 7,4

Por lo tanto, si se agrega la carga diaria de H^+ provenientes de ácidos fijos (2 mmol/L) casi la totalidad de estos reaccionarán inicialmente con el HCO_3^- direccionando la ecuación hacia la izquierda (Figura 4)[21].

Un pH de 6,9 (Figura 4) es significativamente mayor al pH de 2,7 cuando no había *buffer* en la solución. Por otro lado, los cambios diarios en la $[H^+]$ del agua corporal no son súbitos, sino graduales, lo que permite una mantención del pH en rangos adecuados solo por acción del *buffer* extracelular CO_2/HCO_3^-. A esto se debe agregar la participación de otros *buffers* extracelulares y capacidad amortiguadora del intracelular. Posteriormente, actuará el sistema respiratorio aumentando la ventilación y eliminando el exceso de CO_2. El riñón, por su parte, se encargará de eliminar todos los H^+ en exceso, así el pH aumentará logrando una normalización. La función renal también "regenera" el HCO_3^- consumido por las reacciones de tamponamiento, además de "reabsorber" todo el HCO_3^- filtrado (Capítulo 6).

Los amortiguadores químicos más efectivos presentan pKa cercano al pH fisiológico: la hemoglobina, proteínas y H_2PO_4 tienen pKa≈6,8. Ácidos cuyo pKa es <6 o bases con pKb >8,5; no son tampones efectivos[7]. Son amortiguadores extracelulares, además del HCO_3^-; las proteínas plasmáticas *(a: situación basal; b: reacción con exceso de H^+):*

a. $CO_2 + H_2O \leftrightarrow H^+ + HCO_3^-$

[1,2]mmol/L [40]nmol/L [24]mmol/L

...+ 2 mmol/L de H^+... → (HCO_3^-)

b. $CO_2 + H_2O \leftarrow H^+ + HCO_3^-$

[3,2]mmol/L [x]mmol/L [22]mmol/L

Utilizando la ecuación de Henderson-Hasselbalch para calcular el pH, resulta:

$$pH = 6{,}1 + \log_{10}(22/3{,}2)$$
$$pH = 6{,}9$$

Figura 4. Amortiguación de H^+ mediado por el sistema *buffer* CO_2/HCO_3^-.

(como albúmina) y fosfatos. Mientras que tampones intracelulares son: fosfato, carbonato, proteínas, bicarbonato y hemoglobina[13].

Se ha estimado que, ante una carga de ácido, 50% de la amortiguación ocurre en el extracelular, y 50% en el intracelular. La capacidad total de amortiguación del extracelular puede llegar a 10-15 mEq/kg de H^+[15]. En el líquido intersticial (3/4 del extracelular) el principal *buffer* es el HCO_3^-. Pero en el plasma (1/4 del extracelular), el HCO_3^- es responsable del 75% de la respuesta amortiguadora, mientras el resto lo realizan proteínas plasmáticas. El glóbulo rojo se comporta diferente a otras células, en ellos 30% de la capacidad amortiguadora es mediada por el HCO_3^- y el 60% lo realiza la hemoglobina[16]. De toda la capacidad amortiguadora del organismo (LEC más LIC), a pH de 7,4; el 40% se debe al HCO_3^-[25]. Valor que disminuye en acidosis metabólica y aumenta en alcalosis metabólica (Capítulo 8).

3.5 El líquido extracelular; ¿una solución básica gracias a un *buffer* ácido?

El principal *buffer* del líquido extracelular es el CO_2/HCO_3^-. Pero resulta contradictorio que sea un ácido débil el compuesto que permite mantener el pH en 7,4; un valor levemente alcalino. El CO_2 se comporta como un ácido al entregar H^+ en un medio acuoso, entonces, no queda claro cómo un ácido permite la conservación de un pH >7.

La respuesta a esta contradicción se encuentra en el principio de acción de masas. En la reacción se puede apreciar que hay compuestos con una concentración en extremo mayor a otros.

CO_2	+	H_2O	$\leftrightarrow$	H^+	+	HCO_3^-
[1,2]mmol/L				*[40]nmol/L*		*[24]mmol/L*

La concentración de HCO_3^- es 24 mmol/L, mientras que la de H^+ apenas 40 nmol/L. Es decir, la concentración de HCO_3^- es 600.000 veces mayor que la de H^+. Esto provoca una dirección de la ecuación predominantemente hacia la izquierda, formando más CO_2 y consumiendo prácticamente la totalidad del H^+.

La redirección química es únicamente posible gracias a la enorme reabsorción y generación de HCO_3^- que existe en el organismo, y por la eficiente eliminación de CO_2 en el pulmón. Así, la reacción CO_2/HCO_3^- tiene siempre una direccionalidad hacia los reactantes manteniendo un pH en rangos que permiten la vida. Por lo tanto, el pH fisiológico se mantiene, principalmente, gracias a la inmensa labor que realizan el pulmón y el riñón.

Por otro lado, se refleja una situación límite; solo se requiere que el riñón o el pulmón no funcionen óptimamente para que surjan los trastornos.

3.6 Ventajas y desventajas del sistema CO_2/HCO_3^- como el principal *buffer* del organismo

Como el CO_2/HCO_3^- tiene comportamiento de "ácido débil" (pKa =6,1) pareciera un mal sistema amortiguador que solo está por defecto en el agua corporal, ya que el metabolismo genera demasiado CO_2. Sería todo más fácil si el *buffer* del líquido extracelular fuese una base débil.

Sin embargo, al contrario de lo que se pudiera pensar, evolutivamente la mejor elección es utilizar el CO_2/HCO_3^- como sistema de amortiguación.

Los organismos terrestres pueden manipular eficientemente el CO_2 y eliminarlo rápidamente. De hecho, la sangre y el sistema respiratorio están adaptados especialmente para transportar CO_2, y no, O_2 (Capítulo 5).

Es innumerable la cantidad de ácidos que utilizan o generan las células y sus organelos, por lo que es imposible disponer de sistemas adaptados para la eliminación de cada uno de ellos. Afortunadamente, esos ácidos comparten una característica común: son "ácidos orgánicos" (R-COOH). Todas las células poseen una maquinaria enzimática que permite transformar estos ácidos orgánicos en CO_2, siendo este último un "ácido fácil de eliminar". Por lo tanto, un ácido orgánico (R-COOH/R-COO^-) se convertirá en el sistema CO_2/HCO_3^-, y así, logrará ser excretado.

$$R\text{-}COOH \leftrightarrow R\text{-}COO^- + H^+$$

↓ *(reacciones de catabolismo celular)* ↓

$$CO_2 \leftrightarrow HCO_3^- + H^+$$

Esta situación corrige el problema de la eliminación de gran parte de los ácidos en el organismo. Pero aún sigue siendo un mal sistema *buffer*. Es en este aspecto donde el riñón tiene un papel fundamental, ya que es un órgano especialmente adaptado para reabsorber y generar cantidades masivas de HCO_3^-. El redireccionamiento del CO_2/HCO_3^- que comanda el riñón, es en el fondo, dar vuelta a todos los ácidos orgánicos (en la forma de CO_2), para que estos sean eliminados y, además, cumplan la función de *buffer* y mantengan el pH fisiológico.

Existe otra enorme ventaja de transformar todos los ácidos orgánicos a CO_2/HCO_3^-. Y es que sus componentes se convierten en los determinantes de la homeostasis ácido-base del organismo. Como se mencionó anteriormente, son innumerables los ácidos que manipulan las células por lo que no es factible "detectar" cada uno de los componentes de esos ácidos para regular el estado ácido-base. Lo más eficiente es "detectar" los componentes de la vía final común de esos ácidos: el sistema CO_2/HCO_3^-. De hecho, así es como el pulmón y el riñón regulan su funcionamiento y, por tanto, el estado ácido-base corporal.

Relacionado a lo anterior, se desprende otra de las grandes ventajas de usar el sistema CO_2/HCO_3^- como regulador de la homeostasis ácido-base. Debido a su alta prevalencia, tanto en el intra como extracelular, toda perturbación ácido-base necesariamente modificará la concentración de sus componentes. Así, el organismo solo debe "detectar" esta modificación en las concentraciones del CO_2/HCO_3^- para interpretar la alteración ácido-base y ejercer las respuestas compensatorias renales o respiratorias según el tipo de alteración.

En la interpretación de trastornos ácido-base, intentamos groseramente copiar lo que realiza la homeostasis ácido-base del organismo. Evaluamos los componentes del sistema CO_2/HCO_3^- y sus modificaciones en el extracelular para identificar el sentido de la perturbación, y así, asignar un diagnóstico del trastorno ácido-base.

3.7 La línea *buffer* del CO_2/HCO_3^-

En condiciones experimentales es posible reproducir, en una solución acuosa, las concentraciones de CO_2 y HCO_3^- normales del plasma y, por tanto, el pH resultante ($[H^+]$ =40 nEq/L, $[HCO_3^-]$ =24 mEq/L, $[CO_2]$ =1,2 mmol/L ó 40 mmHg, pH =7,4).

Si se genera una perturbación aumentando el CO_2 a 80 mmHg (o 2,4 mmol/L), la reacción se redireccionará hacia la derecha aumentando, también, el HCO_3^-. Dado que esta ecuación química obedece a un equilibrio (pKa) se establecerán nuevas concentraciones de cada componente. El exceso de CO_2 (+1,2 mmol/L), genera la misma cantidad de HCO_3^-, quedando 25,2 mEq/L (24+1,2 mEq/L)[26].

La ecuación de Henderson-Hasselbalch revela el nuevo pH…

$$pH = 6,1 + \log_{10}([24 + 1,2] / 2,4)$$

$$pH = 7,12$$

Al contrario, una disminución en la $[CO_2]$ a la mitad (0,6 mmol/L o presión parcial de CO_2 de 20 mmHg) también provoca un cambio en el pH:

$$pH = 6,1 + \log_{10}([24 - 0,6] / 0,6)$$

$$pH = 7,69$$

Si se grafican todos los posibles valores que toman el pH y HCO_3^- por modificaciones de la presión parcial de CO_2 (PCO_2); se obtiene la denominada "línea *buffer*" (Figura 5).

La línea *buffer* de la Figura 5 representa la disminución del HCO_3^- según el pH; el que a su vez está determinado por la PCO_2. Esta recta se aplica para una solución acuosa, pero si se realiza el mismo experimento en sangre humana la línea *buffer* resultante tiene menor pendiente (Figura 6).

Por lo tanto, en la sangre los cambios de pH son aún menos significativos que en una solución acuosa con únicamente el tampón CO_2/HCO_3^-, y esto se debe a la existencia de otros "*buffers*". El principal es la hemoglobina. Esta propiedad de la sangre varía según la concentración de hemoglobina (Figura 7).

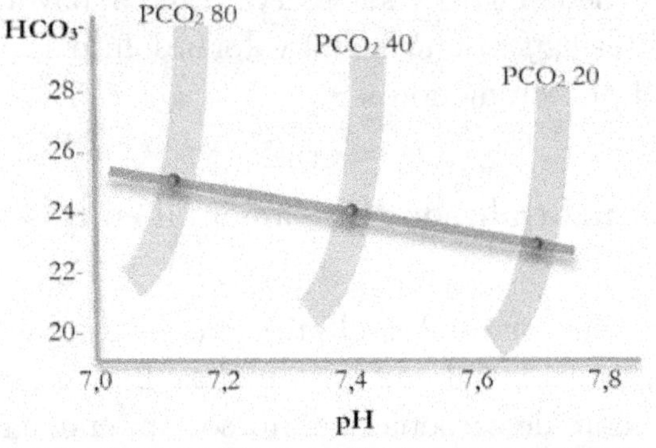

Figura 5. Línea *buffer* del CO_2/HCO_3^-. Modificado de referencia[26].

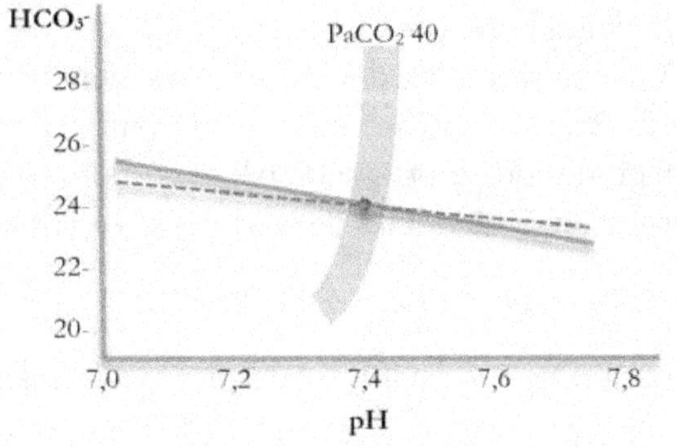

Figura 6. Línea *buffer* del CO_2/HCO_3^- en sangre (línea intermitente). Modificado de referencia[26].

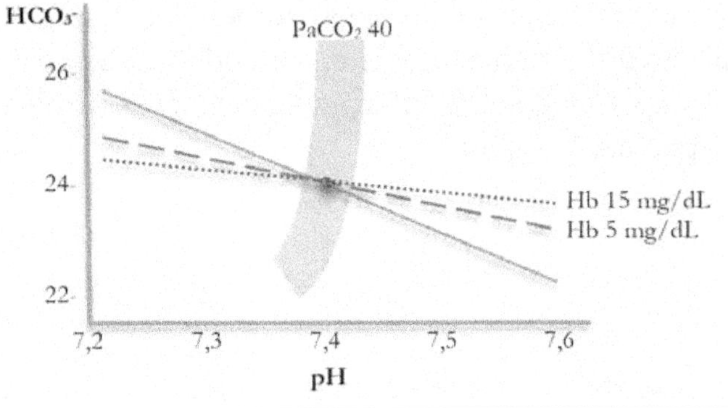

Figura 7. Línea *buffer* del CO_2/HCO_3^- y concentración de hemoglobina. Modificado de referencia[26].

En el gráfico de la Figura 7 se observa cómo a mayor concentración de hemoglobina la línea *buffer* tiene menor valor absoluto de pendiente, es decir, las variaciones del pH son menores.

3.8 El hueso, un neutralizador fundamental en trastornos ácido-base crónicos

En el mar y otras aguas naturales, el principal alcalinizante es el carbonato ($CO_3^{=}$) proveniente del lavado de rocas calizas. El cuerpo humano también cuenta con una fuente de carbonato; el hueso. Sin embargo, a diferencia del suelo terrestre que es una fuente infinita de carbonato, el hueso cuenta con reservas limitadas de $CO_3^{=}$.

El hueso contiene varias formas de minerales necesarios para su correcto funcionamiento. Principalmente son: carbonato de calcio y fosfato de calcio. El anión carbonato ($CO_3^{=}$) proveniente del hueso puede neutralizar hasta 35.000 mEq de H^+[27]. A diferencia de otros aniones que participan en reacciones bidireccionales (reacciones de amortiguación); el carbonato existe como sal, por lo tanto, se consume en situaciones de acidosis y se genera en alcalosis[27].

$$CaCO_3 + H^+ \leftrightarrow Ca^{++} + HCO_3^- \text{ (acidosis)}$$

$$Ca^{++} + 2HCO_3^- \leftrightarrow CaCO_3 + CO_2 + H_2O \text{ (alcalosis)}$$

El esqueleto también posee fosfato de calcio en la forma de cristales de hidroxiapatita ($Ca_5(PO_4)_3OH$). Este es por lejos el mineral óseo más abundante. Su formación genera H^+. Ante situaciones de acidosis crónica la producción de cristales de hidroxiapatita se desacelera.

En la estructura ósea el componente mineral corresponde al 65%. Una acidosis crónica evita la formación de cristales de hidroxiapatita y consume carbonato de calcio. Esto puede afectar gravemente el desarrollo óseo-mineral, sobre todo, en población infantil.

4. Medición de gases en sangre

Los gases arteriales corresponden al examen más frecuente de todos los que se realizan en pacientes críticos[28]. La metodología para evaluación de gases es muy heterogénea entre los distintos laboratorios, sobre todo, para el bicarbonato. Se debe considerar que toda máquina debe estar correctamente calibrada. Muchos laboratorios emplean controles de calidad internos y externos. El primero, se refiere a la evaluación periódica de una muestra con concentraciones conocidas del analito, a partir de la cual se corrobora la veracidad de los resultados informados. Para el control de calidad externo, se analiza una muestra enviada por un agente regulador externo (al que normalmente están adscritos varios laboratorios) y se exportan los resultados a este agente regulador, quien es el encargado de corroborar la veracidad de las mediciones.

La muestra de gases puede afectarse en su lectura por factores técnicos (como una mala calibración de la máquina), por factores biológicos (coagulación y/o modificaciones de la temperatura en la muestra), y por factores humanos (obtención y/o transporte deficitarios).

Una vez obtenida la muestra, la actividad hemostática altera los parámetros de gases en sangre, ya que se producen reacciones ácido-base. Por este motivo, la evaluación se realiza en plasma centrifugado (muestra con anticoagulante que contiene todas las proteínas plasmáticas), y no, en suero centrifugado (muestra sin anticoagulante donde se eliminan proteínas de la coagulación por activación de esta). Los anticoagulantes incluidos en los tubos de muestra pueden ser: heparina, ácido etilendiaminotetraacético (EDTA), citrato, oxalatos, fluoruros o sustancias con amonio. Todos estos anticoagulantes tienen actividad de ácido o base, excepto la heparina. Por esta razón, es el único anticoagulante permitido para la muestra de gases. Se ha demostrado que el contacto del suero con el coágulo no genera variaciones significativas del pH, incluso hasta cuando la centrifugación se realiza seis horas después de haber obtenido la muestra[29], sin embargo, se recomienda ampliamente que la muestra de gases sea evaluada en plasma.

Cuando se realiza la extracción de sangre, deben eliminarse las burbujas de aire y luego mezclar toda la muestra con el anticoagulante. Se estima que se pierde 6 mmol/L de CO_2 desde la muestra al aire por cada hora de contacto con el ambiente[30]. Sin embargo, algunos estudios revelan que la variación en los resultados producto de la exposición a burbujas o aire ambiental por 1 hora, no son significativos[31]. De todas formas, es un aspecto controversial, por lo que se recomienda rigurosidad en la obtención de estas muestras.

El metabolismo de las células también puede afectar el pH. Por este motivo, las muestras que se miden en los primeros quince minutos después de su extracción pueden conservarse a temperatura ambiente. Posterior a este período, se recomienda sumergir el tubo en agua helada y realizar la medición antes de treinta minutos, pero nunca después de sesenta minutos.

Si la muestra es obtenida desde sangre venosa periférica, un torniquete prolongado de la extremidad también alterará los resultados, ya que habrá incremento transitorio del metabolismo anaerobio y producción de CO_2.

Durante la obtención de sangre, el paciente debe tener una fracción inspirada de O_2 (FiO_2) más un patrón ventilatorio estables al menos diez minutos. Es necesario registrar la FiO_2 junto a la temperatura del paciente cuando se envía la muestra al laboratorio.

4.1 ¿Cómo medir gases, en concentración o presión parcial?

Analizar gases en una solución es mucho más complejo que medir un electrolito o algún otro soluto disuelto. Esto se debe a que los gases pueden transferirse desde un líquido al aire y viceversa, hasta equipararse en ambos medios. Lo anterior se puede cuantificar según la Ley de Henry (ver más adelante).

Necesariamente, al medir gases en sangre, esta deberá ser expuesta al ambiente para insertar un detector. En esa acción pueden salir gases desde la sangre a la atmósfera o ingresar desde esta última a la muestra. Esta realidad obliga a que la muestra de gases deba ser analizada rápidamente.

Al sumergir un detector en la muestra de sangre se procura que este no tenga el gas a analizar o que se encuentre en una cantidad mínima conocida.

Además, debe contener en su estructura una membrana permeable para el gas a analizar, ya que este último se transferirá desde el líquido al detector. Así, se "imita" al contacto de la sangre con la atmósfera, solo que aquí existe un ambiente controlado en donde se puede pesquisar y cuantificar los cambios ocurridos.

Cuando analizamos una solución líquida, conocemos el volumen en el cual está disuelto un determinado compuesto. En la atmósfera es distinto, ya que no podemos estimar fácilmente el volumen a donde está escapando el gas, pero sí, la presión que ejerce en la tierra. La presión está determinada por una mezcla de gases. Como podemos conocer la composición relativa de cada gas en esta mezcla, es posible asignar la presión relativa a la presión total que está ejerciendo un gas en particular (presión parcial). Por ejemplo, si la presión atmosférica es de 760 mmHg y la cantidad de O_2 en la mezcla de gases es 21%; podemos afirmar que la presión parcial ejercida por el O_2 será de 160 mmHg (760·0,21).

Mientras mayor sea la presión parcial de un gas, más se transferirá desde la atmósfera hacia una solución. Al contrario, si el gas existe en la solución, y no en la atmósfera; este se transferirá al aire, equilibrándose y determinando una presión parcial específica. Experimentalmente, se ha estimado qué concentración produce en solución acuosa una determinada presión parcial de un gas. Como en la medición de gases se "imitó" al efecto realizado por la trasferencia de gases líquido-aire; los valores son explicitados en presiones parciales y sus unidades en mmHg. Sin embargo, el gas en la sangre está disuelto y la concentración específica se puede obtener desde la presión parcial medida.

4.2 Medición de presión parcial arterial de O_2(PaO_2) y saturación de hemoglobina

La cuantificación de la PaO_2 se realiza mediante un electrodo de Clark[32]. Este electrodo se caracteriza por contener un ánodo y cátodo dentro de una solución de electrolitos con una conductividad conocida. Además, tiene una membrana semipermeable que solo permite el paso de gases, y no, electrolitos. Cuando el electrodo se sumerge en la muestra de plasma, entrará oxígeno hasta que la presión parcial de O_2 (PO_2) del electrodo se equilibra con la concentración de O_2 de la muestra. El oxígeno provocará reducción de los electrolitos en el compartimento cambiando su conductividad. El cambio de conductividad es registrado y se utiliza para estimar la PaO_2 (Figura 8).

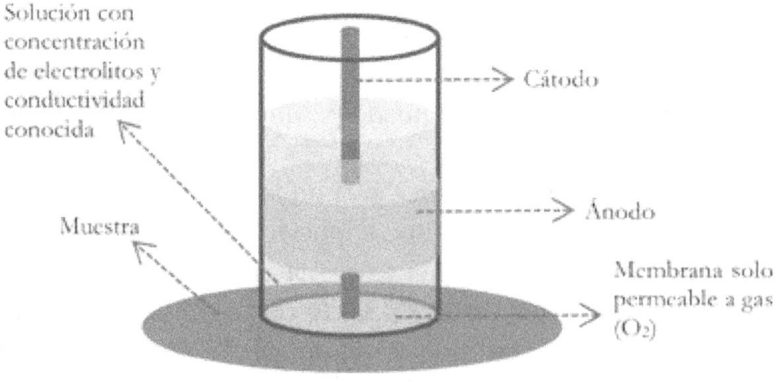

Figura 8. Electrodo de Clark.

Respecto a la saturación de O2 en la hemoglobina (Hb), su medición se realiza mediante espectrofotometría. La espectrofotometría utiliza una propiedad de la materia: la capacidad de emitir o absorber ondas electromagnéticas. El sol (y otros cuerpos radiantes) emiten ondas electromagnéticas. De todo el espectro de ondas electromagnéticas, la luz visible es la que más conocemos porque podemos percibirla como una amplia gama de colores. Sin embargo, el espectro electromagnético abarca desde ondas de radio, micro-ondas, ondas infrarrojas, luz visible, ondas ultravioleta, rayos X y rayos gamma. Prácticamente, el 99% de las ondas electromagnéticas que nos llegan desde el Sol corresponden a ondas ultravioleta, luz visible y ondas infrarrojas. El resto, se pierde en el trayecto o su emisión es despreciable.

El sol emite ondas electromagnéticas de cada color. La suma de todas estas ondas corresponde a la luz blanca (la forma cómo percibimos la emisión de luz visible proveniente del sol). Cuando alguna onda electromagnética del espectro de la luz visible incide sobre la materia, normalmente es absorbida, excepto una onda específica que es emitida. La onda emitida es la que da el color a la materia. Es decir, si la luz blanca proveniente del sol (que contiene todos los colores), llega a un objeto en el planeta, este absorberá la mayoría de ondas electromagnéticas y emitirá una; esta última, corresponderá al color del objeto, el cual podemos percibirlo.

En el caso de la sangre oxigenada su color "rojo escarlata" proviene de la oxihemoglobina, ya que longitudes de onda de 660 nm (luz roja) son emitidas.

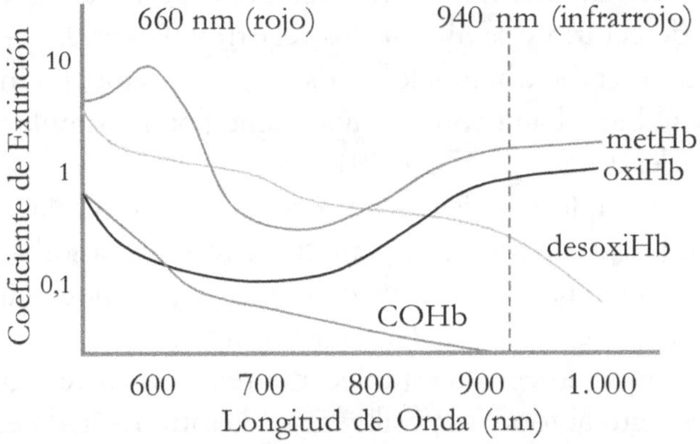

Figura 9. Espectro de absorción de las distintas formas de hemoglobina. Modificado de referencia[28].

El resto es absorbido (absorbancia). La sangre venosa contiene desoxihemoglobina que comienza a emitir ondas al final del espectro de luz visible, por lo que va perdiendo el color rojo. Así, nosotros la percibimos de color "vinoso". Las ondas de 940 nm (luz infrarroja) son predominantemente emitidas por la desoxihemoglobina.

En la espectrofotometría se emiten ondas electromagnéticas específicas y se mide la capacidad de un objeto para absorberlas. Por ejemplo, las ondas de 660 nm tienen mayor absorbancia por la desoxihemoglobina, mientras las de 940 nm, por la oxihemoglobina (Figura 9).

En la oximetría de pulso se emplea el mismo principio, pero el detector percibe solo luces de intensidad alterna (así evidencia la sangre arterial pulsátil, y no, la capilar o venosa de flujo continuo)[28]. La oxihemoglobina absorbe preferentemente la onda de 940 nm, en cambio la desoxihemoglobina; la onda de 660 nm. En una razón entre absorbancias (660 nm/940 nm), un menor resultado indicará más oxihemoglobina. Así, esta razón es proporcional a la saturación de oxígeno de la hemoglobina (sin indicar cuál es su concentración).

$$\frac{Absorbancia\ 660\ nm}{Absorbancia\ 940\ nm} \sim \text{saturación } O_2 de\ Hb$$

Como el porcentaje de metahemoglobina y carboxihemoglobina son despreciables, su interferencia en la medición de absorbancia, por oximetría de pulso, es prácticamente nula. Sin embargo, cuando sus niveles aumentan no es posible detectarlo y se alteran los registros (Capítulo 14). Una mayor concentración de carboxihemoglobina simula oxihemoglobina (saturación normal). En cambio, el aumento de metahemoglobina simula mayor desoxihemoglobina (desaturación) (Figura 9).

En la medición formal de gases arteriales con CO-Oximetría se utilizan varios tipos de longitudes de onda para diferenciar las absorbancias de todos los tipos de hemoglobina (oxi, desoxi, carboxi y metahemoglobina), y además, la muestra de sangre es hemolizada. Se determina la cantidad exacta de cada tipo de hemoglobina. Luego, al establecer la relación entre algún tipo de hemoglobina, respecto al total, es posible saber la saturación de esta.

$$Saturación\ O_2\ Hb\ (\%) = \left(\frac{HbO_2}{HbO_2 + Hb}\right) x\ 100$$

Los analizadores de gases muchas veces emplean fórmulas para estimar la saturación de oxígeno de la Hb ($SaO_2Hb\%$), ya que no miden absorbancia, sino que solo cuantifican determinados gases y solutos. La $SaO_2Hb\%$ se estima a partir de la PaO_2, pH, EB(ecf) y edad. La edad permite diferenciar si la Hb es fetal o de adulto, ya que tienen distinta afinidad por el O_2.

Constantes para hemoglobina según edad:

Adulto: $P_{50}=26,7;\ F1=1,661;\ F2=0,074;\ F3=4,172$

Fetal: $P_{50}=21,5;\ F1=1,3632;\ F2=0,0533;\ F3=4,113$

$$\log_{10} X_1 = \log_{10} PaO_2 + 0{,}48 \times (pH - 7{,}4) - \log_{10} \frac{P_{50}}{26{,}7} + 0{,}0013 \times EB$$

$$\log_{10} X_2 = 2{,}9 \times \log_{10} X_1 + F1 \times 10^{-F2 \times X_1} - F3$$

$$SaO_2Hb\% = \frac{X_2}{X_2 + 1} \times 100$$

4.3 Evaluación del pH

La medición de pH se realiza mediante un electrodo potenciométrico con dos compartimentos independientes; uno posee una membrana de vidrio solo permeable a H^+, y el segundo, se utiliza como patrón de referencia (para comparar diferencias de potencial entre ambos compartimentos).

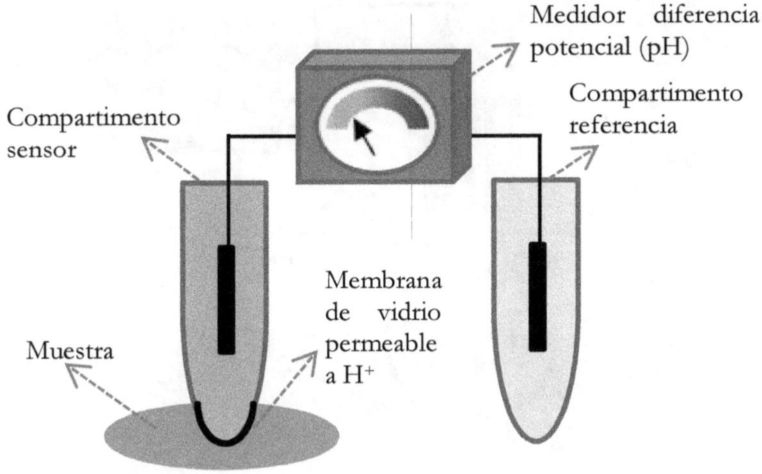

Figura 10. Electrodo de pH.

Cuando se equipara la $[H^+]$ de la muestra con el compartimento sensor, se registra la nueva diferencia de potencial. Esta diferencia de cargas refleja la cantidad de H^+ que pasaron al compartimento sensor y, por tanto, el pH (Figura 10).

El electrodo debe ser calibrado frecuentemente, ya que la permeabilidad de la membrana se altera con el depósito de proteínas[32].

4.4 Evaluación de la presión parcial arterial de CO_2($PaCO_2$)

La $PaCO_2$ se mide mediante el principio de Severinghouse, es decir, por la variación potenciométrica que se genera producto del cambio de pH secundario al CO_2 que entra en un electrodo. Para esto, se utiliza un compartimento con una membrana semipermeable que solo permite el paso de gases. Dentro del compartimento hay un electrodo de pH y una solución con una concentración conocida de $NaHCO_3$ (bicarbonato de sodio). Cuando se sumerge el detector se equipara la concentración de CO_2 plasmático con la concentración de CO_2 en el detector. Luego, el CO_2 provocará una disminución del pH en la solución del electrodo. El cambio de pH será resultado de la cantidad de CO_2 difundido, y por tanto, de la $PaCO_2$ (Figura 11)[26].

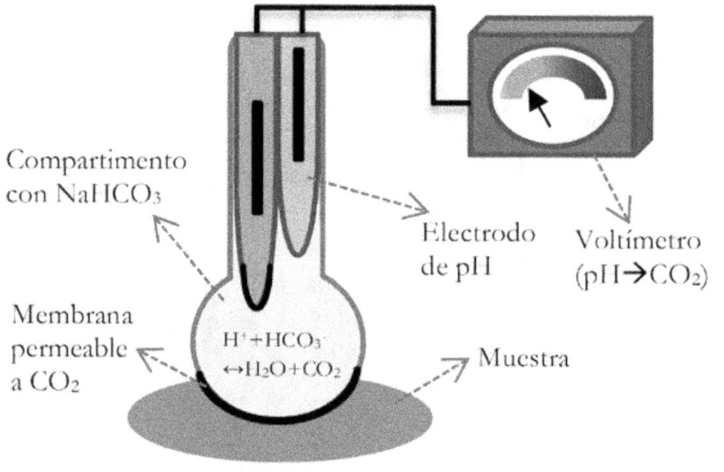

Figura 11. Electrodo de PCO_2.

4.5 ¿Medición del HCO_3^-?

La medición de HCO_3^- es controversial, y la descripción de sus resultados; muy heterogénea. Generalmente, aparece en informes de gases como CO_2 Total (TCO_2), HCO_3^- real o actual, HCO_3^- estándar, HCO_3^- calculado, etc. Existen tres formas clásicas para medir el HCO_3^-: 1) reacción enzimática con fosfoenolpiruvato (PEP), 2) CO_2 Total disuelto, o, 3) cálculo matemático a partir de la ecuación de Henderson-Hasselbalch.

La medición por reacción enzimática se basa en la siguiente ecuación química:

1° $\quad PEP + HCO_3^- \rightarrow Oxaloacetato + H_2PO_4$

2° $\quad Oxaloacetato + NADH + H^+ \rightarrow Malato + NAD^+$

La primera reacción es catalizada por la enzima fosfoenolpiruvato carboxilasa, mientras la segunda, por la enzima malato deshidrogenasa. La oxidación del NADH significa una disminución en la absorbancia de la mezcla, lo cual es proporcional a la cantidad de HCO_3^-. Se adiciona a la muestra cantidades conocidas de los componentes enunciados en ambas reacciones para estimar la concentración de bicarbonato.

Para medir el HCO_3^- mediante TCO_2 se convierte todo el HCO_3^- de una muestra de plasma a CO_2. Para esto, se agrega un exceso de ácido de manera que una enorme cantidad de H^+ redireccione la reacción:

$$CO_2 + H_2O \leftarrow H_2CO_3 \leftarrow \uparrow H^+ + HCO_3^- \leftarrow AH$$

En esta reacción química también se consume ácido carbónico (H_2CO_3) y carbonato ($CO_3^=$), además, se libera CO_2 de proteínas plasmáticas (compuestos carbamino). Todos ellos se encuentran en cantidades despreciables en el plasma.

Con un electrodo de PCO_2 se mide la presión parcial de CO_2 antes y después de agregar el ácido. Como la concentración de ácido carbónico y carbonato son despreciables, la medición de TCO_2 disuelto y CO_2 disuelto inicial permiten calcular la [HCO_3^-]. En la estimación se usan las concentraciones de CO_2, y no, sus presiones parciales.

$$TCO_2 = [CO_2\ inicial] + [H_2CO_3] + [HCO_3^-] + [CO_3^=]$$

Por lo tanto, si el TCO_2 es 25 mEq/L y el CO_2 inicial es 1,2 mEq/L (PCO_2 =40 mmHg); la concentración real de HCO_3^- sería 23,8 mEq/L. Actualmente, los analizadores de gases obtienen primero el bicarbonato y PCO_2, para luego, estimar el TCO_2:

$$TCO_2 = [HCO_3^-] + 0{,}03 \times PCO_2$$

El resultado se obtiene en mmol/L (o mEq/L). La [HCO_3^-] está expresada en mmol/L y la constante 0,03 transforma la PCO_2 de mmHg a mmol/L.

El tercer método para estimación del bicarbonato, utiliza solo la medición del pH y PCO_2 en la muestra. A partir de estos parámetros se calcula la [HCO_3^-] mediante la ecuación de Henderson-Hasselbalch (Capítulo 3). Los laboratorios utilizan fórmulas como las siguientes:

$$HCO_3^-[mmol/L] = 0{,}0307 \cdot PCO_2 \cdot 10^{(pH-6{,}105)}$$

$$HCO_3^-[mmol/L] = 10^{pH+\log_{10} PCO_2 \times 7{,}608}$$

El HCO_3^- obtenido, ya sea por reacción enzimática, TCO_2 o calculado; expresa el bicarbonato real o actual de la muestra. Su valor normal es 22-26 mEq/L en sangre arterial y 24-28 mEq/L en sangre venosa. La [HCO_3^-] plasmático en mujeres es 1 mEq/L menor que en hombres. Algunas guías nefrológicas emplean el TCO_2 como parámetro para lograr metas terapéuticas, usándolo como equivalente al bicarbonato[33]. Sin embargo, cabe resaltar que su valor no corresponde realmente a la [HCO_3^-].

Se ha comparado la medición de bicarbonato entre los distintos métodos, y no existe una diferencia significativa. Sin embargo, una comparación entre HCO_3^- medido por reacción química versus calculado, objetivó que cerca del 5% de las muestras tenían diferencia >±2 mEq/L[31]. Esta diferencia puede ser importante en la interpretación fina de los trastornos ácido-base.

4.6 CO_2 Total (TCO_2); un parámetro con gran dispersión

Como se mencionó anteriormente, la mayor parte del CO_2 Total proviene del HCO_3^- y CO_2 disueltos. La participación de carbonato ($CO_3^=$), ácido carbónico (H_2CO_3) y CO_2 liberado desde proteínas (compuestos carbamino), es insignificante. Por lo tanto, el TCO_2 normalmente excede en 1-1,5 mEq/L la concentración de [HCO_3^-] plasmático según la cantidad de CO_2 disuelto.

Existen dos métodos automatizados para medir el TCO_2. El método potenciométrico evalúa el CO_2 mediante un electrodo de CO_2 luego de añadir un ácido fuerte. El ensayo enzimático agrega fosfoenolpiruvato a la muestra, el cual reacciona con CO_2 provocando oxidación de NADH a NAD^+. Una disminución en la absorbancia de la muestra, producto del consumo de NADH, será proporcional al TCO_2.

El rango normal de TCO_2 va desde 23 a 30 mEq/L, sin embargo, fluctúa mucho entre distintos laboratorios. El TCO_2 en sangre venosa periférica es 2-3 mEq/L mayor que en sangre arterial. (Arterial: 22,1 a 28,3 mEq/L. Venoso: 24,3 a 30,5 mEq/L).

En la mayoría de laboratorios el rango bajo "normal" de TCO_2 es <23 mEq/L, mientras el rango alto "normal" es >30 mEq/L. Como la dispersión del "valor normal" es muy amplia, la interpretación ácido-base utilizando TCO_2 puede ser incorrecta, ya que se subdiagnostican trastornos ácido-base[34]. Esta gran variabilidad en la medición de TCO_2 probablemente se origina en la pérdida de CO_2 hacia la atmósfera durante el procesamiento de las muestras o ganancia de este por metabolismo celular. Por lo mismo, pareciera más fácil calcularlo que medirlo.

4.7 pH y HCO_3^- estándar; la eliminación del efecto *buffer*

En trastornos ácido-base respiratorios, por ejemplo, una acidosis respiratoria, aumenta primariamente la $PaCO_2$. Luego, por redireccionamiento químico, incrementará el H^+ y HCO_3^- (Capítulos 2 y 3). En respuesta a esto la compensación "metabólica" genera más HCO_3^- y elimina ácidos para recuperar la homeostasis ácido-base (Capítulo 8). Es decir, el primer aumento del HCO_3^- se debió al efecto *buffer*, y no, a una respuesta fisiológica de compensación.

Además de los trastornos y respuestas compensatorias ácido-base respiratorias (Capítulos 8, 9 y 10); la PCO_2 puede alejarse del valor normal producto de una inadecuada obtención y/o manipulación de la muestra.

Producen incremento del CO_2 (simulando una acidosis respiratoria aguda): el transporte lento y/o procesamientos tardíos de la muestra (por metabolismo celular), isquemia prolongada de la extremidad donde se obtiene la muestra, coagulación de esta, aumento de temperatura y alteraciones entre la interacción de la Hb con O_2 (efecto Haldane; Capítulo 5). Una elevada PO_2 genera liberación de CO_2 desde la Hb (carbaminohemoglobina), además de promover un comportamiento "ácido" en ella (Capítulo 5). El resultado final es una mayor $PaCO_2$ y menor pH. La disminución de la PO_2 tiene un efecto contrario.

Al contrario, si en la obtención de la muestra hay presencia de burbujas, o durante la lectura se produce un contacto prolongado con el aire ambiental, o desciende la temperatura de la muestra; la PCO_2 disminuirá. Estas situaciones simulan una alcalosis respiratoria aguda (Capítulo 8 y 10).

La estandarización del pH (pH_{st}) y bicarbonato ($st[HCO_3^-]$), corresponde a una forma de corregir la distorsión que generan las reacciones *buffer* dependientes del CO_2 (Capítulo 18). Para su cuantificación se equilibra la muestra de sangre a una PCO_2 de 40 mmHg, temperatura 38 °C y una oxigenación de la sangre que permita máxima saturación de hemoglobina.

Por ejemplo, si en una persona con su fisiología normal se obtiene una muestra de gases arteriales, y esta sufre de transporte retardado, presentará ascenso de la $PaCO_2$ y disminución del pH. Al aplicar la "estandarización", tanto el pH_{st} como el $st[HCO_3^-]$ retornarán a valores normales. Si la alteración correspondía a una acidosis respiratoria, donde ya había comenzado a participar la compensación renal; el pH_{st} y el $stHCO_3^-$ serán mayores a lo normal, denotando que existía una adición "extra" de bases (Capítulo 18).

Los valores estandarizados intentan representar parámetros "metabólicos puros" sin afectación por reacciones químicas de amortiguación (Capítulo 18).

La gran utilidad del pH_{st} y $stHCO_3^-$ está en constituir un control de calidad de la muestra. Como la manipulación y obtención inadecuadas producen variaciones agudas del CO_2, la presencia de un trastorno ácido-base respiratorio agudo con parámetros estandarizados normales sugiere una mala calidad de la muestra (Capítulo 18).

Para cálculos de compensación en trastornos ácido-base se debe utilizar el pH y HCO_3^- real o actual (no los valores estandarizados), ya que se considera el efecto "*buffer*" en las estimaciones de compensación (Capítulo 8).

En la práctica habitual los laboratorios obtienen el $st[HCO_3^-]$ a partir de fórmulas matemáticas. Las más simples utilizan solo el pH y PCO_2 medidos, además del exceso de base (EB; Capítulo 18):

$$EB = 0{,}02786 \times PCO_2 \times 10^{(pH-6{,}1)} + 13{,}77 \times pH - 124{,}58$$

$$st[HCO_3^-] = \frac{EB}{1{,}2} + 23$$

Otras fórmulas utilizan, además del EB, la PCO_2 y pH medidos; la concentración de hemoglobina, constantes representativas de *buffers* extracelulares y factores que asumen una proporción "normal" entre líquido extra e intravascular (Capítulo 18).

$$st[HCO_3^-] = 10^{(pH_{st}-6{,}022)}$$

Donde pH_{st} se estima a partir de la siguiente ecuación:

$$pH_{st} = (0{,}8262 - 0{,}01296 \cdot Hb + 0{,}006942 \cdot EB) \cdot log(0{,}025 \cdot PCO_2) + pH$$

Otra fórmula para $st[HCO_3^-]$ es la siguiente:

$$st[HCO_3^-] = 25 + 0{,}78 \times EB + 0{,}002 \times Hb \times (SaO_2Hb\% - 100)$$

En las ecuaciones anteriores; Hb representa la concentración de hemoglobina (g/dL), $SaO_2Hb\%$ la saturación de Hb (en porcentaje) y EB el exceso de base en sangre (cuyo valor también se obtiene mediante fórmulas en mEq o mmol/L).

En el Capítulo 18 se detalla la importancia del "Exceso de Base" (EB). Los analizadores de gases estiman su valor en sangre o líquido extracelular. Son sinónimos de EB en sangre: el EB(B) (por sus siglas en inglés) y EB "in vitro". Por otro lado, también se denomina al EB del líquido extracelular como: EB(ecf) (por sus siglas en inglés), EB "in vivo" o EB estándar (EBS).

$$EB(ecf)\ o\ EBS = [HCO_3^-] - 24{,}8 + 16{,}2 \cdot (pH - 7{,}4)$$

$$EB(B) = ([HCO_3^-] - 24{,}8 + \{1{,}43 \cdot Hb + 7{,}7\} \cdot \{pH - 7{,}4\}) \cdot (1 - 0{,}014 \cdot Hb)$$

El [HCO_3-] corresponde al bicarbonato medido en mmol/L y Hb a la concentración de hemoglobina en g/dL.

Las fórmulas que utilizan EB para calcular el st[HCO_3^-] emplean el EB en sangre (no el EBS).

4.8 Ley de Henry y temperatura en la medición de gases

Un gas (como el CO_2, N_2, NH_3, O_2) puede entrar desde el aire atmosférico hacia un líquido, o inversamente, es posible que abandone una solución escapándose al aire. Esta propiedad se describe mediante la Ley de Henry, en donde la cantidad de un gas disuelto en un líquido a una temperatura determinada es directamente proporcional a la presión parcial del gas sobre el líquido.

$$C\left[\frac{mol}{L}\right] = Kh\left[\frac{mol}{L \times atm}\right] \times P\ [atm]$$

(C es la concentración molar del gas, Kh la constante de Henry para ese gas a una temperatura determinada y P la presión parcial de este).

El oxígeno tiene una elevada presión parcial en la atmósfera, por lo que tiende a ingresar a la sangre (líquido). En cambio, el CO_2, que tiene mayor concentración en la sangre, sale de esta hacia el aire atmosférico.

Este fenómeno se puede observar al destapar una gaseosa, en donde la disminución súbita de presión parcial de CO_2 (gas comprimido en la botella) permite una rápida eliminación de este en forma de burbujas.

La orina contiene el gas amoniaco (NH_3) en una concentración mucho mayor a la atmosférica. Cuando la orina tiene contacto con el ambiente se libera el gas a la atmosfera dando su olor característico.

El oxígeno que entra al mar permite la supervivencia de los seres marinos y el CO_2 producido puede ser liberado al aire ambiental.

Cuando un buzo desciende hacia el fondo del mar, a la presión atmosférica se suma la presión del agua. Así, a mayor profundidad incrementa la presión parcial de cada gas. Esto favorece el ingreso de nitrógeno gaseoso (N_2) pulmonar hacia la sangre (dilución). Si el ascenso posterior es rápido puede sobrevenir el síndrome de descompresión. El nitrógeno abandona el líquido formando burbujas en los vasos sanguíneos, obstruyendo el flujo o produciendo fenómenos embólicos.

Una menor temperatura favorece la permanencia del gas en el líquido, mientras una mayor temperatura propicia su salida. Cuando se hierve agua, también, habrá escape de burbujas, estos son gases que "pierden" su solubilidad.

La Ley de Henry se debe a la colisión de las partículas gaseosas con la mezcla de líquido. A mayor presión parcial las colisiones son más intensas y más frecuentes, por lo tanto, más probable su ingreso al líquido. Lo contrario ocurre con menor presión. La temperatura expande el volumen de un gas y aumenta el grado de agitación molecular de las partículas. Consecuentemente, el gas tiende a salir del líquido (como ocurre al agitar una gaseosa o hervir el agua).

La constante de Henry para el CO_2 a 20 °C es 0,032 [mol/L·atm]. Es decir, por cada 1 atm (760 mmHg) de presión parcial de CO_2, se puede solubilizar 0,032 mol de CO_2 en 1 L de agua a 20 °C (Tabla 4 y Figura 12). Si extrapolamos lo anterior a la sangre humana, donde la $PaCO_2$ equivale a 40 mmHg; el CO_2 disuelto a 20 °C sería 1,6 mmol/L (0,032·40/760). Como a 37 °C disminuye la solubilidad del CO_2 es que hay 1,2 mmol/L disuelto. En este caso, la constante de Henry para el CO_2 a 37 °C sería 0,0023 [mol/L·atm].

Este fenómeno es trascendental cuando la muestra de gases toma contacto con el ambiente (obtención inapropiada por burbujas, sello inadecuado y/o mala manipulación de la muestra). Como el aire atmosférico es pobre en CO_2 recibirá CO_2 desde la muestra provocando aumento del pH en ella. El procesamiento debe ser rápido, ya que se pierde 6 mmol/L de CO_2 por hora de contacto con el aire[30].

En el plasma el O_2, CO_2 y otros gases se encuentran disueltos, por lo tanto, su concentración se debiera expresar en mmol/L de solución. Sin embargo, como en la técnica de medición actúa la Ley de Henry (por intercambio de gases entre fluidos); se utiliza el valor como presión parcial en mmHg. La utilidad de esta transformación es poder comparar gases atmosféricos con sanguíneos, estimar gases alveolares y detectar rápidamente alteraciones pulmonares.

Tabla 4. Constante de Henry para gases a 20° Celsius.

Gas	Kh ($mol \cdot atm^{-1} \cdot L^{-1}$)
Argón	$1,5 \cdot 10^{-3}$
Dióxido de azufre	$1,3 \cdot 10^{1}$
Dióxido de carbono	$3,2 \cdot 10^{-2}$
Helio	$3,7 \cdot 10^{-4}$
Hidrógeno	$8,5 \cdot 10^{-4}$
Neón	$5,0 \cdot 10^{-4}$
Nitrógeno	$6,3 \cdot 10^{-4}$
Oxígeno	$1,3 \cdot 10^{-3}$

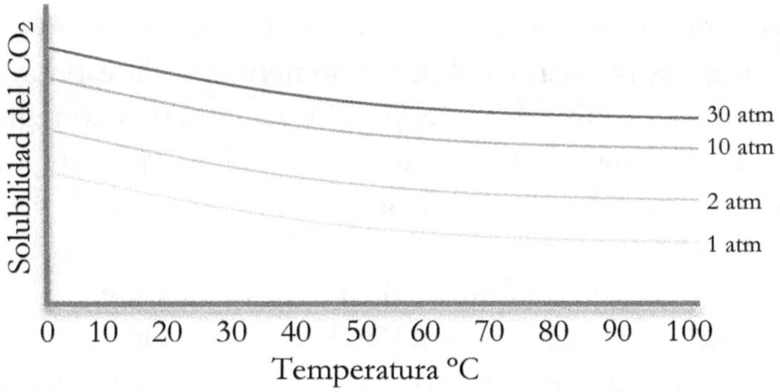

Figura 12. Solubilidad del CO_2 en el agua según temperatura y presión atmosférica.

4.9 Corrección por temperatura en la medición de gases

Mencionamos que la temperatura de una muestra produce variaciones en la concentración de gases disueltos en ella. Los gases en el agua corporal se encuentran disueltos a una temperatura de 37 °C. Luego de la obtención de una muestra, la temperatura ambiental enfría el plasma aumentando la solubilidad de los gases, y con esto, desciende la $PaCO_2$ medida, la $[H^+]$, y también, la PaO_2.

Los valores estandarizados de gases implican la "normalización" de la muestra a $PaCO_2$ 40 mmHg, temperatura de 38 °C y máxima saturación de la

Hb. Si se observan las ecuaciones para pH_{st} y st[HCO_3^-] no se incluye la variable "temperatura". Esto se debe a que los laboratorios, además de centrifugar la muestra, aumentan su temperatura a 37 °C, permitiendo eliminar el error debido a la disminución de la temperatura en la muestra por equilibrio con temperatura ambiental o por inmersión en agua fría debido a un transporte >15 minutos. Es decir, la "normalización" de la temperatura ya está presente cuando se analiza la muestra. (La diferencia entre los valores obtenidos con temperatura 37 °C versus 38 °C es despreciable).

Si en una muestra la concentración del gas se mantiene constante, pero aumenta su temperatura, el gas disminuye su solubilidad tendiendo a "salir" de la solución (aumenta la intensidad y frecuencia de sus colisiones). Esto produce que aumente su concentración en el electrodo de medición. Lo contrario ocurre cuando la muestra se enfría, motivo por el cual se retorna a 37 °C, y así, evitar subestimar la medición de gases. Con el O_2 sucede lo mismo.

Como la temperatura corporal es cercana a 37 °C la corrección es adecuada, pero el problema se establece en cuadros de hipotermia. Cuando la muestra se calienta los gases pierden solubilidad aumentando la estimación de PO_2, PCO_2, y por tanto, disminuyendo el pH. Se recomienda corregir los valores "por cada grado Celsius" de temperatura bajo 37 °C que tenga el paciente: agregando 0,012 unidades al pH, restando 5 mmHg a la PO_2 y sustrayendo 2 mmHg a la PCO_2[35].

Algunos laboratorios informan el valor de los gases según la temperatura del paciente al momento de la obtención de estos (medición "pH-Stat"). Para aquello, se debe informar al laboratorio la temperatura corporal, y así, aplicar las ecuaciones matemáticas de corrección:

$$pH^t = pH + (t - 37) \cdot [-0{,}0147 + 0{,}0065 \cdot (7{,}4 - pH)]$$

$$PCO_2^t = PCO_2 \cdot 10^{0{,}019 \cdot (t-37)}$$

$$PO_2^t = PO_2 \cdot 10^{\left[\frac{5{,}49 \cdot 10^{-11} \cdot PO_2^{3{,}88} + 0{,}071}{9{,}72 \cdot 10^{-9} \cdot PO_2^{3{,}88} + 2{,}3}\right] \cdot (t-37)}$$

(Donde t significa la temperatura del paciente).

4.10 Medición de gases alfa-Stat versus pH-Stat

La medición de gases por técnica alfa-Stat es lo que se realiza habitualmente. Es decir, se calienta la muestra a 37 °C de modo que los gases disueltos en ella revelen sus concentraciones en la forma de presión parcial según lo universalmente conocido, y así, todos podamos utilizar un "lenguaje común".

Los analizadores inmediatos al pie de cama de paciente crítico (i-Stat), también incluyen esta técnica de "calentamiento" en la evaluación de gases.

En cambio, el análisis de gases por técnica pH-Stat realiza una corrección matemática a los gases "calentados" para que el valor de los parámetros medidos corresponda a la temperatura del paciente cuando se realizó la obtención de la muestra. Esta técnica, pH-Stat, podría ser útil en pacientes que padecen cuadros de hipotermia o en aquellos que se realizan cirugías cardiacas donde disminuye considerablemente la temperatura corporal. Sin embargo, no se ha demostrado que esta "re-corrección" tenga beneficios en la evaluación y pronóstico de estos pacientes. Por lo demás, ya no se utilizan hipotermias tan profundas, por lo que no se generaría una alteración significativa en la evaluación de gases.

En la práctica, como el agua corporal no está en contacto con el aire, la cantidad de gas disuelto sigue constante independiente de la temperatura del paciente. Por lo tanto, las células se exponen a la misma cantidad de un gas (O_2, CO_2, etc.), ya que todo está disuelto en un mismo volumen de agua corporal. Lo que se afecta es el paso del gas al aire (o al electrodo). Es decir, es un problema de la técnica de medición, pero no significa que el paciente tenga más o menos cantidad de un gas.

Lo recomendable es utilizar la técnica universalmente estandarizada (alfa-Stat), ya que a partir de ella conocemos los parámetros de normalidad fisiológica y podemos realizar las interpretaciones ácido-base.

4.11 Gases arteriales versus venosos, ¿se correlacionan?

Este tema es controversial, la interpretación correcta de trastornos ácido-base debe hacerse con gases arteriales. Por la incomodidad que genera en el paciente consciente la punción arterial, se ha evaluado la correlación con los valores entregados a partir de muestras obtenidas en sangre venosa periférica[36-39].

Existen múltiples estudios para responder esta pregunta, pero sus metodologías son desordenadas y poco acuciosas; muchos no toman en consideración la técnica de medición del laboratorio para las muestras, ni el lugar de obtención de la sangre venosa (vía venosa central o periférica; o extremidad superior versus inferior, etc.). La mayoría de los laboratorios miden pH y PCO_2, pero el HCO_3^- corresponde a un cálculo; por este motivo es más correcto dirigir la comparación a valores de pH y PCO_2, dejando el caso del HCO_3^- solo cuando la medición se realice por métodos enzimáticos. Finalmente, muchos estudios realizan análisis estadísticos que no son adecuados para evaluar la concordancia entre los gases arteriales versus venosos periféricos.

Cuando se busca evaluar si los gases venosos periféricos pueden reemplazar a los gases arteriales (variables cuantitativas) no tiene utilidad analizar si el promedio de mediciones es similar utilizando ambas técnicas. Por ejemplo, podría existir un estudio que evalúe en mil pacientes la $PaCO_2$, y también, la $PvCO_2$; y en ambos grupos el promedio de PCO_2 sea el mismo (sin diferencia estadística). Sin embargo, no se está considerando si los rangos de dispersión en cada grupo son realmente similares, ni tampoco que cada medición por individuo sea igual con ambas técnicas; solo se evalúa el total de datos.

Los análisis de correlación lineal, tampoco sirven. Incluso, podría existir una correlación perfecta (r=1) y, aun así, no es el análisis estadístico adecuado. En la correlación basta que los datos tengan una tendencia similar (asociación), para que esta sea significativa y potente. Pero lo que interesa es que cada medición sea la misma, ya sea que se mida usando gases venosos periféricos o arteriales. Esto, independiente del valor que pueda tomar la medición realizada.

El análisis estadístico que permite evaluar si cada valor obtenido en distintos individuos es el mismo con ambas técnicas; es el análisis de concordancia. Actualmente, uno de los métodos más utilizados es el de Bland-Altman. En él se grafican todas las mediciones con ambas técnicas (análisis visual) y se evalúan parámetros de concordancia (análisis matemático). Uno de los parámetros valorados es el "bias" o diferencia media. Su valor ideal es 0, indicando que, independiente de la magnitud que tome la variable medida en cada sujeto; es el mismo con ambas técnicas. Así, al restar ambas magnitudes el resultado será 0 (para cada individuo). Luego, al promediar todas estas diferencias el valor será =0. Lógicamente, un valor distinto de 0 indica que las mediciones no entregan el mismo resultado. Además, se informan los límites de concordancia, es decir, el intervalo de confianza 95% para la diferencia media.

Para el pH se ha estimado que la diferencia media (pH arterial – pH venoso periférico) es 0,03 unidades. Es decir, el pH arterial, independiente del valor que tome en algún sujeto determinado, tiende a ser 0,03 unidades mayor

Tabla 5. Parámetros ácido-base normales[41].

Muestra	**pH**	**[H+] (nEq/L)**	**PCO_2 (mmHg)**	**HCO_3^- (mEq/L)**
Arterial	7,4 (7,36-7,44)	40 (36-44)	40 (36-44)	24 (22-26)
Venoso	7,38 (7,34-7,42)	42 (38-46)	46 (42-50)	26 (24-28)

que el pH venoso periférico. Los límites de concordancia para este valor, son: −0,023 y 0,09[40]. El valor negativo (−0,023) indica que, incluso el pH venoso periférico puede ser, en algunos casos, mayor al arterial. Debido a la pequeña magnitud que tiene la diferencia media, se podría aceptar que el pH arterial y venoso periférico son concordantes, pero con el reparo antes mencionado.

Sin embargo, la diferencia media de PCO_2 medida en sangre arterial versus venosa periférica es −4,15 mmHg ($PaCO_2$ − $PvCO_2$). Lo anterior indica que la $PvCO_2$ periférica es −4,15 mmHg mayor que la arterial. El límite de concordancia para esta diferencia media es −5,9 a −2,4. La diferencia media y los límites de concordancia para la PCO_2 tienen valores absolutos muy altos, por lo tanto, no presentan concordancia adecuada.

Para la PaO_2 la concordancia es peor, teniendo una diferencia media de 36,9 mmHg; con límites de concordancia que van desde 21,2 a 51,6 mmHg[40]. En el caso de la PO_2 la sangre arterial tiene 36,9 mmHg más que la venosa (IC95%: 25,6 a 47,9).

En suma, el pH venoso periférico sí tiene buena correlación con el pH arterial, pero la PO_2 y PCO_2 tienen rangos de variación inaceptables. Si la técnica de medición del bicarbonato venoso corresponde a un cálculo matemático, se está agregando, a la buena correlación del pH venoso, la mala correlación de la PCO_2 venosa. El resultado es un parámetro con una concordancia distorsionada. Por este hecho, no es posible afirmar que el HCO_3^- venoso tenga buena concordancia con el arterial.

En la Tabla 5 se resumen los valores "normales" de gases en sangre arterial y venosa periférica, sin embargo, por los argumentos recientemente explicitados; podemos afirmar que los gases venosos periféricos no reemplazan a los gases arteriales.

Por ejemplo, se ha estimado que el HCO_3^- venoso tiende a ser entre 1,27 a 1,75 mEq/L más alto que el arterial. Sin embargo, este valor corresponde a un promedio de múltiples mediciones. Nada permite asegurar que un valor muy elevado de HCO_3^- o muy bajo, sean similares con ambas técnicas de medición. Es decir, si al medir gases venosos el resultado es 40 mEq/L, no se puede "restar 1,5 mEq/L" para aproximar a un valor arterial. La única forma de realizar lo anterior es con parámetros obtenidos mediante estudios de concordancia o de regresión lineal.

En trastornos ácido-base graves, esta disquisición probablemente no tenga mayor relevancia en cuanto al diagnóstico, pero sí influye cuando los trastornos son leves, y también, al momento de realizar una interpretación fina de la alteración ácido-base.

En cuanto a la comparación entre gases arteriales y gases venosos centrales, ocurre una situación similar a la observada para los estudios con sangre venosa periférica. Como se mencionó previamente, los análisis de correlación no son adecuados para resolver esta duda aunque los resultados sean muy buenos[42]. Existe un estudio con análisis de concordancia[43]. En él se obtiene una diferencia media para el pH de 0,04 con límites de concordancia entre −0,09 a 0,19. Para la PCO_2 la diferencia media es −5,84; con límites de concordancia −25 a 13,1. El HCO_3^- (siendo un cálculo a partir del pH y PCO_2) tiene una diferencia media de 0,89; con límites de concordancia entre −4,7 a 6,5.

Nuevamente, la evidencia indica que el análisis con gases venosos centrales no reemplaza los gases arteriales, debido a la mala concordancia que presentan el pH, la PCO_2 y el HCO_3^-.

5. Fisiología ácido-base respiratoria

El sistema respiratorio debe eliminar diariamente 15.000 milimoles de CO_2 que se forman por el metabolismo de grasas y carbohidratos[44]. Otros ácidos orgánicos como: ácido láctico, cítrico, acético, pirúvico, cetoácidos e intermediarios del ciclo de Krebs; son oxidados a CO_2, que también será eliminado por el sistema respiratorio. Es decir, las moléculas hidrocarbonadas con el grupo "ácido carboxilo" (R-COOH) serán metabolizados a CO_2 para su eliminación. Los ácidos que pueden ser combustionados a CO_2 y, por tanto, eliminables mediante el pulmón, se denominan ácidos carbónicos, volátiles o no fijos. Algunos lípidos producen ácidos orgánicos que no pueden ser combustionados a CO_2, como el ácido úrico, oxálico, glucurónico e hipúrico[15]. Todos ellos aportarán a la carga diaria de ácidos fijos (Capítulo 6).

La ventaja de que el metabolismo de ácidos orgánicos confluya en transformaciones hacia el CO_2 es que para el organismo es extremadamente fácil eliminarlo. Por lo anterior, se dice que el CO_2 es un ácido "abierto al aire".

5.1 Relación V/Q; la generación de un equilibrio

Desde los tejidos humanos a cada minuto se consume 200-250 mL/min de O_2 y se produce 200 mL/min de CO_2[44]. Esto equivale a 360 L de O_2 y 288 L de CO_2 al día. Del correcto transporte de estos gases depende el funcionamiento celular y, por tanto, la viabilidad de un organismo.

A nivel celular y corporal, el transporte de gases se realiza en fase acuosa, mientras su eliminación (para el CO_2) y obtención (O_2), se lleva a cabo en intercambio con aire atmosférico. Gracias a una ventilación continua, una permisiva membrana de intercambio alvéolo-capilar y el flujo sanguíneo constante; es posible establecer movimientos prácticamente "directos" de ambos gases entre el aire atmosférico y las células.

Normalmente, al inspirar, ingresa 500 mL de gas atmosférico (volumen tidal, corriente o Vt) al pulmón. Durante 1 minuto, a una frecuencia estándar de 15 respiraciones por minuto, serán 7.500 mL/min. Como el espacio muerto (bronquios y vía aérea) es 150 mL, el gas alveolar que participa de intercambio gaseoso, será 350 mL por respiración o 5.250 mL/min[44]. Si este último valor se compara con el gasto cardiaco normal (5.000 mL/min) la relación entre la ventilación y perfusión alveolar es aproximadamente 1.

La difusión de gases por la membrana alvéolo-capilar prácticamente no afecta en el intercambio gaseoso. Bastan 0,25 segundos para que, con una membrana alvéolo-capilar normal, se igualen las concentraciones de O_2 y CO_2 tanto en sangre como el alvéolo[44,45]. La superficie de la barrera hémato-gaseosa pulmonar es 50-100 m^2 y su espesor <0,5 µm[44].

Se establece así, un flujo bidireccional de gases entre la atmósfera y las células tisulares, en donde se requiere una actividad coordinada entre la ventilación y perfusión. Un defecto en este sistema de flujos será responsable de alteraciones en la concentración de los gases.

En estado de equilibrio debido al consumo de O_2, producción de CO_2 y transporte de ambos entre la célula y la atmósfera; se establecen las siguientes presiones parciales:

$$PaO_2 = 100\ mmHg$$

$$PvO_2 = 40\ mmHg$$

$$PaCO_2 = 40\ mmHg$$

$$PvCO_2 = 45\ mmHg$$

Cuando se altera la ventilación (V) el CO_2 en la sangre aumentará y el O_2 disminuirá. Sin embargo, cuando se altera la perfusión (Q), será el O_2 quien se va a afectar mayormente. Esto se debe a que el CO_2 es 20 veces más soluble que el O_2 y su transporte sanguíneo es mucho más eficiente. Por lo tanto, es fácil eliminar CO_2 desde la sangre hacia el alvéolo[44,45]. Si bien el gradiente que permite el paso de O_2 desde el alvéolo al capilar son 60 mmHg y para el CO_2 5 mmHg; ambos se igualan en 0,25 segundos gracias a la mayor solubilidad del CO_2[45].

5.2 El O_2 y el CO_2 en el alvéolo

En la atmósfera a nivel del mar y a 37 °C, la presión barométrica es 760 mmHg. La composición del aire es 78% N_2 y 21% O_2. La mezcla de otros gases constituye el 1%, siendo el CO_2 solo un 0,033%. La membrana alveolar es higroscópica; esto quiere decir, que puede absorber o ceder humedad al ambiente como vapor de agua. El vapor de agua es H_2O en estado gaseoso. Cuando se satura el aire de vapor de H_2O (humedad relativa 100%) comenzará a aparecer en estado líquido. Esto último se favorece con bajas temperaturas. Climas desérticos se caracterizan por humedad relativa en torno a 10%. En cambio, la generación de nubes, lluvias y el rocío de la noche; se asocian a una humedad relativa de 100% (ya no puede haber más H_2O en estado gaseoso). Si la membrana alvéolo-capilar se expone al aire atmosférico cederá vapor de agua, ya que requiere para su funcionamiento una humedad relativa cercana al 100%. Esto provocará desecación y alteración en la membrana. Para evitar esta situación las cavidades nasales crean un flujo turbulento y agregan vapor de agua. Así, la temperatura del aire inhalado es cercana a 36-37 °C con una humedad relativa de 95-100%. Diariamente se emplea 1 L de agua con este objetivo y aporta 47 mmHg de presión parcial de vapor de agua al aire inspirado[44].

Por lo tanto, la presión parcial de O_2 (PO_2) en la atmósfera es 160 mmHg, pero en el aire inspirado (PiO_2) es 150 mmHg:

$$PiO_2 = FiO_2 \cdot (Patm - PH_2O)$$
$$PiO_2 = 0{,}21 \cdot (760 - 47) = 150\,mmHg$$

Cuando el O_2 llegue al alvéolo, se encontrará con otro gas que aumenta su proporción relativa: el CO_2. La presión parcial alveolar de O_2 (PAO_2) se estima:

$$PAO_2 = FiO_2 \cdot (Patm - PH_2O) - \frac{PaCO_2}{R}$$
$$PAO_2 = 0{,}21 \cdot (760 - 47) - \frac{40}{0{,}8} = 100\,mmHg$$

Esta es la ecuación de gas alveolar, y "R"; el coeficiente respiratorio. "R" refleja una proporción entre producción de CO_2 y consumo de O_2 según el metabolismo. Cuando se utiliza predominantemente glucosa como combustible se consume más O_2 (≈250 mL/min). Por lo tanto, la relación entre la producción de CO_2 y consumo de O_2 ($R = vCO_2/vO_2$) será ≈0,8. En cambio, si se utiliza grasa como fuente energética celular predomina la producción de CO_2 al consumo de O_2; por lo tanto, R será ≥1. Como esta relación se cumple en todo el organismo, también lo hará en el alvéolo donde ambos gases difunden sin dificultades. La $PACO_2$ es prácticamente equivalente a la $PaCO_2$ por la gran capacidad del CO_2 para difundir en la membrana alvéolo-capilar. Esto permite estimar la importancia relativa del CO_2 en el alvéolo a partir de R. Si predomina el consumo de O_2 disminuye R (menos O_2 en el organismo y el alvéolo), por lo que, la PAO_2 será en torno a 100 mmHg. Al contrario, si es mayor el uso de grasa como fuente energética ($vO_2 \approx 200$ mL/min), R será 1 (aumenta el O_2 en el organismo) y la PAO_2 será alrededor de 110 mmHg.

5.3 El recorrido del O_2 y CO_2 en el organismo

El O_2 pasa desde el alvéolo (donde su presión parcial es 100 mmHg) a la sangre capilar pulmonar que llega con PO_2 de 40 mmHg. Prontamente, se iguala la PO_2 de ambos compartimentos. Así, la sangre arterial en la vena pulmonar tendrá una $PO_2 \approx 100$ mmHg. La mayor parte del O_2 viaja unido a hemoglobina (97-99%), lo cual es favorecido por una PaO_2 elevada. El resto (1-3%) está disuelto en la sangre. Posteriormente, se libera O_2 en los capilares tisulares. La menor presión parcial tisular de O_2, mayor acidez por incremento en el contenido de CO_2 y aumento de temperatura; disminuyen la afinidad de la Hb por el O_2. Luego, el O_2 liberado y una fracción de la porción disuelta, difundirán hacia las células para llevar a cabo procesos metabólicos, muchos de los cuales, generarán CO_2 (Figura 13).

El CO_2 liberado desde las células a los capilares tisulares puede ser transportado en forma de carbaminohemoglobina, disuelto, o principalmente; como HCO_3^-. El CO_2 es más soluble que el O_2 y puede transportarse un 7% disuelto. El dióxido de carbono ingresa o abandona las células por difusión simple o mediante los transportadores Acuaporina (AQP). El eritrocito y muchas células expresan constitutivamente AQP1 permitiendo el paso de H_2O y gases como CO_2, entre otros[15].

La hemoglobina y otras proteínas plasmáticas, aumentan el transporte de CO_2 entre 15-20 veces más de lo que se podría transportar solo en forma disuelta. Un 23% viaja asociado a grupos amino terminales de proteínas, especialmente hemoglobina (carbaminohemoglobina)[45]:

$$Hb{\wedge}NH_2 + CO_2 \leftrightarrow Hb{\wedge}NH_2{\wedge}CO_2$$

La Hb reducida, es decir, la que no transporta O_2 (desoxihemoglobina), tiene mayor afinidad por el CO_2 que la oxihemoglobina.

El 70% del CO_2 viaja como HCO_3^-. Este proceso inicia con la difusión del CO_2 al eritrocito del capilar tisular (gracias a su liposolubilidad y presencia de AQP). Luego, la enzima anhidrasa carbónica (AC) cataliza la hidratación del CO_2, así, se formará H^+ y HCO_3^-. El HCO_3^- difunde fácilmente fuera de la célula mediante cotransporte con Cl^- (antiportador AE1) en un proceso llamado "desplazamiento del cloruro". Sin embargo, la eliminación del H^+ es más dificultosa, requiriendo intercambio con K^+[44]. Debido a esto, parte de los H^+ formados reaccionan con Hb:

$$H^+ + Hb\wedge O_2 \leftrightarrow Hb\wedge H^+ + O_2$$

Esta reacción es fundamental y explica muchos sucesos que tienen relación con la función de transporte de la Hb. En los tejidos periféricos donde hay mayor concentración de CO_2 (y, por tanto, de H^+) y menor concentración de O_2; por principio de acción de masas, la reacción tiende a direccionarse hacia la derecha. Es decir, la Hb libera O_2 y se une al H^+, haciendo, además, la función de *buffer* y quedando libre para unirse a otros compuestos como el CO_2. Por lo tanto, en los tejidos periféricos la Hb pierde afinidad por el O_2 y queda disponible para transportar CO_2.

En cambio, en los capilares pulmonares donde la concentración de O_2 es mucho mayor, hay menos CO_2 y mayor pH; la reacción tiende a direccionarse hacia la izquierda.

$$CO_2 + H^+ + Hb\wedge O_2 \leftrightarrow CO_2\text{–}Hb\wedge H^+ + O_2$$

Esto produce que la Hb del glóbulo rojo pueda transportar más oxígeno a la sangre periférica, perdiendo afinidad por el CO_2, el cual puede ser eliminado por la ventilación; y, además, se libera un H^+. Este H^+ se encuentra en un medio donde el CO_2 está siendo eliminado del eritrocito y de la sangre mediante ventilación alveolar. Por lo tanto, nuevamente por principio de acción de masas, el H^+ reaccionará con HCO_3^- al interior del eritrocito, y luego, la anhidrasa carbónica catalizará la formación de H_2O y CO_2. Este último se eliminará con la ventilación (Figura 13).

El desplazamiento del Cloruro produce que la $[Cl^-]$ plasmático venoso sea menor que el arterial, mientras la $[HCO_3^-]$ venoso es mayor que el arterial. El ingreso de Cl^- al eritrocito provoca movimiento de agua a este por aumento de su osmolalidad. De hecho, el hematocrito venoso es un 3% mayor que el arterial por este motivo[46].

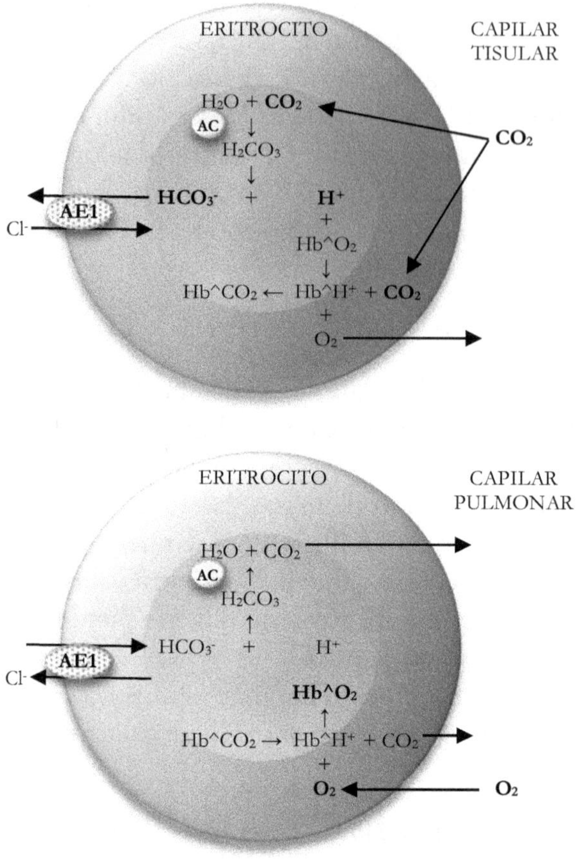

Figura 13. Movimiento de O_2 y CO_2 en el eritrocito.

5.4 Transporte de O_2 en la sangre; un trabajo problemático

La presencia de hemoglobina en la sangre permite transportar 30 a 100 veces más O_2 de lo que se podría acarrear en forma disuelta. Por cada 1 mmHg de PaO_2 hay 0,003 mL de O_2 disuelto en 100 mL de sangre. Es decir, si la PaO_2 es 100 mmHg el contenido de O_2 disuelto será 0,3 mL/dL.

Considerando lo anterior, si el consumo de O_2 en el organismo es 250 mL/min y la concentración de O_2 fuese 0,003 mL/mL en sangre arterial, se necesitaría un gasto cardiaco de 83,3 L/min para perfundir todas las células del organismo. Esto no ocurre gracias a la hemoglobina que transporta 97% del oxígeno y solo el 3% restante viaja disuelto.

Un gramo de hemoglobina se puede unir, como máximo, a 1,34 mL de O_2; por lo tanto, si la concentración de Hb es 15 g/dL, equivale a un transporte de 20,1 mL de O_2 en 100 mL de sangre arterial cuando está saturada al 100%. El contenido arterial de O_2 (CaO_2) sería el siguiente:

$$CaO_2 = [Hb] \cdot 1{,}34 \cdot Sat\% + PaO_2 \cdot 0{,}003$$
$$CaO_2 = 15 \cdot 1{,}34 \cdot 1 + 100 \cdot 0{,}003 = 20{,}4\, mL/dL$$

Se puede apreciar que el O_2 disuelto prácticamente no aporta significativamente al CaO_2. Por otro lado, si el CaO_2 normal es 0,204 mL/mL se necesita 1.225 mL/min para perfundir los tejidos y aportar 250 mL/min de O_2 necesarios para el consumo celular. Si el gasto cardiaco (GC) es 5.000 mL/min, existe una enorme reserva funcional en cuanto a entrega de O_2 a los tejidos. Si la concentración de Hb disminuyera a 1/5 de su valor, el CaO_2 sería 4 mL/dL. Esto significa que se requerirían 6.250 mL/min de gasto cardiaco para aportar los 250 mL/min de O_2. Afortunadamente, la función cardiaca puede aumentar el gasto cardiaco (mediante mayor frecuencia cardiaca y volumen eyectivo) a valores de 12.000 mL/min, supliendo fácilmente el menor aporte de O_2. Sin embargo, si el GC disminuyera a 1/5 de su valor, no es posible aumentar el CaO_2 para solventar el déficit en la entrega tisular de O_2. Esto se debe a una grave "limitación" en el transporte de O_2: "su saturación". De hecho, a una PaO_2 de 60-70 mmHg la hemoglobina se encuentra prácticamente saturada. Incluso, si se aumentara la porción disuelta a una presión parcial de ≈600 mmHg, el contenido de O_2 no aumenta significativamente (Figura 14).

El 98% de la sangre que ingresa a la aurícula izquierda proviene de los pulmones (PO_2 =100 mmHg), en cambio, el 2% restante viene de la circulación bronquial que no ha participado de intercambio gaseoso (PO_2 =40 mmHg). Esta mezcla provoca que la sangre arterial expulsada por el ventrículo izquierdo tenga una PaO_2 de 95 mmHg, lo que determina una saturación de Hb del 97% y CaO_2 de 19,4 mL/dL de sangre[45].

La PO_2 en el intersticio es 40 mmHg, mientras en las células es 23 mmHg, favoreciendo un flujo de O_2 desde la sangre capilar hasta la célula. Esta última, precisa de solo 1-3 mmHg para realizar sus funciones básicas[45].

La PO_2 venosa es 40 mmHg, lo que determina una saturación de Hb =75% y un contenido venoso de O_2 (CvO_2) =14,4 mL/dL. Es decir, en condiciones normales, se entrega 5 mL de O_2 (19,4−14,4 =5) por cada 100 mL de sangre a los tejidos[45]. Una PaO_2 de 95 mmHg equivale a 0,29 mL de O_2 en 100 mL de sangre (95 mmHg · 0,003 mL/mmHg); mientras una PvO_2 de 40 mmHg son 0,12 mL/dL de sangre (40 mmHg · 0,003 mL/mmHg). Por lo tanto, de los 5 mL/dL de O_2 que proporciona la sangre a las células, solo 0,17 mL/dL (0,29−0,12 =0,17), o sea, un 3%; se entrega en forma disuelta (0,17·100/5).

El oxígeno siempre viaja al "límite". En condiciones normales se transporta con Hb saturada y la porción disuelta no contribuye a la entrega tisular de O_2, no existe una "reserva" de transporte.

El monóxido de carbono (CO) se combina con la Hb en el mismo sitio que el O_2 y con una afinidad 250 veces mayor. De hecho, una presión parcial alveolar de CO (PACO) de 0,4 mmHg tiene la misma potencia que una PAO_2 de 100 mmHg para saturar la Hb. Por lo tanto, con PACO de 0,4 mmHg, la mitad de la Hb estará transportando O_2 y la otra mitad CO[45]. Esto se produce con una Fracción inspirada de CO (FiCO) de 0,084%; muy por debajo de la FiO_2 de 21%. Pequeñas concentraciones de CO en el aire pueden ser letales, ya que impiden la entrega de O_2 a las células, generando metabolismo anaerobio, acidosis láctica, disfunción celular y falla multiorgánica.

5.5 Curva de disociación de la hemoglobina y efecto Böhr

El O_2 se combina en forma reversible con la porción "hem" de la hemoglobina. Cuando la PaO_2 es elevada la Hb tiene la mayor capacidad de unión por el O_2 facilitando su transporte. Una PaO_2 de 60 mmHg genera saturación de Hb de 89%, y con 95 mmHg es 97%. Al contrario, cuando la PaO_2 disminuye, como en los capilares tisulares, la Hb pierde esta capacidad de unión al oxígeno permitiendo una mayor entrega de este. La cinética de unión entre la Hb y el O_2 tiene una curva sigmoidea (Figura 14).

Un aumento de temperatura y mayor concentración de 2,3-bifosfoglicerato desplazan la curva de disociación de la Hb a la derecha, disminuyendo su afinidad por el O_2 (Figura 14).

El pH también influye en la afinidad de la Hb por el O_2. Cuando disminuye el pH la Hb pierde afinidad por el O_2, lo que permite su liberación en los capilares tisulares. El efecto contrario ocurre en los capilares pulmonares donde el pH es mayor.

$$H^+ + Hb^\wedge O_2 \leftrightarrow Hb^\wedge H^+ + O_2$$

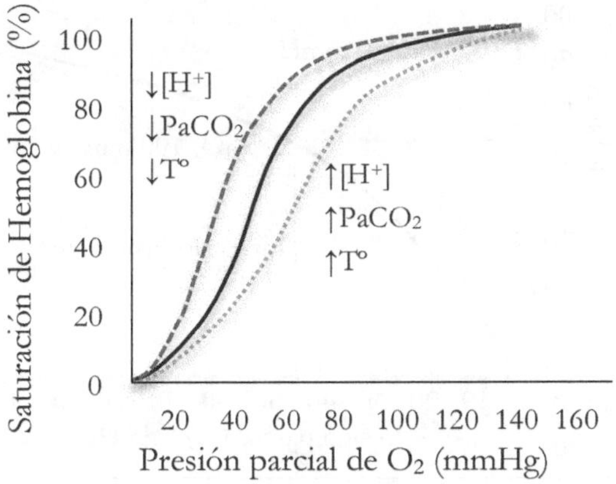

Figura 14. Curva de disociación de la Hb según PO_2.

El efecto Böhr se refiere a la variación en la afinidad de la Hb por el oxígeno provocada por el CO_2. En los tejidos periféricos la reacción anterior se direcciona hacia la derecha. Esto se debe a una mayor $[H^+]$ secundaria a la producción de CO_2 celular y el consumo de O_2. El efecto es una mayor entrega de O_2 favorecida por el CO_2. Al contrario, en los capilares pulmonares, la reacción se direcciona a la izquierda por la extracción continua de CO_2 (con disminución de $[H^+]$) y adición de O_2. El efecto es un mayor transporte por la disminución de PCO_2.

5.6 Transporte de CO_2 en la sangre; un trabajo fácil

El transporte de CO_2 en la sangre, a diferencia del O_2, "no tiene límites"; porque la sangre no se satura de este en rangos fisiológicos.

La cantidad de CO_2 disuelto que porta la sangre arterial es 40 mmHg, lo que equivale a 2,7 mL/dL de sangre. Si 1 mmHg de CO_2 solubiliza 0,03 mmol/L de este gas (coeficiente de solubilidad o SCO_2); 40 mmHg corresponde a 1,2 mmol/L. Como el volumen molar de CO_2 es 22,3 L/mol; el volumen de CO_2 en 100 mL de sangre arterial es 2,7 mL/dL (22,3 L/mol · 0,0012 mol =0,027 L; esto en 1 Litro de sangre equivale a 27 mL/L de sangre o 2,7 mL/dL de sangre). Al aplicar el mismo cálculo a la sangre venosa que tiene 45 mmHg de CO_2, el contenido de CO_2 disuelto es 3 mL/dL. Por lo tanto, si se compara el contenido

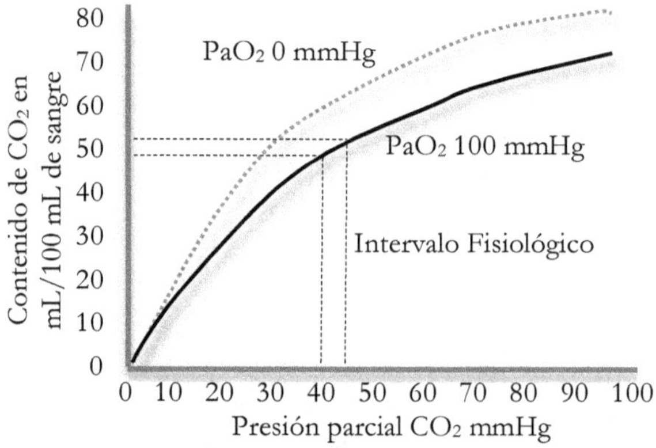

Figura 15. Transporte de CO_2 en la sangre.

arterial y venoso, es posible afirmar que la sangre venosa pierde 0,3 ml de CO_2 por cada 100 mL de sangre que recorre los pulmones. Esta cantidad equivale a solo el 7% del CO_2 que se transporta normalmente[45].

La hidratación del CO_2 en el plasma es un fenómeno extremadamente lento, pero en el eritrocito, gracias a la anhidrasa carbónica, ocurre en forma instantánea. La formación de HCO_3^- representa el 70% del CO_2 transportado desde los tejidos al capilar pulmonar. Cuando se administra un inhibidor de AC, como acetazolamida en dosis muy altas, el transporte de CO_2 se altera de forma tal, que la PCO_2 tisular asciende a 80 mmHg.

El CO_2 también reacciona con radicales amino de proteínas plasmáticas y hemoglobina. Los compuestos carbamino podrían transportar 30% del CO_2 generado, sin embargo, como la velocidad de formación de estos compuestos es lenta, se estima que su valor real es un 23%[45].

En estado de equilibrio la producción y eliminación continua de CO_2 provocan que el contenido total de CO_2 (medido en todas sus formas) sea de 48 mL/dL en sangre arterial y 52 mL/dL en sangre venosa. Es decir, se extraen 4 mL de CO_2 por cada 100 mL de sangre (Figura 15).

Cuando mencionamos que por cada 100 mL de sangre se extraen 4 mL de CO_2, esta cantidad proviene de todo el contenido de CO_2 de la sangre. Es decir; del CO_2 disuelto, unido a compuestos carbamino y como HCO_3^-. Si comparamos la cantidad que se extrae de CO_2 disuelto por cada 100 mL de

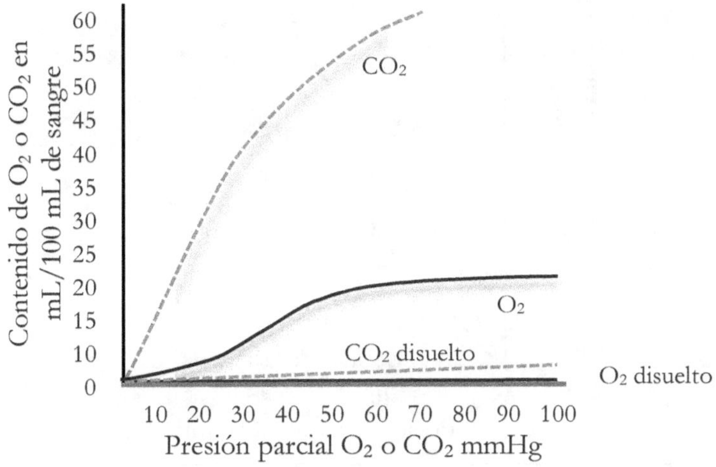

Figura 16. Contenido de CO_2 y O_2 en sangre (modificado de referencia[47]).

sangre (0,3 mL), comprobaremos que corresponde a un 7% de todo el CO_2 eliminado (4 mL); confirmando la proporción de CO_2 que viaja disuelto.

Cuando se compara el CO_2 eliminado (4 mL/dL) con el O_2 consumido (5 mL/dL), se obtiene el cociente respiratorio (R =0,8).

También, es posible observar que la sangre contiene aproximadamente 50 mL/dL de CO_2, mientras el O_2 es 20 mL/dL. Es decir, la cantidad de CO_2 en la sangre es predominante y esto se debe a su mayor solubilidad (Figura 16).

5.7 Efecto Haldane; un facilitador del transporte de CO_2

Como se mencionó anteriormente, el O_2 produce variación en la afinidad de la Hb por el CO_2.

Cuando existe abundancia de O_2 la Hb se comporta como un "ácido" (aumento de los productos y dirección de la reacción hacia los reactantes).

$$H^+ + Hb^\wedge O_2 \leftrightarrow Hb^\wedge H^+ + O_2$$

Por otro lado, el O_2 favorece un estado oxidado de la hemoglobina mediante la formación de oxihemoglobina. Esta última tiene menor afinidad por el CO_2, deshaciendo compuestos de carbaminohemoglobina y promoviendo su transporte en forma disuelta. Si aumenta el CO_2 libre, también lo hará la $[H^+]$.

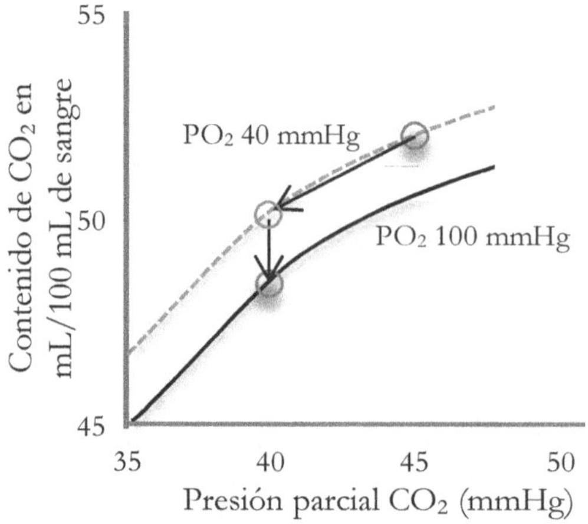

Figura 17. Efecto Haldane.

$$Hb\text{^}CO_2 + O_2 \leftrightarrow Hb\text{^}O_2 + CO_2$$

Así, el O_2 en exceso genera acidez, sin embargo, es fundamental para el transporte adecuado del CO_2.

Como se observa en las Figuras 15 y 17, mientras mayor es la PO_2 el contenido sanguíneo de CO_2 es menor; se desplaza la curva hacia abajo, todo esto, producto de una menor afinidad de la Hb por el CO_2.

El efecto Haldane hace referencia a las variaciones en la afinidad de la Hb por el CO_2 debidas a la PO_2. Como en los capilares tisulares la PO_2 es baja (40 mmHg) se puede formar más carbaminohemoglobina. Al contrario, en los capilares pulmonares, donde la PO_2 es 100 mmHg, disminuye la afinidad de la Hb por el CO_2, favoreciendo la fracción disuelta, y así, su eliminación por el pulmón. El contenido venoso de CO_2 es 52 mL/dL cuando la PCO_2 es 45 mmHg y PO_2 40 mmHg. Una reducción de la PCO_2 a 40 mmHg producto de su eliminación por el sistema respiratorio permitiría un descenso del contenido arterial de CO_2 a 50 mL/dL (con PO_2 de 40 mmHg). Sin embargo, como al mismo tiempo se agrega O_2, el cual disminuye la afinidad de la Hb por el CO_2, es posible eliminar una mayor cantidad de este. Así, cuando la PO_2 es 100 mmHg una PCO_2 de 40 mmHg determina un contenido sanguíneo de CO_2 de 48 mL/dL (Figura 17). Por lo tanto, el efecto Haldane permite duplicar la eliminación de CO_2. Cuantitativamente, el efecto Haldane es mucho más importante que el efecto Böhr[45].

5.8 El factor limitante en la eliminación del CO_2 es la ventilación

Todo lo explicitado anteriormente, demuestra la facilidad que tiene la sangre para transportar CO_2. Además, es liposoluble y no tiene problemas para difundir a través de la membrana alvéolo-capilar. Así, el factor limitante que queda para producir acumulación de CO_2 es la ventilación alveolar[44,48].

Como el CO_2 es muy soluble y difunde fácilmente la presión parcial alveolar de CO_2 es prácticamente igual a la presión parcial arterial de CO_2. La $PACO_2$ es directamente proporcional a la producción de CO_2 (vCO_2) e inversamente proporcional a la ventilación alveolar (VA):

$$PACO_2 = \frac{vCO_2}{VA}$$

Por lo tanto, VA se puede representar como:

$$VA = \frac{vCO_2}{PaCO_2}$$

La VA es el resultado de la multiplicación del volumen corriente y la frecuencia respiratoria (FR).

$$VA = Vt \cdot FR$$

Desde un punto de vista matemático, cualquier situación que disminuya la VA producirá un aumento en la $PaCO_2$. Estas alteraciones pueden ubicarse desde el centro regulador (control neural) hasta el fuelle respiratorio (caja torácica, músculos ventilatorios, enfermedades pulmonares parenquimatosas y de las vías aéreas). Existen patologías donde hay alteraciones sectoriales del parénquima pulmonar, en las cuales se altera la relación ventilación-perfusión (V/Q): neumonía, edema pulmonar, embolismo pulmonar, distrés respiratorio, entre otras.

Todos los mecanismos de fallo en la función respiratoria corresponden realmente a alteraciones V/Q. La hipoventilación y el shunt afectan el flujo de gases pulmonares (alteración de "V": llega sangre al pulmón, pero no el aire). En cambio, un aumento del espacio muerto, alteraciones de la perfusión y difusión; significan que llega aire al pulmón, pero no la sangre, afectando el intercambio de gases (alteración de "Q"). Como el transporte de O_2 en la sangre no posee "reserva funcional", un defecto en él generará hipoxemia. Al contrario, la reserva funcional para transporte sanguíneo de CO_2 es enorme, motivo por el cual, incluso aumenta su transporte y eliminación en condiciones de hipoxemia. Esta diferenciación no se produce cuando se afecta la parte ventilatoria, donde ambos gases se trasladan en igualdad de condiciones. Por este motivo, una alteración del "V" (hipoventilación y shunt severo) generan hipoxemia e hipercapnia.

Una insuficiencia respiratoria siempre tendrá hipoxemia, pero la hipercapnia dependerá del mecanismo. Si en la alteración de la relación V/Q predomina en el componente "Q" (V/Q =∞); existirá hipocapnia por aumento en su transporte y eliminación. Si el defecto es en el componente "V" (V/Q =0) se producirá acumulación de CO_2. Esta situación es evidente en la hipoventilación, distrés respiratorio, edema pulmonar y neumonías severas.

Es posible diferenciar una hipercapnia debida a hipoventilación exclusiva de una producida por alteración V/Q =0 (shunt) usando el gradiente alvéolo-arterial de O_2 ($D(Aa)O_2$):

$$D(Aa)O_2 = PAO_2 - PaO_2$$

El valor normal corresponde a 5-10 mmHg en jóvenes sanos, mientras es 20-25 mmHg en ancianos saludables. Por cada década el valor normal de la $D(Aa)O_2$ aumenta en 2 mmHg. Otra forma de estimarlo es con la siguiente fórmula[49]:

$$D(Aa)O_2\ (normal) = \frac{Edad}{4} + 4$$

En la hipoventilación disminuye el flujo de aire (gases) desde y hacia el alvéolo. Esto genera acumulación de CO_2 y disminución de O_2. Si se analiza la nueva PAO_2, se observa un decremento en su valor...

$$PAO_2 = 0{,}21(Patm - PH_2O) - \frac{\uparrow PaCO_2}{0{,}8}$$

Al mismo tiempo, la PaO_2 también disminuye, lo que contrarresta la menor PAO_2, manteniendo la $D(Aa)O_2$ constante

$$D(Aa)O_2 = 0{,}21(Patm - PH_2O) - \frac{\uparrow PaCO_2}{0{,}8} - \downarrow PaO_2$$

En el shunt (V/Q =0) existe una ocupación del alvéolo por secreciones, sangre o exudado de plasma. Como el O_2 es poco soluble se afecta gravemente su difusión desde la vía aérea al alvéolo inundado. Luego, el escaso O_2 del alvéolo ocupado deberá difundir a la sangre, acción que realiza deficientemente. Así, la disminución de la PaO_2 es más severa que en la hipoventilación. Al analizar la PAO_2 se observa una disminución en su valor por efecto de la ocupación alveolar y la acumulación de CO_2 que es más soluble. Sin embargo, como se altera en mayor intensidad la PaO_2 habrá un aumento de la $D(Aa)O_2$...

$$D(Aa)O_2 = 0{,}21(Patm - PH_2O) - \frac{\uparrow PaCO_2}{0{,}8} - \downarrow\downarrow\downarrow PaO_2$$

5.9 Control neural en la función ventilatoria

El sistema nervioso central regula la ventilación mediante centros bulbares, pontinos y corticales cerebrales; que reciben aferencias de quimiorreceptores centrales y periféricos. Los quimiorreceptores detectan variaciones en la PaO_2, $PaCO_2$ y $[H^+]$.

En el piso del IV° ventrículo encefálico se ubican quimiorreceptores centrales que responden a las modificaciones del pH, aumentando o disminuyendo la ventilación. Cuando aumenta el CO_2, este difunde por su liposolubilidad al espacio subaracnoideo. Aquí, formará H^+ y HCO_3^-. El H^+ es quien estimula la ventilación en los receptores centrales del IV° ventrículo. Sin embargo, en situaciones de insuficiencia respiratoria crónica global (con hipercapnia) ocurre una compensación renal produciendo mayor reabsorción de HCO_3^-. El HCO_3^- se acumula en el líquido cefalorraquídeo (LCR), así, cuando el CO_2 forma H^+ se amortigua con el HCO_3^- y se pierde el estímulo sobre los quimiorreceptores centrales. Por lo tanto, actuarán solo los quimiorreceptores periféricos y el estímulo para aumentar la ventilación será menor. Luego, se producirá una hipoventilación relativa con tendencia a la retención de CO_2.

5.10 Efectos deletéreos de la oxigenoterapia excesiva en insuficiencia respiratoria crónica

Como se mencionó anteriormente, si un enfermo se encuentra hipoxémico, un aumento en la FiO_2 (y, por tanto, del O_2 disuelto), no provocará un incremento significativo en el CaO_2, pero sí puede devenir en una grave acidosis respiratoria.

El exceso de O_2 disuelto reacciona con Hb favoreciendo liberación de H^+. Además, por efecto Haldane, disminuyen los compuestos carbamino; aumentando el CO_2 disuelto, y así, el H^+ libre.

$$O_2 + CO_2\text{–}Hb^\wedge H^+ \leftrightarrow H^+ + Hb^\wedge O_2 + CO_2 \leftrightarrow HCO_3^- + H^+$$

Por otro lado, el control neural central de los pacientes con insuficiencia respiratoria crónica se encuentra alterado por alcalinización del LCR. En consecuencia, la hipoxemia que actúa en quimiorreceptores periféricos es el único estímulo ventilatorio. Así, la administración de O_2 en altas concentraciones eliminará este estímulo ventilatorio generando más hipoventilación, retención de CO_2 y acidosis.

Una respuesta homeostática normal del pulmón es la vasoconstricción hipóxica. Esto permite que unidades mal ventiladas (V/Q =0) no reciban irrigación sanguínea, evitando la generación de zonas con shunt. Nuevamente, el exceso de O_2 en la vía aérea abre estos vasos sanguíneos aumentando el shunt pulmonar, generando retención de CO_2 y acidosis.

Finalmente, en los quimiorreceptores periféricos existe una respuesta sinérgica entre la hipoxemia e hipercapnia para su activación. Cuando existe un exceso de O_2 disuelto se pierde la potenciación hipóxico-hipercápnica en los quimiorreceptores periféricos, provocando más hipoventilación, retención de CO_2 y acidosis respiratoria.

6. Fisiología ácido-base renal

Son múltiples las funciones del riñón, y una de ellas es regular el estado ácido-base del organismo. El riñón excreta los 50-100 milimoles (1 mmol/kg/d) de H^+ que se producen diariamente provenientes de ácidos fijos (por metabolismo de proteínas y ácidos nucleicos)[12,21]. El metabolismo de fosfoproteínas y ácidos nucleicos origina ácido fosfórico; los aminoácidos catiónicos (arginina, lisina, histidina) producen ácido clorhídrico; y los aminoácidos azufrados (metionina y cisteína) generan ácido sulfúrico[27,50]. Tanto el ácido fosfórico, sulfúrico y clorhídrico son ácidos minerales que aportan a la carga diaria de ácido fijo.

La carga diaria de ácido fijo es alta; sobre 200 mmol de H^+. Esto, considerando una dieta occidental rica en proteínas. Pero también existe una carga de bases, que provienen del metabolismo de algunos aminoácidos (glutamato y aspartato) y aniones orgánicos (citrato, gluconato, malato, acetato y lactato). Esta carga básica equivale a 150 mmol/d. Así, la producción neta de ácido fijo proveniente de proteínas es aproximadamente 50-70 mmol/d[50]. Se estima que con una ingesta proteica de 1 g/kg/d, la producción neta de ácido fijo es 0,8 mmol/kg/d[27].

Los ácidos carbónicos (R-COOH) se transforman a CO_2. Sin embargo, las células humanas no contienen la maquinaria enzimática para catabolizar algunos de estos ácidos: ácido úrico (proveniente de los ácidos nucleicos), ácido oxálico, ácido hipúrico y ácido glucurónico. Ellos aportan a la carga diaria de ácido fijo y se eliminan por el riñón.

Los ácidos fijos generados en el organismo, inicialmente, serán tamponados por amortiguadores extra e intracelulares (especialmente; HCO_3^-).

Posteriormente, se eliminan por la función renal que, además, recupera el bicarbonato utilizado en las reacciones de amortiguación.

La secreción colónica es abundante en HCO_3^-, de hecho, al eliminar 200 mL/d de agua en deposiciones se pierde 8-30 mEq/d de bicarbonato[27]. El HCO_3^- que se pierde diariamente producto de la amortiguación de ácidos fijos y eliminación en deposiciones es 50-100 mEq/d[27].

El riñón, no solo regenera el HCO_3^- usado como *buffer*, sino que también, reabsorbe todo el HCO_3^- filtrado por el glomérulo para mantener una concentración altísima de este en el líquido extracelular, y así, establecer un pH de 7,4. Como se mencionó anteriormente, el CO_2 es un ácido débil que produce H^+ y HCO_3^-; por lo tanto, sin influencias externas, inevitablemente llevaría el pH del agua corporal a un valor ácido (Capítulos 2 y 3). Sin embargo, el riñón forma tanto HCO_3^- que, por principio de acción de masas, redirige la reacción hacia la izquierda (reactantes), disminuyendo la $[H^+]$. Luego, el pulmón solo debe eliminar el CO_2.

Como se puede apreciar, el pulmón, si bien elimina mucho más ácido que el riñón, solo debe realizar esta acción para regular el estado ácido-base. En cambio, el riñón elimina los H^+ provenientes de ácidos fijos y, además, mantiene el pH básico del plasma mediante una enorme formación y reabsorción de HCO_3^-.

Normalmente, existe ganancia diaria neta de ácido fijo producto del metabolismo de aminoácidos. Pero es posible restringir el consumo de aminoácidos acidificantes e incrementar los aminoácidos y aniones alcalinizantes pudiendo generar una carga neta alcalina.

Un alto consumo de frutas y verduras equivale a una carga alcalina, situación que también debe ser manejada por el riñón[9]. A diferencia de las proteínas, grasas y carbohidratos; las frutas, verduras y algunas comidas asiáticas, son ricas en aminoácidos aniónicos (glutamato) y metabolitos intermediarios (acetato, citrato, malato, lactato). Los aniones mencionados corresponden a las bases conjugadas de ácidos. Si ellos se obtienen en forma de "ácidos" (ácido acético, cítrico, láctico o glutámico) participarán de la carga diaria de ácido carbónico (Capítulo 5). Sin embargo, en la forma de sales (glutamato sódico, citrato de potasio, acetato de potasio, etc.) aportarán bases que consumen H^+ en su metabolismo. Así, se genera una carga alcalina.

6.1 El riñón regenera el HCO_3^- consumido y reabsorbe el HCO_3^- filtrado

El HCO_3^- plasmático proviene, principalmente, de lo que genera el riñón. Pero también, se forma en el eritrocito para transporte de CO_2, en las células y en el hígado por el metabolismo de algunos aniones (lactato, citrato, β-hidroxibutirato, etc.).

La concentración plasmática de HCO_3^- es 24 mEq/L (o mmol/L). Una persona normal diariamente filtra 180 litros de plasma por el glomérulo. Esto significa que ultrafiltra 4.320 milimoles de HCO_3^- al día. Entre 80-85% del HCO_3^- filtrado se reabsorbe en el túbulo proximal, un 15% en el asa gruesa ascendente de Henle y el 5% restante se reabsorbe en las células intercaladas tipo A del túbulo colector[12,13,21]. En la orina la concentración normal de HCO_3^- será 0 mEq/L (con una dieta occidental no vegetariana).

A nivel del túbulo proximal comienza la reabsorción de agua con Na^+ (volumen). Esto disminuye el solvente (agua), mientras el HCO_3^- y H^+ aumentan levemente su concentración. Además, existe una secreción activa de H^+ al lumen tubular proximal (aumentan los productos de la reacción CO_2/HCO_3^-). Por principio de acción de masas se direccionará la reacción hacia la izquierda formándose H_2CO_3. En la membrana plasmática luminal de las células tubulares proximales se expresa Anhidrasa Carbónica (AC tipo IV) que cataliza la reacción hacia $H_2O + CO_2$. Estas moléculas difunden al intracelular gracias a la abundancia de AQP1 (Acuaporina tipo 1). El CO_2, pese a ser liposoluble, utiliza en forma importante la AQP1 para ingresar a la célula tubular proximal[51]. Aquí, hay un constante proceso de eliminación de H^+ y HCO_3^- intracelular. El H^+ se elimina hacia el lumen tubular mediante un antiportador (NHE3) que utiliza la energía entregada por el gradiente electroquímico del Na^+ para ingresar a la célula. Una menor cantidad de H^+ abandona la célula proximal mediante la bomba luminal V-ATPasa (H^+-ATPasa). En cambio, el HCO_3^- abandona la célula mediante un cotransportador basolateral electrogénico (NBCe1-A) que elimina un Na^+ y tres HCO_3^-; o, un Na^+, un HCO_3^- y un $CO_3^=$ (Figura 18)[9]. Dentro de la célula el *buffer* CO_2/HCO_3^- se redirecciona hacia la derecha por disminución de los productos (H^+ y HCO_3^-) y ganancia de reactantes (CO_2 y H_2O). En el citoplasma de las células tubulares proximales también está presente la anhidrasa carbónica citosólica (AC tipo II) que cataliza la hidratación del CO_2. Así, se "reabsorbe" todo el HCO_3^- filtrado, mientras el H^+ entra en un proceso de recirculación en la membrana luminal (Figura 18). Mediante este mecanismo, además, se reabsorbe volumen, ya que el agua se asocia a electrolitos.

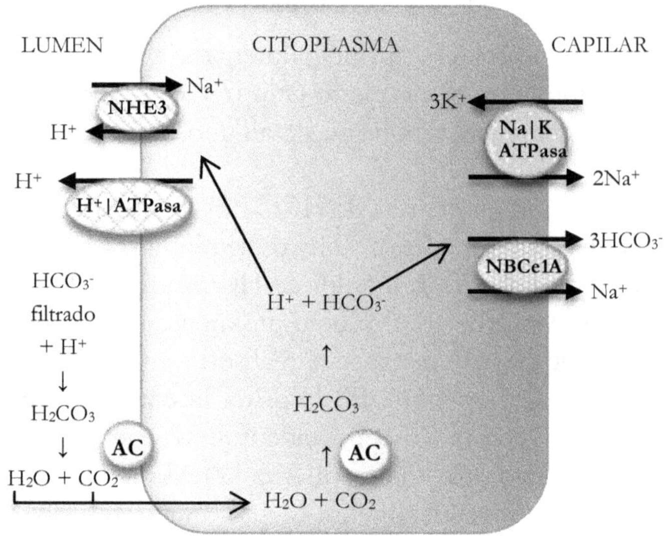

Figura 18. Célula tubular proximal.

Al final del túbulo proximal la concentración de HCO_3^- en el líquido tubular es 5 mEq/L[9]. Como el túbulo proximal es un epitelio "*leaky*", el aumento de [H+] luminal asociado a una menor concentración de HCO_3^- producen retrodifusión de bicarbonato que limitan la reabsorción de este desde el lumen tubular. La angiotensina II disminuye la retrodifusión de bicarbonato[52]. En la membrana apical el 90% del HCO_3^- reabsorbido depende del transportador NHE3; mientras el 10% restante, de la bomba V-ATPasa[51].

Los agonistas adrenérgicos, angiotensina II, hipercalcemia/hipercalciuria, glucocorticoides, y probablemente, aldosterona; promueven la reabsorción de HCO_3^- en el túbulo proximal. En cambio, la hormona paratiroidea y la expansión de volumen (o ausencia del sistema R-A-A y simpático), produce pérdida de bicarbonato por la orina, asociándose a acidosis metabólica[9].

Otros mecanismos que generan HCO_3^- a nivel del túbulo proximal son la amoniogénesis renal y la reabsorción de citrato, como se verá más adelante.

Cuando existe aumento en la concentración plasmática de H^+, también lo hace a nivel celular. Este estímulo en la célula tubular proximal incrementa la síntesis de enzimas que llevan a cabo la reabsorción/generación de HCO_3^-. Lo contrario sucede si disminuye la [H+].

En el asa ascendente gruesa de Henle, el HCO_3^- se reabsorbe por un mecanismo similar al túbulo proximal. La rama descendente de Henle es solo permeable al agua, por lo que incrementa la concentración de H^+ y HCO_3^- del líquido tubular. Ambos reaccionan formando CO_2 y H_2O. La rama ascendente gruesa no expresa AC tipo IV en su membrana apical (ni tampoco AQP). Por otro lado, este epitelio es solo permeable a solutos y no permite establecer grandes diferencias de gradiente químico para H^+ o HCO_3^-. En consecuencia, ingresa una escasa cantidad de CO_2 por difusión simple a través de la membrana plasmática. La AC tipo II en la célula del asa gruesa ascendente hidrata el CO_2. Luego, el H^+ generado regresa al lumen tubular por el antiportador luminal NHE3; mientras el HCO_3^- abandona la célula por cotransportadores basolaterales NBCn1 y AE2[15]. La inhibición de NKCC2 (diuréticos de asa) aumenta la reabsorción de HCO_3^-, ya que favorece el gradiente electroquímico para que actúe NHE3 (al disminuir el Na^+ intracelular).

En el túbulo colector ocurren los últimos sucesos en cuanto a la reabsorción de bicarbonato. A esta porción llega menos del 10% del HCO_3^- filtrado y su destino será variable según las condiciones ácido-base del organismo. Una carga de HCO_3^- promueve eliminación de bicarbonato por el túbulo colector[9]. La acidosis, al contrario, estimula la excreción de H^+ y reabsorción/generación de HCO_3^-[9]. En el túbulo colector están las células principales e intercaladas. Estas últimas corresponden al 35-40% de la población celular del túbulo colector y van disminuyendo conforme se profundiza el túbulo en la médula renal[15]. Existen 3 tipos de células intercaladas: tipo A, tipo B y células no A – no B (Figuras 19 y 20). La célula tipo A puede reabsorber HCO_3^- y la tipo B excretarlo, como se verá más adelante.

Normalmente, el túbulo colector reabsorbe el 5% restante del HCO_3^- filtrado, sin embargo, su acción tiene un límite. Para generar H^+ y HCO_3^- en la célula (y luego, reabsorber este último), es necesario incorporar H_2O y CO_2 desde el lumen tubular. Luego, mediante la AC tipo II, se favorece la reacción hacia los productos. A diferencia del túbulo proximal, en el colector la permeabilidad para el H_2O y CO_2 es condicional y disminuye en ausencia de hormona antidiurética (ADH). El CO_2 puede atravesar la membrana plasmática por difusión simple, sin embargo, el agua y parte del CO_2, necesitan la presencia de AQP2, cuya expresión depende de la ADH. Por otro lado, en la membrana basolateral de la célula intercalada tipo A del colector el cotransportador que incorpora HCO_3^- al organismo lo hace en antiporte con Cl^- y en relación 1:1 (AE1). Esto es mucho menor en comparación a lo que hace el túbulo proximal donde ingresan hasta tres moléculas de HCO_3^- (NBCe1-A). Por lo tanto, la capacidad del túbulo colector para reabsorber bicarbonato es limitada. De hecho, una sobrecarga de HCO_3^- (ej. $NaHCO_3$) provocará bicarbonaturia, ya que aumenta la cantidad absoluta de HCO_3^- luminal. A lo anterior se agrega un eventual incremento de la osmolalidad, que inhibe a la ADH. Si esto se junta con la capacidad limitada que tiene el colector para reabsorber HCO_3^-, será más probable la existencia de bicarbonaturia.

La depleción de volumen extracelular (VEC) y disminución del cloruro urinario (asociado a hipocloremia); promueven reabsorción de HCO_3^- en el túbulo proximal. Al disminuir el volumen circulatorio efectivo (VCE), un aumento de angiotensina II y mineralocorticoides promoverán absorción de Na^+. Este deberá asociarse a un anión, como Cl^- o HCO_3^- para restaurar el volumen perdido. Si el cloruro urinario es bajo predominará por mucho el bicarbonato como anión acompañante del Na^+.

Al contrario, una expansión de VCE/VEC e hipercloremia (con incremento del cloro urinario); se asocian a bicarbonaturia y acidosis metabólica[9]. En el túbulo colector la mayor concentración de cloro intratubular actúa favoreciendo la reabsorción de HCO_3^- a través de Pendrina (Figura 20). Este antiportador luminal utiliza el gradiente electroquímico del Cl^- para su absorción, al mismo tiempo que excreta HCO_3^-. Una disminución en el Cl^- intratubular inhibe este cotransporte. Así, la hipocloremia produce y perpetúa una alcalosis, mientras un exceso de cloro tiene el efecto contrario; favoreciendo bicarbonaturia y acidosis.

6.2 El H^+ se elimina por tres mecanismos

1° Disminución del pH urinario

La orina, normalmente, es "ácida" y el mínimo pH que puede tener es ≈4,5[21]; esto equivale a una $[H^+]$ de ≈30.000 nEq/L.

En el epitelio tubular proximal se excreta H^+ mediante antiporte con Na^+ (NHE3) (Figura 18). Una menor proporción de H^+ es excretado por la bomba H^+-ATPasa luminal[53]. La excreción y recirculación del H^+ se asocia a la gran reabsorción de agua (volumen) que ocurre en el túbulo proximal. Así, aumenta la cantidad de H^+ en relación al solvente, por este motivo, al final del túbulo proximal el pH del ultrafiltrado es ≈6,7[53]. Es decir, la concentración de

H^+ es 200 nEq/L (cinco veces más que en el plasma donde era 40 nEq/L). El mecanismo de antiporte con Na^+ y bomba H^+-ATPasa luminal aportan energía para alcanzar hasta ese pH, ya que el túbulo proximal es un epitelio "*leaky*" que no permite crear un mayor gradiente por su baja resistencia transepitelial[13]. Luego, comienza a predominar retrodifusión por vía trans o paracelular, ya que el gradiente químico del H^+ favorece la devolución de este.

Posteriormente, el ultrafiltrado viaja por el asa de Henle, túbulo distal y, finalmente, llega al túbulo colector con un pH aproximado de 7[54].

Es en el nefrón distal donde ocurre la regulación fina de la excreción de ácido. En el túbulo colector están las células intercaladas que corresponden al último, y más importante, participante de la regulación renal ácido-base. Los 3 tipos de células intercaladas cumplen funciones diferentes y se ha especulado que corresponderían a estadios diferentes de una misma célula, que se adapta según las necesidades de regulación ácido-base del organismo.

La célula intercalada tipo A se especializa en acidificación urinaria, expresa una bomba H^+-ATPasa en su membrana apical (V-ATPasa) que excreta dos H^+ con gasto de energía. También, expresa una bomba H^+/K^+-ATPasa apical que incorpora un K^+ a la célula con eliminación de H^+ y gasto de energía. Además, presenta un intercambiador Cl^-/HCO_3^- (AE1) basolateral que transporta bicarbonato del intracelular hacia el intersticio (Figura 19).

En estas células existe una excreción activa de H^+. Este mecanismo de transporte permite eliminar H^+ de la célula, disminuyendo el pH del ultrafiltrado hasta ≈4,5 (gradiente de 1:1.000 entre sangre y orina). El colector corresponde a un epitelio "tigh" el cual soporta gradientes elevados[13]. Bajo un pH urinario de 4,5 predominará la retrodifusión de H^+ por sobre la secreción de estos, debido al gran gradiente químico generado. Por otro lado, la capacidad de la bomba H^+-ATPasa para excretar H^+ es mínima cuando el pH luminal es $<4,5$; y es máxima con un pH de 7-8[55]. Esto explica por qué el mínimo pH al cual puede llegar la orina es 4,5. Además, cuando la diferencia de potencial transmembrana (lumen e intersticio) es +120 mV, la capacidad de transporte de la bomba es nula y aumenta al máximo cuando es −30 mV[55]. La actividad del canal ENaC potencia la bomba H^+-ATPasa, ya que tiende a generar un lumen negativo. De hecho, los diuréticos de asa favorecen la acidificación tubular al aportar más Na^+, y los bloqueadores del ENaC (triamtereno y amiloride) anulan este efecto[54].

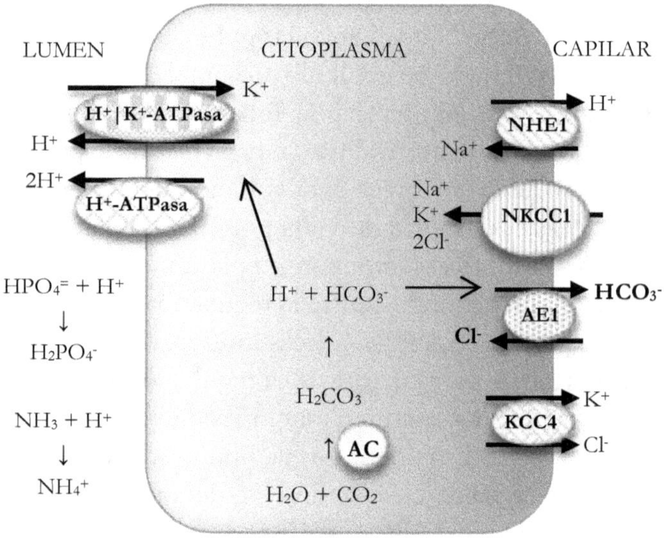

Figura 19. Célula intercalada tipo A del túbulo colector.

La bomba H^+-ATPasa es estimulada por aldosterona en presencia de angiotensina II. Las células intercaladas contienen el receptor de mineralocorticoides (MR) fosforilado (inactivo), a diferencia de las células principales en las cuales el receptor MR no está unido a fósforo (activo). La angiotensina II defosforila este receptor. Así, se establece una acción diferencial de la aldosterona: puede actuar independiente de angiotensina II en células principales, pero requiere la participación de esta en las células intercaladas. Por lo tanto, en depleción de volumen se activa la bomba H^+-ATPasa para excretar protones, y así, eliminar cargas positivas que favorecen la entrada de Na^+ por canales ENaC. La ausencia de activación del sistema renina-angiotensina minimiza la alcalosis inducida por efecto de la aldosterona, como ocurre en hiperkalemia o hiperaldosteronismo primario.

La acción de la aldosterona en las células intercaladas, también requiere la presencia de hormona antidiurética (ADH). Esta última actúa en el receptor V1a facilitando la excreción de H^+ mediada por aldosterona. La mutación del receptor V1a desencadena una Acidosis Tubular Renal (ATR) tipo 4, ya que impide la acción de la aldosterona[56]. Además, por falta de AQP2, la ausencia

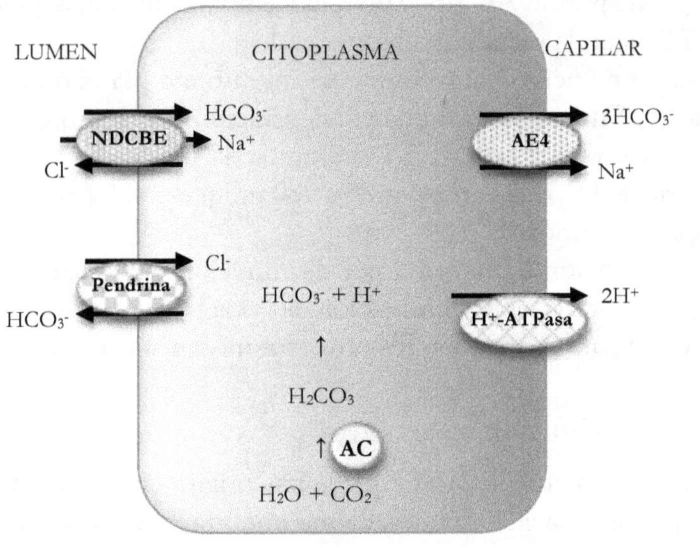

Figura 20. Célula intercalada tipo B del túbulo colector.

de ADH dificulta el paso de H_2O y CO_2 para la generación intracelular de H^+ y HCO_3^- (Capítulo 14).

La célula intercalada tipo B tiene como función excretar bases a la orina y reabsorber NaCl, agua y H^+. En su membrana apical expresa el antiportador NDCBE que utiliza el gradiente electroquímico del Na^+ para incorporar bicarbonato de sodio a la célula y excretar Cl^-. También, se expresa el antiportador "Pendrina" en la membrana apical, que excreta HCO_3^- e ingresa Cl^- a la célula (Figura 20). En esta célula se genera una recirculación luminal de Cl^- y HCO_3^-, lo que permite la reabsorción basolateral de Na^+, Cl^-, agua y H^+. Este último pasa al intersticio mediante la bomba V-ATPasa basolateral. La reabsorción de H^+ ocurre "controladamente", ya que también, se absorbe un poco de bicarbonato (cotransportador AE4 basolateral). En situaciones de alcalosis la célula intercalada B produce mayor excreción de HCO_3^- y absorción de H^+.

Las células intercaladas no A – no B expresan Pendrina en su membrana apical y la bomba H^+-ATPasa en su porción basolateral. Podrían ser un estadio intermedio entre las células A y B. Todas las células intercaladas contienen AC tipo II citoplasmática que permite hidratar el CO_2 para formar H^+ y HCO_3^-.

Sin embargo, no portan AC tipo IV en la membrana apical, ni poseen bomba Na^+/K^+-ATPasa en la membrana basolateral.

Como se mencionó anteriormente, el mínimo pH al que puede llegar la orina es 4,5. Esto equivale a una concentración de 32 µEq/L de H^+. Por lo tanto, una persona que orina 1,5 L/d elimina 47 µEq de H^+. Si se considera la carga diaria de H^+, que corresponde a ≈80 mEq, ese valor equivale a menos del 0,1% de esa cantidad.

La acidificación de la orina por disminución del pH no tiene ningún impacto "cuantitativo" en la eliminación de la carga diaria de H^+, sin embargo, es fundamental para que actúen los otros dos mecanismos.

2° Acidez titulable

No todo el metabolismo de proteínas origina ácidos fuertes. Algunas reacciones producen ácidos débiles. El más importante es el ácido dihidrógeno fosfato:

$$H_2PO_4^- \leftrightarrow HPO_4^= + H^+$$

Los ácidos titulables son ácidos débiles que se encuentran en el plasma y ultrafiltran por el glomérulo. En el plasma hay una concentración de fosfato inorgánico (no ligado a proteínas y filtrable a nivel glomerular) de ≈1 mEq/L[26]. El fosfato constituye 50% de la acidez titulable, otros menos importantes son el citrato y creatinina. El pKa del $H_2PO_4^-$ es 6,8; este valor indica que la esencia de este compuesto es entregar H^+ al medio, pero solo hasta determinado punto (ácido débil). Si en el medio existiera más H^+ de lo que correspondía entregar a este ácido, se redireccionará la reacción, por principio de acción de masas, y comenzará a captar H^+ (Capítulos 2 y 3).

$$pKa = 6{,}8 = p\frac{[H^+][HPO_4^{=}]}{[H_2PO_4^-]}$$

En el plasma, donde la concentración de H^+ es 40 nmol/L (pH =7,4); la relación que existe entre $[HPO_4^=]/[H_2PO_4^-]$ es de 4. Esto significa que hay 4 veces más moléculas de $HPO_4^=$ que $H_2PO_4^-$; indicando que la reacción está favorecida hacia los productos (derecha). En consecuencia, este ácido se encuentra aportando H^+ al plasma. En cambio, en la orina donde el pH puede llegar hasta 4,5 ($[H^+]$ de 32.000 nEq/L), la relación $[HPO_4^=]/[H_2PO_4^-]$ es 0,005. Es decir, hay doscientas veces más moléculas de $H_2PO_4^-$ que $HPO_4^=$

Tabla 6. Relación $[HPO_4^{=}]/[H_2PO_4^-]$ según el pH del líquido tubular. Modificado de referencia[57].

Ubicación	pH	Relación $[HPO_4^{=}]/[H_2PO_4^-]$	Comportamiento
Plasma	7,4	4	Ácido
T. Proximal	6,8	1	-
T. Colector	4,8	0,01	Base

(Tabla 6). La reacción se ha redireccionado hacia los reactantes (izquierda). Existe entonces, una captura de H^+ urinarios, por parte de este ácido, cuando el pH es muy bajo. Mientras menor pH tenga la orina, mayor será la captación de H^+ mediada por los ácidos titulables. A su vez, estos ácidos al eliminar H^+ del medio, permitirán que el pH del líquido tubular aumente, y así, la célula intercalada podrá excretar más H^+ (favoreciendo la actividad de la bomba H^+-ATPasa y evitando retrodifusión de H^+).

Es posible conocer la cantidad de $H_2PO_4^-$ urinario, a cualquier pH, mediante la siguiente ecuación[15]:

$$[H_2PO_4^-]u = \frac{U_{Fosf} \times V}{10^{(pHu-6,8)} + 1}$$

(Donde U_{Fosf} es la concentración urinaria de fosfato total, pHu el pH urinario y V el volumen de orina al día).

El $H_2PO_4^-$ en la orina determina la cantidad de ácido (H^+) eliminados por acidez titulable, ya que esta forma es la que está "atrapando" H^+ en el lumen tubular. Por lo tanto, es posible estimar la cantidad de ácido eliminado por el fosfato como acidez titulable (AT_{Fosf}) a cualquier pH urinario[15]:

$$AT_{Fosf} = U_{Fosf} \times V \times \left(\frac{1}{10^{(pHu-6,8)} + 1} - 0,2\right)$$

En condiciones normales, si el 50% del ácido titulable se elimina con fosfato, la duplicación de AT_{Fosf} permitiría aproximarse a la eliminación diaria de H^+ como acidez titulable.

El mecanismo de acidez titulable permite eliminar el 30-50% de la carga diaria de ácido fijo[9]. Es decir, ≈30 mEq de H^+ se eliminan por este mecanismo.

Lamentablemente, esta modalidad de excreción es saturable, porque depende de la concentración de ácidos titulables. A pH urinario de 4,5 prácticamente todo el fosfato estará como $H_2PO_4^-$ y el sistema $HPO_4^{=}/H_2PO_4^-$ ya no puede actuar como *buffer*[26]. Si se disminuyera la reabsorción tubular de fosfato, aumentando su concentración en el líquido tubular, provocaría un aumento en la excreción de ácido. Este es un recurso que aparece en situaciones de acidosis crónica, pero tiene el inconveniente de despojar al organismo de sus reservas de fosfatos, ubicadas preferentemente en el hueso[26].

En acidosis crónica, inicialmente, aumenta la acidez titulable gracias a menor reabsorción de fosfato (Figura 24). Sin embargo, luego de que se ha logrado la máxima capacidad de excreción de H^+, habrá una ligera disminución. Esto se debe a que el citrato es reabsorbido en el túbulo proximal (ver más adelante).

3° Excreción de amonio:

El amoniaco (NH_3) es una base débil que se forma a partir del metabolismo de aminoácidos. Se encuentra en muy baja concentración en el plasma (0 a 60 µg/dL o 0 a 35 µEq/L), pero en la orina aparece en cantidades masivas (30 a 50 mEq/L). Esta alta concentración urinaria, y baja en el plasma, se debe a que el amoniaco, además de ser filtrado, es sintetizado en las células tubulares (principalmente en el túbulo proximal).

En el hígado y otros tejidos se realiza la catabolización de aminoácidos. Ellos, además de producir ácidos minerales (ácido sulfúrico, fosfórico y clorhídrico); generan ácidos carboxílicos (cetoácidos, ácidos grasos, intermediarios del ciclo de Krebs, entre otros). Estos últimos aportarán a la carga diaria de ácido carbónico que se elimina en el pulmón como CO_2 (Capítulo 5). En cambio, el grupo amino ($-NH_2$) se convertirá en amoniaco, y este último entrará a un ciclo mitocondrial del hepatocito en el cual se genera urea (Figura 21). Posteriormente, la urea será eliminada por la orina.

La estructura genérica de un aminoácido es un carbono central unido a un grupo carboxilo (-COOH), un grupo amino ($-NH_2$) y una cadena lateral (R). Todos los aminoácidos (NH_2-C(R_1)-COOH) pueden trasferir su grupo amino ($-NH_2$), mediante transaminasas, hacia algún cetoácido (R_2-C(O)-COOH); formando un nuevo aminoácido y nuevo cetoácido.

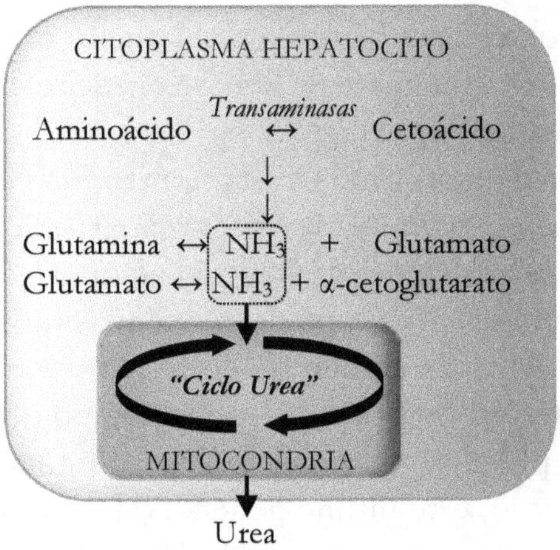

Figura 21. Hepatocito, glutamina, amonio y urea.

$$NH_2\text{-}C(R_1)\text{-}COOH + R_2\text{-}C(O)\text{-}COOH \xleftrightarrow{transaminasa} R_1\text{-}C(O)\text{-}COOH + NH_2\text{-}C(R_2)\text{-}COOH$$

Los últimos aminoácidos de esta cadena de transaminación son la glutamina y el glutamato. La glutamina contiene 2 grupos $-NH_2$, al perder uno de ellos se transforma en glutamato. Este último al perder su único grupo amino se transformará en α-cetoglutarato, un cetoácido fundamental para: el ciclo de Krebs, el ciclo de la urea y la gluconeogénesis. El grupo $-NH_2$ "no transferido" será liberado al medio como NH_3. Por lo tanto, el NH_3 proveniente de la metabolización de glutamina y glutamato, no se transfieren a un cetoácido, sino que entrarán al "ciclo de la urea". El NH_3 se transformará en carbamoil-fosfato (en una reacción que consume 2ATP y $2HCO_3^-$) para ingresar a este ciclo.

Cuando existe disfunción hepática el amoniaco (NH_3) no se metaboliza a urea, por lo que aumenta el primero y disminuye el segundo (Figura 21).

Son múltiples los tejidos que metabolizan aminoácidos formando α-cetoglutarato y amoniaco, pero solo el hígado puede realizar el "ciclo de la urea".

Como el amoniaco es tóxico en la sangre se transporta en forma de glutamina o alanina (aminoácidos). Por ejemplo, el glutamato (mediante la enzima glutamina sintetasa) se convierte en glutamina al adquirir un NH_3. La glutamina, además de ser un aminoácido, es un mecanismo de transporte de NH_3, ya que puede volver a convertirse en glutamato y amoniaco. La transformación de glutamina en glutamato + NH_3, se puede realizar en varios tejidos, pero especialmente ocurre en el hígado.

Este sistema es de gran ayuda en la homeostasis ácido-base, ya que el amoniaco es una base que permite excretar la carga de ácido fijo y regenerar el HCO_3^- utilizado en las reacciones de amortiguación. Desde el hígado se libera glutamina a la sangre, la cual es captada por células tubulares proximales del riñón. Por cada molécula de glutamina en el túbulo proximal, se formarán 2 de NH_4^+ y 2 de HCO_3^-. Este proceso es favorecido por un pH intracelular bajo e inhibido con pH alto[58]. Inicialmente, la glutamina se transforma en NH_3 y glutamato. Luego, este último genera NH_3 y α-cetoglutarato$^=$. Como el NH_3 es una base rápidamente captura H^+ del medio generando ion amonio (NH_4^+) (Figura 22).

$$\textit{Glutamina} \rightarrow NH_3 + \textit{glutamato}^- \rightarrow NH_3 + \alpha\textit{-cetoglutarato}^=$$

El amoniaco obedece a la siguiente reacción:

$$NH_3 + H^+ \leftrightarrow NH_4^+$$

En la membrana mitocondrial interna de las células del túbulo proximal se encuentra la enzima glutaminasa, que metaboliza la glutamina en glutamato + NH_3. La transformación inversa, de glutamato a glutamina, se realiza mediante la enzima glutamina sintetasa, la cual disminuye en estados de acidosis o hipokalemia.

Luego, otra enzima mitocondrial, la glutamato deshidrogenasa, transformará el glutamato en α-cetoglutarato + NH_3.

El riñón obtiene parte de su energía a partir del α-cetoglutarato, ya que este puede entrar al ciclo de Krebs o dirigirse hacia gluconeogénesis. Es decir, la glutamina en el riñón se transformará en glucosa o ATP en un proceso que libera NH_4^+. Durante una acidosis o hipokalemia, la gluconeogénesis renal aumenta considerablemente[59]. El α-cetoglutarato se convertirá en ácido oxaloacético, y este, a fosfoenolpiruvato (PEP). Esta última reacción es catalizada por la enzima fosfoenolpiruvato carboxikinasa (PEPCK). El PEP es una molécula fundamental para la gluconeogénesis y la enzima PEPCK es activada por acidosis e hipokalemia.

Las reacciones de gluconeogénesis renal producen bicarbonato, por lo tanto, habrá ganancia neta de $2HCO_3^-$ por cada molécula de α-cetoglutarato.

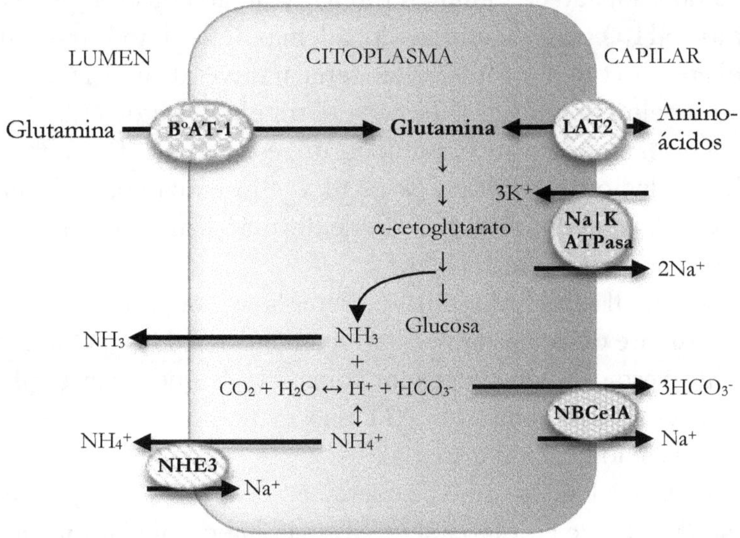

Figura 22. Síntesis de amonio en el túbulo proximal.

Además se obtiene HCO_3^- por la producción y excreción celular de amonio (Figura 22).

En condiciones normales 20% de la glutamina plasmática filtra por el glomérulo, siendo reabsorbida en su totalidad a nivel del túbulo proximal. Su transporte apical ocurre con Na^+ (simportador B°AT-1) y abandona la membrana basolateral por un antiportador glutamina/aminoácidos (LAT2) (Figura 22) [53,60]. El riñón utiliza solo el 7% de la glutamina que llega a través de la arteria renal, situación objetivada por mediciones de glutamina diferencial arterio-venosa renal[53]. Sin embargo, esto puede aumentar considerablemente durante una acidosis, condición en la que se extrae 35-50% de la glutamina aportada por la arteria renal[61]. Si consideramos que la fracción de filtración glomerular es en torno a un 20%, significa que en acidosis, no solo se utiliza la glutamina filtrada y reabsorbida desde el lumen del túbulo proximal; sino que también, habrá reabsorción de glutamina por la membrana basolateral. En estados de acidosis, además se favorece el ingreso de glutamina a la mitocondria de la célula tubular proximal[53].

El amoniaco (NH_3) generado es parcialmente liposoluble, por lo que difunde a través de los túbulos e intersticio renal hasta que reacciona con un

H^+, quedando atrapado en el lumen tubular (túbulo colector). En cambio, el ion amonio (NH_4^+) para ser eliminado, además de su flujo intratubular; debe recorrer el epitelio tubular e intersticio renal a través de múltiples transportadores, y así, finalmente; llegar al lumen del túbulo colector[13,60].

El pKb del amonio es 4,6; por lo tanto, es una base débil. En el plasma, a pH 7,4; la relación NH_4^+/NH_3 es 100:1,7. Sin embargo, a pH urinario la relación NH_4^+/NH_3 es 10.000:1[27]. Es decir, prácticamente todo el amonio urinario viaja en forma iónica (NH_4^+).

El sistema NH_3/NH_4^+ permite excretar la mayor parte de la carga diaria de H^+ proveniente de ácidos fijos. El atrapamiento de H^+ en el lumen del colector facilita a estas células para excretar más H^+; ya que el mayor pH urinario optimiza la acción de la bomba H^+-ATPasa y evita la retrodifusión de protones que limitaba la acidificación urinaria.

Finalmente, el mecanismo de excreción de NH_3/NH_4^+ ayuda a eliminar desde 30 a 300 mEq de H^+ diariamente. Esta es la principal forma que tiene el organismo para deshacerse de la carga diaria de H^+, además, es un mecanismo regulable que puede incrementar considerablemente su magnitud.

En resumen, de una carga diaria de 80 mEq de H^+, se excreta 0,01 mEq en forma de H^+ libre (pH urinario ≈4,5), 30 mEq como ácido titulable y 50 mEq como NH_4^+.

El total de ácido eliminado por la orina se puede resumir con la fracción neta de ácido excretado:

$$FE\ Neta\ Ácido = [NH_4^+] + [Acidez\ Titulable] - [HCO_3^-]$$

No se incluye la concentración libre de H^+ por su bajo valor en comparación a los otros compuestos.

6.3 El recorrido del amonio

De todo el amonio que se sintetiza en el túbulo proximal solo un 50% se eliminará por la orina, el resto se escapará hacia la circulación sistémica. Si bien, la generación de amonio permitió formar bicarbonato, lo que vuelve a la sangre retornará al hígado para transformarse en urea consumiendo ese bicarbonato.

Prácticamente, toda la síntesis de amonio renal ocurre en el túbulo proximal[54], sin embargo, se ha descrito que otros segmentos tubulares también podrían participar[62]. El ion amonio sintetizado en el túbulo proximal abandona

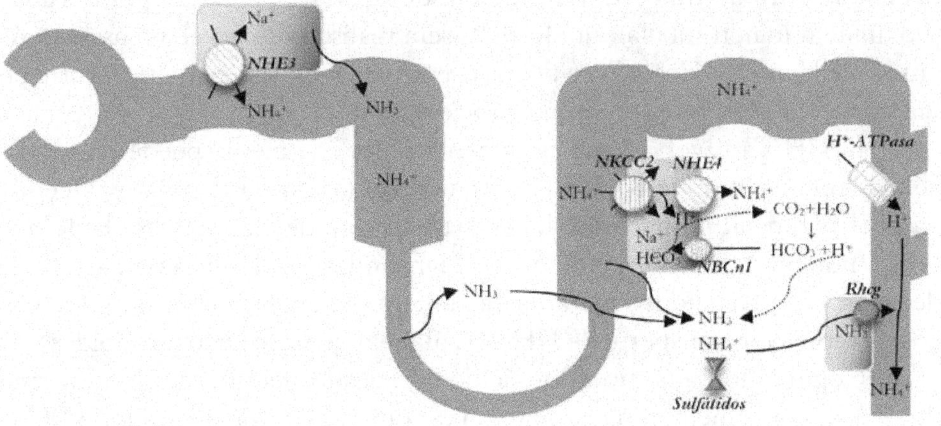

Figura 23. El recorrido del amonio. Modificado de referencia[60].

la célula por el antiportador NHE3 (reemplazando al H^+). En cambio, el amoniaco no tiene carga, pero sí; polaridad. Por lo tanto, una fracción menor difunde libremente por la membrana, mientras la mayoría lo hace mediante transportadores. El NH_3 utiliza AQP1, AQP8 y transportadores Rh para llegar al lumen tubular[15]. La AQP1 es abundante en el túbulo proximal y asa de Henle, AQP8 en la membrana mitocondrial y Rh en el túbulo colector. Aproximadamente, 20% del amonio producido en el túbulo proximal se reabsorbe por la membrana basolateral reemplazando al K^+ en sus transportadores[63].

En el lumen tubular el sistema NH_3/NH_4^+ actuará como una base, capturando H^+ del medio. Mientras más H^+ existan más ion amonio se formará, el cual queda atrapado en el lumen tubular. A su vez, permite la excreción de más H^+ al lumen tubular evitando los altos gradientes transmembrana que limitan la actividad de la bomba H^+-ATPasa (Figura 23).

El NH_3 puede difundir por los túbulos e intersticio renal, siendo responsable de que parte del amonio formado en el riñón se devuelva a la circulación sistémica. Mientras más ácida sea la orina, más amonio podrá ser atrapado en los túbulos.

La membrana apical de la rama ascendente gruesa de Henle tiene baja permeabilidad al NH_3, por lo que este tiende a permanecer en el líquido tubular. Como el líquido tubular siempre tendrá un pH <7, la principal forma del amonio en la orina será NH_4^+. De todo el NH_4^+ excretado por el túbulo proximal al lumen tubular, un 40-80% será reabsorbido en el asa ascendente gruesa de Henle[58]. Hasta 70% del transporte de NH_4^+ en este sitio ocurre por vía transcelular, el resto en forma paracelular[58].

El NH_4^+ a nivel del asa ascendente gruesa de Henle puede entrar a la célula reemplazando al K^+ por el cotransportador NKCC2 o vía paracelular dado el potencial positivo del lumen (transporte de cationes)[60]. El K^+ y el NH_4^+ hidratado tienen un radio molecular similar, por lo que comparten vías de transporte. La acidosis metabólica aumenta la expresión de NKCC2 para conseguir mayor transporte de NH_4^+[64], al igual que los glucocorticoides[58].

Como el ion amonio es un ácido conjugado, será necesario el ingreso de HCO_3^- por la membrana basolateral (a través del cotransportador NBCn1; que también transporta Na^+), para tamponar la actividad del ácido débil. Las células del asa ascendente gruesa poseen una maquinaria similar a la del túbulo proximal para manejar los ácidos. Al reaccionar el H^+ del NH_4^+ con HCO_3^- se formará ácido carbónico, que luego será catalizado por la anhidrasa carbónica II intracelular para generar H_2O y CO_2. El NH_3 formado al interior de la célula del asa gruesa ascendente difundirá hacia el intersticio pudiendo escapar a la circulación, sin embargo, parte de este es atrapado por H^+ del intersticio. Estos últimos se forman gracias a la salida de CO_2 desde la célula que generará H^+ y HCO_3^- en el extracelular; el primero atrapa el amoniaco y el bicarbonato comienza un proceso de recirculación para continuar tamponando el NH_4^+ que entra a la célula por el NKCC2[60].

El ion amonio de la célula ascendente gruesa de Henle sale al intersticio mediante un antiportador basolateral Na^+/NH_4^+ (NHE4) que utiliza el gradiente electroquímico del Na^+ para su ingreso a la célula. También, abandona la célula mediante la bomba Na^+/K^+-ATPasa reemplazando al K^+.

Así, se produce acumulación de ion amonio y amoniaco en el intersticio renal. Este intersticio es abundante en sulfátidos (glicoesfingolípidos aniónicos), que se concentran hacia la médula. Estas moléculas retienen transitoriamente el NH_4^+ por su carga. La acidosis metabólica aumenta la expresión de sulfátidos. Finalmente, se forma un gradiente córtico-medular de amonio intersticial, similar al gradiente osmótico.

Posteriormente, el NH_3 y NH_4^+ deberán entrar desde el intersticio medular a las células del túbulo colector. Para ello, el NH_4^+ utiliza la bomba Na^+/K^+-ATPasa, reemplazando al K^+[60]. Este mecanismo puede ser controversial, ya que las células intercaladas prácticamente no poseen bomba Na^+/K^+-ATPasa, pero sí expresan transportadores NKCC1 basolaterales que favorecen el ingreso de NH_4^+ a la célula[55]. Además, el transportador NKCC1 aumenta su expresión en el túbulo colector cuando existe acidosis metabólica crónica[58].

El NH_3 del intersticio medular entra por transportadores basolaterales específicos (Rhbg y Rhcg), como también por difusión simple[60]. Rhbg basolateral podría transportar también NH_4^+ hacia la célula intercalada tipo A[9].

Dentro de las células intercaladas del túbulo colector el NH_4^+ se ve enfrentado a un ambiente donde hay eliminación continua de H^+ hacia el lumen tubular, esto obliga al ácido débil a ceder su H^+ por la alcalinidad del medio. El NH_3 sale hacia el lumen tubular por transportadores Rhcg apicales y difusión simple, en cambio el H^+ que entregó el ion amonio antes de transformarse en amoniaco, abandona la célula mediante las bombas H^+-ATPasa y H^+/K^+-ATPasa.

El NH_3 luminal a nivel del colector rápidamente será trasformado a NH_4^+ por la gran acidez del medio, quedando atrapado para luego ser eliminado en la orina. La transformación de NH_3 a NH_4^+ permite más difusión de NH_3 desde el túbulo colector por gradiente de concentración.

Al contrario de la membrana luminal del asa ascendente de Henle, la membrana luminal del túbulo colector es altamente permeable al NH_3. Esto se debe a las glicoproteínas Rh. No se produce retrodifusión de NH_3 debido a su captura inmediata por la acidez del lumen del túbulo colector (transformación a NH_4^+)[54].

La mayor parte del amonio que llega al túbulo colector lo hace por secreción tubular desde el intersticio y una menor proporción desde el líquido tubular.

Es importante resaltar cómo el transporte de amonio en las células del asa ascendente gruesa puede afectar la reabsorción de HCO_3^-. Normalmente, la AC tipo II cataliza la hidratación del CO_2 y H_2O, para que luego el H^+ sea expulsado por NHE3 apical mientras el HCO_3^- se reabsorbe con Na^+ por NBCn1 basolateral (Figura 23). En una acidosis intensa aumenta considerablemente la amoniogénesis. El exceso de NH_4^+ ingresa a la célula (por NKCC2) aportando abundantes H^+. Lo anterior promueve consumo de HCO_3^-, redireccionando la reacción CO_2/HCO_3^- hacia los reactantes. Además, el simportador NBCn1 que funcionaba en favor del gradiente eléctrico negativo para la salida del HCO_3^-, se invierte incorporando este anión desde el extracelular. El objetivo es que el amonio salga de la célula hacia el intersticio renal; el NH_4^+ gracias a NHE4 y la bomba Na^+/K^+-ATPasa, mientras el NH_3 por difusión simple. Este transporte transcelular de amonio en el asa ascendente gruesa es potenciado por una acidosis, al punto de incluso llegar a afectar la reabsorción de HCO_3^-. Sin embargo, el efecto neto es una alcalinización, por la gran excreción de ácidos mediante amonio urinario y la generación de HCO_3^- en el túbulo proximal. Lo anterior explica por qué, cuando la amoniogénesis es muy intensa (por ejemplo, una diarrea con acidosis más hipokalemia), el pH urinario puede ser alcalino debido a bicarbonaturia (Capítulo 14).

6.4 Transportadores

Antiportador NHE: existen varios subtipos, transportan Na^+ y H^+ en sentido contrario gracias a la energía aportada por el gradiente electroquímico del Na^+ que favorece su ingreso a la célula. El antiportador NHE1 está presente en la mayoría de las células y permite restaurar el pH intracelular luego de una disminución de este (Capítulo 7)[65]. El litio puede reemplazar al Na^+, y el NH_4^+ al H^+. En el túbulo proximal del riñón neonatal el antiportador predominante es NHE8, el que luego será reemplazado por NHE3 en el adulto[66]. NH3 es responsable del 70% de la excreción de H^+. Ante ausencia de NHE3, NHE8 será el antiportador principal. Para que NHE3 tenga actividad debe estar ubicado en los extremos de la microvellosidad, esta redistribución es favorecida por: angiotensina II, actividad simpática, glucocorticoides e insulina. En cambio, es inhibida por PTH y dopamina[15]. Es posible que las microvellosidades de las células del túbulo proximal actúen como sensores de flujo[67], por este mecanismo el incremento de flujo tubular aumenta la actividad de NHE3. Esto explicaría la variación paralela que existe en la reabsorción de HCO_3^-, la velocidad de filtración glomerular y el flujo luminal.

A nivel del asa ascendente gruesa de Henle la ADH inhibe la actividad de NHE3 luminal. En este segmento, también se expresa NHE4 basolateral que permite la salida de NH_4^+ hacia el intersticio.

Bomba H^+-ATPasa: También se denomina H^+-ATPasa vacuolar o V-ATPasa. Responsable de 30% de la excreción de H^+ en el túbulo proximal[68]. Es un complejo multiproteico compuesto por doce subunidades. Contiene un dominio citosólico (V_1) que se une e hidroliza al ATP, y un dominio transmembrana (V_0) que media la translocación del H^+[54]. Se ubica en membranas plasmáticas celulares, vacuolas y membranas de organelos intracelulares[54]. Su expresión y actividad en el túbulo proximal incrementa en presencia de angiotensina

II, aldosterona, elevado flujo tubular y/o acidosis metabólica crónica[55]. Esta bomba requiere una interacción con aldolasa B intracelular, motivo por el cual, pacientes con intolerancia a la fructosa hereditaria (deficitarios en esta enzima) desarrollan acidosis tubular proximal (Capítulo 14). En el túbulo colector es donde esta bomba ejerce su principal acción. En la célula intercalada tipo A; la aldosterona, angiotensina II, acidosis y Ca^{++} intratubular elevado aumentan su expresión y actividad[54]. Defectos genéticos del dominio citosólico (V_1) son de herencia autosómica recesiva y se caracterizan por un trastorno en la acidificación tubular y sordera. Alteraciones del dominio V_0 se asocian con Cutis Laxa, Osteopetrosis y Acidosis Tubular Renal distal (Capítulo 14)[54].

La H^+-ATPasa además interactúa con el receptor de (Pro)renina. No se conoce la importancia de esta interacción para la homeostasis ácido-base, pero sí es fundamental en la patogenia de enfermedades renales como la nefropatía diabética[69].

Cotransportador NBC: Su nombre se debe a "Na^+ bicarbonate cotransporter", se agrega el sufijo "e" cuando es electrogénico y "n" si es electroneutro. Es parte de una gran familia de transportadores; los "solute-linked carriers" (SLC). El cotransportador NBCe1 moviliza Na^+ y HCO_3^- en la misma dirección con gasto energético y en una relación $1Na^+:3HCO_3^-$. NBCe2 realiza la misma acción, pero en relación $1Na^+:2HCO_3^-$. En cambio, NBCn1 transporta en relación $1Na^+:1HCO_3^-$. Todos ellos se expresan en el riñón, pero el NBC más prevalente en el túbulo proximal es NBCe1. Este, además sufre modificaciones en otros órganos (*splicing diferencial*), por lo que, al subtipo presente en el riñón se le denomina "A", en el corazón "B" y en el cerebro "C". El cotransportador NBCe1-A se ubica en la membrana basolateral del túbulo proximal[70]. Para que exista una reabsorción neta de bicarbonato el cotransportador debe funcionar en la relación $1Na^+:3HCO_3^-$. Este transporte actúa contra el gradiente de concentración de ambos iones, pero a favor del gradiente eléctrico. La acidosis metabólica incrementa la fosforilación de NBCe1-A para aumentar la reabsorción de HCO_3^-, sin embargo, no promueve la expresión de este. Alteraciones en la relación (1:3) o en el funcionamiento del transportador provocarán acidosis tubular renal (ATR); siendo esta la principal causa de ATR proximal autosómica recesiva (Capítulo 14)[71,72]. Los defectos congénitos pueden provocar, además de ATR; baja estatura, retardo mental, calcificaciones cerebrales, cataratas, queratopatía en banda, glaucoma, amelogénesis imperfecta y elevación de lipasa y amilasa.

En la membrana basolateral de la rama ascendente gruesa de Henle está el cotransportador NBCn1 (realiza cotransporte de Na^+ y HCO_3^- en relación 1:1); su expresión aumenta en presencia de acidosis metabólica e hipokalemia.

NBCn2: Corresponde a un tipo de cotransportador NBC de reciente descripción[73]. En el túbulo proximal el 80% del HCO_3^- apical reabsorbido depende de los transportadores NHE3 y H^+-ATPasa. El resto, estaría mediado por otros mecanismos como el cotransportador apical NBCn2. Este simportador utiliza el gradiente electroquímico favorable del Na^+ para el ingreso de HCO_3^- y Na^+ a la célula del túbulo proximal. Posteriormente, el gradiente eléctrico del HCO_3^- favorece su salida de la célula por el cotransportador NBCe1-A basolateral. En situación de acidosis ocurre un incremento en la actividad de los transportadores NHE3 y H^+-ATPasa, con disminución de la actividad de NBCn2. Lo contrario ocurre en estados de alcalosis (disminución de NHE3, H^+-ATPasa y aumento de NBCn2). Esto obedecería a una adaptación de eficiencia energética. En acidosis para lograr un aumento significativo del pH plasmático es necesario recuperar gran parte del HCO_3^- filtrado en el túbulo proximal. Para aquello no basta con reabsorber HCO_3^- directamente desde el ultrafiltrado, sino que es necesario excretar activamente H^+ al líquido tubular, de manera que formando H_2O y CO_2 sea posible llevar a cabo esta acción. La excreción activa de H^+ demanda un alto gasto energético mediado por los transportadores NHE3 y H^+-ATPasa apicales. Se debe recordar que el gradiente electroquímico favorable del Na^+, que utiliza NH3, proviene de la actividad de la bomba Na^+/K^+-ATPasa (motivo por el cual demanda abundante energía). Al contrario, en estados de alcalosis, solo se reabsorbe parte del HCO_3^- y se realiza directamente desde el filtrado glomerular por el cotransportador NBCn2. Esto permite disminuir el gasto energético celular, ya que no requiere excreción activa de H^+.

AE1: Pertenece a la familia de transportadores "SLC". Es un antiportador electroneutro de Cl^- y HCO_3^-. Se expresa en eritrocitos, siendo fundamental para la movilización de CO_2 y fisiología ácido-base respiratoria (Capítulo 5). Se expresa también en las células intercaladas tipo A del túbulo colector, donde favorece la reabsorción de HCO_3^-. La isoforma renal de AE1 presenta una modificación por *splicing* alternativo[54]. Su inhibición disminuye solo parcialmente el intercambio de Cl^- y HCO_3^- en la célula intercalada tipo A, por lo que no sería el único intercambiador aniónico en estas células. Su expresión aumenta por acidosis y actividad mineralocorticoide[54].

Pendrina: Es un antiportador electroneutro de Cl^- y HCO_3^- presente en la membrana luminal de células intercaladas tipo B y no-A no-B (Figura 20). Excreta HCO_3^- al lumen tubular y reabsorbe Cl^-. Puede transportar yodo en lugar de cloruro. Es regulado positivamente por angiotensina II y aldosterona, mientras que se inhibe por acción de la acidosis intracelular y un exceso de Cl^- luminal[54,55]. Pendrina se expresa también en células del oído interno y tiroides. Mutaciones en este transportador producen sordera, alteraciones del equilibrio, hipotiroidismo y bocio: síndrome de Pendred. En este síndrome el estado ácido-base es normal, pero ante una carga de álcalis se desarrolla alcalosis metabólica hipoclorémica severa por la imposibilidad de eliminar bicarbonato y reabsorber Cl^-. Lo mismo ocurre si se administran diuréticos tiazídicos, ya que induce hipovolemia con alcalosis metabólica; la cual no puede ser contrarrestada intercambiando HCO_3^- con Cl^- luminal.

El transportador Pendrina se ha relacionado con la patogenia de la Hipertensión Arterial, ya que su ausencia produce resistencia a la hipertensión inducida por mineralocorticoides y NaCl.

La acción de Pendrina permite contrarrestar el efecto "alcalinizante" de la angiotensina II y aldosterona. Por otro lado, en condición de hipercloremia, la inhibición de Pendrina mediada por el exceso de Cl^- luminal, también contrarresta la pérdida urinaria de HCO_3^-.

KCC4: Es un simportador electroneutro de K^+ y Cl^-. Se expresa en la membrana basolateral de las células intercaladas tipo A del túbulo colector (Figura 19). Permite eliminar el Cl^- incorporado a la célula por la actividad de AE1. Su deficiencia se asocia con alteración de la acidificación distal y acidosis tubular renal tipo 1 (Capítulo 14)[54].

Glicoproteínas Rh: Son un conjunto de transportadores para el sistema amoniaco y amonio (NH_3 y NH_4^+). Se expresan en células eucariotas y procariotas. Rhag es un componente del complejo Rh eritrocitario, en asociación con RhD y RhCE. La deficiencia de Rhag provoca esferocitosis con anemia hemolítica por la alteración en el transporte de amonio y otros gases eritrocitarios. Sin embargo, Rhag no está presente en el riñón (no es necesaria la compatibilidad de grupo Rh para el trasplante renal). Rhbg se expresa solo en la membrana basolateral del túbulo conector, colector cortical y colector medular; mientras Rhcg se ubica tanto en las membranas apicales y basolaterales de las mismas células. La célula intercalada tipo B no presenta Rhbg ni Rhcg. Ambos transportadores aumentan su expresión en condición de acidosis metabólica e hipokalemia. La aldosterona también aumenta la expresión de Rhcg, mientras el fármaco Ciclosporina la inhibe[15]. Las glicoproteínas Rh también permiten el transporte de CO_2.

6.5 Respuesta a la acidosis

Como se ha mencionado anteriormente, los cambios en el pH intracelular modifican la expresión de enzimas involucradas en la excreción renal de ácido. La eliminación de ácido por medio de acidez titulable es insuficiente, pero la amoniogénesis renal puede generar una enorme excreción de ácido (Figura 24).

Normalmente, el amonio urinario permite eliminar 2/3 de la carga diaria de ácido fijo, pero en condición de acidosis excreta el 90% de esa carga[58].

Los glucocorticoides aumentan durante una acidosis metabólica, estos son necesarios para una máxima amoniogénesis y óptima excreción renal de NH_4^+[58].

En el hepatocito la síntesis de glutamina aumenta con acidosis y disminuye en alcalosis[13]. Lo mismo ocurre en la célula muscular[53]. Así, a las tres horas de una acidosis, los niveles de glutamina habrán duplicado su concentración plasmática normal.

En la membrana basolateral del túbulo proximal, la acidosis revierte el funcionamiento del antiportador LAT2, generando entrada de glutamina y salida de aminoácidos. Además, incorpora otro antiportador basolateral, el SNAT3; que promueve ingreso de Na^+-glutamina a la célula y salida de H^+[53].

A nivel del túbulo proximal existe un elemento respondedor al pH, que regula la expresión génica del mRNA para glutaminasa (aparentemente mediante estabilización de este)[53,58]. La acidosis aumenta la expresión de glutaminasa, α-cetoglutarato deshidrogenasa y glutamato deshidrogenasa. Todas estas enzimas median la síntesis de amonio. El α-cetoglutarato, gracias a la enzima PEPCK, participará de gluconeogénesis renal. Esta reacción también produce HCO_3^-, y la PEPCK es regulada positivamente en su transcripción por la acidez intracelular. La transcripción máxima de estas enzimas se completará en cuatro a siete días.

La acidosis en el túbulo proximal estimula la actividad y expresión de transportadores NHE3 y bomba H^+-ATPasa apical, e inhibe NBCn2. Además, aumenta la actividad de NBCe1-A basolateral. También, estimula la actividad y expresión de NKCC2 apical y NHE4 basolateral del asa ascendente gruesa

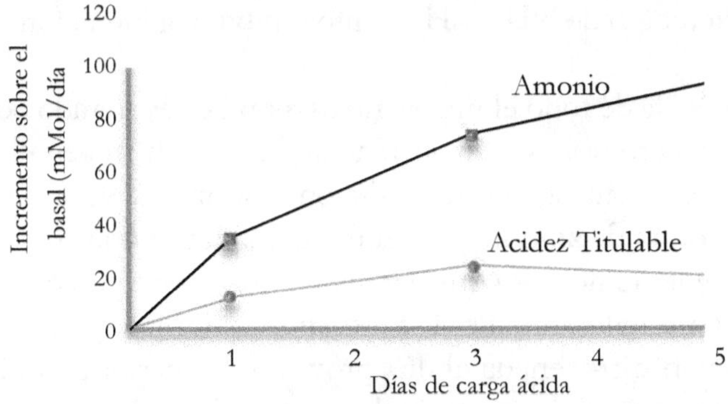

Figura 24. Respuesta renal ante una carga de ácido. Modificado de referencia[60].

de Henle. En el túbulo colector (células intercaladas tipo A) incrementa los canales Rhbg y Rhcg, la expresión y actividad de las bombas luminales H^+-ATPasa y H^+/K^+-ATPasa, y también, el cotransportador basolateral AE1. En la célula intercalada tipo B disminuye la expresión de Pendrina y el cotransportador AE4[53,55,60,74]. La expresión y actividad de AC tipo II en el túbulo colector, también aumenta en acidosis metabólica.

El riñón posee un sistema intrínseco de síntesis de angiotensina II. Las células del túbulo proximal tienen receptores AT1, tanto en la membrana apical como basolateral. El CO_2 en la célula proximal promueve la síntesis intracelular y posterior secreción luminal de angiotensina II, esta favorecerá la reabsorción de HCO_3^-.

En el túbulo colector, por mecanismos aún no bien conocidos, la acidosis crónica induce aumento del número y proporción de células intercaladas tipo A (la alcalosis crónica promueve el desarrollo de células tipo B). Esta "plasticidad" de las células intercaladas se ha atribuido a varios factores de transcripción y proteínas que responderían en su expresión al estado ácido-base intracelular[54,55]. La proteína Hensina favorece la diferenciación de una célula intercalada hacia el tipo A. Esta proteína participaría de la respuesta a una acidosis metabólica. En ausencia de Hensina, se promueve diferenciación hacia célula intercalada tipo B con desarrollo de acidosis[75]. Ciclosporina inhibe la acción de Hensina, provocando acidosis metabólica[76].

Por lo tanto, la respuesta renal a la acidosis será un aumento en la amoniogénesis, excreción de NH_4^+ y H^+, como también; generación y reabsorción de HCO_3^-.

Más del 90% de todo el nitrógeno corporal es excretado por la orina en forma de urea o amonio, así se mantiene un balance nitrogenado de cero. De toda la excreción de nitrógeno en condiciones normales, 90% se elimina como urea y 4% en forma de amonio. Sin embargo, durante una acidosis la síntesis de amonio puede aumentar considerablemente, hasta cinco a diez veces lo que se excreta normalmente. Por lo tanto, puede significar un gran porcentaje de la eliminación nitrogenada al día, provocando menor participación de la urea en la formación de orina, e incluso, un balance nitrogenado negativo (Capítulo 17). Como una menor cantidad de urea deteriora la capacidad de concentración urinaria, se produce disminución de la osmolalidad urinaria y poliuria. En compensación a esto, la acidosis incrementa los transportadores de urea a nivel del túbulo colector medular para favorecer su concentración en el intersticio[60].

La hipokalemia es un potente estímulo para la amoniogénesis y excreción de amonio renal. Específicamente, en el túbulo proximal aumenta la expresión de glutaminasa, glutamato deshidrogenasa, PEPCK y NHE3; y en el túbulo colector incrementa los canales Rhcg[63]. La hipokalemia debe ser severa para inducir estos cambios ($[K^+]$ plasmático <2 mEq/L), aunque también se ha descrito con kalemia normal y restricción dietaria de potasio por tan solo dos días[77]. La intensa excreción urinaria de amonio, inducida por hipokalemia, puede provocar alcalosis metabólica y balance nitrogenado negativo.

No está clara la razón homeostática ni el mecanismo por el cual los trastornos del potasio modifican la amoniogénesis renal[63]. Podría ser el "efecto de intercambio" existente entre H^+ y K^+ (Capítulo 17). Como el H^+ y K^+ varían recíprocamente, si disminuye el K^+ extracelular sería "compensado" mediante salida de K^+ intracelular e ingreso de H^+ a la célula. Lo anterior "acidificaría" la célula del túbulo proximal estimulando la amoniogénesis. La hiperkalemia tendría el efecto contrario (ingreso de K^+ y salida de H^+ con "alcalinización" celular). Sin embargo, el "efecto de intercambio" entre H^+ y K^+ ocurre para variaciones del H^+ extracelular, no para el K^+ (Capítulo 17). Otro mecanismo podrían ser los cambios de polaridad celular inducidos por la kalemia. La hipokalemia "hiperpolariza" las células, generando retención de cationes en ella. Como la célula del túbulo proximal sintetiza amonio, gran parte de los cationes retenidos son NH_4^+ y H^+. Así, se "acidifica" la célula induciendo mayor síntesis de amonio. Por el contrario, la hiperkalemia "depolariza" las células. En el túbulo proximal se "pierden" cationes (como NH_4^+ y H^+) en favor del gradiente eléctrico, induciendo "alcalosis celular" e inhibición de la amoniogénesis.

Como se mencionó anteriormente, un 50% del amonio sintetizado se escapa a la circulación sistémica. Si aumenta la amoniogénesis renal (por acidosis o hipokalemia), puede ser perjudicial cuando hay enfermedades hepáticas; ya que exagera estados de encefalopatía por acumulación de NH_3/NH_4^+.

6.6 Sensores ácido-base

Se ha buscado intensamente cuál es el estímulo que provoca modificación en la capacidad renal para excretar H^+ y reabsorber HCO_3^-. En la célula tubular proximal, los cambios intracelulares del pH, [HCO_3^-] o PCO_2; no modifican significativamente la actividad de la célula. Tampoco, cuando estas modificaciones ocurren en la membrana luminal. Sin embargo, si la membrana basolateral se expone a un exceso de CO_2, aumenta la expresión de NHE3, H^+-ATPasa y la conductancia basolateral a HCO_3^-[51]. Lo contrario ocurre cuando la membrana basolateral se expone a mayor concentración de HCO_3^-. Modificaciones en el pH de la membrana basolateral no cambian la actividad de la célula tubular proximal[51]. Por lo tanto, sería la concentración de CO_2 y de HCO_3^- en la membrana basolateral del túbulo proximal los estímulos para la respuesta a un trastorno ácido-base. En el túbulo colector, en cambio, pareciera que el factor detectado es el pH intracelular.

Existen varios candidatos para ser los "sensores ácido-base" que regularían la expresión de determinados genes y la maquinaria celular para enfrentar un trastorno[15,53,78].

Receptores de la familia ErbB: Son receptores asociados a un dominio con actividad tirosina-kinasa. No tienen ligando bien definido, pero regulan múltiples procesos celulares, como: proliferación, diferenciación, adhesión y migración. El túbulo proximal expresa ErbB1 y ErbB2 en la membrana basolateral. Cambios en la concentración peritubular de HCO_3^- y CO_2, activan este receptor, el cual regula la reabsorción de HCO_3^-[79]. El bloqueo de los receptores ErbB anula esta respuesta.

Receptor tipo Proteína Tirosina Fosfatasa γ (RPTPγ): Se expresa en la membrana basolateral del túbulo proximal, y también, responde a las concentraciones de CO_2 y HCO_3^-; modificando la tasa de secreción de H^+ y reabsorción de HCO_3^-[80].

RNA mensajero de Glutaminasa: La acidosis aumenta la expresión de glutaminasa, ya que estabiliza su mRNA.

Kinasa Pyk2: Proteína intracelular con actividad tirosina-kinasa. Experimentos in vitro demuestran que se activa mediante autofosforilación en respuesta a la disminución del pH intracelular. Presente en el túbulo proximal. Promueve expresión de endotelina, la cual mediante su receptor aumenta la síntesis de NHE3 en la membrana apical[81]. También, activa a la bomba H^+-ATPasa del túbulo proximal.

Canales iónicos: Algunos canales como ASIC, TRP, TWIK y TASK se expresan en el riñón. Transportan iones Na^+, Ca^{++} o K^+. Modifican su actividad con los cambios del pH y se han postulado como sensores del pH extracelular en el túbulo proximal[82].

Bomba H^+-ATPasa (V-ATPasa): La H^+-ATPasa que se ubica en vesículas y lisosomas intracelulares, es fundamental para un correcto tráfico de proteínas y vesículas intracelulares. El pH intracelular determina la actividad de esta enzima, que participará en la degradación de proteínas endocitadas. Aún no se conoce el mecanismo de alteración, pero el déficit de H^+-ATPasa afecta el tráfico en la célula tubular proximal produciendo síndrome de Fanconi (Capítulo 14).

Receptor relacionado al receptor de insulina (InsR-RR): Presente en la membrana basolateral de células intercaladas tipo B y no-A no-B. Es activado por alcalosis. La deficiencia de este receptor disminuye la expresión de Pendrina, y así, la capacidad para excretar una carga de álcalis.

Receptores asociados a proteína-G (GPCRs): GPR4 se expresa en el intersticio renal, túbulo colector y asa ascendente gruesa de Henle. Es sensible al pH y produce acumulación de AMPc intracelular, el cual activa la H^+-ATPasa del túbulo colector. Su deleción provoca acidosis metabólica por defectos en la excreción urinaria distal de ácido[83].

Adenilato ciclasa soluble (sAC) sensible a HCO_3^-: Presente en la rama ascendente gruesa de Henle, túbulo distal y túbulo colector. Un aumento del CO_2 en la célula intercalada tipo A provocará incremento del HCO_3^- intracelular. La sAC sensible a bicarbonato se activa y forma AMPc. Este último, activa a la Proteína-kinasa A que fosforila la bomba H^+-ATPasa promoviendo la excreción de H^+.

6.7 La cuantificación de acidez titulable se realiza con bases fuertes

El método por el cual se cuantifican los ácidos titulables urinarios es al cual deben su nombre.

A una muestra de orina con determinado pH, se agrega una base fuerte (como KOH; que se disocia completamente). Así, la base fuerte comienza a capturar todos los H^+ del medio. Al aumentar el pH, los ácidos titulables ceden sus H^+, ya que la reacción se ha redireccionado hacia los productos por la disminución de H^+.

Orina ácida:

$AT^\wedge H \leftarrow AT + \uparrow H^+$

Adición de base fuerte ($KOH \rightarrow K^+ + OH^-$):

$AT^\wedge H \rightarrow AT + \downarrow H^+ + OH^- \rightarrow H_2O$

La cantidad (en moles) de base fuerte necesarios para devolver el pH urinario al valor del plasma, equivale a los moles de ácido titulable que captaron H^+. En esta reacción, también hubo H^+ libres que fueron capturados por la base fuerte, sin embargo, como se mencionó anteriormente; la cantidad de estos es incomparablemente menor, así que no incide en el valor calculado final. Por otro lado, está el NH_4^+ que al ser una base, no "suelta" su H^+, ya que a pH de 7,4 más del 98% se encuentra aún unido a este[9].

6.8 Intercambio aniónico como método de homeostasis ácido-base

La cantidad de ácido total que elimina el organismo al día es ≈15.080 mmol. El sistema respiratorio extrae 15.000 mmol de ácido carbónico (volátil o no fijo) y el riñón eliminará 80 mmol de ácido fijo (o no volátil) por la orina. Este último valor corresponde a menos del 0,1% del total de ácido que se elimina diariamente. Por lo tanto, la cantidad de ácido eliminado por el pulmón es incomparablemente mayor a la contribución del riñón.

Para deshacerse de un ácido agregado al organismo, se puede eliminar el ácido (AH) o sus productos: base conjugada (A^-) y H^+. El mecanismo más eficiente es eliminar directamente el ácido. Si bien, el problema radica en la [H^+], se está atacando al origen de la perturbación. Un mecanismo poco efectivo para excretar un ácido, es eliminar su base conjugada. Esto último se debe a que la sustracción de productos, por principio de acción de masas, redistribuirá la reacción química del ácido a la generación de productos, y con esto, un aumento de H^+. Es decir, se logra disminuir la cantidad de ácido (AH) a expensas de un aumento en la concentración de H^+.

$$AH \leftrightarrow \downarrow A^- + H^+$$

$$\downarrow AH \rightarrow A^- + \uparrow H^+$$

El pulmón posee una gran ventaja, es un sistema "abierto a la atmósfera" que puede eliminar ácido en la forma de AH, en este caso el CO_2. Afortunadamente, todo el metabolismo celular se dirige a la formación de CO_2. No solo los carbohidratos y grasas se transforman a CO_2, sino que otros compuestos carbonados como los participantes del ciclo de Krebs, ciclo de Urea, ácido cítrico, cetoácidos, ácido láctico, entre muchos otros. Es decir, los ácidos carbónicos (que contienen carbono en su estructura y el grupo −COOH) serán convertidos a CO_2 para su eliminación. Este último, al ser una molécula pequeña, liposoluble y no poseer carga; puede eliminarse fácilmente a través de la membrana alvéolo-capilar del pulmón.

Por otro lado, para los ácidos fijos, la realidad es distinta. Aunque su producción es menor, no se pueden transformar a compuestos ácidos más simples para su excreción. Los aminoácidos y ácidos nucleicos, generan grandes cantidades de ácido clorhídrico, úrico, fosfórico, sulfúrico, entre otros. Por lo tanto, el único mecanismo que queda para deshacerse de estos ácidos, es eliminar el H^+ y base conjugada proveniente de estos. Así, lentamente, y mediante redireccionamiento químico hacia los productos, se podrá eliminar el ácido AH.

Previamente, se mencionó que el riñón es capaz de eliminar la carga diaria de H^+ proveniente de ácidos fijos, sin embargo, mientras siga existiendo un ácido fijo en el organismo (AH), continuará la producción de H^+. Más aún, esta producción incrementará si se elimina la base conjugada (A^-).

En la literatura se describe que el riñón elimina los H^+ provenientes de ácidos fijos y debe reabsorber una cantidad equimolar de HCO_3^- para conservar el estado ácido-base. Sin embargo, la necesidad del riñón, no es equiparar la reabsorción de HCO_3^- a la excreción de protones, sino, a la eliminación de la base conjugada proveniente de un ácido fijo. El riñón, normalmente, excreta la porción aniónica (base conjugada) proveniente de un ácido (fosfatos, sulfatos, uratos, etc.) más el H^+. Desde el punto de vista químico, hay un "doble" estímulo para que la reacción del ácido se direccione hacia los productos formando más H^+. Por lo tanto, eliminar A^- y H^+ para consumir AH, implica una ganancia de H^+.

Si solo se excretara el H^+ proveniente de AH, existirá un límite que impide la eliminación del ácido. Por mucho que disminuya la $[H^+]$, la presencia de A^- limitará el redireccionamiento químico hacia los productos. En definitiva, es necesario deshacerse del H^+ y la base conjugada para eliminar un ácido.

Como la excreción de ácidos fijos crea una ganancia de H^+, es necesario reponer el HCO_3^- que será consumido en las reacciones de amortiguación. Al mismo tiempo, se asegura que el ácido AH continúe redireccionándose a los productos (ya que no aumenta la $[H^+]$), y finalmente, se logrará eliminar el ácido fijo del organismo.

Desde otro punto de vista, el H^+ aportado por el ácido fijo en su eliminación pasará a otro sistema ácido-base: el CO_2/HCO_3^-. Esto gracias a que la base conjugada eliminada (A^-) fue "reemplazada" por HCO_3^-. Luego, H^+ y HCO_3^- reaccionan formando CO_2. El efecto del "intercambio aniónico" hacia el sistema CO_2/HCO_3^- tiene importantes ventajas. Primero, el CO_2 es un ácido más débil que la mayoría de los ácidos fijos producidos por el metabolismo (cede menos H^+ al medio). Por lo tanto, el mayor pKa del CO_2, en comparación a los ácidos fijos, asegura una menor producción de H^+ (Capítulo 2). Y segundo, es un ácido que sí se puede eliminar (por el sistema respiratorio).

Las células también tienen sistemas para realizar intercambio aniónico, y así, establecer un control de su estado ácido-base. Esto se aplica para los ácidos carbónicos, ya que además de ser transformados a CO_2; la base conjugada proveniente de estos ácidos (lactato, β-hidroxibutirato, citrato, etc.) puede ser convertida en bicarbonato. Es decir, el ácido (AH) se transforma a CO_2 y la base conjugada (A^-) a bicarbonato. Nuevamente, como el CO_2/HCO_3^- es un ácido más débil que la mayoría de los otros ácidos carbónicos, por efecto de la transformación, habrá menor generación de H^+. Luego, el exceso de CO_2 (ácido) podrá ser eliminado por el sistema respiratorio.

6.9 La hipovolemia puede producir alcalosis

En la homeostasis del medio interno el parámetro más importante y de mayor trascendencia vital es el volumen circulatorio efectivo (VCE). Tanto es así, que el organismo en situaciones de hipovolemia significativa puede reabsorber volumen de una forma tal, que provoca alteraciones en la osmolalidad plasmática, kalemia, fosfatemia, calcemia, uricemia, y también, del estado ácido-base.

La hipovolemia activa mecanismos para conservar agua y sal. La descripción detallada de estos procesos excede los propósitos de esta revisión, pero es importante solo mencionar los mecanismos de *feedback* túbulo-glomerular, regulación miogénica de las arteriolas renales, balance glomérulo-tubular, el sistema renina-angiotensina-aldosterona, simpático y la hormona antidiurética. Además, se inhiben todos los procesos que favorecen natriuresis.

La hormona antidiurética (ADH) regula la osmolalidad del agua corporal, pero una disminución de la volemia en más de 10% estimula y potencia la secreción de esta[12]. El objetivo es lograr una mayor reabsorción de agua libre para aumentar el volumen plasmático (aunque sea en perjuicio de la osmolalidad). Este es un mecanismo de salvataje del cual se hace uso solo en situaciones extremas.

La hipovolemia produce una menor presión de perfusión renal, y así, disminución en la velocidad de filtración glomerular (VFG). El sistema renina-angiotensina-aldosterona (R-A-A) se activa por la disminución del flujo de Na^+ y Cl^- en la mácula densa del aparato yuxtaglomerular[21]. Estos estímulos activan la síntesis de renina, que actúa sobre el angiotensinógeno para formar angiotensina I, y esta última es transformada (a nivel pulmonar) en angiotensina II. La angiotensina II tiene una importante actividad vasopresora, aumenta la reabsorción tubular proximal de $NaHCO_3$ mediante estimulación de transportadores (NHE3 y NBCe1A), defosforila el receptor de mineralocorticoides en las células intercaladas (MR) y estimula la síntesis y excreción de aldosterona en la zona glomerular de la glándula suprarrenal[55].

La aldosterona actúa en el túbulo colector, activando la bomba Na^+/K^+-ATPasa y la actividad y número de canales ENaC y ROMK. Estos transportadores promueven reabsorción de Na^+ y excreción de K^+. En la célula intercalada tipo A del túbulo colector, la aldosterona estimula la bomba H^+-ATPasa (en presencia de angiotensina II). Al aumentar las cargas positivas en el lumen se genera mayor gradiente eléctrico en favor de la entrada de Na^+. De esta forma, la excreción de K^+ y H^+ favorecen la reabsorción de volumen. Sin embargo, esos electrolitos se eliminarán por la orina produciéndose depleción de ellos (alcalosis e hipokalemia). La ADH es una hormona facilitadora de la acción de aldosterona en el túbulo colector. La aldosterona también podría actuar en el túbulo proximal favoreciendo reabsorción de bicarbonato sódico.

Una hipokalemia producto de la activación del sistema R-A-A, favorece amoniogénesis renal y su excreción urinaria; exacerbando la alcalosis.

La hipovolemia se asocia con disminución en la concentración plasmática de Na^+ y Cl^+. Esto se debe a pérdidas directas de estos iones, o a la dilución del líquido extracelular mediada por una secreción no osmótica de ADH como mecanismo de "salvataje". Una disminución de estos iones, provocará menor concentración de Cl^- en el líquido intratubular. El Na^+ en el túbulo proximal será ávidamente reabsorbido y deberá tener un anión acompañante. En ausencia de Cl^-, el HCO_3^- reemplazará este anión.

Como la hipovolemia y activación del sistema R-A-A promueven alcalosis; la angiotensina y aldosterona estimulan el cotransportador Pendrina para aminorar este defecto. Su acción promueve absorción de Cl^- y excreción de HCO_3^- al lumen. Como lo anterior se asocia a reabsorción de Na^+ por ENaC en el túbulo colector, el efecto neto será conseguir NaCl mientras se elimina algo de HCO_3^- disminuyendo la alcalosis.

6.10 La velocidad de filtración glomerular y el bicarbonato

De todos los órganos en el cuerpo humano, el que recibe mayor perfusión es el riñón. De hecho, acapara el 20-25% de gasto cardiaco, sin embargo, su consumo de O_2 es 6-8 mL/min por 100 gr de tejido. Es decir, el consumo de O_2 no justifica la exagerada perfusión renal.

El riñón precisa un alto flujo sanguíneo para mantener una VFG extremadamente elevada: 125 mL/min en un sujeto sano. Esto significa que se filtra 180 L al día de plasma para eliminar solo 1,5 L de orina.

Para sobrellevar esta enorme VFG, el túbulo proximal reabsorbe volumen en forma grosera, tanto así, que puede arrastrar moléculas como urea, ácido úrico, calcio, entre otras. El 60-70% del Na^+ filtrado se reabsorbe en el túbulo proximal para recuperar el volumen filtrado, luego, en el asa de Henle, un 25-30% pasa a la circulación sistémica y un 10% lo hace en el túbulo contorneado distal. Por lo tanto, solo un 1% del agua y Na^+ filtrados serán sometidos a regulación por el nefrón distal. Algo similar ocurre con otros compuestos, de los cuales, menos del 10% es lo que llega al túbulo colector para realizar la regulación fina, de manera que se equiparen las pérdidas a los ingresos. Pareciera entonces, que la función renal es "poco eficiente", ya que emplea una filtración y reabsorción exageradas para realizar su cometido.

La eliminación de drogas y sustancias tóxicas generalmente se realiza mediante secreción tubular; es decir, la elevada VFG no influye mayormente en su excreción.

No existe una explicación satisfactoria de por qué la VFG es tan elevada, pero probablemente el motivo sea la homeostasis ácido-base.

Es fundamental considerar el hecho de que el riñón reabsorbe/genera una cantidad masiva de HCO_3^- para lograr redireccionar el *buffer* CO_2/HCO_3^-, y así, mantener un pH ligeramente básico en el extracelular.

De todo el Na^+ reabsorbido en el túbulo proximal, la mayor parte se realiza mediante el cotransportador NHE3; menos importante son el transporte paracelular y arrastre por solvente. De hecho, aún menos importante es el cotransporte de Na^+ asociado a moléculas (fosfato, aminoácidos, glucosa, lactato, etc.); es más, este mecanismo no reabsorbe más del 5% del Na^+ filtrado[84].

La absorción de Na^+ es electroneutra, debe asociarse a un anión. El túbulo proximal es mucho más permeable al HCO_3^- que al Cl^-. Esta situación no ocurre al azar, sino que facilita la reabsorción/generación masiva de bicarbonato. Cuando no es posible reabsorber HCO_3^- en el túbulo proximal entra el otro anión en competencia, el Cl^-, por lo que aumentan sus niveles plasmáticos en desmedro del bicarbonato (acidosis hiperclorémica).

El factor que permite esta reabsorción/generación masiva de bicarbonato es la enorme actividad del cotransportador NHE3. Pareciera que la gran cantidad de Na^+ filtrado va dirigido a activar este transportador, de forma que la recirculación de H^+ permita una mayor incorporación de HCO_3^-.

Como los movimientos de bicarbonato van asociados a H^+, es necesario disociarlo de este catión al momento de su absorción. El mecanismo para realizar esto es a través de un transporte masivo de agua y Na^+ por el túbulo proximal.

6.11 Gluconeogénesis renal, un mecanismo para aportar HCO_3^-

La glicemia, en sujetos sanos, se mantiene dentro de un estrecho rango pese a las variaciones en la dieta. No supera 162 mg/dL luego de ingesta alimentaria y no disminuye bajo 54 mg/dL posterior a ayuno prolongado o ejercicio[85]. Es, por tanto, un combustible con niveles "estables" a diferencia de ácidos grasos, cuerpos cetónicos, glicerol, aminoácidos o lactato.

Luego de una ingesta alimentaria, la liberación de glucosa a la sangre es 10 mg/kg/min[85]. La distribución dependerá de la insulina: 30% de la glucosa se dirige al hígado para su almacenamiento como glicógeno, 35% va al músculo para utilización y almacenamiento, 10% es utilizado por el sistema gastrointestinal, 10% será usado por el cerebro y 10% son destinados al riñón. En situación de ayuno, la liberación de glucosa a la sangre es 1,8 mg/kg/min y la distribución dependerá de las necesidades metabólicas; 40% se destina al cerebro, 15% al hígado, 15% al músculo, 5% se destina al sistema gastrointestinal y 5-10% hacia el riñón[85].

Los órganos con mayor consumo energético por gramo de tejido son el corazón, riñón y cerebro. Específicamente, sus vO_2 son: 432, 267 y 147 µmol/min/100 g de tejido respectivamente. Llama la atención que ni el corazón ni el riñón, sean el principal destino de la glucosa.

Es importante destacar que el riñón, pese a su alto consumo energético, prácticamente no realiza combustión de glucosa. Los hidrocarburos preferentemente utilizados son ácidos grasos, lactato y citrato[86]. Es decir, aunque el riñón se expone a grandes cantidades de glucosa (desde el flujo sanguíneo renal o filtrado glomerular), no realiza combustión de esta, relegándola como combustible para otros tejidos. En el corazón ocurre algo similar, ya que utiliza ácidos grasos y cetonas para obtener energía.

La corteza renal no solo no consume glucosa, sino que además, la produce mediante gluconeogénesis. Se ha estimado la producción renal glucosa en 9-18 mg/kg/h[86].

En presencia de insulina se inhibe la gluconeogénesis. Los únicos órganos que pueden realizar gluconeogénesis son el riñón e hígado, ya que poseen la enzima glucosa-6-fosfatasa. En ambos órganos el principal sustrato para gluconeogénesis es el lactato, seguido de los aminoácidos alanina para el hígado y glutamina en el riñón[85]. Ambos aminoácidos son, además, mecanismos de transporte del amonio en la sangre. Otros precursores de gluconeogénesis son: glicerol, aminoácidos (aparte de los recientemente mencionados) y los intermediarios del ciclo de Krebs.

Durante el período de ayuno 50% de la glucosa plasmática proviene de glicogenólisis hepática; mientras el resto desde gluconeogénesis. La mitad de la glucosa aportada por gluconeogénesis procede del riñón y el resto del hígado. Es decir, durante el ayuno, el riñón aporta 25% de la glucosa plasmática[85].

La glucólisis anaeróbica comienza luego del ingreso de glucosa a la célula, la cual es convertida a glucosa-6-fosfato (G6P) mediante una hexokinasa (que es inhibida por su producto: G6P). La G6P puede seguir cuatro caminos: continuar con glucólisis, síntesis de glicógeno (almacenamiento), desviación hacia la vía de las hexosas monofosfato o gluconeogénesis mediante glucosa-6-fosfatasa. La glucólisis continúa con múltiples reacciones hasta formar piruvato, el cual entra a la mitocondria para integrarse al ciclo de Krebs. Un paso intermedio es la transformación de fructosa-6-fosfato a fructosa-1,6-bifosfato mediante la enzima fosfofructokinasa. Esta enzima es regulada positivamente por productos del "uso de energía" (fosfato inorgánico, AMP, ADP), fructosa-2,6-bifosfato y un pH intracelular elevado; favoreciendo la oxidación de glucosa para obtener energía. Al contrario, los productos de la oxidación de glucosa (ATP y compuestos del ciclo de Krebs, como citrato), alanina y pH bajo; inhiben esta enzima promoviendo gluconeogénesis.

La insulina aumenta la síntesis de fructosa-2,6-bifosfato (regulador positivo de glucólisis), mientras el glucagón inhibe su formación (favorece gluconeogénesis).

La reacción global de la glucólisis anaeróbica se resume como:

$$Glucosa + 2NAD^{+} \rightarrow 2(Piruvato) + 2NADH + 2ATP + 2H^{+}$$

La insulina, además de estimular glucólisis anaeróbica, promueve la actividad de la enzima piruvato deshidrogenasa (PDH). El piruvato entra a la mitocondria para transformarse en acetil-CoA mediante la PDH, y así, incorporarse al ciclo de Krebs, y luego, cadena respiratoria. Las reacciones químicas de la glucólisis anaeróbica y ciclo de Krebs forman ácidos y moléculas de alto poder reductor (NADH y $FADH_2$), que posteriormente serán utilizadas en la síntesis de ATP.

Un exceso de acetil-CoA o ausencia de insulina, inhiben la enzima PDH promoviendo que el piruvato realice reacciones inversas, es decir, gluconeogénesis. Para esta última acción, el piruvato se transforma a malato y logra salir de la mitocondria. Luego, el malato se convierte en oxaloacetato. Este último se transformará a fosfoenolpiruvato (PEP) mediante la enzima fosfoenolpiruvato carboxikinasa (PEPCK). Como se mencionó anteriormente, PEPCK es regulada positivamente por un pH intracelular bajo y promoverá gluconeogénesis (Figura 25).

La glucólisis y gluconeogénesis son procesos antagónicos, si uno está activo, el otro se apagará. Cuando el estado energético de la célula es alto, la glucólisis estará apagada y se privilegiará la gluconeogénesis. Al contrario, un estado energético bajo favorecerá glucólisis.

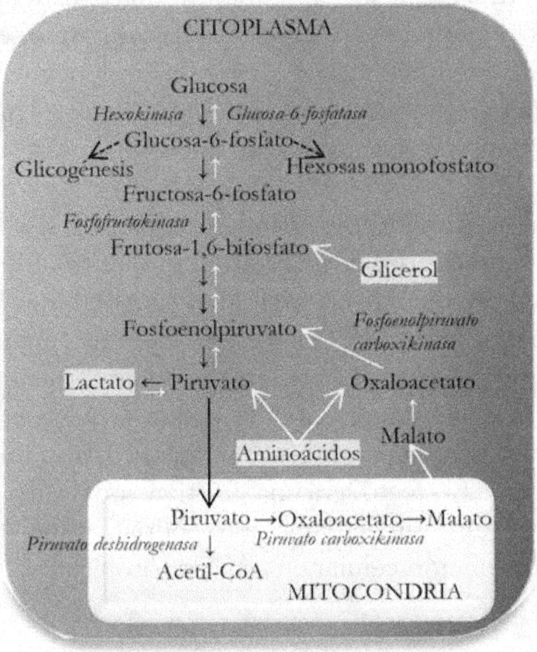

(Glucólisis citoplasmática representada por flechas negras y gluconeogénesis por flechas blancas. Sustratos de gluconeogénesis: glicerol, lactato, aminoácidos).

Figura 25. Glucólisis y gluconeogénesis.

Cuando el piruvato se transforma en acetil-CoA ya no hay posibilidad de reversión. Los aminoácidos que pueden convertirse a piruvato u oxaloacetato son "glucogénicos", mientras los que se transforman en acetil-CoA son "cetogénicos", ya que la acumulación de acetil-CoA genera cetoácidos. Los niveles de acetil-CoA determinan el destino del piruvato mitocondrial. Altos niveles de acetil-CoA inhiben la PDH y estimulan la piruvato carboxilasa. Esta última enzima favorece la transformación de piruvato a oxaloacetato y luego a malato, es decir, se promueve gluconeogénesis (Figura 25).

Como las reacciones de glucólisis producen ácidos, la gluconeogénesis tiene el efecto contrario. En el riñón se emplea este mecanismo para obtener bicarbonato y amonio. Desde la glutamina se forma α-cetoglutarato mediante reacciones que liberan amonio. Luego, el α-cetoglutarato se transformará en malato para salir de la mitocondria y contribuir a la gluconeogénesis. En estas reacciones se formarán 2 moléculas de HCO_3^-[53,87]. Otras moléculas como el citrato y lactato, también son útiles para la gluconeogénesis y formación de HCO_3^-.

El riñón, normalmente, efectúa gluconeogénesis, la cual aumenta considerablemente en estados de acidosis. El propósito de esto no es obtener glucosa, sino generar nuevo HCO_3^- y amonio para eliminar H^+. Se "utiliza" la gluconeogénesis renal como medio para la homeostasis ácido-base.

Es importante destacar que la célula posee un "sistema de defensa" intrínseco para evitar mayor producción de ácido y CO_2 en estados de acidosis. La enzima fosfofructokinasa es inhibida por un pH intracelular bajo, mientras la PEPCK se estimula. El efecto será una inactivación de la glucólisis y promoción de gluconeogénesis. Sin embargo, esto podría conllevar a una depleción de ATP y mayor disfunción celular en estados patológicos.

7. Fisiología ácido-base celular

Las células son capaces de mantener un pH intracelular entre 6,9 a 7,2[10]. Esto lo realizan mediante mecanismos de transporte iónico y amortiguación intracelular. El pH del líquido intersticial es 7,3; mientras en el intravascular tiende a ser 7,4. Este gradiente de pH está determinado por una producción de ácidos desde las células, y luego, eliminación de estos, gracias a la función renal y respiratoria.

El pH es determinante para el funcionamiento de múltiples proteínas, tanto intracelulares, como extracelulares (Figura 27).

Por ejemplo, la unión de catecolaminas e insulina a su receptor depende del pH intersticial[88]. Una disminución del pH intersticial provocará resistencia a la acción de insulina y catecolaminas. Alteraciones del pH intersticial también afectan la función de canales, receptores de tirosina-kinasa, receptores dependientes de voltaje y receptores asociados a proteína G[88]. La activación de enzimas digestivas depende del pH luminal gástrico e intestinal.

En cuanto al funcionamiento intracelular, el pH es crucial para el metabolismo celular, síntesis de moléculas, movimiento celular, transporte, e incluso, proliferación celular.

La conductancia del K^+ disminuye con un pH intracelular bajo. Esto determina "atrapamiento" de cargas positivas en la célula y despolarización de esta, con riesgo de generar potenciales de acción. En tejidos eléctricos puede provocar arritmias y convulsiones. Las corrientes de Ca^{++} y la conductancia de uniones estrechas, también disminuyen con un descenso del pH intracelular[88].

La enzima limitante de la glucólisis, la fosfofructokinasa, es altamente sensible al pH intracelular. La insulina promueve aumento del pH intracelular para activar esta enzima, y así, favorecer la glucólisis. Sin embargo, la actividad glucolítica y respiración celular aeróbica tienden a producir ácidos. Como mecanismo de retroalimentación negativa, un pH intracelular bajo inhibe la enzima fosfofructokinasa[89].

La síntesis de proteínas, DNA y RNA comienza cuando el pH es 6,9; siendo óptima con pH de 7,4[89]. Las moléculas de actina y miosina son necesarias para la actividad contráctil del tejido muscular. Un pH intracelular bajo altera la interacción de estas moléculas y el ensamblaje de microtúbulos, afectando dramáticamente la contractilidad muscular. La alcalosis intracelular tiene un efecto contrario[89].

Un incremento del pH intracelular promueve proliferación y división celular. Lo contrario ocurre cuando el pH intracelular es bajo[89].

7.1 El CO_2 y la célula

Cuando una célula animal se expone a CO_2 en el extracelular, este "difundirá" rápidamente al citoplasma, en favor de su gradiente de concentración, acidificando el intracelular. La recuperación del pH intracelular se puede realizar por dos mecanismos: eliminando el H^+ producido o incorporando HCO_3^-, para que este reaccione con el H^+. Así, mediante formación de nuevo CO_2, este tienda a abandonar la célula por gradiente de concentración. Las células expresan transportadores como NBC y NDCBE que permiten la recuperación del pH intracelular (Capítulo 6)[51,90]. El primero (NBC) ingresa Na^+ en favor de su gradiente de concentración y arrastra consigo HCO_3^-; el segundo (NDCBE) intercambia Cl^- del intracelular con Na^+ y HCO_3^- del extracelular en favor del gradiente del sodio (Figura 26). La extrusión celular del H^+ se puede realizar mediante antiportadores NHE que obtienen energía gracias al ingreso de Na^+ a la célula[51]. Como muchos mecanismos de transporte requieren energía, utilizan el gradiente electroquímico favorable del Na^+. Así, ingresando Na^+ a la célula, es posible acoplar otros iones mediante cotransporte. Lo anterior requiere la acción continua de la bomba Na^+/K^+-ATPasa para evitar acumulación de Na^+ intracelular.

Otra forma que tiene la célula para defenderse del CO_2 extracelular es evitar la entrada de este. Cuando las células del epitelio gástrico se exponen a CO_2 por la superficie luminal, no ocurre ingreso de este ni disminución del pH intracelular. Al contrario, si esta exposición es por la membrana basolateral, sí se produce una disminución del pH intracelular asociado al ingreso del CO_2. Esto se debe a que el transporte del CO_2 en las células no ocurre predominantemente por difusión simple a través de la membrana plasmática, sino que por medio de poros. El principal canal para transporte del CO_2 (y también de O_2) es la AQP1. Esta proteína es constitucional en las células y necesaria para el transporte de agua y gases. Es decir, la célula difícilmente podrá evitar la entrada de CO_2, ya que utiliza mecanismos celulares vitales como el transporte de agua[51].

Por lo tanto, el CO_2 es producido en las células sale de estas gracias a su gradiente de concentración (mediante AQP1) y finalmente será eliminado por el pulmón. Se configura un gradiente que permite su excreción al ambiente. Sin embargo, si el CO_2 aumenta en la sangre por una alteración en la función respiratoria, este inevitablemente ingresará a las células, disminuyendo su pH, y así, provocará una disfunción severa.

7.2 La célula y el HCO_3^-

En la Tabla 7 se muestra la composición de iones en el intra y extracelular[45]. El catión intracelular más prevalente es el K^+. Su alta concentración intracelular se mantiene gracias a la bomba electrogénica Na^+/K^+-ATPasa (extrae tres moléculas de Na^+ e incorpora dos de K^+). Como la membrana plasmática normalmente es permeable al potasio, este tiende a salir siguiendo su gradiente de concentración. El movimiento constante del K^+ asociado a la actividad de la bomba Na^+/K^+-ATPasa, vuelven a la célula más "negativa" que el extracelular. Esta diferencia de cargas eléctricas (o potencial eléctrico) se ha cuantificado en −60 mV.

Todos los iones se pueden desplazar a través de la membrana plasmática mediante canales transmembrana específicos; y lo harán según su gradiente eléctrico y de concentración. El Na^+ debiera ingresar masivamente a la célula, pero no lo hace por impermeabilidad de la membrana a este catión. La concentración de Cl^- en el intracelular es 4 mmol/L y 108 mmol/L en el extracelular. Es decir, el gradiente de concentración favorece su ingreso a la célula, pero el gradiente eléctrico y la impermeabilidad de la membrana plasmática limitan su entrada. Así, la relación entre Cl^- intracelular y extracelular en equilibrio es 1:27. La permeabilidad de la membrana plasmática al HCO_3^- es similar al Cl^-, sin embargo, la concentración intracelular es 10 mmol/L y extracelular

Tabla 7. Composición de iones extra e intracelulares.

Elemento o Compuesto	**Plasma (mmol/L)**	**Intersticio (mmol/L)**	**Intracelular (mmol/L)**
Na^+	142	139	14
K^+	4,2	4	140
Mg^{++}	0,8	0,7	20
Ca^{++}	1,3	1,2	0
Cl^-	108	108	4
HCO_3^-	24	28,3	10
$HPO_4^=$	2	2	11
$SO_4^=$	0,5	0,5	1

24 mmol/L; dando una relación de 1:2,4 (mucho mayor a la del Cl^-). Esto se explica, porque en el intracelular hay síntesis continua de HCO_3^- que proviene desde el CO_2 y agua[91].

$$CO_2 + H_2O \leftrightarrow H^+ + HCO_3^-$$

$$CO_2 + OH^- \leftrightarrow HCO_3^-$$

Si el HCO_3^- se comportara de forma similar al Cl^-, su concentración intracelular debiera ser ≈1 mmol/L. Sin embargo, la síntesis intracelular provoca que este aumente y tienda a salir hacia el extracelular. El HCO_3^- abandonaría la célula gracias a la actividad del antiportador HCO_3^-/Cl, y mediante retrodifusión desde el citoplasma al extracelular[89].

El HCO_3^- extracelular es fundamental para mantener la homeostasis ácido-base. El agua corporal debe tener un pH levemente alcalino (7,4); para esto es necesario que una alta concentración de HCO_3^- pueda redireccionar el *buffer* CO_2/HCO_3^- hacia la producción de CO_2, el que será eliminado por el pulmón, consumiendo H^+.

Además de las células, otras fuentes de bicarbonato extracelular son el transporte de CO_2, síntesis hepática y reabsorción/generación renal.

Un 70% del CO_2 se transporta como HCO_3^- gracias a su hidratación mediada por Anhidrasa Carbónica. En los eritrocitos de capilares tisulares constantemente se está produciendo H^+ y HCO_3^- en cantidades equimolares a partir del CO_2 y H_2O. El H^+ se tampona con hemoglobina y otras proteínas, mientras el HCO_3^- viaja en el eritrocito o extracelular. Luego, ambos volverán a formar CO_2 en eritrocitos de capilares pulmonares para ser eliminados al aire atmosférico (Capítulo 5). Por lo tanto, en equilibrio la misma cantidad de HCO_3^- que se aporta al extracelular, se está eliminando por el pulmón (también de H^+). El transporte del CO_2 no genera ganancia de bases y no permite "alcalinizar" el extracelular, solo se manipulan *buffers* extracelulares y eritrocitarios para poder transportar CO_2. Como el CO_2 es un ácido, el sistema respiratorio regula finamente su concentración acelerando o disminuyendo su transporte y eliminación.

En el hígado, y en múltiples otras células del organismo, se transforman ácidos orgánicos al sistema CO_2/HCO_3^-.

$$\text{Ácido orgánico (R-COOH)} \leftrightarrow \text{Base conjugada}^- + H^+$$

$$\downarrow$$

$$CO_2 \leftrightarrow HCO_3^- + H^+$$

Ejemplos de ácidos orgánicos son: ácido láctico, ácido acetoacético, ácido β-hidroxibutírico, ácido acético, ácido cítrico, etc. Respectivamente, sus bases conjugadas son: lactato⁻, acetoacetato⁻, β-hidroxibutirato⁻, acetato⁻ y citrato⁻. Esta "transformación" produce alcalosis por 2 mecanismos. Primero, el pKa del sistema CO_2/HCO_3^- es mucho mayor al de los otros ácidos. Es decir, tiene menor tendencia a generar H^+. Segundo, los ácidos orgánicos, no se pueden eliminar fácilmente del organismo, pero sí; el CO_2. Finalmente, la célula (y sobre todo, el hepatocito) transforma ácidos orgánicos en el sistema CO_2/HCO_3^- con objeto de producir menos H^+ (proveniente de ácidos orgánicos) y eliminar "indirectamente" los ácidos orgánicos en la forma de CO_2. Si esta función celular no ocurre correctamente, sobreviene una acidosis orgánica (ej. acidosis láctica).

Por otro lado, si existe una ganancia de bases orgánicas asociadas a cationes (ej. lactato o citrato de sodio), las bases conjugadas en el extracelular consumen H^+, pero lo harán en mayor intensidad cuando se transformen al sistema CO_2/HCO_3^- (por mayor pKa). Así, existe "ganancia" de HCO_3^- que proviene de la carga de bases orgánicas. Esto último ocurre en dietas vegetarianas.

Sin embargo, si este aporte de bases se produce en condiciones donde la célula no puede transformarlos al sistema CO_2/HCO_3^-; se genera un bloqueo. Como la base conjugada orgánica participa en la reacción de un ácido fuerte (con bajo pKa), se frenará la capacidad para consumir H^+ del medio. Peor aún, era necesario que los H^+ reaccionaran con HCO_3^-, para luego formar CO_2 y ser eliminados por el pulmón, así se conseguía "excretar ácidos orgánicos". En insuficiencia hepática o disfunción celular severa, el aporte de citrato o lactato de sodio induce acidosis. Estas bases participarán de reacciones bidireccionales con sus respectivos ácidos orgánicos, impidiendo el consumo y eliminación de H^+ que se producía al transformarlos en el sistema CO_2/HCO_3^-.

Por lo tanto, la capacidad del hígado y otras células de aportar HCO_3^- al extracelular dependerá de una ganancia de bases conjugadas orgánicas y de la correcta transformación de estas al sistema CO_2/HCO_3^-.

Finalmente, será el riñón el órgano más importante en alcalinizar el extracelular, permitiendo la viabilidad y funcionamiento celular. El catión más prevalente del extracelular es el Na^+, y su anión acompañante, el Cl^-, no se encuentra en una proporción similar. En el túbulo proximal ocurre una reabsorción masiva de Na^+ acompañado de H_2O y algún anión. El túbulo proximal entrega múltiples "facilidades" para el transporte transcelular de HCO_3^-, mientras dificulta el paso del Cl^- relegándolo a un trasporte casi exclusivamente paracelular. El objetivo es reabsorber todo el HCO_3^- filtrado, y además, generar nuevo HCO_3^- a partir de la síntesis de amonio (Capítulo 6).

7.3 Transportadores monocarboxilo

Las células obtienen energía a través de la catabolización de compuestos hidrocarbonados. El producto celular final de estas reacciones es el CO_2. La catabolización de hidrocarburos permite acumular energía en moléculas de alto poder reductor (NADH, NADPH y $FADH_2$). Este "poder" es el que se utiliza para la síntesis de ATP. A su vez, el ATP "almacena" la energía en sus enlaces de fosfato.

Los hidrocarburos que pueden ser utilizados para obtener energía son múltiples: glucosa, ácidos grasos, aminoácidos, lactato, piruvato, cetoácidos, etc. Los humanos catabolizan preferentemente la glucosa, mientras los rumiantes, por ejemplo, usan ácidos carboxílicos. Algunos tejidos (como el riñón), también, utilizan ácidos carboxílicos para sintetizar ATP.

Los ácidos carboxílicos (o monocarboxílicos) son moléculas de hidrocarburo que contienen un grupo COOH. Los ácidos dicarboxílicos contienen dos grupos COOH, y los tricarboxílicos; tres grupos. Ejemplos de ácidos carboxílicos son: ácidos fórmico, acético, láctico, pirúvico, butírico, hidroxibutírico, valérico, eicosanoico, docosanoico, oleico, linoleico, linolénico, etc. La diferencia en ellos es que van agregando moléculas de carbono en su estructura, dobles enlaces, sustituciones con grupos hidroxilo (OH), grupos cetona (C=O), etc.

La verdadera fuente energética para las células son los ácidos carboxílicos. Tanto la glucosa, ácidos grasos y aminoácidos, formarán ácido pirúvico (un ácido carboxílico), y este, será quien entrará al ciclo de Krebs para contribuir a la generación de energía. Los ácidos grasos ya contienen un grupo COOH, por lo que son realmente ácidos carboxílicos. Los aminoácidos pierden su grupo amino (NH_3) transformándose en cetoácidos. Estos últimos, son moléculas hidrocarbonadas que contienen un grupo cetona (C=O) más carboxilo (COOH), es decir, también son ácidos carboxílicos.

La glucosa (y otras hexosas) pueden ser catabolizadas hasta formar un ácido carboxílico. En ese proceso (glucólisis anaeróbica) se genera energía de forma ineficiente; mientras que la catabolización del ácido carboxílico (ácido pirúvico) sí aportará la energía que requiere la célula (glucólisis aeróbica).

Evolutivamente, cada célula, sistema u organismo; utilizará un determinado combustible, sin embargo, los ácidos carboxílicos son la vía final común para obtención de energía. Debido a que ellos son esenciales para la vida, todas las células, incluso las mitocondrias, tienen mecanismos para transporte de estos a través de su membrana plasmática. Estos mecanismos, son los transportadores monocarboxilo asociado a H^+ (MCT) y transportadores monocarboxilo asociado a Na^+ (SMCT). Solo transportan hidrocarburos pequeños con cuatro o menos carbonos en su estructura y con un grupo carboxilo: "monocarboxilos" (Figura 26).

La expresión de MCT es ubicua en los tejidos, equiparable a la de los transportadores de glucosa (GLUT1) en humanos. SMCT se expresa preferentemente en intestino y riñón, donde utilizan el cotransporte del Na^+ para arrastrar consigo la base conjugada de un ácido carboxílico (Figura 26).

El riñón posee un flujo sanguíneo extraordinariamente elevado, sin embargo, pese a que sus células tienen gran exposición a la glucosa, no la utilizan como fuente energética primaria. Para este efecto usan ácido láctico, ácidos grasos y cetoácidos (todos ellos; ácidos carboxílicos). En el segmento S1 del

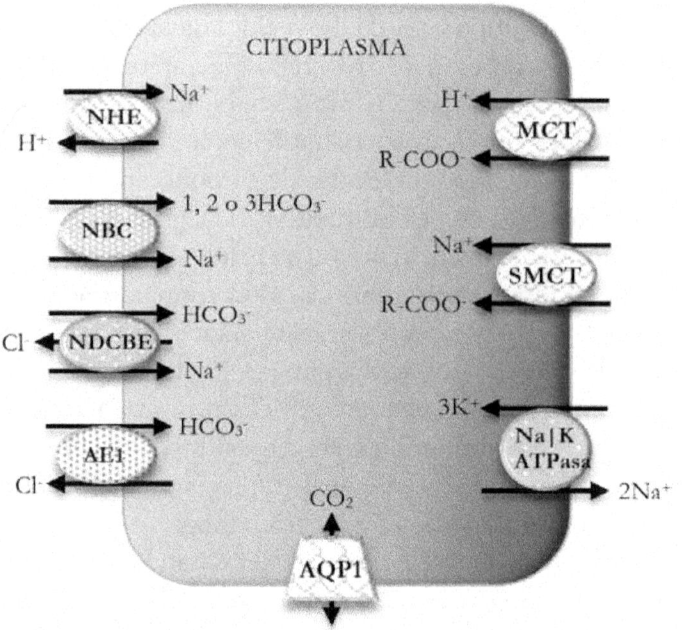

Figura 26. Transportadores celulares relacionados con la homeostasis ácido-base.

túbulo proximal, se expresa SMCT2 en la membrana apical. Este transportador permite reabsorber muchos de los ácidos carboxílicos filtrados por el glomérulo. Mientras, en los segmentos S2 y S3 del túbulo proximal, se expresa SMCT1 que posee gran afinidad por lactato. Así, es posible reabsorber todo el lactato que se escapó al segmento S1[92]. Por otro lado, en la membrana basolateral del túbulo proximal se expresa MCT. Así, este segmento del nefrón (que, además, es el que tiene mayor demanda energética) obtiene ácidos carboxílicos por ambos lados del epitelio. En suma, la viabilidad celular depende de la utilización de ácidos. Es normal manipularlos, transportarlos y catabolizarlos para obtener energía. Necesariamente, toda célula estará expuesta a estos ácidos. Afortunadamente, como todos contienen en su estructura el mismo grupo que aporta la función de ácido (Carboxilo o COOH), pueden ser transformados a CO_2, y este último, se elimina fácilmente del organismo. Sin embargo, solo basta una sobreproducción de ácidos carboxílicos y/o disminución de su catabolismo, para generar acidosis sistémica. En esta situación, los ácidos carboxílicos (ácido láctico, cetoácidos, entre otros) utilizan los transportadores ubicuos MCT para ingresar a las células en favor de su gradiente de concentración. Una vez allí, aportarán H^+ al medio intracelular desnaturalizando sus componentes y alterando su función. La corrección del cuadro requerirá controlar la causa de sobreproducción de ácidos carboxílicos y/o aumentar la catabolización de estos, para transformarlos a CO_2 y poder eliminarlos mediante la función ventilatoria.

7.4 Regulación del pH intracelular

El potencial de membrana celular normal es -60 mV. Por lo tanto, las cargas positivas (como los H^+) tienden a entrar o permanecer dentro de la célula. Con un pH extracelular de 7,4; el pH intracelular debiera ser 6,4 en estado de equilibrio producto del potencial de membrana[89]. Sin embargo, esto no ocurre gracias a la capacidad *buffer* de la célula y a la remoción activa de ácidos y H^+ desde el citoplasma.

Los principales amortiguadores del intracelular son: HCO_3^-, bases conjugadas de ácidos orgánicos, fosfatos y proteínas intracelulares. La capacidad *buffer* de las células es grande, pero actúa significativamente cuando existen trastornos (Capítulo 8). Lo normal es que exista una eliminación constante de ácidos para regular el pH intracelular[89].

El antiportador electroneutro Na^+/H^+ (NHE) excreta H^+ en intercambio con Na^+ del extracelular. Así, se restablece el pH ante una carga de ácido. La insulina activa este antiportador para aumentar el pH intracelular y promover glucólisis por activación de fosfofructokinasa. De la misma forma, la Interleukina-2, cuando actúa en su receptor, activa NHE para generar alcalosis intracelular y favorecer proliferación de linfocitos[89].

La bomba H^+-ATPasa permite traslocar el H^+ con gasto energético. Si bien se puede encontrar en membranas plasmáticas de múltiples células, su ubicación preferente es en organelos intracelulares. En este sitio bombea H^+ desde el citoplasma, logrando que estos organelos puedan tener un pH entre 4,5 a 6; permitiendo su función catabólica. La fusión de estos organelos con la membrana plasmática contribuirá en la eliminación de deshechos celulares, además, de excreción de H^+ normalizando el pH intracelular[89].

Se han descrito antiportadores $NaCO_3^-/Cl^-$ que también actuarían ante una carga de ácido, favoreciendo el ingreso de carbonato, el cual aumenta el pH intracelular. Este mecanismo de transporte utiliza el gradiente electroquímico favorable del Na^+ para eliminar Cl^- e ingresar $CO_3^=$[89]. Los antiportadores Cl^-/HCO_3^- intercambian ambos aniones y pueden actuar tanto para una carga de ácidos como de álcalis. En este último caso, ingresan Cl^- al intracelular para extraer HCO_3^-[89].

El simportador de Na^+/HCO_3^- (NBC), también permite regular el pH intracelular luego de una carga de álcalis, sin embargo, su expresión se produce preferentemente en células tubulares renales. En el túbulo proximal la acción del antiportador NHE3 y bomba H^+-ATPasa, generan un aumento del pH intracelular, además de ganancia de Na^+. Ambas perturbaciones son un estímulo para que, en la membrana basolateral, se produzca extrusión de HCO_3^- junto a Na^+ por este simportador.

7.5 El pH determina el funcionamiento de las proteínas

Las proteínas están compuestas por aminoácidos. Estas moléculas portan un extremo amino (NH_3) que tiende a comportarse como "base", y otro carboxilo (COOH) que cede H^+, actuando como ácido. El comportamiento neto de los aminoácidos tiende a ser ácido, el cual se puede cuantificar mediante un pKa.

El polipéptido primario conformará una estructura secundaria (α hélice, sábana β o loop). Luego, la estructura tridimensional, originará la proteína terciaria y la asociación de polipéptidos conforma una estructura cuaternaria.

La forma tridimensional de una proteína es fundamental para su funcionamiento, especialmente; enzimas y transportadores. La estructura viene determinada por puentes de hidrógeno, asociación de aminoácidos hidrofóbicos, puentes disulfuro, etc.

Las variaciones del pH originan cambios en las moléculas de NH_3 y COOH, específicamente: en un ambiente ácido el extremo amino captura H^+ y el COOH cede menos hidrogeniones. En cambio, un ambiente alcalino provoca el efecto contrario.

Los cambios en la estructura molecular aminoacídica por efecto del pH, determinarán cambios en los enlaces alterando la conformación tridimensional de las proteínas. Esto afectará la función proteica. Por ejemplo, la pepsina, una enzima del jugo gástrico, se activa solo con pH extremadamente ácido, ya que a esta concentración de H^+ logra una estructura tridimensional que le permite actuar como enzima proteolítica (Figura 27). Lo mismo se aplica para la hemoglobina y los desplazamientos en la curva de disociación con oxígeno

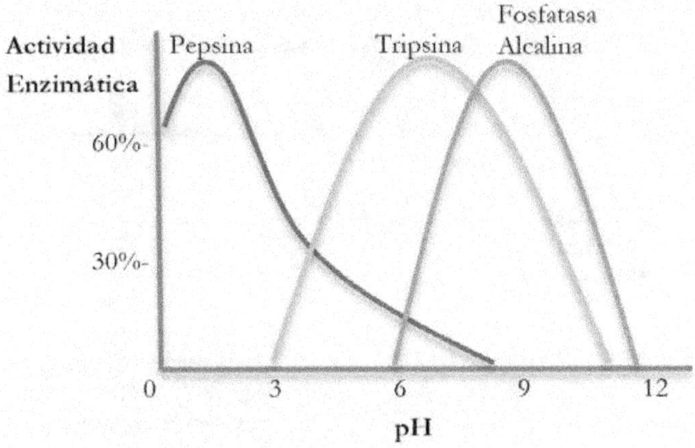

Figura 27. Actividad enzimática según pH.

provocados por el pH (Capítulo 5). Muchos transportadores transmembrana se abren o cierran según el pH extracelular, determinando el paso diferencial de moléculas; es el caso de la bomba H^+-ATPasa y canales TRPV en el riñón. La enzima fosfofructokinasa-1 es regulada por el pH intracelular: cuando el pH es alto se favorece la conversión de fructosa-6-fosfato a frutosa-1,6-bifosfato (glucólisis), mientras un pH bajo tiene el efecto contrario (gluconeogénesis).

Sin embargo, variaciones extremas en el pH sistémico provocarán cambios conformacionales en enzimas y otras proteínas, que determinarán alteraciones severas del funcionamiento celular.

7.6 NHE1 y disfunción celular en acidosis metabólica

Todas las células animales poseen el antiportador electroneutro Na^+/H^+ (NHE1). Se activa con una disminución del pH intracelular y su principal función es normalizar el pH de esta[88,89].

Utiliza el gradiente electroquímico favorable para el ingreso del Na^+, extrayendo H^+ del intracelular. El sodio acumulado, normalmente, es eliminado mediante la bomba Na^+/K^+-ATPasa con gasto energético. Durante una acidosis tiende a existir acumulación de Na^+ intracelular por actividad de este antiportador. Si existe isquemia o depleción energética, la bomba Na^+/K^+-ATPasa no será capaz de removerlo. El exceso de Na^+ intracelular provoca edema celular,

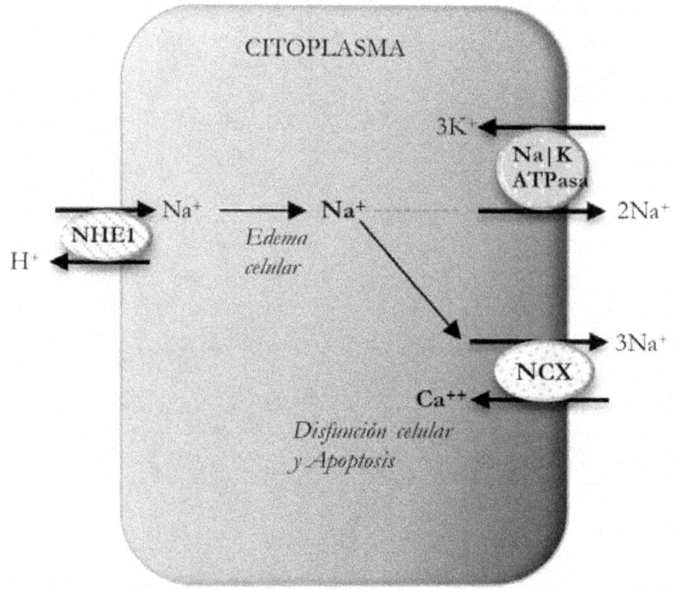

Figura 28. Antiportador NHE1 y disfunción celular en acidosis.

y además, favorece la actividad del antiportador Na^+/Ca^{++} (NCX). Este último, extrae tres moléculas de Na^+ e ingresa una molécula de Ca^{++} que genera disfunción, apoptosis y muerte celular (Figura 28).

Si la causa de estas alteraciones es isquemia, cuando se restaura la perfusión del órgano o sistémica; se producirá un barrido de todas las sustancias en exceso (lactato$^-$, K^+, desechos metabólicos y H^+). Al aumentar el pH del extracelular, incrementa la actividad del antiportador NHE1 (favorecido por el gradiente químico del H^+); provocando mayor acumulación de Na^+ y Ca^{++} intracelular. Se establece un daño por "reperfusión"[88]. Este mismo mecanismo de injuria se produciría cuando se administran bases, ya que el aumento del pH extracelular exacerbaría la disfunción celular mediada por acumulación de Na^+ y Ca^{++} intracelular (Capítulo 16).

Se ha propuesto inhibir NHE1 cuando se administran bases para el tratamiento de una acidosis metabólica. En estudios experimentales, el empleo de Sabiporide (inhibidor selectivo de NHE1) más $NaHCO_3$ ha tenido resultados favorables en cuanto a evitar la disfunción celular y disminuir mortalidad.

Lamentablemente, los inhibidores selectivos de NHE1, en altas dosis, se han asociado con accidentes vasculares trombóticos por lo que no se ha masificado su uso[88].

7.7 Relación NADH/NAD+, estado de óxido-reducción celular y acidosis

Muchas de las reacciones químicas que ocurren en la célula se basan en traspaso de electrones desde una molécula a otra, con el objetivo de adquirir una configuración electrónica más estable. Estas, se conocen como reacciones de óxido-reducción. El estado de oxidación corresponde al número de electrones de una molécula (faltantes o en exceso) para adquirir la configuración electrónica más estable (gas noble). Una molécula a la cual le sobren 2 electrones (cargas negativas) para lograr la configuración electrónica estable tiene un estado de oxidación −2, en cambio, otra molécula que necesite 3 electrones para este mismo fin, tiene estado de oxidación +3. Por lo tanto, el estado de oxidación, puede tener un valor >0 (electrones deficitarios) o <0 (electrones en exceso). Cuando una molécula recibe un electrón, el valor numérico de su estado de oxidación disminuye (se reduce), independiente de que se acerque o aleje de la configuración electrónica más estable. Cuando una molécula cede un electrón se "oxida" (aumenta su estado de oxidación), mientras la que recibe el electrón, se "reduce" (disminuye su estado de oxidación). La principal molécula que lleva a cabo estas reacciones en la célula es la nicotinamida adenina dinucleótido (NADH). La nicotinamida adenina dinucleótido fosfato (NADPH) y flavín adenín dinucleótido ($FADH_2$) también tienen una acción similar.

Múltiples reacciones químicas intracelulares utilizan la vía metabólica del $NAD^+ \leftrightarrow NADH$ para traspaso de electrones y cambios en el estado de oxidación. En la glucólisis y ciclo de Krebs, se oxidan carbohidratos (pierden electrones); mientras el NAD^+ se reduce a NADH (gana electrones). Luego, esta molécula será necesaria para sintetizar ATP en la cadena respiratoria mitocondrial. En condición de anaerobiosis, la glucólisis produce gran cantidad de ácido pirúvico. El mecanismo para recuperar NAD^+ es traspasar los electrones del NADH al piruvato: "fermentación láctica". En esta reacción se genera lactato por reducción del piruvato (gana electrones) y el NADH se oxida, retornando a NAD^+ (pierde electrones).

$$Glucosa \leftrightarrow (NAD^+ \mid NADH) \leftrightarrow Piruvato$$

Piruvato ↔ (NADH | NAD^+) ↔ Lactato

El catabolismo celular requiere degradar moléculas para aprovechar sus propiedades. Los sistemas NAD^+, $NADP^+$ y FAD; permiten "aceptar" electrones provenientes de estas reacciones de oxidación. Es decir, entregan "poder reductor", ya que reduciendo su estado de oxidación (ganando electrones), posibilitan el catabolismo celular. Al contrario, el anabolismo celular precisa "poder oxidante" para obtener electrones y formar moléculas más complejas. Los sistemas NADH, NADPH y $FADH_2$; aportarán esos electrones (se oxidan), para que reacciones de reducción, den pie al anabolismo celular.

La glucólisis es un ejemplo de reacción catabólica donde ocurre oxidación de la glucosa. Al contrario, la gluconeogénesis, constituye una forma de anabolismo celular; donde ácidos carboxílicos se reducen para sintetizar glucosa.

La formación excesiva de acetil-CoA promueve su almacenamiento como cetoácidos; preferentemente ácido acetoacético. Este último, puede ser decarboxilado (para generar acetona) o reducido (produciendo ácido β-hidroxibutírico). Para volver a obtener moléculas de acetil-CoA, será necesaria la oxidación del ácido β-hidroxibutírico.

Acetil-CoA ↔ Acetoacetato ↔ (NADH | NAD^+) ↔ β-hidroxibutirato

La metabolización de alcoholes se realiza mediante oxidación para transformarlos en aldehídos, y así, eliminarlos. Esta reacción consume grandes cantidades de NAD^+ convirtiéndolo en NADH.

Alcohol → (NAD^+ | NADH) → Aldehído → (NAD^+ | NADH) → Acetato

En la amoniogénesis renal el glutamato se oxida a α-cetoglutarato utilizando NAD^+, la oxidación de malato a oxaloacetato también necesita NAD^+ (gluconeogénesis desde aminoácidos). La síntesis de glutatión (principal molécula defensora ante reacciones de óxido-reducción por estrés oxidativo) y la vía de hexosas monofosfato; requieren $NADP^+$ como molécula aceptora de electrones.

El fierro de la hemoglobina debe estar "reducido" para transportar O_2 (Fe^{+2}). Cuando se "oxida", pierde electrones (Fe^{+3}) generando metahemoglobina, que no entrega O_2 en los tejidos (Capítulos 4 y 15). El glutatión y NADPH se oxidan para aportar esos electrones perdidos. De esta forma, reduciendo el fierro de la hemoglobina, podrá volver a transportar O_2.

Todas las reacciones de óxido-reducción se encuentran en equilibrio y dependen del estado redox celular, el cual se puede medir indirectamente con la relación NADH/NAD^+. Si una molécula necesita ser oxidada y la relación es elevada, es decir, falta el aceptor de electrones NAD^+ porque ha sido utilizado; no será posible oxidar la molécula, alterando la función celular. Una relación NADH/NAD^+ elevada, refleja un estado celular "oxidativo". En cambio, la disminución en esta relación, implica un estado celular "reductor".

El principio de acción de masas también se aplica a las reacciones de óxido-reducción. Si el estado celular propicia un exceso relativo de NAD^+, se redireccionarán las reacciones de óxido-reducción intracelulares, de manera que el NAD^+ gane electrones (NAD^+ se reduce y las otras moléculas se oxidan). Así, se recupera el NADH consumido. Al contrario, si aumenta NADH en la célula, habrá reducción de otras moléculas para que este se oxide y retorne a NAD^+.

Por ejemplo, la relación normal entre lactato:piruvato es 10:1 mEq/L[15]. Si el estado redox celular es "oxidativo"; la relación NADH/NAD^+ aumenta. En estas condiciones se favorece la fermentación láctica para recuperar NAD^+ y entregar el poder reductor que las reacciones oxidativas celulares requieren. Otras reacciones de óxido-reducción también se alteran, como la transformación de acetoacetato en β-hidroxibutirato. El predominio de NADH, obliga a reducir el acetoacetato para generar NAD^+. En consecuencia, cuando la célula se encuentra en un estado redox "oxidativo"; aumenta la formación de β-hidroxibutirato, lactato y la relación lactato/piruvato.

El consumo excesivo de alcoholes (como en intoxicación alcohólica) requiere incrementar las reacciones oxidativas para metabolizar el alcohol. La consecuencia celular será un cambio en su estado redox, disminuyendo NAD^+ y aumentando la relación NADH/NAD^+.

El acetil-CoA es necesario para que la célula pueda obtener energía. Dos fuentes importantes de acetil-CoA son el piruvato y el acetoacetato. Cuando la célula se encuentra en un estado "oxidativo" intenso, se redireccionan las reacciones de óxido-reducción de ambos compuestos, de manera que tienden a transformarse en lactato y β-hidroxibutirato. Por lo tanto, cuando la célula se encuentra en un estado celular redox "oxidativo", se dificulta la obtención de energía. Peor aún, el acetil-CoA produce CO_2, un ácido fácilmente eliminable por el pulmón (a diferencia de otros ácidos orgánicos). El estado celular oxidativo propiciará acumulación de ácidos orgánicos "reducidos" como ácido láctico y ácido β-hidroxibutírico. Esta conversión es muy desfavorable, ya que la transformación a CO_2 permitía disminuir la producción de H^+ (ácido con mayor pKa; Capítulo 2) y eliminar fácilmente esos "ácidos orgánicos".

Por lo tanto, la concentración de lactato, β-hidroxibutirato y alcoholes, son proporcionales al estado redox celular:

$$\frac{[NADH]}{[NAD^+]} \propto \frac{[Lactato]}{[Piruvato]} \propto \frac{[\beta - hidroxibutirato]}{[Acetoacetato]} \propto \frac{[Alcohol]}{[Acetaldehído]}$$

7.8 Mitocondria, producción de energía por manipulación de ácidos

Las mitocondrias son proteobacterias que evolutivamente habitaron células eucariotas para beneficio de ambas. Las mitocondrias obtienen protección y supervivencia, al mismo tiempo la célula consigue una fuente energética eficiente. Además de entregar energía, las mitocondrias cumplen funciones como combustión exotérmica de oxígeno, señalización metabólica y regulación de la morfología, motilidad, multiplicación y apoptosis celular[93].

La mitocondria contiene una membrana compuesta por dos bicapas lipídicas. La membrana externa es permeable a iones y solutos pequeños. En cambio, la membrana interna es impermeable y posee proteínas que permiten el transporte selectivo de ciertos elementos. Esta permeabilidad diferencial es fundamental para el funcionamiento mitocondrial (Figura 29).

La glucólisis anaeróbica y ciclo de Krebs utilizan moléculas de alto poder reductor para llevar a cabo reacciones oxidativas, de esta forma se genera NADH y $FADH_2$. Ambas se oxidan en la mitocondria, entregando electrones a los complejos de la membrana interna mitocondrial. Lo anterior brinda energía para transportar H^+ al espacio intermembrana mitocondrial, aumentando su gradiente. Finalmente, los electrones transportados por esta cadena, más el gradiente de H^+ creado en la membrana interna mitocondrial, brindarán la energía que permitirá la síntesis de ATP. El O_2 será el aceptor final de electrones y H^+, generando H_2O (Figura 29).

Algunos tóxicos pueden inhibir los complejos proteicos en la membrana interna mitocondrial, de esta forma evitan el transporte de electrones, la generación de un gradiente de H^+ y la producción de energía. Otros tóxicos aumentan la permeabilidad de la membrana interna, disipando el gradiente de H^+ (desacoplamiento membrana mitocondrial). Esto último impide la producción de ATP, pero no evita el transporte de electrones, provocando reacciones

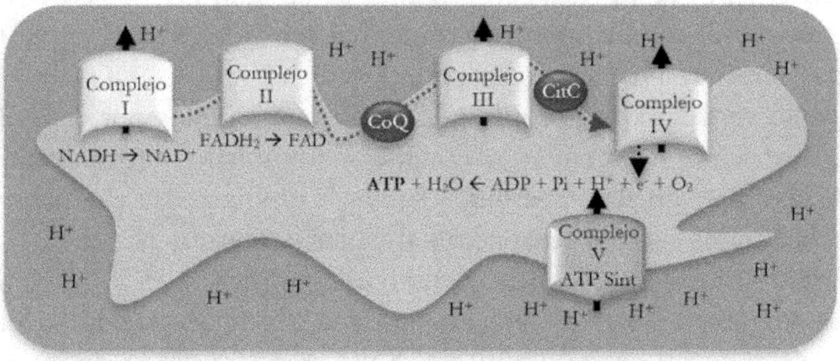

Figura 29. Mitocondria, cadena de electrones, complejos mitocondriales, gradiente de H+ y síntesis de ATP.

exotérmicas. La imposibilidad de la mitocondria para formar energía degenera en acidosis láctica por fermentación del ácido pirúvico que no se puede metabolizar. Del mismo modo, una destrucción de la mitocondria produce liberación de H^+ dentro de la célula configurando una acidosis.

7.9 La neurona y el pH

Evolutivamente, el sistema nervioso central (SNC) ostenta un lugar prioritario respecto a otros parénquimas dada su importancia en la sobrevida de las distintas especies. La regulación ácido-base no es una excepción, ya que las neuronas tienen dos importantes factores que las protegen de las perturbaciones ácido-base: 1) la barrera hematoencefálica y 2) mecanismos intrínsecos de regulación ácido-base[25].

La presencia de la barrera hematoencefálica (BHE) limita el paso se múltiples moléculas, sobre todo, aquellas hidrofílicas. De esta forma, solo gases la atraviesan fácilmente, pero no los H^+ ni el HCO_3^-. Por lo tanto, los cambios del pH en la neurona ante una perturbación ácido-base ocurren tardíamente. Esto puede ser beneficioso cuando un trastorno se resuelve rápidamente, aunque al mismo tiempo puede ser perjudicial en algunos casos. El CO_2 difunde fácilmente por la BHE. En una acidosis respiratoria es el CO_2 quien forma H^+ en el líquido céfalo-raquídeo (LCR) para estimular los centros ventilatorios del IV° ventrículo cerebral (Capítulo 5). Si una acidosis respiratoria es crónica, lentamente, y por compensación renal, se acumulará HCO_3^- en el LCR; ya que su transporte es mucho más complejo al ser hidrofílico. Con el tiempo, el atrapamiento de HCO_3^- alcaliniza el LCR. Así, el CO_2 ya no es capaz de estimular la ventilación, porque sus H^+ son tamponados por el HCO_3^- del LCR. Lo anterior es trascendental cuando se administra oxígeno-terapia a un paciente con hipoventilación crónica, ya que la hipoxemia es el único estímulo que queda para promover ventilación alveolar (Capítulo 5).

En una acidosis metabólica, cuando se administra $NaHCO_3$ IV para tratar la acidemia grave, el HCO_3^- reaccionará con H^+ del extracelular formando CO_2. Luego, el CO_2 puede difundir al SNC empeorando la acidosis en este parénquima. También, durante la recuperación de una acidosis metabólica, el pH del LEC se restaura antes que el pH del SNC. Esto significa que la respuesta compensatoria ventilatoria podría persistir, aun cuando el trastorno metabólico ya haya sido superado, generando una alcalosis respiratoria (Capítulo 8).

Uno de los mecanismos propios del SNC, que le permite regular su estado ácido-base, es una mayor respuesta vasomotora a los cambios en el pH. La alcalemia induce vasoconstricción y la acidemia vasodilatación. Ante una alcalosis habrá vasoconstricción que reduce la perfusión cerebral. Al mismo tiempo, la Hb aumenta su afinidad por el O_2 disminuyendo su entrega tisular. Lo anterior provoca generación de ácido láctico que disminuirá el aumento del pH inducido por la alcalosis. Al contrario, en una acidosis existirá mayor aporte de O_2 evitando la formación de ácido láctico. Sin embargo, estas adaptaciones pueden ser perjudiciales en algunos casos. En cetoacidosis diabética, sobre todo en infantes, el manejo del trastorno puede provocar un incremento agudo del pH (administración de bases o resolución de la cetoacidosis con transformación de aniones cetónicos en HCO_3^-). Esta condición genera hipoperfusión cerebral con riesgo de isquemia y daño neuronal (Capítulo 14). En casos de lesiones cerebrales expansivas, un incremento en el CO_2 (acidosis respiratoria) puede aumentar el flujo sanguíneo cerebral (vasodilatación), esto aumenta la presión hidrostática capilar e induce edema cerebral pudiendo provocar hipertensión endocraneana y herniación cerebral.

Finalmente, la neurona tiene otro mecanismo para protegerse de la acidosis. Puede generar glutamato a partir de glutamina en un proceso que libera NH_3 (amonio)[25]. Así, esta base es capaz de amortiguar el exceso de H^+. Si el amonio generado no es eliminado después por el hígado, puede afectar el funcionamiento neuronal. Por lo anterior, la acidosis tiende a descompensar una encefalopatía hepática cuando existe cirrosis.

8. Fisiopatología trastornos ácido-base

Las consecuencias de los trastornos ácido-base pueden ser muy graves, e incluso letales[94]. El exceso de H^+ cambia la estructura tridimensional de polipéptidos, alterando enzimas, transportadores y todo el funcionamiento celular.

Un efecto trascendental y precoz es la disfunción miocárdica. El exceso de H^+ altera la contractilidad muscular y el flujo celular de Ca^{++}[95]. Los H^+ tienden a unirse a proteínas intracelulares afectando la unión del Ca^{++} con las miofibrillas y con esto la contracción[96,97]. Asociado a lo anterior, se inhibe la incorporación de Ca^{++} hacia el retículo sarcoplásmico[98]. El Ca^{++} libre puede afectar gravemente la función celular (Capítulo 7). Posteriormente, en respuesta a la acidosis, se inhibe la liberación de Ca^{++} desde el retículo sarcoplásmico al miocito[99]. Por otro lado, la actividad adrenérgica miocárdica inducirá inotropismo y cronotropismo positivo. Sin embargo, la acidosis altera el funcionamiento en los terminales sinápticos evitando la liberación de vesículas con neurotransmisores[100]. A lo anterior se agrega que, el exceso de H^+ inhibe el funcionamiento de receptores adrenérgicos[98]. Es decir, durante una acidosis la disfunción miocárdica se producirá por menor liberación de neurotransmisores, resistencia a la acción de estos, menor contractilidad, y además, disfunción del cardiomiocito.

A la reducción del gasto cardiaco por disfunción miocárdica, se agrega vasodilatación sistémica que empeora la perfusión sistémica[101-103].

Un pH $<7{,}2$ altera significativamente la función cardiovascular: disminuye la contractilidad cardiaca, produce vasodilatación arteriolar sistémica y vasoconstricción pulmonar, reduce la presión arterial y gasto cardiaco, hay menor respuesta a catecolaminas y mayor riesgo de arritmias. En el sistema respiratorio, se produce hiperventilación con disminución de la contractilidad diafragmática. Además, se genera hiperkalemia y alteración del estado mental (Capítulo 17).

Al contrario, un pH >7,6 puede provocar vasoconstricción arteriolar, menor flujo coronario y, también, aumenta el riesgo de arritmias. La vasoconstricción cerebral producida por una "alcalosis respiratoria" es más intensa que la generada por una "alcalosis metabólica" de la misma magnitud[7]. Hay alteración del estado mental, confusión, coma y convulsiones. El compromiso cerebral se debe a hipoxia. Esta última, se produce por isquemia (vasoconstricción) y una menor liberación de oxígeno desde la hemoglobina por aumento en su afinidad (pH elevado), pudiendo generar daño cerebral permanente[7]. La alcalosis también produce: hipoventilación, hipokalemia, hipocalcemia, hipomagnesemia e hipofosfatemia. La hipokalemia, hipomagnesemia más un pH elevado, favorecen la aparición de arritmias. La combinación anterior incrementa la excitabilidad neuromuscular causando fasciculaciones y tetania[7]. La alcalosis intracelular estimula la glucólisis, motivo por el cual ingresa fósforo, potasio y magnesio a la célula. Un pH básico también favorece la distribución de potasio hacia el intracelular por "efecto de intercambio" con H^+ (Capítulo 17). A esto se suma, que la eliminación renal de bases arrastra potasio, exacerbando la hipokalemia. Un pH básico en el extracelular induce unión de calcio iónico a la albúmina, produciendo hipocalcemia, e incluso, tetania.

Pacientes con pH >7,55 tienen un leve aumento de mortalidad, pero entre 7,6 a 7,64 la mortalidad es de 65%. Con pH superior a esto la mortalidad asciende a 90%[7].

8.1 Resumen de la homeostasis ácido-base normal

Debido a las desastrosas consecuencias que ocurren por una alteración en el pH sistémico, la homeostasis ácido-base es extremadamente compleja y exhaustiva. La $[H^+]$ se mantiene en valores mínimos y en un rango muy estrecho (en torno a 40 nEq/L).

La Figura 30 esquematiza la homeostasis ácido-base corporal. Normalmente, existe una "ganancia de ácido carbónico" proveniente de ácidos orgánicos que, en las células, son transformados a CO_2 (Capítulo 7). Desde las células existe un gradiente de CO_2 el cual es transportado eficientemente por la sangre y eliminado gracias al sistema respiratorio. El CO_2 es un ácido que entrega H^+ y

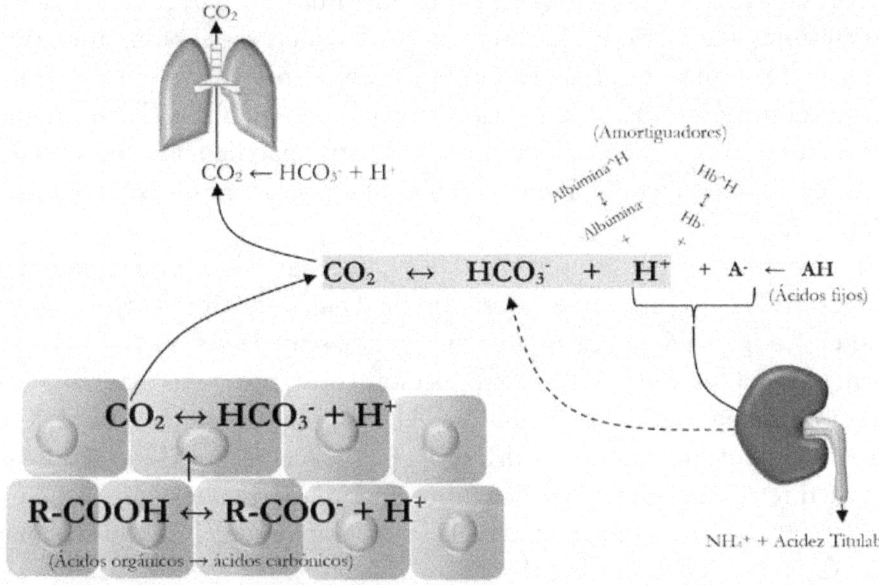

Figura 30. Esquema de la homeostasis ácido-base en el organismo.

HCO_3^-, y su acumulación producirá ganancia de H^+. El HCO_3^- aportado no significa una "ganancia en la capacidad *buffer* o amortiguadora", ya que será eliminado por el pulmón cuando se utilice en la formación de CO_2 (Capítulo 5). Por otro lado, hay una ganancia de "ácidos fijos" que en su conjunto se esquematizan en la reacción: $AH \leftrightarrow A^- + H^+$. Los productos de esta reacción (A^- y H^+) serán eliminados por el riñón para deshacerse indirectamente del ácido (AH) (Capítulo 6). Cada vez que se gana un H^+, se pierde HCO_3^- u otro *buffer*. Al mismo tiempo, cuando se elimina la base conjugada de un ácido (A^-), también se pierde "capacidad amortiguadora". El riñón es el órgano encargado de mantener esta capacidad amortiguadora reabsorbiendo y regenerando cantidades masivas de HCO_3^-.

Como se observa en la Figura 30, la homeostasis ácido-base se mantiene gracias al pulmón y riñón que eliminan los ácidos carbónicos y fijos. Estos parénquimas conservan el balance "cero" de H^+; igualando los ingresos a sus egresos.

Si bien, el pulmón y riñón mantienen el balance entre ingresos y egresos de ácidos y bases, existe una primera línea de defensa: los amortiguadores. Su función es minimizar los cambios en el pH (Capítulo 3). Así, la célula puede continuar funcionando pese a la ganancia de H^+, mientras el pulmón y riñón se encargan de eliminarlos. Existen múltiples *buffer* en el organismo, los principales son el sistema CO_2/HCO_3^-, la albúmina, la hemoglobina (Hb), amonio y fosfato, entre otros. Como estos compuestos participan de reacciones ácido-base bidireccionales, cualquier cambio en el pH modificará sus componentes (Capítulo 3).

Todo confluye en el sistema CO_2/HCO_3^-, el cual, además de representar la ganancia de "ácido carbónico", es el principal *buffer* del organismo. Resulta contradictorio que el ácido carbónico producido, sea a la vez, el *buffer* de defensa ante los ácidos. El CO_2 tiene producción constante, pero también, una eliminación permanente por el pulmón. Algo similar ocurre con el HCO_3^- que proviene continuamente del riñón. Así, la reacción del CO_2/HCO_3^- se encuentra direccionada hacia los reactantes, permitiendo que actúe como un "*buffer*" atrapando H^+, mientras continúa la generación de HCO_3^- y eliminación del CO_2.

El organismo detecta la concentración de H^+, CO_2 y HCO_3^-. Como, necesariamente, toda perturbación ácido-base modificará sus componentes, se utilizan para regular la función respiratoria y/o renal; con objeto de aumentar o disminuir la eliminación o ganancia de ácidos o bases. Finalmente, en condiciones de equilibrio, la concentración de H^+, CO_2 y HCO_3^- que se establecen en el plasma por la sumatoria de todos los elementos antes mencionados son: pH 7,4; $PaCO_2$ 40 mmHg y $[HCO_3^-]$ 24 mEq/L.

8.2 Trastornos ácido-base

Frecuentemente, los trastornos ácido-base se encuentran asociados a otras patologías subyacentes. Ejemplos, son las acidosis causadas por diabetes descompensada, shock, insuficiencia renal, insuficiencia respiratoria, etc. Cualquier alteración en los sistemas encargados de la homeostasis ácido-base, también puede producir estos trastornos (Figura 30).

Los conceptos de acidosis y alcalosis, se refieren a procesos que provocan un estado correspondiente con la perturbación. El sufijo "-osis" significa enfermedad o desorden; en este caso será un estado patológico debido a ácidos o bases. Normalmente, el pH plasmático es 7,4 (40 nEq/L), $[HCO_3^-]$ 24 mEq/L y $PaCO_2$ 40 mmHg. Este "equilibrio" implica que, si existe ganancia de ácidos habrá una eliminación de ácidos en la misma magnitud con objeto de mantener el estado "normal" o de "equilibrio". Es decir, el balance es 0 (cero), los egresos igualan a los ingresos. Lo mismo se aplica para pérdidas de ácidos y/o ganancias o pérdidas de bases. Por lo tanto, si el pH plasmático es inferior a 7,4; necesariamente implica un "balance neto positivo" de H^+ que supera la homeostasis ácido-base encargada de mantener el equilibrio o esta última no puede actuar debidamente. Del mismo modo, si el pH plasmático es >7,4; indica un "balance neto positivo" de bases, o lo que equivale a un "balance neto negativo" de ácidos.

Acidosis y alcalosis son términos distintos de "acidemia" y "alcalemia"; que indican un exceso de H^+ en la sangre o déficit de estos, respectivamente. El rango esperable de pH va de 7,35 a 7,45; por lo tanto, si es menor a 7,35 será una acidemia, mientras que un valor mayor a 7,45 indicará una alcalemia. Entonces, una acidosis (balance positivo de ácidos) puede ser tan intensa que la acumulación de H^+ haga descender el pH plasmático a un valor <7,35 (provocando acidemia). Es posible que exista una "acidosis" sin "acidemia", ya que el pH puede estar cercano a lo normal producto de que: el trastorno es leve, o por efecto de la compensación, o existir una asociación de trastornos ("acidosis" más "alcalosis"). La misma situación se aplica para "alcalosis" y "alcalemia".

La perturbación inicial que genera el trastorno ácido-base puede ser único (trastorno simple) o asociarse a otra alteración (trastorno mixto). Por ejemplo, en un paciente con shock séptico de origen pulmonar, habrá una acidosis debida a la alteración metabólica (exceso de ácido láctico) y probablemente se asocie la patología respiratoria (acumulación de CO_2).

Como el *buffer* CO_2/HCO_3^- es por lejos el más abundante en el agua corporal, se han caracterizado las alteraciones ácido-base según los cambios en sus componentes. Necesariamente, una alteración ácido-base modificará la reacción del *buffer* dejando en evidencia cuál fue esa perturbación.

El pulmón controla la PCO_2 (componente respiratorio), en cambio el riñón; la $[HCO_3^-]$ (componente metabólico). Se ha descrito que el trastorno de un componente deberá tener su correlato compensatorio en el otro componente. Alteraciones primarias del CO_2 caracterizan a los trastornos respiratorios y modificaciones iniciales en el HCO_3^- determinan los trastornos metabólicos. Por lo tanto, si el pH plasmático es <7,4 indica una acidosis o balance neto positivo de ácidos. Cuando la "acidosis" se acompaña de un aumento en la $PaCO_2$ (>40 mmHg) indicará que esta es la causa del balance positivo de H^+, es decir, una "acidosis respiratoria". Si el pH <7,4 se acompaña de un descenso en la [HCO_3^-] plasmática (por consumo debido a exceso de H^+ o pérdida primaria de este), indicará una "acidosis metabólica". Lo mismo se aplica para una alcalosis (pH >7,4).

Acidosis respiratoria: pH <7,4 con $PaCO_2$ >40 mmHg

Alcalosis respiratoria: pH >7,4 con $PaCO_2$ <40 mmHg

Acidosis metabólica: pH <7,4 con [HCO_3^-]p <24 mEq/L

Alcalosis metabólica: pH >7,4 con [HCO_3^-]p >24 mEq/L

La compensación se refiere a una respuesta homeostática para mantener los parámetros en rangos normales que permitan la función celular. La compensación es un suceso que "debe ocurrir" ante una alteración, ya que depende de esta para existir. Si no sucede óptimamente, es porque el trastorno es mixto.

Las respuestas compensatorias no logran "normalizar" el pH, ya que su activación requiere una alteración en el pH o el sistema CO_2/HCO_3^-. Por lo tanto, cuando el pH esté cercano a lo normal la compensación desaparecerá. Es decir, si el pH es normal o "sobre-corregido"; realmente se trata de un trastorno mixto.

En el ejemplo del paciente con shock séptico de foco pulmonar, habrá una acidosis láctica por el metabolismo anaerobio secundario a la hipoperfusión sistémica. El ácido láctico genera una base conjugada (lactato$^-$) y H^+. Esto provocará disminución del pH, que será inmediatamente amortiguado por sustancias *buffer* como proteínas y, principalmente; el HCO_3^-. Así, en el plasma este disminuirá, lo que demuestra el trastorno metabólico. Puede existir o no acidemia, pero sí hay una acidosis metabólica. El aumento del H^+ provocará un redireccionamiento de la ecuación hacia los reactantes, aumentado el CO_2 (y disminuyendo el HCO_3^-). Este aumento en la concentración de CO_2, asociado a la disminución del pH, son los estímulos requeridos para iniciar una compensación a nivel de sistema respiratorio que permita eliminar más CO_2. Si la patología pulmonar es severa, con gran alteración de la relación V/Q (Capítulo 5), la compensación no será óptima, por lo tanto, también estaría contribuyendo a la acidosis. Este trastorno es mixto por una acidosis metabólica y respiratoria. Aún más, pueden agregarse otras alteraciones. Si la función renal también se altera por hipoperfusión, habrá retención de ácidos y compuestos nitrogenados, entre otras sustancias. Además, no será posible la compensación renal, que aumenta el HCO_3^- y elimina H^+, por lo tanto, se agrega otra acidosis metabólica.

Este enfrentamiento, que utiliza las alteraciones del *buffer* CO_2/HCO_3^- para caracterizar los trastornos ácido-base; corresponde al "método tradicional" (o de Boston). Es por lejos, el más utilizado y conocido de todos los métodos existentes (Capítulo 20).

8.3 Las respuestas de compensación ocurren en forma predecible

Luego de toda perturbación ácido-base, el primer sistema en actuar serán los *buffer* o amortiguadores del líquido extra e intracelular (LEC y LIC) (Capítulo 3). Ellos van a minimizar los cambios del pH permitiendo que continúe el funcionamiento celular. Sin embargo, cuando existe una "ganancia" de ácidos es necesario "eliminar" más ácidos y/o "ganar" más bases. Solo así, se mantendrá la homeostasis logrando que los ingresos igualen a los egresos. Para una adición de bases se aplica una situación similar. Los órganos encargados de llevar a cabo la respuesta homeostática que permite recuperar la homeostasis ácido-base son el riñón y el pulmón.

Históricamente, se ha intentado evaluar y cuantificar cuál es la intensidad de respuesta promedio que debe existir ante una perturbación ácido-base específica. Para obtener estos resultados, en forma experimental, se indujeron alteraciones ácido-base aisladas (trastornos simples) a sujetos sanos o animales. También se han descrito estadísticamente las modificaciones observadas en pacientes hospitalizados. Ejemplos de esto, son los modelos experimentales y clínicos de acidosis o alcalosis para determinar la "compensación esperada"[7,104-108]. Esta respuesta, además, ha sido analizada en función del tiempo, para establecer cuánto debiera tardar la compensación.

Si bien, esta modalidad de definir lo "esperable" para una compensación se basa en términos estadísticos y experimentales, pareciera más correcto que predecir una respuesta particular en cada paciente según cálculos químicos y matemáticos. Es imposible conocer todas las variables que repercuten sobre el estado ácido-base en un individuo, además, los conocimientos actuales "no" son los únicos implicados en la regulación ácido-base. Las variaciones que ocurren a nivel de *buffers* plasmáticos pueden ser "medibles", pero no, lo que acontece en el intracelular. Puede haber procesos mórbidos subyacentes que alteren las valoraciones o existe la posibilidad que la intensidad de respuesta sea variable entre las personas.

Se han desarrollado fórmulas para determinar la respuesta "compensatoria" ante cada trastorno ácido-base. En la Tabla 8 se explicitan dichas fórmulas y en la Tabla 9 se muestra un método útil recomendado para la práctica clínica[7,12,15,27,49,57,68,109,110].

Otra herramienta útil para evaluar la respuesta compensatoria de los trastornos ácido-base son los nomogramas. Ellos se desarrollaron utilizando las respuestas compensatorias promedio a partir de múltiples estudios[111,112]. En la Figura 31 se explicita un nomograma esquemático. Se demarcan las áreas correspondientes a un intervalo de confianza con 95% de seguridad para la respuesta compensatoria normal (o promedio) ante cada trastorno ácido-base primario. Si la combinación de parámetros ácido-base no acierta en alguna de las regiones demarcadas; el trastorno es mixto. Un problema del nomograma es el enorme rango que tiene para las "respuestas esperables" o compensatorias, sobre todo, cuando los trastornos son leves. Por eso, en la práctica clínica, pueden ser más útiles las "reglas o fórmulas de compensación". Además, permiten visualizar cuáles son los mecanismos subyacentes en casos de trastornos mixtos (Capítulo 21).

Generalmente, los trastornos ácido-base son progresivos o variables en el tiempo, además, su inicio puede ser muy difícil de establecer. Esto los diferencia de los modelos experimentales, donde la perturbación es súbita y controlada. Por lo tanto, estas reglas constituyen herramientas muy útiles, pero se debe tener en cuenta que corresponden a una simplificación, a veces limitada, de la realidad. De hecho, un trastorno metabólico puede tener una compensación respiratoria y metabólica, esta situación no se toma en cuenta en los esquemas de enfrentamiento ácido-base. Por ejemplo, un cuadro diarreico que produce gran pérdida de HCO_3^-, generará una acidosis metabólica. Luego, el descenso del pH provocará un estímulo de la función ventilatoria (Capítulo 5), pero también, activará todos los mecanismos renales para eliminar más ácido mediante amoniogénesis y mayor reabsorción/generación de bicarbonato (Capítulo 6). En la Figura 24 también se muestra esta realidad: una carga de ácido significa un trastorno metabólico puro en el cual habrá consumo de HCO_3^-, sin embargo, de todas formas existe una "compensación metabólica" mediante la mayor excreción de ácido a nivel renal.

Tabla 8. Compensación de trastornos primarios.

Trastorno	Compensación	Límite	Tiempo
Acidosis Metabólica	• $PaCO_2$ esperada: $(1,5 \cdot [HCO_3^-] + 8) \pm 2$ $40-1,2(24-[HCO_3^-]) \pm 2$ últimos 2 dígitos del pH $15 + [HCO_3^-]$ $\Delta = 1\text{-}1,3 \cdot \Delta[HCO_3^-]$	10 mmHg	12-24 h
Alcalosis Metabólica	• $PaCO_2$ esperada: $(0,7 \cdot [HCO_3^-] + 20) \pm 5$ $0,7 \cdot ([HCO_3^-] - 24) + 40 \pm 2$ $0,6 \cdot ([HCO_3^-] - 24) + 40$ $(0,8 \cdot [HCO_3^-]) + 20$ $(1,2 \cdot [HCO_3^-]) + 6$ $(0,9 \cdot [HCO_3^-]) + 9$ $15 + [HCO_3^-]$ $10 + [HCO_3^-]$ $\Delta = 0,6 \cdot \Delta [HCO_3^-]$	55-60 mmHg	24-36 h
Acidosis Respiratoria Aguda	• HCO_3^- esperado: $24 + \{(PaCO_2 - 40)/10\}$ • $\Delta[H^+] = 0,8 \cdot \Delta PaCO_2$	30 mEq/L	5-10 m
Acidosis Respiratoria Crónica	• HCO_3^- esperado: $24 + \{0,4 \cdot (PaCO_2 - 40)\}$ • $\Delta[H^+] = 0,3 \cdot \Delta PaCO_2$	45 mEq/L	72-96 h
Alcalosis Respiratoria Aguda	• HCO_3^- esperado: $24 - \{0,2 \cdot (40 - PaCO_2)\}$ • $\Delta[H^+] = 0,8 \cdot \Delta PaCO_2$	17 mEq/L	5-10 m
Alcalosis Respiratoria Crónica	• HCO_3^- esperado: $24 - \{0,5 \cdot (40-PaCO_2)\} \pm 2$ • $\Delta[H^+] = 0,17 \cdot \Delta PaCO_2$	13 mEq/L	48-72 h

$PaCO_2$ en mmHg; $[HCO_3^-]$ en mEq/L; $[H^+]$ en nmol/L

Tabla 9. Compensación de trastornos primarios, método útil en práctica clínica.

Trastorno	Compensación	Límite	Tiempo
Acidosis Metabólica	Compensación Respiratoria: ↓ $PaCO_2$ en 1,2 mmHg por cada 1 mEq/L ↓ en [HCO_3-] ±2	10-12 mmHg	24 h
Acidosis Respiratoria Aguda	Compensación Metabólica: ↑ [HCO_3-] 0,1 mEq/L por cada 1 mmHg ↑ en $PaCO_2$	↑4-5 mEq/L	10 min
Acidosis Respiratoria Crónica	Compensación Metabólica: ↑ [HCO_3-] 0,4 mEq/L por cada 1 mmHg ↑ en $PaCO_2$ ±2	45 mEq/L	3-5 días
Alcalosis Metabólica	Compensación Respiratoria: ↑ $PaCO_2$ en 0,7 mmHg por cada 1 mEq/L ↑ en [HCO_3-] ±2	55-60 mmHg	24 h
Alcalosis Respiratoria Aguda	Compensación Metabólica: ↓ [HCO_3-] en 0,2 mEq/L por cada 1 mmHg ↓ en $PaCO_2$	↓4-5 mEq/L	10 min
Alcalosis Respiratoria Crónica	Compensación Metabólica: ↓ [HCO_3-] en 0,45 mEq/L por cada 1 mmHg ↓ en $PaCO_2$ ±2	15 mEq/L	2-3 días

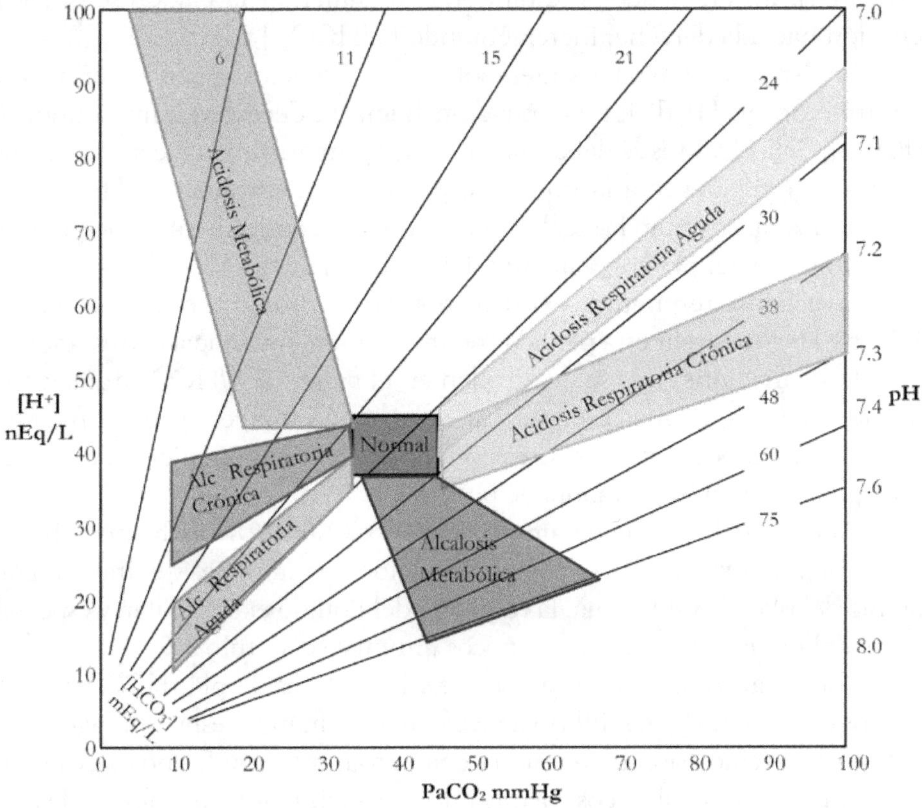

Figura 31. Nomograma ácido-base. Modificado de referencia[57].

8.4 Temporalidad en respuestas de compensación

Cuando existe una acidosis por adición de ácidos no volátiles, el aumento de H^+ se distribuirá en el organismo y reaccionará inmediatamente con HCO_3^-. El sistema CO_2/HCO_3^- se redirecciona hacia la izquierda (reactantes) disminuyendo el bicarbonato. Este descenso del pH se acompañará, inicialmente, de un menor valor de HCO_3^- solo por acción de *buffer* (luego, se agregará una respuesta renal y respiratoria). Si la causa primaria de una acidosis es la disminución en la concentración de bicarbonato, la ecuación química del CO_2/HCO_3^- se dirige hacia la derecha; aumentando la concentración de H^+ (productos). El efecto final de ambos mecanismos es una menor $[HCO_3^-]$ y mayor [H^+]. En una acidosis respiratoria, al aumentar la $PaCO_2$ se dirige la ecuación hacia la derecha; incrementando la [HCO_3^-] y [H^+].

En estados de alcalosis metabólica las alteraciones son inversas, una disminución de H^+ dirige la ecuación hacia la derecha; aumentando la [HCO_3^-]. Si la alcalosis se debe a un aumento primario en el bicarbonato, hay un redireccionamiento a la izquierda, y por tanto, consumo de H^+. Ambos mecanismos caracterizan la alcalosis metabólica, ya que este trastorno presenta un incremento del pH con aumento del bicarbonato.

En alcalosis respiratoria existe menor $PaCO_2$, por lo que hay consumo de HCO_3^- y H^+ para suplir esta pérdida (redireccionamiento hacia los reactantes).

Las variaciones que se desarrollan en el *buffer* CO_2/HCO_3^- toman solo algunos segundos, suceden siempre y no reflejan una compensación respiratoria ni renal. Estas modificaciones corresponden a respuestas químicas que ocurren en cualquier solución portadora de un *buffer*.

Además del sistema de amortiguación CO_2/HCO_3^-, la hemoglobina y otras proteínas extracelulares cumplen función de tampones y evitan un gran cambio del pH. De esta forma, la respuesta del líquido extracelular, y especialmente del plasma, se concreta en pocos minutos (Capítulo 3).

Por lo tanto, las modificaciones en los valores de pH, HCO_3^- y CO_2, debidos únicamente al equilibrio de *buffer* determinan la respuesta "aguda" en un trastorno ácido-base. La respuesta compensatoria "aguda" no es evaluable en los trastornos metabólicos, ya que puede ocurrir más de una forma de alteración inicial en el *buffer* CO_2/HCO_3^-. Por ejemplo, una acidosis metabólica se establece por adición de H^+ o sustracción de HCO_3^-; situaciones donde los redireccionamientos químicos del sistema CO_2/HCO_3^- son inversos. Además, la compensación respiratoria comienza prontamente dificultando la evaluación "aguda" del CO_2.

En cambio, para trastornos respiratorios la forma de perturbación es única (variación en el CO_2) y la compensación renal comenzará tardíamente. Esto permite que la actividad del *buffer* CO_2/HCO_3^- sea evaluable en el inicio del trastorno. De hecho, se ha estimado que la variación "aguda" en la [H^+] equivale al 80% de la variación en la $PaCO_2$[105,106]. Esto se aplica tanto para acidosis como alcalosis respiratoria, demostrando que los cambios iniciales se deben únicamente a efecto químico de los *buffers*, y no, una respuesta renal.

$$\Delta H^+(nEq/L) = 0{,}8 \times (\Delta PaCO_2)$$

Tabla 10. Temporalidad en trastornos ácido-base respiratorios.		
	Acidosis Respiratoria	**Alcalosis Respiratoria**
Agudo	$\Delta H^{+}=0{,}8\cdot\Delta PaCO_2$	
Crónico	$\Delta H^{+}=0{,}3\cdot\Delta PaCO_2$	$\Delta H^{+}=0{,}17\cdot\Delta PaCO_2$

Como la "compensación metabólica aguda" a un trastorno respiratorio se debe a reacciones químicas de *buffers* del extracelular (especialmente CO_2/HCO_3^-), se completa en pocos minutos y su magnitud es fija y predecible (Tablas 8 y 9).

Sin embargo, el cambio en la [H^+] difiere cuando el trastorno respiratorio es crónico, objetivando una respuesta "metabólica" diferencial. El cambio en la concentración de protones ($\Delta[H^+]$) será 30% del $\Delta PaCO_2$ para una acidosis y 17% para una alcalosis (Tabla 10). Por otro lado, los valores resultantes esperados no son exactos y se da un margen de ±2 para la respuesta compensatoria (Tabla 9).

Los parámetros de "bicarbonato estándar", "base *buffer*" y "exceso de base", son útiles para evaluar la respuesta compensatoria del extracelular y se pueden utilizar en trastornos ácido-base respiratorios para diferenciar su temporalidad (Capítulo 18).

Cuando existe acidemia el H^+ también se distribuye hacia el intracelular. La respuesta con amortiguadores intracelulares tarda dos a cuatro horas en completarse, en la cual, el H^+ se tampona principalmente con proteínas aniónicas y fosfatos. De forma inversa ocurre en la alcalosis, donde existe una salida de H^+ desde la célula para regular los cambios de pH.

La acción combinada de los *buffers* extracelulares (HCO_3^-, fosfatos, albúmina y otras proteínas), constituyen el 50% del efecto amortiguador a una carga ácida. Mientras que ante una carga alcalina, participan con el 70% de la amortiguación. El resto, se debe a tamponamiento mediado por el intracelular[12]. La célula es más efectiva para defenderse ante una carga ácida que una carga de álcalis[15]. La capacidad amortiguadora del extracelular son 10-15 mEq/kg de H^+[15].

El proceso de amortiguación del pH llevado a cabo por los compuestos químicos presentes en el intra y extracelular es dinámico y progresivo. No

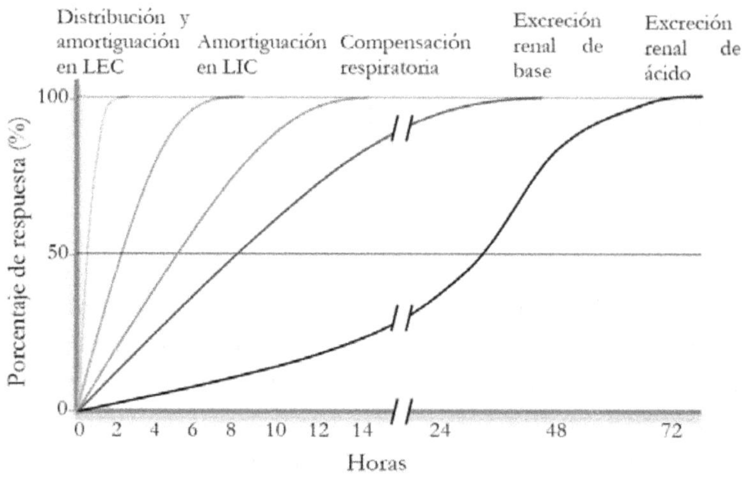

Figura 32. Temporalidad respuestas de compensación ante una carga de ácido o base. Modificado de referencia[15].

existe un límite real entre estos, siendo cualquier tipo de clasificación una simplificación del proceso (Figura 32).

La respuesta respiratoria a una acidosis metabólica inicia precozmente. El aumento de H^+ en la sangre activa quimiorreceptores periféricos y centrales que estimularán la ventilación. La $PaCO_2$ también tiene un efecto similar. Así, con una disminución del CO_2 (eliminación de ácido volátil), se busca redireccionar la ecuación del CO_2/HCO_3^- hacia la izquierda para aumentar el pH. Esta respuesta se completa en 12 a 24 horas aproximadamente[9]. Contrariamente, si existe una alcalosis, la respuesta será retener CO_2 para aumentar la concentración de H^+ (Tabla 11).

La respuesta renal a una acidosis inicia gracias al menor pH intracelular, asociado a modificaciones de la PCO_2 y $[HCO_3^-]$ en la membrana basolateral de células tubulares. Incrementa la síntesis de transportadores y enzimas asociadas a la regulación ácido-base (Capítulo 6). Así, se logrará reabsorber/generar más HCO_3^- y eliminar H^+. Como esta respuesta requiere transcripción celular necesita tiempo. La compensación renal tarda tres a cinco días en completarse (Tabla 11)[9,41]. En casos de alcalosis la respuesta compensatoria se caracteriza por menor eliminación de H^+ y disminución en la reabsorción/generación de

Tabla 11. Comparación respuesta compensatoria renal versus respiratoria.

	Renal	**Respiratoria**
Efecto	Eliminación de H^+, bases conjugadas y reabsorción/ generación de HCO_3^-	Eliminación de CO_2
Mecanismo de activación	pH intracelular o alteraciones del CO_2/HCO_3^- modifican enzimas tubulares renales	Quimio-receptores centrales y periféricos modifican la ventilación
Tiempo de instauración	Días	Horas
Respuesta máxima	3-5 días	24 horas

HCO_3^-. El HCO_3^- plasmático raramente descenderá a menos de 12-15 mEq/L como respuesta compensatoria a una alcalosis respiratoria, ni tampoco excederá 45 mEq/L en respuesta compensatoria a una acidosis respiratoria[15].

8.5 Interpretación de trastornos ácido-base

Es importante mencionar que toda interpretación ácido-base debe tener correlación con el cuadro clínico del paciente y brindar una explicación satisfactoria y concordante al suceso patológico. El trastorno ácido-base no es "la enfermedad como tal", sino un proceso mórbido asociado a esta. La interpretación adecuada permite establecer un diagnóstico certero, y así, tratar óptimamente al paciente. Si la interpretación ácido-base no explica el cuadro clínico deberá ser reevaluada o, directamente, desestimada.

Todo agente ácido o básico añadido al líquido extracelular, necesariamente, reaccionará con el *buffer* CO_2/HCO_3^-; ya que es, por lejos, la sustancia ácido-base más prevalente en el LIC y LEC. La concentración plasmática normal de cada componente se encuentra exhaustivamente regulada mediante la función pulmonar (encargada de controlar la $PaCO_2$) y renal (regula el HCO_3^-). En la interpretación ácido-base se analizan las desviaciones en el pH, la $PaCO_2$ y $[HCO_3^-]$ plasmático; para detectar cuál fue el sentido de la perturbación ácido-base.

Eventualmente, podría ser útil medir la concentración de fosfatos, hemoglobina y otras proteínas que pudiesen tener implicancias en reacciones ácido-base. Sin embargo, dado que su participación es poco significativa, muchas veces son omitidos.

Los parámetros de laboratorio mínimos para una interpretación ácido-base son: gases en sangre arterial (pH, PaO_2, $PaCO_2$ y HCO_3^- real o actual), electrolitos plasmáticos (Na^+, K^+, Cl^-) y albúmina plasmática. Puede utilizarse sangre venosa para el análisis de gases, con el resguardo que los valores se modifican ampliamente según el sitio de punción. En "sangre venosa central", el pH es 0,04 unidades más bajo que el arterial, el HCO_3^- 2 mEq/L más elevado y la $PaCO_2$ aumenta en 8 mmHg[114]. El pH "venoso periférico" tiene buena correlación con los valores arteriales, pero no, la $PaCO_2$; situación que se extrapola al HCO_3^-, ya que normalmente se calcula a partir de estos dos parámetros (Capítulo 4). Con una muestra de sangre venosa se pierde sensibilidad. Las aproximaciones enunciadas dependen mucho de la calidad del laboratorio, una correcta toma de muestra y transporte de esta. Siempre se debe considerar que una adecuada $PaCO_2$ requiere una muestra de sangre arterial.

Como el bicarbonato plasmático puede evaluarse de tres formas distintas (enzimática, TCO_2 o estimación); es posible comprobar que su valor concuerda con los otros parámetros ácido-base mediante una simple ecuación (Kassirer & Bleich)[24].

$$[HCO_3^-]\ (mEq/L) = 24 \times \frac{PaCO_2(mm\,Hg)}{[H^+]\ (nEq/L)}$$

Si los valores no concuerdan se debe sospechar un error de laboratorio o utilización de muestras distintas.

El pH indicará si existe acidemia o alcalemia, pero no es útil para detectar la existencia de procesos patológicos (acidosis o alcalosis), ni menos, para establecer el grado de compensación. Como se mencionó anteriormente, cuando el pH es normal puede deberse a que no hay patología, a mecanismos de compensación o a que existe un trastorno mixto (acidosis más alcalosis). El pH es necesario asociarlo con los otros parámetros para detectar el sentido de la alteración predominante (Tabla 12).

La $PaCO_2$ refleja el estado de la función ventilatoria. Una $PaCO_2$ alta puede indicar acidosis respiratoria o la compensación a una alcalosis metabólica. La disminución de la $PaCO_2$ puede ser por alcalosis respiratoria o la compensación a una acidosis metabólica.

Tabla 12. Trastornos ácido-base.

pH < 7,4			pH > 7,4	
$PaCO_2$ ↑	$PaCO_2$ ↓		$PaCO_2$ ↑	$PaCO_2$ ↓
Acidosis Respiratoria		HCO_3^- ↑	Alcalosis Metabólica	Trastorno Mixto
Trastorno Mixto	Acidosis Metabólica	HCO_3^- ↓		Alcalosis Respiratoria

El HCO_3^- demuestra la función renal y estado "metabólico". Una disminución en su valor puede ser por una acidosis metabólica o la compensación de una alcalosis respiratoria. El HCO_3^- alto indicará alcalosis metabólica o la compensación a una acidosis respiratoria.

Por lo tanto, la alteración en la $PaCO_2$ o HCO_3^- indicarán un proceso existente, ya sea acidosis o alcalosis. Aun así, con un parámetro aislado, no es posible saber si es patológico o corresponde a una compensación.

Para determinar el proceso patológico deben asociarse los parámetros. El pH, independiente que se encuentre en el rango normal, siempre evidenciará el proceso predominante o sentido de la perturbación inicial. Su valor normal es 7,4; mayor a esto indicará una alcalosis y si es menor será por una acidosis. Esto, siempre que se correlacione con valores alterados de $PaCO_2$ y/o HCO_3^- (Tabla 12). La compensación nunca logrará sobrepasar el valor normal, ya que es un mecanismo fisiológico, altamente regulado y depende del trastorno para existir. Es decir, si el pH es cercano a 7,4; no habrá necesidad de que haya compensación (Figura 33).

Luego, para evaluar la compensación se emplean las fórmulas correspondientes (Tablas 8 y 9) o el nomograma ácido-base (Figura 31); si las tres coordenadas intersectan en un punto dentro de las áreas delimitadas corresponde al trastorno explicitado.

Si aún no ha pasado el tiempo en el cual se espera que haya ocurrido la compensación se hablará del trastorno primario con compensación incompleta. Si ya se ha cumplido el tiempo en que se debiera haber completado la respuesta, se evaluará si se alcanzó el valor esperado. En caso de que haya sido logrado el trastorno primario será compensado; si no fue alcanzado el valor

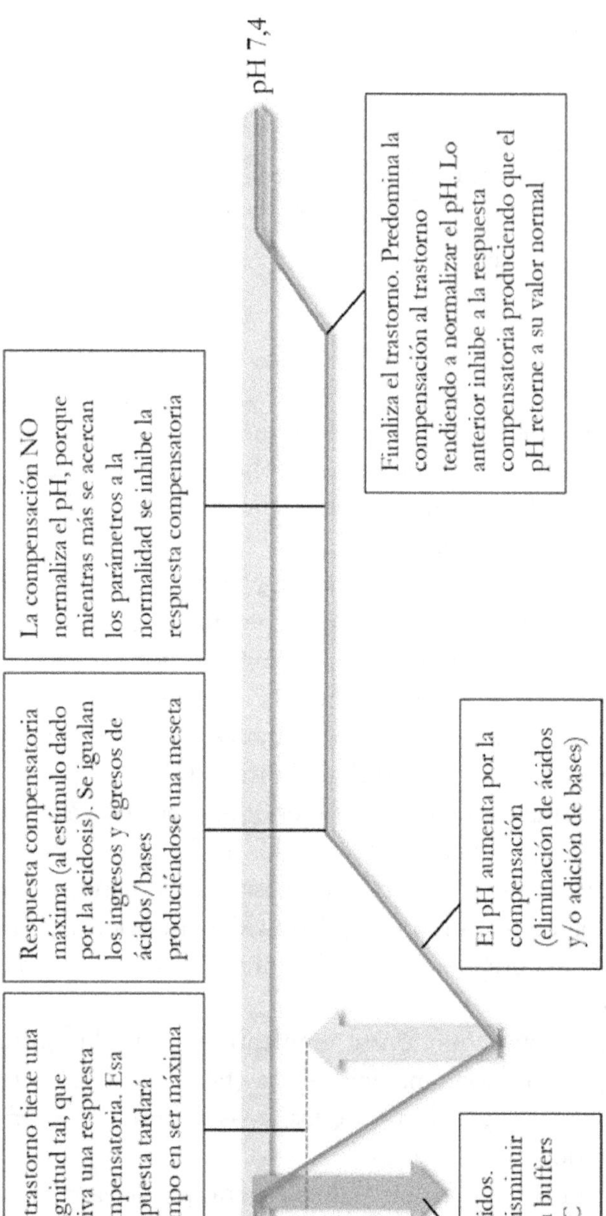

Figura 33. Evolución de un trastorno ácido-base (ejemplo: acidosis).

presupuestado, es un trastorno mixto. Los trastornos "no compensados" no existen como tales; ya que realmente corresponden a trastornos mixtos en los cuales la alteración es evidente desde el inicio (por ej., acidosis metabólica + acidosis respiratoria) o se pesquisan luego de comprobar que la respuesta de compensación no es la óptima.

En resumen, para la interpretación se requieren todos los parámetros gasométricos, se distinguirá el trastorno primario, luego se analizará si la compensación correspondiente se llevó a cabo, y finalmente, si el trastorno es simple (compensado) o mixto. Además, es fundamental conocer la historia del paciente, antecedentes y hallazgos al examen físico para corroborar una correlación entre el cuadro clínico y la interpretación ácido-base.

8.6 Casos especiales de compensación

Se ha insistido en que las respuestas compensatorias son un evento fisiológico, activado por las variaciones en el pH y parámetros del *buffer* CO_2/HCO_3^-, que dependen del trastorno para existir, y por ende, no normalizan el pH. La respuesta homeostática renal y/o respiratoria permitirá que los ingresos de ácidos o bases igualen a los egresos, sin embargo, siempre será evidente el sentido de la perturbación inicial. La intensidad del trastorno, determina la magnitud de la respuesta compensatoria, motivo por el cual no es posible la normalización del pH (Figura 33).

En la alcalosis respiratoria crónica habrá un pH levemente elevado, disminución de la $PaCO_2$ y $[HCO_3^-]$ plasmático. Por efecto de la alcalemia se altera la entrega y utilización de O_2 tisular (Capítulo 5 y 10), provocando la instauración de una acidosis láctica (Capítulo 14). Lo anterior, puede disminuir el pH provocando que se "normalice", sin embargo, es por efecto de un trastorno agregado.

El principal mecanismo por el cual se produce una acidosis respiratoria crónica es la hipoventilación (Capítulos 5 y 10). La compensación renal permitirá eliminar más ácidos por el riñón (especialmente, en la forma de amonio urinario) y reabsorber/generar una gran cantidad de HCO_3^-. Si se corrige súbitamente el estado de hipoventilación, la $PaCO_2$ retoma un valor normal, pero el riñón aún está "programado" para eliminar ácidos y reabsorber bases. Así, se desarrolla una alcalosis (alcalosis post-hipercápnica; Capítulos 10 y 11). En esta condición, es la respuesta compensatoria renal quien induce el trastorno, ya que no se ha adaptado al nuevo estado ácido-base. Como se requiere tiempo para catabolizar transportadores y enzimas, además de síntesis de nuevas proteínas; por un período de tiempo, el riñón producirá una alcalosis.

8.7 Ejemplos

1. Paciente con diarrea severa de un día de evolución. Sus gases arteriales son: $PaCO_2$ de 32 mmHg, HCO_3^- de 17 mEq/L y pH de 7,34.
   El trastorno primario sería una acidosis metabólica (por el pH y HCO_3^- bajos) y la $PaCO_2$ esperada es de 31,6 ±2 mmHg (Tabla 9). Por lo tanto, sería un trastorno simple debido a una acidosis metabólica compensada.
2. Paciente que mientras realizaba deporte presenta cuadro de disnea súbita asociado a dolor pleurítico en ápex pulmonar derecho. Horas más tarde consulta en un hospital. La radiografía confirma neumotórax. Sus gases arteriales muestran: $PaCO_2$ de 55 mmHg, HCO_3^- de 27 mEq/L y pH de 7,31.
   El trastorno es una acidosis respiratoria (disminución de pH con aumento de $PaCO_2$ y $[HCO_3^-]$ plasmático). El HCO_3^- esperado debiera ser 25,5 mEq/L en el momento del neumotórax (acidosis respiratoria aguda) y 30 ±2 mEq/L para acidosis respiratoria crónica (Tabla 9). Destacamos que en la "compensación aguda" el valor esperado no tiene rango, debiera ser exacto, ya que solo se consideran reacciones *buffer* inmediatas. Lo más probable es que en este caso no se ha alcanzado el valor de compensación por falta de tiempo. Por lo tanto, es una acidosis respiratoria con compensación incompleta. No es posible definir aún si el trastorno es simple o mixto (aunque probablemente sea una alteración simple).
3. Paciente portador de enfermedad pulmonar obstructiva crónica con retención de CO_2. Se hospitaliza por un cuadro severo de vómitos más deshidratación. Sus gases arteriales muestran: $PaCO_2$ de 56 mmHg, HCO_3^- de 33,6 mEq/L y pH de 7,4. El trastorno primario en este caso es complejo de establecer dado el valor normal del pH. No se puede asegurar si existe una alcalosis metabólica pura (por el HCO_3^- alto), una acidosis respiratoria pura (por la $PaCO_2$ elevada) o un trastorno mixto. Para una alcalosis metabólica la $PaCO_2$ debiera ser 46,7 ±2

mmHg. Mientras que en una acidosis respiratoria el HCO_3^- debiera ser 30,4 ±2 mEq/L. Lo más probable, dado la normalidad del pH y que ambos trastornos primarios por sí solos no estarían compensados; es que se trate de un trastorno mixto. Al evaluar el cuadro clínico, sí se corresponde con un trastorno mixto: la acidosis respiratoria se debe a enfermedad pulmonar obstructiva crónica, mientras la alcalosis metabólica a vómitos y deshidratación.

4. Paciente en estudio de hipertensión secundaria, se encuentran los siguientes valores de gases arteriales: $PaCO_2$ de 44 mmHg, HCO_3^- de 30 mEq/L y pH de 7,45. En este caso, el trastorno primario sería una alcalosis metabólica. La $PaCO_2$ debiera ser 44,2 ±2 mmHg. Por lo tanto, es un trastorno simple debido a una alcalosis metabólica pura o compensada. La causa más probable sería un hiperaldosteronismo.

Para más ejercicios sobre interpretación de trastornos ácido-base ver Capítulo 21.

9. Acidosis respiratoria

La acidosis respiratoria se caracteriza por una $PaCO_2$ elevada y un pH bajo.

El principal mecanismo etiológico es la hipoventilación alveolar (Capítulo 5). Esta puede producirse a nivel cerebral por cualquier alteración tóxico-metabólica severa (fármacos, tóxicos, alteraciones hidroelectrolíticas), lesiones estructurales, vasculares, infecciosas, etc. Una afección de las vías nerviosas como esclerosis lateral amiotrófica, Guillain-Barré, esclerosis múltiple, lesiones medulares. Enfermedades de la placa neuromuscular como la miastenia gravis o alteraciones de la célula muscular (distrofias musculares). Enfermedades restrictivas del parénquima pulmonar y pared torácica, alteraciones en la vía bronquial con enfermedades pulmonares obstructivas. En la obesidad existe una inhibición de los centros ventilatorios cerebrales, además de obstrucción en la vía aérea alta y disminución de volúmenes pulmonares. Todos estos factores originan hipoventilación alveolar, pero adicional a este mecanismo, una alteración extrema de la relación V/Q como un distrés respiratorio; puede provocar hipercapnia y acidosis respiratoria (Capítulo 5). Patologías que aumentan el espacio muerto también generan hipoventilación alveolar. Una sobreproducción tisular de CO_2 no es suficiente, por sí sola, para producir acidosis respiratoria e hipercapnia (agitación, mioclonías, convulsiones, sepsis, fiebre, hipertiroidismo). La sangre es muy eficiente para transportar el exceso de CO_2, así, su desarrollo depende de una alteración en la función ventilatoria.

La respuesta compensatoria aguda a una acidosis respiratoria depende de los sistemas *buffer* extracelulares. El incremento del CO_2 induce un redireccionamiento de la reacción CO_2/HCO_3^- que provoca disminución del pH y aumento en la $[HCO_3^-]$. Este último, se interpreta como "compensación metabólica aguda", sin embargo, quienes realmente amortiguan los H^+ generados desde el CO_2 son *buffers* no-HCO_3^- (hemoglobina, albúmina, proteínas, fosfatos, etc.)[7]. Las alteraciones agudas en la $PaCO_2$ difícilmente provocarán un ascenso del HCO_3^- en más de 4-5 mEq/L[7,15]. De hecho, una acidosis respiratoria aguda no elevará el bicarbonato plasmático por sobre 32 mEq/L. Si una acidosis respiratoria aguda se acompaña de $[HCO_3^-]$ >32 o <24 mEq/L; indica la presencia de una alcalosis metabólica o acidosis metabólica agregada, respectivamente[7]. En general, para trastornos agudos, la $[HCO_3^-]$ plasmático aumenta en 1 mEq/L por cada 10 mmHg de ascenso en la $PaCO_2$ (Capítulo 8).

Como se mencionó anteriormente, las variaciones compensatorias ácido-base de trastornos respiratorios agudos, se deben únicamente a efecto *buffer* extracelular. Tanto para acidosis como alcalosis respiratoria, ocurren en la misma magnitud y se completan a los 10 minutos de impuesta la perturbación. La $[H^+]$ aumentará un 80% del cambio ocurrido en la $PaCO_2$[105]. Por lo tanto, cambios en el pH mayores o menores a lo presupuestado para un trastorno ácido-base agudo, también traducen un trastorno mixto; o el inicio de la compensación renal.

El CO_2 difunde a la célula provocando acidosis intracelular. En la célula tubular renal aumenta la excreción de H^+, principalmente mediante NH_4^+, se genera nuevo HCO_3^- e incrementa la reabsorción de este. Esta respuesta comienza a las seis a doce horas de hipercapnia mantenida. Luego, el riñón completará su respuesta en cinco a seis días, y elevará la $[HCO_3^-]$ plasmático en 2,5-5 mEq/L por cada 10 mmHg de aumento en la $PaCO_2$. A su vez, el cambio en la concentración de $[H^+]$ será solo un 30% de la variación en la $PaCO_2$ gracias a la compensación renal[115]. Múltiples estudios experimentales han demostrado que la respuesta compensatoria nunca logra normalizar el pH[7]. De hecho, mientras mayor sea el incremento de $PaCO_2$, el pH se irá alejando cada vez más del rango normal, incluso, luego de que la compensación renal se ha establecido en su máximo. Esto demostraría una menor eficiencia en la compensación renal cuando el trastorno respiratorio es más severo, probablemente por disfunción celular secundario a la acidosis.

Resumiendo, en trastornos agudos el HCO_3^- aumenta 0,1 mEq/L por cada 1 mmHg que sube la $PaCO_2$, mientras en trastornos crónicos, lo hace en 0,4 mEq/L por cada 1 mmHg de ascenso en $PaCO_2$ (Tabla 9).

Otra forma de evaluar la compensación metabólica es utilizando las ecuaciones expuestas en la Tabla 8 o el nomograma ácido-base (Figura 31).

En la acidosis respiratoria se producen otros trastornos electrolíticos: hay un ligero incremento en la concentración plasmática de Na^+ (1 a 4 mEq/L) y K^+, además de un descenso en la concentración plasmática de fosfato y cloruro[7,57]. El aumento de la [K^+] sería secundario al intercambio de H^+ con motivo de la acidosis (Capítulo 17). La disminución en [Cl^-] se produce por varios mecanismos. Existe cloruresis por mayor síntesis y excreción de amonio renal (eliminación de NH_4Cl urinario). El exceso de HCO_3^- plasmático aumenta su carga filtrada glomerular; este competirá con el Cl^- a nivel del túbulo proximal para su absorción con Na^+. La acidosis inhibe la acción de Pendrina en el túbulo colector, el cual normalmente reabsorbe Cl^- y excreta HCO_3^- (Capítulo 6). Finalmente, la hipoventilación disminuye la extracción de CO_2 desde la sangre. Para esta acción se requería ingreso de HCO_3^- al eritrocito y salida de Cl^- desde este; así se generaba CO_2 para su eliminación pulmonar. Al inhibirse este intercambio de electrolitos eritrocitarios; el Cl^- tiende a permanecer dentro del eritrocito (Capítulo 5).

La hipofosfatemia se debe a fosfaturia. La acidosis promueve su liberación desde el hueso, para luego, quedar atrapado en la orina por mayor acidificación urinaria e inhibición de su reabsorción tubular (Capítulo 14).

Clínicamente, la acidosis respiratoria puede manifestarse como una encefalopatía hipercápnica que se caracteriza por: irritabilidad, desconcentración, cefalea, anorexia, confusión, apatía, alucinaciones, delirio y psicosis. Puede evolucionar al coma, sobre todo, en pacientes con insuficiencia respiratoria crónica y oxigenoterapia. Al examen físico se objetiva edema de papila, alteraciones motoras (mioclonías, flapping, temblor, convulsiones), pseudotumor cerebri, alteraciones focales (paresias, hiporreflexia). La sintomatología dependerá de la velocidad de instauración e intensidad de la hipercapnia, la acidemia asociada y el grado de hipoxemia.

La hipercapnia provoca vasodilatación sistémica por acción directa en el músculo liso vascular; este efecto es más llamativo en la circulación cerebral. Sin embargo, induce vasoconstricción en la circulación pulmonar y renal[57]. La acidosis también provoca vasoconstricción pulmonar (Capítulo 12).

Como se mencionó anteriormente, la sangre es extremadamente eficiente en transportar CO_2 y excretarlo a través de la membrana alvéolo-capilar (Capítulo 5). Por lo tanto, necesariamente, para que se desarrolle hipercapnia debe existir menor eliminación del aire alveolar. En el diagnóstico diferencial, se puede emplear la $D(Aa)O_2$, con objeto de distinguir si existe una patología pulmonar parenquimatosa o un estado de hipoventilación (Capítulo 5). En el diagnóstico diferencial también será fundamental la historia, examen físico y estudio imagenológico.

$$D(Aa)O_2 = \left(FiO_2 \times (Patm - 47mmHg) - \frac{PaCO_2}{0{,}8}\right) - PaO_2$$

La Presión atmosférica (Patm) se puede calcular según la altura por sobre el nivel del mar en donde se esté evaluando al paciente:

$$Patm\ (mmHg) = P^{o}\ mar\ (mmHg) \times e^{\left(-1{,}18\times10^{-4}\left(\frac{1}{m}\right)\times Alt(m)\right)}$$

Donde "P° mar" es la presión atmosférica a nivel del mar (760 mmHg); "e" es la constante de Euler (2,718); $-1{,}18\cdot10^{-4}$ es una constante que se obtiene a partir de la densidad de aire y fuerza de gravedad; y "Alt" es la altura en metros a la cual se busca la presión atmosférica. Por ejemplo, un lugar ubicado a 1.000 m por sobre el nivel del mar tendrá una Patm de 675 mmHg.

Una $D(Aa)O_2$ por sobre lo esperado para la edad sugiere patología pulmonar parenquimatosa con alteración de la relación V/Q (Capítulo 5).

$$D(Aa)O_2\ normal = \frac{Edad\ (años)}{4} + 4$$

El tratamiento de la acidosis respiratoria consistirá en solucionar el factor causal, por lo que puede requerir ventilación mecánica. Se utiliza bicarbonato de sodio ($NaHCO_3$) intravenoso con pH <7,0 teniendo como meta un valor >7,0; pero el tratamiento principal siempre será "ventilar al paciente". Si existe acidosis metabólica concomitante, se administra $NaHCO_3$ con pH <7,2 para un objetivo de pH >7,2. La corrección de la acidemia con $NaHCO_3$ se restringe solo a casos muy severos por sus devastadores consecuencias (Capítulo 17). Esta terapia es útil, sobre todo, cuando hay broncoespasmo porque recupera la respuesta adrenérgica.

La corrección de una hipercapnia crónica debe ser lenta, ya que el tratamiento agresivo producirá un rápido descenso de $PaCO_2$ con las complicaciones propias de una alcalemia aguda (arritmias cardiacas, hipoperfusión cerebral y coronaria, convulsiones). También es importante una $[Cl^-]$ y $[K^+]$ plasmáticas adecuadas para asegurar bicarbonaturia (la disminución de ambos electrolitos perpetúan una alcalosis; Capítulo 11).

10. Alcalosis respiratoria

Este trastorno se caracteriza por un pH elevado asociado a disminución en la $PaCO_2$. Su causa es la hiperventilación, ya que se elimina CO_2 en forma exagerada (Capítulo 5). La principal forma de generar hiperventilación es por estímulo hipoxémico. Aquellas patologías donde se afecta el intercambio de O_2, pero no el de CO_2, provocarán alcalosis respiratoria. Ejemplo de lo anterior, es la disminución de fracción inspirada de O_2 (como ocurre en altura). También, la fibrosis pulmonar, donde se altera la difusión de O_2 por la membrana alvéolo-capilar, pero no la de CO_2 (debido a la mayor solubilidad de este último). Cualquier alteración no severa de la relación V/Q (tromboembolismo pulmonar, edema pulmonar, asma, neumonía, patología pulmonar obstructiva y/o restrictiva) también provocarán hipoxemia con hipocapnia (Tabla 13).

Ocasionalmente, enfermedades neurológicas y patologías psiquiátricas cursan con hiperventilación (crisis de pánico, dolor, ansiedad, psicosis, tumores, accidentes cerebro-vasculares). Algunas drogas pueden estimular centros respiratorios cerebrales y elevar la frecuencia respiratoria (salicilatos, metilxantinas, progestágenos). En el embarazo existe alcalosis respiratoria crónica por incremento de progestágenos que estimulan el centro respiratorio; se considera "normal" una $PaCO_2$ de 30 mmHg durante el embarazo[7]. A esto se puede agregar alcalosis metabólica por vómitos.

Estados mórbidos hiperdinámicos o con sobre-activación adrenérgica (como infecciones, fiebre, endotoxemia e hipertiroidismo) también son causas de alcalosis respiratoria. Finalmente, la hiperventilación puede presentarse en forma iatrogénica por una terapia de soporte ventilatoria excesiva.

En suma, la alcalosis respiratoria se debe a hiperventilación, y sus principales causas son: la hipoxemia, patologías neuropsiquiátricas, fármacos, iatrogénica y estados hiperdinámicos (Tabla 13)[116].

La disminución aguda de la $PaCO_2$ actúa en el *buffer* del líquido extracelular, redireccionando la reacción CO_2/HCO_3^- hacia la izquierda (reactantes), con lo que disminuye la concentración plasmática de H^+ y HCO_3^-. El tamponamiento extra e intracelular evita un gran aumento del pH. Al igual que en una acidosis respiratoria aguda, la disminución aguda en la concentración de H^+ corresponde a solo el 80% de la variación en $PaCO_2$[106]. Es decir, si la $PaCO_2$ desciende a 15 mmHg, la caída de $[H^+]$ será 12 nEq/L (15·0,8=12). Esto objetiva un fenómeno químico debido exclusivamente a *buffers* extracelulares.

En fase aguda el descenso del HCO_3^- será 2 mEq/L por cada 10 mmHg de caída en la $PaCO_2$. Las alteraciones agudas en la $PaCO_2$ no provocarán una disminución del HCO_3^- en más de 4-5 mEq/L y la respuesta se completa en diez minutos (Capítulo 8)[15].

Luego, la alcalosis intracelular producida en las células tubulares renales genera una menor excreción de amonio, con lo que disminuye el pH sistémico. Además, se reabsorbe y regenera menos HCO_3^-, y la orina se caracteriza por ser alcalina; hasta un pH máximo de 8[26]. El efecto de la compensación renal se completa a los cinco a seis días, evidenciando una caída en la $[HCO_3^-]$ plasmática de 4-5 mEq/L por cada 10 mmHg de disminución en la $PaCO_2$[49,117].

Finalmente, la respuesta compensatoria aguda a una alcalosis respiratoria es que el HCO_3^- disminuya en 0,2 mEq/L por cada 1 mmHg que baja la $PaCO_2$, mientras en trastornos crónicos, lo hace en 0,5 mEq/L por cada 1 mmHg de descenso en $PaCO_2$ (Capítulo 8, Tabla 9).

Otra forma de evaluar la compensación metabólica es utilizando las ecuaciones expuestas en la Tabla 8 o el nomograma ácido-base de la Figura 31 (Capítulo 8). En los trastornos respiratorios también se ha utilizado el concepto de "Exceso de Base" para definir si estos son agudos o crónicos (Capítulo 18).

Si se observa el grado de compensación para la misma magnitud de variación en CO_2; la respuesta "metabólica" ante una alcalosis pareciera ser más intensa que para una acidosis. Esta aseveración no es cierta para la fase aguda, pero sí lo es en trastornos crónicos.

En acidosis respiratoria aguda el aumento del HCO_3^- es 0,1 mEq/L por cada 1 mmHg que varía la $PaCO_2$, y el descenso es 0,2 mEq/L para una alcalosis respiratoria aguda. En este último trastorno, la disminución del H^+ provocará que otros *buffers* (hemoglobina, albúmina y otras proteínas) liberen H^+ que

Tabla 13. Causas de alcalosis respiratoria.

Trastornos neurológicos y psiquiátricos
- Hiperventilación central - Trastornos de ansiedad, crisis de pánico y cuadros conversivos - Dolor y estrés - Traumatismo y lesiones cerebrales - Accidente cerebrovascular - Meningitis
Patologías hipoxémicas
- Enfermedades pulmonares obstructivas agudas (EPOC no retenedor, asma, bronquitis y bronquiolitis) - Enfermedades pulmonares restrictivas (EPID, deformidades de la caja torácica, neumotórax, síndrome de ocupación pleural, atelectasias) - Tromboembolismo pulmonar - Enfermedades pulmonares parenquimatosas (neumonía, edema pulmonar)
Condiciones sistémicas
- Fiebre, sepsis - Hipertiroidismo y tirotoxicosis - Embarazo - Daño hepático crónico
Fármacos y drogas
- Cafeína - Progestágenos - Salicilatos - Teofilina
Iatrogénico
- Ventilación mecánica

EPID: Enfermedad Pulmonar Intersticial Difusa, EPOC: Enfermedad Pulmonar Obstructiva Crónica

estaban amortiguando (conservando su pKa). Este H^+ proveniente de *buffers* no-HCO_3^- reacciona con HCO_3^- disminuyendo aún más su concentración. Finalmente, todos los sistemas llegan a un nuevo equilibrio donde el pKa de cada uno es constante y adaptan las concentraciones de reactantes y productos al nuevo pH (Capítulo 2). Si bien, el cambio de la [HCO_3^-] fue mayor "en magnitud" para la alcalosis respiratoria aguda que la acidosis respiratoria aguda; la variación de pH es similar en ambos trastornos.

Sin embargo, la compensación metabólica a una alcalosis respiratoria crónica sí es más intensa que su contraparte en la acidosis respiratoria crónica. El único trastorno que puede lograr "normalización" del pH mediante compensación, es la alcalosis respiratoria crónica, y esto lo distingue de todos los otros trastornos ácido-base.

Para una alcalosis respiratoria crónica la disminución de [H^+] en nEq/L, corresponde al 17% de la disminución de $PaCO_2$ en mmHg.

$$\Delta H^+ = 0{,}17(\Delta PaCO_2)$$

Si el trastorno se mantiene por más de dos semanas, es posible, incluso, la normalización del pH[7]. La hipocapnia produce mayor producción celular de ácidos orgánicos, especialmente lactato[7,15,118]. Esto se debe a una menor entrega de O_2 tisular y una activación de la glucólisis anaeróbica. La alcalosis aumenta la afinidad de la Hb por el O_2 evitando su liberación en los tejidos y provocando hipoxia (Capítulo 5). Un aumento del pH intracelular favorece la glucólisis mediante estímulo de fosfofructokinasa (Capítulo 7). Por otro lado, la alcalosis inhibe la cadena respiratoria mitocondrial (Capítulo 14). De este modo, incrementa la producción de ácido láctico aumentando su concentración en hasta 1 mEq/L[7]. Esto provoca disminución de [HCO_3^-] plasmático y permitiría la normalización del pH.

La hipocapnia aguda puede inducir hipofosfatemia por redistribución al intracelular, no así, una alteración crónica del CO_2. Probablemente, se debe a un aumento del pH intracelular que activa la enzima fosfofructokinasa, favoreciendo la vía glucolítica. El mayor consumo celular de glucosa-6-fosfato podría promover el desplazamiento del fosfato al intracelular.

Una hipokalemia e hipofosfatemia, asociadas a la alcalosis respiratoria; pueden generar debilidad muscular afectando, especialmente, musculatura proximal y ventilatoria. La acidosis respiratoria agregada por este mecanismo, también tiende a normalizar el pH sistémico en fase aguda.

Por lo tanto, la respuesta compensatoria en alcalosis respiratoria puede "normalizar" el pH. En fase aguda ocurre por hipoventilación (fatiga muscular y menor contractilidad diafragmática) y en fase crónica por mayor producción de lactato (acidosis metabólica agregada).

La alcalosis provoca liberación de H^+ desde la albúmina, esto conlleva disminución del calcio iónico plasmático por su unión a ella. Consecuentemente, habrá síntomas de hipocalcemia aguda por irritabilidad neuromuscular. Los pacientes presentan parestesias distales (dedos, pies y región perioral), calambres musculares que progresan a tetania, bronco y laringoespasmo, prolongación del intervalo QT, taquicardia, arritmias, compromiso de consciencia y convulsiones[118,119].

Por otro lado, la alcalosis e hipocapnia aguda inducen mayor sensibilidad adrenérgica y vasoconstricción, produciendo isquemia cerebral y miocárdica[98,118,120]. La vasoconstricción coronaria más alcalosis, hipokalemia, hipofosfatemia e hipocalcemia; pueden degenerar en arritmias y angina de Prinzmetal.

En alcalosis respiratorias intensas se produce hipoxia tisular, sobre todo, si una patología respiratoria es la causa. La vasoconstricción sistémica y mayor afinidad de la hemoglobina por oxígeno, empeoran esta situación. Es posible que no sea solo la hipocalcemia iónica la responsable de contracturas musculares y tetania en alcalosis severa, sino que la misma alcalemia e hipocapnia (que inducen vasoconstricción e hipoxia tisular) impiden la relajación muscular (dependiente de ATP)[121].

La alcalosis respiratoria no se considera como una patología de riesgo vital, sino que son las causas subyacentes que sí confieren este riesgo. Sin embargo, la sensibilidad adrenérgica extrema con vasoconstricción cerebral y miocárdica, sumado a las complicaciones de la hipocalcemia, sí hacen de este cuadro una condición potencialmente letal[116].

La alcalosis respiratoria se asocia con hipercloremia (Capítulo 17). Esto se debe a varios factores: el desplazamiento del Cl^- eritrocitario (Capítulo 5), bicarbonaturia compensatoria y su reemplazo por anión Cl^- para reabsorción con Na^+ en el túbulo proximal, activación del cotransportador Pendrina en el túbulo colector (por alcalosis) y disminución de la síntesis y eliminación de amonio renal (menor excreción de NH_4Cl) (Capítulo 6).

Una hipokalemia leve es frecuente en alcalosis respiratoria. Se produce por el "efecto de intercambio" con H^+ intracelulares (Capítulo 17), al ingreso de K^+ a la célula secundario a la activación de la vía glucolítica y a la bicarbonaturia compensatoria que arrastra K^+ como catión acompañante.

El tratamiento va dirigido a la causa de base. Debe ser diagnosticada y, en lo posible, revertida. Es importante evitar el daño cerebral y/o cardiaco consecuente a una hipocapnia aguda.

En cuadros neuropsiquiátricos, la reinhalación de aire (mediante inspiración de aire exhalado) también controla la alcalosis. Las benzodiacepinas son efectivas, ya que controlan el cuadro ansioso y el estado de hiperventilación. Sin embargo, en casos severos que requieran múltiples dosis de benzodiacepinas se deberá considerar el coma inducido y ventilación mecánica.

En algunas ocasiones se puede prevenir el desarrollo de alcalosis respiratoria generando una acidosis metabólica a nivel renal (acetazolamida). La acetazolamida es un diurético que inhibe la anhidrasa carbónica en el túbulo proximal. Al ser un fármaco con excreción renal mediante secreción tubular, inhibe tanto, la anhidrasa carbónica citosólica como luminal. Así, se impide la regeneración de HCO_3^-, y este es eliminado por la orina como bicarbonato sódico (efecto diurético). La acetazolamida se emplea para prevenir la alcalosis respiratoria secundaria a viajes a zonas ubicadas en altura (donde hay menor presión parcial de O_2) en dosis de 250-500 mg cada 12-24h.

11. Alcalosis metabólica

Se caracteriza por una elevación del HCO_3^- plasmático y aumento del pH extracelular. Una ganancia primaria de HCO_3^- redirecciona la reacción CO_2/HCO_3^- hacia la izquierda, provocando aumento del pH. De la misma forma, una pérdida de H^+ produce redireccionamiento hacia la derecha aumentando el HCO_3^-. Con ambos mecanismos el efecto final es un pH y HCO_3^- elevados, asociados a una "ganancia de HCO_3^-" (Capítulo 3).

La $PaCO_2$ aumenta en 0,7 mmHg por cada 1 mEq/L que sube el HCO_3^- ($PaCO_2=\{[HCO_3^-]-24\}\cdot 0,7 \pm 2$ mmHg). En el Capítulo 8 se explicitan otras fórmulas de compensación respiratoria estimada. La máxima $PaCO_2$ que se puede alcanzar en respuesta a una alcalosis metabólica llega hasta 55-60 mmHg, luego, la compensación respiratoria se limita por inducción de hipoxemia[15].

Ante una carga de álcalis actuarán los sistemas *buffer* extra e intracelulares para minimizar los cambios en el pH sistémico. Posteriormente, el riñón y el pulmón se encargarán de ganar ácidos y/o eliminar bases para restaurar la homeostasis (Capítulo 8). El sistema respiratorio disminuye la ventilación alveolar (captando ácidos en la forma de CO_2), y el riñón responderá con bicarbonaturia, inhibición en la reabsorción/generación de HCO_3^- y una menor excreción neta de ácidos (Capítulo 6). Como la compensación respiratoria actúa desde un inicio, no es posible diferenciar alcalosis metabólica "aguda" de "crónica". Por otro lado, una alcalosis metabólica se puede generar por dos mecanismos: ganancia de HCO_3^- o pérdida de H^+. En el primer caso, habrá un aumento de la $PaCO_2$ por redireccionamiento químico (efecto *buffer*), y no, debido a compensación respiratoria. En el segundo mecanismo, la $PaCO_2$ disminuye por consumo de reactantes y generación de productos. En suma, las variaciones agudas de la $PaCO_2$ no permiten identificar la actividad "*buffer*" (respuesta aguda) o si ya inició la compensación respiratoria (respuesta crónica).

Prácticamente, todas las causas de alcalosis metabólicas inician con una "ganancia" de bases. Esta ganancia puede ser endógena o exógena. La administración de álcalis en forma exógena es una etiología evidente de alcalosis metabólica, pero la ganancia endógena de bases es más compleja. Esta última, puede ser de origen renal o extra-renal (Tabla 14). La principal causa de sobrecarga endógena de bases con origen extra-renal, son las pérdidas de ácido a nivel gastrointestinal. Siempre que se excreta H^+ al lumen gástrico (y también al nefrón) existe una reabsorción de HCO_3^- a la sangre. Por lo anterior, una pérdida de H^+ secretados al intestino equivale a una ganancia de bases.

Otro mecanismo extra-renal que produce ganancia de bases, es la transformación de aniones orgánicos a HCO_3^- en el hígado y músculo, entre otros parénquimas. Lo anterior, puede ocurrir de forma exógena (cuando se administran bases) o endógena (como en la recuperación de una cetoacidosis diabética). En este último caso, las bases conjugadas del ácido (acetoacetato y β-hidroxibutirato), también pueden ser transformados en HCO_3^- originando alcalosis metabólica.

De todas las causas de alcalosis metabólica, la mayoría son secundarias a un manejo renal inadecuado del HCO_3^- y H^+. Como se analizó en la unidad de fisiología ácido-base renal (Capítulo 6), cualquier sobrecarga de HCO_3^- en el nefrón distal producirá bicarbonaturia. Por otro lado, el túbulo proximal invierte gran cantidad de energía para reabsorber todo el HCO_3^- filtrado. Es decir, la respuesta renal ante una alcalosis debería ser permitir que el HCO_3^- siga el flujo tubular espontáneo, logrando fácilmente excretar el exceso de álcalis. Sin embargo, frecuentemente entre las causas de alcalosis metabólica existe algún mecanismo que "obliga" al riñón a reabsorber/generar HCO_3^- y/o excretar más H^+.

Las distintas causas de alcalosis metabólica pueden mezclar mecanismos. Por ejemplo, los vómitos abundantes producen pérdida de ácido por el estómago (con ganancia de HCO_3^-), pero además, por la disminución del VCE/VEC inducirán activación del sistema R-A-A; promoviendo reabsorción renal de $NaHCO_3$. La secreción gástrica es rica en K^+, por otro lado, la aldosterona promueve excreción renal de K^+. Finalmente, sobreviene hipokalemia que estimulará la amoniogénesis renal, intensificando la reabsorción/generación de HCO_3^- y excreción de H^+. Así, puede llegar a producirse una alcalosis metabólica severa.

Tabla 14. Causas de alcalosis metabólica.
Ganancia exógena de bases
- Bicarbonato de sodio IV o VO - Síndrome de leche-alcalinos (carbonato o citrato de calcio, intoxicación por vitamina D) - Soluciones con bases que se metabolizan a bicarbonato (lactato, citrato, acetato) - Nutrición parenteral (acetato) - Consumo de NaOH (cocaína)
Ganancia endógena de bases
- **Extra-renal:** *Pérdidas gastrointestinales de H^+:* vómitos, aspiración nasogástrica, cloridorrea congénita, adenoma velloso, fibrosis quística, laxantes, poliestireno sulfonato de sodio e hidróxido de aluminio. *Transformación de bases:* recuperación de acidosis orgánica con transformación de aniones en bicarbonato (acidosis láctica, cetoacidosis).
- **Renal:** *Activación sistema R-A-A:* contracción del VCE/VEC por cualquier causa (pérdidas gastrointestinales, renales, cutáneas, hemorragia, diuréticos, etc.). *Hipermineralocortisolismo:* - Renina elevada: hiperaldosteronismo secundario, estenosis arteria renal, tumor secretor de renina, estrógenos. - Renina baja: hiperaldosteronismo primario (adenoma o hiperplasia adrenal bilateral), mineralocorticoides exógenos, síndrome de Cushing, hiperaldosteronismo remediable con corticoides, síndrome de Liddle, déficit de 11ß-hidroxiesteroide-deshidrogenasa tipo 2. *Incremento excreción neta de ácido:* hipokalemia, excreción urinaria de aniones no reabsorbibles, hipercalciuria, mineralocorticoides, alcalosis post-hipercápnica. *Disfunción tubular:* Síndromes de Bartter, Gitelman y Pendred, uso de diuréticos de asa y/o tiazídicos, hipercalciuria.

La alcalosis genera hipokalemia por tres mecanismos: 1) "efecto de intercambio" de H^+ intracelular con K^+ extracelular (Capítulo 17), 2) inducción de bicarbonaturia y 3) desplazamiento de K^+ al intracelular por activación de glucólisis. Por cada 0,1 unidades que aumenta el pH sobre 7,4; la kalemia disminuye 0,4-0,5 mEq/L (Capítulo 17)[122].

Normalmente, la relación entre $[Cl^-]$ y $[Na^+]$ plasmático es 1:1,4. Cuando se altera el estado de hidratación del organismo esta relación se mantiene, pero se modifica en trastornos ácido-base. Específicamente, en alcalosis metabólica crónica tiende a disminuir la $[Cl^-]$ plasmática en forma aislada[68]. En condiciones normales debe ingresar HCO_3^- al eritrocito (en intercambio con Cl^- intracelular) para formar el CO_2 que será eliminado en los pulmones (Capítulo 5). La respuesta a la alcalosis metabólica será la hipoventilación, es decir, se enlentece la eliminación de CO_2. Así, el Cl^- "deja" de salir del eritrocito acumulándose en este. De hecho, en alcalosis metabólica crónica el hematocrito tiende a ser más elevado producto de la actividad osmótica que ejerce el Cl^-[123]. El efecto final es una disminución en la $[Cl^-]$ plasmático disociado de la natremia.

En alcalosis metabólica crónica aumenta el AG plasmático (Capítulo 13). El AG plasmático se calcula: $[Na^+] - ([Cl^-] + [HCO_3^-])$. Como la $[Cl^-]$ desciende considerablemente y la $[Na^+]$ aumenta; el valor tiende a ser elevado. El AG plasmático es una medida indirecta de "aniones no medidos". Existen múltiples razones por las cuales, en alcalosis metabólica crónica, aumentan los aniones no medidos (Capítulo 13).

Otro efecto de la alcalosis es hipocalcemia iónica por aumento en el transporte del calcio iónico. La disminución en la $[H^+]$ provocará que la albúmina y otras proteínas se comporten como ácido; cediendo H^+ y capturando Ca^{++} libre.

$$Alb\wedge H^+ + Ca^{++} \leftrightarrow Alb\wedge Ca + H^+$$

Por este motivo, los síntomas de una alcalosis metabólica son similares a una hipocalcemia: confusión mental, obnubilación, parestesias, calambres, e incluso; convulsiones y tetania.

Dado que la alcalemia produce vasoconstricción, parénquimas como el cardiaco y cerebral tienden a presentar isquemia. Si lo anterior se agrega a estados de hipokalemia e hipocalcemia, pueden aparecer o exacerbarse arritmias cardiacas.

Otra alteración electrolítica frecuente en alcalosis es la hipofosfatemia. Esta se produciría por activación de glucólisis y distribución del fosfato al intracelular (Capítulos 7 y 17).

11.1 Principales causas de alcalosis metabólica

La ganancia exógena de HCO_3^- ocurre cuando se administra directamente o a través de otros compuestos que son metabolizados a este anión. Por ejemplo, en **transfusiones sanguíneas** donde el citrato es metabolizado en el hígado a bicarbonato. El lactato y acetato sufren la misma transformación. Estos, se encuentran presentes en soluciones "Ringer Lactato" y "Ringer Acetato", líquidos de hemodiálisis y diálisis peritoneal, anticoagulación regional con citrato y nutrición parenteral con acetato.

Los pacientes con **nutrición parenteral** ya tienen factores que propician una alcalosis metabólica como: vómitos, pérdida de secreciones gástricas y/o hipokalemia. Generalmente, las mezclas de nutrición parenteral producen acidosis metabólica (Capítulo 14), pero si en la solución predominan aminoácidos aniónicos (aspartato y glutamato); estos en su catabolización consumirán H^+. Si se agrega un alto contenido de acetato y ayuno prolongado, es más factible una alcalosis[124]. En el ayuno, el riñón produce gluconeogénesis a partir de glutamina (Capítulo 6). Este último se transforma a glutamato, α-cetoglutarato y otros múltiples intermediarios para generar glucosa. En esta vía pueden entrar también aniones cetónicos (producidos por el ayuno) y el mismo glutamato (proveniente de las fórmulas de nutrición parenteral). En la gluconeogénesis renal se genera nuevo HCO_3^- y se excreta amonio; produciendo alcalosis metabólica (Capítulo 6).

El anticoagulante más utilizado para fabricación de **hemoderivados** es el citrato trisódico. Cada molécula de citrato trisódico puede generar 3 de HCO_3^- en el hígado. Una unidad de sangre entera contiene 17 mEq de citrato trisódico y los concentrados celulares aportan 5 mEq. La transformación del citrato trisódico produce ácido cítrico:

$$\underset{\text{(citrato trisódico)}}{Na_3C_6H_5O_7} + 3H_2O + 3CO_2 \leftrightarrow \underset{\text{(ác. cítrico)}}{C_6H_8O_7} + 3NaHCO_3$$

En esta reacción se consume CO_2 y se genera HCO_3^- ($NaHCO_3^-$). El ácido cítrico se metabolizará al sistema de ácidos carbónicos (CO_2/HCO_3^-). El CO_2 producido reemplaza al CO_2 consumido por la reacción o se elimina fácilmente mediante la función ventilatoria. Por lo tanto, el citrato trisódico, pese a que se transforma en ácido cítrico, no aporta ácidos (con función respiratoria y celular indemne). En cambio, sí entrega abundante HCO_3^- que inducirá una alcalosis metabólica[7].

En la **recuperación de acidosis orgánicas**: el lactato, β-hidroxibutirato, acetoacetato y otros aniones cetónicos son transformados a HCO_3^-. Por este y otros motivos, se debe usar con precaución el tratamiento con bicarbonato de sodio en acidosis orgánicas (Capítulo 16).

Históricamente, el **síndrome de leche-alcalino** se producía por un alto consumo de leche fortificada (rica en sales de carbonato y citrato de calcio) para control de la enfermedad ulcerosa péptica. Como el citrato y carbonato son bases, permitían amortiguar la acidez gástrica y disminuir los síntomas. Sin embargo, el exceso de bases y calcio inducía una alcalosis metabólica. Actualmente, el **síndrome de leche-alcalino** se produce en personas que abusan de suplementos de calcio y vitamina D, generalmente como tratamiento para osteoporosis. El exceso de calcio induce poliuria y excreción de H^+, generando alcalosis metabólica (Capítulo 17). Además, la PTH, que normalmente produce bicarbonaturia, está inhibida. Así, estos pacientes tienen alto riesgo de desarrollar alcalosis metabólica, aciduria, nefrocalcinosis y deterioro progresivo de la función renal (Capítulo 17).

Los mecanismos para ganar HCO_3^- secundarios a contracción del VEC y volumen circulante efectivo, fueron explicados anteriormente (Capítulo 6). Se deben a un **hiperaldosteronismo secundario** y se observan durante el uso de diuréticos, vómitos, pérdidas por sudor e hipovolemias severas de cualquier origen. La angiotensina II estimula la reabsorción de $NaHCO_3$ en el túbulo proximal. Por otro lado, la aldosterona en el túbulo colector incrementará: la actividad de la bomba Na^+/K^+-ATPasa, la actividad y cantidad de canales ENaC, ROMK y bomba H^+-ATPasa. Su objetivo es reabsorber Na^+ que ingresa a la célula principal, en favor de su gradiente químico, mediante el canal ENaC. En consecuencia, el lumen tubular presentará un potencial negativo (−40 mV). Este gradiente eléctrico entrega la fuerza necesaria para reabsorber Cl^- (por vía paracelular) y excretar cationes (K^+ y H^+). Luego, al volverse "menos negativo" el lumen del colector se repite el proceso de reabsorción de Na^+ y Cl^-, junto a excreción de K^+ y H^+. La disminución de Cl^- en el lumen del colector perpetúa la alcalosis, ya que la célula intercalada tipo B lo requiere para intercambio con HCO_3^- intracelular a través del transportador Pendrina (Capítulo 6). Es decir, se excreta menos HCO_3^- a la orina.

En el caso de **secreciones gástricas**, estas tienen un pH muy bajo. Su contenido de H^+ es 40-140 mEq/L, Cl^- 150 mEq/L y K^+ 10-15 mEq/L (todos mucho más altos que en el plasma)[125]. Cuando el contenido gástrico pasa al duodeno, el pH de este (<4,5-5) estimula la liberación de secretina, hormona que promueve la secreción alcalina proveniente del páncreas e hígado[11]. Así, se neutraliza la "pérdida" corporal de H^+ en la secreción gástrica a través de una "pérdida" de bicarbonato. El vómito o la aspiración nasogástrica eliminan el jugo gástrico. Por lo tanto, este no estimulará la secreción pancreática ni biliar. El efecto neto es una alcalosis por pérdida de H^+ (y ganancia equimolar de HCO_3^-) que se exagera con la depleción de volumen, hipocloremia e hipokalemia.

El uso de **laxantes y resinas de intercambio** (hidróxido de magnesio, citrato de magnesio, fosfato de sodio, poliestireno sulfonato, silicato y ciclosilicatos) generan aportes de bases sumados a la depleción de volumen (hiperaldosteronismo secundario).

En patologías donde la **secreción intestinal de HCO_3^-** está alterada, también existirá una "ganancia de bases". Las células del epitelio intestinal obtienen CO_2 y H_2O desde la sangre (Figura 34). Mediante la enzima AC tipo II se hidrata el CO_2. Como en esta célula existe una continua eliminación de H^+ y HCO_3^-, la reacción CO_2/HCO_3^- está redireccionada hacia los productos. El H^+ se secreta, tanto por la membrana apical como basolateral, gracias a antiportadores NHE. Este último obtiene energía desde el gradiente electroquímico favorable al ingreso del Na^+. Luego, la bomba Na^+/K^+-ATPasa extrae el Na^+ acumulado en la célula y mantiene el gradiente electroquímico. El canal CFTR (regulador de conductancia transmembrana y excreción de Cl^-) secreta Cl^- al lumen intestinal, el cual será utilizado por el intercambiador Cl^-/HCO_3^- para secretar este último (Figura 34). En la membrana basolateral un cotransportador NBC permite el ingreso de Na^+ y HCO_3^- en favor del gradiente de concentración de ambos (gracias a la extracción continua de Na^+ y HCO_3^- desde la célula).

La **cloridorrea congénita** es un trastorno autosómico recesivo provocado por una mutación en el gen que codifica para el antiportador Cl^-/HCO_3^- colónico (Figura 34). Su disfunción ocasiona una alteración en la absorción de Cl^- con ganancia de HCO_3^- (deja de ser excretado). Habrá además diarrea con depleción de VCE/VEC e hiperaldosteronismo secundario. Como el intercambiador intestinal NHE continúa funcionando se absorbe Na^+ y se elimina H^+. Este último, asociado a Cl^-, provocará una diarrea ácida. Los inhibidores de la bomba de protones, al disminuir la excreción intestinal de HCl, son útiles para tratar el cuadro. En la **fibrosis quística** se produce una alteración similar:

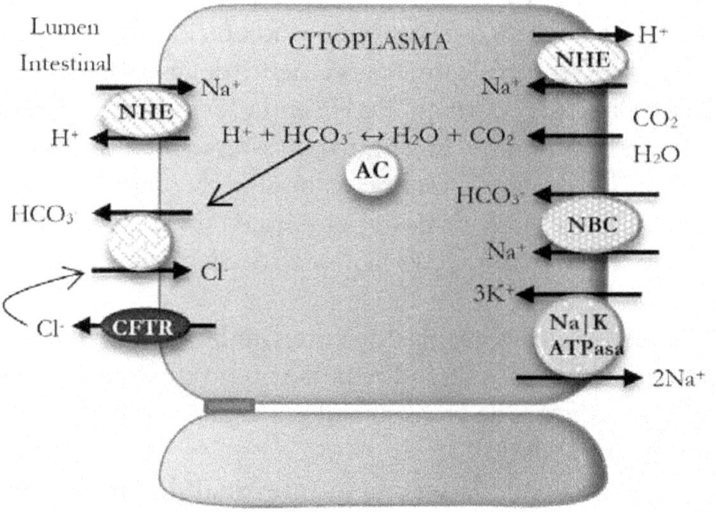

Figura 34. Secreción intestinal de bicarbonato y transportadores involucrados.

defecto del transportador CFTR. Al no haber eliminación de Cl^-, que posteriormente es intercambiado con HCO_3^- intracelular mediante el antiportador antes mencionado, genera "ganancia" de HCO_3^-.

En el **síndrome de Bartter** existe una alteración en la absorción de electrolitos a nivel de la rama ascendente gruesa de Henle, provocando pérdida de Na^+, Cl^-, K^+, Ca^{++}, Mg^{++}, hipovolemia, hiperaldosteronismo secundario y alcalosis metabólica. El problema fundamental del Bartter es una incapacidad de generar el gradiente de potencial transepitelial que permite la absorción de cationes. Normalmente, el lumen a este nivel tiende a ser positivo gracias a la secreción de K^+ mediante el canal apical ROMK (Figura 35). Por otro lado, la porción basolateral del epitelio es más negativa dado un transporte continuo de Cl^- mediado por el canal ClC-Kb. Esto permite la absorción paracelular de múltiples cationes (Na^+, Ca^{++}, Mg^{++}, NH_4^+). El K^+ y el Cl^- son obtenidos desde el lumen gracias a la acción del cotransportador NKCC2. Una mutación en dicho transportador o en los canales ROMK y ClC-Kb, alteran la diferencia de potencial transepitelial, y así, la absorción de electrolitos. La proteína "Bartina" es necesaria para el funcionamiento del canal ClC-Kb, por lo que su mutación también produce síndrome de Bartter (junto con sordera

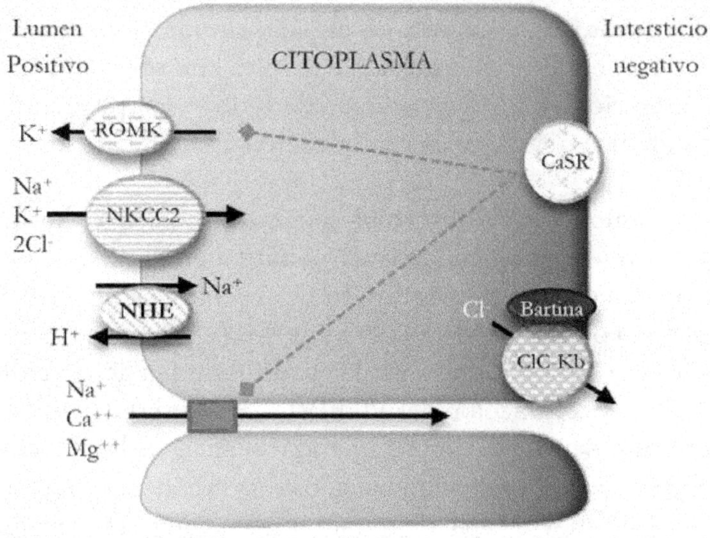

Figura 35. Transporte en la rama gruesa ascendente de Henle y síndrome de Bartter.

neurosensorial). Finalmente, en la membrana basolateral de las células de la rama gruesa ascendente de Henle, se ubica el receptor sensible a calcio (CaSR), que es activado por exceso de calcio y magnesio. En patologías donde hay activación constitutiva de este receptor su acción inhibe a ROMK y el transporte paracelular de cationes, nuevamente induciendo un síndrome de Bartter.

Cuando el defecto se limita a NKCC2, se exacerba la alcalosis metabólica por mayor actividad de NHE apical (NHE3). Al disminuir la absorción de Na^+ por NKCC2, NHE aumenta su actividad incrementando la excreción de H^+ y reabsorción de HCO_3^- en el asa ascendente gruesa de Henle.

Se ha descrito el síndrome de Bartter adquirido en relación al uso de fármacos: diuréticos de asa, aminoglucósidos, colistín y cisplatino.

El **síndrome de Gitelman** es menos severo que el Bartter y se manifiesta en forma más tardía. Se caracteriza por una alteración en la actividad del cotransportador NCC del túbulo distal que reabsorbe sodio y cloro; ocasionando pérdida de NaCl, K^+, Mg^{++}, hipovolemia e hiperaldosteronismo. Se diferencia del Bartter porque no se asocia a hipocalcemia, ya que este catión no se pierde por la orina.

El **síndrome de Pendred** se produce por un defecto en el cotransportador Pendrina. Esta proteína se expresa en el oído, tiroides y células intercaladas tipo B del colector. Clínicamente, se manifiesta con sordera neurosensorial, bocio (por alteración en la incorporación de yodo) y gran susceptibilidad a la alcalosis metabólica por dificultad en la excreción de bicarbonato (Capítulo 6, Figura 20).

Algunos **aniones no reabsorbibles**, como antibióticos derivados de penicilina, aumentan el potencial negativo luminal en el túbulo colector; esto genera mayor secreción de K^+, Mg^{++} y H^+. Es frecuente la hipokalemia cuando se usan β-lactámicos. Por otro lado, estos aniones capturan cationes (K^+ y Na^+) eliminándolos por la orina. En suma, la alcalosis deriva de la pérdida directa de H^+ por la orina, contracción del VCE/VEC (poliuria) e hipokalemia.

Los **diuréticos** inducen cloruresis e hipovolemia. La disminución de VCE/VEC y depleción de Cl^- provocarán alcalosis metabólica. Con el uso crónico de diuréticos el riñón será capaz de restaurar la volemia, sin embargo, siempre persistirá un hiperaldosteronismo secundario. Esto, favorecerá la excreción distal de K^+ y H^+, mayor reabsorción de HCO_3^- y alcalosis metabólica.

La **hipokalemia** es frecuente en cualquier forma de hiperaldosteronismo, ya sea primario o secundario. También acompaña a las pérdidas de secreción gástrica, ya que tienen una [K^+] de 10-15 mEq/L (mayor al LEC). Es importante destacar que los trastornos primarios del K^+ no generan "efecto de intercambio" con H^+, es decir, una hipokalemia no produce alcalosis metabólica por redistribución de H^+ hacia el intracelular, sino que aumenta la reabsorción de HCO_3^- e incrementa la excreción neta de ácido renal (Capítulo 17). La hipokalemia es un potente estímulo para la amoniogénesis renal, además, disminuye la secreción distal de HCO_3^-, ya que reduce la población de células intercaladas tipo B y la actividad del transportador Pendrina[68].

Los estados donde existe un **exceso primario de mineralocorticoides** se comportan en forma parecida a un hiperaldosteronismo secundario, pero no igual. Clásicamente, estos trastornos se caracterizan por la tríada: alcalosis metabólica, hipokalemia e hipervolemia (hipertensión arterial). En un hiperaldosteronismo secundario la mayor parte de la reabsorción de Na^+ ocurre en el túbulo proximal (mediado por angiotensina II). Así, la llegada de Na^+ al túbulo colector es ínfima, evitando la generación de un lumen con potencial negativo. Lo anterior, aminora la alcalosis metabólica e hipokalemia secundarias a la excreción de H^+ y K^+ en el colector. Sin embargo, siempre habrá alcalosis por mayor reabsorción de $NaHCO_3$ en el túbulo proximal. En los hipermineralocortisolismos primarios existe expansión del VEC, con menor reabsorción de Na^+ en el túbulo proximal y una gran llegada de Na^+ al túbulo colector. Por lo anterior, la excreción de H^+ y K^+ podría llegar a ser muy intensa. Esta situación se inhibe gracias a que el receptor de aldosterona (MR) en las células intercaladas se encuentra fosforilado (inactivo); condición que puede revertir la angiotensina II[55]. Es decir, en ausencia de angiotensina II disminuye la actividad de los canales ROMK y bomba H^+-ATPasa dependiente de aldosterona (Capítulo 6).

Uno de los objetivos de los **estrógenos** es aumentar la volemia y la capacidad hemostática para prevenir una hemorragia letal durante el parto. A nivel hepático aumenta la síntesis de factores de la coagulación, y también, angiotensinógeno[126]. En el riñón promueve la síntesis de renina y actividad de los canales NKCC2 y NCC[57,127]. Así, se genera un "hiperaldosteronismo", expansión del VEC y alcalosis metabólica. En el embarazo la progesterona induce alcalosis respiratoria que se suma a la alcalosis metabólica por estrógenos (Capítulo 10).

El **síndrome de Liddle** (pseudohiperaldosteronismo tipo 1 o PHA tipo 1) se debe a una activación constitutiva del canal ENaC en el nefrón distal. Este media el transporte de Na^+ hacia la célula, por lo tanto, induce un lumen negativo que favorece la secreción de H^+ y K^+ (alcalosis metabólica por pérdida de H^+ e hipokalemia)[128]. Una situación similar ocurre en el **hipermineralocortisolismo e hiperaldosteronismo primario.** Ambos, se caracterizan por hipervolemia (exceso de Na^+), hipokalemia y alcalosis metabólica. El cortisol, además, puede aumentar directamente la amoniogénesis renal[15].

El **déficit de 11β-hidroxiesteroide-deshidrogenasa-2**, (11βOHSDH tipo 2) se produce por mutaciones (congénito) o adquirido (ácido glicirricínico, licorice, regaliz, tabaco no fumado)[129]. La aldosterona actúa en el receptor MR (receptor de mineralocorticoides); mientras el cortisol actúa en GR (receptor de glucocorticoides), y además, en MR. En las células principales del túbulo colector la enzima 11βOHSDH tipo 2 degrada el cortisol a cortisona evitando que actúe en el receptor MR. Normalmente, los niveles circulantes de cortisol son "mil veces" superiores a los de aldosterona. Cuando existen alteraciones en la enzima 11βOHSDH tipo 2, se genera hipermineralocortisolismo al igual que en un exceso de corticoides (síndrome de Cushing), donde se supera la capacidad catabólica de esta enzima.

Finalmente, el **hiperaldosteronismo remediable con glucocorticoides** se caracteriza por una síntesis de aldosterona en respuesta a ACTH. Esto se produce porque el gen de la enzima "aldosterona sintetasa" adquiere el promotor de la enzima 11β-hidroxilasa (que participa en la síntesis de cortisol en respuesta a ACTH). Este "traspaso de promotor" se genera durante la meiosis de la gametogénesis debido al entrecruzamiento cromosómico[57]. Clínicamente existe hipertensión severa, accidentes vasculares cerebrales y síndromes hipertensivos durante el embarazo[15]. Los esteroides exógenos, al inhibir la secreción de ACTH, solucionan este cuadro.

11.2 La alcalosis metabólica depende de algún factor de perpetuación para desarrollarse

Experimentalmente, se ha administrado cantidades masivas de bicarbonato de sodio oral durante semanas a sujetos sanos[130]. El resultado es solo un aumento marginal en la concentración plasmática de HCO_3^-. Este hecho tiene una explicación lógica y se debe a la facilidad que tiene el riñón para deshacerse del exceso de HCO_3^-.

Como se aprecia en la Figura 32 (Capítulo 8) la compensación renal luego de una carga alcalina actúa precozmente, contrario a una acidosis donde la síntesis de proteínas requiere días para completarse. De hecho, dentro de 24 horas se alcanzaría la máxima capacidad de excreción renal de bicarbonato. Esta situación se explica por el funcionamiento del nefrón. Normalmente, se reabsorbe 80% del bicarbonato filtrado a nivel de túbulo proximal, 15% en el asa ascendente de Henle y 5% en el túbulo colector. Si la concentración normal de HCO_3^- es 24 mEq/L, la carga filtrada glomerular con VFG 120 mL/min sería 4.320 mEq/d. De esta cantidad, 3.456 mEq (el 80%) se reabsorberá en el túbulo proximal y el resto en otros segmentos del nefrón. El túbulo proximal tiene gran capacidad para reabsorber bicarbonato, ya que actúa por gradientes de concentración, así, con aumentos de la carga filtrada, continuará reabsorbiendo 80% de esta. Sin embargo, los segmentos distales del nefrón no son capaces de aumentar significativamente la reabsorción de HCO_3^- ante un incremento en la carga luminal. Esto se debe a que son segmentos altamente regulados en donde su permeabilidad dependerá de factores externos, y no primariamente, de gradientes de concentración. Por lo tanto, una parte de la carga alcalina será eliminada rápidamente por la orina, aumentando el pH urinario y disminuyendo la excreción neta de ácido. Esta bicarbonaturia también puede arrastrar cationes (Na^+ y K^+) acompañados de agua (efecto diurético e hipokalemiante).

Posteriormente, producto de la alcalosis sistémica, en el túbulo proximal se inhibirá: la amoniogénesis renal, reabsorción/generación de HCO_3^- y excreción de H^+ (Capítulo 6). Lo anterior se traduce en que el túbulo proximal reabsorberá menos del 80% de la carga filtrada de bicarbonato, nuevamente, aumentando su entrega a niveles distales y promoviendo bicarbonaturia.

En condiciones fisiológicas el metabolismo normal genera una gran carga diaria de ácidos. Por lo anterior, el riñón está "programado" para reabsorber/generar HCO_3^- y excretar H^+. Así, si aumenta la concentración de HCO_3^- en contexto de una alcalosis metabólica, el riñón solo debe "trabajar menos", es decir, disminuir la reabsorción/generación de bicarbonato y excreción de H^+.

Raramente, una alcalosis metabólica se desarrollará por una adición de álcalis al plasma, ya que el riñón fácilmente los eliminará. Entonces, debe haber otro factor que posibilite el desarrollo de este trastorno. Es decir, para que exista una alcalosis metabólica tiene que existir un defecto que impida al riñón deshacerse del exceso de HCO_3^- y/o disminuir la excreción de H^+.

Los factores que pueden generar o facilitar la perpetuación de una alcalosis metabólica son: el hiperaldosteronismo, la hipokalemia, el déficit de cloro urinario y/o una disminución de la velocidad de filtración glomerular (VFG).

Durante una alcalosis metabólica la respuesta compensatoria respiratoria será disminuir la extracción de CO_2 (hipoventilación). Así, se acumula CO_2 en forma retrógrada: desde el capilar pulmonar a los tejidos. La hipercapnia en el eritrocito redirecciona la reacción CO_2/HCO_3^- hacia los productos, es decir, aumenta el HCO_3^-. Normalmente, ingresa HCO_3^- al glóbulo rojo del capilar pulmonar (en intercambio por Cl^-). Luego, reacciona con H^+ produciendo CO_2, y finalmente, es eliminado hacia el alvéolo. Si se acumula HCO_3^- eritrocitario, será intercambiado por Cl^- del extracelular. Por lo tanto, el Cl^- plasmático se "desplaza" al glóbulo rojo disminuyendo su concentración plasmática. Como se verá más adelante, la hipocloremia es un factor que perpetúa una alcalosis metabólica.

En estados hipovolemia existirá activación del sistema simpático y del eje R-A-A (hiperaldosteronismo secundario). El objetivo es restablecer el volumen circulatorio efectivo. Inicialmente, cuando disminuye la perfusión sistémica por hipovolemia, se activa el sistema simpático el cual aumenta el gasto cardiaco, induce vasoconstricción sistémica y redistribuye el flujo sanguíneo. Lo anterior, disminuye la VFG por menor perfusión renal. Una menor llegada de flujo tubular al aparato yuxtaglomerular determinará síntesis y liberación de renina con activación del eje R-A-A[131]. La angiotensina II en el túbulo proximal promueve reabsorción de $NaHCO_3$ (perpetúa o genera una alcalosis metabólica). En el túbulo colector la aldosterona estimula: el canal ENaC, ROMK apical y la actividad de las bombas Na^+/K^+-ATPasa basolateral, H^+-ATPasa luminal y H^+/K^+-ATPasa luminal. La gran reabsorción de Na^+ en el colector (canal ENaC) negativiza el lumen del colector (−40 mV) promoviendo reabsorción paracelular de Cl^-. Al mismo tiempo, las bombas luminales del colector excretan H^+ y K^+, disminuyendo el lumen negativo y favoreciendo más reabsorción de Na^+, y así, de volumen. La excreción de H^+ (asociado a reabsorción de HCO_3^-) en el colector (Capítulo 6), también perpetúan una alcalosis metabólica.

La reabsorción de Na^+ en todo el nefrón incrementa al máximo por acción del sistema simpático y el eje R-A-A (Capítulo 6). El Na^+ se acompaña de agua y aniones (HCO_3^- y Cl^-). Como se mencionó previamente, puede haber hipocloremia por desplazamiento de Cl^- al eritrocito. Así, el anión que predominará para acompañar la reabsorción de Na^+ en el túbulo proximal será el HCO_3^- (perpetuación de alcalosis metabólica).

Cuando una hipovolemia es severa, como mecanismo de "salvataje", se secreta ADH; sacrificando la osmolalidad plasmática para reabsorber más agua libre y restaurar rápidamente el volumen circulatorio efectivo. La secreción "no osmótica" de ADH inducirá hiponatremia e hipocloremia, así como dilución de otros solutos del extracelular. Nuevamente, por hipocloremia disminuye la carga filtrada de Cl^-, así, se sigue favoreciendo la reabsorción de HCO_3^- como anión acompañante del Na^+ (perpetuación de alcalosis metabólica).

La menor filtración glomerular de Cl^-, junto al incremento en su reabsorción por mayor transporte de Na^+; disminuirán su disponibilidad para la célula intercalada tipo B al final del nefrón. Las células intercaladas tipo B excretan HCO_3^- y reabsorben Cl^- mediante Pendrina (Figura 20, Capítulo 6). Si baja la concentración de cloruro en el líquido tubular, la actividad de este antiportador disminuye, intensificándose una alcalosis.

La activación del aparato yuxtaglomerular depende del Cl^- urinario. El Cl^- es el ion limitante en la actividad del cotransportador NKCC2 (Capítulo 6). Si disminuye el aporte de Cl^- a la mácula densa, el aparato yuxtaglomerular lo interpretará como una "reducción de la VFG". Esto incrementará la secreción de renina, y por tanto, del eje R-A-A. Finalmente, el estado de hipovolemia disminuye el Cl^- urinario, y a su vez, este déficit aumenta la secreción de renina (perpetuando una alcalosis metabólica).

El efecto del sistema R-A-A sobre el nefrón, específicamente mediante angiotensina II (túbulo proximal) y aldosterona (túbulo colector), puede provocar un aumento en la concentración plasmática de HCO_3^- hasta 35 mEq/L[21]. En la alcalosis metabólica inducida por contracción de VCE/VEC es característica la "aciduria paradójica". Lo anterior se explica por la reabsorción de $NaHCO_3$ proximal y excreción de H^+ en el colector mediados por el sistema R-A-A. Así, el pH urinario tiende a ser ácido.

La disminución de Cl^- urinario se produce inicialmente por menor carga filtrada (reducción de VFG más hipocloremia). Esta última se debe al desplazamiento de Cl^- al eritrocito y dilución por efecto de la ADH. Luego, la reabsorción intensa de Na^+ junto a aniones, disminuye aún más la disponibilidad de Cl^- para el antiportador Pendrina. Finalmente, la disminución de Cl^- urinario favorece reabsorción de HCO_3^- (en el proximal y colector), además de inhibición de su excreción (en el colector). El efecto del Cl^- urinario en la perpetuación de una alcalosis metabólica es independiente de la contracción del VCE/VEC, e incluso sería más importante que la hipokalemia[132].

Otro factor que facilita el desarrollo o mantención de una alcalosis metabólica es la hipokalemia severa (<2 mEq/L)[49]. La hipokalemia en las células tubulares proximales estimulará: reabsorción/generación de bicarbonato, síntesis de amonio y excreción de H^+ (mediante activación de la bomba H^+/K^+-ATPasa luminal) (Capítulo 6 y 17)[15].

Cuando existe abundancia de álcalis, parte de su eliminación se debe al aumento de su carga filtrada y saturación del nefrón distal. Por este motivo, una disminución de la filtración glomerular, también contribuye a perpetuar una alcalosis.

Si el bicarbonato es utilizado como un medio para reabsorber volumen, una bicarbonaturia produce el efecto contrario actuando como diurético. Se elimina H^+, Na^+ y K^+ asociados al HCO_3^-, ya que en exceso "atrapa" estos cationes para mantener la electroneutralidad. La poliuria y posterior contracción del VCE/VEC puede generar una activación del sistema R-A-A ocasionando la mantención de una alcalosis metabólica.

11.3 El estudio de una alcalosis metabólica se realiza con Cl^- urinario

El tratamiento de una alcalosis metabólica requiere descubrir la causa y el factor perpetuador, ambos deben ser manejados, ya que solo así se superará el trastorno. Para esto es necesario obtener una historia completa, examen físico y pruebas de laboratorio.

Una entidad clínica que provoca depleción de volumen puede reconocerse o sospecharse con la historia aportada por el paciente y/o sus acompañantes. Alteraciones propias del examen físico son: hipotensión arterial, ortostatismo, yugulares planas, taquicardia, oliguria, compromiso de conciencia, ojos hundidos, pérdida de turgencia cutánea, mucosas secas, llene capilar retardado, etc. En los exámenes de laboratorio se puede evidenciar un estado "pre-renal" debido a una baja perfusión renal. Orientan hacia un estado de hipoperfusión renal: la oliguria, disociación entre la concentración de nitrógeno ureico en sangre (BUN) y la creatininemia (relación >20), menor excreción de sodio urinario (FENa <1%) y [Na] urinario <25 mEq/L. Algo similar sucede con la fracción excretada de nitrógeno ureico (FENU <35%), fracción excretada de cloro (FECl <1%), cloro urinario aislado ($[Cl^-]u$ <20 mEq/L) y fracción excretada de ácido úrico (FEAU <12%); que indican descenso del VCE. Una concentración de Na^+ urinario >40 mEq/L o FENa >2%, traducen normalidad en el estado del VCE (cuando la función renal es adecuada). Lamentablemente, la interpretación del sodio urinario se invalida si existe bicarbonaturia, ya que arrastra Na^+ aumentando su excreción.

Cuando existe un "estado pre-renal", por activación del sistema R-A-A, se agrega como factor perpetuador de alcalosis la disminución en la VFG. Sin embargo, si esta condición progresa a injuria tubular renal isquémica se afecta la excreción de ácidos fijos generando un trastorno mixto: alcalosis más acidosis metabólica. Finalmente, si la falla renal aguda es intensa predominará la acidemia. Para el diagnóstico diferencial de estos casos es posible recurrir al ΔΔ Ratio, y así, reconocer ambos trastornos (Capítulo 13).

El pH urinario puede revelar la existencia de "aciduria paradójica". La respuesta renal "esperable" ante una alcalosis es que el pH urinario sea elevado por bicarbonaturia y menor excreción de H^+. Sin embargo, al comienzo de un estado de hiperaldosteronismo, el pH urinario será <5-6 por mayor reabsorción/generación de HCO_3^- e incremento en la eliminación de H^+.

La hipoperfusión renal y consecuente activación del sistema R-A-A, son el principal factor causal y perpetuador de una alcalosis metabólica. Más aún, provoca otros factores mantenedores como: disminución de la VFG, hipokalemia y descenso del Cl^- urinario. El método más sensible para detectar hipoperfusión renal y activación del sistema R-A-A es el estudio de índices urinarios. Lamentablemente, la concentración de Na^+ en orina y la FENa quedan invalidados por bicarbonaturia. El pH urinario puede ser "ácido" o "alcalino" según el momento de evaluación. Los parámetros nitrogenados (creatinina y nitrógeno ureico) son muy dependientes de la función renal, por lo que su evaluación puede ser variable en el tiempo. El examen físico, si bien aporta información, puede ser muy grosero y poco específico para detectar un estado de hipovolemia. Finalmente, el parámetro que queda para estudiar una alcalosis metabólica es la concentración de Cl^- urinario (Figura 36).

El "Cl^- urinario bajo" traduce una condición productora y perpetuadora de alcalosis metabólica (activación del sistema R-A-A), y a la vez, en sí mismo, es otro factor mantenedor de la alcalosis metabólica.

Cuando existe hipovolemia la solución salina isotónica entrega un exceso de cloruro. El aumento del Cl^- urinario inhibirá la secreción de renina en el aparato yuxtaglomerular, compite con el HCO_3^- para su reabsorción en el túbulo proximal, y además, permite el intercambio con HCO_3^- en el túbulo colector (célula intercalada tipo B). Así, se eliminan factores perpetuadores de una alcalosis. Históricamente, se ha diferenciado entre las alcalosis con respuesta a solución salina isotónica 0,9% y aquellas resistentes a esta.

Es posible "predecir" cuando un paciente con alcalosis metabólica responderá a solución salina. Esto se realiza midiendo la concentración de Cl^- urinario. Si su valor es menor a 20 mEq/L evidenciará, indirectamente, una depleción de volumen, y además, que está perpetuando la alcalosis (Figura 36).

Prácticamente, todas las causas de alcalosis metabólica con $[Cl^-]u < 20$ mEq/L traducen un fenómeno agudo que ocasiona hiperaldosteronismo secundario a depleción de VCE.

Los estados de hipermineralocortisolismos (Tabla 14) se deben a patologías crónicas que se mantienen en el tiempo. Al inicio, se comportarán similar a un hiperaldosteronismo por depleción de VCE, sin embargo, cuando la enfermedad se presenta clínicamente, lo hace en un estado donde existe: hipertensión (hipervolemia), hipokalemia y alcalosis metabólica. Es decir, la expansión del VEC ya ocurrió, por lo que los ingresos de cloro al organismo igualan a sus egresos (balance =0). Esto significa que el $[Cl^-]u$ será >20 mEq/L y que la cantidad corporal total de Cl^- está aumentada.

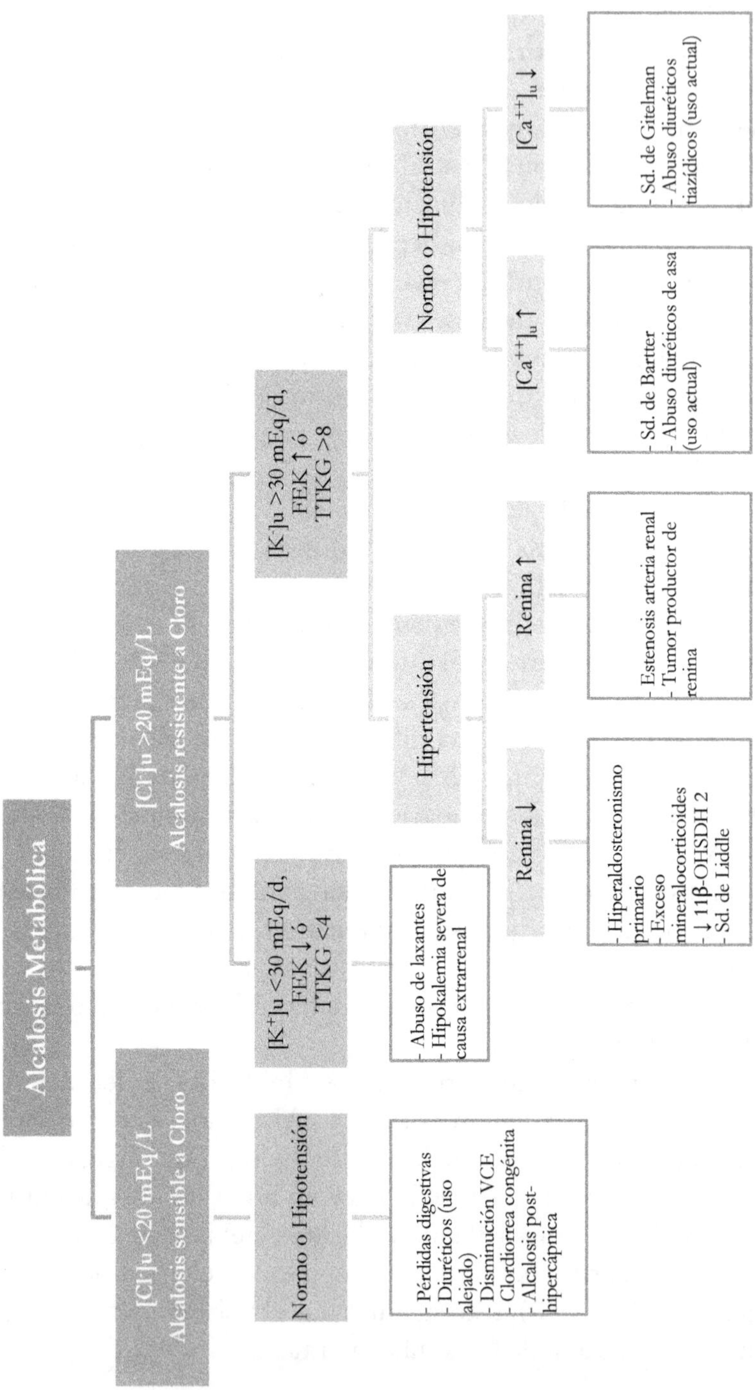

Figura 36. Diagnóstico diferencial alcalosis metabólica.

En el diagnóstico diferencial de una alcalosis metabólica un valor de $[Cl^-]$u >20 mEq/L define a aquellas causas "resistentes" al tratamiento con solución NaCl 0,9% (como los hipermineralocortisolismos). Sin embargo, un $[Cl^-]$u >20 mEq/L no necesariamente refleja normo o hipervolemia, y además, muchas causas sí responden favorablemente al tratamiento con repleción de volumen. Por lo anterior, destacamos que la división entre alcalosis metabólica "sensible" y "resistente" a solución salina 0,9% solo tiene fines didácticos históricos, por lo que preferimos clasificarlas únicamente como alcalosis metabólica con $[Cl^-]$u mayor o menor a 20 mEq/L.

Si la $[Cl^-]$u es <20 mEq/L las causas pueden ser: pérdidas gástricas y digestivas, diuréticos, laxantes, fibrosis quística, y se incluye también; la alcalosis post-hipercápnica. En este último caso existe una restauración brusca de la ventilación luego de una acidosis respiratoria crónica con compensación metabólica. La respuesta renal debiera ser inhibir la exagerada reabsorción/generación de bicarbonato, pero como la resolución del trastorno es muy rápida, el riñón no ha tenido tiempo para "desmontar" la respuesta homeostática ácido-base que había estado llevando a cabo. La acidosis respiratoria crónica se asocia con natriuresis por resistencia a la acción de catecolaminas e inhibición de la reabsorción de fosfato de sodio (Capítulo 17). Además, el exceso de CO_2 produce vasoconstricción de arterias y arteriolas renales (a diferencia de otros lechos vasculares donde induce vasodilatación); esto podría disminuir la VFG, y así, activar el sistema R-A-A. Por lo tanto, un paciente recuperado de una acidosis respiratoria crónica, se encuentra hipovolémico, con aumento del eje R-A-A y menor VFG. En consecuencia, la administración de solución salina isotónica favorecerá la recuperación de una alcalosis post-hipercápnica.

En los casos donde la $[Cl^-]$u es >20 mEq/L las causas son más diversas. Si existe hipertensión el trastorno puede ser un hiperaldosteronismo primario o secundario a enfermedad renovascular. Cuando hay hipotensión o normotensión las etiologías descritas son: uso de álcalis exógenos crónicamente, síndromes de Bartter y Gitelman o una depleción de volumen asociada al uso de diuréticos que aumenten la excreción de cloruro. Estas últimas causas sí responderán a solución salina y es necesaria la suspensión o recambio del diurético.

Cuando han pasado menos de 48 horas desde la última dosis de un diurético, este aún podría estar inhibiendo los transportadores NCC o NKCC2; provocando que la alcalosis metabólica se acompañe de $[Cl^-]$u >20 mEq/L. Al contrario, cuando ya han transcurrido >48 horas desde la última dosis, la mayor reabsorción de NaCl provocará que la $[Cl^-]$u sea <20 mEq/L.

El hiperaldosteronismo puede evaluarse de muchas formas. Si es secundario a una depleción de volumen, corresponde a una alcalosis metabólica con $[Cl^-]u$ <20 mEq/L. En los casos de enfermedad renovascular, hipermineralocortisolismos e hiperaldosteronismos primarios; el $[Cl^-]u$ será >20 mEq/L.

Es posible detectar un hiperaldosteronismo primario mediante la razón "aldosterona plasmática/actividad de renina plasmática" (AP/ARP). Un aumento en la aldosterona asociado a una razón de AP/ARP >25 sugiere hiperaldosteronismo primario y una prueba de supresión de aldosterona lo confirma[133]. El punto de corte de la razón AP/ARP varía entre laboratorios, o también, si se mide renina cuantitativa en lugar de ARP.

Si existe hiperreninismo asociado con HTA, y no, a depleción de VCE/VEC; se debe investigar la secreción de renina en ambas venas renales para diferenciar una hipertensión renovascular o tumor del aparato yuxtaglomerular. Lo anterior puede ser precedido y/o complementado con estudios imagenológicos.

La medición de cortisol plasmático es útil cuando se sospecha síndrome de Cushing. Del mismo modo, en el síndrome de Liddle, tanto la renina como aldosterona plasmática serán muy bajas.

La evaluación del K^+ plasmático, como indicador de hiperaldosteronismo, tiene baja sensibilidad y se modifica con trastornos ácido-base. Si existe hipokalemia puede comprobarse que la alcalosis se debe a hiperaldosteronismo, y no a hipokalemia, usando índices urinarios. Se recomienda la evaluación del K^+ en orina de 24 horas, aunque es posible medir en orina aislada el gradiente transtubular de potasio (TTKG), concentración de K^+ urinario aislado, FEK, o el índice concentración de K^+ urinario (en mEq/L) dividido por creatininuria (en g/L). Si la hipokalemia no es debida a aldosterona la excreción de K^+ urinario será baja (<25-30 mEq/d). En el mismo sentido, el TTKG será <4, la concentración de K^+ urinario aislado <15 mEq/L, la FEK <10% y el índice K^+/creatininuria <13 mEq/g. Valores sobre los puntos de corte antes mencionados y/o una concentración de K^+ en orina aislada >40 mEq/L; indican participación del riñón, y por tanto, de aldosterona en la excreción de K^+[41,134]. Todos los índices urinarios del K^+ quedan inválidos si existe bicarbonaturia, ya que "arrastra" K^+.

Tanto el síndrome de Bartter como Gitelman se manifiestan con una alteración en la reabsorción de NaCl, hipokalemia, hiperaldosteronismo, hiperreninemia, alcalosis metabólica e hipotensión o normotensión arterial. Sin embargo, la diferencia está en que el Bartter produce déficit de calcio, no así, el Gitelman que se caracteriza por hipocalciuria[113].

A modo general y por la alta prevalencia de algunas causas, podemos simplificar el diagnóstico de una alcalosis metabólica a los siguientes 3 grupos: 1) $[Cl^-]u$ >20 mEq/L con VEC expandido (donde la causa son los estados de hipermineralocortisolismos). 2) $[Cl^-]u$ <20 mEq/L con VCE/VEC contraído y 3) $[Cl^-]u$ variable en el tiempo con VCE/VEC contraído. A este último grupo pertenecen los diuréticos, ya que según la temporalidad de uso la $[Cl^-]u$ será mayor o menor de 20 mEq/L.

11.4 Tratamiento de la alcalosis metabólica

Para el tratamiento será fundamental realizar un diagnóstico diferencial acabado (Tabla 14 y Figura 36), además de reconocer y manejar los factores perpetuadores (menor VFG, hipokalemia, hiperaldosteronismo y disminución de cloro urinario).

El deterioro de VFG a largo plazo se acompaña de retención de ácidos fijos. Sin embargo, si existe una ganancia continua de bases, dado la imposibilidad de excretar HCO_3^- por el riñón; sobreviene la alcalosis. Lo anterior puede ocurrir en pacientes con falla renal terminal y diálisis. Por lo tanto, el tratamiento consistirá en restaurar la VFG (si es posible), o en su defecto, diálisis con baja concentración de bases, disminuir la frecuencia de estas (si ha ocasionado un aporte excesivo de álcalis) y/o dieta con abundantes proteínas (carga de ácidos fijos).

El tratamiento en la alcalosis metabólica con cloro urinario bajo será la restauración del volumen circulante efectivo cuando es deficitario. La solución salina isotónica al 0,9% es muy útil por su alta concentración de cloruro (154 mEq/L); ya que restaurando la concentración de este en el plasma y el ultrafiltrado, se inhibirán mecanismos de conservación de volumen y las alteraciones en el transporte electrolítico tubular promoviendo la excreción de bicarbonato.

La eficacia de la repleción de volumen puede controlarse con pH urinario, ya que al existir bicarbonaturia este será mayor a 6. Si la orina persiste "ácida" se requiere continuar la reposición.

En el caso de enfermedades con disminución del volumen circulatorio efectivo, pero que cursan con hipervolemia ("trastornos edematosos": insuficiencia cardiaca, cirrosis, síndrome nefrótico); la administración de solución salina puede empeorar el cuadro. Además de tratar la causa, es posible administrar "diuréticos acidificantes" (inhibidores del receptor de mineralocorticoides, antagonistas del ENaC e inhibidores de la anhidrasa carbónica).

La acetazolamida (250-500 mg cada 8-12 horas) posee actividad acidificante al inhibir la anhidrasa carbónica del túbulo proximal (promueve bicarbonaturia). Este diurético produce pérdida urinaria de potasio (debido a bicarbonaturia e hiperaldosteronismo secundario). La hipokalemia bloquea el efecto acidificante de la acetazolamida al incrementar la amoniogénesis proximal y la excreción neta de ácidos; por lo que se recomienda controlar y agregar suplementos si es necesario[135]. En la cirrosis hepática avanzada puede existir una alcalosis intensa, inducida por hiperaldosteronismo secundario a la contracción del VCE, y además, a un estado de alcalosis respiratoria propio de la cirrosis. La acetazolamida es contraproducente en esta condición, ya que incrementa la amoniogénesis proximal pudiendo devenir en una encefalopatía hepática.

Los bloqueadores del ENaC (amiloride, triamtereno) y antagonistas del receptor MR (espironolactona, eplerenona) inhiben la reabsorción de Na^+ en el colector evitando la excreción de H^+ y K^+. Así, son efectivos para tratar una alcalosis metabólica e hipokalemia.

Como se mencionó anteriormente, en la alcalosis metabólica post-hipercápnica es útil aportar solución salina 0,9%, ya que restaura la volemia y entrega Cl^- (generalmente disminuido en acidosis respiratoria). Si el VEC se encuentra conservado o aumentado, también es posible administrar acetazolamida; teniendo cuidado con el desarrollo de hipovolemia e hipokalemia, ya que ambos perpetuarán la alcalosis metabólica.

El cloruro de amonio (NH_4Cl) es un agente acidificante que aporta Cl^- y amonio. Este último será transformado en el hígado a urea consumiendo dos moléculas de HCO_3^-. La urea generada se elimina por el riñón actuando como diurético osmótico, y además, provoca un efecto kaliurético de menor magnitud que la acetazolamida. No es posible administrar NH_4Cl si existe disfunción hepática (por acumulación de amonio) o renal (por aumento de parámetros nitrogenados). El amonio es tóxico en muchos tejidos, especialmente el sistema nervioso central, pudiendo dar lugar a estados encefalopáticos. La presentación IV tiene concentraciones al 1 o 2%, siendo frecuente la aparición de flebitis durante su administración. El NH_4Cl oral existe como presentación en comprimidos, cápsulas, grageas o en polvo. Generalmente, se administra 0,5 a 2 g cada 4 a 12 horas para control de una alcalosis metabólica. Es altamente irritativo de la mucosa gástrica pudiendo provocar náuseas y vómitos (empeorando una alcalosis); por lo anterior, está contraindicado si existe enfermedad ulcerosa péptica.

Los casos de alcalosis metabólica con cloro urinario alto no responden a la administración de solución salina 0,9% (excepto cuando la causa son diuréticos o alguna tubulopatía genética). La alcalosis está siendo perpetuada por hipokalemia y/o mineralocorticoides. En estos casos, además de tratar la patología causal, es posible administrar espironolactona 75-150 mg/día VO y agregar potasio si se requiere. Si existe un adenoma adrenal debe ser extirpado. Una medida fundamental para los casos de hipermineralocortisolismos es una intensa restricción dietaria de Na^+. Así, disminuye el aporte de Na^+ al nefrón distal evitando la pérdida de H^+ y K^+, además de contribuir al balance negativo de Na^+. Al contrario, una dieta rica en Na^+ exacerba las alteraciones propias del hipermineralocortisolismo[68].

En los síndromes de Bartter y Gitelman la excreción urinaria de Cl^- está aumentada, pero de todas maneras es necesario reponer la volemia. El tratamiento incluye suplementación de agua y sal (NaCl), potasio (KCl 40 mEq; 3, 4, o más veces al día), suplementación de magnesio y calcio según el caso. Amiloride (5-10 mg cada 12 horas) es más efectivo que espironolactona para tratar la hipokalemia e hipomagnesemia, además, genera una acidosis tubular renal (Capítulo 14).

En alcalemia metabólica grave (pH >7,6), refractaria a otras medidas terapéuticas, se ha descrito la administración de ácidos para disminuir la alcalemia. Específicamente, se puede infundir cloruro de amonio, cloruro de arginina o ácido clorhídrico. Se recomienda evitar el primer compuesto por el riesgo de toxicidad asociada al amonio.

La administración de HCl se debe realizar en unidades de paciente crítico mediante una vía venosa central, con monitorización estricta y seriada de gases arteriales, electrolitos plasmáticos y hematocrito. Se recomienda infusión de HCl 0,1 Molar, ya que soluciones >0,2 Molar producen tromboflebitis, hemólisis y necrosis[136].

La solución de HCl no se consigue fácilmente, por lo que se puede preparar bajo campana de flujo horizontal con técnica estéril y equipo adecuado. Generalmente, los concentrados de HCl tienen una presentación al 37% (12 moles de HCl por 1 L de solución) o 1 Normal (1 mol de HCl por 1 L de solución). Para obtener una solución 0,1 Molar se debe tomar 8,3 mL de concentrado de HCl al 37% y diluirlo en 1 L de agua bidestilada, dextrosa 5% o solución salina 0,9%. Otra forma, es mezclar 100 mL de solución HCl 1 Normal con 900 mL de agua bidestilada, dextrosa 5% o solución salina 0,9%. Las mezclas se deben realizar filtrando las soluciones ácidas con filtros microporo de 0,22 µm o menos para asegurar la ausencia de partículas y bacterias, además, de usar técnica estéril bajo campana de flujo horizontal. La solución preparada tiene una estabilidad de 24 horas a temperatura ambiente[136].

Para el cálculo de cuánto HCl 0,1 Molar (pH =1) se debe administrar, es necesario estimar el exceso de bicarbonato:

$$Exceso\ HCO_3^- = ([HCO_3^-]_{medido} - [HCO_3^-]_{deseado}) \text{ x } 0{,}5 \text{ x } peso$$

El peso debe ser en "kg" y la [HCO_3^-] en "mEq/L" o "mmol/L". El resultado corresponde a un exceso corporal teórico de HCO_3^-, por lo tanto, se debe administrar la misma cantidad de H^+ para amortiguar ese exceso de álcalis. No existen metas descritas para el tratamiento con HCl, pero recomendamos usar como meta un pH <7,6 y/o una [HCO_3^-] plasmática <44 mEq/L. La velocidad inicial de infusión debe ser 0,1 mEq/kg/h pudiendo aumentar hasta un máximo de 0,2 mEq/kg/h. Por ejemplo, si un paciente de 70 kg con alcalosis metabólica severa tuviese un pH 7,7 (20 nEq/L de H^+), [HCO_3^-] de 66 mEq/L y $PaCO_2$ de 55 mmHg (máxima compensación respiratoria), tendría un exceso de bicarbonato equivalente a 770 mEq/L ([66-44]·0,5·70). La velocidad de infusión inicial de HCl 0,1 Molar debiera ser 7 mEq de H^+ por hora, es decir, 70 mL/h. El volumen total de HCl 0,1 Molar que se debiera administrar es 7.700 mL, sin embargo, probablemente con mucho menos volumen se logre la meta, por lo que es fundamental la evaluación seriada de gases y electrolitos plasmáticos.

Otra forma de tratamiento para alcalosis metabólica severa es la terapia de reemplazo renal. Si bien, los datos en la literatura son escasos, una terapia difusiva como hemodiálisis intermitente, con flujos de dializado >300 mL/min y en máquinas que preparen el líquido de diálisis "on-line" (para programar el mínimo HCO_3^- posible); permiten extraer rápidamente HCO_3^- (cuando este es muy elevado) y así corregir parcialmente el pH. Sin embargo, esta terapia es solo para alcalosis metabólicas muy severas y con urgencia inminente, ya que las terapias de reemplazo renal tienden a ser alcalinizantes.

12. Acidosis metabólica

La acidosis metabólica se caracteriza por una disminución del pH plasmático asociado a una reducción en la concentración de HCO_3^-. Este trastorno se asocia frecuentemente a patologías graves, y además, empeora el pronóstico de estas.

La acidosis metabólica se clasifica en aguda (días) y crónica (semanas a años). Esta clasificación no obedece a factores de compensación, como en el caso de los trastornos ácido-base respiratorios, sino solo al tiempo de evolución; ya que presentan repercusiones sistémicas diferentes (Capítulo 17).

Los cuadros de acidosis metabólica aguda son frecuentes y afectan aproximadamente 64% de los pacientes hospitalizados en Unidades de Cuidados Intensivos; con una mortalidad de 45% (en cambio, es de 25% en pacientes sin este trastorno)[137]. Las principales causas son: acidosis láctica, cetoacidosis y falla renal.

La acidosis metabólica crónica (definida como $[HCO_3^-]p$ <22 mEq/L) está presente en 1,9% de la población general y en 19% de aquellos con eVFG <30 ml/min/1,73 m^2[138].

Las causas de acidosis metabólica son muy variadas, pero pueden clasificarse en cuatro mecanismos principales: ganancia de H^+ (ácidos fijos), menor eliminación renal de H^+, pérdida de HCO_3^- o menor regeneración renal de este (Tabla 15).

Si el mecanismo es una disminución del HCO_3^- se producirá un redireccionamiento de la reacción CO_2/HCO_3^- hacia la derecha (productos). Por lo tanto, aumentará la concentración de H^+. En cambio si el mecanismo es adición de H^+, la reacción se dirige hacia la izquierda disminuyendo el HCO_3^-. En ambas situaciones se observa un aumento en la concentración de H^+ y disminución del HCO_3^-.

Tabla 15. Principales etiologías de acidosis metabólica.

Ganancia de H^+
- Acidosis láctica y D-láctica - Cetoacidosis (diabética, ayuno, estrés, etanol, fármacos, errores congénitos del metabolismo) - Ingestión de sustancias que se metabolizan en ácidos: metanol, etilenglicol, dietilenglicol, propilenglicol y alcohol isopropílico - Intoxicación por ácido acetilsalicílico - Inhibición del metabolismo de ácidos endógenos: intoxicación por salicilatos y paracetamol, alteración del estado redox intracelular. - Insuficiencia renal: falla renal aguda y enfermedad renal crónica avanzada (acumulación de ácidos fijos) - Administración de soluciones con pH menor al plasma e hiperclorémicas (solución salina) - Fármacos: Colestiramina, Clorhidrato de sevelamer, Cloruro de amonio, Ácido valproico, etc. - Rabdomiólisis - Nutrición parenteral
Disminución en la excreción renal de H^+
- Enfermedad renal crónica inicial (disminuye eliminación de NH_4^+) - Acidosis tubular renal tipo 1 y tipo 4 - Neovejiga - Post-hipocapnia
Pérdida de HCO_3^-
- Pérdidas de secreción gastrointestinal - Fístulas pancreática, biliar o intestinal - Pérdida urinaria de aniones (bases conjugadas): intoxicación con tolueno (hipurato), aniones cetónicos - Neovejiga
Menor regeneración/reabsorción renal de HCO_3^-
- Acidosis tubular renal tipo 2 - Post-hipocapnia - Hiperparatiroidismo - Fármacos que inhiben la anhidrasa carbónica (acetazolamida, topiramato)

La compensación respiratoria producirá una menor $PaCO_2$; disminuye en 0,85 a 1,2 mmHg por cada 1 mEq/L que baja el bicarbonato[14]. La $PaCO_2$ tiene un límite al cual puede descender como compensación: 10 a 12 mmHg[15]. Normalmente, se requiere 12-24 horas para que se desarrolle la máxima respuesta compensatoria. La activación del centro respiratorio toma algunas horas, ya que es necesaria una acidificación del LCR. La acidosis láctica, a diferencia de otras acidosis, genera una hipocapnia mayor a la esperada. Esto se debería a que las células cerebrales participan en la síntesis de ácido láctico, por este mecanismo se exponen precozmente a la "acidosis metabólica", activando eficiente y precozmente los centros respiratorios[7].

Cuando hay ganancia de H^+, el sistema respiratorio eliminará fácilmente el CO_2 gracias al estímulo de un menor pH (por acción del *buffer*). Mientras esto sucede, el exceso de H^+ se ha tamponado inicialmente con bicarbonato, y luego, con proteínas extra e intracelulares. La hemoglobina reducida pierde afinidad por el oxígeno, con lo que es posible aumentar el transporte de CO_2 como carbaminohemoglobina, y así, facilitar la compensación respiratoria. Si el riñón no es la causa del trastorno, la disminución del pH intracelular en el túbulo proximal y túbulo colector, también favorecerán la excreción de H^+ y reabsorción de HCO_3^-, aunque esta respuesta tardará más tiempo en llevarse a cabo.

La gravedad de una acidosis metabólica está dada por la enfermedad causal, pero si es muy intensa y de rápida instauración, puede desarrollarse una acidemia severa; condición en donde el exceso de H^+ generará múltiples consecuencias perjudiciales. Cuando el pH disminuye bajo 7,2 (acidemia severa) se produce alteraciones como: defectos en la contractilidad miocárdica con disminución del gasto cardiaco, arritmias, vasodilatación arterial sistémica con menor respuesta a catecolaminas, refractariedad en los estados de shock, vasoconstricción pulmonar, menor afinidad de la hemoglobina por O_2, fatiga muscular (sobre todo, diafragmática), insulino-resistencia, hiperkalemia, inhibición de glicólisis anaeróbica, mayor degradación proteica, compromiso de conciencia, convulsiones, coma, desregulación del sistema inmune, entre otras (Capítulo 17)[14,88,139,140].

La acidosis metabólica, tanto aguda como crónica, produce graves repercusiones hidroelectrolíticas, celulares y sistémicas; tiene múltiples etiologías; de diagnóstico diferencial complejo; y su tratamiento es mucho más difícil que los otros trastornos previamente explicitados. Dada la importancia de cada tema, y también, para facilitar el entendimiento y búsqueda de información por parte del lector; se tratarán estos aspectos en capítulos separados. En los Capítulos 13 y 15 se expondrá cómo realizar un diagnóstico diferencial de las causas de acidosis metabólica; en el Capítulo 17 se analizarán las repercusiones; el Capítulo 14 aborda detalladamente las principales etiologías de acidosis metabólica, mientras el Capítulo 16 explicita los aspectos más importantes relacionados al tratamiento.

13. Herramientas para el diagnóstico diferencial en acidosis metabólica

13.1 Anion Gap (AG) en el diagnóstico diferencial de acidosis metabólica

El "Anion Gap" plasmático o brecha aniónica corresponde a la principal herramienta para el diagnóstico diferencial en acidosis metabólica.

Quizás el nombre más apropiado para este parámetro podría haber sido "ion Gap", ya que solo corresponde a una diferencia entre aniones y cationes. Los iones disueltos en una solución acuosa biológica deben cumplir el principio de electroneutralidad, por lo que necesariamente la cantidad de cationes y aniones es la misma.

$$[Cationes] = [Aniones]$$

Sin embargo, con los exámenes de laboratorio disponibles, es imposible saber la concentración de todos los iones del cuerpo. Siempre habrá una cantidad determinada de cationes y aniones que no son medidos. Los iones que pueden ser evaluados en el plasma son: sodio, cloro, bicarbonato, potasio, calcio, magnesio, fosfato, entre otros. Dado la enorme predominancia de Na^+, Cl^- y HCO_3^- en el extracelular; son solo estos iones los que se utilizan en la evaluación del "Anion Gap". Otros iones, como el K^+, se encuentran en concentraciones relativas tan bajas que no se incluyen para el cálculo, agrupándose como cationes o aniones "no medidos".

$$[Na^+] + [Cationes\ NM] = [Cl^-] + [HCO_3^-] + [Aniones\ NM]$$

Despejando la ecuación…

$$[Na^+] - [Cl^-] - [HCO_3^-] = [Aniones\ NM] - [Cationes\ NM]$$

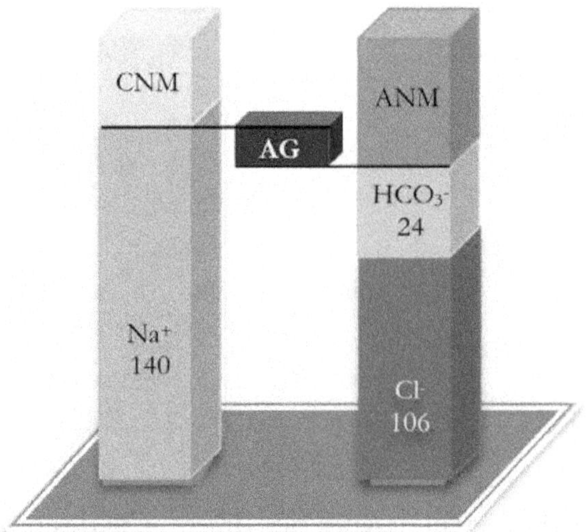

AG: Anion Gap, ANM: aniones no medidos, CNM: cationes no medidos.

Figura 37. Anion Gap (AG).

Por lo tanto, restando a la concentración de Na^+, la de bicarbonato y cloruro; es posible obtener la diferencia entre la concentración de aniones y cationes no medidos del extracelular, es decir, el Anion Gap (Figura 37).

$$[\text{Aniones NM}] - [\text{Cationes NM}] = AG = 10 \pm 2 \text{ mEq/L}$$

Lo normal, es que la cantidad de aniones "no medidos" sea mayor a los cationes "no medidos". Por lo tanto, el valor debe ser positivo. Se describe el rango normal en 10 ±2 mEq/L[7,21,41]. Sin embargo, este "valor normal" varía ampliamente en distintos reportes, por lo que se recomienda conocer el intervalo de normalidad en cada laboratorio[49].

Uno de los principales aniones no medidos es la albúmina (75% del AG "normal")[49]. Cada 1 g/dL de albúmina aporta 2,5 mEq/L de carga negativa[25]. Cuando existe hipoalbuminemia (<4 g/dL) debe reducirse el límite inferior del AG: 2,5 mEq/L por cada 1 g/dL que disminuye la albúmina[21]. Otro método es realizar lo inverso, corregir el AG según la albúmina plasmática con lo que se mantiene el mismo rango de 10 ±2 mEq/L[41,141]:

$$AG\ \text{corregido} = AG\ \text{medido} + 2{,}5 \cdot (4{,}4 - \text{albúmina [g/dL]})$$

El resultado del Anion Gap puede estar dentro de rangos normales, mayor a este, o menor a ese rango. La prevalencia de AG normal en pacientes hospitalizados se ha estimado en 59,5%; 37,6% para AG elevado y solo 2,9% en AG disminuido[142].

Si el cálculo del AG resulta mayor de lo normal en una acidosis metabólica, la causa es un aumento en los "aniones no medidos" y/o una disminución de los "cationes no medidos". Esto último es rarísimo, ya que los cationes no medidos son múltiples y están en mínimas concentraciones (calcio, potasio, magnesio, etc.). Una hipoalbuminemia puede generar un AG "normal" cuando este es realmente elevado. Por lo tanto, siempre se debe corregir el AG con la albúmina plasmática.

El aumento de "aniones no medidos" es una situación frecuente en acidosis metabólica, ya que ese anión corresponde a la base conjugada (A^-) de algún ácido.

$$AH \leftrightarrow A^- + H^+$$

Existen cuadros de acidosis metabólica donde el AG resulta menor de lo normal. Esto se corresponde con un aumento de "cationes no medidos" y/o una disminución de "aniones no medidos. La menor cantidad de aniones no medidos ocurre en hipoalbuminemia; así es que, nuevamente, siempre debe corregirse el valor del AG. El incremento de cationes no medidos que produzca una alteración significativa del AG es rarísimo. Pero puede suceder en hipercalcemia, hiperkalemia, hipermagnesemia, intoxicación por litio (litemia >4 mEq/L) y paraproteinemias[41]. La hiperviscocidad sanguínea, exceso de proteínas y/o de lípidos; producen una subestimación en la natremia (pseudo-hiponatremia). En cambio, un exceso de bromuro, yoduro o salicilato; sobreestiman la [Cl^-] (pseudo-hipercloremia). Ambos errores de laboratorio ocasionan una "falsa" disminución del AG (Tabla 16)[41].

Cuando el AG de una acidosis metabólica resulta "normal", se debe a que el ácido agregado es HCl. En toda acidosis metabólica el HCO_3^- disminuirá por efecto del tamponamiento a los H^+. Normalmente, la base conjugada será responsable del aumento de aniones no medidos, excepto que esa base sea Cl^-. Como este anión sí es medido, el AG no sufre modificaciones, ya que por cada mol que se gana de cloruro, igual número se pierde de bicarbonato plasmático (Tabla 17).

Tabla 16. Variaciones en el Anion Gap.

↓ **Anion Gap**	↑ **Anion Gap**
↑ Cationes (no Na^+): Ca^{++}, Mg^{++}, K^+, Li^+, Inmunoglobulinas	↑ Aniones (no Cl^-, ni HCO_3^-): Albúmina, aniones inorgánicos (fosfato, sulfato), aniones orgánicos (lactato, β-hidroxibutirato, acetoacetato, aniones cetónicos, urato, salicilato, p-aminohipurato, β-lactámicos), derivados de alcoholes tóxicos (formato, oxalato, glioxalato)
↓ Aniones (no Cl^-, ni HCO_3^-): Hipoalbuminemia, hipofosfatemia	↓ Cationes (no Na^+): Ca^{++}, Mg^{++}, K^+
Error de laboratorio: Pseudo-hipercloremia (bromo, yodo, salicilato) Pseudo-hiponatremia (hiperviscocidad, exceso de proteínas o lípidos)	

Tabla 17. Clasificación acidosis metabólica según AG.

Acidosis metabólica con AG aumentado

- Acidosis láctica y D-láctica
- Cetoacidosis diabética, alcohólica, estrés o de ayuno
- Ingestión de ácidos salicílicos, paracetamol (ácido piroglutámico) o alcoholes (etanol, etilenglicol, metanol, dietilenglicol, propilenglicol, isopropanol)
- Insuficiencia renal aguda y crónica avanzada

Acidosis metabólica con AG normal

- Pérdida renal de HCO_3^-: ATR tipo 2, acetazolamida, acidosis post-hipocapnia.
- Pérdida digestiva de HCO_3^-: diarrea, fístulas intestinales y pancreáticas.
- Disfunción renal: ATR tipo 1 y tipo 4, insuficiencia renal crónica temprana.
- Ingestión de cloruro amónico (NH_4Cl)
- Eliminación exagerada de aniones orgánicos (hipurato, aniones cetónicos).
- Administración excesiva de solución salina 0,9%.

En ninguna de las acidosis con AG normal existe una administración directa de HCl (excepto la ingestión de NH_4Cl y la infusión de algunas fórmulas de soluciones parenterales)[14]. Sin embargo, en todas estas patologías ocurre un intercambio de HCO_3^- y Cl^-, en el cual se pierde el bicarbonato y se obtiene cloruro. Al disminuir el HCO_3^-, la reacción CO_2/HCO_3^- se direcciona hacia los productos. Así, aumentará la concentración de H^+ generando una acidosis metabólica "hiperclorémica", que se caracteriza por tener AG normal (Tabla 18).

El Anion Gap es la herramienta más útil en la evaluación de la acidosis metabólica, pero su sensibilidad disminuye cuando el trastorno es leve, y además, está sujeto a variaciones existentes entre laboratorios[143]. En acidosis metabólica con AG aumentado, si es <24 mEq/L, hasta 30% de los casos no tienen un anión identificable. Se considera que un AG >25 mEq/L en acidosis metabólica es inequívoco de AG aumentado[41]. Al contrario, puede existir una acidosis (láctica, por ejemplo), y no haber aumento del AG; de hecho, la sensibilidad y especificidad del AG para detectar hiperlactatemia es <80%[49].

Un AG elevado puede ser la única evidencia química de acidosis en trastornos mixtos, como cuando se combina una acidosis metabólica con AG aumentado más alcalosis metabólica (Capítulo 21)[7].

Una diarrea severa es un tipo de acidosis metabólica con AG normal. Sin embargo, el AG puede estar "falsamente elevado" por deshidratación, ya que aumenta la concentración de fosfato, albúmina y lactato (todos ellos; aniones no medidos)[144].

En alcalosis metabólica no se utiliza el AG para el diagnóstico diferencial, sin embargo, su valor puede aumentar considerablemente[145]. Desde el punto de vista matemático ($[Na^+] - ([Cl^-] + [HCO_3^-])$), esto se debe a una disminución de la $[Cl^-]$ (producto de redistribución de este al eritrocito y pérdida por el nefrón; Capítulo 11) más incremento de la $[Na^+]$ (como catión acompañante de ANM). El aumento de los "aniones no medidos" tiene múltiples causas. 1) Mayor concentración de proteínas plasmáticas y otros ANM. La alcalosis metabólica generalmente se acompaña de contracción del VCE/VEC, ya sea porque esta condición es la causa de la alcalosis metabólica (Capítulo 11) o producto de pérdidas urinarias por bicarbonaturia. La deshidratación aumenta la concentración de proteínas plasmáticas, fosfato, sulfato, urato, y así, los ANM. 2) Efecto *buffer*. El exceso de HCO_3^- promoverá que las proteínas plasmáticas y otros amortiguadores liberen H^+. Esta reacción química producirá un aumento en la concentración de proteínas y compuestos aniónicos (A^-),

Tabla 18. Diagnóstico diferencial acidosis metabólica con AG normal.
Pérdidas de bicarbonato gastrointestinal
- Diarrea - Drenajes pancreáticos o del intestino delgado - Fístulas vesicointestinales, ureterosigmoidostomía, neovejigas con intestino delgado - Drogas: · Acidificantes: cloruro de calcio, colestiramina, sevelamer clorhidrato. · Diarrea: sulfato de magnesio, colestiramina.
Nefrogénicas
- Con hipokalemia: · ATR tipo 2 (proximal) · ATR tipo 1 clásica (distal) · Drogas: acetazolamida, mafenamida, topiramato, anfotericina B, litio, foscarnet, ifosfamida, cidofovir, tenofovir. - Con hiperkalemia: · ATR tipo 4 · ATR tipo 1 hiperkalémica · Obstrucción aguda de la vía urinaria · Deficiencia de mineralocorticoides · Resistencia mineralocorticoides (P_{HA} tipo 1 autosómico dominante) · Defecto de voltaje (P_{HA} tipo 1 autosómico recesivo) · Síndrome de Gordon (P_{HA} tipo 2) · Enfermedades túbulo-intersticiales · Drogas: diuréticos ahorradores de potasio (amiloride, triamtereno, espironolactona), trimetoprim, pentamidina, IECA, ARA II, AINEs, anticalcineurínicos. - Con kalemia normal: · ERC temprana (etapas 3-4) · Hidronefrosis
Otras
- Ganancia de ácidos: cloruro de amonio, nutrición parenteral - Pérdida de bases conjugadas por el riñón: bases conjugadas en cetoácidos, hipurato en intoxicación por tolueno - Dilucional - Resinas de intercambio aniónico
AINEs: antiinflamatorios no esteroidales, ARAII: antagonistas del receptor de angiotensina II, ATR: acidosis tubular renal, ERC: enfermedad renal crónica, IECA: inhibidor de la enzima convertidora de angiotensina, P_{HA}: pseudohipoaldosteronismo.

nuevamente elevando la concentración de ANM. 3) Síntesis de Lactato. La alcalemia aumenta la afinidad de la Hb por el O_2, al tiempo que exacerba la glicólisis anaeróbica. Una menor entrega tisular de O_2 junto a exacerbación del metabolismo celular anaeróbico, provocarán generación de lactato, incrementando el AG plasmático.

El AG se puede obtener desde parámetros en sangre arterial o venosa, ambos son similares porque obedecen al principio de electroneutralidad (Capítulo 2). De hecho, en sangre venosa el HCO_3^- es ligeramente más alto, lo que se contrapone con un Cl^- levemente más bajo (Capítulo 17).

13.2 Relación Cl^-/Na^+ plasmático en el diagnóstico de acidosis metabólica

Es una herramienta escasamente utilizada, tiene una utilidad similar al AG plasmático, pero con menor sensibilidad y especificidad. El Cl^- y Na^+ plasmático varían paralelamente según estado de hidratación (relación 1:1,4), pero se disocian por trastornos ácido-base. En estados de acidosis, un valor $<0,75$ sugiere acidosis metabólica con AG aumentado, mientras $>0,79$ indica acidosis metabólica hiperclorémica[41]; pero también puede ocurrir en acidosis respiratoria, ya que existe tendencia a la hipercloremia (Capítulo 17). El alcalosis metabólica, si existe ganancia de $NaHCO_3$, la relación Cl^-/Na^+ disminuye.

Por lo tanto, si existe una modificación del cloruro plasmático (disminución o aumento) sin una variación asociada de la natremia, probablemente hay un trastorno ácido-base.

13.3 Relación delta AG/delta HCO_3^- (ΔΔ Ratio); diferenciar trastorno puro de mixto

Para que se desarrolle una acidosis respiratoria solo es necesario que exista una alteración en la función ventilatoria. Por lo tanto, una alteración primaria del CO_2 refleja la patología ventilatoria.

En cambio, la acidosis metabólica se identifica por las alteraciones primarias del bicarbonato ("componente metabólico"). Sin embargo, los mecanismos que generan acidosis por disminución del HCO_3^- son múltiples. Estos trastornos pueden ser por pérdida urinaria de bicarbonato, adición de un ácido que consume HCO_3^-, alteración de otros *buffers* del extracelular, etc. (Capítulo 8).

Una de las utilidades del Anion Gap es agrupar y diferenciar las distintas causas de acidosis metabólica. Pero solo es útil cuando existe un trastorno aislado, ya que la asociación de más de un trastorno ácido-base puede interferir con su valor. Por esta situación se emplea una razón que determina la correlación entre la variación del AG y la del bicarbonato plasmático. Es decir, si la alteración del AG se corresponde con la modificación existente del HCO_3^-.

$$\frac{\Delta AG}{\Delta HCO_3^-} = \frac{AG\ medido\ -\ AG\ normal}{HCO_3^-normal\ -HCO_3^-medido}$$

$$\frac{\Delta AG}{\Delta HCO_3^-} = \frac{AG\ medido\ -\ 10}{24\ -HCO_3^-medido}$$

En una acidosis metabólica hiperclorémica la variación del AG es cero. Por lo tanto, si el trastorno es puro (sin adición de aniones no medidos) el $\Delta AG/\Delta HCO_3^-$ será igual a cero.

En la acidosis metabólica con AG aumentado existe un ácido que agrega "aniones no medidos" y H^+ al medio. Si ese H^+ fuera tamponado exclusivamente con bicarbonato, por cada anión no medido "agregado" se perdería una cantidad equimolar de bicarbonato. Así, la variación del AG tendrá el mismo valor que la modificación del HCO_3^-, resultando el $\Delta AG/\Delta HCO_3^-$ igual a 1. Sin embargo, como el HCO_3^- no es el único *buffer* del agua corporal, el H^+ reacciona con otros aniones como albúmina⁻ y proteínas⁻, entre otros (Capítulo 3). De esta forma, en acidosis metabólica con AG aumentado, el $\Delta AG/\Delta HCO_3^-$ tiende a tener un valor entre 1 y 2.

En trastornos mixtos las modificaciones del AG con respecto a la variación del HCO_3^-, entregarán valores de $\Delta AG/\Delta HCO_3^-$ diferentes a los anteriormente explicitados.

Por ejemplo, si un paciente diabético sufre una infección gastrointestinal con abundante diarrea; tendrá una acidosis metabólica con AG normal. Pero si el cuadro se asocia con anorexia, sumado al estrés del cuadro infeccioso; se producirá una cetoacidosis. Es decir, el paciente tendrá dos tipos de acidosis metabólica. Como la cetoacidosis agrega aniones no medidos, eleva el AG, pero al mismo tiempo, la diarrea y la cetoacidosis consumen bicarbonato. Si esto se expresa en la razón el numerador tendrá un valor >0 por un aumento leve del AG. Mientras la variación en el denominador será mucho mayor, producto de la gran pérdida de bicarbonato. Es decir, la variación leve del AG no se corresponde con la gran variación del HCO_3^-, situación que es evidenciada en el ΔΔ Ratio (siendo este 0,4-0,8; Tabla 19).

Tabla 19. Valores ΔΔ Ratio[41].

$\Delta AG/\Delta HCO_3^-$	**Alteración**
< 0,4	Acidosis metabólica hiperclorémica
0,4-0,8	Trastorno mixto: acidosis metabólica con AG aumentado más proceso que elimina HCO_3^- - Acidosis metabólica con AG aumentado más acidosis metabólica hiperclorémica - Acidosis metabólica con AG aumentado más alcalosis respiratoria
1-2	Acidosis metabólica con AG aumentado
>2	Trastorno mixto: acidosis metabólica con AG aumentado más proceso que agrega HCO_3^- - Acidosis metabólica con AG aumentado más alcalosis metabólica - Acidosis metabólica con AG aumentado más acidosis respiratoria

Para los valores de ΔΔ Ratio en donde se refleja un trastorno mixto, es posible distinguir el "trastorno agregado" analizando el pH o la respuesta compensatoria respiratoria. Por ejemplo, en casos de deshidratación e hipovolemia puede desarrollarse una falla renal aguda. Si hay gran retención de parámetros nitrogenados sobreviene el compromiso de conciencia por síndrome urémico. La falla renal ocasiona acidosis metabólica con AG aumentado, la hipovolemia se acompaña de hiperaldosteronismo y alcalosis metabólica; mientras el compromiso de conciencia produce hipoventilación y acidosis respiratoria. En este caso el ΔΔ Ratio debiera ser >2; por la acidosis metabólica con AG aumentado más procesos que agregan HCO_3^- (acidosis respiratoria y alcalosis metabólica). En el caso de que predomine la acidosis respiratoria el pH sistémico será muy ácido y la compensación respiratoria del trastorno no será la esperada. Si predomina la alcalosis metabólica el pH sistémico será cercano a lo normal y la compensación respiratoria adecuada.

En la práctica médica habitual muchas situaciones pueden afectar la evaluación del ΔΔ Ratio: distribución de los iones en compartimentos corporales, la tasa de excreción renal de algunos aniones (como bases conjugadas), la generación de HCO_3^- renal y la infusión de soluciones cristaloides hiperclorémicas, entre otros. La cetoacidosis e intoxicación por tolueno son trastornos donde se pierden rápidamente bases conjugadas por la orina (p-aminohipurato, β-hidroxibutirato, acetoacetato), es decir, se agrega una mínima acidosis hiperclorémica (Capítulo 14). En estos casos el ΔΔ Ratio tiende a ser =1. En cambio, durante una acidosis láctica (acidosis metabólica con AG aumentado) el ΔΔ Ratio tiende a ser =1,6-1,8[14].

13.4 Diferencia delta AG – delta HCO_3^- (ΔΔ Gap); otra forma para diferenciar trastorno puro de mixto

Similar al ΔΔ Ratio, el ΔΔ Gap permite establecer la existencia de un trastorno simple versus mixto.

$$\Delta\Delta\ Gap = (AG\ medido - AG\ normal) - (HCO_3^-normal - HCO_3^-medido)$$
$$\Delta\Delta\ Gap = (AG\ medido - 10) - (24 - HCO_3^-medido)$$

El principio es similar al ΔΔ Ratio, una acidosis metabólica con AG aumentado producirá la misma modificación en el AG y [HCO_3^-], por lo tanto, la resta de estas variaciones tenderá a 0. En cambio, una acidosis metabólica hiperclorémica pura o simple, no provocará cambios en el AG, entregando resultados negativos con la sustracción de la variación del HCO_3^-. Un resultado muy negativo traduce una acidosis hiperclorémica más otra alteración que elimina HCO_3^- del sistema; como una alcalosis respiratoria subyacente. Un resultado muy positivo indica acidosis con AG aumentado más un trastorno que agrega HCO_3^- al medio (como una alcalosis metabólica o una acidosis respiratoria subyacente). El pH sistémico puede ayudar a diferenciar entre estos trastornos agregados.

El ΔΔ Gap no distingue bien una acidosis metabólica hiperclorémica simple de trastornos mixtos (Tabla 20). Por otro lado, en acidosis láctica es necesario corregir la fórmula utilizando solo el 60% de la variación del AG (0,6·ΔAG), esto debido a un mayor aumento del AG en acidosis láctica, comparado con otros trastornos ácido-base[49].

Se recomienda utilizar el ΔΔ Ratio en lugar del ΔΔ Gap para el diagnóstico de trastornos mixtos por la menor capacidad diagnóstica de este último.

Tabla 20. Valores ΔΔ Gap[49].

$\Delta AG-\Delta HCO_3^-$	**Alteración**
< –5	Trastorno simple o mixto: - Acidosis metabólica hiperclorémica - Acidosis metabólica con AG aumentado más acidosis metabólica hiperclorémica - Acidosis metabólica más alcalosis respiratoria
–5 a 5	Acidosis metabólica con AG aumentado
> 5	Trastorno simple o mixto: - Acidosis metabólica con AG aumentado - Acidosis metabólica con AG aumentado más alcalosis metabólica - Acidosis metabólica con AG aumentado más acidosis respiratoria

13.5 Gap osmolar plasmático en la evaluación de acidosis metabólica con AG aumentado

En toda acidosis metabólica con AG elevado existe un ácido que agrega "aniones no medidos". Es importante para el manejo de la patología determinar cuál es el ácido que ocasiona el trastorno.

En cetoacidosis el diagnóstico se determina por la elevación de la glicemia, β-hidroxibutirato, cetonemia y/o cetonuria (en contexto de una acidosis metabólica). En acidosis láctica se constatará un cuadro de hipoperfusión sistémica asociado al aumento del lactato. Una etiología especial de acidosis metabólica es la ingestión de "alcoholes tóxicos". Ellos son partículas con actividad osmótica (tónica) que posteriormente se transforman en ácidos. Estos ácidos requieren exámenes de laboratorio más sofisticados para ser detectados. Sin embargo, el aumento de la osmolaridad del extracelular es una forma indirecta de poner en evidencia una acidosis metabólica por ingestión de "alcoholes tóxicos" (Capítulo 14).

La osmosis es el movimiento del agua (a través de una membrana semipermeable) desde un compartimento donde hay mayor concentración de moléculas de agua a otro con menor concentración. Para que un compartimento tenga "menor concentración de agua", se debe a que posee más solutos disueltos. Esto último se cuantifica mediante la osmolaridad: solutos (independiente de su naturaleza) disueltos en 1 litro de solución (mOsm/L). Por lo tanto, el agua se mueve desde una zona con menor osmolaridad a otra con mayor osmolaridad hasta equipararse ambos valores.

En el plasma existen múltiples solutos disueltos, con y sin carga iónica. Entre los iones, el catión predominante por lejos es el Na^+ (140 mOsm/L versus K^+ 4 mOsm/L, Ca^{++} 1,2 mOsm/L y Mg^{++} 0,8 mOsm/L). Por principio de electroneutralidad debe existir una cantidad equivalente de cationes y aniones, por lo tanto, la duplicación de la concentración osmolar del Na^+ permite conocer prácticamente la totalidad de solutos iónicos disueltos en el plasma (280 mOsm/L).

En condiciones normales los solutos no iónicos más importantes son la glucosa (5,6 mOsm/L), urea (4 mOsm/L) y proteínas plasmáticas (1,2 mOsm/L). Si se suman todos los solutos disueltos en el plasma el valor es cercano a 300 mOsm/L. Sin embargo, producto de interacciones iónicas el valor real (que determina movimiento de agua) es aproximadamente 282 mOsm/L (factor de van't Hoff).

Por simplicidad, para estimar la osmolaridad plasmática se emplean solo las moléculas más prevalentes y que están sujetas a variaciones considerables entre distintos individuos: Na^+ con sus aniones, glucosa y urea. Así se establece la fórmula para el cálculo de la osmolaridad:

$$Osm\ calc. = (2 \cdot [Na^+]) + \frac{Glicemia}{18} + \frac{BUN}{2{,}8}$$

La osmolaridad se mide en "mOsm/L". La glicemia normalmente se cuantifica en "mg/dL" y el factor 1/18 permite transformarla a "mOsm/L". El BUN (o nitrógeno ureico en sangre) corresponde a la medición del nitrógeno de la urea (BUN · 2 ≈uremia). Como el BUN también se mide en "mg/dL", se utiliza el factor 1/2,8; que expresa ese valor en uremia y "mOsm/L".

Es decir, la osmolaridad calculada en condiciones normales debiera ser equivalente a 290 mOsm/L (140 · 2 + 5,6 + 4).

La adición de ácidos o bases al organismo no aumenta la osmolaridad. Por ejemplo, si se agrega un ácido (AH) al agua corporal, este se transformará en sus productos (A^- y H^+). El H^+ reaccionará con HCO_3^-, quedando solo el anión (A^-). Es decir, si había 2 partículas iniciales que podían aumentar la osmolaridad (A^- y H^+); el H^+ se "pierde" reaccionando con un anión que estaba previamente en el agua corporal (HCO_3^-):

$$AH \rightarrow A^- + H^+ \; (+2 \text{ moléculas})$$

$$CO_2 + H_2O \leftarrow HCO_3^- + H^+ \; (-2 \text{ moléculas})$$

En consecuencia, A^- reemplaza al bicarbonato sin modificar la osmolaridad plasmática. Por otro lado, la ganancia de una partícula de CO_2 se contrarresta con la ganancia de H_2O y su eliminación pulmonar.

Para las bases (B) ocurre algo similar. Si la fórmula general es $B + H^+ \leftrightarrow BH^+$; la base se pierde al reaccionar con un H^+ manteniendo la misma cantidad de partículas osmóticas que había en un comienzo.

El osmómetro es un instrumento que pesquisa todas las partículas disueltas en una solución, independiente de su naturaleza (es decir, mide la osmolaridad). La medición por presión de vapor no detecta etanol ni metanol por ser alcoholes volátiles[146]. Afortunadamente, la técnica más utilizada es por punto de congelación que sí cuantifica alcoholes volátiles.

Como se mencionó previamente, en condiciones fisiológicas, la cantidad total de solutos disueltos en el plasma es cercana a 300 mOsm/L, en cambio, la osmolaridad plasmática calculada es en torno a 290 mOsm/L.

El Gap osmolar plasmático corresponde a la diferencia entre los osmoles medidos (osmómetro) y calculados. Generalmente, un Gap osmolar >10 sugiere ingestión o ganancia de sustancias osmóticas[41,114].

$$\text{Gap Osm plasmático} = \text{Osm medida} - \text{Osm calculada}$$

El etanol puede ser medido y agregado a la ecuación de osmolaridad calculada (alcoholemia) para valorar indirectamente otros osmoles no etanol. Como la alcoholemia se expresa en "g/L", usando el factor de corrección 1/4,6; queda en "mEq/L".

$$Osm\ calc. = (2 \cdot [Na^+]) + \frac{Glicemia}{18} + \frac{BUN}{2{,}8} + \frac{Alcoholemia}{4{,}6}$$

La ingestión de paracetamol y salicilatos, si bien producen acidosis metabólica, esta se debe a elevación de ácidos orgánicos endógenos por interferencia con su metabolismo (lactato, cetoácidos, ácidos dicarboxílicos). Estas moléculas no generan variación en el Gap osmolar plasmático (Capítulo 14).

Se acepta que incrementos pequeños del Gap osmolar pueden ocurrir en falla renal, consumo de algunos fármacos, e incluso personas sin patologías. Se estima que el Gap osmolar plasmático en sujetos normales es 8-9 mOsm/L, en

Tabla 21. Drogas y toxinas que aumentan el Gap osmolar plasmático[146].
Etanol
Etilenglicol
Dietilenglicol
Glicerol
Glicina
Isopropanol o alcohol isopropílico
Maltosa
Manitol
Metanol
Propilenglicol
Radiocontrastes
Sorbitol

falla renal aguda asciende hasta 12 mOsm/L, y hasta 20 mOsm/L cuando la falla renal es crónica[147]. Sin embargo, valores >20 mOsm/L indican la presencia de otras sustancias como alcoholes tóxicos[14]. En la Tabla 21 se muestran drogas y toxinas que aumentan el Gap osmolar.

El Gap osmolar plasmático permite también, decidir si iniciar hemodiálisis en intoxicación por alcoholes, monitorizar su evolución y establecer metas terapéuticas (Capítulo 14).

13.6 Anion Gap urinario; una herramienta para evaluar la excreción de NH_4^+ en orina

Al igual que en el plasma, en la orina también es posible utilizar un Anion Gap para evaluación de la acidosis metabólica. Este parámetro permite, específicamente, hacer el diagnóstico diferencial de la acidosis metabólica con AG normal (hiperclorémica).

Los principales iones en la orina son el Na^+, K^+, Cl^- y NH_4^+. De ellos, el amonio urinario (NH_4^+) es el principal mecanismo para excretar la carga diaria de ácido fijo (Capítulo 6) y, además, permite conocer el funcionamiento tubular en enfermedad renal crónica y estados de acidosis subclínica (Capítulo 14).

Tabla 22. Iones urinarios y electroneutralidad.

Excreción diaria de iones en la orina (mEq/d)	
Cationes	
- Na^+	127 ±6
- K^+	49 ±2
- Ca^{++}	4 ±1
- Mg^{++}	11 ±1
- NH_4^+	28 ±2
Total:	**219 ±3**
Aniones	
- Cl^-	135 ±5
- $SO_4^=$	34 ±1
- $H_2PO_4^-$	20 ±1
- Aniones Orgánicos	29 ±1
Total:	**221 ±6**

Como se mencionó en el Capítulo 6, el amonio es una base y la relación de NH_4^+/NH_3 a pH plasmático es 100:1; mientras es de 10.000:1 a pH urinario. Por otro lado, como el amonio tiene síntesis y excreción renal, su concentración urinaria es 1.000 veces mayor que la plasmática (≈20 μEq/L versus ≈20 mEq/L). Lamentablemente, la cuantificación urinaria de amonio es un proceso complejo, poco asequible, no automatizado, ni menos estandarizado. Afortunadamente, es posible medir indirectamente el amonio mediante el Anion Gap urinario.

La orina cumple el principio de electroneutralidad, por lo tanto, se puede establecer las mismas igualdades iónicas que la sangre. La Tabla 22 muestra los principales iones que se excretan por la orina[148].

$$[Cationes\ urinarios] = [Aniones\ urinarios]$$

$$[Na^+] + [K^+] + [Ca^{++}] + [Mg^{++}] + [NH_4^+] =$$

$$[Cl^-] + [HCO_3^-] + [H_2PO_4^-] + [HPO_4^=] + [SO_4^=] + [Aniones\ Orgánicos]$$

El Na^+ y K^+ son cationes fáciles de medir, pero no el NH_4^+, motivo por el que se agrupa entre los “cationes no medidos” (Ca^{++}, Mg^{++} y NH_4^+). En condiciones normales, la cantidad de calcio y magnesio en la orina es extremadamente inferior a la de otros cationes urinarios (Na^+, K^+ y NH_4^+), por esto, el principal determinante de los "cationes no medidos" es el NH_4^+. De todos los aniones urinarios, el más fácil de medir es el Cl^-, además que predomina ampliamente por sobre los otros aniones. La excreción de aniones orgánicos e inorgánicos (aniones no medidos) es prácticamente constante y corresponde aproximadamente a 80 mEq/día[148-150]. Mientras el pH urinario sea <6,5 la cantidad de HCO_3^- es despreciable. Los cationes no medidos, exceptuando el NH_4^+, también se mantienen constantes y en una baja cantidad.

En estados de acidosis aumenta la excreción urinaria de NH_4^+ y Cl^- (Capítulo 6). Como los principales electrolitos urinarios son fáciles de medir, excepto el NH_4^+, es posible resumir la igualdad de electroneutralidad en orina "agregando" el NH_4^+ a los "cationes urinarios no medidos".

$$[Na^+] + [K^+] + [\text{Cationes NM}] = [Cl^-] + [\text{Aniones NM}]$$

$$[Na^+] + [K^+] - [Cl^-] = [\text{Aniones NM}] - [\text{Cationes NM}]$$

$$[\text{Aniones NM}] - [\text{Cationes NM}] = \text{AG urinario}$$

Como la excreción de aniones y cationes no medidos tiende a ser constante (excepto por el NH_4^+) un estado de acidosis generará disminución del AG urinario, ya que aumenta el Cl^- (anión medido) y el NH_4^+ (catión no medido).

Considerando que la excreción diaria de "aniones no medidos" es ≈80 mEq/d, se ha establecido que el AG urinario normal debe ser cercano a 0 mEq/d[151]:

$$[Na^+] + [K^+] + [NH_4^+] + [CNM] = [Cl^-] + 80$$

$$[Na^+] + [K^+] - [Cl^-] = 80 - [NH_4^+] - [CNM]$$

$$[Na^+] + [K^+] - [Cl^-] = 80 - [CNM] = 0$$

$$[Na^+] + [K^+] - [Cl^-] = \text{AG urinario} \approx 0 \text{ mEq/día}$$

Normalmente se eliminan 10 a 70 mEq/día de NH_4^+[152], pero es mucho mayor a 70 mEq/d en respuesta a una acidosis. Así, un aumento en la excreción de NH_4^+ provocará un AG urinario <0. Si en una acidosis el AG urinario es >0, el riñón está participando del trastorno, ya que la excreción neta de ácido no sería la apropiada para el trastorno (Capítulo 6).

Tabla 23. Clasificación acidosis metabólica hiperclorémica según AG urinario.

AG urinario bajo (excreción de NH_4^+ conservada):
- Pérdida digestiva de HCO_3^-. - ATR tipo 2 - Inhibidores de la anhidrasa carbónica - Administración de NH_4Cl o HCl
AG urinario alto (excreción de NH_4^+ defectuosa):
- ATR tipo 1 - ATR tipo 4 - Insuficiencia renal crónica temprana

El AG urinario tiene una excelente correlación lineal con la excreción de NH_4^+ urinario; esto cuando se evalúa tanto en orina de 24 horas (r =−0,97) [150], como en orina aislada (r =−0,72)[153]. A partir de estos datos, mediante regresión lineal ha sido posible establecer fórmulas para estimar la excreción de amonio desde el AG urinario:

Orina de 24 horas y estimación de AG urinario en mEq/d (con excreción diaria de Na^+, K^+ y Cl^-):

$$(\text{AG urinario}) \times -0{,}8 + 82 = NH_4^+ \text{ excretado (mEq/d)}$$

Orina aislada y AG urinario en mEq/L (utilizando concentración en mEq/L de Na^+, K^+ y Cl^-):

$$(\text{AG urinario}) \times -0{,}42 + 23{,}5 = NH_4^+ \text{ excretado (mEq/d)}$$

Se establece entonces, el AG urinario como una medida indirecta, pero específica, del NH_4^+ en orina. El conocimiento de la capacidad de excreción de amonio urinario es fundamental para el diagnóstico diferencial de la acidosis metabólica hiperclorémica (Tabla 23).

Cuando se calcula el AG urinario en orina de 24 horas para el diagnóstico diferencial de una acidosis metabólica hiperclorémica, un valor apropiado de AG será <0 mEq/d, mientras es alterado >0 mEq/d. En cambio, para muestras de orina aislada un valor más negativo que −30 mEq/L indica excreción de

NH_4^+ adecuada; mientras valores menos negativos, o incluso positivos, sugieren alteración en su eliminación[14].

Las infecciones crónicas, por bacterias que desdoblan la urea, alteran el pH urinario y las concentraciones de NH_4^+ y HCO_3^-. Así, en estas condiciones el AG urinario podría ser el único elemento que puede reflejar verdaderamente como se encuentra la excreción de NH_4^+ en respuesta a una acidosis[150].

Lamentablemente, el AG ha tenido múltiples controversias en su utilización. La primera, es su valor en sujetos sanos sin acidosis. Cuando se utiliza orina de 24 horas, debiera ser cercano a 0 mEq/d y se estima en 30-50 mEq/L en una muestra de orina aislada[151,154]. Pero cuando se ha evaluado la asociación entre excreción de NH_4^+ en orina de 24 horas u orina en muestra aislada, en sujetos sin acidosis, no se ha encontrado correlación lineal significativa[152,155].

Fisiológicamente, el AG urinario no puede tener un "valor normal esperado". A diferencia de la orina, los electrolitos en el plasma son exhaustivamente regulados para mantener concentraciones "normales". Por este motivo, sí es posible establecer "valores normales" y un AG plasmático "normal". La excreción urinaria de electrolitos es lo que permite mantener los valores normales en plasma. Así, lo correcto a evaluar en la orina, es si la respuesta es apropiada ante una perturbación específica; en este caso, excreción de ácido (NH_4^+ o ENA) ante un estado de acidosis metabólica hiperclorémica.

Durante una acidosis metabólica el AG urinario puede perder especificidad como indicador de NH_4^+, esto ocurre en las siguientes situaciones: bicarbonaturia, depleción del VCE, acidosis con AG aumentado o excreción de otros aniones no medidos[21].

Si el trastorno ácido-base se acompaña de bicarbonaturia (generalmente con pH urinario >6,5)[49]; la eliminación de HCO_3^- (anión urinario no medido) arrastrará Na^+ y K^+ tendiendo a provocar un AG urinario "falsamente positivo". Por este motivo, cuando el pH urinario es >6,5 se recomienda agregar el HCO_3^- a la fórmula para reflejar la verdadera excreción de NH_4^+[156]:

$$[Na^+] + [K^+] - ([Cl^-] + [HCO_3^-]) = \text{AG } \textit{urinario}$$

En casos de depleción de volumen, habrá gran reabsorción de Na^+, Cl^- y agua. Por lo tanto, el aporte de Cl^- al nefrón distal para acompañar al ion amonio se reduce considerablemente. Luego de restaurado el intravascular y asegurando una $[Na^+]$ urinaria >20-25 mEq/L, es posible utilizar el AG urinario[49].

Como el cálculo del AG urinario asume una excreción constante de "cationes y aniones no medidos", cualquier situación que altere esta "excreción constante" lo invalida (litio, aniones cetónicos, salicilatos, metabolitos del tolueno, drogas aniónicas como penicilinas). Al igual que el bicarbonato, si el ion no medido puede cuantificarse en la orina, su adición a la fórmula del AG urinario podría "corregir" su valor.

El AG urinario no es útil en la acidosis metabólica con AG aumentado, ya que en este caso el anión (base conjugada de un ácido) puede ser eliminado por la orina y arrastrar consigo Na^+ y K^+. Así, el AG urinario presenta un valor "falsamente positivo" en condiciones que la excreción de NH_4^+ sería adecuada.

$$([Na^+] + [K^+]) - [Cl^-] = (80 + [\text{Anión NM}]) - [NH_4^+]$$

Un AG urinario ≥0 mEq/d producto del aumento de un anión no medido, sugiere un defecto en la excreción de amonio, sin embargo, puede estar totalmente conservada. Como el AG urinario "pierde" utilidad para evaluar la cantidad de NH_4^+ excretado, se utiliza el Gap osmolar urinario[155].

Otra condición donde el AG urinario pierde correlación con la excreción de NH_4^+ es la enfermedad renal crónica. En muestras urinarias de 24 horas se ha establecido que agregar la cantidad de HPO_4^- y $SO_4^=$, permitiría recuperar la correlación lineal[157].

$$[Na^+] + [K^+] - ([Cl^-] + [HPO_4^-] + [SO_4^=]) = \text{AG } urinario$$

En suma, el AG urinario es una excelente herramienta para evaluar la excreción de NH_4^+ (respuesta renal) a una acidosis metabólica hiperclorémica, y así, establecer su diagnóstico diferencial. Sin embargo, pierde utilidad cuando existe bicarbonaturia, depleción de VCE, acidosis metabólica con AG aumentado, variación en la excreción de cationes y/o aniones no medidos, enfermedad renal crónica o en sujetos sanos sin trastornos ácido-base.

13.7 Gap osmolar urinario; evaluación de excreción urinaria de NH_4^+ cuando se eliminan aniones

La osmolaridad urinaria corresponde a la suma de todos los cationes, aniones y solutos urinarios sin carga, pero que poseen actividad osmótica. De los solutos urinarios sin carga que tienen poder osmótico, los principales son la glucosa y urea. Los cationes más prevalentes son el Na^+, K^+ y NH_4^+. La duplicación de cationes entregará la cantidad total de iones (incluyendo al Cl^- y "aniones no medidos")[158].

$$Gap\ Osmolar\ urinario = Osm\ medida - Osm\ calculada$$

$$Osm\ calculada = 2x([Na^+] + [K^+]) + \frac{NUU}{2{,}8} + \frac{Glucosa}{18}$$

El factor 1/2,8 permite transformar el nitrógeno ureico urinario de "mg/dL" a urea en "mEq/L"; el factor 1/18 transforma la glucosa urinaria de "mg/dL" a "mEq/L".

La fórmula de osmolaridad calculada intencionalmente no incluye el NH_4^+. En consecuencia, al restar la osmolaridad calculada a la osmolaridad urinaria medida, la diferencia corresponderá a la cantidad total de NH_4^+ en la orina más una cantidad igual de aniones. Es decir, la mitad del Gap osmolar urinario indica la cantidad de NH_4^+ excretado.

$$NH_4^+ = \frac{Osm\ medida - (2\ X\ ([Na^+] + [K^+]) + \frac{NUU}{2{,}8} + \frac{Gluc}{18})}{2}$$

El Gap osmolar urinario en condición normal es 80-150 mOsm/L[15,159]. Un Gap osmolar urinario, en situación de acidosis metabólica hiperclorémica, >150-200 mOsm/L indica respuesta renal adecuada, en cambio, valores <50-100 mOsm/L traducen déficit en excreción de amonio[41]. Un Gap osmolar urinario disminuido en acidosis metabólica hiperclorémica equivale a un AG urinario >0, donde la excreción de NH_4^+ es inapropiadamente baja (ATR 1, ATR 4, enfermedad renal crónica; Capítulo 14).

Esta herramienta también es útil en la valoración de la acidosis metabólica hiperclorémica asociada a acidosis metabólica con AG aumentado (acidosis metabólica con ΔΔ Ratio 0,4-0,8). Al añadirse un anión urinario no medido, el AG urinario resultará positivo por arrastre de Na^+ y K^+ (o aumento de los aniones no medidos). El uso de drogas aniónicas concomitante (penicilinas, ácido acetilsalicílico), también requerirá el empleo del Gap osmolar urinario para el diagnóstico diferencial de una acidosis hiperclorémica.

La presencia de osmoles neutros no medidos como sorbitol o manitol invalida el uso del Gap osmolar urinario.

13.8 Medición directa del NH_4^+ urinario

La cuantificación de NH_4^+ en orina se realiza mediante reacciones enzimáticas utilizando la enzima glutamato deshidrogenasa o mediante reacciones químicas complejas. Como su medición no es habitual en muchos laboratorios, no existe una técnica estandarizada ni automatizada para su evaluación. Sin embargo, dado las limitaciones que poseen el AG urinario y el Gap osmolar urinario, lo más correcto sería medir directamente el NH_4^+ urinario. Se debe considerar que cuando se mide un parámetro de laboratorio, este se encuentra sujeto al error. Como la estimación del AG urinario y Gap osmolar urinario requieren la agrupación de varios parámetros, se adicionan todos estos "errores". Por este motivo, el resultado final puede ser alejado del valor verdadero.

La medición directa de NH_4^+ entrega el valor exacto que se busca, además de simplificar enormemente la evaluación de la acidosis metabólica hiperclorémica, y también, los trastornos ácido-base en general.

Se ha intentado medir NH_4^+ urinario con los métodos enzimáticos automatizados para amonio plasmático con resultados exitosos[160]. Probablemente, en los próximos años el AG urinario y Gap osmolar urinario sean definitivamente reemplazados por el NH_4^+ urinario directo.

Como se mencionó previamente, la eliminación diaria normal de NH_4^+ es 10–70 mEq/d (≈10-50 mEq/L). En condición de acidosis, una excreción de amonio urinario >75-100 mEq/L es adecuada, mientras que un valor <25-40 mEq/L objetiva un defecto en la excreción renal de amonio[15,150]. Dividir la concentración de amonio urinario por la creatininuria (en muestra de orina aislada) permite aproximarse a una excreción de amonio más concordante con la eliminación diaria. La razón normal de amonio/creatininuria es 20-40 mmol/g de creatinina, pero en condición de acidosis debiera ser >200 mmol/g de creatinina[50].

13.9 pH urinario, un parámetro de escasa utilidad diagnóstica

Frecuentemente, el pH urinario se obtiene desde una medición semicuantitativa a partir de una reacción química colorimétrica en una muestra de orina (papel-pH o tira reactiva). Esta medición es solo una aproximación grosera al pH urinario real. Cuando la orina queda en contacto con el aire, comienza a perder CO_2 y NH_3 (Ley de Henry; Capítulo 5). Esta situación altera el pH de la muestra y empeora mientras más tiempo demore la evaluación del pH urinario. Por otro lado, el examen es semicuantitativo y se entregan rangos extremadamente amplios de pH. En suma, la medición semicuantitativa del pH no es de utilidad para realizar diagnósticos diferenciales en trastornos ácido-base.

Para evitar la pérdida de gases desde la orina se puede emplear dos mecanismos. 1) Medición inmediata de los parámetros u 2) Obtención de la muestra en recipiente "especial". Este recipiente debe tener un nivel de algún líquido liposoluble (como vaselina). Luego, al depositar la orina al recipiente, se separarán ambos líquidos por densidades, quedando la capa de vaselina arriba, evitando el escape de gases desde la orina. Posteriormente, para extraer la muestra de orina se debe atravesar la capa de vaselina con una jeringa.

La medición exacta de pH urinario se puede realizar mediante peachímetro (potenciométrico) o por analizadores multiparamétricos que permitan evaluar gases en orina. Frecuentemente, los analizadores de gases no aceptan muestras de orina porque no presentan sensibilidad analítica para todos los rangos de pH urinario. Requieren calibraciones y desbloqueos especiales o modificaciones de la muestra.

A pH urinario <5,5; la relación $[HPO_4^{=}]/[H_2PO_4^{-}]$ es <0,05 por lo que se asegura que el fosfato urinario está actuando, en su totalidad, como "acidez titulable".

Un pH urinario >5,5 en condición de acidosis metabólica hiperclorémica sugiere defecto en la acidificación distal (Capítulo 14).

Si bien, un pH urinario ácido es necesario para excretar ácido fijo en la forma de acidez titulable o ion amonio; el pH urinario aislado no indica cómo está la excreción total de ácido. El parámetro correcto para medir esto es la excreción neta de ácido (ENA; Capítulo 6). Durante una acidosis metabólica producida por diarrea severa, el pH urinario puede ser >6 sin estar traduciendo un defecto en la acidificación distal, sino que se debe a una intensa amoniogénesis que "alcaliniza" la orina[14].

Con un pH urinario <6 la $[HCO_3^{-}]$ urinaria es <0,1 mEq/L, es decir, se asegura la ausencia de esta base. Al contrario, un pH urinario >6,5 indica pérdida urinaria significativa de HCO_3^{-}. El pH urinario es útil para monitorizar el tratamiento de algunas intoxicaciones donde se requiere alcalinización urinaria. En estos casos, se puede utilizar un método semicuantitativo de evaluación porque el objetivo no es un valor "exacto".

Un pH urinario >7 es más efectivo que una diuresis forzada de 3-5 mL/kg/h para excretar algunos tóxicos (Tabla 24). Es posible lograr un pH urinario

Tabla 24. Drogas y toxinas que se eliminan mediante alcalinización urinaria[146].

- Ácido 2,4 diclorofenoxiacético
- Ácido salicílico
- Fenobarbital
- Flúor
- Isoniazida
- Mefobarbital
- Metotrexato
- Primidona
- Quinolonas
- Uranio

>7 administrando $NaHCO_3$ intravenoso en dosis de 1-2 mEq/kg de HCO_3^- cada 3 a 4 horas[146]. La terapia con bases tiene complicaciones que deben ser monitorizadas (Capítulo 16).

13.10 Excreción fraccionaria de HCO_3^- para el diagnóstico de ATR tipo 2

Normalmente, el riñón reabsorbe todo el HCO_3^- filtrado. Cuando la concentración de bicarbonato plasmático es de 28 mEq/L se establece el máximo de reabsorción (Tmax) de HCO_3^-. Concentraciones mayores a esta determinarán un aumento lineal en la excreción de bicarbonato.

En la ATR tipo 2 (o proximal) la máxima capacidad de reabsorción está disminuida. Por lo tanto, aparece bicarbonaturia con concentraciones plasmáticas <24 mEq/L y se desarrolla una acidosis metabólica hiperclorémica. Al principio de una ATR tipo 2, la orina será alcalina por pérdida de HCO_3^-. Sin embargo, en estado de equilibrio no se detecta este exceso de HCO_3^- urinario, porque su nivel plasmático ya es bajo (acidosis metabólica establecida) disminuyendo la carga filtrada, y así, equiparándose con el "bajo" Tmax de bicarbonato (Capítulo 14). El pH urinario será <5,5 porque la excreción fraccionaria de bicarbonato es baja en estado de equilibrio. Pero cuando se administra bicarbonato, su valor plasmático será extremadamente difícil de normalizar porque se eliminará todo por la orina, aumentando el pH urinario y exagerando el riesgo de hipokalemia (el HCO_3^- arrastra K^+).

El $NaHCO_3$ se puede administrar IV en dosis de 0,5-1 mEq/kg/h o VO 1-2 mEq/kg/d. El primer método se realiza hospitalizado y permite evaluación de respuesta en las horas a días siguientes, en cambio, cuando la prueba se realiza VO, el seguimiento puede ser ambulatorio, pero se debe evaluar luego de dos a tres semanas.

La excreción fraccionaria de HCO_3^- ($FEHCO_3^-$) permite detectar una ATR tipo 2 cuando su valor es mayor a 15% frente a una carga alcalina[41].

$$FEHCO_3^- = 100 \cdot \frac{[HCO_3^-]\ orina \cdot [Creatinina]\ plasma}{[HCO_3^-]\ plasma \cdot [Creatinina]\ orina}$$

13.11 PCO_2 urinario para el diagnóstico de ATR tipo 1

La infusión de bicarbonato es útil no solo para el diagnóstico de ATR proximal, sino también, para ATR distal.

La respuesta normal ante un aumento del aporte de HCO_3^- al nefrón distal, en contexto de acidosis, es "capturar" H^+ libres. Ambos reaccionarán y formarán CO_2 y H_2O. La bicarbonaturia permite atrapar más H^+ libres, pero significa pérdida de HCO_3^- y ganancia de CO_2; porque parte de este se reabsorbe. Lo normal es que cuando el pH urinario es >7,5 (por bicarbonaturia) la PCO_2 urinaria sobrepasa en al menos 30 mmHg a la $PaCO_2$. Este valor se designa como ΔU-B PCO_2.

Cuando el colector no es capaz de excretar H^+ (ATR distal o tipo 1), la infusión de HCO_3^- no logrará aumentar significativamente la PCO_2 urinaria, de manera que el ΔU-B PCO_2 será <30 mmHg. Este parámetro es altamente sensible y específico para el diagnóstico de ATR distal[41].

14. Principales causas de acidosis metabólica

14.1 Enfermedad renal crónica: acidosis subclínica, disminución en la síntesis de amonio y retención de ácidos

Se ha descrito una progresión natural de las alteraciones ácido-base en insuficiencia renal crónica. Cuando el daño renal es moderado-severo (VFG 20-40 mL/min/1,73m^2) aparece una acidosis metabólica con AG normal (hiperclorémica). Mientras que en la Enfermedad Renal Crónica (ERC) avanzada (VFG <20 ml/min/1,73m^2) la acidosis metabólica pasa a tener AG aumentado[50].

Si bien, la homeostasis ácido-base renal depende más de la función tubular que de la filtración glomerular, esta última, como parámetro aislado, es el que mejor se correlaciona con la función renal global y pronóstico. Por este motivo, se utiliza la VFG para clasificar la enfermedad renal crónica.

Son múltiples los defectos que presenta la función renal conforme progresa una ERC. Todos estos fenómenos se traducirán en una pérdida de la capacidad para excretar amonio y reabsorber/regenerar HCO_3^-. Pero impresionantemente, no se afecta la acidificación distal ni excreción de acidez titulable; ni siquiera en fases muy avanzadas de la enfermedad renal. De hecho, la orina de los pacientes con ERC avanzada mantiene su pH ácido (<5,3).

Mientras progresa la ERC, el túbulo proximal de los nefrones remanentes incrementa la actividad de sus cotransportadores NHE3, pero no su cantidad. También, aumenta considerablemente la síntesis de amonio (Capítulo 6). Lamentablemente, estas respuestas adaptativas no logran normalizar la excreción neta de ácido, incluso, pueden ser perjudiciales. La gran cantidad de amonio sintetizada, no logra llegar al túbulo colector, escapándose a la circulación sistémica (consumiendo HCO_3^- en su metabolismo hepático). El "escape del amonio" se debe a la fibrosis intersticial propia de la ERC, que impide a los sulfátidos intersticiales mediar el transporte de amonio al colector (Capítulo 6). El exceso de amonio que manejan los nefrones remanentes es nocivo, ya que induce activación del complemento, citoquinas inflamatorias y promueve fibrosis renal con progresión de la enfermedad renal crónica (Capítulo 17). Otros factores adaptativos que aumentan la excreción tubular de ácido son: endotelina, aldosterona y angiotensina II. Estos mediadores también promueven fibrosis renal[161].

Aunque la síntesis de amonio está aumentada "por nefrón remanente", la amoniogénesis global renal está disminuida (por menor masa nefronal). Esto afecta la generación de nuevo HCO_3^-. El "escape de amonio" disminuye aún más la excreción de amonio (reduciendo la excreción neta de ácido).

En el túbulo colector, la bomba H^+-ATPasa aumenta en actividad y cantidad, manteniendo una orina ácida[50]. Por otro lado, el tamponamiento óseo libera fosfato a la sangre incrementando su carga filtrada glomerular. La acidosis por su parte, inhibe la reabsorción proximal de fosfato (Capítulo 17). Así, el fosfato urinario aumenta (por nefrón remanente) enfrentándose a un colector que acidifica la orina, por lo tanto, se elimina adecuadamente acidez titulable.

El HCO_3^- plasmático disminuirá por múltiples mecanismos: reacciones de amortiguación (por acumulación de ácidos), menor generación de HCO_3^- (por disminución de amoniogénesis proximal), escape de amonio a la circulación sistémica (que consume HCO_3^-) y la pobre capacidad del túbulo proximal para incrementar la reabsorción de HCO_3^- (por no aumentar la expresión de NHE3). Afortunadamente, la eficiente capacidad *buffer* de los tejidos y el hueso, permiten que la concentración de HCO_3^- pueda mantenerse entre 12 a 20 mEq/L, e incluso normal. De hecho, la prevalencia de acidosis metabólica (medida como HCO_3^- <22 mEq/L) en ERC con VFG 30-45 mL/min/1,73m^2 es 12-20%, mientras con VFG <30 mL/min/1,73m^2 es 25-38% y 50% en los pacientes con diálisis[50,162]. Lamentablemente, el daño producido en los tejidos producto de la "amortiguación" es irreparable, sobre todo, en músculo y hueso. A largo plazo, el H^+ consume una cantidad importante del carbonato óseo ($CO_3^=$), produciéndose desmineralización y liberación de calcio y fosfato a la sangre. En el músculo ocurre algo similar con las proteínas, las que finalmente serán catabolizadas. Los defectos óseo-musculares producen retardo de crecimiento en niños. Hay menor síntesis de albúmina y aumento en la producción de β-2-microglobulina, predisponiendo a amiloidosis por esta molécula[163]. La disminución del pH también favorece proteólisis por otros mecanismos: deterioro en la secreción y actividad de insulina, alteración en la regulación de IGF-1 y aumento en la actividad inflamatoria[161].

El defecto en la reabsorción de HCO_3^-, propia de la ERC, ocurre en algunos pacientes y puede ser evidente solo ante cargas de bicarbonato. Lo esperable, en condición de acidosis, es que todo el HCO_3^- administrado se reabsorba. Sin embargo, pacientes con ERC exhiben aumento del pH urinario cuando se administra $NaHCO_3$. Esta bicarbonaturia demuestra el defecto en reabsorción proximal.

Previamente, se mencionó que la acidosis en ERC moderada-avanzada (VFG 20-40 mL/min/1,73m^2) presenta AG normal. Esto se debe, principalmente a una menor excreción de amonio urinario[21]. Por otro lado, cuando la VFG es <20 mL/min/1,73m^2 (enfermedad renal crónica avanzada) predomina la acumulación de aniones inorgánicos (sulfatos, fosfatos, uratos) y H^+ provenientes de sus ácidos fijos, induciendo una acidosis metabólica con AG aumentado[57].

La excreción de NH_4^+ urinario es el principal mecanismo para deshacerse de la carga diaria de H^+. El defecto en esta función (como ocurre en ERC) induce ganancia de H^+ y Cl^-, ya que el Cl^- es el anión acompañante del NH_4^+ en la orina. Por otro lado, la sobrecarga de H^+ disminuye la [HCO_3^-] plasmático, reduciendo su carga filtrada glomerular. Así, la reabsorción proximal de Na^+ ocurre preferentemente con Cl^-. Todo esto, configura una acidosis metabólica hiperclorémica.

Es característico en la ERC una menor VFG y pérdida en la capacidad de concentración urinaria. Lo anterior limita la excreción diaria de solutos y ácidos fijos, por lo que se acumulan en el organismo. La hipertonicidad consecuente a la menor excreción de solutos provoca mayor ingesta de agua libre, expansión del VEC, y luego, poliuria. La ganancia de ácidos fijos (ácido úrico, HCl, H_2SO_4, $H_2PO_4^-$, entre otros) provocará una disminución de la [HCO_3^-] plasmático por reacciones *buffers*.

Los mecanismos que permiten eliminar la carga osmótica y de ácidos fijos, son la poliuria y el hiperfuncionamiento de los nefrones remanentes. La sobrecarga de bases conjugadas será manejada por unos pocos nefrones que hiperfiltran, secretan y se saturan de estos aniones en el lumen tubular. Así, logran eliminar el exceso de bases conjugadas provenientes de ácidos fijos. Sin embargo, en el nefrón remanente que hiperfiltra y se satura de bases conjugadas; se produce mayor reabsorción de Cl^-. Esto se debe a que las bases conjugadas no son aniones normalmente "reabsorbibles" por el nefrón, así, acompañarán al Na^+ como aniones en la orina (y no el Cl^-). La excreción urinaria de bases conjugadas redirecciona a sus respectivos ácidos fijos para que entreguen más H^+ al medio, empeorando la acidosis y disminución del HCO_3^- plasmático (Capítulo 3). Así, si bien se logran excretar las bases conjugadas provenientes de ácidos fijos, habrá ganancia de H^+, disminución de HCO_3^- plasmático y mayor reabsorción de Cl^- por el nefrón. Todo lo anterior inducirá más acidosis hiperclorémica.

Cuando la ERC es avanzada (VFG <20 mL/min/1,73m^2), aunque existen pocos nefrones que hiperfiltran y secretan bases conjugadas provenientes de ácidos fijos, no es suficiente para deshacerse de todos los ácidos que debe eliminar el riñón. Predomina una disminución en la carga filtrada de H^+ y bases conjugadas (A^-) ocasionando acumulación de estos y desarrollando una acidosis metabólica con AG aumentado.

El elemento clave para detectar la acidosis metabólica en ERC es el HCO_3^- plasmático. Niveles de bicarbonato <22 mEq/L se asocian a progresión de ERC[14]. Sin embargo, la [HCO_3^-] plasmático tiende a disminuir recién cuando la VFG es <30 mL/min/1,73m^2. Existe alta prevalencia de pacientes con balance positivo de ácido, que presentan bicarbonato normal: "acidosis metabólica subclínica". Incluso con VFG <20 ml/min/1,73m^2 tienen HCO_3^- plasmático >20 mEq/L. Estos enfermos con acidosis metabólica subclínica, también padecen los efectos deletéreos de la acidosis y la administración de álcalis reduce sus repercusiones negativas[157].

La detección de aquellos pacientes con acidosis metabólica subclínica se realiza mediante evaluación directa de amonio urinario. El AG urinario y Gap osmolar urinario se alteran en ERC, debido a los múltiples tratamientos y estados mórbidos que modifican los electrolitos urinarios y la excreción de aniones no medidos (Capitulo 13). Durante una acidosis, la razón de amonio urinario y creatinina urinaria debiera ser >200 mmol/g de creatinina. Valores inferiores indican una excreción deficiente de amonio[50]. Esto se cumple para aquellos pacientes con balance positivo de ácidos fijos. Solo 1/3 de los pacientes tienen una carga de ácido fijo alta (>55 mmol/d). Pero también, hay otro tercio que consume muy pocas proteínas y tienen una carga de ácido reducida <39 mmol/d[164]. En estos últimos, es difícil reconocer si realmente se encuentran con un balance positivo de ácidos y, por tanto, se desconoce en ellos la "excreción adecuada" de amonio urinario.

Tradicionalmente, el tratamiento de la acidosis metabólica en ERC se ha realizado con bicarbonato sódico oral, con objeto de aumentar el pH y evitar los efectos deletéreos de la acidosis crónica[165-167]. Otros tratamientos, son el citrato de sodio, disminuir el consumo de ácidos fijos (régimen hipoproteico) o una dieta rica en frutas y verduras. Veverimer es un polímero que captura HCl intestinal evitando su absorción (Capítulo 16). Se recomienda mantener un nivel de HCO_3^- plasmático entre 22-26 mEq/L, bajo este rango progresa la enfermedad renal crónica, además de agregarse los efectos nocivos de la acidosis metabólica. Sobre 26 mEq/L aumenta el riesgo de sobrecarga de sodio, calcificaciones vasculares y morbimortalidad cardiovascular[161].

14.2 Acidosis tubulares renales; una acidosis nefrogénica

Las acidosis tubulares renales (ATR) son síndromes caracterizados por acidosis metabólica hiperclorémica (con Anion Gap normal) de causa renal, pero con VFG conservada o desproporcionadamente elevada. Como la "función renal" se evalúa mediante la capacidad de filtración glomerular, muchas veces no existe insuficiencia renal (VFG <60 ml/min/1,73m^2). Sin embargo, hay una enfermedad renal en donde está alterado, principalmente, el desempeño tubular.

La excreción neta de ácido (ENA) renal equivale a:

$$ENA = NH_4^+ + H^+ + Acidez\ Titulable - HCO_3^-$$

Por lo tanto, una menor eliminación de NH_4^+, alteración en la acidificación tubular (excreción de H^+) o pérdida de bicarbonato por la orina; producirán acidosis tubular renal. Como la cantidad de acidez titulable se mantiene relativamente constante, no participa en la génesis de estos trastornos.

El descenso del HCO_3^- plasmático, debido a una patología tubular, puede generarse por una falla en la capacidad de reabsorber todo el HCO_3^- filtrado (bicarbonaturia) y/o un defecto en la síntesis de nuevo HCO_3^- a partir de glutamina (esto último va asociado a menor formación de amonio urinario). Cuando se elimina HCO_3^- por la orina se pierde el principal amortiguador del organismo. Si bien, la actividad *buffer* del HCO_3^- no elimina H^+ directamente, sí los transforma a CO_2. Luego, el sistema respiratorio "reconoce" el exceso de CO_2 y bajo pH; el cual, sumándose a la función renal (que detecta el pH, PCO_2

y [HCO_3^-]), permitirán eliminar ácidos y recuperar la homeostasis (Capítulos 6 y 8). En este caso (bicarbonaturia de origen renal) disminuye la potencial formación y excreción de CO_2. Por lo tanto, la pérdida de HCO_3^-, no solo significa una menor capacidad amortiguadora, sino que, además, implica ganancia de ácidos (o realmente; menor eliminación de CO_2).

A lo anterior, se agrega que la disminución del HCO_3^- plasmático redirecciona el sistema CO_2/HCO_3^- hacia los productos, provocando formación de H^+ (Capítulo 3). Así, una acidosis por alteración en la reabsorción/generación de HCO_3^- puede ser muy intensa.

La bicarbonaturia promueve eliminación de Na^+, K^+ y agua (efecto diurético), activando mecanismos de conservación de sodio y agua. Como la [HCO_3^-]p está disminuida y tiene alterada su reabsorción tubular, el Na^+ irá acompañado preferentemente del anión Cl^- para restaurar el VCE. En suma, cuando hay bicarbonaturia por alteración en la reabsorción/generación de bicarbonato, existirá pérdida de capacidad *buffer*, menor excreción de ácidos, ganancia de H^+, y también, de Cl^-.

Los otros componentes de la ENA cuyo defecto de excreción deviene en acidosis son: el NH_4^+ y H^+. Si bien este último aporta mínimamente a la ENA, es fundamental para "atrapar" adecuadamente el amonio urinario y acidez titulable, y así, lograr excretar la carga diaria de H^+ provenientes de ácidos fijos (Capítulo 6). El amonio es la principal forma por la cual se elimina la carga diaria de H^+, y su anión acompañante en la orina es Cl^-. La excreción de amonio requiere una síntesis óptima, transporte tubular adecuado y atrapamiento luminal mediante acidificación en el túbulo colector (Capítulo 6). Un defecto en la eliminación de amonio provocará exceso de H^+ y Cl^-.

En resumen, los mecanismos que generan "acidosis" en una ATR (menor ENA), también producirán ganancia de Cl^- (acidosis hiperclorémica).

Tradicionalmente, se han clasificado las ATR en tipos 1: distal, 2: proximal, 3: distal más proximal y 4: hipoaldosteronismo. Sin embargo, esta clasificación mezcla mecanismos fisiopatológicos y etiologías. Actualmente, se intenta cambiar a una división fisiopatológica, en donde los mecanismos principales son: alteración en la excreción de amonio, hipoaldosteronismos, defectos en el túbulo proximal y alteraciones en el túbulo colector[57].

14.3 Mecanismos fisiopatológicos de la ATR

- **Defectos en el túbulo proximal**: el filtrado glomerular contiene H^+ y HCO_3^-. Mediante la AC tipo IV luminal se formará H_2O y CO_2, los cuales entran a la célula. La AC tipo II promoverá hidratación del CO_2 para formar nuevamente HCO_3^- y H^+ (Capítulo 6). El H^+ será expulsado de la célula en antiporte con Na^+ (cotransportador NHE3), así, mediante recirculación del H^+ en la membrana luminal se promoverá formación de H_2O y CO_2, y posterior reabsorción de bicarbonato. La bomba H^+-ATPasa (V-ATPasa) también secreta H^+ al líquido tubular. El HCO_3^- generado en la célula será incorporado al organismo por la membrana basolateral mediante el cotransportador NBCe1A (Capítulo 6, Figura 18).

  Por lo tanto, un defecto en la función celular proximal o en las proteínas participantes (AC tipo IV, AC tipo II, NHE3, H^+-ATPasa o NBCe1A) afectará la reabsorción de HCO_3^- produciendo bicarbonaturia.
- **Defectos en el túbulo colector**: en el nefrón distal se produce la regulación fina de la homeostasis ácido-base. Este epitelio "tigh" permite crear elevados gradientes químicos y eléctricos. El túbulo colector posee un potencial luminal negativo gracias a la reabsorción constante de Na^+ mediante el canal ENaC (células principales). El gradiente que permite entrada de Na^+ es obtenido por la acción de la bomba Na^+/K^+-ATPasa (células principales). La carga negativa del lumen favorece la secreción de H^+ y K^+. Esto se realiza mediante las bombas H^+-ATPasa, H^+/K^+-ATPasa (células intercaladas tipo A) y la permeabilidad de la membrana luminal al K^+ (canales ROMK). El citoplasma de las células intercaladas tipo A expresa AC tipo II que cataliza la hidratación del CO_2 para formar HCO_3^- y H^+. El H^+ será secretado al lumen por las bombas recientemente mencionadas y el HCO_3^- se reabsorberá gracias al antiportador AE1 (Capítulo 6, Figura 19).

  Un defecto en la integridad del epitelio o en el potencial luminal negativo o en alguna de las proteínas participantes (ENaC, bomba H^+-ATPasa, bomba H^+/K^+-ATPasa, AC tipo II, AE1) disminuye la excreción de H^+ y reabsorción de HCO_3^-, generando acidosis tubular renal.
- **Eliminación de amonio**: la síntesis de amonio es un proceso llevado a cabo por células del túbulo proximal; requiere utilización de glutamina, gasto energético y activación de gluconeogénesis para sintetizar NH_3/NH_4^+, HCO_3^- y glucosa (Capítulo 6, Figuras 22 y 25). El bicarbonato será reabsorbido por el cotransportador NBCe1A, mientras el amonio sufrirá un complejo recorrido para poder ser excretado (Capítulo 6, Figura 23). El NH_4^+, si no queda "atrapado" en el lumen tubular, utiliza transportadores para el H^+ y

K^+ atravesando el parénquima renal. De esta forma, el NH_4^+ sale de la célula proximal gracias al antiportador luminal NHE3, ingresa a la célula del asa ascendente gruesa de Henle por NKCC2 luminal, la abandona mediante NHE4 basolateral, se concentra en el intersticio gracias a sulfátidos aniónicos, luego, entra a las células del túbulo colector (por NKCC1 basolateral) y las abandona hacia el líquido tubular mediante transportadores Rh (Capítulo 6). Como el NH_3 es liposoluble difunde libremente o gracias a transportadores Rh. Finalmente, es el pH ácido del líquido tubular a nivel del colector lo que permite atrapar amonio y eliminarlo por la orina. Si todos estos factores no trabajan adecuadamente el amonio se reabsorberá hacia la circulación sistémica, y en el hígado será transformado a urea en una reacción que consume HCO_3^-.

Un defecto de la amoniogénesis proximal, transporte túbulo-intersticial o en la acidificación distal; afectarán la excreción de amonio provocando una acidosis tubular renal.

La amoniogénesis es un proceso que consume energía, por lo tanto, si la célula proximal desvía sus reservas energéticas (como en la reabsorción de Na^+ o eliminación de tóxicos) puede disminuir la producción de amonio. La hiperkalemia es un potente inhibidor de la amoniogénesis en el túbulo proximal.

La progresión de la ERC se caracteriza por pérdida de nefrones, fibrosis intersticial y atrofia tubular. Esto afecta el recorrido del amonio, sobre todo, por menor disponibilidad intersticial de sulfátidos; los que normalmente concentran el amonio favoreciendo su excreción tubular y evitan la reabsorción sistémica.

- **Hipoaldosteronismo**: el objetivo de la aldosterona será regular la homeostasis del K^+ y el estado del VCE mediante reabsorción de agua y Na^+. Secundariamente, aumenta la excreción de K^+ y H^+.

Para llevar a cabo su acción, la aldosterona activará la bomba Na^+/K^+-ATPasa y canal ENaC en la célula principal del túbulo colector. Así, reabsorbiendo Na^+ se generará un lumen con potencial negativo. Para poder continuar reabsorbiendo Na^+ es necesario reponer la carga positiva, lo cual se realiza mediante la secreción de H^+ y K^+. La aldosterona, también estimula la bomba H^+-ATPasa (célula intercalada tipo A) y canales ROMK (célula principal) del túbulo colector. Un defecto en la síntesis de aldosterona o en su acción a nivel del túbulo colector, disminuirán la secreción de H^+ y K^+, induciendo acidosis e hiperkalemia. La hiperkalemia inhibe la amoniogénesis renal proximal, y esta situación es el principal mecanismo de acidosis tubular provocada por estados de hipoaldosteronismo.

14.4 Acidosis tubular renal tipo 1; defecto en la acidificación urinaria del túbulo colector

En la ATR tipo 1, también llamada acidosis tubular renal distal, el túbulo colector es incapaz de excretar H^+ bajo un pH del ultrafiltrado inferior a 5,5[168]. En condiciones normales puede excretar activamente H^+ hasta un pH de 4,5; momento en el que disminuye considerablemente la actividad de la bomba H^+-ATPasa y la retrodifusión de este catión impide un aumento del gradiente. Si no es posible disminuir el pH urinario, tampoco actúan adecuadamente los ácidos titulables ni el amonio. Se reduce la eficiencia en la excreción de la carga ácida diaria y sobreviene una acidosis.

En la célula intercalada tipo A (Capítulo 6, Figura 19) se genera H^+ y HCO_3^- desde el CO_2 y H_2O. Al tiempo que se secreta H^+, se reabsorbe HCO_3^- por el antiportador AE1. Este último incorpora Cl^- a la célula que será secretado al lumen tubular. La energía para este antiportador es aportada por el gradiente químico del HCO_3^- que favorece su salida a la sangre. Como el H^+ y HCO_3^- abandonan la célula, es posible generar nuevamente estos elementos a partir de la hidratación del CO_2 (principio de acción de masas, Capítulo 2). Cuando existe un defecto en la excreción de H^+ intracelular, se acumula, impidiendo la generación de nuevo H^+ y HCO_3^-. Habrá menor reabsorción de HCO_3^- que entregaba el gradiente químico para la función de AE1, por tanto, disminuye la secreción de Cl^- al líquido tubular. El efecto final es una disminución de la $[HCO_3^-]$p y aumento del Cl^- plasmático, es decir; acidosis hiperclorémica. Por otro lado, como no se puede secretar H^+ al lumen tubular, este catión será reemplazado por K^+, produciendo kaliuresis e hipokalemia.

Producto de la acidosis crónica, en el túbulo proximal aumenta la reabsorción de citrato (base) y disminuye la de fosfato (acidez titulable). La acidosis crónica, también incrementa la eliminación urinaria de calcio (Capítulos 6 y 14). Así, una orina que no puede ser acidificada, en asociación con hipocitraturia, hipercalciuria e hiperfosfaturia; promoverán la precipitación de fosfato cálcico. La nefrocalcinosis es un elemento característico de la ATR tipo 1.

El efecto diurético de la acidosis crónica (Capítulo 14) y la disminución de la $[HCO_3^-]$p producto de la misma acidosis, exacerban la retención de

Cl^- (acidosis hiperclorémica). Lo anterior se debe a que los mecanismos restauradores del VCE reabsorberán agua, Na^+ y un anión; que preferentemente será Cl^-.

Se define como ATR tipo 1 incompleta a la presencia de pH y HCO_3^- plasmático normales (ausencia de acidosis metabólica), pero con incapacidad de acidificar la orina ante una carga ácida. Esta situación debe ser sospechada en pacientes con nefrocalcinosis, hipokalemia y pH urinario >5,5. La nefrocalcinosis induce daño túbulo-intersticial y enfermedad renal crónica con progresión hacia una ATR tipo 1 completa (sí presenta acidosis metabólica).

Una de las principales causas de ATR tipo 1 son las enfermedades autoinmunes, especialmente; lupus eritematoso sistémico (LES) y síndrome de Sjögren. Estas patologías cursan con nefritis intersticial donde se exponen proteínas como la bomba H^+-ATPasa. Es posible que se desarrollen anticuerpos contra esta bomba, y así, la ATR. En el síndrome de Sjögren 3-6,5% de los pacientes presentan una ATR tipo 1 completa, mientras hasta 33% poseen un trastorno incompleto[169]. La crioglobulinemia y otras enfermedades autoinmunes, también producen acidosis tubular distal por mecanismos similares (Tabla 25).

Existen enfermedades congénitas con ATR tipo 1. La mutación de la bomba H^+-ATPasa generalmente es autosómica recesiva y puede asociarse a sordera sensorioneural. Cuando el defecto está en el dominio citosólico (V_1) la hipoacusia aparece desde la infancia, en cambio, si la alteración ocurre en el dominio transmembrana (V_0); la hipoacusia comienza a edad adulta[54]. Algunos defectos del dominio V_0 ocasionan cutis laxa y osteopetrosis.

Las mutaciones del cotransportador AE1 pueden ser autosómicas dominantes o recesivas. Se manifiestan con deformidades eritrocitarias y/o acidosis tubular renal distal. El defecto de herencia autosómica dominante generalmente se expresa solo con ATR tipo 1[54].

Algunas drogas como la ciclofosfamida, foscarnet, bifosfonatos intravenosos (zolendronato) y el litio; son tóxicos para las células del túbulo colector y alteran su función. Un caso especial es la anfotericina B, que se fija a los esteroles de las membranas celulares eucariotas. Esto cambia el epitelio "*tigh*" del túbulo colector a un epitelio "*leaky*", favoreciendo retrodifusión exagerada de H^+[168].

Existe otra forma de ATR tipo 1 en donde la alteración no es la excreción de H^+ al lumen tubular (forma "Clásica"), sino la imposibilidad de generar un lumen negativo. Las células del colector normalmente excretan H^+ y K^+

Tabla 25. Causas ATR tipo 1 (distal).
Hipokalémica (clásica):
- Congénito: · Mutaciones autosómicas dominantes o recesivas de AE1. · Mutación autosómica recesiva de H^+-ATPasa. · Mutación bomba H^+/K^+-ATPasa. - Drogas: · Toxicidad celular: litio, ciclofosfamida, foscarnet, bifosfonatos (zolendronato), ciclamato. · Alteración barrera epitelial: anfotericina B. - Enfermedades sistémicas: LES, Sjögren, artritis reumatoide, amiloidosis, crioglobulinemia, hipergammaglobulinemia, tiroiditis, cirrosis biliar primaria, poliarteritis nodosa, alveolitis fibrosante. - Enfermedades túbulo-intersticiales: nefropatía de los Balcanes, pielonefritis crónica, uropatía obstructiva, reflujo vésico-ureteral, rechazo trasplante renal. - Asociado a otras enfermedades genéticas: anemia falciforme, enfermedad medular quística, síndromes de Marfán y Ehlers-Danlos.
Hiperkalémica:
- Defecto distal generalizado (menor excreción H^+ y K^+): enfermedades túbulo-intersticiales crónicas, uropatía obstructiva aguda, anemia falciforme, LES. - Alteración voltaje luminal negativo: · Defecto del canal ENaC: drogas (amiloride, triamtereno, trimetoprim, pentamidina), pseudohipoaldosteronismo tipo 1 autosómico recesivo. · Menor llegada de Na^+ al colector: pseudohipo-aldosteronismo tipo 2, potenciadores del transportador NCC (anticalcineurínicos).

gracias al lumen negativo producto de la reabsorción de Na^+. Si lo anterior no ocurre, habrá acidosis con un pH urinario elevado (similar a la forma clásica), pero, además, se agrega hiperkalemia; ya que no se excretan a la orina H^+ ni K^+ (forma "hiperkalémica" de ATR tipo 1). La hiperkalemia exagera la acidosis por inhibición de amoniogénesis proximal.

Los defectos del canal ENaC se traducen en una incapacidad para generar el lumen con potencial negativo. Sus causas pueden ser fármacos que bloquean este canal (amiloride, triamtereno, trimetoprim, pentamidina). El pseudohipoaldosteronismo (P_{HA}) tipo 1 autosómico recesivo se caracteriza por mutaciones en el canal ENaC que impiden su función.

En el pseudohipoaldosteronismo tipo 2 o síndrome de Gordon, existe una hiperfunción del canal NCC en el túbulo distal. La gran absorción de Na^+ impide la actividad del ENaC por falta de sustrato, así no es posible establecer el lumen negativo. Clínicamente se caracteriza por hipertensión, hiperkalemia, acidosis hiperclorémica y niveles de aldosterona bajos. Los anticalcineurínicos promueven la actividad del transportador NCC (al igual que un síndrome de Gordon).

En la uropatía obstructiva (sobre todo, aguda), nefritis intersticial (de cualquier etiología) o compromiso isquémico por anemia falciforme; se puede producir un daño generalizado en los sistemas de transporte del túbulo colector. Habrá desarrollo de ATR tipo 1 e hiperkalemia.

Un pH urinario >5,5 en condición de acidosis refleja alteración en la excreción distal de H^+; hecho que caracteriza a la ATR tipo 1[114,168]. El Anion Gap urinario es una forma de evaluar indirectamente la excreción de amonio, en este caso su resultado será positivo. Como en la ATR tipo 1 (clásica e hiperkalémica) la función tubular proximal está conservada, cuando se administra una carga alcalina (bicarbonato de sodio) el riñón reabsorbe gran parte de esta. Por este motivo la fracción excretada urinaria de bicarbonato ($FEHCO_3^-$) será muy baja (Tabla 26).

Clínicamente, la ATR tipo 1 congénita se manifiesta en la infancia; caracterizándose por acidosis metabólica hiperclorémica, alteración del crecimiento e hipokalemia (forma clásica). La hipokalemia puede ser severa provocando debilidad muscular, poliuria y polidipsia. En casos leves la primera manifestación puede ser litiasis (ATR tipo 1 incompleta).

El P_{HA} tipo 1 autosómico recesivo (mutación canal ENaC) se presenta con hiperkalemia, acidosis metabólica hiperclorémica, pérdida de Na^+ y agua con tendencia a hipotensión y niveles de renina y aldosterona aumentados. En niños puede haber distrés respiratorio por defecto del canal ENaC alveolar.

El tratamiento de la ATR tipo 1 requiere manejo de la causa cuando es adquirida y/o reversible. Además, administrar 1-3 mEq/kg/día de bicarbonato. No es necesaria mayor cantidad, ya que la pérdida diaria de HCO_3^- no supera este valor[169]. Este se puede administrar como sales (idealmente potásicas) de bicarbonato o citrato. La dosis mencionada en un adulto equivale aproximadamente a 5-20 g/d de $NaHCO_3$, 6-24 g/d de $KHCO_3$, 7-28 g/d de citrato de potasio o sodio. El objetivo es normalizar la concentración de bicarbonato plasmático. En niños, para asegurar un crecimiento adecuado, suplementar 4-8 mEq/kg/día de bicarbonato. La corrección de la acidosis restaura los niveles de citrato en orina contribuyendo a evitar nefrocalcinosis. En las formas hipokalémicas las sales potásicas ($KHCO_3$ o Citrato de K) permiten aportar este catión, aunque puede ser necesario agregar KCl o similares para restaurar el déficit de potasio. En las formas hiperkalémicas preferir sales de bicarbonato o citrato de sodio. El exceso de Na^+ promueve calciuria exagerando una nefrocalcinosis. Las tiazidas son útiles en el P_{HA} tipo 2, mientras en el P_{HA} tipo 1 autosómico recesivo se debe suplementar el déficit de volumen (agua y sal).

14.5 Acidosis tubular renal tipo 2; alteración en la reabsorción proximal de HCO_3^-

La ATR tipo 2 o proximal se caracteriza por una reducción en la capacidad reabsortiva del bicarbonato. Esta alteración puede ocurrir en forma aislada o asociada a otros defectos tubulares proximales (síndrome de Fanconi).

Inicialmente, disminuye la reabsorción máxima (Tmax) de HCO_3^-. Si normalmente el Tmax se produce con bicarbonato plasmático de 28 mEq/L, en estos pacientes será a los 15-18 mEq/L[15]. El aumento de HCO_3^- en el líquido tubular superará la capacidad de reabsorción en el nefrón distal. Esto provocará bicarbonaturia con pH urinario >5,5. El HCO_3^- arrastrará consigo Na^+ y K^+, por lo tanto, habrá disminución de VCE/VEC e hipokalemia. La restauración del VCE/VEC se logra reincorporando Na^+ y agua del líquido tubular. Ellos, en el túbulo proximal, irán acompañados de un anión, en este caso será Cl^- por defecto en la reabsorción de bicarbonato (además de su baja carga filtrada por menor concentración plasmática). Tanto la pérdida de bicarbonato como una mayor reabsorción de Cl^- producen acidosis metabólica hiperclorémica. Dado que el túbulo colector posee canales ROMK, los que confieren permeabilidad mantenida al K^+, siempre existirá kaliuresis mientras haya bicarbonaturia.

Conforme la acidosis metabólica progresa, se llega a un nadir en la concentración de HCO_3^-, que se establece según el Tmax del túbulo proximal. Es decir, la acidosis tiene un límite. Formas severas se caracterizan por $[HCO_3^-]$ plasmático <10 mEq/L y pH sanguíneo <7,1[169]. Una vez que se ha alcanzado una concentración de bicarbonato plasmático similar al Tmax, es posible reabsorber HCO_3^- suficiente en el túbulo proximal, de manera que su magnitud no sobrepase la capacidad reabsortiva del nefrón distal. Así, desaparece la bicarbonaturia y, por tanto, las pérdidas de Na^+ y K^+. Como la

Tabla 26. Diagnóstico diferencial acidosis tubulares renales. Modificado de referencia[168].

		ATR Distal (tipo 1)			
	ATR Proximal (tipo 2)	"Clásica"	Con pérdida de HCO_3^- (tipo 3)	Hiperkalémica	ATR hiperkalémica (tipo 4)
En situación de acidosis metabólica (espontáneo o luego de carga ácida)					
$[K^+]$ plasmático	N o ↓	N o ↓	N o ↓	↑	↑
Anion Gap urinario	Negativo	Positivo	Positivo	Positivo	Positivo
pH urinario	<5,5	>5,5	>5,5	>5,5	<5,5
Excreción NH_4^+	N	↓	↓	↓	↓
FEK^+	N o ↑	↑	↑	↓	↓
Respuesta a una carga alcalina ($NaHCO_3$)					
$FEHCO_3^-$	>10-15%	<5%	>5-15%	<5%	>5-10%
ΔU-B PCO_2	>20 mmHg	<20 mmHg	>20 mmHg	<20 mmHg	>20 mmHg
Otros defectos tubulares	Presentes	Ausentes	Ausentes	Ausentes	Ausentes
Nefrocalcinosis/ litiasis	Ausente	Presente	Presente	Presente	Ausente
Compromiso óseo	Presente	Raro	Raro	Raro	Ausente

acidificación distal funciona óptimamente, en el nuevo estado de equilibrio el pH urinario vuelve a ser <5,5. La acidosis crónica (objetivada por un pH y HCO_3^- plasmáticos disminuidos) estimulan amoniogénesis proximal e hiperventilación compensatoria. Finalmente, la excreción de H^+ y ácidos fijos se tiende a equiparar con los ingresos por mayor eliminación renal de amonio (Anion Gap urinario negativo <0 y Gap Osmolar urinario >150 mOsm/L). En la fase estable de una ATR 2 solo existirá acidosis metabólica hiperclorémica, por lo que puede ser difícil diferenciarla de otros trastornos.

La hipokalemia se produce en la fase inicial de una ATR 2, ya que la bicarbonaturia arrastra K^+ y la disminución de VCE activa el sistema R-A-A favoreciendo su excreción por el túbulo colector. La hipokalemia se exagera cuando la ATR proximal se asocia a un fíndrome de Fanconi. En fase estable, cuando ya no existe bicarbonaturia ni contracción del VCE/VEC, la kalemia y excreción renal de K^+ pueden ser normales.

Si se administra una carga alcalina ($NaHCO_3$) el nefrón no es capaz de manejarla (independiente de que la ATR se encuentre en fase inicial o estable), por lo que aumenta su fracción de excreción urinaria ($FEHCO_3^-$). Esto mismo se mide indirectamente con el aumento de PCO_2 urinario. Debido a que la acidificación distal está conservada, el exceso de H^+ secretados reacciona con la sobrecarga de HCO_3^- en el líquido tubular (formando H_2O y CO_2). Así, se eleva el gradiente de PCO_2 urinario - plasmático ($\Delta U-B\ PCO_2$) (Tabla 26 y Capítulo 13).

Entre las enfermedades congénitas, la principal causa de ATR proximal autosómica recesiva es la mutación del cotransportador NBCe1A, ya sea defectos totales o en la relación de transporte $1Na^+:3HCO_3^-$. La mutación de NHE3 es autosómica dominante y se acompaña de estatura baja.

Las formas familiares más comunes de síndrome de Fanconi son la cistinosis y enfermedad de Wilson (Tabla 27). En la intolerancia a la fructosa, la enzima deficitaria es la Aldolasa-B, impidiendo la metabolización de fructosa-1-fosfato y secuestrando fosfato intracelular en este compuesto. En el riñón, solo el túbulo proximal es afectado, porque posee la enzima fructokinasa (que media la fosforilación de fructosa a fructosa-1-fosfato). La depleción de fosfato será exclusiva del túbulo proximal, produciendo disminución de ATP y un síndrome de Fanconi.

La mutación autosómica recesiva de NBCe1A se manifiesta con retardo de crecimiento, retraso mental, calcificación de ganglios basales, cataratas, queratopatía en banda (opacidades corneales), glaucoma y elevación de amilasa y lipasa[72].

El síndrome de Fanconi se asociará a glucosuria, fosfaturia, proteinuria, aminoaciduria, uricosuria, hipokalemia, entre otros. Una causa importante de ATR proximal adquirida en adultos es el daño tubular inducido por paraproteinemias; donde la injuria renal es mediada por cadenas livianas o quimioterapia. Otras causas de síndrome de Fanconi adquirido son: drogas, depósito tubular de metales pesados, tóxicos, nefritis túbulo-intersticiales, entre otras (Tabla

Tabla 27. Causas ATR tipo 2 (proximal).
Bicarbonaturia aislada:
- Congénitas: · Mutación autosómica recesiva NBCe1A. · Mutación autosómica dominante NHE3. - Drogas: acetazolamida, metazolamida, dorzolamida, topiramato, sulfanilamidas.
Bicarbonaturia en síndrome de Fanconi:
- Congénito: Cistinosis, síndrome de Wilson, síndrome de Lowe, síndrome de Dent, síndrome de Fanconi-Bickel, tirosinemia, galactosemia, intolerancia a la fructosa, deficiencia piruvato carboxilasa. - Disproteinemias: mieloma múltiple, amiloidosis, cristalización de paraproteína en túbulo proximal. - Deficiencia vitamina D, hiperparatiroidismo. - Drogas: ácido valproico, aminoglucósidos, tetraciclinas, antineoplásicos (ifosfamida, oxaliplatino, cisplatino, capecitabina, irinotecan, bevacizumab), metales pesados (plomo, mercurio, cadmio, cobre), 6-mercaptopurina, antivirales (tenofovir, cidofovir, adefovir, didanosina, lamivudina, estavudina). - Enfermedad túbulo-intersticial: enfermedad medular quística, trasplante renal, Sjögren, hemoglobinuria paroxística nocturna, nefropatía membranosa con anti-cuerpos anti-tubulares. - Aminoácidos L-catiónicos: L-lisina, L-arginina. - Tóxicos: ácido aristolóquico, ácido fumárico, suramina, paraquat.

27)[170]. La deficiencia de vitamina D (calcidiol) se ha asociado a síndrome de Fanconi con muy buena respuesta a la suplementación.

Los análogos de nucleótido inhibidores de la transcriptasa reversa (tenofovir, cidofovir y adefovir), además de inhibir la enzima transcriptasa reversa viral, alteran la DNA-polimerasa-γ mitocondrial. Por sus bajas concentraciones sistémicas esto no provoca alteraciones celulares, sin embargo, en las células del túbulo proximal (por donde se excretan) pueden alcanzar muy altas concentraciones (Figura 38).

El transportador de aniones orgánicos basolateral (OAT-1) favorece la entrada de múltiples drogas al túbulo proximal para su excreción. Posteriormente, mediante los transportadores MRP-4 o MRP-2, las drogas son expulsadas al líquido tubular. Fármacos como: ritonavir, AINEs, dipiridamol, aciclovir y valaciclovir; compiten con tenofovir por su excreción apical, aumentando sus

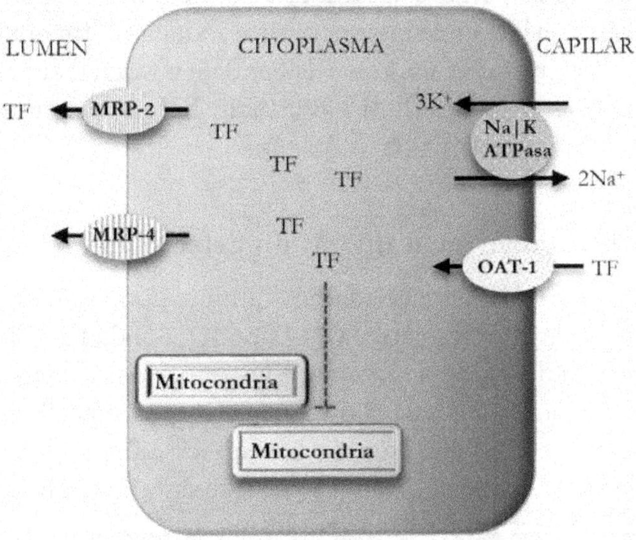

Figura 38. Transporte de tenofovir (TF) en la célula tubular proximal.

niveles intracelulares y dañando las mitocondrias. La célula principal queda sin fuente energética para procesos de reabsorción, sobreviniendo un síndrome de Fanconi con ATR tipo 2[171].

La paratohormona (PTH) en el túbulo proximal inhibe la bomba Na^+/K^+-ATPasa basolateral. Al aumentar el Na^+ intracelular disminuye la actividad de antiportadores NaPi, y también, NHE3. Cuando se frena la recirculación de H^+ aparece bicarbonaturia[172]. Nuevamente, el anión que reemplaza al bicarbonato, para acompañar al Na^+, es el Cl^-. El objetivo de la PTH es producir fosfaturia, secundariamente genera ATR tipo 2.

Clínicamente, la ATR proximal aislada es propia de niños. Puede ser asintomática hasta severa con paresia y parálisis muscular secundaria a hipokalemia. El tamponamiento crónico mediado por el hueso se complica con desmineralización ósea; raquitismo en niños y osteomalacia en adultos.

Para tratar la ATR tipo 2, además de corregir el factor causal si es posible, se requiere dosis altas de bicarbonato: 5-15 mEq/kg/d (20-50 o más g/d de $NaHCO_3$ en un adulto). Con esta dosis se corrige la acidemia, pero aparecerá bicarbonaturia e hipokalemia, por lo que se debe suplementar potasio. El citrato de potasio (20-60 g/d) permite aportar HCO_3^- y K^+. La hidroclorotiazida (25-50 mg/d) aumenta el Tmax de bicarbonato al inducir un hiperaldosteronismo secundario[169]. Pacientes con síndrome de Fanconi pueden requerir suplementos de fósforo. Reponer vitamina D si hay déficit. En casos de intolerancia a la fructosa, esta debe ser restringida.

14.6 Acidosis tubular renal tipo 3; un defecto en AC tipo II

Existe una rara enfermedad causada por la mutación recesiva de la enzima anhidrasa carbónica citoplasmática (AC tipo II), donde la ATR se debe a un defecto proximal y distal. Se denomina ATR tipo 3 y se acompaña de retardo mental, calcificaciones cerebrales y osteopetrosis (por imposibilidad del osteoclasto para degradar la matriz ósea mediante secreción ácida). Comparte las alteraciones de una ATR tipo 1 "clásica", pero presenta aumento de la $FEHCO_3^-$.

El topiramato es un fármaco que inhibe la AC tipo II, 15-25% de los usuarios manifestarán una acidosis metabólica hiperclorémica. Además, aumenta el riesgo de nefrocalcinosis.

14.7 Acidosis tubular renal tipo 4; hipoaldosteronismo

La aldosterona (en presencia de angiotensina II) estimula la excreción de H^+ en la célula intercalada A del túbulo colector a través de la bomba H^+-ATPasa. Si esta función es deficiente, como en el hipoaldosteronismo, falla la acidificación urinaria distal y, por tanto, la capacidad del amonio y la acidez titulable para excretar la carga diaria de ácida fijo. Como la aldosterona promueve eliminación de K^+ y H^+ para reabsorber Na^+; se genera hiperkalemia con disminución de su excreción urinaria. La hiperkalemia agrava la acidosis metabólica por el severo deterioro en la amoniogénesis proximal. De hecho, en hipoaldosteronismo, se atribuye la acidosis más a la hiperkalemia que un defecto en la acidificación distal. Como la alteración en la acidificación distal es menos severa que en la ATR tipo 1, el pH urinario será $<5,5$.

Es importante destacar la diferencia entre la ATR tipo 1 hiperkalémica versus la ATR tipo 4 por hipoaldosteronismo, ya que poseen etiologías y mecanismos fisiopatológicos similares. En ambos, se produce un defecto en la absorción de Na^+, disipación del potencial luminal negativo y menor excreción de K^+ y H^+. La hiperkalemia afectará la amoniogénesis proximal, siendo el principal responsable de la acidosis. Como se elimina menos amonio y cloro (anión acompañante de NH_4^+); disminuye la ENA, aparece hipercloremia y se regenera menos HCO_3^- en el túbulo colector. Se produce un descenso significativo del HCO_3^- plasmático. Como la carga filtrada de HCO_3^- disminuye por su baja concentración plasmática, el anión acompañante del Na^+, en su reabsorción proximal, será el Cl^-. Por otro lado, en la célula intercalada A, la excreción de H^+ hacia el lumen permite mayor generación de H^+ y HCO_3^- desde la hidratación intracelular del CO_2 mediada por AC tipo II. Por principio de acción de masas, al aumentar el H^+ intracelular (no siendo excretado), disminuirá la formación de HCO_3^-. Este último era intercambiado por Cl^- (antiportador AE1; Figura 19, Capítulo 6). Si no existe HCO_3^- intracelular, no hay sustrato para el intercambio con Cl^- extracelular por la membrana basolateral. Así, se impide la secreción luminal de Cl^- y se establece una acidosis metabólica hiperclorémica.

En la ATR tipo 1 hiperkalémica el trastorno está en el canal ENaC (membrana luminal). En cambio, la ATR tipo 4 se caracteriza por un defecto en la acción de la aldosterona (membrana basolateral). Por lo tanto, en la ATR tipo 4 siempre habrá una mínima porción de canales ENaC funcionando (por expresión constitucional); estos evitan la pérdida completa del lumen negativo, y así, la alteración en la acidificación distal es menos severa. Si el defecto que llevó al hipoaldosteronismo fue una disminución de angiotensina II, habrá aumento de la $FEHCO_3^-$ frente a una carga alcalina. Esto se debe a que la angiotensina II estimula la reabsorción de $NaHCO_3$ en el túbulo proximal. En cambio, la ATR tipo 1 hiperkalémica no presenta alteración de la $FEHCO_3^-$.

Factores que alteran el canal ENaC y la generación de un lumen negativo en el túbulo colector; producirán una ATR tipo 1 hiperkalémica (Tabla 25). Mientras, que trastornos en el efecto de la aldosterona; generarán una ATR tipo 4 (Tabla 28).

El cuadro clínico dependerá de la causa. Una insuficiencia adrenal se caracteriza por: hipotensión, hipoglicemia, hipercalcemia, hiperkalemia, hiponatremia, acidosis metabólica hiperclorémica, hiperpigmentación, etc. El hipoaldosteronismo hiporreninémico presenta bajos niveles de renina, generalmente son pacientes >65 años, con ERC leve a moderada, diabetes mellitus tipo 2 e hiperkalemia entre 5,5-6,5 mEq/L (Tabla 28)[15].

El pseudohipoaldosteronismo (P_{HA}) tipo 1 autosómico dominante se debe a una mutación en el receptor de mineralocorticoides que confiere resistencia

Tabla 28. Causas ATR tipo 4 (hipoaldosteronismo).
Deficiencia primaria de mineralocorticoides:
- Enfermedad de Addison: adrenalitis autoinmune, adrenalectomía bilateral, adrenalitis por VIH, síndrome de Waterhouse-Friderichsen, hemorragia de la glándula, tuberculosis. - Defectos enzimáticos congénitos: deficiencia 21-hidroxilasa o 3β-hidroxidehidrogenasa. - Defectos primarios de la zona glomerulosa y/o selectivos de la síntesis de aldosterona. - Hipoaldosteronismo del paciente crítico. - Drogas: · Inhibición síntesis de aldosterona: heparina no fraccionada y de bajo peso molecular. · Toxicidad glandular: ketoconazol, fluconazol, fenitoína, rifampicina, barbitúricos.
Hiporreninismo:
- Enfermedad sistémica: edad avanzada, nefropatía diabética, nefritis intersticial crónica, infección por VIH. - Drogas: AINEs, β-bloqueadores.
Defecto sistema renina-angiotensina-aldosterona:
- Inhibidores de renina: aliskiren. - Inhibidores de la enzima convertidora de angiotensina I. - Antagonistas del receptor de angiotensina II.
Resistencia a mineralocorticoides:
- Congénita: P_{HA} tipo 1 autosómico dominante. - Adquirida: antialdosterónicos (espironolactona, eplerenona).
AINEs: anti-inflamatorios no esteroidales, P_{HA}: pseudohipoaldosteronismo, VIH: virus de la inmunodeficiencia humana.

a la aldosterona. Solo se expresa en el riñón y disminuye su severidad con los años. Se caracteriza por hiperkalemia, acidosis metabólica hiperclorémica, hipotensión con pérdida renal de sodio y agua, y niveles elevados de renina y aldosterona. No hay respuesta a la administración de fludrocortisona 0,1 mg VO.

En todo paciente con hiperkalemia que no presente ERC, uso de suplementos de potasio, inhibidores del sistema R-A-A o diuréticos ahorradores de potasio; se debe sospechar hipoaldosteronismo. Se puede comprobar la causa renal de la hiperkalemia si la excreción de K^+ es baja: excreción de K^+ urinario <30 mEq/d y/o FEK <25%[15]. Un gradiente transtubular de potasio (TTKG) <5, además de confirmar una baja excreción de K^+ renal, sugiere que la alteración se ubica en el túbulo colector (hipoaldosteronismo). Si el TTKG aumenta por sobre seis, luego de cuatro horas de administrar fludrocortisona (0,1 mg VO); el trastorno se debe a deficiencia de mineralocorticoides, y no, resistencia a estos. Como se mencionó anteriormente, si hay disminución de angiotensina II, puede haber un aumento leve en la $FEHCO_3^-$ ante una carga alcalina.

Para el tratamiento será fundamental buscar causas reversibles y suspender cualquier fármaco que provoque hiperkalemia. Las alteraciones del potasio pueden ser más importantes que la misma acidosis y, por tanto, requerir tratamiento en forma urgente. Muchas veces, tratando solo la hiperkalemia se revierte la acidosis, ya que se restaura la amoniogénesis proximal[21]. La restricción de potasio dietario, diuréticos de asa, álcalis y resinas de intercambio pueden ser útiles. Pacientes con P_{HA} tipo 1 autosómico dominante deberán recibir suplementos de sal para restaurar el VCE/VEC. Tratar enfermedades sistémicas que se asocien a hipoaldosteronismo hiporreninémico y retirar fármacos que bloqueen la síntesis o acción de algún componente del sistema R-A-A.

14.8 Diagnóstico diferencial en ATR; proximal versus distal

Ante toda acidosis metabólica hiperclorémica se debe plantear una ATR como etiología posible. El estudio comienza con el AG urinario: un valor negativo indica indemnidad en la excreción de amonio. Más sensible que el AG urinario es el Gap osmolar urinario, cuyo valor normal es 80-150 mOsm/L. En condición de acidosis, un Gap >150-200 mOsm/L indica excreción de amonio adecuada y la mitad de su valor es un estimador indirecto de la concentración urinaria de amonio. Valores de Gap osmolar urinario <50-100 mOsm/L traducen un defecto en la eliminación de amonio (ATR tipos 1, 3 y 4).

Las pérdidas gastrointestinales de bicarbonato y la ATR tipo 2 se caracterizan por eliminación de amonio adecuada. Ambos trastornos pueden tener hipokalemia y el pH urinario es variable. En síndromes diarreicos el pH urinario generalmente es <5,5; pero puede ser >6 por exageración de amoniogénesis secundaria a la hipokalemia. El amonio tampona los H^+ excretados en el túbulo colector. La ATR tipo 2 puede tener pH urinario >6 o <5,5 según el momento evolutivo en el cual se presente.

Sin embargo, ante una carga de bicarbonato, la $FEHCO_3^-$ será >15% en ATR tipo 2 y cercana a 0% cuando las pérdidas son gastrointestinales. La

FENa también es útil en síndromes diarreicos; será <1%. En cambio, un valor >2% es propio de ATR tipo 2[15].

El K^+ plasmático es un elemento fundamental del estudio. Cursan con hiperkalemia la ATR tipo 1 hiperkalémica y la ATR tipo 4. En cambio, la ATR tipo 1 clásica, ATR tipo 2 en fase inicial, ATR tipo 3 y pérdidas gastrointestinales de bicarbonato; pueden tener $[K^+]$p normal o bajo (Figura 39).

Tradicionalmente se ha utilizado el pH urinario para detectar la ATR tipo 1 en contexto de acidosis metabólica hiperclorémica. Un pH urinario >5,5 certifica el defecto en la acidificación distal. Sin embargo, una ATR tipo 2 también puede tener pH >5,5 en fases iniciales. Para diferenciar ambos trastornos se puede realizar una prueba con cloruro de amonio o administración de furosemida. Una carga ácida de 0,1 mg/kg de cloruro de amonio provocará descenso del pH urinario en ATR tipo 2, pero no en ATR tipo 1 por defecto en la acidificación distal. La furosemida, al evitar la generación de un intersticio medular hipertónico, aumenta el aporte de Na^+ distal y crea un estado de hipovolemia. Así, favorece la reabsorción de Na^+ en el túbulo colector. Esta condición debiera acompañarse de un aumento en la excreción de H^+ debida a la carga negativa luminal. Sin embargo, en la ATR tipo 1 no hay una disminución significativa del pH urinario. Lamentablemente, el test de furosemida tiene elevada tasa de falsos negativos y positivos[169].

Finalmente, la administración de $NaHCO_3^-$ también permite diferenciar si el defecto es proximal o distal al objetivar una $FEHCO_3^-$ >15% en ATR tipo 2 y cercana a 0% en ATR tipo 1.

La respuesta a una carga de bicarbonato también sirve para evaluar acidificación distal (Capítulo 13). Si la excreción de H^+ es adecuada se formará CO_2 con el exceso de HCO_3^-, así aumenta la PCO_2 urinaria y la diferencia de PCO_2 urinaria versus sanguínea (ΔU-B PCO_2 >30 mmHg). En ATR tipo 1, el defecto de acidificación distal es tan severo que, prácticamente no hay generación de CO_2 por ausencia de H^+. La única excepción es con anfotericina B, donde la ΔU-B PCO_2 es normal, ya que el HCO_3^- luminal atrae H^+ por un epitelio dañado. El ΔU-B PCO_2 será <20-30 mmHg en ATR distal y la PCO_2 urinaria <55 mmHg (>70 mmHg si la causa es ATR distal por anfotericina).

Cuando se sospecha hipoaldosteronismo en contexto de hiperkalemia, una excreción de K^+ baja confirma la patogenia renal: excreción de K^+ urinario <30 mEq/d, FEK <25% y/o TTKG <5[15]. La administración de fludrocortisona ayudará en el diagnóstico diferencial, no evidenciándose mejoría en el TTKG cuando hay resistencia a la aldosterona.

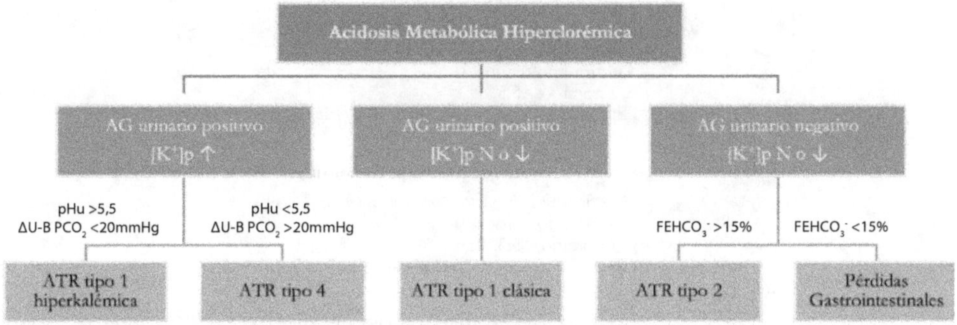

Figura 39. Diagnóstico diferencial ATR.

La medición de gases en orina puede ser muy compleja por diversos motivos. 1) Las máquinas analizadoras de gases tienen un margen estrecho en la lectura del pH, por lo cual, podrían no reconocer una muestra de orina. Además, la máquina idealmente debiera estar validada para evaluar gases en orina. 2) Por otro lado, la manipulación de una muestra de orina requiere protegerla del contacto con aire ambiental para evitar la pérdida de CO_2 y amonio. Esto se realiza agregando una interface de vaselina entre la orina y el aire. 3) La carga de $NaHCO_3$ puede requerir hospitalización con evaluación seriada de parámetros en sangre y urinarios para reconocer si el paciente ha llegado a las metas que permiten realizar diagnóstico (pH urinario >7,5). Lo anterior, produce alteraciones hidroelectrolíticas que obligan a pesquisarlas y manejarlas (Capítulo 16). Una forma práctica de hacer el diagnóstico diferencial de las acidosis metabólicas hiperclorémicas es recolectar orina de 24 horas, una muestra de plasma y evaluación de pH urinario con peachímetro, o en su defecto, análisis bioquímico semicuantitativo de orina. En la orina de 24 horas se debe cuantificar Na^+, K^+, Cl^+, osmolaridad, glucosa, nitrógeno ureico y creatinina. En la muestra de plasma evaluar Na^+, K^+, Cl^-, gases, osmolaridad y creatinina. Con estos parámetros es posible estimar fracciones excretadas de solutos, Gap osmolar urinario y Anion Gap urinario. En la Figura 40 se muestra un algoritmo de diagnóstico diferencial utilizando estos parámetros. Las causas no renales debieran ser pesquisables fácilmente mediante una adecuada historia y examen físico.

Acidosis Metabólica Hiperclorémica

ATR tipo 1 hipokalémica:
- Gap osmolar urinario <50-100 mOsm/L
- AG urinario diario >0
- pH urinario >5,5
- Hipokalemia con K^+_u >30 mEq/d, FEK >10-15%

ATR tipo 1 hiperkalémica:
- Gap osmolar urinario <50-100 mOsm/L
- AG urinario diario >0
- pH urinario >5,5
- Hiperkalemia con K^+_u <30 mEq/d, FEK <25%

ATR tipo 2 en fase inicial:
- Gap osmolar urinario >150-200 mOsm/L
- AG urinario diario >0 (por bicarbonaturia)
- pH urinario >6
- Hipokalemia con K^+_u >30 mEq/d, FEK >10-15%

ATR tipo 2 en fase estable:
- Gap osmolar urinario >150-200 mOsm/L
- AG urinario diario <0
- pH urinario <5,5
- Kalemia normal

ATR tipo 4:
- Gap osmolar urinario <100 mOsm/L
- AG urinario diario >0
- pH urinario <5,5
- Hiperkalemia con K^+_u <30 mEq/d, FEK <25%

Causas no renales: pérdidas gastrointestinales, solución salina 0,9%, colestiramina, aporte de cloruro de amonio

Figura 40. Diagnóstico diferencial ATR. Método útil en la práctica clínica.

14.9 Acidosis láctica, la consecuencia de una enfermedad grave

La glucosa es la principal fuente de energía en el organismo. En toda célula sufre un proceso de "glucólisis" por el cual se generan dos moléculas de ATP y ácido pirúvico. Este ácido se divide en su base conjugada (piruvato$^-$) y H^+. El piruvato ingresa a la mitocondria donde será transformado por la enzima piruvato deshidrogenasa (PDH) en acetil-CoA. Esta molécula entrará al "ciclo de Krebs", para finalmente, y a través de la cadena respiratoria mitocondrial, generar 36 moléculas de ATP, agua y CO_2 en reacciones exotérmicas que son dependientes de O_2. La principal finalidad del oxígeno es esta. Es un elemento esencial para la mantención de vida en el planeta por su contribución en la generación de energía celular.

Por lo tanto, sin oxígeno no hay energía que permita la viabilidad celular. En estas condiciones la célula solo puede conseguir ATP utilizando la vía de glucólisis inicial: "glucólisis anaeróbica". Este proceso es extremadamente ineficiente, ya que forma solo dos moléculas de ATP, en comparación a las 36 que se producen en presencia de O_2. Como consecuencia de esta vía de "salvataje" celular se acumula piruvato y NADH. Este último compuesto es un intermediario de la reacción, que se origina del NAD^+ luego de sufrir un proceso de reducción. El NADH debe ser "reciclado" para volver a ser utilizado en otra glucólisis anaeróbica. Esto se logra mediante la "fermentación láctica", donde el NADH se oxida a NAD^+ y el ácido pirúvico se transforma en ácido láctico (Figura 41).

La enzima piruvato deshidrogenasa (PDH) realiza la "oxidación del piruvato"[21]. Es inhibida por productos de la reacción (acetil-CoA, ATP, NADH), mientras que una ausencia de estos factores, la insulina y el AMP; estimulan la actividad de esta enzima. Utiliza como cofactor la tiamina (vitamina B1), por lo que una exageración brusca en su actividad puede inducir depleción de tiamina.

El acetil-CoA es la principal molécula para la generación de energía celular (Capítulo 7). Además de la glucosa, los ácidos grasos y aminoácidos también pueden formar acetil-CoA. La glucosa lo produce a través de "glucólisis anaeróbica" y "oxidación del piruvato"; en cambio, los ácidos grasos lo generan en un proceso llamado "β-oxidación". Cuando hay exceso de acetil-CoA, además de inhibir a la PDH, este se utiliza para la síntesis de ácidos grasos o formación de cetoácidos.

El ácido láctico es un ácido semifuerte con pKa de 3,8 (se transforma prácticamente en su totalidad a L-lactato⁻ y H^+; Capítulo 3). El H^+ reaccionará con HCO_3^- y *buffers* extra e intracelulares. La compensación respiratoria, y luego renal, permitirán estabilizar el pH.

Se explicitará "lactato" en lugar de "L-lactato" por ser la forma existente en células eucariotas. Células procariotas pueden generar el isómero D-lactato. Del mismo modo, se hablará indistintamente de "ácido láctico" o "lactato" ya que ambos compuestos pertenecen al mismo "ácido", solo que la presencia de cada uno dependerá del pH existente en el medio.

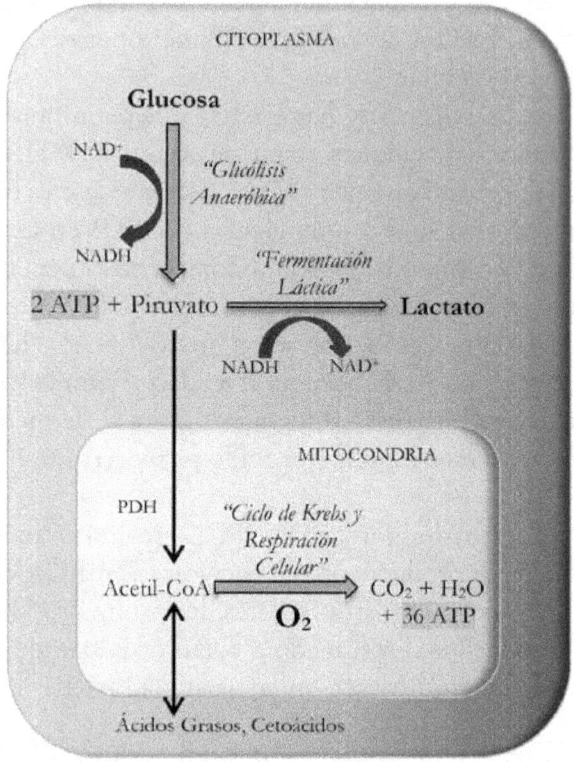

Figura 41. Glucosa, lactato y energía.

Utilizando la base conjugada, lactato⁻, es posible cuantificar y establecer una concentración normal de este, que refleja indirectamente la producción de ácido láctico dentro de rangos esperables. Además, por cada lactato⁻ generado, habrá una cantidad equimolar de H^+.

Prácticamente todas las células del organismo pueden producir lactato en situación de hipoxia. En condiciones normales (sin hipoxia tisular); células del sistema nervioso central, musculares, eritrocitos, células cutáneas, intestinales y de la médula renal producen lactato. Diariamente se genera entre 1 a 1,4 moles de ácido láctico, es decir, 625-830 µmol/kg/h o 15-20 mmol/kg/d[15,21,173,174]. El hígado, corazón, riñón y cerebro pueden remover lactato de la sangre, pero solo el primero lo hace en escenarios de isquemia[174]. Se ha estimado que el hígado remueve entre 10-70% del ácido láctico en condiciones basales o de estrés, el riñón hasta un 20-30%, cerebro 11% y corazón hasta 30%[173-175]. El lactato puede sufrir varios destinos: transformación a acetil-CoA para obtención de energía, transformación a glucosa (ciclo de Cori y gluconeogénesis), transformación a HCO_3^-, o eliminación en la orina como anión. En el hígado se produce el paso de lactato a bicarbonato mediante una reacción que requiere O_2, sin embargo, esto no significa un aporte significativo de bases; solo es el cambio de un ácido semifuerte (ácido láctico), por uno débil (CO_2/HCO_3^-). Para que la transformación del sistema ácido láctico/lactato$^-$ a CO_2/HCO_3^- signifique una ganancia de bases, debe ser excretado el CO_2 por el pulmón; esto equivale a eliminar el ácido y quedarse con la base conjugada.

Tanto el hígado, como corazón, riñón y cerebro; pueden aumentar su tasa de remoción de lactato, esto último se hace evidente en ejercicio[175]. El equilibrio entre producción y consumo permite que el valor normal de lactato en plasma sea ≈1 mmol/L. Se estima que el "clearance" o depuración de lactato en sangre es 1,379 L/min[176]. Por lo tanto, con una lactatemia de 1 mmol/L, la remoción de lactato es 83 mmol/h. Esta depuración de lactato puede llegar a 200 mmol/h, y más durante ejercicio intenso[175]. Se denomina "hiperlactatemia" cuando el lactato es mayor a 4 mmol/L[21]. No siempre habrá acidemia, ya que el trastorno puede ser muy leve o mixto; pero una hiperlactatemia implica mayor producción de H^+[177]. Es posible medir lactato arterial como venoso, ambos valores son intercambiables[178].

Un aspecto controversial es la capacidad de las soluciones con lactato (Ringer Lactato y Solución de Hartmann) de inducir hiperlactatemia. Generalmente, estas poseen ≈28 mEq/L de lactato, lo que equivale a la cantidad producida en veinte minutos de metabolismo en reposo. Considerando la capacidad del organismo para aumentar la depuración de lactato, es prácticamente imposible que estas soluciones produzcan hiperlactatemia.

Existen 2 tipos de acidosis láctica: A y B[179]. En la tipo "A" ocurre una deficiencia en la oxigenación tisular que limita su disponibilidad mitocondrial. Se produce metabolismo anaerobio generando lactato. Las principales causas obedecen a una condición en la que se afecta la entrega de O_2, con o sin aumento en la utilización de este (hipoxemia, anemia, shock intoxicación por monóxido de carbono (CO), metahemoglobina, entre otras) (Tabla 29).

El CO tiene una afinidad 250 veces mayor que el O_2 por la hemoglobina, así, disminuye la oxihemoglobina e incrementa la carboxihemoglobina. Del mismo modo, la hemoglobina reducida (metahemoglobina); transporta menos

O_2 y no lo entrega adecuadamente a los tejidos. El resultado será promoción de glucólisis anaeróbica y fermentación láctica.

La hipoxemia crónica no produce acidosis láctica, ya que existen mecanismos compensatorios como aumento del hematocrito, gasto cardiaco, mayor extracción tisular de O_2 y menor afinidad de la hemoglobina por el oxígeno. Al contrario, una hipoxemia aguda sí puede generar acidosis láctica cuando la PaO_2 cae bruscamente a valores bajo 30 mmHg[7], por otro lado, esta situación conlleva riesgo vital y puede precipitar un paro cardio-respiratorio.

En la acidosis láctica tipo "B" no hay hipoperfusión tisular, sino que el exceso de producción de este ácido es secundario a estados metabólicos alterados que generan acumulación de ácido pirúvico. La acidosis láctica tipo B se puede ver en alteraciones de la cadena respiratoria mitocondrial (cianuro, ácido fórmico, metformina, paracetamol, propofol), daño mitocondrial (antagonistas transcriptasa reversa, linfomas, leucemias, linezolid, salicilatos), cuando se inhibe la enzima piruvato deshidrogenasa (ausencia de insulina, déficit de tiamina, exceso de NADH o acetil-CoA), sobreproducción de ácido pirúvico (intolerancia a la fructosa, estados adrenérgicos).

La cadena respiratoria mitocondrial puede dañarse por dos mecanismos: alteración en los complejos de membrana que median el transporte de electrones o por disipación del potencial electroquímico de protones en la membrana interna mitocondrial (agentes desacoplantes) (Capítulo 7)[93].

El cianuro inhibe la Citocromo-C-oxidasa (complejo IV), enzima fundamental de la cadena respiratoria. Bajas concentraciones de cianuro estimulan la ventilación por hipoxia y acidosis intracelular en el centro respiratorio, pero dosis altas generan acidosis láctica sistémica, deprimen el SNC y provocan falla respiratoria.

El exceso de metformina (o antiguamente la fenformina; más liposoluble) inhiben el complejo I de la cadena respiratoria. Con la edad disminuye la actividad del complejo IV (por lo que son más susceptibles a la acidosis láctica). Uno de los mecanismos por los cuales el paracetamol induce acidosis láctica es la inhibición del complejo III de la cadena respiratoria[180]. El formato (proveniente del ácido fórmico), el monóxido de carbono y la alcalosis; también inhiben la Citocromo-C-oxidasa[93]. El propofol altera el complejo I (Figura 29, Capítulo 7).

La fructosa es un azúcar que puede ser transformado a glucosa para obtener energía (gluconeogénesis). Además, promueve la oxidación de glucosa

Tabla 29. Causas de acidosis láctica.

Acidosis láctica tipo A

- Hipoperfusión sistémica o shock de cualquier causa (hipovolémico, distributivo, anafiláctico, séptico, cardiogénico).
- Hipoxia y/o menor entrega de O_2 (anemia severa, intoxicación por CO, metahemoglobina).

Acidosis láctica tipo B

- Aumento glucólisis anaeróbica:
  · Exceso de catecolaminas: administración de adrenalina, feocromocitoma, crisis asmática.
  · Activación fosfofructokinasa: intolerancia a fructosa oral, fructosa, alcalosis in tracelular, insulina.
  · Depleción de ATP: ejercicio intenso, convulsiones, crisis asmática, captura de fosfato intracelular (exceso fructosa, xilosa, sorbitol).
- Aumento fermentación láctica:
  · Alteración relación NADH/NAD^+: intoxicación por alcoholes, cetoacidosis.
  · Inhibición PDH: déficit insulina, deficiencia de tiamina (alcoholismo), deficiencia congénita PDH.
- Toxinas mitocondriales: análogos de nucleótidos inhibidores de la transcriptasa reversa, linezolid, endotoxina.
- Alteración cadena de electrones:
  · Complejo I (biguanidas, rotenona, propofol).
  · Complejo III (NAPQI, antimicina).
  · Complejo IV y Citocromo-C-oxidasa (cianuro, edad, formato, CO, alcalosis).
- Desacopladores mitocondriales: salicilato, diclofenaco, 2,4-dinitrofenol, tirotoxicosis, ácidos grasos de cadena larga, pesticidas.
- Alteración depuración de lactato: enfermedad hepática.
- Mecanismos combinados: tumores metastásicos hepáticos y neoplasias hematológicas.

Acidosis D-Láctica

- Síndrome de intestino corto.
- Cirugía bariátrica.
- Isquemia intestinal.
- Obstrucción intestino delgado.

por la formación de fructosa-2,6-bifosfato y fructosa-1-fosfato (Capítulo 7). La fructosa también se puede metabolizar a gliceraldehídos y cetonas. El sorbitol, otra azúcar, se metaboliza a fructosa en las células. Un exceso de fructosa puede estimular intensamente la glucólisis anaeróbica y, además, captura el fosfato intracelular (en la forma de fructosa-1-fosfato); depletando la célula de ATP. Esto promueve acidosis láctica tipo B.

El alcoholismo se asocia a descenso de vitamina B1, cofactor importante para la acción de la enzima PDH. Los antagonistas de la transcriptasa reversa como tenofovir y adefovir inhiben la DNA-polimerasa-γ mitocondrial, provocando disfunción de esta, y así, la acumulación de piruvato intracelular.

La acidosis D-láctica, es un trastorno poco frecuente que se genera en pacientes que padecen síndrome de intestino corto. Si los carbohidratos llegan al intestino grueso sin haber sido degradados (ni absorbidos) en el intestino delgado, estos serán metabolizados por bacterias intestinales en ácido D-láctico; formando H^+ y D-lactato. Este último no se detecta en el plasma por la prueba convencional del lactato. Clínicamente se caracteriza por síntomas y signos neurológicos como ataxia y disartria[14]. El tratamiento consiste en antibióticos y una dieta baja en carbohidratos.

El propilenglicol es disolvente de muchos fármacos administrados por vía parenteral. Este es metabolizado a nivel hepático en ácido láctico, por lo que una sobredosis puede simular un shock.

Una hiperlactatemia mantenida, independiente de su origen, traduce una enfermedad grave; una severa disfunción celular. La mortalidad de pacientes con acidosis láctica es aproximadamente 60%[137,181]. El tratamiento lógico será siempre contra el factor causal, además de la estabilización del paciente.

El AG es una herramienta que permite detectar "aniones no medidos" como el lactato (Capítulo 13). Se estima que la mitad de los pacientes con lactato entre 3-5 mmol/L no presentan un AG aumentado[49]. De hecho, la sensibilidad y especificidad del AG para detectar hiperlactatemia es 80%, motivo por el cual no reemplaza la medición de lactato[49].

Cuando el estado de hiperlactatemia se acompaña de acidemia (acidosis láctica), ya existe una producción masiva de lactato, configurando una acidosis metabólica con AG aumentado. A esto se suma, que la depuración de lactato en el organismo, aunque es bastante elevada, puede ser menor que la de otros aniones en estados de disfunción celular[182]. Así, la elevación del AG tiende a ser mayor en acidosis láctica comparado a otras acidosis con AG elevado. Por lo anterior, cuando se realiza el cálculo del ΔΔ Ratio ($\Delta AG/\Delta HCO_3^-$) su valor tiende a ser más cercano a 2. Si se evalúa una acidosis metabólica mediante el ΔΔ Gap (ΔAG – ΔHCO_3^-), se recomienda una corrección. Para subsidiar el gran cambio del AG en acidosis láctica, se debe multiplicar su valor por 0,6; así se restaura el rango esperable de normalidad para una acidosis metabólica con AG aumentado pura (0 ±5) (Capítulo 13)[49].

$$\Delta\Delta\ Gap\ en\ acidosis\ láctica = (0{,}6 \cdot \Delta AG) - \Delta HCO_3^-$$

En acidosis láctica, la respuesta compensatoria respiratoria se evidencia antes que en otros trastornos ácido-base. Esto se debe a la producción de lactato en el SNC que, al generar acidosis intracelular, gatilla una respuesta precoz, que precede a los grandes cambios del pH sistémico[7].

Como se mencionó anteriormente, la acidemia grave afecta la contractilidad miocárdica y produce vasodilatación sistémica. Este efecto empeora la acidosis láctica, ya que disminuye el gasto cardiaco, y así, la entrega tisular de O_2. En un intento de evitar este "círculo vicioso", se ha tratado la acidosis láctica con bicarbonato intravenoso para disminuir la acidemia. Tradicionalmente la indicación de $NaHCO_3$ IV es acidemia severa (pH <7,2) (Capítulo 16). El efecto ha sido controversial, solo hay un aumento inicial en la concentración de HCO_3^-, para luego observar un empeoramiento en la disfunción celular[21]. Esto se debe a que los pacientes que requieren esta medida terapéutica son más graves, y además, al desarrollo de acidosis intracelular. Al añadir HCO_3^-, se genera un gran aumento de los productos en la reacción química CO_2/HCO_3^-, por principio de acción de masas, esta tiende a redireccionarse hacia la izquierda (reactantes). Así, aumentan el CO_2 y H_2O. El CO_2 es liposoluble y entra fácilmente a la célula, produciendo mayor acidosis intracelular. Cuando esto ocurre en la célula miocárdica, empeora su función contráctil; y lo mismo sucede en otras células[183]. Además, los álcalis estimulan la glucólisis anaeróbica (activación de fosfofructokinasa) e inhiben la cadena respiratoria (complejo IV); por lo que se genera más ácido láctico[93,184]. La infusión de $NaHCO_3$ provoca hipocalcemia (por unión de calcio iónico a proteínas plasmáticas). La hipocalcemia se asocia a disminución de contractilidad y mayor deterioro hemodinámico.

Se ha propuesto una terapia "adaptada" en la cual se induce hiperventilación y se administra calcio IV para restaurar las alteraciones inducidas por la infusión de $NaHCO_3$[177]. Los resultados son muy prometedores en cuanto a mejoría hemodinámica[185]. Se recomienda como meta una [HCO_3^-] de 10-14 mEq/L y un pH >7,1-7,2[15]. Se sugiere utilizar un espacio del bicarbonato de 50% para los cálculos del déficit de este (Capítulo 16). La sobrecarga de volumen e hipernatremia son otra complicación de la terapia con $NaHCO_3$, por esto se debe preferir bajas velocidades de infusión y soluciones isotónicas. La realización de hemodiálisis o hemofiltración permite administrar bases, remover lactato y otros ácidos, exceso de fluido y corregir otras alteraciones del medio interno.

La restauración del volumen intravascular es un aspecto fundamental en el tratamiento de una acidosis láctica debida a hipoperfusión sistémica. Las soluciones isotónicas (NaCl 0,9%) se han asociado con el desarrollo de falla renal y acidosis metabólica hiperclorémica. En reemplazo del NaCl 0,9% existen soluciones "balanceadas", que contienen aniones orgánicos como lactato, acetato o citrato. De esta forma, no producirían hipercloremia ni mayor acidosis. Por otro lado, los aniones orgánicos se transformarán a HCO_3^- en el hígado, aportando bases y contrarrestando la acidosis metabólica. Sin embargo, se debe considerar que la acidosis láctica es solo el reflejo del problema real: una disfunción celular sistémica. Las células hepáticas no podrán transformar estos aniones a HCO_3^-, porque usan sus reservas energéticas para sobrevivir en lugar llevar a cabo las funciones hepáticas. De hecho, cuando el hígado está enfermo, se transforma en un órgano productor de lactato[186]. Una situación similar ocurre con todos los parénquimas del organismo.

El acetato, citrato y lactato se han asociado a depresión miocárdica, por lo tanto, la acumulación de estos aniones puede empeorar el estado de hipoperfusión[187-190]. Además, si el hígado no los transforma a HCO_3^- agravarán la acidosis. El citrato actúa como quelante de Ca^{++} y Mg^{++}, sensibilizando a trastornos del ritmo cardiaco y produciendo microtrombos[188].

Para eliminar un ácido (AH) es necesario deshacerse de todos los componentes de la reacción ($AH \leftrightarrow A^- + H^+$). Inicialmente, para deshacerse del sistema ácido láctico/lactato$^-$ es necesario transformarlo en CO_2/HCO_3^-, así el CO_2 se excreta por el pulmón y el HCO_3^- aporta a la capacidad amortiguadora del organismo. Lo mismo ocurre con otros ácidos orgánicos (ácido acético/acetato, ácido cítrico/citrato). Si se acumulan bases conjugadas "no HCO_3^-" (como cuando existe disfunción hepática y se administran soluciones "balanceadas"), se bloquea la posibilidad de eliminar el ácido orgánico en la forma de CO_2, así, solo quedarán circulando compuestos de los sistemas AH/A^- (que no son CO_2/HCO_3^-), y por tanto, los H^+ asociados a ellos. Estos ácidos, difíciles de eliminar, solo contribuirán a la acidosis metabólica con AG aumentado.

En suma, cuando existe un estado de shock, la solución isotónica NaCl 0,9% podría agregar una acidosis metabólica hiperclorémica; pero las soluciones balanceadas añaden una acidosis metabólica con AG aumentado más afectación miocárdica. Independientemente, del tipo de acidosis agregada, lo esencial es restaurar el volumen circulatorio efectivo, recuperar la perfusión sistémica, mejorar la oxigenación tisular, evitar el metabolismo celular anaerobio, y así, frenar la formación de ácido láctico.

El fármaco Tris-Hidroximetil Aminometano (THAM o Tris-base) es una base (gracias a su grupo amino), que se utiliza para estabilizar (tamponar) el pH en soluciones experimentales:

$$\textit{Tris-ácido} \leftrightarrow \textit{Tris-base} + H^+ \ (pKa = 8,1)$$

$$\textit{Tris-base} + H^+ \leftrightarrow \textit{Tris-ácido} \ (pKb = 5,9)$$

Como predomina el pKb por sobre el pKa, el comportamiento es el de una base débil. Este compuesto se ha administrado en acidosis láctica por su capacidad de amortiguar el exceso de H^+ y CO_2; luego se elimina por la orina. No ha demostrado mejorar el pronóstico, se acumula en falla renal y tiene múltiples efectos adversos (hiperkalemia, hipoglicemia, depresión ventilatoria y falla hepática)[57].

Otra droga que se ha investigado es el dicloroacetato, un estimulante de la PDH. Sin embargo, la disminución del lactato por este mecanismo no ha demostrado mejorar parámetros hemodinámicos, ni disminuir la mortalidad[57].

Una respuesta celular a la acidosis es la eliminación de H^+ intracelulares mediante el antiportador NHE1 (Capítulo 7)[88]. El mayor ingreso de Na^+ provoca edema celular. Este exceso de Na^+ es eliminado en antiporte con Ca^{++}. Tanto el exceso de H^+, Na^+, Ca^{++} y edema celular provocarán disfunción celular con activación de apoptosis (Figura 28, Capítulo 7). Actualmente, se encuentra en estudio un fármaco inhibidor del antiportador NHE1 el cual también ha presentado resultados beneficiosos (Capítulo 16)[191]. La activación de la bomba Na^+/K^+-ATPasa por actividad β2-adrenérgica, también permite evitar un exceso de Na^+ intracelular.

En la acidosis láctica asociada al cáncer existe una sobreproducción de ácido láctico no debida a hipoxia (acidosis láctica tipo B). Como la acidosis láctica empeora la evolución de un cáncer, se han estudiado moléculas para evitar su formación[192]. Específicamente, existen inhibidores de los transportadores de ácidos monocarboxílicos (MCT) y lactato deshidrogenasa (Capítulo 7).

14.10 Intoxicación por monóxido de carbono, una acidosis láctica tipo A y B

El monóxido de carbono (CO) es un gas no irritante, incoloro, inodoro y sin sabor. Se produce por la combustión incompleta de materiales carbonados, mientras la oxidación completa genera CO_2. La inhalación puede ocurrir como intento suicida o accidental.

El CO tiene doscientas cuarenta veces mayor afinidad por la hemoglobina que el oxígeno. En la sangre compite con este, disminuye la concentración de oxihemoglobina, transporte de O_2, y finalmente, la entrega tisular de O_2 (acidosis láctica tipo A). En la célula el CO bloquea la Citocromo-C-oxidasa (Capítulo 7). De esta forma, inhibe la oxidación aeróbica de glucosa predominando un metabolismo anaeróbico, con desarrollo de acidosis láctica tipo B.

Bajas concentraciones de carboxihemoglobina (COHb) son bien toleradas, exposiciones leves (5-10% de COHb) producen cefalea y disnea leve. Concentraciones de COHb entre 10-30% se asocian a cefalea, mareo, debilidad, disnea, irritabilidad, náuseas y vómitos. Una exposición severa con COHb >50% provoca convulsiones, coma, paro cardiorrespiratorio y muerte. Los sobrevivientes pueden quedar con secuelas neurológicas.

La oximetría de pulso no detecta COHb, ya que tiene absorbancia similar a la oxihemoglobina. Así, la saturación por oximetría de pulso del paciente será normal. Se requiere medición de gases en sangre arterial con CO-Oximetría.

La administración de O_2 100% disminuye la vida media del CO desde cinco a seis horas a una hora. La adición de CO_2 al 4,5% permite evitar el desarrollo de alcalosis respiratoria[193]. Las cámaras hiperbáricas reducen aún más la vida media del CO.

14.11 La metahemoglobinemia también produce acidosis láctica

La hemoglobina se une al oxígeno gracias a que posee cuatro moléculas de fierro. Para que esta unión se lleve a cabo, el fierro debe estar reducido (ferroso o Fe^{+2}), ya que en estado oxidado (férrico o Fe^{+3}) no ocurre. Si la hemoglobina porta alguna de sus moléculas de fierro en estado Fe^{+3}; el resto (Fe^{+2}) aumenta su afinidad por el O_2[194]. Es decir, la hemoglobina con fierro oxidado transporta menos oxígeno y no lo entrega a los tejidos[195,196].

La hemoglobina que contiene fierro oxidado se denomina "metahemoglobina". Normalmente, se produce espontáneamente a velocidad de 3% de la

Hb circulante al día[193,194]. Afortunadamente, el eritrocito tiene una maquinaria enzimática que reduce la Hb oxidada manteniendo los niveles normales de metahemoglobina en sangre <1%[196].

Quien reduce la metahemoglobina, para devolver el fierro a su estado ferroso, es el Glutatión reducido. A su vez, el glutatión oxidado adquiere su poder reductor gracias a moléculas de NADPH y NADH. Ambas se obtienen desde la glucosa en el eritrocito. El NADPH proviene de la "vía de las hexosas monofosfato o pentosa fosfato"; estimulada por la Insulina. Mientras, el NADH se genera por glicólisis anaeróbica. Normalmente, las moléculas de alto poder reductor se utilizan en la mitocondria para producir energía, sin embargo, el eritrocito (que carece de mitocondrias), desvía todo este poder reductor hacia la conversión de Hb oxidada a reducida, para poder transportar O_2 eficientemente a los tejidos.

Son múltiples los factores que inducen formación de metahemoglobina, algunos de ellos son: nitratos, anilinas, algunos alimentos, trastornos genéticos o drogas oxidantes (dapsona, benzocaína, metoclopramida, trimetoprim, sulfamidas)[197].

La metahemoglobina absorbe las dos longitudes de onda de la oximetría de pulso (660 y 940 nm). Esto produce que niveles bajos (metahemoglobina <15% del total de Hb) son registrados como desaturación (oxihemoglobina falsamente disminuida), y desde una metahemoglobinemia elevada (>35% de la Hb total) se establece una meseta de saturación de oxígeno (en torno a 82-95%) independizándose de los niveles de metahemoglobina[193,197]. Al contrario de la oximetría de pulso, los gases arteriales evalúan la saturación de Hb mediante un cálculo a partir de la concentración de esta y la PaO_2 (asumiendo normalidad en la función de la Hb). Por lo anterior, los gases arteriales evidenciarán una saturación de oxígeno falsamente "normal", ya que la porción disuelta de O_2 en sangre se mantiene en valores fisiológicos. Un Gap de saturación de oxígeno entre oximetría de pulso y gases arteriales >5%; debe hacer sospechar metahemoglobinemia. Solo la evaluación de gases arteriales con CO-Oximetría permite detectar específicamente metahemoglobina (Capítulo 4).

Una metahemoglobinemia <15% no genera síntomas a pesar de existir cianosis evidente. Niveles mayores producen disnea, cefalea y debilidad. Una metahemoglobinemia severa (>60%) se asocia a acidosis metabólica, compromiso de conciencia, convulsiones y muerte. El tratamiento siempre es retirar el factor causal. El azul de metileno aumenta la conversión de metahemoglobina a hemoglobina, por lo que está indicado en pacientes con niveles >30% o >20% si presenta síntomas (considerar valores más bajos en casos de anemia o enfermedad cardiopulmonar concomitante). Se administra 1-2 mg/kg de solución al 1% intravenoso durante 5 minutos, siendo posible repetir la dosis en 30 minutos[193,197]. Se debe evitar administrar exceso de azul de metileno y está contraindicado en deficiencia de glucosa-6-fosfato deshidrogenasa, falla renal e intoxicación por cianuro. En metahemoglobinemias crónicas (generalmente genéticas) es útil el ácido ascórbico vía oral.

14.12 Intoxicación por cianuro, una acidosis láctica letal

El cianuro es un compuesto ampliamente presente en la naturaleza y en sustancias sintéticas. Existe en forma líquida, gaseosa o sólida. El anión cianuro (CN^-) está compuesto por 1 molécula de carbono y otra de nitrógeno. Puede estar en forma de ácido cianhídrico (HCN) o como sales de cianuro (NaCN, KCN). El ácido cianhídrico tiene un pKa de 9,21 y en solución acuosa es muy volátil. El HCN se encuentra en tinturas, explosivos, plásticos, combustión de elementos con nitrógeno, gases producidos por motores o cigarros, y algunos frutos como damasco y almendras. Los compuestos carbonados que tienen un grupo cianuro (R-CN) se denominan nitrilos. Existen múltiples compuestos químicos que corresponden a nitrilos, incluso fármacos (nitroprusiato, verapamilo).

La intoxicación puede ocurrir por inhalación de HCN, ingestión de HCN o sales de cianuro, o contacto a través de piel y/o mucosas con los compuestos mencionados.

El anión CN^- inhibe potentemente la Citocromo-C-oxidasa, bloqueando la cadena respiratoria. También, se une a la hemoglobina en su forma oxidada (metahemoglobina). La metabolización principal del CN^- ocurre con azufre, mediante enzimas distribuidas ampliamente en el organismo, que lo transforma en tiocianato (SCN^-). El SCN^- será excretado por el riñón. Una pequeña porción de CN^- se metaboliza con hidroxicobalamina (vitamina B12).

Manifestaciones iniciales de la intoxicación por cianuro incluyen ansiedad, disnea, cefalea, confusión, taquicardia e hipertensión. Puede evolucionar a sopor, convulsiones, dilatación pupilar fija, hipoventilación, hipotensión, bradicardia, bloqueos aurículo-ventriculares, arritmias ventriculares, coma y paro cardiorrespiratorio. En los exámenes de laboratorio, detrás de una severa falla multisistémica, se objetiva acidosis láctica y elevación de la saturación venosa central. Ambos parámetros evidencian ausencia de metabolismo aeróbico. Se considera tóxico niveles de cianuro en sangre >0,5 mg/L.

El tratamiento consiste en administrar nitratos para producir metahemoglobinemia que "atrape" el CN^- (nitrato de sodio 300 mg intravenoso en tres minutos) asociado a tiosulfato de sodio que actúa como donante de azufre para la conversión de CN^- a SCN^- (12,5 g de tiosulfato de sodio intravenoso en diez minutos)[193]. La hidroxicobalamina intravenosa (5 g) también puede ser útil. Lógicamente, está contraindicado el azul de metileno que disminuye los niveles de metahemoglobinemia.

14.13 Acidosis D-láctica, una acidosis con síntomas neurológicos

El lactato posee dos isómeros: L-lactato y D-lactato. Ambos provienen del piruvato; el primero se genera mediante la enzima L-lactato deshidrogenasa, y el segundo, por la enzima D-lactato deshidrogenasa. Los mamíferos no poseen esta última enzima, por lo que no sintetizan D-lactato. Sin embargo, en el humano existe una mínima generación de D-lactato desde el metilglioxal. Este subproducto tóxico de la glucólisis aparece en estados de hiperglicemia[198]. El propilenglicol (un alcohol tóxico) se metaboliza en L-lactato y una proporción menor en D-lactato, por la vía metabólica del metilglioxal.

La corteza renal y el hígado poseen una alta capacidad para metabolizar D-lactato gracias a la enzima D-2-hidroxiácido deshidrogenasa. Esta enzima puede ser inhibida por un exceso de oxalato.

En suma, los niveles de D-lactato en el humano son indetectables; primero por su síntesis despreciable, y segundo, por una alta capacidad de metabolización hepática y renal.

A diferencia de los mamíferos, algunas bacterias sí poseen la enzima D-lactato deshidrogenasa, por lo que generan grandes cantidades de esta molécula. Especies como Lactobacillus y Streptococcus, que habitan el colon, producen fermentación láctica desde carbohidratos simples generando L y D-lactato. Los antibióticos modifican la flora colónica normal, pudiendo favorecer proliferación de estas bacterias.

Afortunadamente, en un individuo sano, los carbohidratos no llegan significativamente al colon, por lo que estas bacterias no proliferan y no generan lactato. Sin embargo, cuando existe una malabsorción intestinal que provoca el paso rápido de carbohidratos simples desde el intestino delgado al colon, puede desarrollarse una producción excesiva de D-lactato. Lo mismo puede ocurrir en pacientes con intestino corto o cirugía de bypass yeyunoileal.

La sobreproducción bacteriana colónica de D-lactato (o ácido D-láctico) se acompaña de su absorción sistémica, sin embargo, esto no es suficiente para producir una acidosis D-láctica. Lo anterior se debe a la gran capacidad de metabolización hepática y renal. La tasa de metabolización de D-lactato es 1,5 mmol/kg/h[199]. Esta tasa de metabolización equivale a un estado malabsortivo donde 215 g al día de carbohidratos simples (860 kCal/d) llegan al colon, se transforman en D-lactato y se absorben completamente. Cabe resaltar que normalmente menos de la mitad del lactato producido por bacterias, será D-lactato.

Por lo tanto, para que se desarrolle una acidosis por acumulación de ácido D-láctico debe existir un defecto en su metabolización, lo que puede ocurrir cuando la enzima D-2-hidroxiácido deshidrogenasa es inhibida por oxalato. El calcio intestinal es el principal quelante de oxalato (evita su absorción). En estados malabsortivos, las grasas intestinales saponifican el calcio liberando el oxalato y permitiendo una mayor absorción de este. También puede haber acumulación de oxalato en estados de disfunción renal.

Generalmente, el desarrollo de una acidosis D-láctica requiere meses de un estado malabsortivo, donde hay un paso acelerado de carbohidratos al colon, aumento en la absorción de oxalato y proliferación de bacterias que generan D-lactato. La instauración de una acidosis D-láctica puede acelerarse cuando se utilizan antibióticos modificadores de la flora colónica normal, especialmente doxiciclina o cotrimoxazol; aunque cualquier antibiótico puede precipitarla.

Clínicamente, los pacientes presentan inatención, confusión, descoordinación, alteraciones de la memoria, agresividad, marcha inestable, disartria, compromiso de conciencia, e incluso, coma. Los síntomas sobrevienen luego de una ingesta abundante de carbohidratos. No existe una correlación entre los niveles de D-lactato y los síntomas, por lo que podría haber otras alteraciones involucradas como déficit de tiamina u absorción de sustancias tóxicas.

El diagnóstico se confirma con niveles de D-lactato >3 mmol/L. Se mide con test específicos, poco asequibles, que emplean la enzima D-lactato deshidrogenasa. La cuantificación tradicional de lactato solo mide el L-lactato. Como los niveles de D-lactato disminuyen rápidamente, el diagnóstico puede ser difícil.

Para el tratamiento es necesario suspender aportes enterales de carbohidratos y/o parenterales de propilenglicol. Administrar abundante volumen para asegurar una función renal adecuada y bicarbonato IV de ser necesario. Se recomienda aportar Tiamina IV. La administración de carbohidratos se realiza parenteralmente hasta que se resuelvan los síntomas neurológicos. Antibióticos activos contra bacterias productoras de D-lactato son clindamicina, tetraciclina, metronidazol, neomicina y vancomicina. A largo plazo, se debe limitar la ingesta de carbohidratos, oxalato y grasas, asegurar una buena hidratación y aportar calcio VO. En cuadros recurrentes utilizar esquemas rotativos de antibióticos.

14.14 La cetoacidosis diabética se produce por ausencia de insulina

La insulina es la principal hormona anabólica del organismo. Su función es "almacenar" los sustratos metabólicos. Así, disminuye los niveles plasmáticos de glucosa, ácidos grasos y aminoácidos.

La insulina promueve el ingreso de glucosa a la célula, especialmente, adipocito y célula muscular. Luego, la glucosa es convertida en glicógeno (forma de almacenamiento), y también, se estimula la oxidación de esta para obtención de energía. A nivel hepático, la insulina promueve glicogénesis, oxidación de glucosa e inhibe la gluconeogénesis (desde glicerol, lactato y aminoácidos). Es decir, la insulina hará desaparecer la glucosa del plasma, ya sea almacenándola como glicógeno o usándola para obtener energía (Figura 42). Lógicamente, el estímulo para la secreción de insulina es la hiperglicemia, mientras que una hipoglicemia tiene el efecto contrario.

La oxidación de la glucosa es la principal forma para obtener energía y es un combustible con niveles sanguíneos estables. Los cetoácidos, ácidos grasos y aminoácidos constituyen medios secundarios, con niveles plasmáticos muy variables. Las grasas (triglicéridos y colesterol) son capaces de entregar gran cantidad de energía, ya que contienen ácidos grasos. Estas moléculas presentan más átomos de carbono en su estructura y son capaces de formar más ATP que la glucosa. Sin embargo, el organismo está "programado" para almacenar las grasas. El transporte de grasas en el plasma se realiza a través de lipoproteínas. Estas, entregan su contenido, principalmente, a los adipocitos y células musculares gracias a la enzima endotelial lipoproteína lipasa. Dicha enzima es estimulada por la insulina. En los adipocitos se encuentra la lipasa hormono sensible; enzima "lipolítica" que favorece liberación de grasas para su utilización. Esta enzima es inhibida por la insulina, de manera que su efecto final será almacenar grasa.

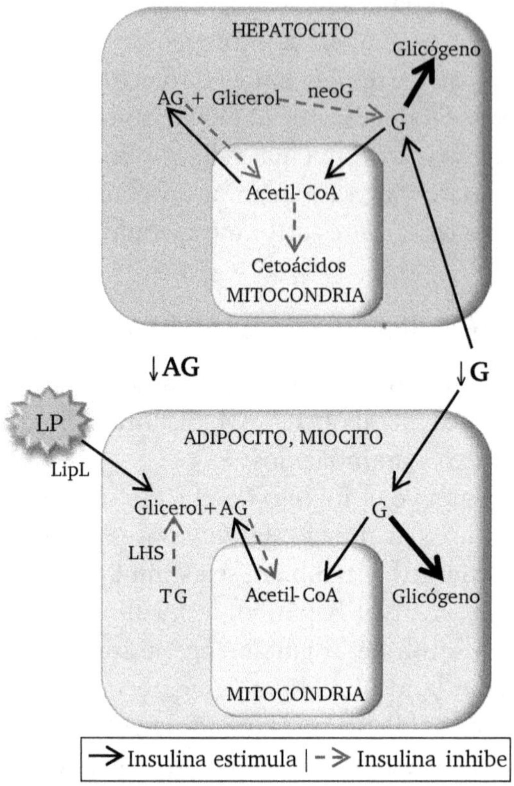

Figura 42. Acciones de la insulina.

Los ácidos grasos, al igual que la glucosa, pueden ser transformados en acetil-CoA (dentro de la mitocondria de todas las células) en un proceso llamado "β-oxidación" (Figura 42). Sin embargo, la insulina inhibe la oxidación de ácidos grasos como fuente energética. Al contrario, promueve síntesis de ácidos grasos y colesterol (en el citoplasma de todas las células) a partir de acetil-CoA.

Por lo tanto, la insulina produce almacenamiento de grasas, síntesis de estas, disminuye sus niveles plasmáticos y favorece un aumento de peso.

En relación a los aminoácidos, la insulina nuevamente promueve su captación y almacenamiento celular. Para este objetivo estimula la síntesis de proteínas estructurales, crecimiento, cicatrización, formación de tejidos, síntesis de anticuerpos, etc.

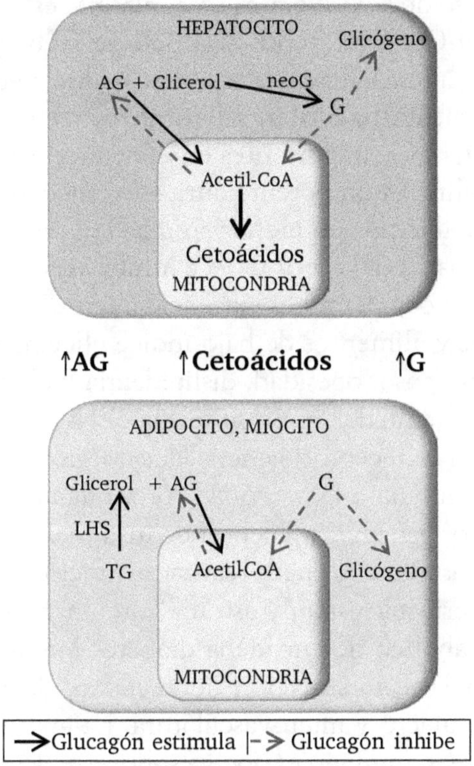

AG: ácidos grasos, neoG: gluconeogénesis, G: glucosa, LP: lipoproteína, LipL: lipoproteína lipasa, LHS: lipasa hormono sensible, TG: triglicéridos.

Figura 43. Efectos de glucagón y ayuno: cetosis.

Durante el ayuno habrá tendencia a la hipoglicemia y disminución de los ácidos grasos en el plasma. Por lo tanto, no hay producción importante de insulina. En contraposición, se secreta glucagón y adrenalina. Estas hormonas tienen efectos contrarios a la insulina (Figura 43):

- Promueven glicogenólisis, gluconeogénesis e inhiben la utilización de glucosa como fuente energética. Producen hiperglicemia.
- Favorecen la lipólisis, activan la β-oxidación, inhiben la síntesis de grasas desde acetil-CoA, elevan la concentración plasmática de ácidos grasos, y finalmente, producen cetosis.

Si hay un exceso de ácidos grasos en el plasma, estos llegarán al hígado donde formarán acetil-CoA. Este, entrará al ciclo de Krebs, pero si se encuentra en abundancia debe ser almacenado. Aquello se realiza mediante la formación de cetoácidos (acetoacetato, β-hidroxibutirato y acetona). Los cetoácidos son fuentes de energía muy importantes en el ayuno, pero su defecto es que son "ácidos". La insulina es un potente anticetogénico: disminuye los ácidos grasos, inhibe la β-oxidación con menor producción de acetil-CoA, favorece la síntesis de grasas a partir del acetil-CoA e inhibe la cetogénesis (Figura 42).

La alimentación occidental es extremadamente rica en azúcares y grasas, y escasa en fibras y alimentos de bajo índice glicémico. Esto favorece el aumento del tejido adiposo, obesidad, dislipidemia y elevaciones aberrantes de la glicemia con aparición de hiperinsulinismo. El hiperinsulinismo produce un efecto negativo en su receptor; genera "*down regulation*" (disminución de este). Lo anterior, se asocia a la actividad "pro-inflamatoria" del tejido adiposo, lo cual altera por otra vía al receptor de insulina. Se produce "insulino-resistencia". Si esta hormona no puede realizar su función, aumenta la glicemia provocando más hiperinsulinismo, y así, un "círculo vicioso". La progresión de este desastre metabólico desencadena diabetes mellitus II, caracterizada por insulino-resistencia. Esta situación tiene efectos deletéreos sobre el sistema cardiovascular, macro y microvasculatura. La gran síntesis de insulina mediada por el páncreas, también es nociva sobre este, ya que la población de células β disminuye progresivamente por apoptosis. En una fase avanzada de la diabetes mellitus II, prácticamente no hay síntesis de insulina y esta debe ser administrada en forma exógena. Los pacientes diabéticos tipo II con pérdida en la síntesis de insulina, más los diabéticos tipo I, son quienes tienen riesgo de desarrollar cetoacidosis diabética por "ausencia de insulina".

Los estados caracterizados por déficit o ausencia de insulina (diabetes mellitus I o diabetes mellitus II avanzada) funcionan como el estado de ayuno. Es decir, cuando en una persona sin diabetes "no hay insulina". Si a esto se agrega un evento patológico (infección, infarto, inflamación), se secreta glucagón y adrenalina. En la sangre se eleva exageradamente la glicemia y los ácidos grasos. Estos últimos, producirán un exceso de acetil-CoA. Dos moléculas de acetil-CoA pueden unirse para formar ácido acetoacético (un cetoácido). Si la generación de cetoácidos excede su utilización periférica, como fuente energética, sobreviene la acidosis metabólica. La acidosis también induce insulino-resistencia[200].

Si las condiciones mórbidas requieren un exceso de reacciones oxidativas (como un estrés de cualquier etiología), el estado redox celular cambiará, evidenciándose en un aumento de la relación $NADH/NAD^+$ (Capítulo 7). En estas circunstancias, se producirá predominantemente ácido β-hidroxibutírico (en lugar de ácido acetoacético).

En una cetoacidosis puede haber elevación de ácido láctico por ausencia de insulina. Esta hormona normalmente estimula la PDH, evitando acumulación de piruvato y fermentación láctica (Figura 41). La hiperactivación adrenérgica también aumenta los niveles de ácido láctico por estímulo de la glucólisis anaeróbica (acidosis láctica tipo B). Todo esto ocurre en ausencia de hipoperfusión celular. Los cetoácidos (ácido β-hidroxibutírico y ácido acetoacético) generarán H^+ más bases conjugadas o "aniones no medidos" (β-hidroxibutirato y acetoacetato). El H^+ reaccionará con HCO_3^- para luego, ser eliminado como CO_2 en el pulmón o mediante los mecanismos de excreción de H^+ a nivel renal. La eliminación renal de la base conjugada promueve consumo de cetoácidos, pero también; generación de nuevos H^+ y aniones cetónicos (por principio de acción de masas, Capítulo 2). Por lo tanto, debe ir asociada a la amoniogénesis renal, que sintetiza nuevo HCO_3^- y atrapa H^+ en la orina. De esta forma, la base conjugada es eliminada con NH_4^+ como catión acompañante, mientras se renueva el HCO_3^- (Capítulo 6).

Si bien, se describe a la cetoacidosis diabética como una acidosis metabólica con AG aumentado (Capítulo 13), esto no es del todo correcto. Realmente la cetoacidosis diabética puede ser una mezcla de múltiples trastornos ácido-base. De hecho, progresa en varias fases:

- Inicialmente ocurre algún evento estresante que aumenta las hormonas de contra-regulación. Si el paciente no tiene insulina, se exacerbará la cetogénesis, y por tanto, comienza la acidosis. Los *buffers* extra e intracelulares evitarán un cambio en el pH por lo que no existirá acidemia, pero sí, disminución leve de $[HCO_3^-]$ plasmático.
- El aumento de cetoácidos significará un aporte energético para muchas células, entre ellas el túbulo proximal. Los aniones cetónicos filtran por el glomérulo para luego ser absorbidos en la membrana apical del túbulo proximal mediante transportadores apicales SMCT (Capítulo 7). Los aniones cetónicos que no filtraron, serán incorporados a la célula proximal por la membrana basolateral gracias a cotransportadores OAT. Estos aniones cetónicos son oxidados a una tasa de 250 mmol/d, de manera que entregan energía a la célula[201].

- A medida que progresa la cetogénesis, la capacidad de reabsorción y oxidación del túbulo proximal será superada. Los aniones cetónicos comienzan a aparecer en la orina (cetonuria). Esta condición es frecuente, se produce en estados de ayuno habituales y no necesariamente provocará una acidosis. El exceso de aniones cetónicos puede arrastrar Na^+ y K^+, contribuyendo a la poliuria inducida por glucosuria. El efecto es una disminución del VCE/VEC y depleción de K^+. El riñón responderá aumentando la reabsorción de Na^+ y agua.
- Luego, el túbulo proximal debe dirigir su energía y maquinaria metabólica para la reabsorción de Na^+. Esto inhibe la reabsorción de aniones cetónicos derivándolos hacia la cetonuria. Por otro lado, la oxidación de estos últimos y reabsorción de volumen en el túbulo proximal, también disminuyen la utilización de glutamina para amoniogénesis (Capítulo 6)[202,203]. Se produce un círculo vicioso, en donde se eliminan más aniones cetónicos por la orina en la forma de sales (con Na^+ y K^+) perpetuando la depleción de VCE/VEC y potasio.
- Aparición de acidosis metabólica con AG normal. La pérdida acelerada de aniones cetónicos provocará que sus ácidos respectivos se consuman (redireccionamiento químico hacia los productos), formando más aniones y H^+. Comienza la disminución del HCO_3^-. En condición de hipovolemia, el Na^+ se reabsorberá ávidamente con Cl^- por el descenso del HCO_3^-. Como la síntesis proximal de amonio está inhibida, deja de eliminarse NH_4Cl por la orina (se acumula H^+ y Cl^-). La cetoacidosis frecuentemente se acompaña de hiperkalemia (por ausencia de insulina), condición que también altera la amoniogénesis proximal. Los aniones cetónicos reemplazan al Cl^- como anión acompañante de cationes en la orina, disminuyendo su excreción urinaria. Todos estos factores, favorecerán el desarrollo de una acidosis hiperclorémica.

  Durante una acidosis hiperclorémica el AG urinario debiera ser <0, sin embargo en cetoacidosis será >0 por la eliminación de aniones no medidos (aniones cetónicos), si bien, esto invalida la utilización del AG urinario, es una medida indirecta de la cantidad de aniones cetónicos que se están eliminando por la orina (similar a la cetonuria).
- Conforme la cetogénesis continúa superarán la capacidad de eliminación renal de aniones cetónicos (mediante oxidación en el túbulo proximal y cetonuria). Lo anterior se exagera por la contracción del VCE/VEC, ya que induce un estado "pre-renal", disminuyendo aún más la capacidad de eliminación renal de aniones cetónicos. Es en este momento cuando recién comienzan a aumentar los aniones cetónicos en sangre. La acidosis con AG

normal pasa a ser una acidosis con AG aumentado (aunque realmente es una combinación de ambas). En esta fase de la enfermedad es cuando se presentan los pacientes. Si no son tratados adecuadamente, pueden fallecer por complicaciones hidroelectrolíticas, metabólicas y/o ácido-base.

- Instauración del tratamiento. La administración de abundante volumen, corrección de trastornos hidroelectrolíticos y ácido-base permitirán soslayar una condición de riesgo vital. Sin embargo, será el manejo de la patología descompensante más el tratamiento con insulina quienes detendrán la sobreproducción de cetoácidos. Se restaura la función renal (en cuanto a filtración glomerular) y nuevamente, predomina una acidosis con AG normal por la eliminación de sales (aniones cetónicos más Na^+ o K^+ en la orina) asociado a un exceso de Cl^- (por su administración exógena y las alteraciones anteriormente descritas). Se puede objetivar aún cetonuria, pero un AG normal en plasma.
- Fase de recuperación. Desaparece la cetogénesis, acidosis y cetonuria. El túbulo proximal oxida los aniones cetónicos y el hígado los transforma a bicarbonato. Puede aparecer una alcalosis metabólica.

En suma, la cetoacidosis diabética es realmente una acidosis metabólica mixta (acidosis metabólica hiperclorémica inicial, luego, con AG aumentado, y finalmente, hiperclorémica en estado de recuperación). Además, como se generan alteraciones en varios sistemas, es posible que se agreguen otros trastornos ácido-base. La falla renal es prevalente; por el estado de hipoperfusión sistémico sobre una nefropatía diabética subyacente. Se acumulan ácidos fijos adicionando otra forma de acidosis con AG aumentado. Es frecuente la adición de una acidosis láctica. Lo anterior, se debe a inhibición de la enzima PDH e hipoperfusión sistémica generada por pérdida de líquido y el compromiso cardiovascular debido a la acidosis. Tradicionalmente, se describe que hasta 15% de los pacientes con cetoacidosis diabética presentan hiperlactatemia[7], sin embargo, otros autores comunican que está presente en hasta 68% de los casos[204].

El H^+ que ingresa a las células idealmente debe ser amortiguado por el HCO_3^- intracelular, y no, proteínas intracelulares. El HCO_3^- puede formar CO_2 intracelular, el cual difunde fácilmente para luego ser eliminado por la función ventilatoria. Sin embargo, el H^+ asociado a proteínas altera la función de estas, afectando la fisiología celular. Para favorecer el tamponamiento de H^+ intracelulares con HCO_3^-; la PCO_2 tisular debe ser baja (de manera que promueva la formación de reactantes con el *buffer* CO_2/HCO_3^-). Si la perfusión

Tabla 30. Criterios diagnósticos cetoacidosis diabética[205].

Glicemia	≥ 250 mg/dL
pH	≤ 7,3
HCO_3^-	≤ 18 mEq/L
AG	> 10 - 12 mEq/L

Tabla 31. Criterios de severidad en cetoacidosis diabética[206].

Severidad	**Leve**	**Moderado**	**Severo**
pH	7,24 - 7,3	7 - 7,24	<7
HCO_3^- (mEq/L)	15 - 18	10 - 15	<10
AG (mEq/L)	>10	>12	>12
Estado Mental	Alerta	Alerta/somnoliento	Sopor/coma

sistémica es inadecuada (por hipovolemia), el CO_2 no podrá ser removido de los tejidos exacerbando el amortiguamiento de H^+ con proteínas intracelulares. En este sentido, un aspecto fundamental en el tratamiento de la cetoacidosis es asegurar una perfusión tisular adecuada.

Finalmente, el último y peor trastorno ácido-base que se puede asociar a una cetoacidosis diabética es la alcalosis metabólica. Es frecuente que estos pacientes presenten hiperaldosteronismo secundario por su estado de hipovolemia, al cual se agregan vómitos reiterados con pérdida de ácidos. Esto genera una "normalización" del pH sistémico. El problema es que el diagnóstico y clasificación de severidad en una cetoacidosis diabética se fundamenta en los valores de gases venosos o arteriales (Tablas 30 y 31).

Cuando se agrega una alcalosis metabólica "cetoalcalosis", es posible sospecharla por un AG muy elevado y síntomas intensos de cetoacidosis. La forma de reconocer el trastorno es utilizando el ΔΔ Ratio, cuyo resultado será >2 con un pH "normalizado", demostrando que una alcalosis metabólica está agregando HCO_3^- al sistema (Capítulo 13).

Las drogas antipsicóticas (aripiprazol, clozapina, risperidona, olanzapina, quetiapina) producen alteraciones metabólicas incluyendo obesidad, intolerancia a la glucosa y aparición de diabetes. Si pacientes diabéticos utilizan estos fármacos tendrán mayor vulnerabilidad para desarrollar una cetoacidosis diabética[207]. Lo mismo puede ocurrir cuando utilizan sertralina, cocaína o la droga éxtasis (3,4-metilendioximetanfetamina), ya que provocan un gran incremento en las hormonas de contra-regulación.

Las alteraciones electrolíticas en cetoacidosis diabética son intensas, sobre todo, hiperkalemia y depleción de K^+ corporal. Durante la cetoacidosis, el H^+ ingresará a la célula acompañado de β-hidroxibutirato o acetoacetato por los transportadores MCT (acidosis orgánica, Capítulo 7 y 17). Por lo tanto, el "efecto de intercambio" con K^+ intracelular no es responsable de la hiperkalemia. El principal mecanismo de hiperkalemia es la ausencia de insulina. Esta hormona activa la bomba Na^+/K^+-ATPasa. El déficit de insulina impide la actividad de la bomba favoreciendo redistribución del K^+ hacia el extracelular. Por otro lado, la insulina promueve la actividad del antiportador ubicuo NHE1 (Capítulo 7). Este protege a la célula de la acidosis, ya que intercambia H^+ intracelulares por Na^+ extracelular. Como la ausencia de insulina disminuye la actividad de la bomba Na^+/K^+-ATPasa, induce acumulación de Na^+ en el intracelular. Esto último inhibe la actividad del antiportador NHE1, quien pierde el gradiente químico del Na^+ que permitía excretar H^+. Así, se exagera la disfunción celular por acumulación de ácidos y Na^+ (Capítulo 7).

El aumento de osmolalidad por hiperglicemia provoca salida de líquido desde el intracelular. Este movimiento de agua también arrastra K^+ al extracelular.

Finalmente, se produce hiperkalemia (o tendencia a esta) en condiciones que el K^+ será eliminado por el riñón. La intensa poliuria provoca arrastre de K^+ en los túbulos. Los aniones cetónicos por su parte, atrapan K^+ como catión eliminándolo por la orina. La hipovolemia activará el sistema R-A-A que favorecerá excreción de K^+. Así, la depleción de K^+ corporal será intensa en condiciones de hiperkalemia.

La cetoacidosis constituye una grave urgencia ácido-base, hidroelectrolítica y metabólica; en la cual el paciente se encuentra con riesgo vital.

El tratamiento inicial debe ser siempre la volemización abundante, evaluación y manejo del K^+ plasmático, estado ácido-base e hidroelectrolítico, y luego, administrar insulina. Si bien, la insulina corregirá la hiperglicemia, cetosis, acidosis y el desastre metabólico existente; el riesgo es la hipokalemia. Siempre debe monitorizarse sus niveles, ya que la insulina promueve el ingreso del K^+ a la célula (también de fosfato, magnesio y tiamina). Las alteraciones de la kalemia pueden complicarse de arritmias mortales (sobre todo, en estos pacientes que tienen depleción de K^+ corporal).

Con la corrección de la cetosis se soluciona la acidosis. Se administra bicarbonato solo con valores extremos de pH (< 6,9-7,1)[208]. La terapia con álcalis se ha asociado a edema cerebral en niños (Capítulo 16)[202].

Es importante mencionar que las pruebas de cetonuria y cetonemia, mediante reacción con nitroprusiato, son semicuantitativas y no detectan β-hidroxibutirato. Durante una cetoacidosis diabética el 80% de los cetoácidos generados corresponde a ácido β-hidroxibutírico, el resto; ácido acetoacético, y una ínfima porción, acetona. Conforme progresa el cuadro el β-hidroxibutirato se transforma en acetoacetato. Esto significa, que en un comienzo las pruebas no detectan presencia significativa de cetoácidos "falso negativo", y conforme avanza la enfermedad pueden reflejar un "falso deterioro" de la cetoacidosis. Para el tratamiento de la acidosis es necesario administrar insulina mientras exista cetogénesis, y una forma adecuada de monitorizar esta última es a través del Anion Gap. Lo ideal para evaluar una cetoacidosis diabética es medir β-hidroxibutirato sérico con pruebas cuantitativas, pero es más costoso.

La infección por **SARS-CoV-2** se ha asociado a cetoacidosis diabética siendo un factor de mal pronóstico en muchos casos[209]. Como las células β del páncreas poseen enzima convertidora de angiotensina tipo II en sus membranas plasmáticas, el virus puede ingresar a ellas y dañarlas[210]. En pacientes diabéticos, quienes ya tienen menor secreción de insulina, los niveles de esta pueden disminuir drásticamente. Finalmente, la ausencia de insulina y exceso de hormonas de contra-regulación, promoverán el desarrollo de una cetoacidosis diabética.

14.15 Cetoacidosis no diabética, la depleción de oxaloacetato

La cetogénesis consiste en la formación de compuestos que contienen un grupo cetona en su estructura hidrocarbonada (R_1-CO-R_2). Muchos de los compuestos en el organismo que tienen este grupo cetona, además portan un grupo carboxilo (COOH). Es decir, son cetoácidos al combinar un grupo cetona más un ácido en su estructura. En el humano, los cetoácidos son una fuente de energía para las células y su síntesis ocurre en las mitocondrias hepáticas cuando se juntan dos moléculas de acetil-CoA.

La mayoría de las células del organismo utilizan la glucosa como combustible primario. La oxidan para formar acetil-CoA, y luego, ATP. La glucosa es muy abundante en la dieta y tiene niveles estables en la sangre, por lo que se encuentra fácilmente disponible para las células. Otros parénquimas, emplean ácidos grasos para síntesis de acetil-CoA. Tanto el tejido muscular cardiaco como esquelético, manipulan glucosa y ácidos grasos para obtener energía. La corteza renal (túbulo proximal), prácticamente no utiliza glucosa, sino que obtiene energía desde ácidos grasos, lactato y citrato[86].

Obtener energía desde las grasas es complejo y laborioso; primero se necesita estimular lipólisis para liberar ácidos grasos desde el tejido adiposo. El transporte de estos en la sangre es difícil, ya que requiere su incorporación a lipoproteínas. Luego, se deberán extraer desde las lipoproteínas, transportarlos a las células para oxidarlos, y finalmente, formar acetil-CoA. Las lipoproteínas normalmente se metabolizan en el hígado, por lo tanto, este órgano tiene amplia disponibilidad de ácidos grasos. Cuando hay escasez de carbohidratos, el hígado puede oxidar ácidos grasos, formar acetil-CoA, y luego, a partir de ellos; fabricar su propia energía o unirlos para crear acetoacetato y repartir este combustible al resto del organismo (cetogénesis). Como las reacciones de oxidación consumen NAD^+ formando NADH, es posible recuperar el NAD^+ transformando el acetoacetato en β-hidroxibutirato (Figura 44, Capítulo 7). Estas moléculas (acetoacetato y β-hidroxibutirato) son distribuidas al organismo y entregan rápidamente acetil-CoA (para convertirlo en energía). El acetoacetato también se puede decarboxilar espontáneamente, transformándose en acetona (molécula eliminada por el pulmón y el riñón). A la acetona, acetoacetato y β-hidroxibutirato; se les denomina: "cuerpos cetónicos". Los dos últimos, además son ácidos y en exceso producen alteraciones del pH sistémico. El hígado puede generar 185 g de cuerpos cetónicos al día[211]. Normalmente, se secreta β-hidroxibutirato y acetoacetato en una proporción 1:1, sin embargo, en condiciones de estrés, cuando aumentan las reacciones de oxidación, se consume NAD^+. Esto incrementa la relación 10:1 en favor del β-hidroxibutirato (Capítulo 7)[211].

Los niveles normales de cuerpos cetónicos en sangre son <0,5 mmol/L, pero pueden ser mayores en ayuno y ejercicio. Se define hipercetonemia a niveles >1 mmol/L y cetoacidosis cuando son >3 mmol/L[211]. El examen inicial, y ampliamente disponible, para detectar cuerpos cetónicos es la tira reactiva semicuantitativa para orina. Sin embargo, utiliza reacción con nitroprusiato que solo reconoce acetona y acetoacetato. Además, tiene interferencias con múltiples compuestos (aire ambiental, captopril, N-acetilcisteína, dimercaparol y penicilamina)[207]. En este sentido, se recomienda agregar la medición directa en sangre de β-hidroxibutirato.

En el hígado, la glucólisis anaeróbica y gluconeogénesis son procesos inversos. Si la célula requiere energía se activan las enzimas para realizar glucólisis y se apagan las que llevan a cabo gluconeogénesis. Lo contrario sucede cuando la célula tiene adecuadas reservas energéticas. Un pH intracelular elevado, y la presencia de insulina, también estimulan la glucólisis (Capítulo 7). Al contrario, un pH ácido y bajos niveles de insulina (o predominio de glucagón) promueven gluconeogénesis.

En ausencia de glucosa disminuye la insulina, inhibiendo la glucólisis hepática y aumentando la gluconeogénesis. Esta última, inicia desde el piruvato y oxaloacetato (Figura 44). El piruvato proviene desde compuestos como glucosa, lactato y aminoácidos. El oxaloacetato es el primer componente al cual se une el acetil-CoA para iniciar el ciclo de Krebs (y luego, generar energía). Es decir, la gluconeogénesis "desvía" el oxaloacetato en perjuicio del ciclo de Krebs. Cuando no hay ingestión de glucosa, esta se mantiene en un valor "estable" en sangre gracias a gluconeogénesis y glicogenólisis. La disminución de insulina y aumento de hormonas de contra-regulación, promueven lipólisis y liberación de ácidos grasos. En el hígado, los ácidos grasos pueden ser oxidados a acetil-CoA, sin embargo, no entrarán al ciclo de Krebs por desviación del oxaloacetato. En su defecto, se transforman a cuerpos cetónicos que podrán ser distribuidos por el organismo. El exceso de acetil-CoA (proveniente de ácidos grasos) y la ausencia de insulina; inhiben la acción de la enzima piruvato deshidrogenasa. Es decir, se impide aún más el ciclo de Krebs, desviando todo el oxaloacetato hacia gluconeogénesis. Cuando se ha establecido una acidosis por cetoácidos, la disminución del pH intracelular contribuye a la ausencia de insulina e incremento del glucagón, para inhibir la glucólisis anaeróbica y favorecer gluconeogénesis.

El círculo vicioso anteriormente mencionado se puede cortar fácilmente con la administración de glucosa, ya que estimula la secreción de insulina. La insulina tiene múltiples efectos: inhibe la cetogénesis, gluconeogénesis hepática y lipólisis; activa glucólisis anaeróbica, lipogénesis, enzima PDH y ciclo de Krebs. Al disminuir la gluconeogénesis, el oxaloacetato "vuelve" a participar del ciclo de Krebs, se utiliza acetil-CoA desde glucólisis, disminuye el flujo y

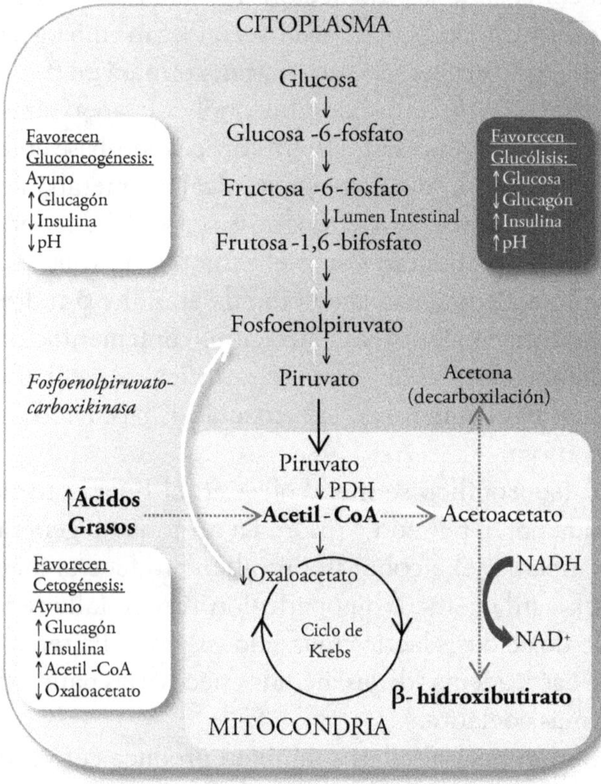

Figura 44. Hepatocito: cetogénesis, gluconeogénesis y depleción de oxaloacetato.

utilización de ácidos grasos; y con esto, se reduce drásticamente la producción de cetoácidos. Finalmente, la corrección de la acidosis permitirá restablecer el funcionamiento celular óptimo.

Si en ausencia de glucosa se agrega un estrés agudo (que incrementa las hormonas de contra-regulación), el desarrollo del círculo vicioso de la cetogénesis se exacerba, pudiendo configurar un cuadro grave de cetoacidosis.

En la **cetoacidosis alcohólica**, además de existir ayuno y aumento de hormonas de contra-regulación; concurre una alteración del estado de óxido-reducción intracelular. La metabolización hepática del etanol requiere gran consumo de NAD^+ (el cual es transformado a NADH). El aumento de la relación $NADH/NAD^+$ inhibe aún más la glucólisis anaeróbica y ciclo de Krebs;

favoreciendo gluconeogénesis y depleción de oxaloacetato (Capítulo 7). La acumulación de acetil-CoA producirá acetoacetato. Sin embargo, para recuperar el NAD^+ utilizado, todo el acetoacetato se transformará en β-hidroxibutirato. Esto dificulta la detección de cetoacidosis alcohólica cuando se realizan pruebas mediante reacción con nitroprusiato. El trastorno ácido-base en la cetoacidosis alcohólica puede ser mixto, ya que se agrega alcalosis metabólica por vómitos e hipovolemia. Por lo tanto, para el diagnóstico, se debe tener una sospecha alta y utilizar otras herramientas; como el Anion Gap (que estará elevado), ΔΔ Ratio (será >2), e idealmente, medición de etanol y β-hidroxibutirato en sangre. El tratamiento requerirá volemización, suplementación de tiamina, monitorizar y restablecer alteraciones electrolíticas; especialmente potasio, fosfato y magnesio. Para manejo de la cetoacidosis basta con administración de glucosa intravenosa.

El **alcohol isopropílico** se metaboliza en el hígado hacia acetona, la cual será eliminada por el pulmón y riñón. La acetona no genera un trastorno ácido-base, sin embargo, el alcohol isopropílico produce una miocardiopatía induciendo shock cardiogénico, hipoperfusión tisular, falla renal y el consecuente desarrollo de acidosis láctica más acidosis por falla renal aguda. El tratamiento en este caso, además de las medidas necesarias para paciente crítico, será explicitado más adelante.

La **intoxicación por salicilatos** también produce cetoacidosis (ver más adelante). En este caso, el salicilato desacopla la membrana interna mitocondrial afectando la cadena respiratoria, generación de energía y ciclo de Krebs (Capítulo 7). Se imposibilita la síntesis de ATP. La depleción energética obliga a una gran movilización de nutrientes y oxidación de estos. La acumulación de acetil-CoA promoverá cetogénesis contribuyendo al complejo trastorno ácido-base de la intoxicación por salicilatos.

La **cetólisis** consiste en la metabolización de cuerpos cetónicos para generar moléculas de acetil-CoA, y así, energía. En algunas enfermedades congénitas se afecta la cetólisis, creando una extrema vulnerabilidad para cetoacidosis en condiciones de estrés y/o ayuno. Ejemplo son algunos errores congénitos de metabolismo como la deficiencia de succinil CoA:3-cetoácido CoA-transferasa y el déficit de acetoacetil-CoA tiolasa mitocondrial. En la **atrofia muscular espinal** se alteran las neuronas motoras provocando atrofia muscular. Como el músculo es uno de los principales órganos encargados de realizar cetólisis, existe vulnerabilidad para cetoacidosis.

Tabla 32. Principales causas de cetosis y cetoacidosis.	
Diabetes Mellitus	Cetoacidosis diabética.
Nutricional	Ayuno, dietas cetogénicas.
Hormonas contra-regulación	Estrés (infección, infarto, inflamación, isquemia), cocaína, éxtasis (3,4-metilenedioximetanfetamina).
Fármacos	Inhibidores SGLT2, antipsicóticos atípicos (clozapina, risperidona, olanzapina, ziprasidona, aripiprazol, quetiapina), isoniazida, inhibidores de proteasa.
Intoxicaciones	Etanol (cetoacidosis alcohólica), isopropanol, salicilatos, acetona.
Infecciones	SARS-CoV-2.
Errores congénitos del metabolismo	Acidemias orgánicas (isovalérica, propiónica, metilmalónica), déficit múltiple de carboxilasas, enfermedad de orina con olor a jarabe de arce, trastornos mitocondriales, deficiencias de cetólisis.

La unión de 2 moléculas de acetil-CoA no es la única forma que el organismo tiene para generar cetoácidos. La verdad, es que las células en todo momento manipulan cetoácidos para su metabolismo normal y son múltiples los tipos de cetoácidos que hay en la célula. A modo de ejemplo, el ácido pirúvico es un cetoácido, los aminoácidos al perder su grupo "amino", se transforman en un cetoácido. Los intermediarios del ciclo de Krebs son, en su mayoría, cetoácidos. Por lo tanto, la cetoacidosis producto de acumulación de acetil-CoA, y así; acetoacetato y β-hidroxibutirato constituye solo uno de los mecanismos por los cuales puede producirse cetoacidosis. Es decir, si se acumula uno de los intermediarios del ciclo de Krebs, ácido pirúvico o alguno de los metabolitos intermedios de la metabolización de aminoácidos; también existirá cetoacidosis. Ejemplo de esto último son las acidemias orgánicas y otros errores congénitos del metabolismo. Por otro lado, un defecto del ciclo de Krebs también puede favorecer cetoacidosis por acetoacetato y β-hidroxibutirato al generar acumulación de acetil-CoA.

Más adelante, en este capítulo, se abordan los errores congénitos del metabolismo, explicitando aquellos que producen cetoacidosis. La Tabla 32 muestra las principales causas de cetosis y cetoacidosis[212].

Los fármacos **inhibidores del cotransportador sodio-glucosa tipo 2** del túbulo proximal (SGLT2), pueden provocar una cetoacidosis no diabética. La acción de estos fármacos genera una pérdida masiva de glucosa por la orina, lo que disminuye la secreción de insulina, aumenta las hormonas de contra-regulación, activa la gluconeogénesis y produce movilización de ácidos grasos para obtener energía[213]. Nuevamente, el exceso de acetil-CoA asociado a la depleción de oxaloacetato; configuran la cetoacidosis. Existe controversia respecto a la posible expresión de SGLT2 en el páncreas y si su inhibición participaría en el incremento de los niveles de glucagón[214-216]. Al parecer, los inhibidores SGLT2 no aumentarían los niveles de glucagón debido a una acción pancreática, sino, como se mencionó antes, se debe a la depleción de glucosa sistémica y sus consecuencias.

14.16 Intoxicación por salicilatos; un trastorno mixto

La intoxicación por salicilatos generalmente ocurre por ingestión accidental de ácido acetilsalicílico (AAS) o como intento suicida. La letalidad de una intoxicación severa varía entre un 5% a 15%[217].

El AAS es un ácido semifuerte con pKa de 3,49. Luego de su ingestión, se pierde el grupo acetato (mediante esterasas gástricas, hepáticas, plaquetarias y eritrocitarias) transformándose en ácido salicílico; otro ácido semifuerte con pKa de 2,97. El acetato inhibe irreversiblemente la enzima ciclooxigenasa (COX) de aquí proviene su efecto terapéutico. El ácido salicílico produce H^+ y salicilato$^-$, este último modula procesos inflamatorios, respuesta inmune y defensa anti-tumoral, pero también, puede afectar gravemente el metabolismo energético celular.

El AAS en dosis bajas (<100 mg/d) bloquea irreversiblemente la COX-1, teniendo efecto anti-plaquetario y cardioprotector. Dosis entre 0,1-4 g/d producen salicilemia de 50-100 µg/mL y se asocia con efecto analgésico por bloqueo de COX-1 y COX-2. Un consumo entre 4-8 g/d produce efecto antiinflamatorio y niveles de salicilato 100-200 µg/mL o más. Con niveles de salicilato >300 µg/mL comienzan a aparecer síntomas leves de intoxicación: tinitus, vértigo y cefalea. Dosis mayores producen alteración del estado mental, sordera reversible, hipertermia, convulsiones, coma, edema pulmonar, inestabilidad hemodinámica, falla renal aguda y trastornos hidroelectrolíticos severos. La ingestión aguda de AAS >300 mg/kg genera una intoxicación severa y >500 mg/kg es potencialmente letal[21,217].

El salicilato se une a albúmina (≈90%) y su volumen de distribución (VD) es ≈0,2 L/kg. Durante una sobredosis, la saturación de la unión a albúmina aumenta su VD. La acidemia favorece la porción liposoluble, por lo que también aumenta el VD.

$$HS \leftrightarrow H^{+} + S^{-}$$

(Liposoluble) *(Hidrosoluble)*

La biotransformación del salicilato ocurre en el hígado con una cinética de primer orden, donde la mayor parte se transforma a salicilurato por conjugación con glicina. Luego, el salicilurato es eliminado en la orina. Con salicilemia >300 µg/mL se satura esta conjugación, por lo tanto, la sobredosis producirá un cambio a cinética de orden cero, favoreciendo toxicidad por salicilato[217].

En la mitocondria las moléculas de alto poder reductor (NADH, $FADH_2$) generadas por la glucólisis anaeróbica y ciclo de Krebs, ceden electrones para ser transportados por la cadena de electrones ubicada en la membrana mitocondrial interna (Capítulo 7, Figura 29). Esto, brinda energía para la acumulación de H^+ en el espacio intermembrana mitocondrial. La enzima ATP-sintasa utiliza este gradiente de H^+ para obtener la energía necesaria en la síntesis del ATP. El O_2 será quien acepte el H^+ y electrón, formando agua. El salicilato no bloquea la cadena de electrones (como sí lo hacen otros tóxicos mitocondriales) sino que, "desacopla la membrana mitocondrial interna" disipando el gradiente de concentración de H^+. Así, la mitocondria continuará llevando a cabo la reacción, generando calor (hipertermia), agua, CO_2; pero no, ATP. La depleción de ATP intensificará la oxidación de glucosa y ácidos grasos en un intento de obtener energía. Esto provocará sobreproducción de CO_2. Tanto el exceso de CO_2 como el salicilato promoverán hiperventilación en el tronco encefálico. Así, el trastorno ácido-base inicial en intoxicación por salicilatos es la "alcalosis respiratoria". En la sangre aumentan todos los sustratos para obtener energía (glucosa, ácidos grasos y aminoácidos), por este motivo, inicialmente existirá hiperglicemia. La liberación masiva de catecolaminas (asociada a la necesidad de movilizar nutrientes) puede generar lesión endotelial pulmonar y aumento de la permeabilidad vascular[218].

Los ácidos grasos de cadena media y corta atraviesan libremente la membrana mitocondrial para su oxidación. Sin embargo, ácidos grasos de cadena larga no pueden, debido a las alteraciones producidas por el salicilato. Estos ácidos grasos de cadena larga se acumularán como ácidos dicarboxílicos.

La oxidación de ácidos grasos y glucosa favorecerá generación excesiva de acetil-CoA. Prontamente, se acaba la glucosa plasmática provocando hipoglicemia y disminución de insulina. Así, habrá tendencia a la cetogénesis (por acumulación de acetil-CoA con ausencia de insulina) y acidosis láctica (por activación de glucólisis anaeróbica, inhibición de PDH, ausencia de insulina y exceso de acetil-CoA)[218].

Finalmente, se establece una acidosis metabólica con AG aumentado debido a la acumulación de ácido láctico, cetoácidos, ácidos dicarboxílicos y ácido salicílico. Este último aporta escasamente a la acidosis; de hecho, 1.000 μg/mL de salicilato equivalen a solo 7 mEq/L de carga. En población infantil la disfunción mitocondrial y acidosis metabólica ocurren precozmente, no presentando una fase inicial con alcalosis respiratoria.

El trastorno ácido-base en adultos es mixto, por lo tanto, el pH puede ser "normal". Ante alteraciones del pH sanguíneo, las compensaciones no serán las esperadas (Capítulo 8). El HCO_3^- será muy bajo por acidosis metabólica más alcalosis respiratoria. La evaluación del ΔΔ Ratio permitirá establecer el diagnóstico al observar un valor entre 0,4-0,8 (el aumento del AG no se correlaciona con la gran disminución del HCO_3^-. Además, el salicilato puede interferir en la medición del cloruro, elevando este último y produciendo una falsa "normalización" del AG (Capítulo 13)[219].

La intoxicación por salicilatos produce múltiples trastornos hidroelectrolíticos. La deshidratación por vómitos, anorexia, hiperventilación e hipertermia puede ser severa. El tratamiento con $NaHCO_3$ más el estado de hipovolemia pueden generar alteraciones en la natremia y kalemia. El salicilato perturba el transporte tubular del ácido úrico: concentraciones <100 μg/mL tienen efecto antiuricosúrico y concentraciones >150 μg/mL producen uricosuria.

Otros sistemas afectados por el AAS y salicilato son la mucosa gástrica (úlceras y sangrados), coagulación (aumento del tiempo de protrombina) y sistema nervioso (ototoxicidad, vestíbulotoxicidad y neurotoxicidad).

El tratamiento inicial incluye medidas de soporte vital, lavado gástrico, carbón activado, volemización, corrección de alteraciones hidroelectrolíticas y alcalinización urinaria para promover la excreción renal del salicilato. El vómito espontáneo permite evitar absorción de la droga, pero este no debe ser inducido cuando hay compromiso de conciencia. El lavado gástrico se debe iniciar dentro de la hora posterior a la ingestión, sin embargo, como una sobredosis retarda el vaciamiento gástrico es posible considerarlo después de este período. Se recomienda dosis repetidas de carbón activado (50 g/h en adultos o 1 g/kg/h en infantes) hasta que se logre el máximo nivel sanguíneo de salicilato[217].

El 75% del salicilato se elimina en el riñón como salicilurato y 10% como salicilato. Afortunadamente, es posible aumentar la excreción de este último. La alcalinización sistémica y urinaria, favorecen un predominio de la forma ionizada o base conjugada (salicilato$^-$); disminuyendo su VD y aumentando la excreción urinaria. El aporte de $NaHCO_3$ intravenoso debe ser iniciado con niveles de salicilato >300 µg/mL (independiente del pH sistémico). El objetivo es lograr un pH urinario >7,5; pero sin producir alcalemia >7,55. En caso de alcalemia es posible agregar acetazolamida, que intensifica la bicarbonaturia aumentando la eliminación urinaria de salicilatos.

La hemodiálisis se reserva cuando hay síntomas de intoxicación severa, salicilemia >800 µg/mL en adultos (>700 µg/mL en infantes y ancianos), >600 µg/mL con síntomas significativos, inestabilidad hemodinámica, falla renal, acidosis metabólica severa refractaria (pH <7,2) o sobrecarga de volumen refractaria a tratamiento médico[15,217,220]. Son síntomas severos: compromiso de conciencia, alucinaciones, agitación, coma, convulsiones y edema pulmonar.

14.17 Intoxicación por paracetamol; múltiples mecanismos de acidosis

La sobredosis de paracetamol (acetominofeno) es una de las intoxicaciones más frecuentes y la principal causa de falla hepática fulminante en algunos países. Según la cantidad de paracetamol ingerido, susceptibilidad de cada individuo y tiempo de evolución desde la intoxicación; se producen distintos mecanismos de acidosis. La molécula común a estos procesos es el "glutatión".

Luego de su ingestión oral, el acetominofeno se absorbe rápidamente logrando concentraciones plasmáticas máximas en menos de 1 hora. En dosis terapéutica su vida media es 2-4 horas. La dosis tóxica es 150 mg/kg (7,5 - 10 g en adultos) y 200 mg/kg en infantes.

Clínicamente, existen cuatro fases en una intoxicación por sobredosis de acetominofeno[193]: 1) en las primeras 24 horas aparece anorexia, compromiso del estado general, palidez, diaforesis, náuseas y vómitos. 2) entre 24-48 horas se agrega dolor en el cuadrante abdominal superior derecho y alteración de pruebas hepáticas. 3) Luego de 48-96 horas posteriores a la ingestión, progresa a síntomas de falla hepática fulminante con encefalopatía, coagulopatía e hipoglicemia. La elevación de enzimas hepáticas es extremadamente intensa. Puede haber falla renal aguda por necrosis tubular inducida por acetominofeno. 4) Después del 4° día el paciente puede evolucionar con falla orgánica múltiple, necesidad de trasplante hepático, muerte o recuperación.

La falla renal secundaria a injuria tubular produce menor excreción amonio y retención de ácidos fijos. Del mismo modo, la falla hepática con alteración en la metabolización de ácidos orgánicos (como el lactato o citrato), también contribuirá a la acidosis metabólica.

El glutatión, presente en todas las células, es el principal defensor ante las reacciones de óxido-reducción producto del estrés oxidativo. Conformado por tres aminoácidos: glutamato, glicina y cisteína. Se sintetiza mediante la enzima "γ-glutamilcisteína sintetasa", que junta los aminoácidos glutamato y cisteína. Luego, la enzima glutatión sintetasa, agrega glicina para formar glutatión. Existe una retroalimentación negativa por producto, ya que el glutatión inhibe la enzima γ-glutamilcisteína sintetasa para controlar su síntesis (Figura 45).

Normalmente, el paracetamol es conjugado por glucuroniltransferasas y sulfotransferasas para luego ser eliminado en la bilis. Cuando existe sobredosis, se escapa a estas vías metabólicas y comienza su metabolización por los Citocromos-P450 (CYP2E1 y CYP3A4) a un metabolito muy tóxico: el N-acetil p-benzoquinoneimina (NAPQI) (Figura 45). Esta molécula produce intenso estrés oxidativo, sin embargo, el glutatión neutraliza sus efectos consumiéndose en esta reacción. La depleción de glutatión selectiva en los hepatocitos genera una severa disfunción celular. Se altera la depuración de lactato originando acidosis láctica. Si en estas circunstancias se administra N-acetil cisteína, aumenta la producción de glutatión, restaurando las defensas ante un estrés oxidativo (es efectivo las primeras 24 horas luego de la sobredosis de paracetamol).

El NAPQI en exceso escapa del hepatocito. Parte de su toxicidad se produce por interacción con el Complejo III de la cadena respiratoria[180]. Esta situación puede inducir daño mitocondrial en todas las células del organismo, intensificando la acidosis láctica.

El intenso estrés oxidativo generado en el hepatocito por depleción de glutatión y el daño mitocondrial inducido por NAPQI, provocarán destrucción celular masiva y el consecuente desarrollo de "falla hepática fulminante". La necrosis hepática y estrés oxidativo sistémico configuran un Síndrome de Respuesta Inflamatoria Sistémica (SRIS), shock distributivo y falla orgánica múltiple. Lo anterior provocará acidosis láctica tipo A más falla renal aguda.

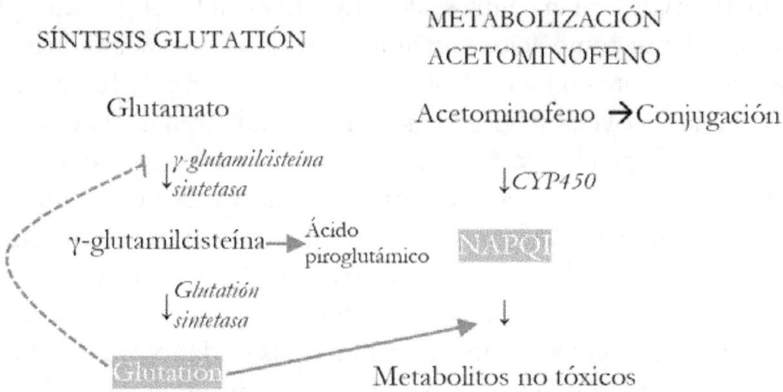

Figura 45. Síntesis de glutatión y metabolización de acetominofeno.

El último mecanismo de acidosis, es el único que puede darse con dosis normales de paracetamol. Cuando se suman situaciones oxidativas (infecciones, inflamación, cirugías, drogas y acetominofeno) la depleción de glutatión "libera" la actividad de la enzima γ-glutamilcisteína sintetasa. Esta enzima (desinhibida) producirá un exceso de γ-glutamilcisteína, el cual se transforma en ácido piroglutámico (Figura 45). Se configura una acidosis metabólica con Anion Gap aumentado y Gap osmolar normal. El diagnóstico puede ser difícil, pero se confirma con la medición de ácido piroglutámico o 5-oxoprolina en sangre u orina[57,180].

14.18 Rabdomiólisis, una acidosis multifactorial

La destrucción masiva del músculo estriado puede ser secundaria a trauma, esfuerzo extenuante, convulsiones, aplastamiento, drogas (hipolipemiantes, alcoholes), genopatías o desórdenes metabólicos musculares, cambios bruscos de temperatura (hipertermia maligna, hipotermia, síndrome neuroléptico maligno, golpe de calor), entre otros trastornos.

La rotura de la membrana plasmática de las células musculares permite el ingreso masivo de calcio provocando una contracción muscular mantenida. Como el ATP es la molécula encargada de la relajación, comienza una depleción y sobreproducción de este; ocasionando mayor generación de ácidos orgánicos intracelulares y CO_2. Si la célula se destruye, libera a la sangre múltiples "ácidos" intracelulares; como ácidos orgánicos, ácido úrico y ácidos provenientes del catabolismo proteico (ácido fosfórico y ácido sulfúrico). También se libera mioglobina, que provoca vasoconstricción arteriolar renal, daño tóxico en el túbulo proximal y precipitación intratubular a nivel del túbulo distal.

El músculo destruido retiene cantidades masivas de líquido, tanto así que los pacientes se aprecian "edematosos", aunque en realidad se encuentran con una severa contracción del volumen intravascular. Esto último puede precipitar una acidosis láctica tipo A producto de hipoperfusión tisular sistémica.

El estado de depleción intravascular, más el daño renal inducido por mioglobina ocasionan una falla renal aguda con disminución de la filtración glomerular, así, quedan retenidos múltiples sustancias de deshecho, incluyendo los ácidos. Se configura una acidosis metabólica con AG aumentado[221]. Posteriormente, se agrega una acidosis hiperclorémica por disfunción tubular[222]. Probablemente, la disfunción tubular sea una ATR tipo 2, que puede ser beneficiosa, ya que la bicarbonaturia impide la precipitación de mioglobina en el lumen tubular.

Para el tratamiento de este cuadro, además de controlar el factor desencadenante, será necesario administrar volumen masivamente para inducir poliuria (>3 mL/kg/h). Es posible utilizar $NaHCO_3$ IV para lograr bicarbonaturia (con un pH urinario >6,5) controlando estrictamente la kalemia, calcemia, natremia y gases.

14.19 Las secreciones intestinales contienen HCO_3^-

El páncreas, la bilis y las secreciones intestinales distales al estómago (sobre todo, íleon y colon) se caracterizan por tener una alta concentración de bicarbonato y elevado pH (Tabla 33). Para esta función obtienen agua y CO_2 proveniente de la sangre. En el interior de las células, mediante la anhidrasa carbónica, se produce H^+ y HCO_3^-. En el páncreas, se excreta HCO_3^- y Na^+ al lumen acompañado de agua. El HCO_3^- se secreta gracias al sistema de antiporte HCO_3^-/Cl^- y canal CFTR (Capítulo 11, Figura 34), mientras el Na^+ y agua salen por vía paracelular. Cuando las secreciones biliares y pancreáticas son vertidas al duodeno neutralizarán el HCl[11]:

$$HCl + NaHCO_3 \leftrightarrow NaCl + H_2CO_3$$

Tabla 33. Secreciones intestinales[11].

Secreción	**Volumen/d (mL)**	**pH**
Salival	1.000	6,7-7,0
Gástrica	1.500	1,0-3,5
Pancreática	1.000	8,0-8,3
Biliar	1.000	7,8
Intestino delgado proximal	1.800	7,5-8,0
Intestino delgado distal	200	8,0-8,9
Colónica	200	7,5-8,0
Total	**6.700**	

El ácido carbónico (H_2CO_3) formará CO_2 y agua, los que serán absorbidos en el intestino delgado. El cloruro sódico también será incorporado. El Na^+ se asocia a transporte de nutrientes (glucosa, aminoácidos) en favor de su gradiente electroquímico. Mientras que el Cl^- será reabsorbido mediante un antiportador transmembrana HCO_3^-/Cl^- (Capítulo 11, Figura 34).

Cuando existe una pérdida de secreciones intestinales, además de llevar consigo una gran cantidad de líquido y HCO_3^-, la disminución de este último en el lumen favorecerá la acción del antiportador HCO_3^-/Cl^-. Esto se debe a que la salida del bicarbonato se ve facilitada por el mayor gradiente químico secundario a la disminución de su concentración en el lumen intestinal. Así, asociado a la pérdida de bicarbonato, habrá una mayor reabsorción de Cl^- (acidosis hiperclorémica).

Los fármacos que aportan Cl^- al lumen intestinal (colestiramina, clorhidrato de sevelamer y cloruro de calcio) intensifican la acción del antiportador HCO_3^-/Cl^-. Del mismo modo, aquellos elementos o compuestos que capturan HCO_3^- del lumen intestinal (calcio del cloruro de calcio, magnesio del sulfato de magnesio), tienen el mismo efecto. Así, se exacerba una acidosis hiperclorémica por pérdida de secreciones intestinales[223].

La respuesta compensatoria será una mayor ventilación alveolar, reabsorción de bicarbonato renal y acidificación urinaria (Capítulo 8). Las secreciones intestinales son ricas en K^+, por otro lado, la depleción de volumen e hiperaldosteronismo secundario favorecen la eliminación urinaria de K^+; generando una intensa hipokalemia. La hipokalemia incrementa aún más la amoniogénesis renal. Así, todos los H^+ secretados por el túbulo colector serán "capturados" por amonio, incluso llevando el pH urinario a valores >6. Lo anterior, en condición de acidosis metabólica, pudiera simular un defecto tubular (ATR), sin embargo, la excreción neta de ácido está aumentada. Es importante considerar este hecho en el diagnóstico diferencial de una acidosis hiperclorémica (Capítulo 13).

14.20 Colestiramina; el cambio de ácidos débiles por ácidos fuertes

El colesterol en el hígado se cataboliza hacia ácidos biliares para su eliminación por medio de la bilis. El pKa de estos ácidos varía entre cinco a siete, es decir, son ácidos débiles (Capítulo 2).

$$\text{\textit{Ácido biliar}} \leftrightarrow \text{\textit{Base conjugada aniónica}}^- + H^+$$

En el intestino habrá una porción del ácido biliar en estado no ionizado (liposoluble) y otra en forma aniónica (base conjugada hidrosoluble). La pequeña porción liposoluble se absorbe pasivamente. En cambio, la forma aniónica es una molécula anfipática, utilizada por el intestino para reabsorber activamente grandes complejos liposolubles como vitaminas, colesterol y otros lípidos. Cuando la forma aniónica de los ácidos biliares (base conjugada) alcanza una concentración mínima; se forman las micelas mixtas. De lo contrario, se eliminan por las deposiciones. Por lo tanto, parte de la forma aniónica reingresa a través de la circulación enterohepática a nivel de íleon distal.

Mediante la conjugación de ácidos biliares se transforman estos "ácidos débiles" en "ácidos semifuertes"; así aumenta la proporción aniónica (tiende a ceder más H^+ al medio) y se asegura la generación de micelas mixtas. La adición de aminoácidos glicina o taurina (conjugación) permite esta acción, ya que disminuye el pKa de los ácidos biliares a 4 (glicina), o incluso 1 (taurina).

Si los ácidos biliares conjugados llegan al colon, las bacterias retiran el aminoácido devolviéndolos hacia ácidos débiles. Así, aumenta la porción no ionizada (liposoluble) la cual se absorbe pasivamente, mientras el resto se elimina por las deposiciones.

La colestiramina es un fármaco ampliamente utilizado en el manejo de dislipidemias. Su función es evitar la formación de las micelas mixtas e impedir la absorción de lípidos. Esta resina entrega Cl^- para intercambiarlo con la fracción aniónica de los ácidos biliares (base conjugada). Como no hay generación de micelas, se eliminan lípidos por las deposiciones. Por otro lado, los ácidos biliares que llegan al colon pueden ser reabsorbidos.

Otro problema, es el exceso de Cl^- entregado por la resina y el H^+ del ácido biliar. Juntos conforman HCl, un ácido fuerte que se disocia en su totalidad.

En suma, existirán varios mecanismos para generar acidosis hiperclorémica. 1) La pérdida de secreciones intestinales ricas en HCO_3^-, 2) intensificación del antiportador HCO_3^-/Cl^- por aporte de Cl^- y pérdida de HCO_3^-; 3) transformación de los antiguos ácidos biliares (ácidos débiles) en ácidos fuertes (HCl), 4) menor reabsorción de la base conjugada del ácido biliar y mayor reabsorción colónica de ácidos biliares.

14.21 Acidosis por fístulas entero-vesicales

Las fístulas entero-vesicales (FEV) y neovejigas construidas con intestino presentan alteraciones similares. En ambos cuadros existirán trastornos hidroelectrolíticos, ácido-base, infecciones urinarias y pérdida de funciones intestinales. Una de las principales diferencias es que la FEV expone al intestino a un "flujo urinario", en cambio, la neovejiga, expone solo un fragmento intestinal a "orina estancada". Por lo tanto, las alteraciones pueden ser mucho más intensas en casos de FEV, sobre todo, cuando ocurren con intestino delgado.

Una comunicación entre vejiga e intestino puede ocurrir por múltiples causas: infecciones entéricas o vesicales (tuberculosis, sífilis, amebiasis), enfermedades neoplásicas (cáncer colorrectal o vesical), patologías inflamatorias (diverticulitis, enfermedad de Crohn) o traumas vesicales (procedimientos quirúrgicos, sondeos vesicales)[224].

Las FEV más frecuentes son colo-vesicales; y se caracterizan por pneumaturia, fecaluria, dolor abdominal e infecciones polimicrobianas recurrentes. Toda FEV además puede presentar: diarrea crónica, malabsorción intestinal y diversos trastornos hidroelectrolíticos, sobre todo, ácido-base. Como cada segmento intestinal presenta distinta permeabilidad, y funciones de absorción y secreción diferentes, las manifestaciones clínicas dependerán del segmento expuesto a la orina.

El epitelio del intestino delgado debe absorber múltiples componentes del lumen, siendo altamente permeable (epitelio abierto o *leaky*). En cambio, el estómago secreta ácido y digiere alimentos sin absorberlos. Por esta acción es un epitelio impermeable (cerrado o *tight*). El colon contiene deshechos intestinales que después elimina, por lo tanto, es poco permeable (*tight*) (Tabla 34)[225].

Si el intestino delgado se expone a la orina, disipará rápidamente el mayor gradiente osmótico de esta (por absorción de solutos). Al contrario, el estómago y colon mantienen la diferencia de osmolalidades, pudiendo generar grandes pérdidas de líquido mientras más tiempo estén expuestos a una orina hipertónica.

El estómago secreta HCl y K^+. Si existe un "lavado" permanente de secreción gástrica (por flujo urinario), se generará alcalosis metabólica hipoclorémica e hipokalemia.

La concentración de H^+, K^+, NH_4^+, Cl^-, urea y creatinina en orina es muy superior a la sangre. Por lo anterior, en epitelios absortivos (duodeno, yeyuno e íleon) habrá reabsorción de estos solutos. Una FEV duodenal se caracteriza por acidosis metabólica hiperclorémica, hiperkalemia y azoemia. En el intestino distal, aumenta la capacidad de secretar $NaHCO_3$ y K^+ por el epitelio, siendo máxima en el colon. Desde el íleon en adelante, la acidosis metabólica hiperclorémica se acompaña de hipokalemia. El estado de hiperaldosteronismo secundario debido a contracción del VCE/VEC contribuye a la hipokalemia (Tabla 34).

En general, las FEV tienden a la hiponatremia por contracción del VCE/VEC (secreción no osmótica de ADH). Sin embargo, las FEV con estómago y colon pueden presentar hipernatremia por pérdidas abundantes de agua libre (epitelios *tight*).

Si una FEV produce contacto de la orina con el intestino delgado o colon, existen múltiples mecanismos que explican el desarrollo de una acidosis metabólica hiperclorémica[225-229]:

a) En la orina la principal forma de excretar la carga diaria de H^+ provenientes de ácidos fijos es mediante la eliminación amonio ($NH_3 + H^+ \leftrightarrow NH_4^+$). A pH urinario de 5, la relación NH_4^+:NH_3 es 10.000:1, mientras a pH 7 es 100:1. Es decir, a menor pH del medio, mayor captura de H^+ y viceversa (Capítulos 2 y 6). Al mezclarse la orina ácida con la secreción intestinal alcalina, el pH ascenderá hacia valores cercanos a 7-8. Esto provoca redireccionamiento químico del ion

Tabla 34. Características fístulas entero-vesicales.

Fístula Vejiga →	**Estómago**	**Duodeno**	**Yeyuno**	**Íleon**	**Colon**
Epitelio	*Tight*	*Leaky*	*Leaky*	*Leaky*	*Tight*
Secreción	H^+, Cl^-, K^+	Na^+, HCO_3^-	Na^+, HCO_3^-	Na^+, HCO_3^-, K^+	Na^+, HCO_3^-, K^+
Absorción desde orina	-	Urea, NH_4^+, Cl^-, K^+	Urea, NH_4^+, Cl^-, K^+	Urea, NH_4^+, Cl^-, K^+	NH_4^+, Cl^-
Trastorno ácido-base	Alcalosis metabólica	Acidosis metabólica hiperclorémica			
Pérdida acuosa	Alta	Baja	Baja	Baja	Alta
Otros	↑$[Na^+]$p, ↓$[K^+]$p, ↓$[Cl^-]$p	↓$[Na^+]$p, ↑$[K^+]$p	↓$[Na^+]$p	↓$[Na^+]$p, ↓$[K^+]$p	↑o↓ $[Na^+]$p, ↓$[K^+]$p

amonio (NH_4^+; hidrosoluble) hacia el amoniaco (NH_3; liposoluble), con liberación de H^+ y pérdida de capacidad *buffer*.

b) Las secreciones del intestino delgado y colon son alcalinas (pH 8-9). Su eliminación exagerada implica una pérdida de bases.

c) En el enterocito para excretar HCO_3^- se utiliza el antiportador Cl^-/HCO_3^- (Capítulo 11, Figura 34). La ganancia del Cl^- luminal y pérdida de HCO_3^-, genera acidosis hiperclorémica. Situación exacerbada por el flujo de orina.

d) Tanto los H^+ liberados desde el NH_4^+ y H^+ libres urinarios, reaccionan con HCO_3^- luminal, generando CO_2 y H_2O los cuales pueden ser reabsorbidos. El CO_2 incrementa la generación de H^+.

e) Las bacterias intestinales contienen ureasa que desdobla la urea en $2NH_3 + CO_2$. Ambos compuestos pueden generar más acidosis. El NH_3 (proveniente del NH_4^+ y de la urea) es liposoluble y reabsorbido por la circulación enterohepática. Una parte del NH_4^+ también se reabsorbe utilizando transportadores para el K^+[230-232]. Luego, todo el amonio reabsorbido consumirá HCO_3^- en la ureagénesis hepática (Capítulo 6).

f) La orina contiene una elevada concentración de Cl^-. Si a esto se suma la menor concentración de HCO_3^- en el lumen intestinal (por reacciones de amortiguación con H^+ urinario), se intensifica el gradiente químico que permite la secreción de HCO_3^- y reabsorción de Cl^- por el antiportador Cl^-/HCO_3^- del enterocito.

El efecto neto final es una menor excreción (o ganancia corporal) de H^+ y Cl^-, asociado a disminución del HCO_3^-. Es decir, una acidosis metabólica hiperclorémica.

14.22 Acidosis en neovejigas construidas con intestino

Como se mencionó anteriormente, las alteraciones que se observan en neovejigas son similares a los defectos producidos por fístulas entero-vesicales.

Antiguamente, cuando se requería extraer parcial o totalmente la vejiga del organismo, se realizaba la unión de ambos ureteres hacia el colon sigmoides. Sin embargo, como esta "cloaca" presentaba innumerables complicaciones infecciosas y metabólicas se dejó de practicar. Mientras la tecnología protésica de reconstrucción vesical no logre reemplazar satisfactoriamente este órgano, continuarán existiendo neovejigas elaboradas con íleon o colon, ya que otros segmentos intestinales producen alteraciones metabólicas severas.

Son múltiples las complicaciones resultantes de exponer crónicamente el epitelio intestinal a la orina, además, de las consecuencias que provoca en el intestino la ausencia de uno de sus segmentos. La irritación crónica mediada por orina produce inflamación en el injerto de intestino y a largo plazo atrofia de la mucosa con riesgo de desarrollar neoplasias malignas, sobre todo, en la anastomosis ureterointestinal. Este riesgo es mayor cuando la neovejiga es confeccionada con tejido colónico[233]. Por otro lado, como el intestino es un epitelio "absortivo" se incorporarán elementos "desechados" por el riñón y presentes en la orina.

El intestino normalmente intercambia H^+ intracelular con Na^+ luminal (antiportador NHE)[234]. También, intercambia Cl^- luminal con HCO_3^- (Capítulo 11, Figura 34). Cuando se expone a la orina, que presenta una elevada concentración de NH_4^+, H^+ y Cl^-; tiende a reabsorber estos iones. Finalmente, el injerto de intestino, en lugar de reabsorber $NaHCO_3$, secretará este compuesto en intercambio por HCl, configurando una acidosis metabólica hiperclorémica. Esta última complicación es peor cuando la neovejiga es fabricada con tejido colónico[233].

El HCO_3^- secretado a la orina por el injerto intestinal arrastrará consigo K^+ (además de Na^+). Esta situación inducirá una depleción de K^+ corporal que es mayor cuando la neovejiga es elaborada con colon, ya que fisiológicamente tiende a excretar K^+. El Íleon puede reabsorber parcialmente algo de K^+.

Si la orina es "concentrada", el alto gradiente osmótico provoca que el epitelio intestinal injertado pierda agua. Al contrario, si la orina es "diluida", se reabsorbe una importante cantidad de agua. Finalmente, la orina tenderá a ser isoosmótica respecto al plasma[235].

Por otro lado, algunas drogas normalmente eliminadas por el riñón, pueden reabsorberse en el epitelio intestinal, aumentando su vida media y riesgo de toxicidad[233].

La resección de íleon distal puede producir alteración en la absorción de sales biliares, disminución de su circulación enterohepática y aumento en la síntesis hepática de estos, con riesgo de formar litiasis vesiculares. La pérdida de sales biliares dificultará la absorción de grasas provocando un síndrome de malabsorción intestinal. Se genera un déficit de vitaminas liposolubles (A, D, E y K), además de cianocobalamina, que también se absorbe en el íleon distal. Los ácidos grasos en el intestino saponificarán el calcio y magnesio intestinal. Como el calcio es el principal quelante del oxalato, su absorción intestinal aumenta provocando hiperoxalemia con hiperoxaluria.

La acidosis crónica produce hipercalciuria, hiperfosfaturia e hipermagnesiuria, favoreciendo la depleción de estos elementos. El exceso de calcio, fosfato y oxalato en la orina, junto a la hipocitraturia por acidosis crónica, más las alteraciones producidas en el pH de la neovejiga; pueden inducir la formación de litiasis vesicales. Estas mismas alteraciones pueden ocurrir en fístulas entero-vesicales.

14.23 La solución salina isotónica (NaCl 0,9%) puede producir acidosis metabólica

En situaciones clínicas extremas se administran cantidades masivas de soluciones cristaloides. La concentración plasmática normal de Cl^- en plasma es alrededor de 104 mEq/L. Las soluciones de volemización isotónica, como el NaCl 0,9%, contienen una $[Cl^-]$ de 154 mEq/L.

La acidosis por solución salina isotónica se debe a tres mecanismos: 1) La volemización genera un efecto de "dilución" del bicarbonato plasmático. 2) Las soluciones hiperclorémicas inducen un exceso de cloro plasmático que compite con el HCO_3^- tubular provocando bicarbonaturia. 3) Las soluciones "envasadas" contienen un pH muy bajo (4,6 a 5,5)[236].

El pH de la solución salina isotónica es alrededor de 5, significativamente más "ácido" que el plasma. Es decir, una [H^+] de 10.000 nEq/L en la solución salina isotónica (pH =5) versus 40 nEq/L en el plasma (pH =7,4). La solución salina al ser una mezcla de agua con electrolitos debiera tener un pH de 7 (igual que el agua). Sin embargo, esto no ocurre por dos motivos. El primero, se debe a la preparación de esta solución estéril, lo cual requiere aumento de temperatura y presiones durante el período de fabricación. Si a esto se suma el contacto con la atmósfera, se produce dilución del CO_2 gaseoso en el solvente. Posteriormente, este formará ácido carbónico, y luego, H^+[236]. El segundo mecanismo se debe al empaquetamiento de la solución en bolsas de cloruro de polivinilo. Este plástico libera ácidos al ser sometido a oxidación (autoclave) e irradiación gama (esterilización). Se generan ácidos fórmico, acético y clorhídrico[236].

Un paciente intensamente reanimado, puede recibir fácilmente 5 litros de solución salina (0,05 mEq de H^+). Suponiendo que toda esta "carga ácida" se diluyera en el agua corporal total de una persona de 70 kg y reaccionara con el HCO_3^-; se produciría una disminución de bicarbonato plasmático desde 24 mEq/L a 23,999 mEq/L. Es decir, la influencia del bajo pH de las soluciones salinas isotónicas, en trastornos ácido-base, es prácticamente inexistente.

Por otro lado, están las alteraciones asociadas a la hipercloremia. El exceso de Cl^- en el tubo proximal se reabsorbe con Na^+ para "arrastrar" agua, y así, volumen. El HCO_3^- tiene una participación similar en el tubo proximal. Un exceso de cloruro "competirá" con el bicarbonato para su reabsorción con sodio. Así, aumentará la excreción de HCO_3^- en la orina. Luego, a nivel del túbulo colector, la gran concentración de Cl^- del ultrafiltrado se intercambiará con HCO_3^- en las células intercaladas tipo B (Capítulo 6, Figura 20).

Al restaurar el volumen circulatorio efectivo, se pierde la acción alcalinizante del sistema R-A-A. El resultado final de las soluciones salinas ricas en Cl^- es una acidosis metabólica hiperclorémica. Es posible que muchas "acidosis por solución salina" se deban realmente a la corrección de una "alcalosis metabólica" subyacente debida a hiperaldosteronismo.

Finalmente, el efecto de "dilución" es extremadamente importante en la acidosis. Cuando se diluyen los componentes ácido-base de un sistema cerrado, el pH tiende a mantenerse constante gracias a que disminuye la concentración de los productos y reactantes en la misma magnitud.

$$pH = pKa + \log_{10} \frac{\downarrow[producto]}{\downarrow[reactante]}$$

Sin embargo, el cuerpo humano es un sistema abierto y modifica rápidamente la eliminación de CO_2. Si su concentración tiende a disminuir por dilución, los sensores químicos de $PaCO_2$, mantendrán su valor constante (40 mmHg) mediante la respuesta ventilatoria. Lo anterior, ocurre mientras desciende el HCO_3^- plasmático. El efecto final es una retención de CO_2 asociada a dilución de HCO_3^-, produciendo mayor aporte de H^+ por redirección del *buffer* CO_2/HCO_3^- hacia los productos[237].

La acidosis por volemización con solución salina isotónica es infrecuente y de magnitud leve. No debe ser tomada en cuenta al momento de reanimar un paciente hipovolémico.

14.24 Intoxicación por alcoholes; un trastorno ácido-base con alteración de la osmolalidad

El alcohol es la droga más antigua de la cual se tiene conocimiento. Históricamente, todas las culturas han otorgado propiedades positivas, e incluso místicas, al alcohol y sus efectos. Sin embargo, la realidad es totalmente diferente; el alcohol produce múltiples daños al organismo, además de sus implicancias sociales negativas.

El principal alcohol de consumo humano es el etanol, otros tipos de alcoholes se destinan para uso industrial: metanol, etilenglicol, dietilenglicol, propilenglicol e isopropanol (Tabla 35).

En una solución, los alcoholes entregan múltiples beneficios: son hidrosolubles y permiten solubilizar sustancias liposolubles en ella. De ahí, que los alcoholes sean solvente de muchos compuestos. Esta propiedad se utiliza en productos cosméticos, pinturas (pigmentos), perfumes (odoríferos), detergentes, artículos de aseo, baño, cocina, etc.

Por el bajo punto de congelación que poseen, estos líquidos son fundamentales para el funcionamiento de muchas máquinas. Ejemplos son los líquidos de freno, refrigerantes y gasolina.

Tabla 35. Características de los principales alcoholes[240].

Alcohol	Fórmula química	Peso molec. (DA)	Puerta de entrada	Volumen distribución (L/kg)	Vida media (h)	Ruta de Eliminación	↑Osmolaridad por 10 mg/dL de alcohol	Tóxicos
Etanol	CH_3 CH_3-OH	46,07	Oral Intravenosa	0,5	2-6	Hígado 95% Pulmón 2% Riñón 3%	2,12 mOsm/L	Etanol Ácido β-hidroxibutírico Ácido acético
Metanol	CH_3-OH	32,04	Inhalatoria Piel sana Oral	0,6-0,7	14-30	Hígado 97% Pulmón 2,5% Renal 1%	3,09 mOsm/L	Ácido fórmico
Etilenglicol	CH_2-OH CH_2-OH	62,07	Piel lesionada Oral	0,5-0,8	3-8	Hígado 80% Renal 20%	1,6 mOsm/L	Ácido glioxílico Ácido glicólico Ácido oxálico
Dietilenglicol	CH_2-OH CH_2 O CH_2 CH_2-OH	106,12	Piel lesionada Oral	0,5	4-6	Hígado 30-50% Riñón 50-70%	0,9 mOsm/L	Ácido 2-hidroxietoxiacético
Propilenglicol	CH_3 CH-OH CH_2-OH	76,09	Piel sana Oral Intravenosa	0,5	1,4-3,3	Hígado 55-75% Renal 25-45%	1,31 mOsm/L	Ácido láctico
Isopropanol	CH_3 CH-OH CH_3	60,02	Piel sana Oral	0,5	2,5-6,4	Hígado 80-90% Renal 10-20%	1,66 mOsm/L	Isopropanol

El contacto diario y acceso a sustancias con alcoholes es enorme, y la probabilidad de consumo accidental es alta; sobre todo, en población pediátrica. También se han utilizado con fines suicidas[238]. La incidencia de envenenamiento por cualquier sustancia es 17,6 por mil habitantes, de ellos; el 5,3% de los casos se debe a un alcohol tóxico[239].

Los alcoholes pueden entrar al organismo por vía cutánea, inhalatoria, oral o intravenosa. Se absorben rápidamente desde el tracto gastrointestinal. Tienen un volumen de distribución similar al agua corporal y sus concentraciones máximas en sangre ocurren a los 30-60 minutos luego de ser ingeridos[240]. Los alcoholes actuarán como "osmoles" en forma proporcional a la dosis absorbida. La actividad osmótica es gran responsable de los daños celulares; mientras menor peso molecular tenga el alcohol, mayor será su actividad osmótica (Tabla 35). Al inicio de una intoxicación es frecuente observar una "falsa hiponatremia" debido al efecto osmótico que ejerce el alcohol arrastrando líquido del intra al extracelular.

La metabolización del alcohol ocurrirá predominantemente en el hígado. Inicialmente, se transforma en un aldehído mediante la enzima alcohol deshidrogenasa (Figura 46). En esta reacción se reduce NAD^+ a NADH. El aumento de esta última molécula (estado redox celular oxidativo) inhibe la enzima PDH, motivo por el cual, la metabolización de los alcoholes induce acidosis láctica[240]. Posteriormente, gracias a la enzima aldehído deshidrogenasa, el aldehído será transformado a un ácido específico según el alcohol metabolizado.

El ácido generado es el que produce la acidosis metabólica con AG aumentado y la mayor parte de las manifestaciones clínicas asociadas al consumo de alcoholes (excepto para etanol e isopropanol, donde la sustancia tóxica es predominantemente el alcohol).

El diagnóstico de las intoxicaciones por alcohol puede ser difícil si no hay historia disponible, pero es útil la constatación de una acidosis metabólica con AG y Gap osmolar elevados (Capítulo 13, Figura 47).

Como la absorción gastrointestinal de los alcoholes es rápida, el tratamiento debe ser iniciado dentro de 30-60 luego de la ingestión: lavado gástrico, vómito inducido (si no hay compromiso de conciencia) y/o carbón activado. La volemización con expansión del intravascular permite eliminar alcoholes mediante poliuria (etilenglicol, dietilenglicol, propilenglicol).

Los pacientes deben ser manejados en unidades de paciente crítico con monitorización y medidas de soporte adecuadas a la gravedad del cuadro. Se

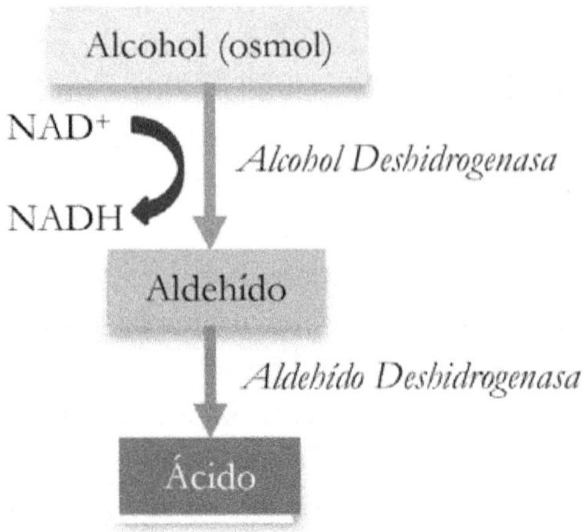

Figura 46. Metabolización hepática de alcoholes.

debe administrar abundante bicarbonato de sodio para controlar la acidosis metabólica (Capítulo 16).

Como gran parte de la toxicidad es mediada por la producción de ácidos, se administran inhibidores de la enzima alcohol deshidrogenasa para prevenir su formación (Tabla 36). El etanol tiene una afinidad diez a veinte veces mayor que otros alcoholes por esta enzima y se usa de tratamiento[240]. Sin embargo, requiere altas dosis y provoca compromiso neurológico, pancreatitis, alteraciones gastrointestinales y daño hepático. El fomepizol es un fármaco seguro, con afinidad quinientas a mil veces mayor que los otros alcoholes por la alcohol deshidrogenasa y es el tratamiento de elección en estas intoxicaciones, ya que no tiene mayores efectos secundarios[241]. Lamentablemente, es muy costoso y poco disponible. En intoxicación por isopropanol está contraindicado usar etanol o fomepizol, porque la sustancia más tóxica es el alcohol mismo y se prefiere su metabolización.

Según el tipo de intoxicación es posible administrar determinadas vitaminas que favorecen la metabolización de sustancias tóxicas.

Todos los alcoholes tienen pesos moleculares pequeños, baja unión a proteínas y distribución equivalente al agua corporal total; por lo tanto, son fácilmente removidos mediante hemodiálisis, al igual que sus respectivos ácidos (Tabla 37).

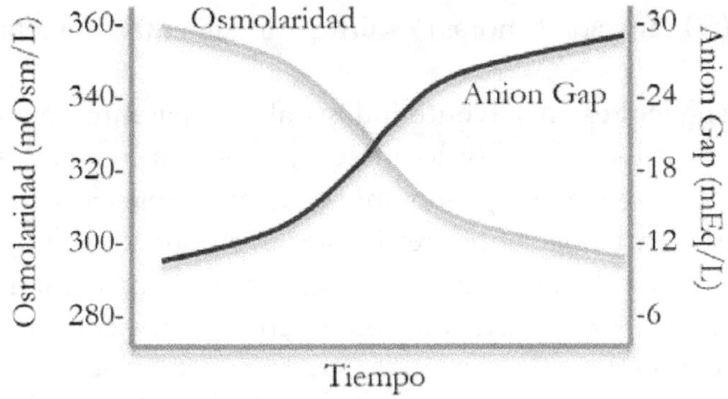

Figura 47. Alcohol, osmoles y Anion Gap.

El **metanol** está presente en solventes para la fabricación de plásticos, fibras y pinturas[242]. Se encuentra en algunos combustibles y alcoholes modificados. Es incoloro, inodoro, amargo, altamente volátil e inflamable. El metanol no posee toxicidad conocida, provocando daño cuando se ha metabolizado en ácido fórmico. El formato es un potente inhibidor del complejo Citocromo-C-oxidasa (produce acidosis láctica tipo B)[93]. La acidosis y disfunción celular inducen una falla circulatoria con hipoxia tisular; perpetuando la acidosis láctica y empeorando la acidosis sistémica.

El cuadro clínico se caracteriza por síntomas generales como: debilidad, anorexia, cefalea, náuseas, vómitos y dolor abdominal. Las alteraciones visuales son de regla y precoces. En el fondo de ojo habrá hiperemia y edema de papila[242]. Síntomas neurológicos iniciales son: parestesias, convulsiones, parkinsonismos. Tardíamente, aparece el compromiso de conciencia (a diferencia de otros alcoholes). La retina y el sistema nervioso son particularmente sensibles a los efectos tóxicos del formato, ya que sus células tienen escasa actividad de glucólisis anaeróbica y dependen mucho de la fosforilación oxidativa para obtener energía.

Síntomas graves son el compromiso hemodinámico por acidemia, disfunción celular generalizada, pancreatitis, hemorragia digestiva y coma. Bastan 30 mL de solución de metanol al 40% para producir daño retiniano; y más de 150 mL pueden ser letales[193].

Para el tratamiento, además de lo enunciado anteriormente, el ácido folínico IV (50 mg cada 6 horas) es útil para aumentar el metabolismo del formato.

El **etilenglicol** es un solvente industrial transparente, incoloro, espeso, inodoro, no volátil y dulce. Por lo anterior, es necesario añadirle colorantes para reconocerlo visualmente y evitar intoxicaciones (rojo fenol o fluoresceína). Está presente en anticongelantes, refrigerantes, productos de limpieza, líquido de revelado y tinturas[243]. Es el alcohol tóxico más frecuentemente implicado en intoxicaciones: 2% de todos los envenenamientos con una mortalidad cercana al 20%[244-246].

La ingestión directa es la principal vía de entrada, ya que no atraviesa la piel sana. Se absorbe rápidamente desde el tracto gastrointestinal, teniendo biodisponibilidad del 100%. La eliminación del etilenglicol ocurre por metabolización hepática o excreción renal directa. La oxidación hepática del etilenglicol produce varios ácidos (glicólico, glioxílico y oxálico). Todos ellos inducirán una acidosis metabólica con AG aumentado a la que se suman acidosis láctica y falla renal aguda. El glicolato puede afectar la respiración celular induciendo una acidosis láctica tipo B[247], y además, en el riñón provoca necrosis tubular aguda tóxica. El oxalato precipita con calcio produciendo hipocalcemia y depósitos tisulares en el riñón, corazón, cerebro y pulmón. Clínicamente, esto último se expresa como falla renal aguda, disfunción miocárdica y alteraciones neurológicas[238,248].

El cuadro clínico se caracteriza por tres a cuatro etapas[193,238,240,243,249,250]: 1) Primeras 12 horas: síntomas neurológicos debidos a edema cerebral inducido por etilenglicol que ingresa al parénquima cerebral. Habrá euforia, somnolencia, confusión, disartria, ataxia, nistagmus, convulsiones, pudiendo llegar al coma y muerte. Luego de las 12 horas puede haber síntomas neurológicos focales producto del depósito de cristales de oxalato de calcio. 2) Segunda etapa (12-36 horas post-ingestión): los depósitos de oxalato cálcico, más la hipocalcemia generan depresión miocárdica, disfunción cardiovascular e hipoperfusión sistémica, que se agrava con la acidemia (acidosis láctica tipo A). Puede haber hiperreflexia, espasmos musculares y prolongación del intervalo QT por hipocalcemia. 3) Tercera etapa (2-3 días después): falla renal, por daño tubular directo asociado a glicolato y precipitación de cristales de oxalato cálcico intratubulares. Hay dolor lumbar, proteinuria, hematuria, oliguria e incluso anuria. Algunos casos requieren terapia de reemplazo renal. 4) Tardíamente (después de una semana) puede haber una última etapa que no es constante y se caracteriza por neuropatía que afecta pares craneanos. Generalmente es transitoria y se debe al depósito de cristales de oxalato cálcico.

El diagnóstico de intoxicación por etilenglicol se confirma mediante la medición de niveles por cromatografía de gases. Lamentablemente esta técnica es poco asequible y puede tardar días[240]. Como la mayoría de los preparados de etilenglicol contienen fluoresceína, se emplean lámparas con luz de Wood para detectar el colorante en ropa, piel u orina. Tiene falsos positivos, solo es demostrable las primeras horas de una intoxicación y una orina ácida negativiza los resultados. Por lo tanto, su ausencia no descarta la intoxicación. Los cristales de oxalato cálcico urinarios se encuentran en 45% de los pacientes, aparecen desde las 4-8 horas de la ingestión y persisten por 40 horas en ausencia de falla renal y hasta 4 días en su presencia[240,251]. La medición de lactato con técnica de lactato oxidasa presenta falsos positivos con glicolato, a diferencia de la medición con técnica de lactato deshidrogenasa. Una diferencia de valores con ambas técnicas sugiere intoxicación por etilenglicol[252].

Los pacientes con mayor mortalidad en una intoxicación por etilenglicol son aquellos que presentan acidosis metabólica severa (pH <7,1), inician tratamiento en forma tardía luego de la exposición (>10 horas) y/o se presentan con falla renal[240,246].

En cuanto al tratamiento, además de las medidas generales, es importante no tratar la hipocalcemia hasta que esta sea severa (sintomática), para evitar la precipitación de cristales. No inducir vómito por la alta prevalencia de compromiso neurológico y riesgo de aspiración. Volemizar para forzar diuresis (>3 mL/kg/h) y así evitar la precipitación de oxalato cálcico y favorecer la excreción urinaria directa de etilenglicol. Tiamina (100 mg cada 6 horas IV) y piridoxina (50 mg cada 6 horas IV) promueven la metabolización del ácido glioxílico.

El **dietilenglicol** es un solvente para químicos y drogas insolubles en agua. Está presente en anticongelantes, líquido de frenos, lubricantes, adhesivos y productos de baño (dentífricos).

Por múltiples reacciones con etilenglicol, se forman polímeros del alcohol que tienen propiedades similares (trietilenglicol, polietilenglicol), pero por tamaño molecular no se absorben. El dietilenglicol, sí se absorbe y se metaboliza al ácido 2-hidroxietoxiacético en el hígado.

El cuadro clínico posee 3 fases[253]: 1) Fase gastrointestinal (náuseas, vómitos, epigastralgia). 2) Alteraciones renales y hepáticas; el ácido 2-hidroxietoxiacético produce toxicidad tubular con necrosis cortical, además de hepatotoxicidad. 3) Fase final; se presenta días luego de la ingesta y se caracteriza por compromiso neurológico (letargia, alteraciones en pares craneanos, tetraplejia y paresias). Se produce una neuropatía axonal desmielinizante.

El tratamiento es similar a los otros alcoholes, no se recomienda la descontaminación digestiva[253].

El **propilenglicol** también es solvente de múltiples fármacos, perfumes, cremas, productos cosméticos e higiene. Es de amplio uso en medicina como solvente de fármacos[255]. Mediante reacciones se forman polímeros no absorbibles (polipropilenglicol).

La metabolización de este alcohol produce acidosis láctica por dos mecanismos: transformación directa del alcohol en ácido láctico y por incremento celular de NADH (estado celular oxidativo). Fármacos que poseen abundantes cantidades de este solvente son: lorazepam, fenobarbital, diazepam, digoxina, fenitoína, cotrimoxazol, etomidato, nitroglicerina[255].

El cuadro clínico simula un estado de shock por la condición de acidosis láctica.

Isopropanol o alcohol isopropílico es un compuesto de uso frecuente en artículos de limpieza, desinfectantes, sanitizadores y productos farmacéuticos[256]. Es incoloro y amargo. Ampliamente utilizado para limpiar electrodomésticos y como desinfectante de manos, ya que se evapora rápidamente.

Se convierte en acetona por la acción de la enzima alcohol deshidrogenasa. Su metabolismo no produce acidosis. El daño está mediado por el isopropanol, que afecta directamente al SNC (letargia, cefalea, ataxia, hipotonía, compromiso de conciencia), altera el inotropismo cardiaco e irrita mucosas con riesgo de hemorragias y dermatitis. Puede provocar inestabilidad hemodinámica, hipoperfusión sistémica con desarrollo de acidosis láctica y acumulación de ácidos por falla renal[207]. Bastan 20 mL de solución al 50% para inducir síntomas graves. Niveles séricos >150 mg/dL se asocian con coma y shock cardiogénico.

Para el diagnóstico son útiles las pruebas de cetonemia con nitroprusiato. Está contraindicado el uso de Etanol o Fomepizol, ya que aumentan los niveles de isopropanol. En intoxicaciones severas la hemodiálisis es útil.

El **etanol** es el alcohol de mayor consumo en el mundo. Está presente en múltiples licores, perfumes, cosméticos, productos de aseo, etc.

Tabla 36. Indicaciones de fomepizol o etanol en intoxicación por alcoholes[254].
Concentración plasmática de metanol o etilenglicol >20 mg/dL.
Ingestión reciente y documentada de metanol o etilenglicol con Gap osmolar >10 mmol/L.
Alta sospecha de intoxicación por metanol o etilenglicol más dos de los siguientes: - pH <7,3. - Bicarbonato plasmático <20 mEq/L. - Gap osmolar plasmático >10 mmol/L. - Alteraciones visuales (metanol), cristales de oxalato cálcico en orina (etilenglicol).

Tabla 37. Recomendaciones de hemodiálisis en intoxicación por alcoholes[220].
pH arterial <7,1.
Imposibilidad de mantener pH >7,3 con bicarbonato de sodio intravenoso.
Disminución de HCO_3^- plasmático >5 mEq/L a pesar de tratamiento.
Falla renal.
Alteración severa parámetros vitales a pesar de manejo intensivo.
Concentración inicial de alcohol >0,5 g/L (>8,1 mmol/L) sin posibilidad de administrar fomepizol.

El etanol afecta directamente el SNC y otros sistemas: gastrointestinal, hepático, pancreático y cardiaco. El daño se establece tanto con el consumo agudo como crónico.

Respecto al compromiso ácido-base, este se caracteriza por una cetoacidosis que aparece a las 24-48 horas luego de la ingestión de etanol[57].

Los factores iniciales que gatillarán el desarrollo de una cetoacidosis por etanol son: un estado de ayuno y el catabolismo oxidativo del etanol.

El etanol se metaboliza por tres vías oxidativas: enzima citosólica alcohol deshidrogenasa, sistema oxidativo microsomal o la catalasa peroxisomal[257]. La vía predominante, por lejos, es mediante la alcohol deshidrogenasa, generando reacciones oxidativas donde todo el NAD^+ se reduce a NADH. Así, el hepatocito queda en un estado celular oxidativo con elevación de la relación $NADH/NAD^+$ (Capítulo 7, Figura 46).

El ayuno, propio del alcoholismo, provocará disminución de glicemia, y así, insulina. Para evitar la hipoglicemia las hormonas de contra-regulación promoverán glicólisis (hepática y muscular), además de gluconeogénesis. Se inhibe la glucólisis anaeróbica (por reducción de insulina y NAD^+; y aumento de glucagón) (Capítulo 7). Por lo tanto, la obtención de energía dependerá de ácidos grasos. Las hormonas de contraregulación y disminución de insulina, favorecen lipólisis y movilización de ácidos grasos. Como estos últimos son abundantes, se formará exageradamente acetil-CoA.

La gluconeogénesis hepática estará intensamente estimulada. Además de la ausencia de insulina e incremento en hormonas de contraregulación; el estado celular oxidativo (relación $NADH/NAD^+$ elevada) favorece las reacciones de gluconeogénesis.

Finalmente, el exceso de acetil-CoA se asocia a una depleción de oxaloacetato (por gluconeogénesis), evitando su ingreso al ciclo de Krebs para obtener energía. El acetil-CoA acumulado deberá ser almacenado como cetoácido (acetoacetato). Para recuperar NAD^+, el acetoacetato será transformado en β-hidroxibutirato (lo que dificulta el diagnóstico cuando se realizan pruebas con nitroprusiato)[49].

La acidosis normalmente es leve y se asocia a alcalosis metabólica por vómitos y deshidratación. Al momento de la cetoacidosis alcohólica, los niveles de etanol y osmolaridad plasmática pueden ser normales.

Estos pacientes tienden a estar muy deshidratados por baja ingesta de agua, inhibición de hormona antidiurética (mediada por etanol), poliuria por aniones cetónicos y glucosa, hiperventilación y vómitos. Así mismo, pueden existir trastornos electrolíticos severos.

El tratamiento debe iniciar con volemización abundante, administración de glucosa (inhibe la gluconeogénesis y restaura el oxaloacetato), corregir alteraciones electrolíticas (hiper o hiponatremia, hipofosfatemia, hipokalemia). Fundamental es el aporte de Tiamina intravenoso para evitar una encefalopatía de Wernicke. No es necesario administrar insulina, además, puede empeorar las alteraciones hidroelectrolíticas.

14.25 Sobreproducción y pérdida de aniones; el paso de una acidosis metabólica hiperclorémica a una con AG aumentado

Ciertas sustancias se metabolizan en ácidos que aumentarán la [H^+] y entregarán una base conjugada. El anión aportado por el ácido (generalmente un anión orgánico) va a contribuir en elevar la cantidad de "aniones no medidos", es decir, el Anion Gap. Sin embargo, si el anión es rápidamente eliminado por filtración renal, arrastrará consigo cationes[154]. Esto ocurre principalmente con Na^+ y K^+, por lo que tienden a producir hipovolemia e hipokalemia. La depleción de Na^+ (y por tanto, de volumen) inducirá activación del sistema R-A-A con intensa absorción de Na^+ y agua para recuperar el volumen circulatorio perdido. Como se está excretando un "anión no medido" en exceso, reemplazará al anión que normalmente se elimina por la orina: el Cl^-. El cloruro acompañará al Na^+ en la reabsorción de volumen. El efecto final, es que la base conjugada del ácido inicial (anión no medido) es reemplazada por Cl^-. Es decir, existe una ganancia de H^+ por el ácido, más Cl^- por la pérdida urinaria de base conjugada. Se configura una acidosis metabólica hiperclorémica. El problema de este "intercambio de ácidos", es que el HCl es un ácido muy fuerte, a diferencia de los ácidos iniciales, que probablemente eran semifuertes o débiles (Capítulo 2).

Por otro lado, la base conjugada (A^-) presente en el líquido tubular, cuando se expone a la orina ácida puede capturar H^+. A diferencia del amonio urinario y acidez titulable (que cuando se unen a H^+ son eliminados por la orina), estas bases conjugadas se transforman en un ácido liposoluble (AH). Luego, el ácido podrá volver a la sangre, exacerbando la acidosis. La orina pierde su pH ácido, ya que esta base conjugada captura los H^+ provenientes de la acidificación urinaria y los devuelve a la sangre.

Este tipo de acidosis hiperclorémica ocurre en la fase inicial y recuperación de una cetoacidosis, en la enfermedad renal crónica temprana y en la intoxicación por "tolueno"[57]. La exposición a este solvente puede ocurrir en forma accidental o intencional. Es rápidamente absorbido por la piel y mucosas, y se metaboliza precozmente en ácido hipúrico. Este último, entregará su base conjugada "hipurato⁻", el cual rápidamente se elimina por la orina en reemplazo del Cl^-, generando una acidosis metabólica hiperclorémica.

Es importante destacar que existirá una pronunciada hipokalemia por efecto del arrastre mediado por la base conjugada, poliuria y activación del sistema R-A-A.

Si la intoxicación por tolueno es exagerada, no todo el hipurato alcanzará a ser eliminado, acumulándose en la sangre, y constituyendo una acidosis metabólica mixta con AG aumentado e hiperclorémica. Esta condición se puede pesquisar mediante el ΔΔ Ratio: su valor será entre 0,4 a 0,8 (Capítulo 13).

El gran diagnóstico diferencial de este trastorno es la ATR tipo 1 hipokalémica. En ambas situaciones existe una acidosis metabólica hiperclorémica, con hipokalemia, pH urinario elevado y AG urinario positivo (Capítulo 13). Sin embargo, solo en la ATR tipo 1 existe deterioro de la acidificación distal con menor excreción de amonio. En la sobreproducción y eliminación de aniones, la acidificación urinaria y amoniogénesis será normal, o incluso, mayor por acidosis e hipokalemia. El AG urinario no es útil cuando se eliminan "aniones no medidos" por la orina, ya que estos producen que su valor sea positivo.

Para despejar este dilema se utiliza el Gap osmolar urinario (Capítulo 13). Su valor indirectamente refleja la cantidad de amonio excretado por la orina. Lógicamente, un resultado elevado indica eliminación de amonio adecuada para la situación de acidosis.

14.26 Exposición a cáusticos, un trastorno ácido-base local, pero no sistémico

Muchos de los productos que utilizamos a diario contienen compuestos ácidos o básicos para llevar a cabo su función de desinfección, blanqueamiento, remoción de grasas, etc. (Tabla 38). Los cáusticos son compuestos ácidos o bases fuertes que al interactuar con un tejido orgánico provocan reacciones que liberan calor degradando dichos tejidos. Esto se produce porque el ácido o base interactúa con las estructuras hidrocarbonadas, las cuales neutralizan el cambio de pH mediante reacciones exotérmicas. Por otro lado, el consumo o liberación de H^+ también provoca daño tisular[258].

Para generar un trastorno ácido-base sistémico, debe existir una sobreproducción "celular" de ácidos (como ácidos orgánicos o CO_2), o una alteración en su eliminación (acidosis de causa renal y respiratoria). Los cáusticos no producen trastornos ácido-base sistémicos, sino que dañan el tejido donde ocurre la exposición. Es así, como puede afectarse la mucosa orofaríngea, gastrointestinal, vía aérea, ojos y piel. Las bases fuertes provocan necrosis por licuefacción, mientras los ácidos, necrosis de coagulación.

La exposición puede ocurrir en forma accidental (pacientes pediátricos) o por intentos suicidas. Inmediatamente, luego de la exposición habrá dolor y

Tabla 38. Cáusticos de naturaleza ácido-base.

Ácidos
- Ácido acético (conservante de alimentos [vinagre], revelado fotografías) - Ácido clorhídrico (limpiador y destapador de inodoros) - Ácido fluorhídrico (removedor de óxido, grafitis y pinturas) - Ácido fosfórico (removedor de óxido) - Ácido oxálico (abrillantador metales) - Ácido selenoso (generar una capa superficial anticorrosiva en metales) - Ácido sulfúrico (destapador de cañerías, baterías de automóviles o de plomo-ácido) - Amonio cuaternario (desinfectante, antimicrobiano)
Bases
- Amoníaco líquido (productos de limpieza, fabricación de abono) - Hidróxido de amonio (productos de limpieza, removedor de grasa) - Hidróxido de sodio o potasio (lejía o lavandina, destapador de cañerías, limpiador de hornos, alisador de cabello, decolorantes, removedor de grasa) - Hipoclorito de sodio (desinfectante, decolorantes o blanqueadores, cloración piscinas)

pérdida funcional del tejido afectado. En la mucosa orofaríngea son frecuentes el edema bucal, lingual, sialorrea y vómitos. El estridor faríngeo y cambio en la voz son signos precoces de compromiso en la vía aérea. La afección de las mucosas gastrointestinales puede ir desde inflamación leve, úlceras, hemorragias, necrosis hasta la perforación. En el esófago una perforación puede provocar mediastinitis, mientras que en el estómago e intestino; una peritonitis. Si existe acidosis metabólica sistémica será producto de un shock séptico o distributivo (acidosis láctica), pero no es debido al ácido ingerido, ya que el daño es solo local. Complicaciones tardías son cicatrices cutáneas y oculares (con pérdida de visión), y estenosis esofágica (con riesgo de desnutrición y progresión a carcinoma).

Ante una exposición aguda a cáusticos se deberá remover toda la ropa contaminada e irrigar con abundante agua la zona expuesta. No se debe aplicar una sustancia neutralizante, ya que genera reacciones exotérmicas agravando el daño. Si existe evidencia de compromiso en la vía área, esta deberá ser prontamente asegurada, porque el edema puede evolucionar a una condición fatal. Lesiones oculares requieren manejo avanzado por oftalmólogo. La descontaminación digestiva no está indicada, incluso el carbón activado no adsorbe cáusticos. Evitar la instalación de sondas nasoenterales. Como evaluación inicial es útil la tomografía computada, ya que puede detectar signos de perforación esofágica o gastrointestinal. Una endoscopía debe realizarse precozmente para establecer el pronóstico de la lesión. Administrar analgésicos parenterales en caso de dolor y antibióticos si hubo perforación. En este último caso, inestabilidad hemodinámica o lesión tisular muy extensa puede ser necesario resolución quirúrgica.

14.27 Errores congénitos del metabolismo y acidosis

Los errores congénitos del metabolismo (ECM) constituyen diferentes mutaciones que ocasionan alteración en el metabolismo de proteínas, lípidos o carbohidratos (Figura 48); acumulándose metabolitos intermediarios de estos, responsables de los daños.

Se han descrito más de setecientos tipos de ECM. Son enfermedades raras, pero en conjunto constituyen una patología prevalente pudiendo llegar a 5% de las consultas pediátricas de urgencia[259]. Poseen herencia autosómica recesiva y generalmente los infantes mueren antes de la edad reproductiva sin tener un diagnóstico. El cuadro clínico es inespecífico.

Esquemáticamente, los ECM se han clasificado en 3 grupos:

- Grupo 1: alteración de la síntesis o catabolismo de moléculas constitucionales, necesarias para múltiples procesos celulares. Son independientes de la ingesta alimentaria.
  - Enfermedades lisosomales: se alteran procesos catabólicos por déficit enzimáticos específicos afectando la degradación de variadas moléculas. Provoca acumulación de estas alterando la función celular, rotura lisosomal, liberación de su contenido y/o lisis celular.
  - Esfingolipidosis (enfermedad de Fabry, Gaucher, Niemann-Pick, Tay-Sachs).
    - Mucopolisacaridosis (enfermedad de Hurler, Hunter, Sanfilippo, Morquio).
    - Mucolipidosis.
    - Glucogenosis (enfermedad de Pompe y Danon).
    - Glicoproteinosis.
  - Enfermedades peroxisomales: los peroxisomas son organelos de células eucariotas con funciones sintéticas y catabólicas como β-oxidación de ácidos grasos, síntesis de ácidos biliares, ácidos poliinsaturados, colesterol, leucotrienos, metabolismo del peróxido de hidrógeno, etc. Sus alteraciones

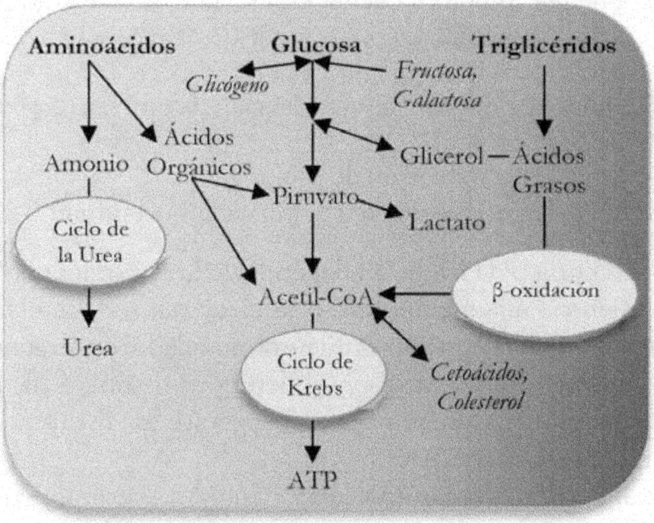

Figura 48. Metabolismo general de proteínas, lípidos y carbohidratos.

producen enfermedades como: síndrome cerebrohepatorrenal, adrenoleucodistrofia neonatal, enfermedad de Refsum infantil, condrodisplasia punctata rizomélica, defectos de la β-oxidación de ácidos grasos, defectos en la biosíntesis de plasmalógenos, hiperoxaluria, etc.

- Enfermedades de transporte y procesamiento intracelular (deficiencia α-1-antitripsina y síndrome de glicoproteína deficiente en carbohidrato).

- Grupo 2: alteración del metabolismo de sustancias que normalmente son incorporadas por la dieta. Provocan una intoxicación aguda y progresiva por acumulación de compuestos tóxicos intermediarios. Existe un intervalo libre de síntomas tras el cual aparecen los síntomas de intoxicación (compromiso neurológico, fallo hepático y/o renal, complicaciones tromboembólicas, retraso en el desarrollo ponderal y psicomotor). Frecuentemente, se acompañan de acidosis, cetosis, hiperamonemia e hipoglicemia.
  - Aminoacidopatías: fenilcetonuria, enfermedad de orina olor a jarabe de arce, homocistinuria, tirosinemia.
  - Acidemias o acidurias orgánicas: metilmalónica, propiónica, isovalérica.
  - Defectos congénitos del ciclo de la urea.
  - Intolerancias a azúcares: galactosemia, intolerancia hereditaria a la fructosa.
- Grupo 3: alteración en la producción o utilización de energía. Se manifiestan con falla orgánica múltiple. Presentan hipoglicemia, hiperlactacidemia,

hiperamonemia, hipotonía generalizada, miopatía, cardiomiopatía, fallo renal, colapso hemodinámico, síndrome de muerte súbita del lactante.

- Glucogenosis.
- Acidemias lácticas congénitas (deficiencia piruvato carboxilasa o piruvato deshidrogenasa).
- Trastornos en la oxidación de ácidos grasos.
- Enfermedades de la cadena respiratoria mitocondrial.

El cuadro clínico de los ECM depende de la naturaleza de la alteración bioquímica. Mientras más metabolitos intermediarios se acumulen, más severa es la enfermedad. Algunos producen neurotoxicidad y otros generan acidosis metabólica. Síntomas frecuentes son el deterioro neurológico, retardo en el desarrollo psicomotor y alteraciones neurovegetativas. Trastornos hepáticos y cardiacos también son frecuentes.

El estudio en sangre, líquido cefalorraquídeo y orina, permite detectar metabolitos intermediarios específicos que se acumulan y orientan al diagnóstico.

La acidosis metabólica producida por ECM generalmente tiene AG aumentado. Algunas afectan predominantemente la función tubular renal y se acompañan de ATR, y por tanto, acidosis metabólica con AG normal. Las acidemias orgánicas presentan cetoacidosis. Elevación de ácido láctico y pirúvico son frecuentes en acidemias orgánicas y en hiperamonemias.

Los ECM que pueden cursar con acidosis metabólica son: acidemias orgánicas, aminoacidopatías, defectos en la cetólisis, defectos en la oxidación de ácidos grasos y cetogénesis, acidosis láctica congénita, enfermedades de la cadena respiratoria, glucogenosis tipo I, fructosemia y tirosinemia tipo I, como las más importantes.

Acidemias o acidurias orgánicas: alteración de herencia autosómica recesiva que afecta el metabolismo de los aminoácidos de cadena ramificada leucina, isoleucina y valina (ver más adelante). Se acumulan sus metabolitos intermediarios que corresponden a cetoácidos. Estos últimos, además afectan el transporte mitocondrial hepático, perjudicando el ciclo de la urea y generando hiperamonemia.

Déficit múltiple de carboxilasas: la biotina es un cofactor de enzimas carboxilasas (carboxilasas dependientes de la biotina). Una alteración en el metabolismo de la biotina afectará enzimas que participan en el catabolismo de los aminoácidos leucina, isoleucina, valina y gluconeogénesis. El defecto en el metabolismo de estos aminoácidos provocará trastornos similares a las acidemias orgánicas; mientras la alteración de la gluconeogénesis favorece acidosis láctica y cetoacidosis.

Acidosis lácticas congénitas: la deficiencia de piruvato carboxilasa o piruvato deshidrogenasa, impiden la formación de acetil-CoA; favoreciendo la generación de ácido láctico.

Defecto mitocondrial en la β-oxidación de ácidos grasos: los ácidos grasos son el combustible de uso preferencial por el corazón, riñón y músculo esquelético en estado de ayuno. Cuando existen defectos en la β-oxidación se produce acumulación de ácidos grasos (sin posibilidad de generar energía) y desviación de estos hacia la formación de ácidos dicarboxílicos (ácidos oxálico, malónico, succínico, glutárico, etc.). La acumulación de estos ácidos producirá una acidosis metabólica con AG aumentado. En estado de ayuno aparecen las alteraciones: sobreviene hipoglicemia con ausencia de cuerpos cetónicos (por imposibilidad de oxidar ácidos grasos), hiperamonemia por alteración del ciclo de la urea y acumulación de ácidos dicarboxílicos. El tratamiento consistirá en un aporte adecuado de glucosa para evitar el ayuno e hipoglicemia, además de restringir los ácidos grasos.

Defectos congénitos en el ciclo de la urea: cualquier alteración en alguna enzima encargada del ciclo de la urea provocará hiperamonemia. Si el amonio no es transformado a urea se acumulará generando daño neurológico. Otros metabolitos intermediarios que aumentan son ácidos: como el ácido orótico y arginosuccínico. A diferencia de las acidemias orgánicas, que también provocan hiperamonemia por alteración del ciclo de la urea; los ácidos acumulados no son cetoácidos.

Trastornos de la cadena respiratoria mitocondrial: la cadena mitocondrial está compuesta por cinco complejos enzimáticos que median la formación de CO_2, agua y ATP gracias al O_2 y moléculas del alto poder reductor (NADH y $FADH_2$) (Capítulo 7, Figura 29). Los trastornos genéticos de la cadena respiratoria mitocondrial tienen herencia autosómica recesiva o mitocondrial y afectan a los órganos con mayor consumo de energía (cerebro y músculo). La presentación clínica puede ser prenatal, neonatal o durante la infancia y adolescencia. Puede haber desarrollo de acidosis tubular proximal por déficit energético. Síndromes característicos son Wolfram, enfermedad de Leigh, enfermedad de Alpers, MERRF (mioclonía, epilepsia, fibras rojas rasgadas), MELAS (encefalomiopatía mitocondrial con acidosis láctica y accidentes vasculares encefálicos), entre otros. La acidosis láctica es característica, aunque también aumentan el ácido pirúvico y cetoácidos. Como las moléculas de alto poder reductor no son oxidadas en la cadena respiratoria, cambia el estado redox celular, aumentando la relación $NADH/NAD^+$ (Capítulo 7). Esto incrementará la relación lactato/piruvato y β-hidroxibutirato/acetoacetato. La biopsia muscular objetiva fibras rojo rasgadas.

Deficiencias de la cetólisis: producto de alteraciones enzimáticas congénitas, se afecta la utilización periférica de cuerpos cetónicos como combustible, así aumentarán en la sangre en contexto de glicemia normal o aumentada. Clínicamente, se caracteriza por cetoacidosis de presentación durante el primer a segundo año de vida.

Fructosemia o intolerancia hereditaria a la fructosa: es una enfermedad autosómica recesiva; su principal causa, relacionada con acidosis, es la mutación de la enzima Aldolasa B. Se produce acumulación de fructosa, síntomas gastrointestinales, hipoglicemia, depleción de ATP, y puede haber acidosis tubular proximal y acidosis láctica.

En condiciones normales, cuando se ingiere fructosa, esta será transformada en el músculo a fructosa-6-fosfato que entrará a la glucólisis anaeróbica (Figura 48). En cambio, en el hepatocito y células tubulares renales, la fructosa es transformada a fructosa-1-fosfato. La fructosa-1-fosfato, mediante la enzima Aldolasa B, es metabolizada a fructosa-1,6-bifosfato. Esta última, participa de glucólisis anaeróbica o gluconeogénesis según el estado energético celular. Como el riñón e hígado realizan gluconeogénesis, este será el principal destino de la fructosa en esos parénquimas. Cuando existe una mutación de Aldolasa B, se acumula fructosa-1-fosfato alterando la gluconeogénesis hepática y renal. Además, existirá un "robo" de fosfato (asociado a la acumulación de fructosa-1-fosfato). La enzima que degrada el glicógeno hepático debe estar fosforilada para ejercer su acción, por lo tanto, tampoco es posible obtener glucosa desde el glicógeno. La disminución de ATP obligará a incrementar la movilización de nutrientes y oxidación de estos para obtener energía. Se exacerba la glucólisis anaeróbica produciendo hipoglicemia y acidosis láctica. En el desarrollo de hipoglicemia, también contribuyen: el defecto de la gluconeogénesis hepática y renal, además de la imposibilidad de degradar el glicógeno hepático. Los episodios de hipoglicemia pueden provocar daño neurológico irreversible.

Clínicamente, se expresará con vómitos, hipoglicemia, disfunción hepática, acidosis láctica y síndrome de Fanconi con ATR tipo 2; luego de ingerir fructosa o sacarosa.

En la célula tubular proximal, la depleción de ATP inducirá un síndrome de Fanconi. Por otro lado, la enzima Aldolasa B es necesaria para el funcionamiento del complejo H^+-ATPasa (V-ATPasa). La disfunción de H^+-ATPasa se suma a la alteración celular generalizada que induce bicarbonaturia y síndrome de Fanconi.

Tirosinemia tipo I: la tirosina es un aminoácido no esencial. En su degradación participa la enzima fumarilacetoacetato-hidrolasa que cataliza la transformación de tirosina-fumarilacetoacetato a fumarato, acetoacetato y succinato. Cuando hay mutación de esta enzima, el fumarilacetoacetato se acumula en hepatocitos y células del túbulo proximal, causando estrés oxidativo y daño en el DNA. Se produce disfunción en la expresión génica, síntesis proteica y gluconeogénesis; finalmente desencadena muerte celular. Clínicamente, provoca un síndrome de Fanconi en el riñón con ATR proximal.

Glucogenosis: son trastornos que afectan el metabolismo del glicógeno produciendo acumulación de este en los tejidos. Clínicamente, presentan hipoglicemia, daño hepático y muscular por depósito de glicógeno, entre otras alteraciones orgánicas. En la Glucogenosis tipo I se altera la enzima glucosa-6-fosfatasa, lo que impide la síntesis de glucosa a partir de glicógeno y gluconeogénesis; en favor de glucólisis anaeróbica. Esto desencadenará hipoglicemia y acidosis láctica.

14.28 Acidemias orgánicas y enfermedad de orina con olor a jarabe de arce

Las acidemias orgánicas corresponden a un tipo de error congénito del metabolismo. En estas enfermedades se altera la metabolización de aminoácidos de cadena ramificada (leucina, isoleucina y valina). El defecto enzimático es de herencia autosómica recesiva y provoca acumulación de los cetoácidos intermedios que participan en la metabolización de estos aminoácidos.

Los aminoácidos de cadena ramificada inicialmente pierden su grupo amino (transaminación), luego de esto quedan convertidos en cetoácidos. Posteriormente, sufrirán reacciones de oxidación y decarboxilación (extracción de moléculas de hidrógeno y carbono) para quedar convertidos en moléculas simples y útiles en la función celular (acetil-CoA, succinil-CoA) (Figura 49).

Acidemia isovalérica: causada por deficiencia en la enzima isovaleril-CoA deshidrogenasa, necesaria para la metabolización de leucina. Se produce

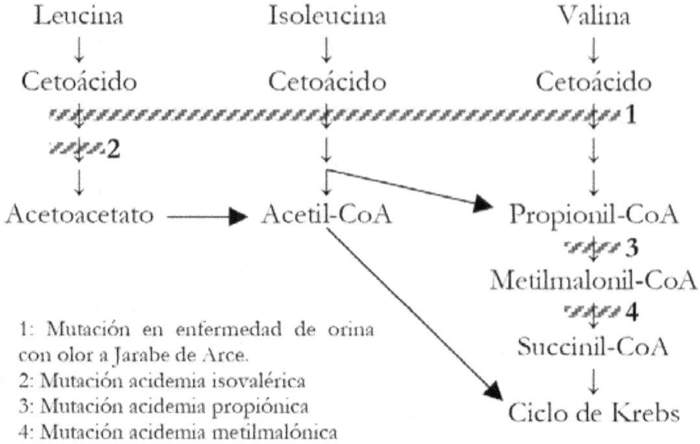

Figura 49. Metabolismo aminoácidos de cadena ramificada.

acumulación de isovaleril-CoA, isovalerioglicina y ácido isovalérico (un cetoácido). El paciente tendrá olor a "pies sudados o queso" en sus fluidos corporales por acumulación de ácido isovalérico.

Acidemia propiónica: causada por deficiencia de la enzima propionil-CoA carboxilasa dependiente de biotina. Esta enzima media la formación de succinil-CoA, un intermediario del ciclo de Krebs, a partir de isoleucina y valina. Por lo tanto, su deficiencia producirá acumulación de cetoácidos (como el ácido propiónico), más alteración del ciclo de Krebs (con acumulación de acetil-CoA y generación de acetoacetato). Los metabolitos intracelulares acumulados alteran el transporte mitocondrial hepático afectando el ciclo de la urea y generando hiperamonemia.

Acidemia metilmalónica: causado por la incapacidad de formar succinil-CoA a partir de isoleucina y valina. El defecto puede ser enzimático (enzima metilmalonil-CoA mutasa) o en su cofactor; un derivado de la cobalamina. Se produce acumulación de ácido metilmalónico (un cetoácido), y cuando es debido a un defecto en el cofactor, además, se acompaña de hiperhomocisteinemia por alteración de la cobalamina. También puede haber hiperamonemia. La acidemia metilmalónica puede afectar, tanto en forma aguda como crónica; el sistema nervioso central, gastrointestinal, hematopoyético, renal y cardiovascular. Se han descrito casos de microangiopatía trombótica.

El diagnóstico de las acidemias orgánicas se sospecha con antecedentes familiares y aparición de síntomas luego de iniciar lactancia. La acumulación de ácidos orgánicos (cetoacidosis) y amonio producirá rechazo alimentario, vómitos, baja de peso, distensión abdominal y alteraciones del SNC (letargia, hipo o hipertonía, temblor, opistótonos, convulsiones). El cuadro se puede agravar con bradicardia, hipotermia, disnea, coma y muerte. Las acidemias orgánicas pueden tener un comienzo tardío (después del año de edad) y el cuadro de cetoacidosis es precipitado por infecciones o ingesta proteica excesiva que obligan a aumentar el metabolismo de aminoácidos de cadena ramificada. El diagnóstico definitivo se corrobora estudiando metabolitos específicos en fluidos biológicos.

El tratamiento se fundamenta en la corrección de alteraciones hidroelectrolíticas y ácido-base, más la suspensión de los aminoácidos de cadena ramificada en la dieta. Inicialmente, puede ser necesario el ingreso a unidades de cuidados intensivos, soporte hemodinámico, asistencia respiratoria, depuradores de amonio y diálisis para corregir las alteraciones del medio interno. Posteriormente, requerirán suplementos específicos, como carnitina y cianocobalamina en la acidemia metilmalónica.

La **enfermedad por orina olor a jarabe de arce**, también corresponde a un error congénito del metabolismo y se hereda en forma autosómica recesiva. Los síntomas comienzan luego de iniciada la lactancia con letargia, hipotonía, bradicardia y bradipnea. Además, habrá un olor "dulce" característico en la orina. El cuadro progresa con hipertonía, opistótonos, pancreatitis, trastornos dermatológicos, coma y muerte.

En la enfermedad de orina olor a jarabe de arce, también existe un defecto en la metabolización de los aminoácidos de cadena ramificada (leucina, isoleucina y valina). Estos aminoácidos, luego de la extracción del grupo amino por transaminasas, son decarboxilados. Esta última acción enzimática se realiza por un complejo multienzimático que utiliza la tiamina como cofactor y está alterado en esta enfermedad. Posteriormente, se acumularán los aminoácidos leucina, isoleucina y valina, además, de los cetoácidos inicialmente formados por la deaminación de estos. La acumulación de leucina y cetoácidos es neurotóxico, e interfiere el metabolismo neuronal provocando edema cerebral.

En los exámenes de laboratorio habrá cetosis, pero sin una acidosis intensa, incluso puede estar ausente. El diagnóstico se confirma con determinaciones específicas de aminoácidos de cadena ramificada y metabolitos en fluidos corporales.

15. Resumen evaluación acidosis metabólica

Es fundamental lograr dilucidar la etiología de la enfermedad, sustentándose en la historia clínica, exploración física, análisis de antecedentes y exámenes de laboratorio.

Cuando se ha confirmado una acidosis metabólica mediante gases arteriales, lo siguiente, además del tratamiento; es establecer la causa.

Inicialmente se debe clasificar según su "Anion Gap".

En aquellas acidosis con AG aumentado, se buscarán las causas más frecuentes. Se evaluará el lactato, cetonemia, cetonuria y/o niveles de β-hidroxibutirato. Si la cetonemia y/o cetonuria son positivas (o el β-hidroxibutirato elevado); la etiología es una cetoacidosis diabética, de ayuno, estrés o asociada a etanol. La hiperlactatemia evidencia un estado de hipoperfusión severo o alguna forma de enfermedad celular y/o mitocondrial. La elevación de ambos parámetros puede indicar una intoxicación por salicilatos o paracetamol, o una cetoacidosis con hiperlactatemia.

Además de la cetonemia y lactato, se evaluarán parámetros de función renal, ya que la causa puede ser una insuficiencia renal aguda o crónica.

Descartado lo anterior, se buscarán ingestiones de sustancias productoras de acidosis metabólica con AG aumentado. Además de las pruebas toxicológicas, se evaluará la alcoholemia (niveles de etanol) y el Gap osmolar plasmático. Una Gap >10-20 mOsm/L certifica la ingestión de sustancias y puede sugerir el uso de hemodiálisis. Si el valor es <10 mOsm/L; considerar intoxicación por salicilatos, paracetamol o acidosis D-láctica.

La acidosis metabólica hiperclorémica o con AG normal debe ser analizada según el AG urinario (o idealmente; con medición directa de amonio urinario).

Si el AG urinario tiene valor positivo indicará un defecto en la excreción de amonio renal; como insuficiencia renal temprana, ATR tipo 1 o ATR tipo 4. La presencia de hipokalemia orienta a una ATR tipo 1 hipokalémica. En cambio, la ATR tipo 1 hiperkalémica se diferencia de la ATR tipo 4 gracias al pH urinario. En la ATR tipo 4 la alteración de la acidificación distal es leve y predomina una menor excreción de amonio renal producto de hiperkalemia. Por este motivo el pH urinario será $<5,5$.

Cuando el AG urinario tiene valor negativo, la acidificación distal y amoniogénesis se encuentran indemnes. Por lo tanto, la acidosis puede ser secundaria a pérdidas digestivas de HCO_3^- o ATR tipo 2. Esta última se caracteriza porque la excreción fraccionaria de HCO_3^- es $>15\%$, a diferencia de las pérdidas digestivas de HCO_3^- donde este valor será prácticamente 0%.

16. Tratamiento de la acidosis metabólica

16.1 Administración de bases en acidosis metabólica severa, una terapia necesaria, pero controversial

La acidosis metabólica severa traduce la presencia de una patología grave, capaz de producir una catástrofe del medio interno. Se caracteriza por una concentración de HCO_3^- plasmático <8 mEq/L y/o un pH plasmático <7,2[94]. Todo esto, existiendo una correcta compensación respiratoria. En estas circunstancias será la propia acidemia severa (pH <7,2) quien producirá complicaciones de riesgo vital, además de la patología subyacente. Suponiendo una respuesta compensatoria respiratoria normal, cuando la $[HCO_3^-]$ plasmática es 8 mEq/L, la $PaCO_2$ esperada debiera ser ≈21 mmHg (Capítulo 8). En este caso, por ecuación de Henderson-Hasselbalch, el pH plasmático sería 7,2. Es decir, si la $[HCO_3^-]$ es <8 mEq/L, la respuesta compensatoria no será capaz de evitar la acidemia severa y sus graves consecuencias[94].

El efecto más grave de la acidemia severa, en forma aguda, es una menor liberación de noradrenalina en terminales sinápticos y la resistencia del receptor de catecolaminas a su ligando (debido al bajo pH extracelular). Esto explica la disminución del inotropismo cardiaco y vasoplejia observadas en la acidosis metabólica severa, que repercuten negativamente en la hemodinamia y pronóstico vital del paciente. A lo anterior, se agrega una severa disfunción celular producida por la acidosis, contribuyendo al daño orgánico, propiciando el desarrollo de falla orgánica múltiple, y así, el riesgo de muerte del paciente.

El factor fundamental para el manejo de una acidosis metabólica debe ser la corrección de la causa subyacente, solo así, se frenará la mayor producción de ácidos. Durante el tiempo que se corrige la enfermedad causal, la acidemia severa puede provocar estragos y sentenciar el pronóstico del paciente. Por lo anterior, pareciera lógico intentar "amortiguar" el exceso de H^+. El tratamiento de la acidosis metabólica grave se ha realizado tradicionalmente mediante la administración de bicarbonato de sodio intravenoso (IV). El $NaHCO_3$ IV permite "restablecer" los parámetros ácido-base del extracelular, sin embargo, nada asegura que provocar esta "normalización" sea adecuada para el intracelular, ni tampoco, beneficiosa en el pronóstico del paciente. De hecho, existe riesgo de producir acidosis intracelular, hipernatremia, alcalosis metabólica, hipokalemia, hipocalcemia y mayor disfunción celular.

En estudios retrospectivos, el tratamiento con $NaHCO_3$ IV en pacientes con acidosis láctica o cetoacidosis no reduce la morbimortalidad[260,261]. Tampoco, ha demostrado mejorar los parámetros hemodinámicos en pacientes con acidosis láctica[262]. Incluso, se ha asociado a mayor mortalidad[183,263]. El bicarbonato, también aumenta los niveles de lactato, y en cetoacidosis incrementa el β-hidroxibutirato y acetoacetato[264].

Sin embargo, cuando se realiza una terapia "adaptada" con $NaHCO_3$ IV, es decir, donde se corrigen las alteraciones antes mencionadas (especialmente hipocalcemia y acidosis intracelular) los efectos beneficiosos son evidentes[177,185]. Por otro lado, los estudios retrospectivos invariablemente incurren en un sesgo, ya que si un paciente requiere $NaHCO_3$ IV, es porque está más grave. En el único ensayo clínico randomizado multicéntrico existente para el uso de $NaHCO_3$ IV en pacientes críticos con acidosis metabólica; hay una clara tendencia a disminuir la morbimortalidad y en el subgrupo con falla renal, el beneficio es significativo[265]. Incluso, el $NaHCO_3$ IV disminuiría la necesidad de terapia de reemplazo renal.

Es importante resaltar que, el $NaHCO_3$ IV es mucho más efectivo para tratar acidosis minerales o inorgánicas (ej. H_2SO_4, HCl), en comparación a las acidosis orgánicas (moléculas con esqueleto hidrocarbonado).

En la acidosis orgánica el ácido ingresa a la célula gracias a los transportadores MCT (Capítulo 7, Figura 26), que permiten la entrada de H^+ y su base conjugada (generalmente un anión monocarboxilo). Es decir, habrá acidosis intracelular y disfunción celular por ganancia de H^+ dentro de la célula. Los ácidos minerales, difícilmente entrarán a la célula, quedando relegados al extracelular (acumulación extracelular de H^+).

En todo tipo de acidosis, habrá una acumulación nociva de H^+ intracelular. En acidosis respiratoria será el exceso de CO_2 quien aporte H^+. En acidosis metabólica orgánica, el ácido ingresa fácilmente a la célula, en cambio, lo hará con dificultad si la acidosis es mineral. Por lo tanto, la acidosis respiratoria y metabólica orgánica, son las que cursan con mayor acidosis y disfunción celular.

Frente al incremento de H^+, la célula activará el antiportador ubicuo NHE1 (Figura 28); que extrae H^+ e introduce Na^+. El exceso de Na^+ intracelular atrae agua provocando edema celular, por lo que será expulsado con gasto energético en intercambio con Ca^{++} o K^+ (antiportador NCX, bomba PMCA y bomba Na^+/K^+-ATPasa)[88]. De hecho, el principal estímulo para la actividad de la bomba Na^+/K^+-ATPasa es el Na^+ intracelular. Producto del gasto energético y la consecuente depleción de ATP, la acumulación intracelular de H^+, junto al edema celular inducido por el Na^+, más el ingreso de Ca^{++} que produce activación de caspasas y apoptosis; sobreviene la disfunción celular.

Las acidosis minerales inactivan el antiportador NHE1, ya que el exceso de H^+ extracelular impide su acción. En consecuencia, disminuye el Na^+ intracelular (el cual activaba la bomba Na^+/K^+-ATPasa). Así, se redistribuye K^+ hacia el extracelular induciendo hiperkalemia.

La acidosis metabólica mineral o inorgánica, independiente que sea hiperclorémica o con AG aumentado, se acompañará de una severa pérdida de HCO_3^- extracelular producto de la gran acumulación de H^+ en este compartimento. Por lo anterior, responden muy bien al bicarbonato sódico intravenoso. Se restablece el estado ácido-base, y además, corrige la hiperkalemia, ya que induce bicarbonaturia con kaliuresis y favorece la acción del antiportador NHE1 (aumentando el pH y Na^+ extracelular). Así, NHE1 expulsa H^+ intracelular mientras ingresa el Na^+ necesario para activar la bomba Na^+/K^+-ATPasa, que volverá a distribuir el K^+ desde el extracelular.

Sin embargo, en acidosis orgánica, el tratamiento con $NaHCO_3$ IV, al aumentar la natremia y el pH extracelular, incrementará la actividad del antiportador NHE1. Así, la célula excretará más H^+, pero acumulará Na^+; provocando edema celular, retención de Ca^{++} y disfunción celular.

Como la acidosis metabólica orgánica no se acompaña de hiperkalemia, la administración de $NaHCO_3$ IV puede generar hipokalemia. Lo anterior, ocurre por excreción renal de K^+ asociada a bicarbonaturia y su redistribución al intracelular. En el ingreso de K^+ a la célula participan: la activación de NHE1 y bomba Na^+/K^+-ATPasa, y la mayor sensibilidad a insulina y catecolaminas (por restauración del pH extracelular).

Cuando se administra bicarbonato, este redirecciona el *buffer* CO_2/HCO_3^- hacia los reactantes, aumentando el CO_2 y agua que difunden hacia la célula o son eliminados por el pulmón. En la célula el CO_2 puede empeorar la acidosis intracelular al transformarse en H^+ y HCO_3^-. En una acidosis orgánica (donde el H^+ y la base conjugada entran a la célula), mientras menor sea el pKa del ácido, peor será la acidosis intracelular, ya que tiende a aportar más H^+. Por lo tanto, cuando se administra $NaHCO_3$ a una acidosis orgánica, existirá acumulación de dos ácidos: el CO_2 y el ácido orgánico. Generalmente, el ácido orgánico tendrá un pKa menor que el CO_2, por lo que habrá una gran generación de H^+ por parte del primero. En el caso de las acidosis inorgánicas o minerales, solo se acumulará CO_2 en la célula (un ácido débil que aporta menos H^+). El ácido mineral queda predominantemente en el extracelular pudiendo eliminarse fácilmente por vía renal o mediante terapias dialíticas.

En acidosis orgánica, la administración de $NaHCO_3$ y la consecuente acidosis intracelular por acumulación de CO_2, exacerba la actividad del antiportador NHE1 y su efecto en la disfunción celular.

Cuando el bicarbonato sódico aumenta el pH extracelular, además se libera H^+ desde la albúmina; disminuyendo el calcio iónico. Este último es necesario para optimizar la contractilidad cardiaca.

Otro efecto no deseado del tratamiento con $NaHCO_3$ IV es el desarrollo de alcalosis metabólica en forma diferida. Durante la progresión de una acidosis metabólica, la acidificación del LCR es lo que permite activar la compensación respiratoria. La alcalinización del LCR (cuando se administran álcalis), ocurre en forma más tardía que el extracelular. Por este motivo, la respuesta alcalinizante respiratoria compensatoria puede continuar, aun cuando el pH extracelular se haya restablecido. Las acidosis orgánicas son particularmente vulnerables al desarrollo de alcalosis metabólica luego del tratamiento con $NaHCO_3$ IV, ya que la base conjugada (aportada por el ácido orgánico) puede transformarse a HCO_3^-. En cambio, la aparición de alcalosis metabólica en el tratamiento de una acidosis mineral generalmente refleja un aporte excesivo de $NaHCO_3$.

En suma, la administración de $NaHCO_3$ IV aumentará la producción de CO_2 empeorando la acidosis intracelular. Además, puede complicarse de alcalosis metabólica, disminución del calcio iónico, desarrollo de hipernatremia, y también, hipokalemia en acidosis orgánicas.

Los pacientes que, acumulan CO_2 intracelular luego de la administración de $NaHCO_3$ IV, son aquellos conectados a ventilación mecánica invasiva. Los enfermos conscientes pueden ventilar según el estímulo determinado por la acidosis e hipercapnia. Por lo anterior, se recomienda hiperventilar al paciente, y así, eliminar el exceso de CO_2; similar a lo que hace una compensación respiratoria normal. Además, cuando se corrige una acidemia severa, también se recomienda administrar gluconato de calcio (10%); 1 a 2 gr IV para prevenir hipocalcemia[27]. Estas medidas terapéuticas (administración de bicarbonato de sodio más hiperventilación y aporte de calcio intravenoso) son efectivas en recuperar los trastornos hemodinámicos mediados por la acidemia severa[185]. También, será fundamental corregir otras alteraciones hidroelectrolíticas inducidas por la terapia con $NaHCO_3$; como hipernatremia e hipokalemia.

En cetoacidosis diabética se agrega una complicación especial que dificulta el tratamiento con $NaHCO_3$, sobre todo, en población infantil: el desarrollo de edema e isquemia cerebral[266]. El cerebro de los infantes tiene mayor consumo de O_2 que los adultos, por esto es más vulnerable a la hipoxia e isquemia. La hipovolemia inherente a la cetoacidosis produce isquemia cerebral. La terapia con $NaHCO_3$ intravenoso aumenta la producción de CO_2, provocando hiperventilación con vasoconstricción cerebral y exacerbación de la isquemia. Esta isquemia daña la barrera hematoencefálica favoreciendo edema vascular. Una barrera hematoencefálica defectuosa no protege contra el edema osmótico inducido por disminución brusca de la osmolalidad extracelular al corregir la glicemia.

Respecto al momento en el cual se debe iniciar tratamiento con $NaHCO_3$ intravenoso, las recomendaciones son muy variables. Se describe en la literatura iniciar con pH <7,24; <7,2; otros con pH <7,1; y también, algunos autores recomiendan con pH <7[14,15,27,94,264]. En cetoacidosis se promulga la administración de $NaHCO_3$ IV con pH <6,9[208].

Se describe que con un HCO_3^- plasmático <8 mEq/L, la hiperventilación compensatoria no logrará aumentar el pH sanguíneo a valores >7,2. Por lo tanto, al menos se debería iniciar su administración en este punto hasta lograr un HCO_3^- plasmático >10 mEq/L[27,94]. Algunos autores recomiendan como meta un HCO_3^- plasmático >14 mEq/L[15,264], por lo que inician su administración con valores <14-15 mEq/L.

Lógicamente, el momento en el cuál iniciar tratamiento con $NaHCO_3$ intravenoso y las metas de este, serán variables según la situación clínica del paciente y la causa de la acidosis metabólica. El beneficio de la terapia debe superar los riesgos, sobre todo, en acidosis orgánicas. Se deberá iniciar cuando las alteraciones son excesivas y se asocian a mayor morbimortalidad; y deberá detenerse si la acidemia ya no genera un daño significativo. Un enfermo cercano a la fatiga respiratoria producto de la compensación a una acidosis metabólica, requerirá manejo de la acidemia en forma más precoz si se pretende evitar una intubación y ventilación mecánica. Por otro lado, con pH <7,2 comienza el compromiso hemodinámico mediado por acidemia y <7,1 las alteraciones son importantes. En pacientes con deterioro hemodinámico, el manejo de la acidemia pudiera mejorar su situación clínica, permitiendo administrar otras terapias y dando tiempo para que estas tengan efecto (ej. shock séptico).

De esta forma, la administración de $NaHCO_3$ IV es una práctica habitual en unidades de paciente crítico, solo que, como se verá más adelante, debe estar acompañada de ciertas consideraciones para que su efecto sea óptimo.

16.2 $NaHCO_3$ intravenoso, ¿cómo administrarlo?

Si un paciente requiere $NaHCO_3$ IV, necesariamente tiene una patología grave con riesgo vital, por lo tanto, estará hospitalizado en una unidad de paciente crítico o mediana complejidad. Además del manejo de la enfermedad causal, las alteraciones del medio interno y los efectos secundarios a la terapia con bicarbonato requieren de los cuidados propios que se entregan en estas unidades.

Las condiciones del enfermo pueden ser muy variables, como estar hipovolémico y requerir grandes aportes de volumen, o encontrarse congestivo con restricción de administración de fluidos. Las alteraciones del medio interno también influirán en la decisión de la forma en que se administrará $NaHCO_3$. Existen múltiples presentaciones de bicarbonato de sodio, en la Tabla 39 se explicitan las más frecuentes.

El cálculo de la dosis se realiza según el "déficit de HCO_3^-". Si en un paciente el pH es 7,0 y el HCO_3^- de 4 mEq/L; se necesitarán 6 mEq/L más, para llegar a 10 mEq/L (o 10 mEq/L si se pretende llegar a 14 mEq/L). Para saber el valor del déficit de HCO_3^-, habría que multiplicar esta diferencia por el volumen donde se distribuye el HCO_3^-.

Es imposible saber realmente en qué proporción se distribuirá el HCO_3^- en los compartimentos del organismo. El 50 a 70% del peso de una persona corresponderá al agua corporal (dependiendo de la edad y sexo). Es decir,

Tabla 39. Presentaciones existentes de bicarbonato sódico intravenoso.

Bicarbonato de Sodio	Concentración (mEq/L)	Osmolaridad (mOsm/L)
8,4% o 1 Molar	1.000 mEq/L (1 mEq/mL)	2.000 mOsm/L (hipertónico)
8%	952 mEq/L	1.905 mOsm/L (hipertónico)
7,5%	893 mEq/L	1.786 mOsm/L (hipertónico)
5,6% o 2/3 Molar	667 mEq/L	1.333 mOsm/L (hipertónico)
5%	595 mEq/L	1.190 mOsm/L (hipertónico)
4,2% o 1/2 Molar	500 mEq/L	1.000 mOsm/L (hipertónico)
1,4% o 1/6 Molar	167 mEq/L	333 mOsm/L (isotónico)
	Preparación alternativa: 750 mL agua bidestilada + 250 mL $NaHCO_3$ 2/3 Molar	
1,3%	155 mEq/L	309 mOsm/L (isotónico)
	Preparación alternativa: 740 mL agua bidestilada + 260 mL $NaHCO_3$ 5%	
1,26%	150 mEq/L	300 mOsm/L (isotónico)
	Preparación alternativa: 850 mL agua bidestilada + 150 mL $NaHCO_3$ 8,4%	

luego de una carga de bicarbonato este se distribuirá en forma variable según los requerimientos en cada compartimento. El HCO_3^- plasmático representa la concentración solo del extracelular (normal: 24 mEq/L), pero no necesariamente reflejará la concentración en el intracelular (normal: 10 mEq/L)[11]. Como la única aproximación al déficit de bicarbonato es su concentración plasmática, se emplea este valor para efectos de cálculo, pero es importante tener en cuenta sus limitaciones.

Se ha desarrollado el concepto de "espacio del bicarbonato" (EdB) como el volumen teórico en el cual se distribuye una carga de HCO_3^-.

$$EdB = \frac{Carga\ HCO_3^-}{Peso \cdot ([HCO_3^-]2 - [HCO_3^-]1)}$$

$[HCO_3^-]1$ es la concentración de bicarbonato previo a la carga y $[HCO_3^-]2$ luego de la carga. La carga de HCO_3^- debe estar expresada en "mEq", las concentraciones en "mEq/L" y el peso en "kg". El resultado se multiplica por 100 y refleja un porcentaje del peso corporal. En algunas situaciones el valor del espacio del bicarbonato puede ser sobre 100%[94]. Esto se debe a que gran parte del HCO_3^- reaccionará con H^+, formando CO_2 y H_2O; impidiendo que se eleve fácilmente en el plasma. Además, también se dirige al intracelular donde sufre reacciones químicas.

Para el cálculo del déficit de HCO_3^-, por motivos de seguridad, se recomienda utilizar un EdB equivalente al 50% del peso corporal[94].

Por ejemplo, si un paciente de 70 kg con acidosis metabólica tiene un HCO_3^- plasmático de 6 mEq/L...

$EdB = Peso \cdot 0{,}5$

$Déficit\ HCO_3^- = 70 \cdot 0{,}5 \cdot (10 - 6)$

$Déficit\ HCO_3^- = 140\ mEq\ de\ HCO_3^-$

Es decir, hay que administrar 140 mEq de HCO_3^- para que el bicarbonato plasmático se eleve desde 6 mEq/L a 10 mEq/L (suponiendo que se distribuirá con un EdB de 35 L).

Mientras menor sea el HCO_3^- plasmático, mayor será el EdB. Por lo tanto, la cantidad necesaria de $NaHCO_3$ IV a administrar aumenta en forma progresiva. Para solventar esta situación se ha corregido el EdB en función del HCO_3^- plasmático[267] ...

$$EdB = (0{,}4 + \frac{2{,}6}{[HCO_3^-]_{paciente}})$$

Luego, el déficit de HCO_3^- será...

$$Déficit\ de\ HCO_3^- =$$
$$Peso \cdot \left(0{,}4 + \frac{2{,}6}{[HCO_3^-]_{pcte}}\right) \cdot ([HCO_3^-]_{meta} - [HCO_3^-]_{pcte})$$

Donde $[HCO_3^-]_{pcte}$ *es el bicarbonato plasmático del paciente y* $[HCO_3^-]_{meta}$ *es la concentración meta a la cual se pretende llegar.*

A modo de ejemplo, si en un paciente de 70 kg con acidosis metabólica los gases arteriales son los siguientes: pH 7,16; HCO_3^- 7 mEq/L; $PaCO_2$ de 20 mmHg y PaO_2 100 mmHg. ¿Cómo realizar una corrección para un HCO_3^- plasmático de 14 mEq/L?

$$Déficit\ de\ HCO_3^- = 70 \cdot \left(0{,}4 + \frac{2{,}6}{7}\right) \cdot (14 - 7)$$

$$Déficit\ de\ HCO_3^- = 378\ mEq$$

Ahora es necesario calcular cuánto volumen se administrará para lograr el objetivo.

Para estimar el volumen total que se debe administrar de $NaHCO_3$ IV según su concentración, se puede usar la siguiente fórmula:

$$Volumen\ total\ (L) = \frac{Déficit\ de\ HCO_3^-(mEq)}{Concentración\ HCO_3^-solución\ \left(\frac{mEq}{L}\right)}$$

Si en el ejemplo anterior, se utiliza HCO_3^- 2/3 Molar, el volumen necesario sería:

Volumen total = 378 (mEq)/ 667 (mEq/L)

Volumen total = 0,576 L = 576 mL de $NaHCO_3$ *2/3 M*

Teóricamente, esta cantidad debiera permitir una elevación del bicarbonato a 14 mEq/L. Siempre que se realice una corrección de este tipo, debe ser en unidades de paciente crítico, con monitorización adecuada y evaluación seriada de electrolitos plasmáticos y estado ácido-base.

Como se administrará un total de 378 mEq de Na^+, además del HCO_3^-, se deberá prestar atención a la natremia. La infusión de este volumen debe tomar tiempo, ya que la velocidad de aumento de la natremia tiene que respetar un margen de seguridad de 0,5 mEq/L/h[268].

El sodio, a diferencia del HCO_3^-, se distribuirá principalmente en el extracelular, porque las membranas celulares son impermeables a este. La elevación de la natremia puede ser exagerada, por lo tanto, es necesaria una monitorización acuciosa de ella.

Es posible estimar la variación en la natremia con 1 litro de una determinada solución, utilizando la siguiente ecuación[268]:

$$Variación\ [Na^+] = \frac{[Na^+]_{solución} - [Na^+]_{pcte}}{Agua\ Corporal + 1}$$

Donde $[Na^+]_{solución}$ *es la concentración de sodio (en "mEq/L"),* $[Na^+]_{pcte}$ *es la natremia inicial del paciente y "agua corporal" es el peso en "kg" multiplicado por un factor que representa el agua corporal (0,5 a 0,6).*

Si en el ejemplo anterior, el paciente tuviera natremia de 142 mEq/L, agua corporal de 35 L (70 · 0,5) y se administrara 1 L de bicarbonato 2/3 Molar (que posee 0,667 mEq/mL o 667 mEq/L de Na^+) la ecuación sería:

$$Variación\ [Na^+] = \frac{667 - 142}{35 + 1}$$

$$Variación\ [Na^+] = 14{,}6\ mEq/L$$

Por lo tanto, la natremia aumentaría de 142 a 156,6 mEq/L con 1 litro de bicarbonato 2/3 molar. Mientras que con 567 mL, aumentará en 8,28 mEq/L (567·14,6/1.000).

Los 567 mL de bicarbonato 2/3 Molar elevarán la natremia en 8,28 mEq/L. Como margen de seguridad, debiera aumentar solo 0,5 mEq/L/h. Por lo tanto, para lograr este rango es necesario retardar la infusión. Si 567 mL aumentan la natremia en 8,28 mEq/L, "X" mL la aumentarán en 0,5 mEq/L. El resultado de esta proporcionalidad es 34 mL. Esta, deberá ser la velocidad de infusión máxima del bicarbonato 2/3 Molar por hora para no alterar significativamente la natremia.

Una fórmula para estimar la velocidad máxima de infusión de $NaHCO_3$ IV según su concentración es la siguiente:

$$Vel\ inf\ máx\ \left(\frac{L}{h}\right) = \frac{máx \uparrow natremia \left(\frac{mEq}{L \times h}\right) (Agua\ Corporal + 1)}{[Na^+]_{solución} - [Na^+]_{paciente}}$$

Para el ejemplo, sería:

$$Vel\ inf\ máx\ \left(\frac{L}{h}\right) = \frac{0{,}5\left(\frac{mEq}{L \times h}\right)(35+1)}{667-142} = 0{,}034\ \left(\frac{L}{h}\right)$$

Si en la corrección se utiliza $NaHCO_3$ 1/6 Molar, el volumen necesario es 2,263 L (378/167). El aumento de natremia que produce 1 litro de $NaHCO_3$ 1/6 Molar es 0,694 mEq/L ([167−142]/[35+1]). En este caso, si se administra $NaHCO_3$ 1/6 Molar, la velocidad de infusión que aumenta la natremia en 0,5 mEq/L/h, es 720 mL (1.000·0,5/0,694).

El mismo cálculo con la fórmula anterior:

$$Vel\ inf\ máx\ \left(\frac{L}{h}\right) = \frac{0{,}5\left(\frac{mEq}{L \times h}\right)(35+1)}{167-142} = 0{,}720\ \left(\frac{L}{h}\right)$$

Por lo tanto, con soluciones de $NaHCO_3$ isotónico o levemente hipertónico (1/6 Molar), no se superará la velocidad de seguridad en la corrección de la natremia, pero sí, con soluciones hipertónicas (2/3 Molar). Además, las soluciones isotónicas o levemente hipertónicas permiten pesquisar precozmente alguna alteración secundaria del medio interno (hipernatremia, hipokalemia, hipocalcemia iónica, alcalosis de rebote) y actuar prontamente para impedir sus consecuencias. En cambio, las soluciones muy hipertónicas, como el bicarbonato de sodio 2/3 Molar, inducen rápidamente trastornos del medio interno que pueden perjudicar el estado del paciente. En todo paciente hipovolémico o con su volumen extracelular conservado se debe preferir bicarbonato de sodio isotónico o 1/6 Molar. En aquellos con gran sobrecarga de volumen, utilizar bicarbonato 2/3 Molar con los resguardos antes mencionados (restringir velocidad de infusión, control seriado de gases y electrolitos, y además, asegurar una terapia "adaptada").

16.3 Otras terapias alcalinizantes

Existen otras soluciones que se han empleado como terapia para la acidosis metabólica grave, pero no han demostrado ser más efectivas que el bicarbonato sódico o la experiencia en el uso de estas es limitada[94].

El Tris(hidroximetil)aminometano (THAM) es una base que no genera CO_2 por lo que aumentaría el pH extracelular sin disminuir el pH intracelular[269].

Lamentablemente, carece de evidencia contundente, se ha asociado a hepatotoxicidad e hiperkalemia, y además, requiere función renal adecuada para su administración (situación infrecuente en pacientes críticos). Carbicarb ®, una combinación de $NaHCO_3$ y Na_2CO_3, no ha demostrado ser mejor que el $NaHCO_3$ intravenoso[270]. El piruvato de sodio es inestable en solución acuosa, carece de evidencia clínica y respaldo estadístico[271].

Es importante mencionar que se puede agregar múltiples bases orgánicas al organismo (acetato$^-$, lactato$^-$, citrato$^-$, piruvato$^-$, entre otras). Todas estas bases provienen de algún ácido orgánico (ácido acético, láctico, cítrico, pirúvico, etc.).

Normalmente, todos los ácidos orgánicos son transformados en las células al sistema CO_2/HCO_3^-.

$$R\text{-}COOH \leftrightarrow R\text{-}COO^- + H^+$$
$$\downarrow$$
$$CO_2 \leftrightarrow HCO_3^- + H^+$$

Por lo tanto, la eliminación de todos los ácidos orgánicos se realiza "indirectamente" en el pulmón, mediante la vía final común del CO_2. Cuando se administra una base orgánica (ej. Citrato$^-$), esta reaccionará con H^+ aumentando el pH. Sin embargo, las reacciones tendrán un límite dependiendo del pH existente en el ambiente y el pKa del ácido orgánico desde el cual proviene la base orgánica (Capítulo 2).

$$Ej.\ Citrato\text{^}H \leftrightarrow Citrato^- + H^+$$

Luego, para que una base orgánica (A^-: lactato$^-$, citrato$^-$, acetato$^-$) pueda seguir capturando H^+ del medio, es necesario que el ácido (AH: ácido láctico, cítrico, acético) sea transformado al sistema CO_2/HCO_3^- y eliminado por el pulmón. Así, disminuyendo los reactantes la ecuación vuelve a direccionarse hacia estos (Capítulo 2).

Sin embargo, si la célula no es capaz de transformar ácidos orgánicos al sistema CO_2/HCO_3^- (como en estados de disfunción celular), la adición de bases orgánicas puede provocar "acidosis". Esta contradicción se debe a que el pKa de los ácidos orgánicos mencionados (ácido láctico, cítrico, acético) es mucho menor al pKa del CO_2. Si se acumula el sistema del ácido orgánico ($AH \leftrightarrow A^- + H^+$; ácido cítrico/citrato$^-$ en el ejemplo) competirá con el sistema CO_2/HCO_3^-. El problema es que el ácido orgánico tiene una tendencia mucho mayor al CO_2 de aportar H^+, y además, no es posible eliminarlo. Finalmente, "bloquea" la eliminación de H^+ que realizaba la transformación hacia CO_2 y disminuye el pH sistémico.

La administración de bases orgánicas (acetato⁻, citrato⁻ o lactato⁻, entre otros), cuando existe disfunción celular, puede provocar "acidosis" por acumulación del ácido orgánico. El único ácido que es fácilmente manejable por el organismo es el CO_2 (Capítulo 5), por este motivo, si se administrará una base que se transformará en un ácido, lo más prudente es que esta sea HCO_3^-.

16.4 Recomendaciones sobre la terapia con bases intravenosas en acidosis metabólica grave

Se recomienda utilizar $NaHCO_3$ intravenoso por sobre otras soluciones básicas debido a la mayor disponibilidad de este y a la poca experiencia y evidencia en la utilización de otras soluciones.

La concentración de $NaHCO_3$ a utilizar idealmente debe ser 1/6 Molar o isotónico. Las soluciones hipertónicas (bicarbonato de sodio 2/3 Molar) pueden precipitar rápidamente trastornos como hipernatremia, hipokalemia, disminución del calcio iónico y sobreproducción de CO_2. Estos trastornos agregados en forma no controlada pueden ser perjudiciales, y no dan tiempo suficiente para compensarlos.

La administración de bicarbonato de sodio debe estar asociada a monitorización frecuente (cada 1 a 4 horas) de gases arteriales, natremia, kalemia y calcio iónico. Otras evaluaciones que se deben realizar en forma menos frecuente son fosfatemia y magnesemia. Las modificaciones en estos parámetros deben ser corregidas, sobre todo, la disminución del calcio iónico, ya que su deficiencia se asocia a compromiso hemodinámico. El exceso de CO_2 producido por la administración de HCO_3^-, en pacientes conscientes, será eliminado por el pulmón. En pacientes con compromiso de conciencia y ventilación mecánica, se deberá programar mayor ventilación alveolar para extraer el exceso de CO_2 generado. Mantener una $PaCO_2$ de 40 mmHg (valor normal en sangre arterial) en un paciente acidótico, implica un estado de hipoventilación. En caso de acidosis metabólica y administración de $NaHCO_3$ intravenoso se recomienda buscar como meta, al menos, la $PaCO_2$ esperada para la compensación respiratoria normal (Capítulo 8).

Respecto al momento en el que se debe iniciar la terapia con $NaHCO_3$ intravenoso, antes de considerar metas específicas y subtipos de acidosis; se debe evaluar la condición del paciente. Si la hiperventilación implica un estado cercano a la fatiga muscular ventilatoria será necesario considerar ventilación mecánica y administrar $NaHCO_3$ intravenoso. Si el paciente presenta compromiso hemodinámico y un pH arterial <7,2; también se deberá administrar $NaHCO_3$ independiente del tipo de acidosis, ya que la acidemia puede estar contribuyendo en el compromiso hemodinámico.

Se recomienda iniciar $NaHCO_3$ intravenoso con pH <7,2 en acidosis metabólica. En el caso de acidosis láctica o cetoacidosis diabética, considerar su inicio con pH <7,1. En población infantil con cetoacidosis, administrar $NaHCO_3$ si el pH es <6,9-7.

El objetivo de pH será lograr un valor arterial cercano a 7,2-7,25 en todos los casos (acidosis láctica, cetoacidosis, acidosis minerales, entre otras). En cetoacidosis infantil se puede considerar una meta menor.

Respecto a la concentración de HCO_3^- plasmático para iniciar tratamiento, se recomienda que sea con valores <8-10 mEq/L, ya que bajo este punto la respuesta ventilatoria no logrará un pH >7,2.

Para el cálculo de dosis estimar el déficit de HCO_3^-, utilizando la fórmula con EdB anteriormente mencionada (0,4+2,6/$[HCO_3^-]$p del paciente). Se recomienda usar como meta un $[HCO_3^-]$p de 14 mEq/L para los cálculos. Luego, iniciar la infusión de $NaHCO_3$ intravenoso, controlar gases arteriales frecuentemente y suspender la infusión si se ha logrado un pH >7,2 con un HCO_3^- plasmático >10 mEq/L.

La velocidad de infusión, en el caso de $NaHCO_3$ 1/6 Molar o isotónico estará limitada por la sobrecarga de volumen en el paciente. Si existe congestión pulmonar, insuficiencia cardiaca, falla respiratoria u otros trastornos que impidan administrar grandes cantidades de volumen, se puede considerar $NaHCO_3$ 2/3 Molar con los riesgos que esto conlleva. Es prudente evitar una elevación de la natremia >0,5 mEq/L/h, para ello utilizar las fórmulas anteriormente explicitadas. Solo en situaciones de riesgo vital inminente, considerar mayores velocidades de infusión. A modo de referencia, la administración de $NaHCO_3$ intravenoso 1/6 Molar a 100 mL/h aporta 16,6 mEq de HCO_3^- por hora. El mismo aporte de HCO_3^- (16,6 mEq/h) se logra con 25 mL/h de $NaHCO_3$ intravenoso 2/3 Molar.

Ante refractariedad al tratamiento de una acidosis, sobrecarga de volumen de difícil manejo y/o presencia de falla renal; se deberá considerar terapias de reemplazo renal. La corrección de una acidosis mediante terapias extracorpóreas no debe ser muy rápida por el riesgo de acidosis paradójica del SNC, complicación que aumenta la síntesis de idioosmoles en este parénquima con riesgo de síndrome de desequilibrio osmótico.

16.5 Tratamiento de la acidosis metabólica crónica con bases por vía oral

La administración de $NaHCO_3$ oral se reserva para cuadros de acidosis metabólica crónica o una acidosis metabólica aguda en recuperación (no severa). Puede utilizarse otra base como citrato de sodio o potasio que tienen mejor tolerancia gástrica. El citrato de potasio previene la precipitación de calcio intratubular renal por quelación de este con citrato, y no aporta un exceso de Na^+ que favorece hipervolemia e hipercalciuria. El citrato puede ser perjudicial en pacientes con insuficiencia renal crónica terminal, ya que aumenta la absorción de aluminio.

En acidosis metabólica crónica el objetivo del tratamiento será normalizar el HCO_3^- plasmático, es decir, 22-24 mEq/L[15]. La dosis recomendada de HCO_3^- oral (o su equivalente en citrato) para ATR 1 varía de 1-3 mEq/kg/d en adultos y 4-6 mEq/kg/d en infantes. En la ATR tipo 2, donde las grandes pérdidas de HCO_3^- urinario obligan a un aporte mayor, se recomienda 10-30 mEq/kg/d de HCO_3^- o su equivalente en citrato[15]. En cambio, para ERC donde una menor VFG evita la pérdida de HCO_3^- urinario y aún queda algo de función tubular; basta con 0,1-0,4 mEq/kg/d de $NaHCO_3$ para lograr $[HCO_3^-]p$ >22 mEq/L.

Las presentaciones del $NaHCO_3$ oral son múltiples; desde soluciones, comprimidos y polvo. El condimento utilizado en pastelería: "baking soda", también corresponde a $NaHCO_3$. Del mismo modo, el citrato de sodio o potasio puede obtenerse en soluciones, comprimidos o polvo; con y sin saborizantes. La dosificación de las presentaciones en polvo es menos exacta, si no se obtiene desde sobres pre-fabricados. Se utiliza como medida la "cucharada de té" llena, que corresponde aproximadamente a 5 g. Los 5 g se disuelven en al menos 200 mL de agua para ser ingeridos.

La Tabla 40 muestra las presentaciones más frecuentes de bases orales y su contenido equivalente de HCO_3^-. En general, para adultos con ERC la dosis requerida de $NaHCO_3$ oral será 1-2 g/d. No se recomienda administrar citrato en esta población. En cambio, adultos con ATR tipo 1 pueden necesitar 5-10 g/d de citrato de potasio. Se prefiere utilizar citrato de potasio, ya que evita la nefrocalcinosis y aporta el K^+ que se pierde por la orina (Capítulo 14).

Tabla 40. Bases orales más frecuentes y su aporte de solutos.

1 gr de sal	Base aportada (mMol)	Aporte de HCO_3^- (mEq)	Soluto aportado (mEq)
Bicarbonato de sodio	Bicarbonato: 12	12	Na^+: 12
Citrato de sodio	Citrato: 3,9	12	Na^+: 12
Citrato de potasio	Citrato: 3,3	9,8	K^+: 9,8
Solución citrato de potasio al 10% (10 mL)	Citrato: 3,3	9,8	K^+: 9,8
Citrato de calcio	Citrato: 4	12	Ca^{++}: 12
Citrato de magnesio	Citrato: 4,7	14	Mg^{++}: 9,3

Para alcalinización urinaria (como en pacientes con litiasis de ácido úrico), se requieren grandes cantidades de bases, con objeto de producir alcalosis metabólica y generar bicarbonaturia. Para este efecto se necesitan 10-15 g de citrato de potasio al día y un pH urinario >6,5.

16.6 Quelantes de HCl en el tratamiento de la acidosis metabólica

En la acidosis metabólica asociada a la enfermedad renal crónica, además de administrar bases, es necesario contrarrestar el balance positivo de H^+. Para ello, es posible "extraer ácidos fijos" (mediante terapias de reemplazo renal) y/o disminuir su ingreso corporal. Esto último se logra reduciendo el consumo de proteínas ricas en aminoácidos "acidificantes" (metionina, cisteína, lisina, arginina, histidina) y/o evitando la absorción intestinal de ácidos.

Veverimer es un polímero no absorbible que se une a H^+ y Cl^-, eliminándolos por el intestino. Este producto permite excretar hasta 5 mmol de HCl por gramo de polímero[272]. En pacientes con ERC aumenta 3,5-4,5 mEq/L el HCO_3^- plasmático[162].

En el enterocito, la hidratación del CO_2 produce H^+ y HCO_3^-. El primero se excreta por la membrana luminal (uniéndose al polímero), mientras el HCO_3^- se reabsorbe en antiporte con Cl^- por la membrana basolateral. Este último, se secreta al intestino donde también se unirá al polímero. Finalmente, la eliminación de HCl por el intestino se asocia a ganancia de HCO_3^-[272].

Otra ventaja de esta terapia es que no incrementa el balance corporal de Na^+ (a diferencia del $NaHCO_3$).

17. Efectos sistémicos de las alteraciones ácido-base

Evolutivamente, el ser humano está adaptado para recibir grandes cantidades de ácido. Tanto la dieta y el metabolismo son responsables de esta carga. Mantener el pH sistémico en un rango adecuado es fundamental para la viabilidad celular, y así, del organismo. Solo basta que los sistemas de regulación y excreción ácido-base no funcionen adecuadamente para que se produzcan graves defectos en muchos sistemas del cuerpo humano.

17.1 Repercusiones sistémicas de la acidosis metabólica aguda severa

Cuando el pH sanguíneo es <7,2 (acidosis severa) son inevitables una disminución en la contractilidad cardiaca, reducción del gasto cardiaco y vasodilatación sistémica. Sobreviene hipotensión e hipoperfusión generalizada con riesgo de perpetuar el problema por desarrollo de acidosis láctica. La acidemia también predispone a arritmias ventriculares.

El exceso de H^+ afecta la función cardiovascular por múltiples mecanismos: inhibe la liberación de neurotransmisores en el terminal sináptico, disminuye la actividad del receptor de catecolaminas y bloquea la unión del Ca^{++} a las miofibrillas alterando la contractilidad cardiaca[96,98,100]. Todo lo anterior, afecta el inotropismo cardiaco e induce vasodilatación sistémica[101-103]. El exceso de H^+ en la circulación pulmonar induce el efecto contrario; vasoconstricción[140].

La entrega tisular de O_2 aumenta cuando existe acidosis aguda. La acidemia, además de disminuir la afinidad de la hemoglobina por el oxígeno (efecto Böhr; Capítulo 5), reduce el 2,3-difosfoglicerato[14].

A nivel celular, se "frena" la glucólisis anaeróbica, ya que la actividad de la enzima fosfofructokinasa depende el pH intracelular (Capítulo 7).

Si bien, el estado de hipoperfusión sistémica asociado a una acidosis metabólica severa puede degenerar en acidosis láctica, el mayor aporte de O_2 junto a disminución de la glucólisis anaeróbica, evitan una gran formación de lactato. Sin embargo, a pesar de este mecanismo homeostático, no se previene la desnaturalización proteica, alteración estructural lipídica, ni la disfunción celular y enzimática inducida por un exceso de H^+.

El estado confusional y bradipsiquia son frecuentes en pacientes con acidosis metabólica aguda severa, traduciendo disfunción neuronal.

La producción de interleukinas en macrófagos es estimulada por la acidosis, mientras la función linfocitaria se inhibe; provocando exacerbación de la actividad inflamatoria sin control linfocitario. También se estimulan respuestas celulares apoptóticas[14].

17.2 La [H^+] y la [K^+] varían en forma directamente proporcional

Por cada 0,1 de disminución en el pH, el K^+ plasmático aumenta en 0,6 ±0,4 mEq/L[21]. Al contrario, ocurre una disminución del K^+ plasmático en torno a 0,4-0,5 mEq/L, por cada 0,1 unidades que aumenta el pH desde 7,4[15,122]. De hecho, la kalemia puede ser un estimador grosero de alteraciones ácido-base. Por ejemplo, ante una disminución del HCO_3^- plasmático las posibilidades son: acidosis metabólica o la respuesta compensatoria ante una alcalosis respiratoria. Un [K^+]p elevado, en este contexto, orienta hacia una "acidosis", mientras su disminución a una "alcalosis". Si ocurre una elevación de la $PaCO_2$, una hiperkalemia orienta a acidosis respiratoria y una hipokalemia a la respuesta compensatoria de una alcalosis metabólica. Lo mismo se aplica para una elevación de [HCO_3^-]p y disminución de $PaCO_2$[7].

En la literatura se describe que la variación "asociada" del K^+ y H^+ se debe a un intercambiador de K^+/H^+ existente en prácticamente todas las células del organismo. El 98% del K^+ corporal se encuentra en el intracelular, fundamentalmente en las células musculares[273]. Sin embargo, el "intercambiador de K^+/H^+" no se ha logrado aislar en estas células y serían otros mecanismos los que provocarían la variación proporcional entre [H^+] y la kalemia[273].

En la célula muscular el principal regulador del pH intracelular es el intercambiador Na^+/H^+ tipo 1 (NHE1) (Capítulo 7). Se estimula con acidosis intracelular e inhibe con alcalosis. Otros transportadores involucrados son un

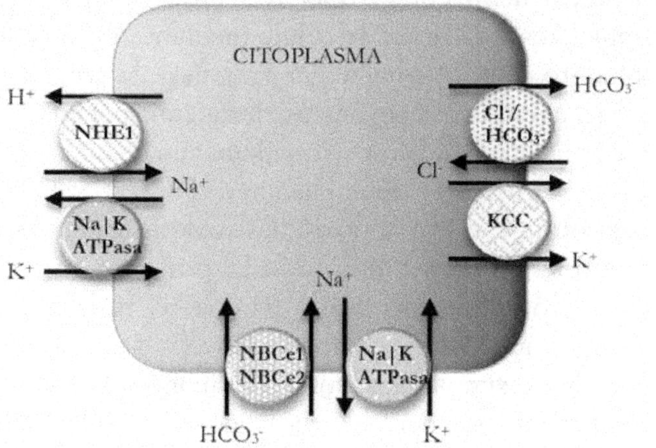

Figura 50. Influencia del pH en la [K^+].

intercambiador Cl^-/HCO_3^-, el cotransportador K^+/Cl^- (KCC) y el cotransportador Na^+/HCO_3^- (NBCe1 y NBCe2) (Figura 50).

Si existe una acidosis extracelular y el ácido "no ingresa a la célula" el transportador NHE1 se inhibe. Esto se debe a que el exceso de H^+ extracelulares impide la acción de NHE1. El resultado es una disminución del Na^+ intracelular. Cuando la concentración de este último baja en la célula, se inhibe la actividad de la bomba Na^+/K^+-ATPasa por lo que aumenta el K^+ extracelular. El efecto es una elevación de la kalemia debido a la acidosis. Es importante resaltar, que este "efecto" es posible solo si el ácido "no ingresa a la célula" (como en acidosis minerales), de lo contrario, el bajo pH intracelular activará NHE1.

En las células donde no existe una producción significativa de HCO_3^- (Capítulo 7), este anión tiende a ingresar a la célula, acompañado de Na^+ por los transportadores NBCe1 y NBCe2. Se utiliza el gradiente favorable de concentración para el HCO_3^- y el gradiente electroquímico del Na^+. Si disminuye el HCO_3^- extracelular por una acidosis, se inhibe la actividad de los transportadores NBCe1 y NBCe2, provocando menor Na^+ intracelular, y nuevamente, coartando el accionar de la bomba Na^+/K^+-ATPasa e incrementando la kalemia. Esta situación puede ocurrir en cualquier tipo de acidosis metabólica, ya que todas tienden a reducir el HCO_3^- plasmático. Al contrario, si existe alcalosis, el HCO_3^- y el Na^+ ingresarán a la célula disminuyendo la kalemia.

Finalmente, la menor concentración de bicarbonato extracelular en una acidosis, estimula su salida desde la célula mediante el intercambiador Cl^-/HCO_3^-. El aumento del Cl^- intracelular promueve la actividad del cotransportador K^+/Cl^-; aumentando nuevamente la kalemia por efecto de la acidosis. Lo contrario se aplica para alcalosis e hipokalemia.

Las acidosis "minerales" (acumulación de HCl, H_2SO_4, $H_2PO_4^-$) son las que generan mayor hiperkalemia, no así, las acidosis orgánicas (provenientes de ácidos con estructura hidrocarbonada). La principal diferencia entre una acidosis orgánica y otra mineral, radica en que el primer ácido ingresa a la célula, en cambio, el ácido mineral no puede realizar esta acción fácilmente.

Todas las células expresan transportadores monocarboxilo (MCT; Capítulo 7, Figura 26). Estos, ingresan ácidos carboxílicos a la célula, es decir, permiten la entrada de un H^+ asociado a su base conjugada o anión orgánico (lactato, β-hidroxibutirato, acetoacetato, piruvato, etc.). Por lo tanto, existirá una "acidificación" intra y extracelular en magnitudes similares. La disminución del pH intracelular activa el antiportador NHE1 constitucional, lo que aumenta el Na^+ intracelular. Así, se activa la bomba Na^+/K^+-ATPasa promoviendo ingreso de K^+ a la célula, y contrarrestando el efecto hiperkalemiante mediado por los transportadores NBCe, intercambiador Cl-/HCO_3^- y cotransportador KCC.

Los ácidos minerales no pueden ingresar a la célula, en consecuencia, la alteración del pH extracelular tiende a ser más severa que los trastornos intracelulares. En el mismo sentido, para el mismo grado de acidosis extracelular, una acidosis orgánica es mucho más grave que una acidosis mineral, ya que el intracelular se encuentra severamente afectado.

Durante una acidosis respiratoria, el CO_2 y [H^+] aumentan rápidamente en el intracelular, incluso antes que en el extracelular[274]. Esto activa el antiportador NHE1, por lo que se contrarresta el desarrollo de hiperkalemia. De hecho, en acidosis respiratoria aguda, el K^+ sale desde células musculares y hepáticas; pero ingresa a células cardiacas y osteocitos[274].

Si bien, se ha propuesto una variación directamente proporcional entre la [H^+] y [K^+]; sus modificaciones no son tan simples y no ocurren para equilibrar movimientos de cationes según equilibrio de Donnan o potencial de membrana[274]. En acidosis metabólicas minerales existe un gran aumento de [K^+] plasmático, en alcalosis respiratoria y alcalosis metabólica, los cambios en la [K^+] son modestos y mínimos en acidosis respiratoria. Durante una acidosis metabólica orgánica, prácticamente no hay cambios en la kalemia[274].

El pH afecta la función adrenérgica mediante modificaciones en la liberación de noradrenalina y actividad del receptor adrenérgico. El efecto α1-adrenérgico promueve liberación de K^+ desde el hígado; mientras el β2-adrenérgico, su ingreso al hepatocito y célula muscular[274]. En la regulación de la [K^+] plasmático predomina el efecto "Beta", de hecho, para el tratamiento de la hiperkalemia se utilizan agonistas β-adrenérgicos. La acidosis inhibe la actividad simpática, en cambio, es activada por la alcalosis. La "pérdida" o "exceso" de actividad adrenérgica en acidosis y alcalosis, respectivamente, podrían contribuir a los cambios en la kalemia.

La insulina promueve el ingreso de K^+ al hepatocito y adipocito[274]. Una hiperkalemia estimula directamente la liberación de insulina desde la célula β-pancreática, mientras tanto, la hipokalemia tiene el efecto contrario; estableciendo un mecanismo de retroalimentación. Durante una acidosis existe resistencia a la insulina por alteración del receptor. Es posible, que un menor efecto de esta hormona favorezca el desarrollo de hiperkalemia en acidosis (durante una alcalosis ocurre lo contrario).

En suma, la acidosis promueve hiperkalemia y la alcalosis induce hipokalemia (por alteraciones en la distribución intra y extracelular de K^+). Esto tiende a ocurrir en trastornos agudos y crónicos[15,274].

Otra situación que hace variar "asociadamente" al H^+ y K^+ es la regulación del VCE/VEC y balance de sodio corporal. En el túbulo colector los mecanismos de conservación de agua y sal, favorecen la excreción tubular de K^+ y H^+, para aportar cargas positivas luminales que faciliten la entrada de Na^+ a la célula. El H^+ abandona la célula gracias a la bomba H^+-ATPasa, mientras, el K^+ sale en favor de su gradiente químico (Capítulo 6). Por lo tanto, una condición de alcalosis metabólica (como el hiperaldosteronismo secundario) se acompañará de hipokalemia, además del "efecto de intercambio", por mecanismos asociados a la conservación tubular de Na^+.

Es llamativo que las variaciones del pH sí modifiquen la distribución del K^+, pero no las variaciones del K^+ plasmático al pH. Esto se debe a que las membranas celulares poseen una permeabilidad mantenida para el K^+. Si el K^+ disminuye en el extracelular, también lo hará en el intracelular. Gracias a la permeabilidad de la membrana al potasio es posible establecer el potencial eléctrico de reposo. Si bien, el K^+ no altera la distribución de los H^+; sí modifica la cantidad corporal de estos. Específicamente, la hiperkalemia promueve una ganancia de H^+, al contrario una hipokalemia favorece pérdida de H^+.

La hipokalemia crónica (<2 mEq/L) es un potente estimulador de la amoniogénesis renal, reabsorción/generación de HCO_3^- y excreción de H^+. Aunque también, se ha descrito que bastan dos días de restricción de K^+ dietario para intensificar la amoniogénesis proximal[77]. Específicamente, la hipokalemia, aumenta NHE3, el transporte de glutamina en el túbulo proximal y la expresión de enzimas clave en la amoniogénesis (glutaminasa, glutamato deshidrogenasa y PEPCK); además incrementa la expresión del canal Rhcg en el túbulo colector (Capítulo 6)[63]. La hiperkalemia crónica tiene el efecto contrario, disminuye la reabsorción de bicarbonato en el túbulo proximal mediante inhibición de transportadores NHE3, NBCe1 y menor expresión de receptores AT1[15]. Además, bloquea intensamente la excreción de amonio urinario. Inicialmente, la hiperkalemia, inhibe la amoniogénesis en el túbulo proximal. Luego, el exceso de K^+ tubular compite con NH_4^+ en el asa ascendente de Henle, donde era reabsorbido utilizando el transportador NKCC2 (Capítulo 6). Así, no se concentra en el intersticio afectando nuevamente su eliminación. Finalmente, la abundancia de K^+ (carga positiva luminal) en el túbulo colector, imposibilita a la bomba H^+-ATPasa a excretar H^+.

Se produce entonces, una gran contradicción: una acidosis crónica producirá hiperkalemia, y esta última, a su vez, perpetuará la acidosis alterando la excreción renal de ácido. Lo mismo se aplicaría para alcalosis e hipokalemia. Peor aún, la alcalemia se acompaña de bicarbonaturia que puede arrastrar K^+ y Na^+. La consecuente depleción de VCE y posterior activación del sistema R-A-A intensificarán la alcalosis e hipokalemia.

No está claro si esta variación conjunta responde más bien a un mecanismo homeostático. La síntesis de aldosterona depende de la kalemia. Un incremento de la aldosterona inducida por hiperkalemia, estimula la actividad de la bomba H^+-ATPasa en el túbulo colector, pudiendo aumentar el pH sistémico. Sin embargo, lo anterior ocurre parcialmente, ya que la actividad de la aldosterona en la célula intercalada depende de la angiotensina II (Capítulo 6). De esta forma, una activación completa del eje R-A-A puede provocar alcalosis, pero no, la hiperkalemia aislada.

17.3 El cloruro y trastornos ácido-base

El cloruro (Cl^-) es el principal anión del extracelular, siendo su par catiónico el Na^+. Sin embargo, también proviene del ácido clorhídrico (HCl) o desde intercambio celular con HCO_3^-, por lo que se modifica en trastornos ácido-base.

Característicamente, la alcalosis respiratoria crónica y la acidosis metabólica hiperclorémica cursarán con hipercloremia. Al contrario, una acidosis respiratoria crónica se asocia con hipocloremia.

La alcalosis respiratoria equivale a una extracción acelerada de CO_2 del organismo. Aumenta la ventilación, y así, la eliminación de CO_2 alveolar. Esto último favorece la difusión de CO_2 eritrocitario al capilar pulmonar, y luego, al alvéolo disminuyendo su concentración plasmática y eritrocitaria. La menor $[CO_2]$ eritrocitaria redirecciona el sistema CO_2/HCO_3^- hacia los reactantes, consumiendo mayor cantidad de bicarbonato. El aumento en el flujo de HCO_3^- hacia el eritrocito requiere excretar Cl^- para poder incorporar esta carga negativa. Así, la alcalosis respiratoria provoca hipercloremia por su desplazamiento desde el eritrocito al extracelular. Posteriormente, la compensación renal provocará bicarbonaturia que puede arrastrar Na^+ y K^+ por la orina. Esta natriuresis genera una leve depleción de VCE/VEC. En el túbulo proximal, el HCO_3^- y el Cl^- compiten por su reabsorción con el Na^+. Como la reabsorción de HCO_3^- en el túbulo proximal está disminuida (por alcalosis), el anión que acompañará al Na^+ será Cl^-. La menor excreción de amonio renal contribuye a la hipercloremia, ya que normalmente el anión acompañante del NH_4^+ es el Cl^-. Finalmente, el cotransportador Pendrina (que excreta HCO_3^- y reabsorbe Cl^- en las células intercaladas tipo B), se encuentra estimulado por efecto de la alcalosis. De esta forma, disminuye significativamente la cloruresis, exagerando el estado de hipercloremia.

Una acidosis respiratoria tiene el efecto contrario: aumenta el CO_2 alveolar, capilar pulmonar y eritrocitario, lo que desvía la ecuación CO_2/HCO_3^- hacia los productos, generando más HCO_3^-, el cual puede salir del glóbulo rojo en intercambio con Cl^- (desplazamiento del Cl^- hacia el eritrocito). La respuesta compensatoria a una acidosis respiratoria será mayor generación y reabsorción renal de HCO_3^-. Este competirá con el Cl^- como anión acompañante del Na^+, tendiendo a provocar cloruresis. La mayor excreción renal de NH_4^+ se acompaña del anión Cl^-. También, la inhibición de pendrina (por efecto de la acidosis) favorecen pérdida de Cl^- por la orina. Por lo tanto, en acidosis respiratoria crónica, la $[Cl^-]$ plasmático disminuye producto de su desplazamiento hacia el eritrocito e incremento de su eliminación renal[7].

En acidosis metabólica, según el mecanismo que produjo la disminución del HCO_3^-, ocurrirá o no, el desarrollo de hipercloremia.

Como se mencionó anteriormente, una producción exagerada de ácidos puede provocar una rápida eliminación de "aniones" (bases conjugadas) por la orina (Capítulo 14). Esto genera depleción de volumen por arrastre de cationes Na^+ y K^+. La contracción del VCE/VEC estimula reabsorción de Na^+ en el túbulo proximal. Como la $[HCO_3^-]$p disminuye por acidosis, el anión reabsorbido será predominantemente Cl^-. El efecto neto es un intercambio de ácidos: ácido inicial por HCl. Como el primer ácido entregó su H^+, este queda en el organismo, pero la base fue "intercambiada" por Cl^-. Se produce una acidosis hiperclorémica más grave que la acidosis inicial, ya que, probablemente el pKa del HCl será menor que el del primer ácido.

El nefrón y sistema gastrointestinal manejan el HCO_3^- y Cl^- antagónicamente. Es decir, cuando uno se reabsorbe, el otro tiende a excretarse para mantener la electroneutralidad. Si en determinados trastornos se pierde HCO_3^- (renal o gastrointestinal), su anión reemplazante será el Cl^-, produciéndose nuevamente un efecto de ganancia de HCl y acidosis con hipercloremia (Capítulo 14).

Un exceso primario de Cl^- en el nefrón también puede provocar acidosis hiperclorémica, ya que compite con el HCO_3^- para su reabsorción con Na^+ y activa el cotransportador pendrina (Capítulo 6, Figura 20). Se genera bicarbonaturia y disminución del bicarbonato plasmático. Como el HCO_3^- es parte de un ácido débil (el sistema CO_2/HCO_3^-) ahora es intercambiado por Cl^-, perteneciente a un ácido muy fuerte (HCl). El cambio de un ácido débil a un ácido fuerte promoverá producción de H^+ por la modificación de constantes de equilibrio (Capítulo 2).

Es posible detectar variaciones en la $[Cl^-]$ plasmática debidas a alteraciones ácido-base, y no, al estado del VEC, comparando las modificaciones del Cloruro a las del Na^+. Si las variaciones se deben puramente a cambios en el estado hídrico, ambos iones variarán en similar proporción, pero una modificación predominante del Cl^-, implica desplazamiento desde otro compartimento o pérdidas urinarias, producto de alteraciones ácido-base (relación $Cl^-/Na^+ >0,79$; Capítulo 13).

17.4 El calcio y trastornos ácido-base

Un adulto normal contiene más de 1 kg de calcio en su organismo. El 99,3% está confinado al hueso, 0,6% en tejidos blandos y 0,1% en el líquido extracelular. El calcio en el hueso se encuentra formando cristales de hidroxiapatita. Si el calcio no es aportado por la dieta, se extrae desde el hueso, sin embargo, este no es una fuente inagotable de calcio. La depleción ósea de calcio repercute negativamente en su estructura, resistencia y funcionamiento.

El calcio "celular" o de los tejidos blandos, no se encuentra realmente "dentro de la célula", sino en organelos como el retículo endoplasmático. El calcio libre intracelular es extremadamente tóxico, por este motivo la concentración de calcio extracelular es diez mil veces mayor a la intracelular.

Del calcio extracelular, el 40% está unido a proteínas (preferentemente albúmina), 13% como complejos solubles (citrato, sulfato o fosfato de calcio) y 47% en forma libre o ionizada (Ca^{++}). Este último es el que realmente se "detecta" para regular el calcio corporal mediante secreción de PTH y Vitamina D. Es decir, el organismo solo "percibe" el 0,05% del calcio corporal.

Cuando se mide el calcio en sangre, puede realizarse con técnicas colorimétricas o potenciométricas. Las técnicas colorimétricas detectan el calcio "total", es decir, calcio unido a proteínas, complejos y calcio libre. Métodos potenciométricos solo pesquisan el calcio iónico.

Las variaciones en la concentración de albúmina y proteínas plasmáticas, producen cambios en la calcemia total, pero no, en el calcio iónico. Al contrario, alteraciones ácido-base, sí modifican el calcio iónico sin necesariamente alterar la calcemia total del extracelular. Específicamente, una acidosis aumenta el calcio iónico y una alcalosis tiene el efecto contrario (redireccionamiento de la reacción).

$$Proteína\wedge Ca + H^{+} \leftrightarrow Proteína\wedge H + Ca^{++}$$

Por lo tanto, durante una acidosis aumenta el calcio iónico que inhibe la secreción de PTH. Lo contrario ocurre en alcalosis.

La superficie ósea presenta carga negativa a la cual se une Na^{+} y K^{+}. Durante una acidosis aguda hay intercambio de estos cationes por H^{+}, alterando la formación ósea por un mecanismo independiente de la actividad celular. Posteriormente, cuando la acidosis es crónica, se altera la función celular[275]. La acidosis aumenta la actividad osteoclástica y disminuye la osteoblástica; la alcalosis tiene el efecto contrario. Pareciera ser la [HCO_3^-] el responsable de los cambios funcionales en las células óseas. Trastornos ácido-base respiratorios no generan grandes alteraciones en la mineralización, como sí, los trastornos metabólicos. Una acidosis metabólica con bicarbonato bajo promueve resorción ósea, mientras una alcalosis metabólica con HCO_3^- elevado estimula la osificación.

Por otro lado, la acidosis crónica promueve un eflujo de calcio desde el hueso. Esto se debe a su capacidad para actuar como *buffer* gracias a la presencia de carbonato y fosfato de calcio (Capítulo 7).

$$CaCO_3 + H^+ \leftrightarrow HCO_3^- + Ca^{++}$$

$$CaHPO_4 + H^+ \leftrightarrow H_2PO_4^- + Ca^{++}$$

En suma, una acidosis metabólica detiene la formación ósea, y además, lo usa para amortiguar sus H^+. Esto genera liberación de Ca^{++} y contribuye al incremento del calcio iónico plasmático (sumado al efecto de los H^+ sobre las proteínas).

Una mayor concentración de calcio libre incrementará la carga filtrada de este. Cerca del 90% del calcio filtrado se reabsorbe por vía paracelular en el túbulo proximal y asa ascendente gruesa de Henle. El aumento de Ca^{++} iónico dentro de la célula puede ser fatal para esta, por ese motivo se "evita" el transporte transcelular. Sin embargo, en el túbulo distal el calcio ingresa por el canal TRPV5, luego se transporta mediante calbindina-D28K y abandona la célula gracias a la bomba Ca^{++}-ATPasa (PMCA1b) y/o el antiportador 1Ca:3Na (NCX1). Como la acidosis intracelular libera el Ca^{++} unido a proteínas (en este caso calbindina), un pH bajo luminal inhibe al canal TRPV5 favoreciendo hipercalciuria y protegiendo a la célula[276]. Un pH luminal elevado tiene el efecto contrario[275].

Finalmente, la acidosis metabólica es una "llave abierta" para la excreción de calcio; desde el hueso hacia su eliminación renal. Las repercusiones óseas pueden ser devastadoras, con desarrollo de osteomalacia y alteraciones del crecimiento.

La hipercalcemia, como patología inicial, también produce trastornos ácido-base. Antiguamente, un tratamiento efectivo para la úlcera péptica era la administración de abundante leche con sales de calcio. Sin embargo, esto degeneraba en alcalosis produciendo el síndrome "Leche-Alcalino". La hipervitaminosis D también se asocia al desarrollo de alcalosis. Ambas enfermedades tienen como factor común la hipercalcemia/hipercalciuria (Capítulo 11).

Como se mencionó anteriormente, el calcio en la célula es tóxico y el riñón debe filtrar cantidades masivas de este, para luego reabsorberlo, sin sufrir por esa toxicidad. A lo largo de todo el nefrón se expresa el receptor sensible de calcio (CaSR), su acción permite eliminar el exceso de calcio y al mismo tiempo defender al riñón de este; tanto evitando toxicidad intracelular como su precipitación intratubular. Esta "defensa" ejercida por el CaSR es la que produce trastornos ácido-base (alcalosis metabólica).

El CaSR se expresa en la membrana apical del túbulo proximal, membrana basolateral del asa ascendente gruesa de Henle, membrana apical del túbulo distal y membrana apical del túbulo colector[277].

La hipercalcemia induce poliuria, esto se debe a su acción en el CaSR a nivel de la membrana basolateral en las células del asa ascendente gruesa de Henle. Su acción inhibe Claudinas y ROMK, alterando el transporte paracelular de cationes. Se disipa el potencial luminal positivo generando gran eliminación de solutos y agua (síndrome de Bartter, Capítulo 11). Como, normalmente, 20% del calcio filtrado se absorbe en este sitio; se producirá hipercalciuria favoreciendo su eliminación. El exceso de calcio tubular, actúa en el CaSR apical del túbulo distal; provocando inhibición del transportador TRPV5 (encargado de absorber calcio a este nivel). Por este mecanismo, nuevamente se favorece hipercalciuria. En el túbulo colector, el exceso de calcio intratubular activa el CaSR presente en la membrana apical de las células intercaladas tipo A, el cual activa la bomba H^+-ATPasa favoreciendo excreción de H^+ (para inhibir la precipitación de calcio con fosfato). En las células principales del túbulo colector, cuando el CaSR de la membrana apical detecta un exceso de calcio, disminuye la expresión de AQP2, así se induce poliuria. Lo anterior, permite "diluir" el calcio evitando su precipitación con fosfato. Finalmente, en el túbulo proximal, el exceso de calcio intratubular activa el CaSR apical promoviendo que esta célula aumente la reabsorción de fosfato[277]. En suma: un pH bajo del líquido tubular, menor excreción de fosfato y la poliuria; evitan la precipitación de fosfato cálcico intratubular[15]. El efecto ácido-base de esta respuesta homeostática a la hipercalcemia/hipercalciuria será alcalosis metabólica por hipovolemia y mayor excreción de H^+.

17.5 Fósforo y alteraciones ácido-base

La principal forma del fósforo en el organismo es el fosfato (PO_4^{-3}). El 85% está contenido en la matriz ósea, 14% en el intracelular y 1% en el extracelular. El fosfato puede estar en forma orgánica (asociado a hidrocarburos como fosfolípidos, ácidos nucleicos, azúcares) o en forma inorgánica; como sales de fosfato (fosfato de calcio, fosfato de sodio u otros ortofosfatos), o también, como un ácido (ácido fosfórico y sus derivados).

$$H_3PO_4 \leftrightarrow H^+ + H_2PO_4^- \leftrightarrow H^+ + HPO_4^{-2} \leftrightarrow H^+ + PO_4^{-3}$$

Ácido fosfórico (pKa =2,2), Ác. dihidrógeno fosfato (pKa =6,8), Ác. hidrógeno fosfato (pKa =12,7)

La principal forma ácido-base en el organismo es el $H_2PO_4^-/HPO_4^=$. En la sangre actúa como ácido y en la orina como base (acidez titulable), atrapando H^+; esto debido a su pKa de ácido débil (pKa =6,8).

Una acidosis metabólica promueve la liberación de fosfato desde el hueso y su excreción urinaria, aumentando la "acidez titulable". La acidosis crónica desacelera la formación de cristales de hidroxiapatita. Esta situación desvía del fosfato destinado para formación ósea, hacia su excreción urinaria. La acidosis, también disminuye la expresión y actividad de transportadores de fosfato en el túbulo proximal (NaPi-IIa y NaPi-IIc) promoviendo fosfaturia[278,279]. En compensación a la depleción sistémica de fosfato aumenta la expresión proximal del transportador Pit-2 (que se opone a la excreción de fosfato urinario) y aumenta la expresión de NaPi-IIb en el intestino (absorbe fosfato). Sin embargo, este esfuerzo no logra equilibrar el balance de fósforo, predominando las pérdidas urinarias que originarán hipofosfatemia y graves repercusiones óseas[280].

La acidosis también provoca mayor secreción de corticoides y disminución de IGF-1; ambas condiciones inducen fosfaturia y contribuyen a la depleción de fosfato provocada por la acidosis.

Al contrario, una alcalosis promueve reabsorción de fosfato en el túbulo proximal. Un aumento del pH luminal desde 6,5 a 8 duplica la cantidad de fosfato reabsorbido por NaPi-IIa y NaPi-IIc[281].

La alcalosis respiratoria aguda induce hipofosfatemia por redistribución de este hacia el intracelular. Cuando disminuye el CO_2 celular, aumenta el pH. Esto activa la enzima fosfofructokinasa intensificando la glucólisis anaeróbica. El mayor consumo de glucosa obliga a su obtención desde el extracelular, la cual entra como glucosa-6-fosfato. La alcalosis respiratoria crónica no tiende a producir hipofosfatemia.

17.6 Magnesio y trastornos ácido-base

El magnesio es el segundo catión en abundancia del intracelular (después del potasio). Es fundamental para que múltiples enzimas puedan ejercer su actividad catalítica; entre ellas enzimas para la síntesis de DNA y RNA, y enzimas necesarias para la formación de ATP.

La acidosis metabólica crónica produce hipomagnesemia con hipermagnesiuria. Esta situación se debe a inhibición en la expresión del transportador TRPM6 en el túbulo distal[276], que normalmente reabsorbe magnesio. Como el transportador TRPM6 también reabsorbe mínimas cantidades de Ca^{++}, es posible que su menor expresión proteja a la célula del calcio libre intracelular.

La alcalosis metabólica, tiene el efecto contrario y disminuye la excreción urinaria de magnesio.

La alcalosis respiratoria libera la vía glucolítica intracelular, generando mayor síntesis de ATP (Capítulo 7). Estas reacciones enzimáticas utilizan magnesio, motivo por el cual, este se distribuye al intracelular provocando hipomagnesemia.

17.7 Vitamina D y alteraciones ácido-base

La acidosis metabólica disminuye la actividad de la enzima 1-α-hidroxilasa en el túbulo proximal. Este efecto se ha demostrado en animales[282], pero no, en humanos[283]. De hecho, los niveles de 1,25-OH-vitamina D aumentarían en acidosis metabólica crónica producto de hipofosfatemia[280].

En la enfermedad renal crónica, los compuestos nitrogenados (toxinas urémicas) inhiben la actividad de 1-α-hidroxilasa[284], por lo tanto, la acidosis metabólica crónica debida a falla renal, se asocia a una disminución en los niveles de 1,25-OH-vitamina D.

El exceso de vitamina D primario y la consecuente hipercalcemia, producen alcalosis metabólica por los mecanismos anteriormente mencionados (aumento de excreción de H^+ e inducción de hipovolemia por efecto del calcio en CaSR). Al contrario, la deficiencia de vitamina D primaria se asocia con defectos del túbulo proximal generalizados, por lo que existe acidosis tubular por bicarbonaturia (ATR tipo 2), aminoaciduria e hiperfosfaturia (síndrome de Fanconi, Capítulo 14).

17.8 Paratohormona (PTH) y acidosis

La acidosis tiende a aumentar el calcio iónico por extracción del Ca^{++} óseo y liberación de calcio desde la albúmina y otras proteínas plasmáticas. Lo anterior, inhibe la secreción de PTH[280]. La hipofosfatemia asociada a la acidosis, también disminuye los niveles de PTH. La depleción sistémica de fosfato inducida por acidosis incrementa los niveles de 1,25-OH-vitamina D; esta es la principal hormona inhibidora de PTH, por lo tanto, nuevamente es suprimida la secreción de PTH.

El hiperparatiroidismo primario se caracteriza por inhibición del antiportador NHE3 (Capítulo 6). Esto provoca menor reabsorción/generación de HCO_3^- con desarrollo de acidosis metabólica por bicarbonaturia. Sin embargo, la mayor excreción de fosfato a largo plazo, con aumento en la acidez titulable, tiende a provocar alcalosis metabólica[285].

17.9 El citrato, una base olvidada en la excreción de ácido

El citrato es el principal quelante de calcio urinario, así evita su precipitación con fosfato u oxalato. En consecuencia, la hipocitraturia produce nefrolitiasis. Su función más importante es la participación celular en el ciclo de Krebs, pero también, puede actuar como acidez titulable en la orina o como sustrato para síntesis de bicarbonato y glucosa.

El ácido cítrico puede entregar a la solución tres moléculas de H^+; el primero lo cede con gran facilidad, pero no el último. Es decir, es un ácido que aumenta su pKa conforme va deshaciéndose de sus H^+ (Capítulo 2).

$$\text{Ácido Cítrico} \leftrightarrow H^+ + \text{Citrato}^{-1} \leftrightarrow H^+ + \text{Citrato}^{-2} \leftrightarrow H^+ + \text{Citrato}^{-3}$$

La primera reacción tiene un pKa de 3,15; la segunda 4,7 y la última 6,4. Es decir, esta última reacción cumple con la condición de ser un ácido débil que puede actuar como acidez titulable en la orina.

$$\text{Citrato}^{-2} \leftrightarrow \text{Citrato}^{-3} + H^+ \ (pKa = 6{,}4)$$

A pH plasmático la mayoría del citrato está en la forma de Citrato^{-3}, sin embargo, en la orina basta un pH de 6,4 para que 50% se encuentre en forma de Citrato^{-2} (capturando H^+).

Como el Citrato^{-3} tiene el potencial de transformarse a HCO_3^-, en condiciones de acidosis, el organismo no lo usa como acidez titulable, sino que lo reabsorbe. Lo contrario sucede en alcalosis.

La reabsorción del citrato filtrado en el túbulo proximal ocurre mediante el cotransportador apical NaDC-1, que utiliza el gradiente electroquímico del Na^+

para acarrear aniones orgánicos (citrato, succinato, fumarato y α-cetoglutarato) (Capítulo 6).

En contexto de acidosis aumenta la actividad y expresión del transportador NaDC-1. El citrato intracelular, además de reabsorberse por vía basolateral, puede entrar al ciclo de Krebs para generar ATP, participar de gluconeogénesis formando HCO_3^-, o, puede degradarse directamente a bicarbonato[13,53].

En suma, durante una acidosis el citrato es utilizado para generar HCO_3^- y reducir la excreción de bases en la orina. Este mecanismo adaptativo puede ser perjudicial cuando existe riesgo de nefrolitiasis.

17.10 Daño renal por acidosis crónica: hiperfiltración, insulino-resistencia, nefrocalcinosis, inflamación y progresión de la falla renal

La acidosis metabólica crónica, aún en grados leves, se ha asociado a hiperfiltración glomerular y desarrollo de insulino-resistencia[286,287]. Ambos, son factores que desencadenan enfermedad renal crónica. Esta última, empeorará la acidosis estableciendo un círculo vicioso. Por otro lado, la enfermedad renal crónica y la insulino-resistencia son importantes factores de riesgo cardiovascular.

Una dieta rica en proteínas induce hiperfiltración glomerular y daño renal. Al mismo tiempo, la dieta hiperproteica implica mayor ganancia de ácidos. La sobrecarga de ácidos, también genera hiperfiltración. Esta última condición sería independiente a la ingesta proteica, y además, se asocia con progresión de la enfermedad renal[288].

Conforme avanzan los procesos fibróticos renales, en el intersticio medular disminuye la presencia de sulfátidos. Estas moléculas facilitaban el transporte de amonio hacia el túbulo colector (Capítulo 6). En su ausencia gran parte del amonio sintetizado en el túbulo proximal escapará a la circulación sistémica. Lo anterior, no solo significa una menor excreción urinaria de amonio y H^+, sino que, además, su transformación hepática en urea consume HCO_3^- (ciclo de la urea); empeorando la acidosis.

El nefrón con enfermedad renal crónica maneja "ineficientemente" concentraciones muy altas de amonio para deshacerse de los ácidos (lo produce en exceso y se escapa a la circulación sistémica). El amonio es tóxico para las células tubulares y a largo plazo promueve activación del complemento, secreción de citoquinas inflamatorias y el desarrollo de fibrosis renal con progresión de la insuficiencia renal crónica[161].

La acidosis altera el sistema inmune: exacerba la secreción de interleukinas e inhibe el control linfocitario. Esta respuesta inflamatoria desregulada puede repercutir negativamente en la progresión de la enfermedad renal crónica[289].

La nefrocalcinosis consiste en el depósito de cristales de oxalato o fosfato de calcio intratubulares o en el intersticio renal[290]. Se diferencia de la nefrolitiasis, ya que esta corresponde a una acumulación de compuestos inorgánicos (cristales) y material orgánico (proteínas y detritus celulares) en los cálices y pelvis renales. La nefrocalcinosis se ha asociado a obstrucción intratubular, inflamación del parénquima y progresión de enfermedad renal crónica.

Una acidosis crónica promueve la precipitación de cristales de fosfato de calcio en el parénquima renal. Contribuyen la hiperfosfaturia, hipercalciuria e hipocitraturia propias de la acidosis crónica. A esto se suman factores del individuo que confieren vulnerabilidad a la cristalización y depósito de estos.

Característicamente, las acidosis tubulares renales se asocian con trastornos de mineralización ósea, hipercalciuria, nefrocalcinosis y/o nefrolitiasis (Capítulo 14). Cuando existe un defecto en la excreción de H^+ en el túbulo colector se genera acidosis metabólica, y con ello: hipercalciuria, hiperfosfaturia, hipocitraturia y un pH urinario elevado. Todas las situaciones anteriores favorecen la precipitación de fosfato cálcico. Al contrario, si la acidosis es producida por bicarbonaturia desde el túbulo proximal, la tendencia a hipovolemia (por arrastre de Na^+) asociado a mayor actividad de TRPV5 (por aumento del pH luminal debido a HCO_3^-); evitan la hipercalciuria haciendo improbable el desarrollo de nefrocalcinosis. Cuando se requiere administrar bases para tratar una acidosis tubular y prevenir nefrocalcinosis o nefrolitiasis, se recomienda usar citrato por su efecto quelante de Ca^{++}; ya que otras bases promueven precipitación de fosfato cálcico. El $NaHCO_3$, además, favorecerá hipercalciuria por aporte excesivo de Na^+.

17.11 Efecto diurético de la acidosis crónica

Antiguamente, previo a la existencia de los diuréticos, la administración de ácidos era la principal forma de inducir natriuresis en pacientes con sobrecarga de volumen[291].

La resistencia a catecolaminas (por acidosis), inhibe el tono simpático a nivel renal provocando menor reabsorción de sodio. También, disminuyen los transportares NaPi del túbulo proximal (menor reabsorción de sodio y fosfato).

Producto del balance nitrogenado negativo, el riñón dispone de menos urea para transportar hacia el intersticio medular, así, se coarta la capacidad de concentración urinaria, induciendo una mayor diuresis.

Por otro lado, contrarrestan el efecto diurético de la acidosis: la activación de los transportadores NHE3, NKCC2 y mayor secreción de glucocorticoides (Capítulo 6). Sin embargo, el efecto neto es un aumento de la diuresis.

En acidosis respiratoria crónica, el exceso de CO_2 induce vasoconstricción de arterias y arteriolas renales. Lo anterior, sumado al efecto diurético de la acidosis, genera una gran vulnerabilidad a presentar episodios de falla renal aguda pre-renal.

17.12 Acidosis y repercusiones endocrinológicas

La acidosis crónica altera múltiples ejes endocrinológicos: catecolaminas, hormona del crecimiento (GH) e IGF-1, insulina, paratohormona, hormonas tiroideas, glucocorticoides y mineralocorticoides.

La resistencia al efecto de catecolaminas es de importancia crucial cuando la acidosis es grave, ya que repercute negativamente en la función cardiovascular, añadiendo morbimortalidad al paciente. Existe una menor liberación de noradrenalina en terminales sinápticos, y además, su receptor está inhibido por efecto del menor pH intersticial.

En acidosis crónica se produce insensibilidad a la acción de GH provocando aumento de sus niveles, pero disminución de IGF-1. La alteración en este eje puede afectar el desarrollo y crecimiento en población infantil.

Por otro lado, la administración de GH aumenta el bicarbonato y tiende a corregir una acidosis metabólica crónica, aparentemente por estimulación de amoniogénesis renal[292].

La acidosis metabólica crónica interfiere con la acción de la insulina provocando intolerancia a la glucosa[293]. También, disminuye los niveles de leptina, favoreciendo un estado de malnutrición por exceso de tejido adiposo[294].

Respecto a la función tiroidea, la acidosis metabólica crónica produce un hipotiroidismo primario leve en la glándula. Esto se objetiva por disminución en T3 y T4 libres más aumento de TSH. El hipotiroidismo podría afectar la acidificación urinaria distal empeorando la acidosis[291].

En ratas y humanos con acidosis crónica se ha objetivado aumento, tanto en actividad como niveles, de glucocorticoides[291]. Su efecto hipercatabólico se suma al propiciado por la acidosis crónica. Los corticoides favorecen la excreción de ácido por varios mecanismos (Capítulo 6): promueven la actividad del antiportador NHE3, amoniogénesis en el túbulo proximal e inhiben la reabsorción de fosfato acoplada a sodio[58,295]. La mayor eliminación de amonio y acidez titulable permitirán atrapar H^+ en el lumen tubular. Si bien, estos efectos contrarrestan la acidosis crónica, tienden a producir un balance negativo de nitrógeno y fosfato.

El efecto diurético de la acidosis crónica induce depleción de volumen. Así, se origina un hiperaldosteronismo secundario.

Por lo tanto, la acidosis crónica produce aumento de glucocorticoides y mineralocorticoides; ambas hormonas tendrán efectos que contrarrestan la acidosis. Al contrario, el déficit de hormonas adrenales produce acidosis.

17.13 Acidosis y repercusiones en el balance proteico y nitrogenado

Las proteínas estructurales del organismo (no las de origen dietario) pueden proteger por dos mecanismos de una acidosis crónica: 1) son una gran fuente de *buffers* y 2) permiten eliminación de ácidos mediante amoniogénesis renal.

Las proteínas intracelulares, especialmente las musculares, pueden tamponar la producción crónica de H^+; esta acción, lamentablemente, las dejará "marcadas" para que luego sean catabolizadas. La acidosis metabólica, como trastorno agudo, disminuye la síntesis de proteínas musculares[296]. Durante una acidosis crónica, además se inhibe la formación de albúmina[297]. Por otro lado, la actividad proteolítica y oxidación de aminoácidos se encuentra aumentada, tanto por efecto de la acidosis como por exceso de glucocorticoides. Existe activación de proteasomas que favorecen la degradación de proteínas[298].

Un mayor catabolismo proteico permitirá al hígado incrementar el aporte de glutamina al riñón. El aumento de amoniogénesis y posterior excreción renal de este, puede significar una tremenda pérdida de nitrógeno. Si bien, es necesario para compensar una acidosis crónica, produce depleción proteico-nitrogenada.

El peso molecular del amonio es 18 g/mol (4 g/mol por H^+ y 14 g/mol por nitrógeno). Es decir, en 1 g de amonio hay 0,77 g de nitrógeno. Normalmente, la excreción diaria de ácido fijo es 1 mmol/kg/d (Capítulo 6). En una persona sana de 70 kg se eliminarán 70 mmol/d de H^+. De esta carga diaria, aproximadamente 40 mmol/d se excretarán como amonio (que equivale a 0,72 g de amonio o 0,55 g de nitrógeno). Normalmente, las personas sanas se encuentran en balance nitrogenado de 0, es decir, los ingresos son iguales a los egresos. El principal ingreso de nitrógeno al organismo es la ingesta de proteínas, mientras que el catabolismo de estas, y luego, su eliminación renal mediante urea, dan cuenta de los egresos. Pequeñas cantidades de nitrógeno se eliminan también por las deposiciones, sudor y descamación cutánea. Más del 90% del nitrógeno catabolizado diariamente se excreta por la orina, y 80-90% de este se elimina en forma de urea[299]. El 15% restante del nitrógeno urinario corresponde al que proviene desde creatinina, ácido úrico y amonio, entre otros (amonio 7,4%, creatinina 6,4% y ácido úrico 2%). La suma de todo el nitrógeno urinario proveniente de diversos compuestos corresponde al NUT (o nitrógeno urinario total) que normalmente varía entre 12-20 g/d. Sin embargo, en la práctica clínica se mide solo el nitrógeno proveniente de la urea (NUU), cuyo valor oscila entre 7-16 g/d (~11 g/d). El nitrógeno perdido desde la piel y deposiciones en un adulto corresponde a 1-2 g/d aproximadamente, y el nitrógeno urinario "no urea", también es cercano a 2 g/d. Por lo tanto, una persona normal, para mantener el balance 0, deberá tener un ingreso de nitrógeno aproximado en 14 g/d (egresos =11 g/d como NUU y 3 g/d por pérdidas urinarias de nitrógeno "no ureico", egresos en piel y deposiciones). Como cada gramo de nitrógeno equivale a 6,25 g de proteínas; será necesario ingerir 87 g/d de proteínas. Un adulto promedio consume 1-1,2 g/kg/d de proteínas con lo que puede mantener el balance nitrogenado en 0. Si los egresos de nitrógeno corresponden a 14 g/d, el amonio urinario (0,55 g/d) corresponde solo al 4% de ese valor.

En condición de acidosis la amoniogénesis renal puede aumentar 5 a 10 veces (Capítulo 6). Si se excretaran 360 mmol/d de amonio, la cantidad equivalente de nitrógeno eliminada será 5 g/d. Aplicado al caso anterior, los egresos de nitrógeno serían: 11 g/d por NUU, 1 g/d por pérdidas intestinales y cutáneas y aproximadamente 5 g/d por amonio y otros compuestos nitrogenados "no urea". Es decir, un total de 17 g/d estableciendo un balance nitrogenado negativo. Si los ingresos continúan siendo 14 g/d de nitrógeno se obtendrá el nitrógeno faltante desde catabolismo proteico tisular endógeno. Para compensar el balance negativo será necesario consumir 106 g/d de proteínas (17 g de nitrógeno·6,25). Esto equivale a 1,5 g/kg/d en una persona de 70 kg. Si bien, permite contrarrestar el catabolismo proteico tisular endógeno, una mayor ingesta de proteínas también implica ganancia de ácidos y eventual daño renal.

17.14 Acidosis y repercusiones en el crecimiento

Infantes con acidosis tubular renal (Capítulo 14) presentan retardo de su crecimiento. De la misma forma, niños con insuficiencia renal crónica padecen del mismo problema. Se ha demostrado que la administración de bases a niños con acidosis tubular renal revierte el retardo del crecimiento[300].

Las alteraciones del crecimiento poseen un origen multifactorial. La acidosis crónica producirá un estado de hipercatabolismo con balance proteico y nitrogenados negativos. Disminuye la síntesis de albúmina y otras proteínas estructurales. Como se mencionó anteriormente, la osificación estará muy alterada por la acción amortiguadora del hueso más la pérdida de calcio y fosfato renal. El tejido muscular también se encuentra afectado por el tamponamiento y catabolismo crónico. Además, existe un estado de insulino-resistencia e insensibilidad a la hormona del crecimiento con disminución de IGF-1. Estas hormonas son los principales factores anabólicos que estimulan el crecimiento en la infancia.

Todos los factores anteriormente mencionados inciden en el retardo del crecimiento propio de los infantes con acidosis crónica y/o enfermedad renal crónica.

18. Bicarbonato estándar y exceso de base en la evaluación de trastornos ácido-base

El método "tradicional o fisiológico" ha sido ampliamente utilizado por muchos años para describir los trastornos ácido-base. Es más, todo lo que se ha explicitado previamente en este libro se basa en ese modelo.

Inicialmente, en 1909, Henderson-Hasselbalch describieron el comportamiento de los ácidos carbónicos a través de una ecuación que ha servido como el sustento para el entendimiento de las alteraciones ácido-base en el humano[1,20]. Luego, Van Slyke introdujo este modelo a la práctica clínica[22,23]. Se explicaba en forma didáctica cómo el sistema respiratorio determinaba la $PaCO_2$, mientras el sistema renal; la $[HCO_3^-]$ plasmática. Estos parénquimas establecían el pH plasmático, sus alteraciones explicaban los trastornos y las respuestas compensatorias correspondientes.

El método tradicional medía el "componente metabólico" según modificaciones del bicarbonato (Capítulo 8). Sin embargo, prontamente fueron evidentes las limitaciones que poseía este parámetro.

La metabolización celular de ácidos orgánicos es el responsable de aportar CO_2. Su hidratación generará ácido carbónico, y este, H^+ y HCO_3^-. Se establece un gradiente de CO_2; desde las células (donde se produce) hasta el pulmón (donde se elimina). El CO_2 difunde desde la célula al intersticio, luego, la enorme capacidad de transporte sanguíneo de CO_2, sumado a la extracción permanente de este, provocarán el movimiento "unidireccional" de CO_2 (Capítulo 5). Si el sistema respiratorio no extrae adecuadamente el CO_2 se acumulará en forma retrógrada (que es indirectamente medido como aumento de $PaCO_2$), y luego, su incremento en los compartimentos intra y extracelular será el responsable de la generación de H^+ (acidosis) (Capítulo 9). Por todo lo anterior, es fácil entender que el sistema respiratorio es el encargado de regular la $PaCO_2$ y sus alteraciones originan trastornos ácido-base respiratorios.

Si el CO_2 aumentara en la sangre por efecto de reacciones químicas (ejemplo: incremento en la [HCO_3^-] y/o [H^+]), rápidamente sería detectado por quimio-receptores, los que promoverán una respuesta ventilatoria que restaura la $PaCO_2$. En consiguiente, las modificaciones en la $PaCO_2$, necesariamente se deben a trastornos respiratorios o respuestas compensatorias ventilatorias (Capítulo 8).

El HCO_3^- es la base conjugada del ácido carbónico, e indirectamente, del CO_2. Es decir, cuando nos referimos a trastornos respiratorios puros (modificaciones primarias del CO_2), el HCO_3^- también se va a alterar, ya que se encuentran en la misma reacción química (Capítulo 3). Por lo tanto, ese "componente metabólico" que debiera servir para cuantificar exclusivamente los trastornos "no respiratorios"; varía conjuntamente al "componente respiratorio".

Como el riñón regenera HCO_3^-, ocupa un papel preponderante en la regulación del "componente metabólico". Sin embargo, la modulación de esta acción requiere días para modificarse, ya que debe haber cambios estructurales y funcionales en las células tubulares (Capítulo 6). Por otro lado, el hígado y prácticamente todas las células, también forman HCO_3^- (Capítulo 7). Además, el transporte de CO_2 en la sangre está ligado al bicarbonato (Capítulo 5). Finalmente, los amortiguadores intra o extracelulares, también modifican la [HCO_3^-]p; ya que todos los *buffers* (ácidos o bases débiles) en una solución acuosa sufrirán redireccionamiento químico según el pH (Capítulo 3).

A diferencia del HCO_3^-, el CO_2 es "detectado" continuamente por quimio-receptores y se transporta eficientemente en la sangre. Por lo tanto, sus modificaciones son rápidamente moduladas y sus niveles dependerán solo de la función ventilatoria. Al contrario, como la regulación del HCO_3^- es mucho más lenta, su concentración será la suma de la actividad ácido-base renal y respiratoria, los amortiguadores del intra y extracelular, y además, la adición de ácidos carbónicos y no carbónicos (Capítulo 8, Figura 30).

Si quisiéramos evaluar un componente renal exclusivo de la regulación ácido-base, deberíamos analizar los ácidos fijos o no carbónicos: cuantificar su producción, niveles estables en sangre y excreción renal. En esas circunstancias habría un "componente renal" medible de la regulación ácido-base. Probablemente, el parámetro más cercano a esta realidad es la excreción neta de ácido, y secundariamente; la de amonio (Capítulo 6).

Para complejizar la situación, aunque pudiéramos "medir" un "componente respiratorio exclusivo" del pulmón y el "componente metabólico exclusivo" asociado a la función renal; aún falta "medir" la participación de todos los *buffers* del intra y extracelular. Ellos reaccionan instantáneamente con los H^+ entregados por los ácidos carbónicos y fijos, y también, contribuyen en su eliminación. Además, pueden modificar directamente la [HCO_3^-] del extracelular. Cuando existe una menor concentración de *buffers* no-HCO_3^- (como albúmina o hemoglobina), se pierde capacidad de capturar H^+, por lo tanto, ese exceso de H^+ reaccionará con HCO_3^-, disminuyendo la concentración de este último. Lo contrario ocurre cuando aumentan los *buffers* del intra y/o extracelular.

Todo intento de división entre estos componentes es solo una simplificación de la realidad, ya que todos ellos están conectados (Capítulo 8, Figura 30). Por ejemplo, el HCO_3^- actuará como *buffer* del intra y extracelular al amortiguar los H^+ entregados por ácidos carbónicos y fijos. Además, el riñón detecta su concentración y lo reabsorbe/genera masivamente para intensificar esa capacidad amortiguadora y regular el pH (Capítulos 6 y 8). Luego, si el HCO_3^- captura H^+, se transforma en CO_2. Es decir, una molécula que inicialmente es *buffer*, también es el componente que regula el sistema renal y se convierte a CO_2 para ser eliminado por el pulmón. Queda claro, entonces, que no existe una real subdivisión, sino un sistema complejo, interconectado, donde actuarán conjuntamente los sistemas respiratorio, renal y amortiguadores del intra y extracelular. Todo con objeto de mantener el pH en un estrecho margen que permita la fisiología celular.

En la década de 1910, Van Slyke, inyectando ácido sulfúrico en perros, estimó que 40% de la neutralización ante una carga de ácido se debía a la acción de células tisulares, 30% se neutralizaba en la sangre y el 30% restante en el extracelular[301]. Él concluyó que la respuesta a una carga ácida era posible a expensas de un "déficit de álcalis". Estos álcalis o amortiguadores eran principalmente: la hemoglobina del eritrocito; el bicarbonato plasmático, intersticial e intracelular; proteínas celulares e intravasculares (como albúmina); y otras bases ubicadas en el plasma e intracelular (como los fosfatos).

Van Slyke, demostró que la sangre completa era un mejor *buffer* que el plasma aislado. Y lo más importante, de todos los amortiguadores el principal era el bicarbonato (presente en el intracelular, intersticio, eritrocitos y plasma). Mientras la contribución de la hemoglobina, proteínas plasmáticas y fosfatos, era marginal.

Sin embargo, el HCO_3^- no era el único "componente metabólico"; faltaba la acción de los *buffers* del extra e intracelular. Para subsidiar este "defecto", en 1948, Singer y Hastings, definen el concepto de "base *buffer*"[2]. Este corresponde a una medida de la capacidad *buffer* total del extracelular, así se buscaba cuantificar todo el "componente metabólico".

Otro problema del HCO_3^- como "componente metabólico" era su dependencia del CO_2 (componente respiratorio). Para resolver esto, en la década de 1950, Astrup y colaboradores, desarrollan la medición del "bicarbonato estándar" (st[HCO_3^-])[302]. Una gran virtud del st[HCO_3^-] era su capacidad de eliminar el efecto del CO_2 en la evaluación del bicarbonato, y además, eliminaba la distorsión ejercida por la temperatura y oxigenación de la sangre (Capítulos 4 y 5).

Finalmente, fue uno de los colaboradores de Astrup, Andersen OS, quien en 1960 publicó otro método para analizar el "componente metabólico": el "exceso de base"[3]. Este método incorporaba la eliminación de la distorsión generada por el CO_2 sobre el HCO_3^-, además de entregar una magnitud de la capacidad amortiguadora total del extracelular (incluyendo amortiguadores no-HCO_3^-). Posteriormente, fue perfeccionado con el "exceso de base estándar".

18.1 Bicarbonato estándar, la eliminación de la actividad *buffer* en la evaluación del HCO_3^-

El principal regulador de la homeostasis ácido-base es el sistema CO_2/HCO_3^- (Capítulo 8).

$$CO_2 + H_2O \leftrightarrow HCO_3^- + H^+$$

Como se mencionó anteriormente, el HCO_3^- plasmático varía con múltiples factores, y uno de ellos son los redireccionamientos químicos por modificaciones del CO_2 y otros *buffers*.

Si suponemos una solución con ácidos y bases débiles actuando como amortiguadores (similar al plasma humano); existirá una [H^+] común para todos los compuestos en estado de equilibrio.

$$CO_2 + H_2O \leftrightarrow H^+ + HCO_3^-$$

$$Albúmina\wedge H \leftrightarrow H^+ + Albúmina^-$$

$$Ácido\ fosfórico\wedge H \leftrightarrow H^+ + Fosfato^-$$

Proteínas^H	↔ H^+ +	*Proteínas-*

Si aumenta el CO_2 por una acidosis respiratoria, incrementará la [HCO_3^-] y se redireccionarán los otros compuestos ácido-base.

↑↑↑$CO_2 + H_2O$	→ H^+ +	↑↑HCO_3^-
↑*Albúmina^H*	← H^+ +	↓*Albúmina-*
↑*Ácido fosfórico^H*	← H^+ +	↓*Fosfato-*
↑*Proteínas^H*	← H^+ +	↓*Proteínas-*

Todos los compuestos llegarán a un nuevo equilibrio químico que respeta sus pKa (Capítulo 2). Finalmente, la [H^+] será levemente mayor a la inicial, mientras los compuestos ácido-base han debido modificar considerablemente sus concentraciones.

Si respecto a la condición inicial ocurriera una pérdida de proteínas plasmáticas, disminuiría la "capacidad" para amortiguar H^+. Así, aumenta la [H^+] y se inducen redireccionamientos químicos. Esta realidad es característica de pacientes críticos, desnutridos o con síndromes edematosos.

↓*Proteínas^H*	→ H^+ +	↓↓*Proteínas-*
↓*Albúmina^H*	→ H^+ +	↓↓*Albúmina-*
↑*Ácido fosfórico^H*	← H^+ +	↓*Fosfato-*
↑$CO_2 + H_2O$	← H^+ +	↓HCO_3^-

En esta última situación solo hubo cambio en los *buffers* plasmáticos que provocaron una disminución de la [HCO_3^-] y aumento de la [CO_2]. Sin embargo, el aumento de $PaCO_2$ es rápidamente detectado, y sumado al menor pH, estimulan la ventilación alveolar, normalizando la $PaCO_2$. Lógicamente, una mayor extracción de CO_2, provocará una nueva disminución del HCO_3^- plasmático.

↓*Proteínas^H*	→ H^+ +	↓↓*Proteínas-*
↓*Albúmina^H*	→ H^+ +	↓↓*Albúmina-*
↑*Ácido fosfórico^H*	← H^+ +	↓*Fosfato-*
$CO_2 + H_2O$	← H^+ +	↓↓HCO_3^-

Como el CO_2 es regulado en forma rápida, sus variaciones necesariamente son debidas al sistema respiratorio, situación que no ocurre para el HCO_3^-. El "componente metabólico" se altera con cualquier reacción *buffer*, sobre todo, los cambios en el CO_2. Derivado de lo anterior, aparece la premisa del bicarbonato estándar; si es posible eliminar el efecto químico del CO_2 sobre el HCO_3^-, entonces el bicarbonato se independiza del CO_2 transformándose en un "componente metabólico" puro. Esto significa que si la $PaCO_2$ se devuelve química o matemáticamente a 40 mmHg, el HCO_3^- resultante indicará adición o sustracción directa de HCO_3^-, no mediado por reacciones químicas del CO_2, sino, a la acción del riñón o trastornos ácido-base metabólicos.

Para medir el st[HCO_3^-], Astrup y colaboradores, desarrollaron un complejo sistema donde era posible restablecer los parámetros gasométricos de una muestra de sangre aislada. Es decir, se devolvía la presión parcial de CO_2 a 40 mmHg, con una oxigenación completa de la sangre (PaO_2 >100 mmHg y 100% de saturación de la hemoglobina), además de una temperatura de 38 °C[303]. Así, se buscaba eliminar todos los interferentes químicos del HCO_3^-: modificaciones del CO_2, *buffers* (como la hemoglobina), temperatura y oxigenación de la sangre. Respecto a este último factor las modificaciones en la PaO_2 cambian la afinidad de la Hb por el CO_2 (Capítulo 5). Específicamente, al aumentar la PaO_2 se favorece la liberación de H^+ desde la Hb y disminuye la afinidad de esta por el CO_2; subiendo la porción disuelta que entregará más H^+ al medio.

$$Hb\wedge CO_2 + O_2 \leftrightarrow Hb\wedge O_2 + CO_2 \leftrightarrow HCO_3^- + H^+$$

En definitiva, al asegurar una oxigenación máxima de la sangre, se anulan las interferencias en el CO_2 mediadas por la PaO_2 (efecto Haldane; Capítulo 5).

Por lo tanto, cualquier alteración en el st[HCO_3^-] se corresponde con la adición o sustracción de ácidos o bases no-CO_2 (trastornos metabólicos) o a la compensación renal a un trastorno respiratorio. Sin embargo, no se elimina la interacción existente entre el HCO_3^- y los *buffers* del extra e intracelular. Además, no se cuantifica la totalidad de la capacidad amortiguadora[304].

18.2 Cálculo del HCO_3^- y pH estándar

La principal "corrección" del pH y HCO_3^- plasmático estándar, es el retorno de la $PaCO_2$ a 40 mmHg (1,2 mEq/L).

Supongamos una muestra de sangre aislada donde se adiciona CO_2 (acidosis respiratoria).

$$\uparrow CO_2 \rightarrow H^+ + HCO_3^-$$

Luego, evaluamos los parámetros de gases y obtenemos: pH 7,28; $PaCO_2$ 60 mmHg y HCO_3^- 27,5 mmol/L. Como la muestra corresponde a sangre "aislada", necesariamente, la elevación del HCO_3^- se debe a reacciones químicas, y no, a una compensación renal. Estimando el pH estándar y st[HCO_3^-] es posible demostrar esta situación.

Si pudiéramos extraer el CO_2 recientemente agregado a la muestra de sangre, comenzaría a reaccionar el H^+ con HCO_3^-.

$$\downarrow CO_2 \leftarrow H^+ + HCO_3^-$$

Por lo tanto, se extraerá CO_2 de manera que este disminuya desde 60 mmHg a 40 mmHg (1,8 mmol/L a 1,2 mmol/L). Como las concentraciones de CO_2 y HCO_3^- están en magnitud "milimolar" y la [H^+] es extremadamente baja (pH 7,28 = $52{,}5 \cdot 10^{-9}$ mol/L de H^+); para que la reacción se lleve a cabo, debe haber hidrólisis del agua y redireccionamiento de otros *buffers*. Solo así, será posible aportar los H^+ necesarios en la reacción. La adición de H^+ desde el agua y otros *buffers* (como albúmina, hemoglobina y fosfatos), transforma la "estandarización" en un proceso matemáticamente muy complejo, porque habrá "aparición" de H^+ que antes no existían en forma disuelta.

$$\downarrow CO_2 \leftarrow H^+ + HCO_3^-$$

$$H_2O \rightarrow H^+ + OH^-$$

$$AH \rightarrow H^+ + A^-$$

Para resolver estas dudas, Astrup y colaboradores realizaron múltiples experimentos y complejos estudios químicos[302,303]. A partir de sus trabajos pudieron confeccionar nomogramas que permitían conocer los parámetros estandarizados en sangre. Incluso, fue posible simplificar la obtención del pH estándar a una fórmula matemática:

$$pH_{st} = pH + 0{,}006 \times (PCO_2 - 40)$$

El pH y PCO_2 corresponden a los valores medidos (reales o actuales). En este caso, serían 7,28 y 60 mmHg respectivamente.

Luego, a partir del pH_{st} y la $PaCO_2$ de 40 mmHg, es posible obtener el st[HCO_3^-].

$$pH_{st} = 6{,}11 + \log \frac{st[HCO_3^-]}{0{,}03 \times 40}$$

Si despejamos el st[HCO_3^-] obtenemos la siguiente fórmula para estimar su valor:

$$pH_{st} = 6{,}11 + \log st[HCO_3^-] - \log 1{,}2$$

$$pH + 0{,}006 \times (PCO_2 - 40) - 6{,}03 = \log st[HCO_3^-]$$

$$st[HCO_3^-] = 10^{((PCO_2-40)\times 0{,}006 + pH - 6{,}03)}$$

El pH corresponde al valor medido (actual o real). La PCO_2 también es el parámetro medido (en mmHg). El valor del st[HCO_3^-] se entrega en mmol/L.

En el ejemplo anterior, los resultados son los siguientes: pH_{st} = 7,4 y st[HCO_3^-] = 23,4 mmol/L. Debido a que la "estandarización" produce una "normalización" del pH y HCO_3^-; podemos afirmar que sus modificaciones fueron impuestas exclusivamente por reacciones *buffer*, y se demuestra cómo la "estandarización" elimina la dependencia del HCO_3^- por el CO_2. Si hubiese existido compensación renal, esta habría incrementado la [HCO_3^-] y el pH; así al obtener el st[HCO_3^-] su valor habría sido >23 mmol/L evidenciando una respuesta compensatoria.

Cuando se puso en práctica clínica el st[HCO_3^-] en pacientes con trastornos ácido-base (como una acidosis respiratoria aguda por anestesia general), el valor del st[HCO_3^-], que debiera haber sido "normal"; resultó mucho más bajo a lo esperado sin existir una acidosis metabólica previa[305].

Lo anterior se debe a que el st[HCO_3^-] fue desarrollado exclusivamente en sangre aislada. No se incluye la participación de la respuesta amortiguadora del intersticio ni el intracelular (excepto por el eritrocito). Así, se sobreestimaba la reacción química del CO_2/HCO_3^- en las respuestas de tamponamiento. Por lo anterior, no fue útil en la práctica clínica. Para subsanar esta limitación, las fórmulas destinadas a obtener el st[HCO_3^-] incorporan factores de corrección que asumen valores fisiológicos de hemoglobina, volumen extracelular, proteínas plasmáticas y otros *buffers*. En el Capítulo 4 se puede consultar la fórmula de st[HCO_3^-] que emplean algunas máquinas analizadoras de gases.

18.3 Bicarbonato estándar en trastornos ácido-base

Independiente de los reparos que puedan surgir respecto a la cuantificación del st[HCO_3^-], es necesario evaluar su comportamiento en trastornos ácido-base.

Para simplificar el análisis del st[HCO_3^-] utilizaremos su ecuación:

$$st[HCO_3^-] = 10^{((PCO_2-40)\times 0{,}006+pH-6{,}03)}$$

Si consideramos que el st[HCO_3^-] normal es 23 mmol/L[306], podemos afirmar lo siguiente:

$$23 = 10^{((PCO_2-40)\times 0{,}006+pH-6{,}03)}$$

$$\log_{10} 23 = (PCO_2 - 40) \times 0{,}006 + pH - 6{,}03$$

$$1{,}36 = (PCO_2 - 40) \times 0{,}006 + pH - 6{,}03$$

$$7{,}39 = (PCO_2 - 40) \times 0{,}006 + pH$$

Por lo tanto, si en un paciente se mide gases arteriales ($PaCO_2$ y pH real o actual) y se resuelve la fórmula anterior, podemos asegurar que:

$$Si\ (PCO_2 - 40) \times 0{,}006 + pH = 7{,}39 \rightarrow st[HCO_3^-] = 23$$

$$Si\ (PCO_2 - 40) \times 0{,}006 + pH > 7{,}39 \rightarrow st[HCO_3^-] > 23$$

$$Si\ (PCO_2 - 40) \times 0{,}006 + pH < 7{,}39 \rightarrow st[HCO_3^-] < 23$$

Durante una acidosis respiratoria aguda habrá un rápido incremento de la $PaCO_2$, y por tanto, de la [H^+] y [HCO_3^-]. Un valor de st[HCO_3^-] normal (≈23 mEq/L) indica que el trastorno es "agudo", es decir, la fórmula (PCO_2 − 40)0,006 + pH da como resultado 7,39. Cuando se agrega la compensación renal, el pH y [HCO_3^-] aumentarán por mayor excreción urinaria de ácidos y generación de HCO_3^-. Así, para el mismo trastorno, el st[HCO_3^-] será mayor que en la situación inicial (>23 mEq/L) debido al incremento del pH. La fórmula (PCO_2 − 40)0,006 + pH da un resultado >7,39. Se objetiva entonces, una acidosis respiratoria crónica con respuesta compensatoria metabólica.

En alcalosis respiratoria ocurre algo similar. Si el trastorno es agudo (descenso de $PaCO_2$), la disminución de [HCO_3^-] real o actual ocurrirá por reacciones químicas, lo que mantendrá el st[HCO_3^-] en torno al valor normal ≈23 mEq/L. Luego, la compensación renal disminuirá el pH y [HCO_3^-]

para el mismo trastorno. Por lo tanto, la fórmula (PCO_2 – 40)0,006 + pH sería <7,39. Así, el st[HCO_3^-] será <23 mEq/L, demostrando una alcalosis respiratoria crónica con respuesta compensatoria metabólica.

Los trastornos metabólicos no tienen subdivisión temporal en "agudo" y "crónico", ya que la respuesta respiratoria es de rápida instauración impidiendo distinguir si las modificaciones son secundarias a reacciones químicas o compensación.

Una acidosis metabólica puede producirse por: 1) incremento en [H^+] y/o 2) disminución de [HCO_3^-].

1) $CO_2 \leftarrow \uparrow H^+ + HCO_3^-$

2) $CO_2 \rightarrow H^+ + \downarrow HCO_3^-$

En ambos casos hay descenso del pH, pero según el mecanismo químico de la acidosis metabólica; puede aumentar el CO_2 (caso 1) o disminuir (caso 2). Sin embargo, como la compensación respiratoria actúa precozmente, anula cualquier evidencia de un redireccionamiento químico. Así, la $PaCO_2$ siempre va a descender ante una acidosis metabólica. Si consideramos la fórmula anterior (PCO_2 – 40)0,006 + pH, necesariamente el resultado será <7,39. Esto se debe a que la $PaCO_2$ tendrá un valor <40 mmHg y el pH <7,4 (se sumará un número <0 a un valor <7,4). Por lo tanto, toda acidosis metabólica tendrá un pH bajo y un st[HCO_3^-] <23.

En alcalosis metabólica ocurre justamente lo contrario. Los mecanismos para su generación son disminución primaria de [H^+] y/o aumento de [HCO_3^-].

1) $CO_2 \rightarrow \downarrow H^+ + HCO_3^-$

2) $CO_2 \leftarrow H^+ + \uparrow HCO_3^-$

Existe incremento del pH, pero con mayor o menor PCO_2 según el evento químico inicial. Nuevamente, al igual que en acidosis metabólica, la compensación respiratoria actúa precozmente y borra las evidencias del redireccionamiento químico. El aumento de $PaCO_2$ sumado al pH básico (>7,4); provocarán que la fórmula (PCO_2 – 40)0,006 + pH necesariamente sea >7,39 (se suma un valor >0 a un número >7,4). Es decir, en alcalosis metabólica el st[HCO_3^-] siempre será >23 mEq/L. La Figura 51 resume los trastornos ácido-base primarios según st[HCO_3^-].

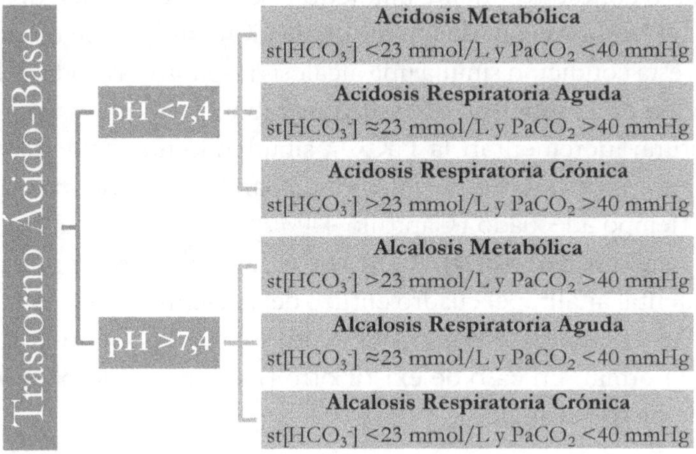

Figura 51. Trastornos ácido-base primarios según st[HCO_3^-].

La evaluación de respuestas compensatorias usando st[HCO_3^-] es más compleja. El desarrollo del st[HCO_3^-] fue realizado para reconocer trastornos primarios, pero no la magnitud de las respuestas compensatorias. Por lo anterior, no es posible establecer qué valor indica una compensación "esperable" o "adecuada".

Por otro lado, el st[HCO_3^-] pierde utilidad en trastornos mixtos. Si un paciente presenta una acidosis metabólica su pH, [HCO_3^-] real y $PaCO_2$ serán bajos (este último por compensación respiratoria). Si sobre esta condición se agrega un trastorno respiratorio, la evaluación de st[HCO_3^-] implica una "corrección" a una $PaCO_2$ de 40 mmHg para eliminar el efecto *buffer* del sistema CO_2/HCO_3^-. Sin embargo, la $PaCO_2$ "inicial" ya no es 40 mmHg, sino que está determinada por el trastorno ácido-base del comienzo. Por lo tanto, el st[HCO_3^-] se distorsiona. Peor aún, en un trastorno mixto el st[HCO_3^-] puede resultar "falsamente normalizado" y esto impedir reconocer afecciones ácido-base potencialmente graves[304]. Como el st[HCO_3^-] no permite reconocer si existe un trastorno mixto, pierde utilidad en la evaluación de trastornos ácido-base.

La gran utilidad del st[HCO_3^-] es poder reconocer rápidamente trastornos ácido-base respiratorios agudos, ya que su valor será ≈23 mEq/L. En la práctica esta situación ocurre cuando el manejo de una muestra de gases es deficiente. Si hay burbujas o contacto con aire ambiental, se transferirá CO_2 de la sangre al ambiente. De hecho, se pierde 6 mmol/L de CO_2 por hora de contacto con el aire[30]. Así, esta condición simula una alcalosis respiratoria aguda. Al contrario, la coagulación de la muestra, actividad metabólica celular y disminución de la temperatura; incrementan la $PaCO_2$, simulando una acidosis respiratoria aguda. Lo anterior ocurre, especialmente, cuando el transporte no se lleva a cabo en el tiempo adecuado (Capítulo 4)[307].

Lógicamente, como el st[HCO_3^-] no permite detectar trastornos mixtos, será fundamental analizar el cuadro clínico del paciente, ya que esta "detección rápida" de "mal manejo de muestra" será útil solo si el paciente es sano y tiene su fisiología normal. En caso de existir otro trastorno ácido-base subyacente, este método pierde utilidad.

18.4 Trastornos ácido-base respiratorios agudos; evaluación con HCO_3^- estándar versus real o actual

El st[HCO_3^-] fue desarrollado en un recipiente con sangre humana aislada. Una de sus utilidades era la detección rápida de trastornos ácido-base respiratorios agudos, ya que el st[HCO_3^-] resultaba en 23 mEq/L. Pero cuando se utilizó en la práctica clínica, los trastornos ácido-base respiratorios agudos no presentaban este comportamiento "ideal". De hecho, en acidosis respiratoria aguda el valor del st[HCO_3^-] era <23 mEq/L[305]. Esto se debía a que el st[HCO_3^-] exageraba la actividad *buffer* del CO_2/HCO_3^-, ya que no consideraba la participación de otros amortiguadores en el extravascular e intracelular. El error se debía a que el st[HCO_3^-] se desarrolló en muestras de sangre, y no, en el agua corporal donde existe una multiplicidad de *buffers* no-HCO_3^-. Para subsidiar este defecto, las fórmulas actuales de st[HCO_3^-] emplean correcciones que incluyen la totalidad del líquido extracelular, además, de otros amortiguadores presentes en este. En el Capítulo 4 se muestran fórmulas de st[HCO_3^-] que incorporan el exceso de base para realizar esta corrección. De hecho, a partir de la variación entre el st[HCO_3^-] respecto a 23 mEq/L (su valor normal), es posible obtener el EB multiplicando esta diferencia por el factor 1,2[308]. Por ejemplo, si el st[HCO_3^-] en una acidosis metabólica es 17 mEq/L, el exceso de base debiera ser −7,2 mEq/L (1,2·(17-23)).

En el "método tradicional o fisiológico" de evaluación de trastornos ácido-base, se utiliza el HCO_3^- real o actual para establecer diagnósticos. En una acidosis respiratoria aguda, el HCO_3^- debiera aumentar 0,1 unidades su valor por cada incremento de la $PaCO_2$. Al contrario, en alcalosis respiratoria aguda, el HCO_3^- disminuye en 0,2 unidades por cada descenso en la $PaCO_2$ (Capítulo 8). Los valores mencionados de ascenso y descenso "esperable" para el HCO_3^- en trastornos ácido-base respiratorio agudos, son obtenidos mediante análisis estadístico de "respuestas promedio" en sujetos con dichos trastornos. Como no es posible "cuantificar" todos los compuestos ácido-base del intra y extracelular, reconocer las "respuestas esperables promedio" para cada trastorno permite "saltar" el problema de las reacciones químicas. Así, obtenemos una respuesta determinada por la magnitud del trastorno inicial en donde participan todos los compuestos ácido-base del intra y extracelular.

18.5 Base *Buffer*, ΔBase *Buffer* y exceso de base en la evaluación de trastornos ácido-base

La Base *Buffer* (BB) corresponde a una cuantificación de la capacidad amortiguadora del extracelular. Singer y Hastings, la describieron como la diferencia entre "cationes fijos" y "aniones fijos".

En el extracelular (y por tanto, en el plasma sanguíneo) existen elementos químicos que siempre tendrán carga: los iones. Ejemplos, son el Na^+, K^+, Cl^-, Ca^{++}, etc. A diferencia de estos iones "fijos", otros elementos/compuestos químicos pertenecen a reacciones bidireccionales, y por tanto, pueden estar en estado iónico o conformando compuestos sin carga eléctrica. El mejor ejemplo de esta situación es el CO_2 y ácido carbónico; pueden estar como CO_2, H_2CO_3 o en su forma iónica: H^+ y HCO_3^-. Los ácidos y bases débiles generan iones "no fijos", mientras que las sales y ácidos o bases fuertes (NaCl, HCl) producen iones "fijos".

En el líquido extracelular la cantidad de cationes "no fijos" es despreciable, por lo tanto, los cationes "fijos" (especialmente el Na^+) determinan la totalidad de la carga positiva en este compartimento. Como el organismo obedece al principio de electroneutralidad, debe existir la misma cantidad de cargas negativas. El anión fijo predominante es el Cl^-, pero la mayoría de los otros aniones (HCO_3^-, fosfatos, albúmina y proteínas plasmáticas) son aniones "no fijos". El metabolismo celular genera un exceso de H^+, este catión normalmente es amortiguado por los aniones "no fijos". El principio de electroneutralidad se conserva, porque el H^+ deriva de un ácido fuerte que entregó su base conjugada al medio: un anión "fijo".

Ganancia de cationes y aniones desde un ácido...

$AH \rightarrow A^- + H^+$ *(electroneutro: ganancia de catión y anión).*

Amortiguación de H^+ *y conservación electroneutralidad...*

$AH \rightarrow A^- + H^+ + HCO_3^- \rightarrow A^- + H_2O + CO_2$ *(electroneutro: pérdida de catión y anión).*

Debido a que siempre se conserva la electroneutralidad, se puede establecer la siguiente igualdad iónica en el agua corporal:

Cat. fijos + Cat. no fijos = An. fijos + An. no fijos

Cat. fijos – An. fijos = An. no fijos – Cat. no fijos

Como los cationes no fijos son prácticamente 0...

Cat. fijos – An. fijos = An. no fijos

Si los aniones no fijos (HCO_3^-, fosfatos, albúmina y proteínas plasmáticas) representan las bases conjugadas de ácidos débiles, son la "medida perfecta" de los compuestos amortiguadores del extracelular.

Por lo tanto, Base *Buffer* (BB):

Cat. fijos – An. fijos = An. no fijos

$$([Na^+] + [K^+]) - [Cl^-] = BB$$

$$141 + 4 - 104 = 41\ mEq/L$$

Se configuraba así, un nuevo parámetro metabólico, que incluía al bicarbonato, pero aparentaba ser más completo, y sobre todo, no variaba con los cambios de $PaCO_2$. Cuando se agrega CO_2 a una solución como el líquido extracelular, aumenta la concentración de HCO_3^- y H^+. Sin embargo, el BB no variaba, porque el H^+ reaccionaba principalmente con albúmina ($Alb^\wedge H \leftrightarrow Alb^- + H^+$) consumiendo la base conjugada (Alb^-). Entonces, la cantidad de aniones "no fijos" o BB se mantenía constante. Es decir, el BB era un parámetro "metabólico puro", ya que no se modificaba con las alteraciones de la $PaCO_2$, pero sí, con los trastornos "metabólicos". Lamentablemente, era un parámetro totalmente experimental, que se desarrolló "in vitro" con el plasma sanguíneo.

Como se mencionó anteriormente, en la sangre existe otro *buffer* muy importante: la hemoglobina (Capítulo 3). Si se toma 1 L de sangre normal (pH=7,4 y $PaCO_2$=40 mmHg) y se analizaran cuáles son los compuestos amortiguadores (aniones "no fijos"), estos serían: el bicarbonato, la hemoglobina, proteínas plasmáticas (esencialmente albúmina) y una insignificante porción de aniones fosfatos.

La concentración normal de HCO_3^- es 24 mEq/L, la Hb es 15 mg/dL (que corresponde a 9 mEq/L de carga) y las proteínas plasmáticas son 7 g/dL (equivalente a 17 mEq/L de carga negativa)[26].

Sumando los Buffers en el plasma...

[HCO_3^-] + [Proteínas] = BB

24 + 17 = 41 mEq/L = BB plasma

Sumando los Buffers de la sangre...

[HCO_3^-] + [Hb] + [Proteínas] = BB

24 + 9 + 17 = 50 mEq/L = BB sangre

Por lo tanto, el valor normal de base *buffer* "en la sangre" es aproximadamente 50 mEq/L[26].

En condiciones fisiológicas y durante trastornos ácido-base respiratorios, el valor de Base *Buffer* se mantiene constante. Cuando aumenta la $PaCO_2$ habrá redireccionamiento de la ecuación hacia los productos, elevándose el HCO_3^- y H^+. El CO_2 también difunde al eritrocito donde será hidratado y transformado en protón y bicarbonato. Este último abandona la célula en intercambio con Cl^-. Sin embargo, el H^+ será tamponado con hemoglobina o intercambiado con K^+ para ser amortiguado con albúmina plasmática. Este escenario demuestra que al existir elevación de la $PaCO_2$ disminuye la Hb^- y Alb^- disponibles para actuar como *buffer*. Pero, al mismo tiempo aumenta la concentración de bicarbonato. Finalmente, la cuantificación de *buffers* en el plasma se mantiene constante. De forma inversa ocurre en la alcalosis respiratoria.

Los trastornos metabólicos son diferentes. En una acidosis metabólica la situación inicial es la pérdida de HCO_3^- en forma directa o por consumo secundario al exceso de H^+. Los "ácidos" causales de acidosis metabólica son fuertes, por lo que su base conjugada (A^-) no tendrá ninguna utilidad como anión *buffer*, sino que únicamente serán aniones fijos en el agua corporal. Algunos de estos aniones pueden ser útiles para la formación de HCO_3^- en el hígado (lactato, β-hidroxibutirato), pero esta respuesta es más tardía. Por lo tanto, en una acidosis metabólica solo hay "pérdida" de la capacidad *buffer* del líquido extracelular, es decir, disminución de Base *Buffer*. En una alcalosis metabólica ocurre la situación contraria, generalmente hay una ganancia de bicarbonato sin pérdida de otros *buffers*; por lo que el valor de Base *Buffer* aumenta.

Como el valor del BB varía dependiendo del fluido estudiado (sangre, plasma o líquido extracelular), Singer y Hastings, sugirieron medir el delta de base *buffer* en sangre (ΔBB).

$$BB\ actual - BB\ normal = \Delta BB$$

Esta diferencia, entre el BB actual y el BB normal, representa la cantidad de ácido o base fuerte que se debe añadir a la sangre (específicamente a 1 L de sangre con $PaCO_2$ de 40 mmHg a 37 °C) para devolver el BB a su valor normal.

En trastornos ácido-base respiratorios agudos, el "ΔBB" debiera tender a 0. Por ejemplo, en una acidosis respiratoria al añadirse ácido carbónico ($CO_2 + H_2O \leftrightarrow H_2CO_3 \leftrightarrow H^+ + HCO_3^-$), habrá generación de "aniones no fijos" (HCO_3^-) y al mismo tiempo consumo de otros "aniones no fijos" (Alb^- y Hb^-) por parte del H^+ generado. El tamponamiento mediado por Alb^- y Hb^- no logra normalizar el pH, pero evidencia que la "capacidad amortiguadora de la sangre" o BB, tiende a mantenerse constante por la adición de HCO_3^- (un anión "no fijo"). En una alcalosis respiratoria aguda sucede lo inverso. Así, el ΔBB en trastornos respiratorios agudos debiera ser cercano a 0. Luego, cuando se agrega la compensación renal, el ΔBB es distinto de 0 por la adición o eliminación renal de HCO_3^-.

En trastornos ácido-base metabólicos se agregan ácidos o bases fuertes/semifuertes que formarán "iones fijos". Los ácidos fuertes/semifuertes (ácido láctico, cetoácidos, ácido salicílico, ácido fórmico, HCl) producirán "aniones fijos", mientras los álcalis ($NaHCO_3$, NaOH) generarán "cationes fijos". Por lo tanto, en una acidosis metabólica los H^+ consumen "aniones no fijos" y aportan "aniones fijos" que no inciden en la capacidad amortiguadora de la sangre y disminuyen el BB. Al contrario, la alcalosis metabólica se debe generalmente a una ganancia neta de $NaHCO_3$, el cual agrega un "anión no fijo" que aumenta la capacidad amortiguadora, y por tanto, el BB. Así, los trastornos metabólicos, al modificar el BB, provocan que el ΔBB sea distinto de 0 (>0 en alcalosis metabólica y <0 en acidosis metabólica).

Años después, Siggaard-Andersen, retoma y perfecciona el concepto del "ΔBB", cambiándole el nombre a "exceso de base", para describir el componente metabólico de los trastornos ácido-base[3]. El valor normal del "exceso de base" se ha establecido en 0 ±2,5 mEq/L[41].

Como en una acidosis metabólica hay pérdida de amortiguadores, el "exceso de base" (EB) será negativo. Al contrario, en alcalosis metabólica este valor es positivo. Por otro lado, en trastornos respiratorios agudos el EB tenderá a 0, y se modificará solo cuando ya exista compensación renal (trastorno respiratorio crónico) por adición o eliminación de ácidos y/o bases. De esta forma, se establecía un parámetro "metabólico puro" que no varía con los cambios agudos del CO_2; pero sí lo hace, por trastornos metabólicos y la compensación metabólica (renal) a un trastorno respiratorio.

18.6 Exceso de base estándar (EBS)

El significado del EB dependerá de su valor y el contexto. En trastornos ácido-base metabólicos, si el EB es negativo asociado a un pH <7,4 (déficit de bases); representa la cantidad de base fuerte que debe ser añadida a 1 L de sangre completamente oxigenada, a temperatura de 37 °C y PCO_2 de 40 mmHg, para que el pH de esta retorne a 7,4. Si el EB es positivo y el pH >7,4 (ganancia de bases); indica la cantidad de ácido fuerte que debe ser adicionado a 1 L de sangre (con las condiciones antes mencionadas), para que su pH vuelva a 7,4.

En trastornos ácido-base respiratorios, el EB solo debía modificarse cuando estos eran crónicos; ya que demostraba la compensación renal o metabólica. Específicamente, en acidosis respiratoria crónica el EB tiene que ser positivo, ya que existe una ganancia de bases. Al contrario, es negativo en alcalosis respiratoria crónica por la pérdida compensatoria de bases.

Las condiciones en que se desarrolló el concepto de EB (o ΔBB) fueron "in vitro" con sangre totalmente oxigenada, $PaCO_2$ de 40 mmHg, pH de 7,4 y a 37 °C. Es decir, son condiciones experimentales ideales.

El EB prometía ser un parámetro "metabólico puro" independiente del CO_2, ya que la adición o sustracción del CO_2 al plasma, si bien, modificaba las concentraciones de H^+ y HCO_3^-; el EB no variaba. Sin embargo, cuando se evaluó el EB en pacientes con trastornos respiratorios agudos ("in vivo"); una acidosis respiratoria provocaba EB negativo, mientras la alcalosis respiratoria, un EB positivo. Por ejemplo, si la $PaCO_2$ del paciente asciende agudamente a 80 mmHg; el pH resultante será 7,16; mientras el HCO_3^- plasmático se eleva a 28 mEq/L y el EB desciende a −3,5 mEq/L[309]. Esta situación se debía a una difusión del HCO_3^-, desde el plasma al intersticio en una acidosis, y desde el intersticio al plasma en una alcalosis (pérdida de bases sanguíneas en una acidosis y ganancia en una alcalosis).

En suma, los trastornos respiratorios agudos no modificaban el EB "in vitro", pero sí lo hacían "in vivo". Para solucionar esa discordancia, se creó el exceso de base estándar (EBS)[310].

La hemoglobina es un *buffer* ubicado exclusivamente en la sangre (intravascular), al igual que las proteínas plasmáticas con carga negativa, por lo tanto, este compartimento posee una cantidad de "*buffers* fijos" más el HCO_3^-. En cambio, el intersticio posee casi exclusivamente bicarbonato como compuesto *buffer*. Así, en una acidosis el bicarbonato sale del plasma al intersticio para compensar la mayor pérdida de amortiguadores (difusión por gradiente químico dado la mayor pérdida de HCO_3^- en el intersticio). Lo contrario sucede en alcalosis[117]. Esta situación generaba que el EB variara en trastornos respiratorios agudos por la "pérdida o ganancia relativa" de la capacidad amortiguadora en el intravascular (Figura 52).

Como se observa en la Figura 52, un incremento agudo del CO_2 intravascular provoca aumento del HCO_3^-, mientras la Alb^- y Hb^- amortiguan los H^+ generados. Sin embargo, esto no ocurre en el extravascular donde el único *buffer* es el bicarbonato. Así, la $[H^+]$ inicial tiende a ser mayor en el extravascular versus el intravascular. Lo anterior provocará "escape" del HCO_3^- al intersticio. Finalmente, las $[H^+]$ en el intra y extravascular se equiparan; la $[HCO_3^-]$ intravascular aumenta mínimamente, porque gran parte se escapó al extravascular. Producto del movimiento del HCO_3^- el EB en el intravascular será <0, mientras en el extravascular es >0 (por ganancia de capacidad *buffer* respecto a su condición basal).

Por otro lado, la sangre transporta al eritrocito que contiene anhidrasa carbónica y cataliza las reacciones del sistema CO_2/HCO_3^-. Cuando aumenta bruscamente la $PaCO_2$ (acidosis respiratoria aguda), la formación de H^+ y HCO_3^- ocurrirá mucho más rápido en el intravascular versus el extravascular (que no contiene glóbulos rojos). Así, se produce rápidamente H^+ y HCO_3^- en el intravascular pudiendo difundir al extravascular por gradientes de concentración. Nuevamente, la pérdida de HCO_3^- intravascular genera una negativización del EB.

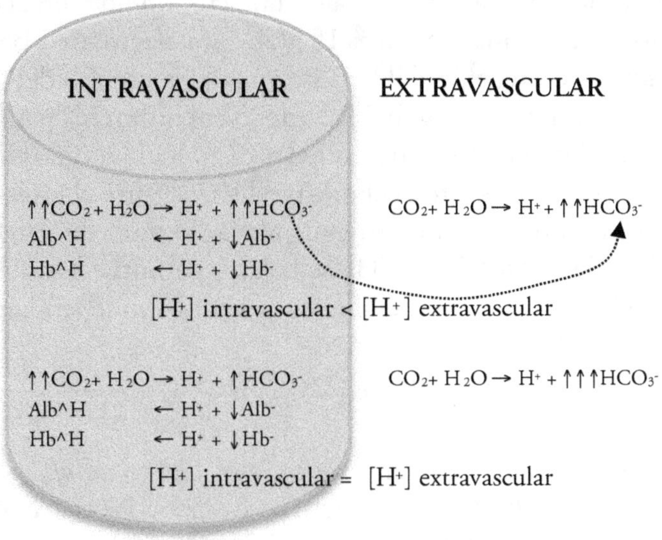

Figura 52. Escape del HCO_3^- al extravascular durante una acidosis respiratoria aguda.

Al contrario, durante una alcalosis respiratoria aguda (extracción brusca de CO_2) el sistema CO_2/HCO_3^- se redirecciona hacia los reactantes (Capítulos 2 y 3). Sin embargo, esta reacción es catalizada en el eritrocito, haciendo que la disminución de H^+ y HCO_3^- sea mucho más rápida en el intravascular en comparación al extravascular. Luego, la mayor $[H^+]$ y $[HCO_3^-]$ del extravascular provoca difusión de estos al intravascular. Así, habrá una ganancia de HCO_3^- en la sangre durante una alcalosis respiratoria aguda (incremento del EB).

Por lo tanto, en trastornos ácido-base respiratorios agudos, hay un traspaso de capacidad *buffer* entre el "intravascular" y el "extravascular". Si se evalúa la capacidad *buffer* del "extracelular" esta debería mantenerse constante, ya que solo se desplazaron *buffers* entre sus propios compartimentos. Esta es la premisa del EBS.

El EBS extrapola la capacidad *buffer* del intravascular a una capacidad *buffer* del extracelular. El HCO_3^- plasmático interactúa con el HCO_3^- intersticial; factor que se debe considerar para obtener el EBS a partir del HCO_3^- plasmático. La hemoglobina, exclusiva del intravascular, se expresa como 1/3 de su valor en sangre, de manera que equivale a una Hb "diluida" en el extracelular. Si la concentración normal de Hb es 15 g/dL para efectos de EBS será 5 g/dL.

Mediante la corrección del "EB sanguíneo" a un "EB del extracelular" (EBS), parecía entonces, que se había logrado encontrar el "parámetro metabólico puro". El EBS era independiente del CO_2, incluía todos los *buffers* del extracelular y respetaba las interacciones producidas entre el intersticio e intravascular. Con estos antecedentes se desarrolló la "fórmula de Van Slyke"[311,312], que reemplazaba la de Henderson-Hasselbalch y permitía describir la relación entre el pH y el "componente metabólico" en forma independiente[311]:

$$[HCO_3^-] - 24{,}4 = -(2{,}3 \cdot [Hb] + 7{,}7) \cdot (pH - 7{,}4) + \frac{EB}{(1 - 0{,}023 \cdot [Hb])}$$

Las concentraciones deben anotarse en "mmol/L" (o mEq/L). El EB corresponde a un valor obtenido de la sangre, para expresarlo como EBS es necesario dividir la [Hb] por 3. Las constantes "2,3" y "7,7" corresponden a factores de corrección debidos a los buffers del extracelular.

A partir de la fórmula de Van Slyke es posible obtener el valor del EB (y EBS) en el plasma, sangre o líquido extracelular; utilizando el pH, la [HCO_3^-] y [Hb]:

$$EB = (1 - 0{,}023[Hb]) \cdot \{([HCO_3^-] - 24{,}4) + (2{,}3[Hb] + 7{,}7)(pH - 7{,}4)\}$$

Este valor representa el EB de la sangre. Para obtener el EB del plasma, la [Hb] será reemplazada por "0". El EBS se cuantifica anotando la [Hb] dividida por "3".

Finalmente, se establecieron fórmulas de EBS que permiten calcularlo mediante una ecuación, utilizando solo el pH, $PaCO_2$ y/o HCO_3^- real, actual o medido. Estas fórmulas son las que emplean las máquinas analizadoras de gases[310,313]:

$$EB = (1 - 0{,}014 \times Hb)[([HCO_3^-] - 24{,}8) + (7{,}7 + 1{,}43Hb) \times (pH - 7{,}4)]$$

EB también se describe como EB actual, EB(B), EB en sangre, EB in vitro (todos son sinónimos y corresponden al EB medido exclusivamente en sangre). [HCO_3^-] corresponde al bicarbonato actual o medido (en mEq o mmol/L), Hb es la concentración de hemoglobina en g/dL.

$$EBS = 0{,}02786 \times PCO_2 \times 10^{(pH-6{,}1)} + 13{,}77 \times pH - 124{,}58$$

$$EBS = 0{,}93 \times [HCO_3^-] + 13{,}77 \times pH - 124{,}58$$

$$EBS = [HCO_3^-] - 24{,}8 + [16{,}2 \times (pH - 7{,}4)]$$

Las 3 fórmulas anteriores permiten calcular EBS. EBS también se describe como EB del extracelular, EB(ecf) o EB in vivo. [HCO_3-] corresponde al bicarbonato actual o medido (en mEq o mmol/L).

Las fórmulas lamentablemente asumen muchos parámetros que pueden variar en cada paciente. Por ejemplo, se asume que la concentración de Hb es 15 g/dL, que el volumen del compartimento intravascular es 1/3 del extracelular y se asumen concentraciones normales de proteínas plasmáticas (amortiguadores extracelulares). En pacientes críticos, quienes generalmente sufren de trastornos ácido-base, ninguno de estos parámetros es constante; frecuentemente presentan anemia, expansión del compartimento extracelular e hipoalbuminemia.

18.7 Trastornos ácido-base según el EBS

El método del "exceso de base" utiliza el pH, $PaCO_2$ y EBS para evaluar los trastornos ácido-base. Los defectos respiratorios continúan determinándose por las variaciones en la $PaCO_2$, pero el componente metabólico se analiza con el EBS (a diferencia del método tradicional que usa el bicarbonato actual o medido). Un pH bajo asociado a EBS negativo refleja una acidosis metabólica. Mientras un pH alto asociado a EBS elevado evidencia una alcalosis metabólica (Figura 53).

Anteriormente, se mencionó que en trastornos respiratorios agudos, tanto el valor del base *buffer* como EB no variaban. Esa aseveración se cumple solo para la sangre aislada (in vitro), y no, en el agua corporal total de los pacientes (in vivo). Para corregir este defecto se diseñó el EBS, en donde se considera la interacción existente entre el intravascular y el intersticio. De esta manera, si se mide (o calcula) el EBS en trastornos respiratorios agudos, su valor será cercano a cero. Esto sucede cuando la alteración es incipiente y los cambios en el pH han ocurrido solo por acción del trastorno respiratorio y los amortiguadores sanguíneos. Sin embargo, cuando la alteración es "crónica", se reflejará la compensación renal. En el caso de una acidosis respiratoria crónica,

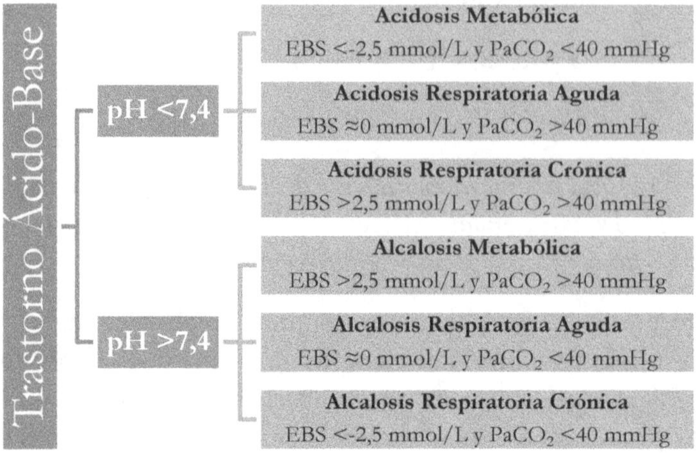

Figura 53. Trastornos ácido-base primarios según EBS.

habrá mayor reabsorción/generación de bicarbonato, produciendo aumento de la capacidad *buffer* del plasma (EBS >2,5 mEq/L). Inversamente, en una alcalosis respiratoria crónica, la bicarbonaturia y retención de ácidos, provocará disminución de la capacidad *buffer* del organismo (EBS <−2,5 mEq/L).

Visto de otra forma, en un trastorno ácido-base respiratorio la alteración del EBS indica que este es crónico; mientras un valor normal (o cercano a 0) señala que es agudo.

El EBS también puede ser útil para analizar la calidad de una muestra de gases. Como un mal manejo de la muestra simula trastornos agudos; un trastorno ácido-base respiratorio con EBS ≈0 en una persona clínicamente sana puede revelar el defecto en la manipulación de la muestra (similar al st[HCO_3^-]).

El diagnóstico diferencial de la acidosis metabólica continúa realizándose mediante el AG plasmático y lo explicado anteriormente para el método "tradicional" (Capítulo 13). Una de las principales diferencias con respecto al enfrentamiento tradicional de los trastornos ácido-base, se establece en las respuestas compensatorias (Tabla 41). Existen nomogramas que permiten evidenciar fácilmente los trastornos y respuestas compensatorias según los valores del pH, $PaCO_2$ y EBS[310].

El principal inconveniente del EBS, nuevamente, es la capacidad para detectar trastornos mixtos. Por ejemplo, en un paciente con acidosis respiratoria

Tabla 41. Compensación de trastornos primarios según modelo de exceso de base[41,313].

Trastorno	Compensación
Acidosis metabólica	$PaCO_2$ = 40 + EBS mmHg
Alcalosis metabólica	$PaCO_2$ = 40 + 0,6 · EBS mmHg
Acidosis respiratoria aguda	EBS = 0 ±2 mmol/L
Acidosis respiratoria crónica	EBS = 0,4 · ($PaCO_2$ − 40) mmol/L
Alcalosis respiratoria aguda	EBS = 0 ±2 mmol/L
Alcalosis respiratoria crónica	EBS = 0,4 · ($PaCO_2$ − 40) mmol/L

crónica, lo esperable es que el pH sea <7,4; $PaCO_2$ >40 mmHg y EBS >2,5 mmol/L por compensación renal. Si a este mismo sujeto se agrega una acidosis metabólica (acidosis láctica por ejemplo), el EBS disminuirá pudiendo llegar a 0 mmol/L. En estas circunstancias el pH será <7,4; $PaCO_2$ >40 mmHg y EBS ≈0 mmol/L. Por lo tanto, el diagnóstico podría resultar en una acidosis respiratoria aguda, en lugar de acidosis respiratoria crónica más acidosis metabólica. Para evidenciar la existencia de un trastorno mixto es posible utilizar el AG, un resultado elevado orienta a la coexistencia de acidosis metabólica. Sin embargo, si la acidosis metabólica fuera hiperclorémica no sería "detectable". Por otro lado, si el trastorno primario hubiera sido una alcalosis respiratoria crónica (pH >7,4; $PaCO_2$ <40 mmHg y EBS <−2,5 mmol/L), cuando se adiciona una alcalosis metabólica, nuevamente el EBS puede resultar ≈0 mmol/L; generando un diagnóstico final de alcalosis respiratoria aguda. En este caso el AG tampoco permitiría sospechar la existencia de un trastorno mixto. En los casos no detectables de trastornos mixtos (acidosis respiratoria crónica más acidosis metabólica hiperclorémica o alcalosis respiratoria crónica más alcalosis metabólica) la variación desproporcionada del pH para un trastorno respiratorio agudo debe inducir la sospecha del trastorno mixto.

El EBS también se ha utilizado para determinar cuánta base tiene el plasma en déficit o exceso según el trastorno. Por ejemplo, en acidosis metabólica la magnitud del valor del EBS indica la cantidad de HCO_3^- (en mEq o mmol) que se debiera aportar por cada litro de líquido extracelular. Para este efecto se estima que aproximadamente 30% del peso corporal de una persona corresponde a líquido extracelular[309]. Por ejemplo, en un paciente de 70 kg con acidosis metabólica cuyo EBS es −10 mmol/L, la cantidad de HCO_3^- que se debiera administrar corresponde a 210 mEq.

$$Dosis\ de\ HCO_3^-(mEq) = 0{,}3 \times Peso(kg) \times EBS\left(\frac{mEq}{L}\right)$$
$$Dosis\ de\ HCO_3^-(mEq) = 0{,}3 \times 70 \times -10 = -210$$

Sin embargo, no se encuentra bien establecido desde qué valor se inicia tratamiento con $NaHCO_3$ IV ni tampoco una meta de seguridad. Por otro lado, la administración de $NaHCO_3$ IV tiene efectos adversos que deben ser considerados (Capítulo 16).

18.8 EBS, un factor pronóstico

El EBS, además de ser útil como parámetro metabólico en la interpretación de trastornos ácido-base, es un excelente factor pronóstico en el paciente con trauma severo y gran quemado.

Una disminución del EBS refleja múltiples condiciones propias de las patologías antes mencionadas: acidosis láctica por un shock hipovolémico/hemorrágico, acidosis hiperclorémica por necesidad de volemización masiva, pérdida de capacidad *buffer* por anemización, y también, hemodilución con disminución en la concentración de albúmina y fosfatos (mayor deterioro en la reserva de amortiguadores). Así, el EBS reúne variadas situaciones de "gravedad" para un paciente con trauma severo y gran quemado. Por lo anterior, ha demostrado, en estas patologías, asociarse con mayor riesgo de: shock hipovolémico, necesidad de transfusión masiva, lesiones severas, mayor incidencia de complicaciones, estadía prolongada en UCI, distrés respiratorio, falla renal, coagulopatía, falla orgánica múltiple y un incremento en mortalidad[313].

Esto ha convertido al EBS en un parámetro de alerta para médicos de emergencias. Por el riesgo que confiere un EBS $<-2{,}5$; los pacientes recibirán mayores cuidados y monitorización. Además, las metas terapéuticas se han guiado según corrección del EBS.

Es importante resaltar que, lo descrito para el EBS son "asociaciones". Es decir, no implican causalidad, solo es un indicador muy sensible de mayor gravedad en este grupo de pacientes.

18.9 Limitaciones de los métodos "correctivos del CO_2" (base *buffer*, bicarbonato estándar y exceso de base)

Los tres métodos mencionados (base *buffer*, st[HCO_3^-] y EB) permiten evaluar el "componente metabólico" sin la interferencia química ejercida por el CO_2. Sin embargo, poseen importantes defectos.

1) Son técnicas desarrolladas *in vitro* con sangre humana, es decir, no reflejan lo que ocurre con las reacciones ácido-base "in vivo". Las reacciones químicas tendrán lugar entre el intravascular e intersticio, y este último, también con el intracelular. Como estas reacciones químicas fueron inicialmente "desestimadas" fue necesario realizar correcciones a los métodos descritos (EBS y st[HCO_3^-] ajustado por EB).
2) Relacionado con lo anterior, las "correcciones matemáticas" para estimar el EBS y/o st[HCO_3^-], implican asumir condiciones que pueden ser variables entre los pacientes. Por ejemplo, la concentración de hemoglobina, proteínas plasmáticas o el estado y distribución del volumen extracelular.
3) La interpretación de los trastornos ácido-base por estos métodos tiende a diagnosticar como "trastornos" las respuestas compensatorias[304].
4) Para utilizar estos métodos, se recomienda el empleo de nomogramas. Si bien, los nomogramas permiten simplificar complejas reacciones químicas, significa añadir una dificultad a la atención clínica. Por otro lado, el diagnóstico de un "trastorno mixto" no permite dilucidar cuáles son los trastornos subyacentes.
5) La medición de bicarbonato plasmático es una técnica sujeta a múltiples errores. Inicialmente, por la obtención, transporte y procesamiento de una muestra de gases; y luego, porque generalmente corresponde a un cálculo a partir del pH y PCO_2 (Capítulo 4). A esta realidad se agrega que la cuantificación del EBS o st[HCO_3^-] utilizan más fórmulas con nuevos parámetros "medidos" y/o "estimados" desde factores preconcebidos. Finalmente, se agregan múltiples fuentes de error a una medición que se vuelve cada vez más compleja.
6) El st[HCO_3^-] no permite reconocer respuestas compensatorias adecuadas o esperadas. En el mismo sentido, las reglas de compensación del EBS carecen del suficiente respaldo y trayectoria clínica.

7) El st[HCO_3^-] no permite detectar trastornos mixtos. Esto se debe a que su parámetro metabólico asume "correcciones" ácido-base hacia valores normales "basales" que lógicamente se alteran cuando hay varios trastornos subyacentes. El EBS, en circunstancias determinadas, puede diagnosticar trastornos ácido-base respiratorios agudos a defectos que realmente son mixtos: acidosis respiratoria crónica más acidosis metabólica y alcalosis respiratoria crónica más alcalosis metabólica.
8) En trastornos mixtos la magnitud de alteración en el st[HCO_3^-] o EBS puede no reflejar la real gravedad del trastorno ácido-base. Esta situación también ocurre en la evaluación con el método tradicional o fisiológico, sin embargo, existen técnicas para subsidiar esta deficiencia (ΔΔRatio, Capítulo 13).
9) Actualmente, el st[HCO_3^-] y EBS emplean factores de corrección que asumen "normalidad fisiológica". Estos parámetros pueden estar alterados en pacientes con trastornos ácido-base por lo que, nuevamente, pierden utilidad como herramienta de diagnóstico ácido-base.
10) Debido a la adjudicación de parámetros de "normalidad fisiológica" en la estimación del EBS, se han empleado factores de corrección. Específicamente, según la cantidad de agua corporal total, natremia-cloremia y concentración de albúmina plasmática[313].

Corrección por agua libre: $EBS_{AL} = 0{,}3 \times ([Na^+] - 140)$

Corrección por cloremia: $EBS_{Cl} = 140 - \left([Cl^-] \times \frac{140}{[Na^+]}\right)$

Corrección albúmina: $EBS_{Alb} = (0{,}148pH - 0{,}818)(40 - Albúmina\left[\frac{g}{L}\right])$

$$EBS\ corregido = EBS - EBS_{AL} - EBS_{Cl} - EBS_{Alb}$$

Lamentablemente, las "correcciones" vuelven a asumir parámetros de "normalidad". Por otro lado, se desconoce si este EBS corregido es aplicable para interpretar las respuestas de compensación. Finalmente, al agregar nuevas "mediciones" para calcular parámetros, se añade el error de laboratorio por cada medición. Así, el ya "forzosamente adaptado" EBS, vuelve a sufrir otras "adaptaciones" para lograr hacerlo calzar como parámetro metabólico.

11) Por las múltiples adaptaciones y ajustes que se han realizado en el método de exceso de base, existen muchos conceptos que pueden generar confusión: EB, EBS, EB *in vivo*, EB *in vitro*, EB(B), EB(ecf), EBS corregido. Esto puede dificultar la interpretación de trastornos ácido-base.
12) Finalmente, la principal limitación: se desprecia la actividad ácido-base del intracelular. El enfoque de estos métodos está dirigido a reacciones ácido-base que ocurren en sangre. Luego, se aplican factores correctivos para que puedan ser representativos del extracelular. Sin embargo, se desestima la participación del intracelular (exceptuando los eritrocitos).

19. Método físico-químico de Stewart

Si bien, tanto el método tradicional como el del exceso de base lograban explicar los trastornos ácido-base, tenían puntos débiles, falencias que se manifestaban, sobre todo, en pacientes críticos.

El método tradicional y el exceso de base, son muy efectivos para la interpretación de trastornos puros. Pero cuando existe una multiplicidad de alteraciones, asociados a modificaciones impuestas por distintas terapias, el escenario se vuelve confuso, y a veces, imposible de interpretar. Ante esta situación fue necesario replantear y revisar los fundamentos existentes con respecto al enfrentamiento de los trastornos ácido-base. Quizás se requería una nueva visión de todo lo referente a estas patologías.

En 1981, Stewart, no solo publica un nuevo método para la interpretación de los trastornos ácido-base, sino que plantea un cambio radical en cuanto a todo lo que se conocía sobre las reacciones ácido-base[4,314,315].

El enfoque de Stewart se dirigió hacia la interacción que ocurre entre el agua y los diversos compuestos que ella puede contener, todo esto, bajo los principios químicos de conservación de materia, acción de masas y electroneutralidad (Capítulo 2).

El método físico-químico (o de Stewart) se basa más bien en un razonamiento matemático de los sucesos ácido-básicos.

Existe un replanteamiento de la definición de ácidos y bases. Según Brønsted-Lowry, las reacciones ácido-base se debían a un intercambio de H^+ (intercambio de pares electrónicos para Lewis). Pero Stewart simplificó este concepto al hecho de que un ácido, "acidifica" la solución (aumenta la $[H^+]$) y una base tiene el efecto contrario.

El agua es el compuesto presente en todas las reacciones ácido-base biológicas, su Kw es $1{,}8 \cdot 10^{-16}$ debido a la disociación en H^+ y OH^- (Capítulos 1 y 2).

$$[H^+] \cdot [OH^-] = Kw$$

La solución es neutra si $[H^+] = [OH^-]$, *por lo tanto...*

$[H^+]^2 = Kw$

Entonces, la solución acuosa...

Es ácida si $[H+] > \sqrt{Kw}$

Es básica si $[H+] < \sqrt{Kw}$

19.1 La diferencia de iones fuertes (SID)

En la solución acuosa habrá iones fuertes e iones débiles (similar a los iones fijos y no fijos de Singer-Hastings; Capítulo 18). Los iones fuertes siempre estarán como "cargas" y no formarán parte de reacciones bidireccionales. Ejemplos son el Na^+, K^+, Cl^-. En cambio, iones débiles pueden existir en su estado "iónico" (H^+, OH^-, HCO_3^-) o sin carga (H_2O, CO_2).

Analizando lo que ocurre en una solución acuosa cuando se agrega un ácido fuerte (ej. HCl) más una base fuerte (ej. NaOH), es posible establecer que la diferencia entre iones fuertes (SID) es equivalente a la diferencia entre H^+ y OH^-; debido al principio de electroneutralidad.

$$[H^+] - [OH^-] + ([Na^+] - [Cl^-]) = 0$$

$$[H^+] - [OH^-] + SID = 0$$

Si por ejemplo, a 1 L de agua se agrega 0,02 moles de NaOH y 0,018 moles de HCl, ¿Cómo será el pH y el SID de la solución?

El ácido y base agregados se disocian en su totalidad, por ser "fuertes". Se generan 0,02 moles de Na^+ y OH^-, y 0,018 moles de H^+ y Cl^-. En todo momento se conserva el principio de electroneutralidad.

El OH^- y H^+ están dentro del equilibrio de disociación del agua ($H_2O \leftrightarrow H^+ + OH^-$), y esta, debe mantener constante su Kw. Para ello, consume H^+ y OH^-, formando H_2O (respetando el principio de electroneutralidad); y

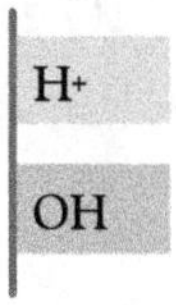

Situación 1: iones en agua pura (representación no proporcional)

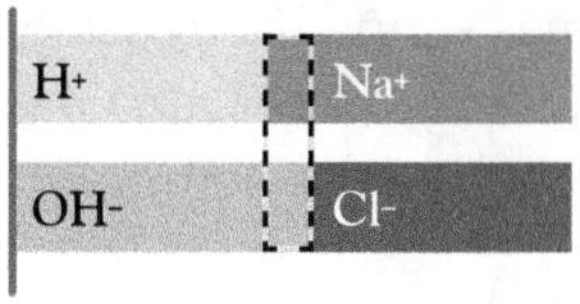

Situación 2: adición de ácido y base

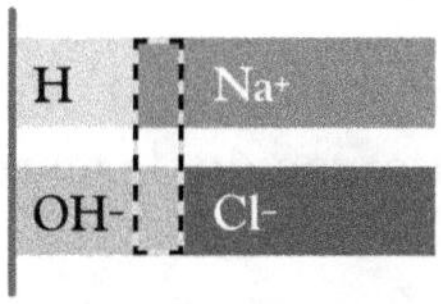

Situación 3: restauración de Kw, SID se mantiene constante

Figura 54. Agua, SID y [H+].

logrando concentraciones que satisfagan su Kw. Pero el efecto final es predominancia de OH^- (Figura 54).

La diferencia existente entre H^+ y OH^- siempre se mantuvo constante (0,002 moles), solo disminuyeron sus concentraciones en la misma magnitud. Esta diferencia es equivalente a la de Na^+ y Cl^-, es decir, el SID (strong ion difference por sus siglas en inglés). Mientras mayor hubiese sido el SID, mayor la diferencia entre H^+ y OH^-, por tanto, mayor variación en el pH. La observación de esta situación permitió a Stewart afirmar que el SID es un parámetro "independiente", que determina la concentración de H^+. Idea que confirmó mediante ecuaciones y fórmulas matemáticamente correctas[314].

El modelo físico-químico recupera un concepto antiguo elaborado por Arrhenius: las reacciones ácido-base se subordinan a las variaciones entre determinados cationes y aniones[316].

En el ser humano los cationes fuertes son: Na^+, K^+, Ca^{++}, Mg^{++} (predominando ampliamente el sodio). Mientras que los aniones fuertes son: Cl^-, $SO_4^=$

y lactato⁻ (predominando el cloruro). El valor normal de SID en el humano es 40-42 mEq/L[41,317]. Hay un predominio de cationes fuertes por sobre los aniones fuertes.

19.2 El [A_{TOT}], una medida de ácidos débiles y sus respectivos aniones

Luego, Stewart analizó qué sucedía si además se añadía un ácido o base débil. Estos compuestos están en un equilibrio bidireccional según una constante de disociación (Ka para un ácido y Kb para una base) (Capítulo 2).

$$AH \leftrightarrow H^+ + A^-$$

$$Ka \cdot [AH] = [H^+] \cdot [A^-]$$

La [AH] y [A^-] son parámetros variables según el pH de la solución (Capítulo 2). Pero siguiendo el principio de conservación de materia se puede afirmar que:

$$[AH] + [A^-] = [A_{TOT}]$$

[A_{TOT}] representa la concentración total de ácidos débiles no volátiles y sus aniones, valor que debe mantenerse constante en el plasma. Los aniones aportados por un ácido débil serán "aniones débiles" que, a diferencia de los "iones fuertes", participan de reacciones bidireccionales y nuevas reacciones ácido-base.

Un ácido o base débil en la solución también provocará variaciones en la [H^+], este a su vez, modificará la [OH^-], ya que el agua restablecerá su Kw. El SID permanece constante, porque los iones fuertes no participan de reacciones bidireccionales. Nuevamente, utilizando el principio de electroneutralidad, es posible afirmar:

$$[H^+] + [OH^-] + [SID] + [A^-] = 0$$

Es decir, el SID es equivalente (en magnitud, pero contrario en carga) a una la diferencia entre [H^+] y [OH^-]. Necesariamente, la suma de ambas "diferencias" será =0. Luego, si se agrega un ácido-base débil (que participa de reacciones bidireccionales), modificará sus componentes ([AH] y [A^-]), y también, la hidrólisis del agua ([H^+] y [OH^-]). Como todos los compuestos obedecen a su constante de disociación (Kc) se establece un nuevo equilibrio. Pero existirá una "diferencia agregada" entre [H^+] y [OH^-].

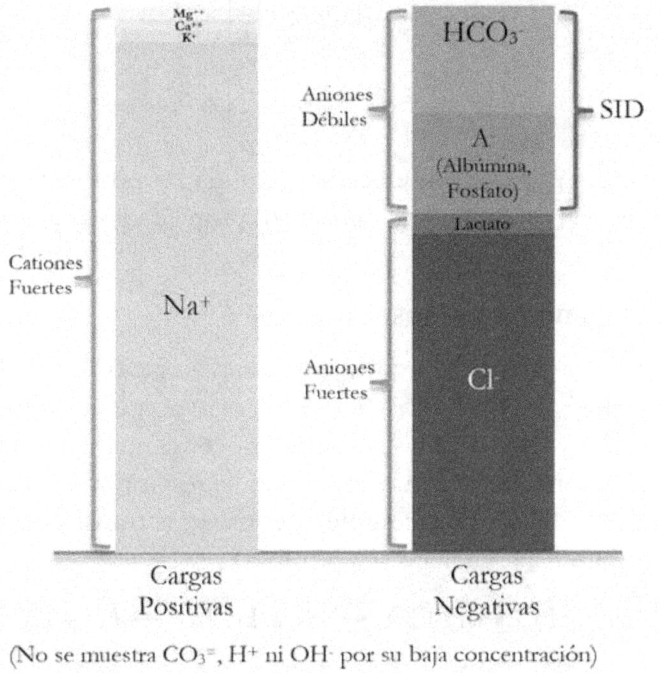

Figura 55. Glambegrama: SID y $[A_{TOT}]$.

$$AH \rightarrow H^+ + A^-$$

$$H_2O \leftarrow H^+ + OH^-$$

Por la actividad del ácido débil (AH) habrá un aporte de H^+, y luego, consumo de OH^-. La diferencia final entre $[H^+]$ y $[OH^-]$, necesariamente es equivalente (en magnitud, pero no en carga) a la $[A^-]$, porque su valor estará determinado por la cantidad de H^+ que entregó a la solución y que reaccionaron con OH^-. Así, la suma de esta "nueva diferencia" entre $[H^+]$ y $[OH^-]$, más la $[A^-]$ será =0.

Se establece, entonces, otro parámetro que es capaz de modificar en forma independiente la $[H^+]$: la $[A_{TOT}]$. Su valor normal en el humano no ha sido bien establecido, pero se estima en 12 a 24 mEq/L[312]. En estudios experimentales se describe un valor en torno a 15 mEq/L. Es posible usar las siguientes fórmulas para determinar su valor en plasma[315]:

$$[A_{TOT}] = Albúmina \left[\frac{g}{L}\right] \times 0{,}38$$

$$[A_{TOT}] = Proteínas \left[\frac{g}{L}\right] \times 0{,}22$$

Siguiendo el principio de electroneutralidad es posible graficar los iones fuertes y débiles del plasma para analizar sus propiedades (Figura 55).

19.3 CO_2, el componente respiratorio

Stewart, buscó todos los factores que provocaban variación en el pH sanguíneo. Finalmente, evaluó el CO_2. Es un ácido débil, pero se trata en forma aislada (no se incluye en el $[A_{TOT}]$) debido a su enorme trascendencia en la determinación del pH plasmático mediante la función celular y respiratoria (Capítulos 5 y 7).

La reacción del CO_2 es compleja, con varias transformaciones y para cada una existe un Ka específico (Capítulo 3).

$$CO_2 + H_2O \leftrightarrow H_2CO_3 \leftrightarrow H^+ + HCO_3^- \leftrightarrow H^+ + CO_3^=$$

19.4 La ecuación de Stewart

Con todos estos antecedentes, Stewart, construyó una ecuación general, que obedece al principio de electroneutralidad donde la suma de todos los cationes y aniones presentes en el plasma debe ser 0.

$[H^+] \cdot [OH^-] = K_W$

$[H^+] \cdot [A^-] = K_A \cdot [AH]$

$[AH] + [A^-] = [A_{TOT}]$

$[H^+] \cdot [HCO_3^-] = K_C \cdot PCO_2$

$[H^+] \cdot [CO_3^=] = K_3 \cdot [HCO_3^-]$

Donde $Kw = 4{,}4 \cdot 10^{-14}$, $Kc = 2{,}34 \cdot 10^{-11}$, $K_3 = 6 \cdot 10^{-11}$ *y* $Ka = 1{,}64 \cdot 10^{-7}$.

Luego, utilizando el principio de electroneutralidad y las ecuaciones anteriores:

$$[SID] + [H^+] - [HCO_3^-] - [A^-] - [CO_3^=] - [OH^-] = 0$$

$$[SID] + [H^+] - \frac{Kc \cdot PCO_2}{[H^+]} - \frac{Ka \cdot [A_{TOT}]}{Ka + [H^+]} - \frac{K3 \cdot Kc \cdot PCO_2}{[H^+]^2} - \frac{Kw}{[H^+]} = 0$$

Para resolver esta ecuación se utiliza un software computacional. La fórmula además demuestra que la $[H^+]$ se subordina a las tres variables llamadas "independientes": SID, $[A_{TOT}]$ y $PaCO_2$.

Las variables independientes son las que modificarán la solución y determinarán la concentración de las variables "dependientes": $[H^+]$, $[OH^-]$, $[HCO_3^-]$, $[CO_3^=]$, [AH] y $[A^-]$.

Por otro lado, ya no son dos los órganos encargados de regular el equilibrio ácido-base del organismo, ahora son tres. El sistema respiratorio regula la $PaCO_2$, el sistema renal impacta en el SID y el hígado actúa sobre la $[A_{TOT}]$. Como el riñón reabsorbe $NaHCO_3$ y elimina NH_4Cl, incrementa el SID ($[Na^+] - [Cl^-]$). En cambio, el hígado produce albúmina, principal determinante de la $[A_{TOT}]$.

La ecuación de Stewart puede ser simplificada[312]:

$$pH = pKc + \frac{\frac{SID - Ka[A_{TOT}]}{Ka + 10^{-pH}}}{0{,}03 \cdot PaCO_2}$$

Se configura entonces, una nueva forma para evaluar los trastornos ácido-base. De la ecuación se desprende que:

A menor SID, menor pH.

A mayor $[A_{TOT}]$, menor pH.

A mayor $PaCO_2$, menor pH.

Los nuevos parámetros para el análisis del "componente metabólico" son el SID y la $[A_{TOT}]$. Mientras que para el "componente respiratorio" se sigue utilizando la $PaCO_2$.

19.5 SID aparente, SID efectivo y SIG

En el plasma es posible medir el SID aparente o "SIDa". Este valor es el mismo que el base *buffer* de Singer-Hastings (Capítulo 18), ya que corresponde a una diferencia entre cationes fuertes (o fijos) y aniones fuertes (o fijos), resultando la cantidad de aniones débiles.

$$Cat.\ fuertes + Cat.\ débiles = An.\ fuertes + An.\ débiles$$

$$Cat.\ fuertes - An.\ fuertes = An.\ débiles - Cat.\ débiles$$

Como los cationes débiles son prácticamente "0"...

$$Cat.\ fuertes - An.\ fuertes = An.\ débiles = SID = BB$$

$$SIDa = [Na^+] + [K^+] + [Ca^{++}] + [Mg^{++}] - [Cl^-] - [lactato^-]$$

Como las concentraciones de Ca^{++}, Mg^{++} *y* $lactato^-$ *son despreciables en comparación a los otros elementos...*

$$SIDa = [Na^+] + [K^+] - [Cl^-]$$

$$SIDa = 141 + 4 - 104 = 41\ mEq/L$$

También, es posible medir directamente la cantidad de aniones débiles, este valor se denomina SID efectivo ("SIDe"):

$$SIDe = [HCO_3^-] + [A^-]$$

$$SIDe = [HCO_3^-] + [Albúmina^-] + [Fosfato^-]$$

Como los aniones débiles pertenecen a compuestos de reacciones bidireccionales, la concentración de las bases conjugadas (A^-) dependerá del pH, por lo que se deben corregir. Además, es necesario transformar la concentración de albúmina y fosfato desde g/dL a mEq/L según el caso[312,318]:

$$[Albúmina\ g/L] \cdot (0{,}123 \cdot pH - 0{,}631) = [Albúmina^-]$$

$$[Fosfato\ mg/dL] \cdot 0{,}32 \cdot (0{,}309 \cdot pH - 0{,}469) = [Fosfato^-]$$

El valor del componente $[A^-]$ del $[A_{TOT}]$ podría estimarse únicamente con la albúmina, ya que el fosfato representa solo un 5% de su valor[19]. En general, las bases "no Albúmina$^-$" aportan 2-4 mEq/L al valor de $[A^-]$.

Si consideramos un valor de albúmina de 50 g/L...

$$[50\ g/L] \cdot (0{,}123 \cdot 7{,}4 - 0{,}631) = 14\ mEq/L$$

$$SIDe = [HCO_3^-] + [Albúmina^-] + [Fosfato^-]$$

$$SIDe = 24 + 14 + 3 = 41\ mEq/L$$

El SIDa y SIDe, en condiciones fisiológicas, son idénticos. Una diferencia entre ellos refleja la existencia de "aniones no medidos" no integrados al SIDe. Es decir, este valor es similar al AG y se denomina SIG (Strong Ion Gap).

$$SIG = SIDa - SIDe$$

Para calcular el SID puede utilizarse el SIDa o SIDe, pero se prefiere el SIDa, ya que no sufre alteraciones debidas a aniones no medidos.

19.6 Trastornos ácido-base según Stewart

El modelo de Stewart permite explicar muchas alteraciones ácido-base, siendo de gran utilidad en pacientes críticos. Lamentablemente, no existen parámetros de compensación esperados para cada trastorno primario. Se ha intentado realizar extrapolaciones mediante nomogramas y lo establecido para el modelo tradicional[315], pero no hay datos clínicos contundentes de respuestas compensatorias. Por otro lado, se requiere de la implementación de un software computacional para realizar los cálculos, además de necesitar valores de laboratorio muy específicos, e incluso, costosos.

El modelo físico-químico de Stewart entrega una explicación distinta al proceso de acidificación urinaria. Tradicionalmente, se describe que la amoniogénesis renal permite la excreción de los H^+ resultantes del metabolismo. Pero, según el modelo de Stewart, la acidificación urinaria se debe a un exceso de $[Cl^-]$ urinario; que conlleva una disminución del SID en la orina. Al disminuir el SID, baja el pH. Así, el objetivo de la amoniogénesis es entregarle un catión débil (NH_4^+) al Cl^-, de manera que no aumente el SID y se conserve la electroneutralidad[41].

Una situación similar ocurre con las secreciones gastrointestinales. Las secreciones gástricas tienen un pH de 3 (Tabla 33, Capítulo 14), es decir, una $[H^+]$ de 0,1 mEq/L. Cuantitativamente, este valor es muy bajo y no sería suficiente para explicar una alcalosis por la pérdida de estas secreciones. Pero si, se explica por el bajo SID del jugo gástrico debido a la abundancia de Cl^- en él. Al producir jugo gástrico, el plasma genera un déficit de Cl^- (aumento del SID); esta situación revela, por qué, se desarrolla una alcalosis. Además,

Tabla 42. Trastornos primarios de Stewart.

		Acidosis	Alcalosis
Trastorno respiratorio		↑$PaCO_2$	↓$PaCO_2$
Trastorno metabólico		SID alterado	
	- Exceso/déficit de agua	↓SID;↓[Na^+]	↑SID;↑[Na^+]
	- Exceso/déficit de Cl−	↓SID;↑[Cl^-]	↑SID;↓[Cl^-]
	- Aniones no medidos	↓SID;↑SIG	
		[A_{TOT}] alterado	
	- Albúmina	↑[Albúmina]	↓[Albúmina]
	- Fosfato	↑[Fosfato]	↓[Fosfato]

secundario a la hipovolemia habrá gran reabsorción de Na^+, lo que contribuye a aumentar el SID, y así, la alcalosis metabólica (Tabla 42)[41].

Los cambios en el SID originan fuerzas electroquímicas que resultan en variaciones del pH. Una acidosis metabólica hiperclorémica es secundaria a la disminución del SID por adición de Cl^-. En el caso del líquido extracelular la [Cl^-] es menor que la [Na^+], esta condición genera un SID elevado, y por tanto, el pH plasmático levemente básico. Pero cuando se volemiza con solución salina isotónica 0,9%; se entrega una sobrecarga de Cl^-, ya que la relación entre ambos iones es 1:1 (SID = 0 mEq/L). Así, disminuye el SID plasmático, y por ende, el pH.

Las acidosis no hiperclorémicas (tradicionalmente llamadas "con AG aumentado") se originan por la adición de ácidos fuertes o semifuertes (ácido láctico, ácido sulfúrico, cetoácidos, etc.). Los aniones fuertes generados disminuyen el SID, explicando la baja en el pH. Además, estos "aniones no medidos" son evidenciados por un incremento del SIG, lo que no ocurre cuando la acidosis es hiperclorémica.

La albúmina$^-$, OH^-, HCO_3^- y otros aniones débiles, representan la cantidad de cargas negativas que se enfrentan a un SID >0 mEq/L para conservar la electroneutralidad. Sin embargo, los cambios de pH generan variaciones en el valor de [AH] y [A^-], pero no, en el [A_{TOT}]. La hipoalbuminemia, frecuente de pacientes críticos, disminuye el [A_{TOT}] provocando descenso de sus componentes. La menor concentración de A^- deriva en una disminución de H^+ para mantener la electroneutralidad, y así, aumenta el pH. Lo contrario sucede cuando el $[A_{TOT}]$ aumenta, es decir, hay acidosis. En la volemización con solución salina 0,9% ocurre una dilución del $[A_{TOT}]$, por lo que se antagoniza el efecto acidificante del menor SID con un efecto alcalinizante de una menor $[A_{TOT}]$. Pero el efecto neto es disminuir el pH. Se ha establecido que la administración de soluciones con SID menor a 24 mEq/L produce acidosis, mientras que soluciones con SID mayor a 24 mEq/L ocasionan alcalosis[41,317].

La administración de soluciones basado en el método de Stewart tiene grandes implicancias terapéuticas. En una acidosis, lo ideal sería administrar soluciones con SID alto. Un ejemplo es el bicarbonato de sodio que logra elevar el pH plasmático gracias al Na^+ que aumenta el SID (no debido al bicarbonato). De la misma forma, las soluciones con SID bajo son útiles para las alcalosis.

20. ¿Qué método utilizar para evaluar los trastornos ácido-base?

20.1 Perspectiva histórica en la interpretación ácido-base

En el año 1754, Joseph Black, un químico, médico y físico escocés; describe por primera vez un "gas fijo" diferente del aire ambiental. En sus experimentos, encerró a un ratón dentro de un recipiente con una vela encendida. Esto produjo la muerte del ratón y la extinción de la llama de la vela. Dedujo que el "gas fijo" era diferente al aire ambiental (el cual sustentaba la vida terrestre y permitía la combustión de sustancias). Por otro lado, observó que algunos compuestos se volvían "alcalinos" cuando perdían este "gas fijo" y retomaban sus propiedades "ácidas" al recuperarlo. Así, describió algunas de las propiedades de este "gas fijo" (inodoro, incoloro, ácido y no inflamable), el cual años más tarde se establecería que correspondía al CO_2.

Hacia finales del mismo s. XVIII, el químico, biólogo, físico, abogado y economista francés, Antoine Lavoisier, (padre de la química moderna) realizaba importantes descubrimientos. En esa época las sustancias "ácidas" y "básicas" se conocían por determinados efectos en la naturaleza (Tabla 1). Por otro lado, estaban las reacciones de combustión, en donde un combustible reaccionaba con algún componente del aire ambiental generando moléculas inestables que producían calor. A este componente del aire (que se consumía durante la reacción) lo denominó "oxígeno", cuya raíz etimológica griega se relaciona a la palabra "ácido" (sabor punzante). Lavoisier, pensaba que los ácidos contenían oxígeno en su estructura y este era el responsable de sus propiedades.

En otros trabajos de Lavoisier, junto al astrónomo, físico y matemático francés, Pierre Simón Laplace; encontraron el "gas fijo" de Black en el aire exhalado[319]. Como este mismo gas estaba presente en la combustión del carbón, dedujeron que en el humano existen reacciones de combustión las cuales producen el "gas fijo". Si bien el oxígeno no era el componente común a los ácidos, la descripción de Lavoisier era totalmente correcta: en el humano existía combustión de compuestos de naturaleza "ácida" (ácidos orgánicos) mediante los cuales se obtenía energía (Capítulo 7) y se producía un "gas fijo" (CO_2) el cual era eliminado por la respiración.

En el año 1797, el químico británico, Sir Humphry Davy, logra aislar diversos elementos de la naturaleza (como el sodio, potasio y cloro). Uno de los compuestos que describe es el "gas fijo" (CO_2) disuelto en agua, y también, en sangre humana. Este "gas fijo" al disolverse en agua neutra (pH 7) era capaz de acidificarla (pH 5,5). Pese a lo anterior, Friedrich Walter, en 1877, describe que el CO_2 en la sangre estaba relacionado a sus propiedades "alcalinas"[319].

En los años posteriores, existirán avances en la química orgánica e inorgánica, logrando caracterizar los componentes de la materia, entre ellos el CO_2. Se establecen sus propiedades acidificantes y múltiples reacciones biológicas orgánicas en las cuales participaba. Hay avances en fisiología respiratoria (fines del s. XIX), destacando el filósofo y biólogo escocés, John Scott Haldane (efecto Haldane) y el médico danés Christian Böhr (efecto Böhr) (Capítulo 5).

A fines del s. XIX, el físico y químico sueco, Svante Arrhenius, había realizado grandes avances en la descripción de los "iones" mediante sus estudios en disociación electrolítica. Sus contribuciones lo hicieron merecedor del Premio Nobel de química en el año 1903. Él establece la primera teoría ácido-base (Capítulo 1).

En los comienzos del siglo XX, en la Escuela de Medicina de la Universidad de Harvard, el fisiólogo, químico, biólogo, filósofo y sociólogo estadounidense, Lawrence Henderson; comienza a estudiar las propiedades alcalinas de la sangre humana. Utilizando los nuevos conceptos ácido-base de Arrhenius, describe los principales ácidos débiles presentes en la sangre mediante su constante de disociación. Establece que el ácido carbónico (proveniente de la hidratación del CO_2) demostraba propiedades químicas que le permitían explicar las propiedades "alcalinas" de la sangre[320]. Es decir, respalda lo señalado por Friedrich Walter en 1877. Lógicamente, para que el ácido carbónico actuara como un compuesto alcalino en la sangre, se debía a su altísima concentración de HCO_3^-.

En 1917, el médico y químico danés, Karl Hasselbalch, retoma los estudios de Henderson para describir el comportamiento de ácidos y bases débiles[319].

Logra cuantificar por primera vez el pH de la sangre y añade la notación de otro químico danés, Sørensen, (Capítulo 2) a las fórmulas de Henderson. Así, se origina la ecuación de Henderson-Hasselbalch (Capítulos 2 y 3).

Resulta irónico que el surgimiento del principal sustento en la biología ácido-base, la fórmula de Henderson-Hasselbalch, provenga de las escuelas de Medicina de la Universidad de Harvard y de la Universidad de Copenhagen. Décadas más tarde, ambas escuelas protagonizarían un conflicto irreconciliable en torno a la interpretación ácido-base.

En la primera mitad del s. XX, es cuando ocurren los mayores avances en el entendimiento de las reacciones ácido-base biológicas. Y es Donald Dexter Van Slyke el responsable de esta explosión de conocimientos. Van Slyke, nació en Nueva York, Estados Unidos, en el año 1883. Hijo de un doctor en química, obtuvo su licenciatura en la Universidad de Michigan, y luego, el grado de Doctor en química por el Instituto Rockefeller (Estados Unidos). Realizó importantes descubrimientos para la fisiología humana, sobre todo en relación a los aminoácidos, urea, glutamina, amonio, cinética de enzimas, hemoglobina y transporte de gases, fisiología renal, hepática e intestinal; además desarrolla los primeros dispositivos para medir gases, electrolitos y múltiples componentes en sangre. Sin embargo, su principal aporte aparece luego de convertirse, en 1914, en el jefe de laboratorio del Hospital del Instituto Rockefeller. En esa época (aún sin el descubrimiento de la insulina), los pacientes con diabetes mellitus descompensada eran manejados mediante ayuno, así se buscaba disminuir sus niveles de glucosa. Sin embargo, algunos fallecían por acumulación de ácidos. Van Slyke dedujo que se debía a ácidos grasos incompletamente oxidados (años después se llamaría a este cuadro cetoacidosis diabética). Así, Van Slyke comenzó a utilizar el concepto de acidosis para describir la acumulación de ácidos en el organismo y publicaría una veintena de trabajos en relación a esto[22,23,321-326]. Van Slyke desarrolló un método para medir el contenido total de CO_2 en la sangre mediante adición de ácidos fuertes y la aplicación de vacío. Como el principal componente del TCO_2 era el HCO_3^- fue el primer mecanismo para cuantificar la capacidad *buffer* del organismo[321,323]. El TCO_2 en sangre venosa estaba en torno a 27-28 mmol/L, el CO_2 disuelto en 1,35 mmol/L y el HCO_3^- era 26 mmol/L. Como el TCO_2 era determinado principalmente por el HCO_3^- se establecían las primeras formas de trastornos ácido-base: 1) acidosis o exceso de ácidos (CO_2 Total < 24 mmol/L) y 2) alcalosis o exceso de álcalis (CO_2 Total > 33 mmol/L)[2]. El TCO_2 era más fácil de medir que el HCO_3^-, el cual

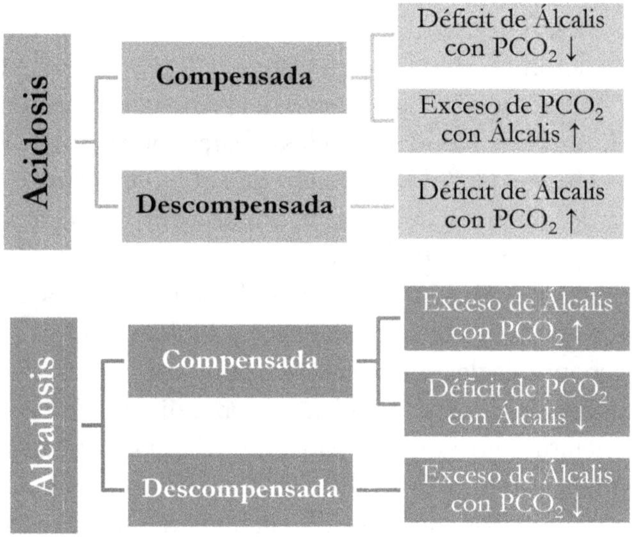

Figura 56. Trastornos ácido-base según Van Slyke[322].

hasta esa fecha se obtenía mediante cálculos desde la ecuación de Henderson-Hasselbalch. Por las décadas posteriores, el TCO_2 sería la principal forma de describir el componente metabólico (o no respiratorio) del balance ácido-base. Probablemente, lo que había encontrado Friedrich Walter siglos atrás como "alcalinidad" de la sangre, era una situación similar al TCO_2.

Finalmente, Van Slyke describe los primeros trastornos ácido-base según el pH medido, tensión o presión parcial de CO_2 (representante de la función pulmonar) y el CO_2 total (determinante de los ácidos no carbónicos)[322]. Se entendía una situación compensada como aquella que mantiene un pH entre 7,3 a 7,5; y descompensado si el pH era fuera de este rango (Figura 56).

Uno de los discípulos de Van Slyke fue el bioquímico y fisiólogo, Albert Baird Hasting. Inicialmente, trabajó con Van Slyke en el Instituto Rockefeller para luego, en 1926, convertirse en investigador independiente en la Universidad de Chicago. Posteriormente, en 1935, se traslada a la escuela de medicina de la Universidad de Harvard. En 1948, Albert Barid Hasting y Richard Singer (ambos en la Universidad de Harvard), publican una nueva forma de evaluar el componente metabólico. La presión parcial de CO_2 era un estimador de la función respiratoria, pero ni el TCO_2 ni el HCO_3^- describían completamente la capacidad *buffer* (o metabólica) del organismo. Así, es como crean el concepto de Base *Buffer* y delta Base *Buffer* sustentado en el principio de electroneutralidad (Capítulo 18). Este nuevo concepto podía cuantificar indirectamente todas las bases conjugadas de la sangre y el plasma; y así, convertirse en un representante "ideal" del componente metabólico en la regulación ácido-base.

En los siguientes años, múltiples instituciones académicas de medicina en Estados Unidos, entre ellas: la Universidad de Harvard (Boston), Instituto Rockefeller (Nueva York), Universidad de Chicago y la Escuela de Medicina de Baylor (Texas); participarían de varios estudios y avances en la comprensión de los trastornos ácido-base. El método de interpretación clásico, fisiológico o de Boston; es el más conocido actualmente para caracterizar patologías ácido-base y fue desarrollado durante todo el siglo XX. Este método se centra en el bicarbonato como estimador del "componente metabólico".

Antes del siglo XX los avances ácido-base fueron llevados a cabo por científicos europeos. En la primera mitad del siglo XX, fueron científicos estadounidenses quienes realizaron los mayores aportes. Pero en la segunda mitad del siglo XX, son nuevamente científicos europeos (daneses) los protagonistas de la discusión ácido-base.

Durante la década de 1950, el químico danés, Poul Astrup, del laboratorio del Rigshospitalet (asociado a la Universidad de Copenhagen); cuestiona al HCO_3^- como "componente metabólico". La PCO_2 era rápidamente regulada por el sistema respiratorio. Pero la $[HCO_3^-]$ dependía de la función renal, las interacciones con otros *buffers* plasmáticos, y además, del mismo CO_2. Como el sistema CO_2/HCO_3^- son parte de una misma reacción química, las condiciones que modifican el CO_2 plasmático alteran el HCO_3^-. Además, el grado de oxigenación de la sangre y temperatura de esta, también modifican el CO_2, y por tanto, el HCO_3^-. Para solucionar este defecto, Astrup, corrige los factores que varían la PCO_2 creando el HCO_3^- estándar; un componente metabólico "puro" (Capítulo 18). En 1955, Astrup, publica un método para devolver la $PaCO_2$ de una muestra de sangre a 40 mmHg, oxigenar la sangre al máximo y establecer una temperatura de 38 °C[302]. Otro importante aporte de Astrup fue el desarrollo de un electrodo para cuantificar eficientemente la PCO_2.

Sin embargo, el HCO_3^- estándar aún no reflejaba toda la capacidad *buffer* de la sangre. En el año 1959, un discípulo de Astrup, el químico y fisiólogo danés, Ole Siggaard-Andersen; agregaría a la discusión el "exceso de base" (EB).

El EB correspondía al mismo concepto desarrollado por Singer y Hastings en 1948, solo que además de ser una cuantificación de toda la capacidad *buffer* de la sangre, tampoco se modificaba con las variaciones agudas del CO_2 (Capítulo 18). Era el "componente metabólico" absoluto[3,308]. Al ser un parámetro desarrollado *in vitro* requirió varias correcciones para ser aplicable en clínica. Finalmente, evolucionó al concepto de exceso de base estándar (Capítulo 18).

Así se establecen dos grandes visiones de los trastornos ácido-base: el método tradicional, fisiológico o de Boston (sustentado en el HCO_3^- como componente metabólico) y el método danés o del exceso de base (sostenido por el EB como parámetro metabólico). En los años siguientes se desarrollaría un gran debate "transatlántico" respecto a cuál es el método correcto de interpretación ácido-base[304,309]. Comenzaría una carrera para perfeccionar ambos métodos, agregando a la discusión otros elementos como respuestas de compensación y herramientas diagnósticas.

Las escuelas de medicina en Estados Unidos observan una limitación inherente a cualquier tipo de trastorno ácido-base; y es la imposibilidad de cuantificar todas las reacciones ácido-base del extracelular, ya que lo que ocurre en el intracelular no es "medible". Por lo anterior, el HCO_3^- era el parámetro ideal para analizar trastornos ácido-base, porque constituía un parámetro de resumen de toda la "actividad metabólica". Es así, como desde los años cincuenta a ochenta delegan el descubrimiento de respuestas compensatorias a la estadística. Es decir, conociendo la magnitud inicial del trastorno se obtiene la respuesta compensatoria fisiológica final, dejando en el desconocimiento todos los procesos que ocurren entre medio. Este enfrentamiento del problema es correcto, ya que los parámetros ácido-base "medidos" constituyen el efecto neto de todos los potenciales trastornos existentes, y por lo demás, no es posible medir la interacción con el intracelular. Luego de múltiples estudios, tanto en humanos como animales, se establecen las respuestas de compensación (Capítulo 8), que ven su apogeo en el nomograma ácido-base (resumen de todos los esfuerzos para lograr establecer las respuestas de compensación)[111,112].

Por el otro lado del Atlántico, los daneses también buscaban establecer las "respuestas de compensación". Inicialmente obtuvieron datos desde estudios fisiológicos y desde los mismos reportes utilizados para respuestas compensatorias según el método de Boston. Así, confeccionaron un nomograma ácido-base para el EBS (exceso de base estándar)[310]. Muchos años más tarde (en 1998), Andersen utiliza definitivamente la estadística para poder establecer reglas de compensación ácido-base[327].

Mientras el establecimiento de las respuestas de compensación era dominado por la escuela de Boston y asociados, los daneses tenían un importante "aliado" del otro lado del Atlántico: John W. Severinghaus. Este médico estadounidense de la Universidad de California en San Francisco (Estados Unidos), sería otro protagonista en el debate. Astrup y Severinghaus fueron quienes evolucionaron la técnica de medición de gases, específicamente; de la PCO_2[328]. Severinghaus, en 1958, implementó un electrodo que permitía obtener eficientemente la PCO_2. También se dedicó a la investigación ácido-base en asociación, y en favor, de la escuela de Copenhagen[309].

Como la escuela danesa optimizó los métodos de medición de gases en sangre, muchos analizadores modernos entregan los valores desarrollados por ellos, además de los parámetros clásicos[313]. Los valores utilizados por el método de Boston son: pH, PCO_2 y HCO_3^- real, actual o medido (estos últimos parámetros de HCO_3^- son sinónimos). En cambio, el método de Conpenhagen agrega el HCO_3^- estándar, el EB y EBS. El EB corresponde al parámetro evaluado en sangre y son sinónimos de este el EB en sangre "EB(B)" o el EB *in vitro*. Del mismo modo, son homólogos al EBS; el EB del líquido extracelular "EB(ecf)" o el EB *in vivo*[313]. Todos estos parámetros (además del TCO_2) pueden estar informados en un resultado de medición de gases. Pero en síntesis, el método de Boston utiliza el HCO_3^- real o actual como componente metabólico, mientras la escuela de Copenhagen emplea el EBS.

En la década del setenta y ochenta ocurre otro hito en la evaluación de los trastornos ácido-base; y es la adición de múltiples herramientas para analizar las alteraciones. Esto último permitió ampliar las posibilidades diagnósticas de la interpretación ácido-base. Es importante resaltar el desarrollo del Anion Gap plasmático, Anion Gap urinario, delta Ratio de AG y HCO_3^-, entre otros (Capítulo 13)[329-331].

Comenzando la década de 1980 aparece una nueva teoría ácido-base. Peter Stewart, fue un fisiólogo canadiense, Doctor en biofísica y con conocimientos en matemática y física. Desarrolló su vida académica como profesor de Fisiología en Estados Unidos; en las Universidades de Emory (Atlanta, Georgia) y Brown (Providence, Rhode Island). Desarrolló el método "físico-químico" de interpretación ácido-base. Utilizó sus conocimientos de la fisiología humana, química, matemática y física para unificar y replantear los conceptos ácido-base. Si bien, no estuvo ligado a la clínica, realizó múltiples simulaciones computacionales para demostrar su teoría. Es un método de interpretación más complejo que los anteriores y requiere la utilización de software computacional.

Intenta cuantificar exhaustivamente todas las reacciones ácido-base del plasma humano mediante el uso de parámetros independientes (PCO_2, SID, $[A_{TOT}]$) y factores dependientes (Capítulo 19). El método físico-químico presentó gran aceptación inicial entre anestesistas e intensivistas, sobre todo, por lograr explicar trastornos mixtos en pacientes críticos[332].

Lamentablemente, el método físico-químico no logro prosperar más allá de la medicina. Esto se debe a que los supuestos de la teoría ácido-base que propone nunca pudieron ser demostrados y ya existían décadas de evolución en el entendimiento de la química y física de partículas. Las teorías de Stewart solo eran planteables para soluciones biológicas, pero no puede explicar reacciones ácido-base donde el solvente no es agua, ni tampoco donde no hay intercambio de H^+. Es decir, Stewart, se aleja de los cimientos de la química ácido-base intentando crear una nueva teoría con conceptos químicos de principios del s. XX. Actualmente, la teoría ácido-base más validada por científicos-químicos es la "Teoría ácido-base duro-blando" que incluye dentro de sus principios las teorías más antiguas (Capítulo 1)[6].

Si se comparan los alcances de cada método, el de Boston intenta identificar la direccionalidad del trastorno para realizar un diagnóstico, el de Conpenhagen busca cuantificar toda la capacidad *Buffer* del extracelular para el mismo fin, mientras Stewart intenta cuantificar todas las reacciones ácido-base del plasma. El método de Boston fue desarrollado por químicos para explicar alteraciones clínicas, el de Copenhagen por fisiólogos para explicar reacciones ácido-base de la sangre, mientras Stewart realizó múltiples razonamientos y fórmulas para explicar reacciones ácido-base simuladas por un software en el plasma humano. El método de Boston reconoce la existencia del intracelular en las interacciones ácido-base y la imposibilidad de "cuantificar" su participación; Copenhagen solo incluye la participación del eritrocito mediante la hemoglobina, y finalmente, Stewart desestima la existencia del intracelular, solo toma en cuenta el plasma y sus componentes. Los métodos de Boston y Copenhagen son simples y aplicables en cualquier contexto clínico, el método físico-químico es complejo y requiere el uso de tecnología. El método de Boston tiene respuestas compensatorias claramente definidas para cada trastorno, Copenhagen cuenta con respuestas compensatorias, pero con menor cantidad de respaldo en la literatura. Finalmente, Stewart no cuenta con respuestas compensatorias. Por último, el método de Boston tiene una trayectoria mayor a cien años en su desarrollo y uso clínico, la interpretación ácido-base de

Copenhagen, si bien tiene menos años, también cuenta con amplio respaldo en la literatura. El método de Stewart nunca logró permear suficientemente en la literatura, práctica clínica ni educación médica.

20.2 Ventajas y desventajas de los métodos de interpretación ácido-base

El método de Stewart no es nuevo, tiene una vigencia aproximada de cuarenta años. En todo ese período no ha logrado expandirse como se podría haber pensado en un principio. Esto se debe a que no logró dar una explicación satisfactoria a todos los trastornos ácido-base. El método tradicional y el del exceso de base tampoco dan explicación a la totalidad de alteraciones observadas.

Todas las teorías tienen un error común, bastante obvio y básico, que hace imposible una interpretación perfecta de las alteraciones ácido-base. Las herramientas con las que contamos para enfrentarnos a los defectos ácido-básicos se basan en solo una visión superficial de lo que "realmente" está sucediendo. Todos los parámetros obtenidos mediante análisis de laboratorio corresponden al compartimento extracelular. Los valores objeto de evaluación son representativos de solo 1/3 de toda el agua corporal. Somos "ciegos" a lo que ocurre en el intracelular, sabiendo que este compartimento es fundamental para los trastornos ácido-base. Actualmente, no es posible evaluar qué sucede realmente con el estado ácido-básico del intracelular. Por lo tanto, no se puede evaluar su interacción con el extracelular, y así, se genera una limitación que imposibilita la evaluación íntegra de estos trastornos.

Cada nuevo método de enfrentamiento para alteraciones ácido-base pareciera ser más complejo que el anterior. Pero realmente, cada vez se intenta simplificar más el medio interno del organismo, donde ocurren todas las reacciones; aislándolo del intracelular. El método del exceso de base constituye un parámetro elaborado *in vitro*, que ha debido modificarse para funcionar en el organismo (EB y EBS, Capítulo 18). El método de Stewart elimina totalmente cualquier participación del compartimento intracelular en los trastornos ácido-base. El exceso de base, por lo menos, considera la importante acción de la hemoglobina.

Cada método tiene sus seguidores y detractores, pero por lejos, el más ampliamente utilizado es el método tradicional (o de Boston). Este enfrentamiento no pretende "cuantificar" exhaustivamente todas las modificaciones ácido-base del organismo, sino que busca evidenciar la "direccionalidad de la perturbación", y así, dilucidar él o los mecanismos principales que han llevado al trastorno ácido-base.

Cuando se requiere hacer un diagnóstico de una alteración, el examen en cuestión debe ser muy sensible, específico, factible e interpretable por todos. El método tradicional cumple todos esos requisitos.

Una de las principales críticas sobre el método tradicional es la dependencia de su parámetro metabólico, la [HCO_3^-], con la $PaCO_2$. La interrogante es, ¿por qué debiera ser independiente? Toda la interpretación ácido-base se sustenta en la diferenciación fisiopatológica del trastorno; en dilucidar si el defecto es "respiratorio" o "metabólico". Queda claro que los defectos respiratorios producen trastornos ácido-base por su influencia en la $PaCO_2$. Sin embargo, el concepto de "alteración metabólica" ha sido creado por el hombre para incluir en él todos los otros mecanismos que son "no respiratorios".

El problema de usar el HCO_3^- como "componente metabólico" no radica en el parámetro como tal, sino en una cuestión de concepto. El *buffer* CO_2/HCO_3^- es el compuesto clave en la mantención del pH plasmático. Por lo tanto, cualquier alteración ácido-base se reflejará modificando sus parámetros. Lógicamente, la variación en uno de sus valores modificará el otro porque están en un equilibrio químico. Mientras la [HCO_3^-] permita evidenciar que una alteración "no proviene del sistema respiratorio", es posible analizar cuál de las múltiples etiologías es la responsable. Situación similar a la que se llega con cualquier otro método.

Una gran ventaja que posee el método tradicional es el haber sido usado ampliamente, y por muchos años, como la base del diagnóstico y enfrentamiento de trastornos ácido-base.

El exceso de base, como se dijo anteriormente, corresponde a un parámetro desarrollado *in vitro*, para evaluar el "componente metabólico" de los trastornos ácido-base. Debido a esta situación, se asumen condiciones "ideales" para simplificar la estimación de este. Los pacientes críticos son quienes más se ven afectados por este escenario, ya que normalmente presentan alteraciones en esos parámetros "ideales". El EB pretende "cuantificar" todo el componente metabólico, sin embargo, no incluye la interacción ácido-base con el intracelular, ni la capacidad amortiguadora de este compartimento. Solo considera la participación del eritrocito y la hemoglobina como elementos del intracelular.

El método de Stewart intenta reinventar la teoría ácido-base desde el modelo más complejo en el que se podrían estudiar las reacciones ácido-base: el organismo humano. Se retoman conceptos antiguos, sobre los cuales ya existía una evolución que los dejaba como obsoletos (Capítulo 1). Para estudiar la realidad de las reacciones ácido-base, debieran utilizarse soluciones simples y en condiciones experimentales. Usar el agua corporal humana con estos fines corresponde a una imprudencia que puede llevar a la confusión, ya que como se mencionó anteriormente, solo se tiene acceso a una "parte" de la realidad.

Uno de los grandes defectos del método físico-químico es la "sobre-simplificación" del organismo. Lo considera solo como un espacio monocompartamental, desestimando la participación del intravascular, intersticio e intracelular[333].

Por otro lado, el método físico-químico requiere la evaluación de múltiples parámetros adicionales y el uso de un software computacional, convirtiéndolo en un modelo más complejo que los anteriores.

Además, se desestima enormemente la participación del HCO_3^- como compuesto fundamental para las reacciones ácido-base, siendo que es el principal componente del SIDe (Capítulo 19) y el parámetro que detecta el organismo (junto a la $PaCO_2$ y pH) para reconocer alteraciones ácido-base (Capítulo 6)[117].

El método físico-químico propone al agua como el elemento capaz de aportar H^+ para mantener la electroneutralidad, mientras los factores independientes (CO_2, SID y $[A_{TOT}]$) repercutirán en las propiedades físico-químicas del agua influyendo en la cantidad de H^+ que se producen a partir de esta. En ese sentido, el método físico-químico considera que las reacciones ácido-base son un traspaso de hidrogeniones en medio acuoso. Esta idea es un retroceso; actualmente se sabe que las reacciones ácido-base no son reacciones entre iones, no son únicamente relacionadas a H^+ y no ocurren exclusivamente en medios acuosos.

Estudios *in vitro*, en soluciones simples, no han logrado demostrar que el SID modifique la disociación del agua produciendo cambios en la $[H^+]$[333]. Por otro lado, experiencias *in vivo* no han demostrado que variaciones del $[A_{TOT}]$, como cambios en la concentración de albúmina plasmática, se correlacionen con variaciones del pH[334]. Tampoco se corrobora la idea de que el hígado sea un órgano fundamental para la regulación del estado ácido-básico.

El modelo físico-químico asegura que un incremento del $[A_{TOT}]$ disminuye el pH (Capítulo 19). Según la fórmula de Stewart, esto es matemáticamente correcto. Sin embargo, el $[A_{TOT}]$ equivale a la suma de los ácidos débiles y sus bases conjugadas.

$$AH \leftrightarrow A^- + H^+$$

$$[A_{TOT}] = [A^-] + [AH]$$

Al observar la ecuación química general de los ácidos, resulta lógico que un aumento del $[A_{TOT}]$, producto de un incremento en [AH]; resulte en disminución del pH. Al contrario, si el $[A_{TOT}]$ asciende por aumento de $[A^-]$, necesariamente, el pH incrementará (redireccionamiento químico hacia los reactantes). Por lo anterior, no resulta sorprendente que las variaciones del $[A_{TOT}]$ no se correlacionen a los cambios del pH.

Los factores "independientes" de Stewart, realmente no lo son; ni en la sangre, ni en el extracelular[333]:

1) El HCO_3^-, principal componente del SIDe, se modifica en trastornos respiratorios debido a que el CO_2 y HCO_3^- están en la misma reacción química. En sentido inverso; la PCO_2 variará según la $[HCO_3^-]$.
2) Cualquier cambio del pH, producto de variaciones en la PCO_2, $[A_{TOT}]$ y/o HCO_3^- (SIDe); producirá que otros ácidos débiles (*buffers*) liberen o capturen H^+. Esto no modifica el $[A_{TOT}]$, pero el H^+ proveniente del *buffer*, sí cambiará la PCO_2 y $[HCO_3^-]$.
3) En trastornos ácido-base respiratorios ocurren modificaciones en la eliminación respiratoria de CO_2. En alcalosis respiratoria se elimina más CO_2 (Capítulo 5). Para realizar esto, es necesario aumentar el ingreso de HCO_3^- al eritrocito y transformarlo en CO_2. La disminución del HCO_3^- plasmático se acompaña de aumento en la $[Cl^-]$ extracelular. Lo contrario ocurre en acidosis, donde además, se pierde Cl^- en la orina quien acompaña al NH_4^+ urinario. Por lo tanto, la $[Cl^-]$ extracelular, un determinante del SID, dependería de la $PaCO_2$.
4) En el intravascular se establece el equilibrio de Gibbs-Donnan. Este se produce entre iones que pueden atravesar membranas y los que no son capaces de hacerlo. Las composiciones en el equilibrio se ven determinadas tanto, por las concentraciones de los iones como por sus cargas. Las proteínas aniónicas (como la albúmina) no atraviesan el endotelio, pero sí lo hacen otros electrolitos. Esto determina que la concentración de electrolitos catiónicos sea mayor en el plasma y la concentración de electrolitos aniónicos es mayor en el intersticio. Si la [Albúmina-] plasmática disminuye, por equilibrio de Gibbs-Donnan

aumentará la $[Cl^-]$ plasmático y disminuirá la $[Na^+]$. Es decir, una modificación de la $[A_{TOT}]$ cambiará el SID del sistema.

Considerar que el SID es un parámetro independiente en la regulación del pH corporal puede ser un error. El SID, en el humano, refleja que existe una adición de base fuerte ($NaHCO_3$) al medio interno, y eliminación de ácido fuerte (HCl) para la regulación del estado ácido-base. Es decir, el SID representa indirectamente esa situación, pero no es la causa, sino un elemento que se agrega por defecto (más adelante se ofrece una explicación detallada de este fenómeno).

En la interpretación de trastornos ácido-básicos, el método de Stewart pareciera "sobre-diagnosticar" alteraciones, que al mismo tiempo se anulan entre ellas. Así, no generan variaciones del pH[117,316]. Peor aún, las compensaciones se diagnostican como trastornos. En alcalosis respiratoria, la compensación metabólica esperada tiende a disminuir el SID (excreción de $NaHCO_3$ por la orina y retención de HCl). Por el método físico-químico, el trastorno sería mixto; una alcalosis respiratoria por disminución de la $PaCO_2$ y una acidosis metabólica por descenso del SID. Se ha estimado que el uso del método físico-químico en trastornos ácido-base respiratorios, sin considerar las compensaciones metabólicas, provoca un error diagnóstico en 15% de los casos[335].

Una de las principales falencias del método físico-químico es la ausencia de respuestas compensatorias esperadas[117]. De hecho, ya existen problemas cuando se intenta asignar valores de "normalidad" en algunos parámetros (SID, $[A_{TOT}]$, SIG). El SID ha debido ser sujeto a fórmulas de corrección porque varía con los cambios del líquido plasmático[336]. El SIG, cuyo valor normal debiera ser 0, se ha establecido en 8 ±2 mEq/L[333,336]. Se ha descrito que es más sensible al AG para detectar aniones no medidos y que sería un marcador pronóstico; pero la evidencia es contradictoria[41,117,333]. El valor normal de $[A_{TOT}]$ no ha sido bien establecido, se estima en 12 a 24 mEq/L[312].

Una situación similar ocurre con el AG, que debe corregirse según la albúmina, pero tiene el respaldo de haber sido usado por años en la evaluación de trastornos ácido-base "metabólicos".

El gran error presente en los métodos físico-químico y de exceso de base, es la ambición de lograr cuantificar el "componente metabólico". Como se mencionó anteriormente, la división entre "componente respiratorio" y "componente metabólico" es un concepto creado por el hombre, para clasificar las alteraciones ácido-base. Sin embargo, esa división arbitraria no existe. El intracelular y extracelular actúan conjuntamente para amortiguar los cambios en el pH; las modificaciones del CO_2, HCO_3^- y concentración de *buffers* actuarán siempre en forma interdependiente. Por lo tanto, no es posible "cuantificar" un concepto inexistente con parámetros obtenidos solo desde una parte de la realidad (extracelular). Como el sistema CO_2/HCO_3^- es tan prevalente en el agua corporal total, toda perturbación ácido-base modificará sus parámetros. Analizar su estado nos permite conocer la "direccionalidad de la perturbación", y así, el trastorno. Lo mismo realiza el organismo al detectar sus modificaciones y establecer respuestas de compensación (Capítulos 5, 6 y 8).

Por último, la verdadera interpretación del trastorno ácido-base debe realizarse analizando el contexto global del paciente, sobre todo, el cuadro clínico. Los exámenes de laboratorio constituyen métodos complementarios, que entregan una ayuda esencial, pero no sustituyen la experiencia y conocimiento que ostenta la buena práctica médica. Las alteraciones ácido-base componen uno de los problemas que conforman el cuadro clínico del paciente, pero no debe ser, el trastorno ácido-base exclusivamente, el cuadro clínico del enfermo.

20.3 Reacciones ácido-base en el extracelular

Para configurar un modelo correcto del estado ácido-base en el humano es necesario primero, tener claro qué es lo establecido sobre el tema y cuáles son las limitaciones en el enfrentamiento.

Las reacciones ácido-base no son variaciones químicas impuestas por diferencias de cargas, ni tampoco es únicamente el traspaso de H^+ desde una molécula a otra. Las reacciones ácido-base corresponden a transferencias de pares electrónicos desde un compuesto donador (base) a otro receptor (ácido). Es decir, sugieren un problema de estabilidad eléctrica, pero no impuesto por la presencia de iones, sino que es la misma molécula la que varía en su estado según las perturbaciones del medio. Esto corresponde a la Teoría ácido-base de Lewis (Capítulo 1). Una forma de expresar gráfica y cómodamente las reacciones ácido-base en solución acuosa es a través de la transferencia de H^+ desde una molécula a otra (Teoría ácido-base de Brønsted-Lowry, Capítulo 1).

Las reacciones químicas estarán subordinadas a leyes que determinarán su comportamiento: principios de conservación de materia, de acción de masas y de electroneutralidad.

Como en el humano la mayor parte de las reacciones ocurren en el agua es necesario entender su naturaleza. Esta molécula polar establece un equilibrio de disociación determinado por un Kw (Capítulo 2). Al existir este compuesto en exceso por sobre los otros se comporta como solvente, pudiendo interactuar con todas las moléculas (solutos) que se agreguen; conformando una solución.

Las "moléculas" que se encuentren en esta solución pueden dividirse arbitrariamente en dos tipos: moléculas fuertes y débiles.

Las moléculas "fuertes", una vez añadidos al agua, interactuarán con el medio volviéndose eléctricamente estables, no requiriendo nuevas interacciones. Ejemplos son el Na^+, K^+, Cl^-, Ca^{++}, Mg^{++}, lactato$^-$, $SO_4^=$. Como el agua es una molécula polar puede asociarse a estos elementos/compuestos fácilmente, ya que poseen carga. Esto difiere con la atmósfera, una mezcla de gases apolares (N_2 y O_2), donde los compuestos que interactuarán con ella no tienen carga normalmente (ej. NaCl).

Las moléculas "débiles" persistirán interactuando con el medio, ya sea con el agua u otros compuestos. Esto se debe a que no logran una estabilidad eléctrica completa y persisten transfiriendo pares electrónicas entre ellas, conformando así, reacciones bidireccionales. (Se esquematizarán las reacciones ácido-base de Lewis en el agua corporal mediante el modelo de Brønsted-Lowry):

$$AH \leftrightarrow A^- + H^+$$

$$BH^+ \leftrightarrow B + H^+$$

En todo momento se conserva el principio de electroneutralidad. Las reacciones bidireccionales se producen con moléculas débiles. Conformarán iones (ej. A^- y H^+) y compuestos que, al igual que el agua, son polares (ej. AH) y pueden interactuar con esta. Además, estas reacciones bidireccionales obedecen a un principio de acción de masas que se evalúa con una constante de disociación (Kc), la cual debe mantenerse constante (Capítulo 2). El principio de acción de masas se cumple en toda reacción química, las moléculas fuertes pertenecen a reacciones donde la constante de disociación es elevada a diferencia de las moléculas débiles. Algunos ejemplos de moléculas débiles son: CO_2, HCO_3^-, H_2PO_4, HPO_4^-, H^+, OH^- y H_2O.

De todos los compuestos que pueden ser añadidos a una solución es posible categorizarlos en tres tipos:

Tipo A: compuestos que entregarán un catión y anión fuerte a la solución. Un ejemplo es el cloruro de sodio (NaCl) que se disociará en su totalidad a Na^+ y Cl^-.

$$NaCl \rightarrow Na^{+} + Cl^{-}$$

Tipo B: compuestos que entregan un ión fuerte y otro débil a la solución. Por ejemplo, el bicarbonato de sodio ($NaHCO_3$), que se disocia en sodio (un catión fuerte) y bicarbonato (un anión débil que entrará en un equilibrio de disociación formando otros compuestos).

$$NaHCO_3 \rightarrow Na^{+} + HCO_3^{-}$$

Tipo C: compuestos que entregan un catión y anión débiles. Por lo tanto, el compuesto entrará en un equilibrio bidireccional. Ejemplos son el CO_2 y H_2O, cada uno establecerá su equilibrio encontrándose en forma disociada (productos) o como reactante.

$$CO_2 + H_2O \leftrightarrow H_2CO_3 \leftrightarrow H^{+} + HCO_3^{-}$$

$$H_2O \leftrightarrow H^{+} + OH^{-}$$

Las moléculas tipo B y C son las que pueden generar compuestos que persisten intercambiando pares electrónicos. Es decir, pueden ser ácidos o bases. Las tipo B serán ácidos o bases fuertes; entregan un ion débil que participa continuamente de intercambio electrónico y otro ion que no lo hará (ion fuerte). Los compuestos tipo C son ácidos o bases débiles, ya que todos sus componentes seguirán participando de intercambio de pares electrónicos. Por lo tanto, serán las moléculas tipo B y C, con sus derivados, los que determinen la concentración de H^{+} en la solución.

La Figura 57 muestra una solución similar al agua corporal total donde predomina por mucho el agua. Disueltos en la solución se esquematizan varios ácidos débiles, de los cuales el más prevalente (y que actúa como *buffer*) es el sistema CO_2/HCO_3^{-} (Capítulo 3). Todos los compuestos ácido-base disueltos contribuyen a determinar la concentración de H^{+} en la solución. Nótese también, que siempre se conserva el principio de electroneutralidad.

Cómo se mencionó en el Capítulo 2, el Ka o pKa corresponde a un valor que expresa la esencia del compuesto. Una molécula tipo B tiene un Ka muy alto, es decir, su esencia es estar disociado. Mientras que las tipo C tienen Ka bajo y se ven muy afectadas por las variaciones de la [H^{+}]. Los ácidos de la Figura 57 serían moléculas tipo C.

H_2O	$\leftrightarrow$	H^+	$+ OH^-$
CO_2	$\leftrightarrow$	H^+	$+ HCO_3^-$
Albúmina^H	$\leftrightarrow$	H^+	+ *Albúmina*
H_2PO_4	$\leftrightarrow$	H^+	$+ HPO_4^-$
NH_4^+	$\leftrightarrow$	H^+	$+ NH_3$

Figura 57. Compuestos ácido-base en solución acuosa similar al líquido extracelular.

Debido al principio de acción de masas (que se mide con el Ka) cuando aumenta uno de los componentes de la reacción incrementa la velocidad de reacción hacia el lado contrario para mantener el valor del Ka.

$$Ka = \frac{[A^-][H^+]}{[AH]}$$

Si aumenta la $[H^+]$ el redireccionamiento produce que H^+ y A^- disminuyan (menor numerador) y aumente AH (mayor denominador); así el Ka siempre será constante. Todas las reacciones bidireccionales se encuentran en estado de equilibrio donde la velocidad de formación de productos y reactantes es la misma.

Si se añadiera un ácido fuerte como HCl a la solución de la Figura 57 se disociará totalmente en Cl^- (anión fuerte) y H^+. Este último perturbará el equilibrio de todos los compuestos disueltos. La $[H^+]$ es la misma en todo el sistema, entonces todas las reacciones aumentarán su velocidad de reacción hacia la izquierda (reactantes). La perturbación ocasiona cambios en las concentraciones de todas las moléculas débiles. Finalmente (en condición de nuevo equilibrio) el pH será menor al inicial, incrementa la concentración de los ácidos débiles y disminuye la de las bases conjugadas.

Si en lugar de agregar HCl se añadiera $NaHCO_3$ el efecto será similar. El compuesto se disociará y el HCO_3^- provocará que el sistema CO_2/HCO_3^- se redireccione hacia la izquierda (reactantes). Al reaccionar el H^+ y HCO_3^- disminuirá la $[H^+]$. Desde el momento que esto sucede se perturba a todos los otros compuestos los que aumentarán su velocidad de reacción hacia la derecha (productos). Finalmente, se logra un equilibrio rápidamente, todos los compuestos han variado sus concentraciones, pero los Ka de cada uno se mantienen constantes. El efecto final siempre coincide con la perturbación: la concentración de HCO_3^- será mayor que en la situación inicial. A su vez, como disminuyó el H^+ secundario a la perturbación su concentración será menor que la inicial, mientras la concentración de los otros ácidos débiles descendió y aumentó la de las respectivas bases conjugadas.

Si se agrega CO_2 a la solución de la Figura 57 se redirecciona la ecuación CO_2/HCO_3^- hacia la derecha (productos). El aumento de H^+ perturbará a los otros compuestos, quienes aumentan la velocidad de reacción hacia la izquierda (reactantes). Cuando todos restablecen su equilibrio (Ka) la $[H^+]$ será mayor que la inicial y todos habrán variado sus concentraciones.

El efecto generado por la adición de compuestos ácido-base depende de las condiciones iniciales. Si la solución tuviera un pH de 7 y se agrega H_2O a la solución, no ocurre ningún cambio. El agua está disociada naturalmente. Como el pH es 7 las concentraciones de H_2O, H^+ y OH^- se mantienen constantes, a la vez que todos los otros compuestos se diluyen en la misma magnitud. Es decir, disminuyen A^- y AH en la misma medida, mientras H^+ permanece constante.

Diferente es si la solución tuviera un pH de 7,4. Si se agrega agua (con pH de 7) esta tiene una mínima mayor concentración de H^+ que la solución, por lo tanto, se perturba levemente a todos los otros compuestos los que sufrirán un redireccionamiento hacia los reactantes. El efecto final sería una leve disminución del pH.

Si a la solución se agrega NaCl (molécula tipo A), no ocurrirá ningún efecto en el pH, ya que los iones fuertes generados no participan de estas reacciones.

Como la $[H^+]$ del sistema será la misma para todas las reacciones, es posible afirmar que:

$$[H^+] = \frac{Ka_1 \cdot [AH]_1}{[A^-]_1} = \frac{Ka_2 \cdot [AH]_2}{[A^-]_2} = \frac{Ka_3 \cdot [AH]_3}{[A^-]_3} = \cdots$$

Algunos de los compuestos mostrados en las reacciones de la Figura 57 corresponden a soluciones *buffer* (CO_2/HCO_3^-, Hb/Hb^-, Alb/Alb^-, H_2PO_4/HPO_4^-). Estas sustancias son ácidos débiles que se encuentran en gran cantidad en el plasma. Ellos reaccionan prontamente con el exceso de H^+ del medio o aportando H^+ si es que hay déficit, de manera que el pH se mantiene siempre en rangos estrechos. El principal amortiguador del plasma es por lejos el CO_2/HCO_3^-.

Es importante considerar que las reacciones de ácidos o bases débiles presentan compuestos sin carga, los que pueden difundir al intracelular. Este hecho es especialmente importante con el CO_2 el cual entra a la célula y también genera reacciones bidireccionales en ella. Además, moléculas como el H^+ y HCO_3^- pueden entrar a la célula en intercambio con iones fuertes. Así, cada perturbación del extracelular entra en un equilibrio dinámico con el intracelular. Esto varía las concentraciones de cada componente y dificulta su interpretación.

Una alteración metabólica, como por ejemplo una acidosis láctica o cetoacidosis, aportan H^+ al sistema perturbando las otras reacciones que se direccionan hacia los reactantes (izquierda). El efecto neto es una disminución de A^- y aumento de H^+ y AH. Cuando existe una pérdida de HCO_3^-, se perturba la reacción CO_2/HCO_3^- inicialmente, la que se redirecciona hacia los productos (derecha). Eso induce aumento de H^+ lo que también alterará las otras reacciones. El efecto final es un leve aumento de H^+ por la disminución de HCO_3^-.

La PCO_2 depende de su producción tisular y eliminación pulmonar. Si esta última falla aumentará su concentración provocando las alteraciones en el sistema CO_2/HCO_3^- y el pH. Sin embargo, en el efecto neto final muestra la perturbación inicial: mayor CO_2 con disminución del pH y aumento del HCO_3^-. Por lo tanto, la alteración debe ubicarse en el sistema respiratorio.

Si la alteración es "no respiratoria" se alterará la concentración de bicarbonato, ya que es el principal amortiguador del extracelular. Esto demuestra que no se necesita una independencia del bicarbonato respecto al CO_2, ni tampoco se requiere medir otros amortiguadores para saber cuál es la direccionalidad de alteración.

Tanto la interpretación ácido-base que se realiza en clínica como la que lleva a cabo el organismo humano, analizan los cambios que una perturbación ácido-base induce sobre el sistema CO_2/HCO_3^-. En los párrafos anteriores se describieron múltiples situaciones donde hay alteraciones "respiratorias" o "metabólicas" en las cuales el componente alterado puede ser el CO_2, el HCO_3^-, el H^+, adición de ácidos o bases, alteración de algún compuesto *buffer* del intra o extracelular, etc. En todas estas circunstancias siempre se altera el sistema CO_2/HCO_3^-. Por lo tanto, reconocer el sentido de su modificación nos permite inferir la direccionalidad de la perturbación. Así es como se realiza el diagnóstico de los trastornos ácido-base.

El método tradicional de evaluación ácido-base, que se centra en el sistema CO_2/HCO_3^-, corresponde al método más útil para la evaluación de las alteraciones ácido-base. Debido a que tiene una gran sensibilidad, es simple, fisiológico y permite dar explicación a los sucesos ácido-base que ocurren en el organismo.

20.4 El SID no sería un determinante del pH

El SID es utilizado en el método de Stewart como parámetro "independiente" en la evaluación de trastornos ácido-base (Capítulo 19).

Es cierto que una diferencia de iones fuertes se asocia a cambios en el pH. Pero esta situación no es la causa, sino la consecuencia de una perturbación que llevó a esa diferencia iónica.

Si en una solución se agrega NaCl se disocia en iones fuertes resultando un SID de 0 y no varía el pH. Para que exista un SID distinto de 0 debe agregarse o quitarse moléculas que aportan un ion fuerte más un ion débil a la solución (moléculas tipo B). Solo de esta forma se genera una diferencia entre iones fuertes. Estas moléculas, que hemos llamado tipo B, son ácidos o bases fuertes. El SID es producto de la adición o sustracción heterogénea de ácidos o bases fuertes a la solución.

En el caso del plasma humano existe una predominancia de cationes fuertes (especialmente Na^+) por sobre los aniones. Esta situación se debe a que la función renal constantemente añade una base fuerte a la solución: $NaHCO_3$. Si la reabsorción de volumen a nivel renal no fuese heterogénea, el Na^+ podría ir acompañado de la misma cantidad de Cl^-. Esto no ocurre, porque se elimina proporcionalmente más Cl^- en la orina. El efecto de excretar una orina ácida con Cl^- es la eliminación de HCl (o NH_4^+ + Cl^-). Así, existe constantemente una adición de catión fuerte y eliminación de anión fuerte en condiciones que respetan el principio de electroneutralidad.

El SID resultante es un efecto secundario de la reabsorción/generación de HCO_3^- y eliminación de H^+ a nivel renal.

20.5 Conclusiones

Los trastornos ácido-base son uno de los campos más complejos de la práctica médica. Existe gran controversia respecto a la forma más adecuada para interpretar estos trastornos. El método tradicional ha sido el más empleado debido a su simpleza, utilidad y años de trayectoria que abalan su eficiencia para la interpretación de las alteraciones ácido-base.

El entendimiento y enfrentamiento de los trastornos ácido-base requiere un dominio transversal del tema; desde los conocimientos de química básica hasta un acabado manejo de la fisiología y fisiopatología renal y respiratoria. Integrando todo con el cuadro clínico del paciente más los parámetros de laboratorio. Solo así, es posible unificar todas las variantes para dilucidar el problema real del paciente.

Métodos alternativos al tradicional para la interpretación de las patologías ácido-base, constituyen la medición del exceso de base y el modelo físico-químico de Stewart. La principal diferencia entre todos estos métodos radica en la evaluación del componente metabólico. Todos utilizan la $PaCO_2$ para evaluar el componente respiratorio. En el análisis del componente metabólico el método tradicional utiliza el bicarbonato plasmático, mientras que se usa el exceso de base en el método que lleva su nombre. El modelo físico-químico emplea conceptos nuevos, complejos y laboriosos, sustentados por principios matemáticos, químicos y físicos.

Sin embargo, ningún método ha logrado dar explicación ni entregar la magnitud exacta de todas las alteraciones observadas. Esto se debe a la gran complejidad que posee el organismo humano, son múltiples los factores que interactúan dificultando la interpretación. Por esto, lo que se necesita es un método simple y eficiente que logre orientar al clínico, para diagnosticar los trastornos y decidir el tratamiento correcto.

Los trastornos ácido-base acompañan a otras patologías subyacentes, por lo que el tratamiento de estas solucionará el trastorno. Sin embargo, cuando la alteración es muy severa se debe actuar agresivamente. Ya que los cambios excesivos del pH inducen alteraciones en la función celular y pueden precipitar una condición de gravedad.

La finalidad última de la interpretación ácido-base es lograr establecer el diagnóstico del proceso mórbido que afecta el paciente. Un correcto diagnóstico ácido-base nos permitirá detectar la patología causal, darle tratamiento oportuno, y así, revertir las consecuencias negativas que generan, tanto la enfermedad subyacente, como las alteraciones ácido-base en el organismo.

21. Ejercicios de interpretación ácido-base

La vida celular es posible únicamente en un rango estrecho de pH, ya que la alta reactividad de H^+ e OH^- afecta la estructura y funcionamiento de todos los componentes celulares (Capítulos 1, 2 y 3). Irónicamente, los ácidos son necesarios para viabilidad celular, porque desde ellos se obtiene la energía requerida para todos los procesos celulares (Capítulo 7). Por este motivo, evolutivamente se ha desarrollado un sistema extremadamente complejo, encargado de mantener la homeostasis ácido-base mediante mecanismos de "detección", "amortiguación" y "respuesta" (Capítulos 3, 5, 6 y 8). No existe otro parámetro del medio interno que tenga tal nivel de exhaustividad en su regulación. De hecho, basta que alguno de estos mecanismos homeostáticos no funcione adecuadamente para que surjan graves trastornos ácido-base.

El componente cardinal de la homeostasis ácido-base es el sistema CO_2/HCO_3^-, el cuál ha sido estratégicamente seleccionado por la evolución. El catabolismo de ácidos orgánicos produce CO_2, de manera que este compuesto representa la vía final de eliminación de todos los ácidos orgánicos (Capítulos 5 y 7). La sangre se ha "adaptado" para transportar eficientemente CO_2 y eliminarlo a través de la membrana alvéolo-capilar, por lo que se dice que es un ácido "abierto al aire" (Capítulo 5). Asociado a esto, la función renal reabsorbe y genera masivamente HCO_3^-, para invertir la reacción química del CO_2/HCO_3^-. Es decir, el CO_2/HCO_3^- se produce en las células para ser excretado mediante la función respiratoria, y al tiempo que se transporta, se invierte su reacción química permitiendo que, además actúe como un *buffer* (Capítulos 2, 3, 5 y 6). Por lo anterior, el sistema CO_2/HCO_3^- es altamente prevalente en todos los compartimentos corporales. Esto obliga a que toda perturbación ácido-base "modifique" sus valores. Así, el organismo le agrega otra función a este sistema: lo utiliza para "detectar" perturbaciones ácido-base (Capítulos 5 y 6). Como la función renal y respiratoria regulan la cantidad corporal de CO_2, H^+ y HCO_3^-; serán los mecanismos de "respuesta" ante cada perturbación (Capítulos 5, 6 y 8). Nuevamente, modificando los componentes del sistema CO_2/HCO_3^- se regula la homeostasis ácido-base.

La interpretación ácido-base se sustenta en "copiar" lo que hace el organismo humano, es decir, analizar los componentes del sistema CO_2/HCO_3^-, para luego, evaluar la eficacia de la respuesta homeostática. Lamentablemente, este método valora el "efecto neto" de todas las perturbaciones ácido-base sobre el equilibrio químico del agua corporal. Por lo tanto, la forma de encontrar cada tipo de perturbación ácido-base es teniendo un dominio y conocimiento amplio del tema ácido-base, contar con toda la información clínica del paciente, estar al tanto de distintos métodos de interpretación y emplear herramientas para el diagnóstico diferencial (Capítulos 8, 9, 10, 11, 12, 13 y 14, 18 y 19). El principal objetivo de la interpretación ácido-base es poder diagnosticar enfermedades que producen trastornos ácido-base, para poder darles tratamiento, y así, evitar las graves consecuencias de la acidemia o alcalemia.

21.1 Ejercicios nivel 1. Diagnóstico ácido-base

Para los siguientes casos clínicos defina el trastorno primario, la compensación y el diagnóstico ácido-base. Los primeros tres casos serán ejemplos para usar como referencia en el desarrollo de ejercicios. Se recomienda utilizar el esquema de la Figura 58 por su simplicidad y efectividad.

Para los exámenes de gases arteriales se considera como valores normales los siguientes:

- *pH 7,4 (7,36 – 7,44)*
- *HCO_3^- plasmático 24 mEq/L (22 – 26)*
- *$PaCO_2$ 40 mmHg (36 – 44)*

Todas las reglas de compensación y herramientas para evaluación de trastornos ácido-base están elaboradas suponiendo muestras adecuadamente obtenidas en sangre arterial (Capítulo 4). En el caso de muestras obtenidas desde sangre venosa se extrapolan las mismas fórmulas de compensación

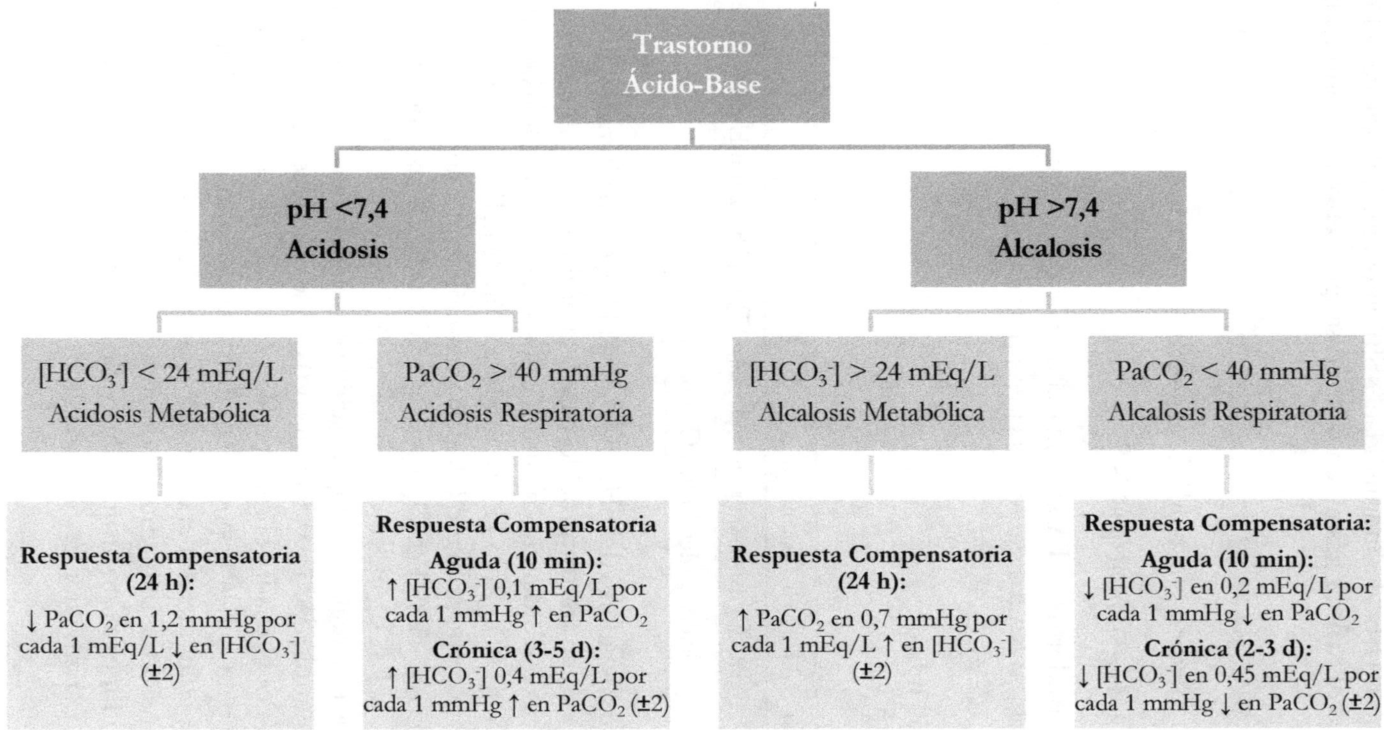

Figura 58. Interpretación trastornos ácido-base.

cambiando los parámetros de "normalidad". Sin embargo, la interpretación pierde sensibilidad al utilizar gases venosos. En sangre venosa se consideran valores normales:

- *pH 7,38 (7,34–7,42)*
- *HCO_3^- plasmático 26 mEq/L (24–28)*
- *$PaCO_2$ 45–46 mmHg (42–50)*

1. Paciente portador de HTA secundaria de larga data. En exámenes de control se objetivan los siguientes gases arteriales:

   a. pH 7,5
   b. HCO_3^- 38 mEq/L
   c. $PaCO_2$ 50 mmHg

Trastorno primario:	Alcalosis Metabólica
Compensación:	$PaCO_2$ esperada = 40+[(38–24)·0,7] = 49,8 ±2 mmHg
Diagnóstico:	Alcalosis Metabólica Compensada

Explicación: tanto los valores del pH, HCO_3^- y $PaCO_2$ están alterados, lo que indica la presencia de un trastorno ácido-base (Capítulo 8). Al evaluar los parámetros se observa concordancia con una alcalosis metabólica (elevación del pH, HCO_3^- y $PaCO_2$) (Capítulo 11). La modificación de la $PaCO_2$ debiera ser compensatoria al trastorno primario (alcalosis metabólica). Lo anterior se comprueba mediante la ecuación: $PaCO_2$ esperada = 40 + (HCO_3^- medido–24)·0,7 (±2). En este caso la $PaCO_2$ esperada resulta en 49,8 ±2 mmHg. Luego, debemos considerar que esta regla de compensación considera la máxima respuesta ventilatoria (al estímulo dado por el trastorno) que se establece a las 24 horas del inicio de este. Por el cuadro clínico podemos deducir que sí ha ocurrido el tiempo suficiente para que la respuesta compensatoria sea máxima. Como el valor del paciente coincide con el estimado establecemos que el trastorno se encuentra compensado. Finalmente, el diagnóstico será alcalosis metabólica compensada (sinónimos a esto último son: alcalosis metabólica pura, Alcalosis metabólica con compensación respiratoria completada o adecuada).

2. Paciente hombre de 42 años con antecedentes de depresión. Comete un intento suicida consumiendo 30 g de ácido acetil salicílico. Al día siguiente es encontrado por familiares quienes lo llevan a urgencias. Sus exámenes de gases arteriales son los siguientes:

a. pH 7,38
b. HCO_3^- 12 mEq/L
c. $PaCO_2$ 21 mmHg

Trastorno primario:	Acidosis metabólica
Compensación:	$PaCO_2$ esperada = 40 – [(24–12)·1,2] = 25,6 ±2 mmHg
Diagnóstico:	Trastorno mixto: acidosis metabólica más alcalosis respiratoria

Explicación: el pH prácticamente se encuentra en rango normal, pero no el HCO_3^- ni la $PaCO_2$. La alteración de alguno de estos parámetros indica la presencia de un trastorno ácido-base. El importante resaltar que la compensación a un trastorno, generalmente, no normaliza el pH. Por lo tanto, se debe sospechar un trastorno mixto desde el principio en este caso. El pH levemente bajo sumado a un HCO_3^- muy disminuido, indican una acidosis metabólica. La disminución de la $PaCO_2$ ocurre en el sentido de una compensación respiratoria. Como ha pasado el tiempo suficiente para la respuesta ventilatoria (según lo descrito en el caso clínico), la $PaCO_2$ esperada para esta acidosis metabólica debiera estar en el rango de 23,6 a 27,6 mmHg. En este caso la $PaCO_2$ es inferior a ese rango. Es decir, la ventilación alveolar es mayor que la correspondiente al grado de acidosis metabólica. Esto no ocurre por una "sobrecompensación", sino que es un trastorno agregado. En suma, decimos que existe una acidosis metabólica más una alcalosis respiratoria (ambos trastornos son provocados por la intoxicación por salicilatos) (Capítulo 14).

Se debe resaltar que la utilización de las reglas de compensación permite detectar las alteraciones específicas en un trastorno mixto. El uso del nomograma ácido-base no permite dilucidar qué trastornos específicos afectan al paciente. Por lo anterior, se recomienda usar las fórmulas de compensación esperada (Capítulo 8).

3. Mujer de 18 años, con antecedentes de trastorno bipolar. Luego de finalizar una relación con su pareja presenta crisis de pánico. En las horas siguientes consulta a urgencias. Se realiza exámenes donde solo existe alteración de sus gases arteriales:

a. pH 7,5
b. HCO_3^- 19 mEq/L
c. $PaCO_2$ 25 mmHg

Trastorno primario:	Alcalosis respiratoria
Compensación:	HCO_3^- esperado agudo = 24 – [(40 – 25)·0,2] = 21 mEq/L HCO_3^- esperado crónico = 24 – [(40 – 25)·0,5] = 16,5 ±2 mEq/L
Diagnóstico:	Alcalosis respiratoria con compensación incompleta

Explicación: la alteración del pH, HCO_3^- y/o $PaCO_2$ indica la presencia de un trastorno ácido-base. En este caso, la elevación del pH asociado a una disminución de la $PaCO_2$ es concordante con una alcalosis respiratoria (Capítulo 10). La disminución del HCO_3^- se encuentra en el sentido de una respuesta compensatoria metabólica. Es fundamental recordar que la temporalidad de una compensación metabólica tiene dos momentos: primero una respuesta aguda en donde no existe realmente una compensación, sino un redireccionamiento químico por efecto *buffer*; y una respuesta crónica en la cual actúa la función renal para restaurar las alteraciones ácido-base (Capítulo 8). Esta última compensación puede tomar dos a tres días en completarse (del mismo modo, toma tiempo en desmontar esta respuesta). En este caso, la compensación aguda ocurre solo por efecto químico, es decir, el HCO_3^- esperado tiende a ser un valor exacto (por lo que no se aplica la regla del rango ±2). Como el HCO_3^- del paciente (19 mEq/L) es inferior al HCO_3^- esperado agudo (21 mEq/L), deducimos que el aumento del HCO_3^- se debe a una respuesta *buffer* más actividad metabólica (renal). Por el cuadro clínico podemos concluir la misma situación, ya que la temporalidad de la respuesta compensatoria aguda se establece en los primeros 10 minutos de instaurado un trastorno; en este caso ya han pasado algunas horas.

Luego, si analizamos la respuesta crónica esperable, el HCO_3^- debiera disminuir a un valor entre 14,5 a 18,5 mEq/L. Como no ha transcurrido el tiempo suficiente para que se complete la respuesta renal, el HCO_3^- aún no es lo suficientemente bajo.

Con la evaluación del caso clínico es posible sospechar que se trata de una alcalosis respiratoria con compensación incompleta (o en vías de compensación). Si no se considera el cuadro clínico, no es posible diferenciar si el trastorno es una alcalosis respiratoria con compensación incompleta versus una alcalosis respiratoria más acidosis metabólica (esto último por una eventual compensación metabólica deficiente).

4. Paciente mujer de 60 años, fumadora desde la juventud y portadora de Enfermedad Pulmonar Obstructiva Crónica debida al tabaquismo. Ingresa por cuatro días de dificultad respiratoria a urgencias con los siguientes gases arteriales:

    a. pH 7,34
    b. HCO_3^- 36 mEq/L
    c. $PaCO_2$ 68 mmHg

Trastorno primario:	
Compensación:	
Diagnóstico:	

5. Hombre de 48 años, hipertenso, con antecedente de una nefropatía por IgA avanzada. En plan de iniciar hemodiálisis. Consulta por disnea y fatigabilidad de mínimos esfuerzos. Se objetiva anemia y falla renal severa. Sus gases arteriales son los siguientes:

    a. pH 7,23
    b. HCO_3^- 8 mEq/L
    c. $PaCO_2$ 19,6 mmHg

Trastorno primario:	
Compensación:	
Diagnóstico:	

6. El paciente del caso anterior es hospitalizado. Por una anemia severa con hemoglobina de 5 g/dL (Hematocrito de 15%), se transfunde glóbulos rojos. Además, se aporta $NaHCO_3$ intravenoso y se instala un catéter de hemodiálisis iniciando prontamente terapia de reemplazo renal. Al día siguiente se controlan nuevamente exámenes. Sus gases arteriales muestran:

a. pH 7,36
b. HCO_3^- 15,3 mEq/L
c. $PaCO_2$ 27,6 mmHg

Trastorno primario:	
Compensación:	
Diagnóstico:	

7. Paciente de 18 años sano, proveniente del campo. Se realiza exámenes generales en un centro médico rural. Los exámenes obtenidos son refrigerados y transportados a la ciudad más cercana. Se informa que se debe enviar nueva muestra por coagulación de esta, pero afortunadamente fue posible evaluar un examen de gases venosos:

a. pH 7,3
b. HCO_3^- 25,2 mEq/L
c. $PaCO_2$ 52 mmHg

Trastorno primario:	
Compensación:	
Diagnóstico:	

8. Paciente de 30 años, diabético tipo 1. Cursando un cuadro infeccioso respiratorio consulta en urgencias por deshidratación, hiperglicemia severa y dolor abdominal. Entre sus exámenes destacan los siguientes gases arteriales:

a. pH 7,3
b. HCO_3^- 12 mEq/L
c. $PaCO_2$ 25 mmHg

Trastorno primario:	
Compensación:	
Diagnóstico:	

9. Hombre de 65 años sin enfermedades importantes, luego de jubilar decide de radicarse a vivir en las montañas. Durante el mes siguiente presenta cefaleas y malestar continuo. Luego de recibir evaluación médica, se toman múltiples exámenes de sangre entre los que destacan los siguientes gases arteriales:

a. pH 7,39
b. HCO_3^- 13,5 mEq/L
c. $PaCO_2$ 23 mmHg

Trastorno primario:	
Compensación:	
Diagnóstico:	

10. Paciente de 65 años, con antecedentes de Enfermedad Renal Crónica en etapa terminal pronto a iniciar diálisis. Es llevado a urgencias por presentar un episodio convulsivo que sede luego de varias dosis de anticonvulsivantes. En sus exámenes destacan los siguientes gases arteriales:

a. pH 6,84
b. HCO_3^- 6 mEq/L
c. $PaCO_2$ 32 mmHg

Trastorno primario:	
Compensación:	
Diagnóstico:	

11. Paciente mujer de 71 años con antecedentes de HTA, hipotiroidismo y diabetes mellitus tipo 2. Presenta cuadro de infección urinaria baja por el cual no consulta inicialmente. En la semana siguiente, el cuadro progresa con fiebre, compromiso del estado general y dolor lumbar. Consulta a urgencias donde se objetiva taquicárdica, mal perfundida e hipotensa. En sus exámenes de gases arteriales destaca lo siguiente:

a. pH 7,33
b. HCO_3^- 14 mEq/L
c. $PaCO_2$ 27 mmHg

Trastorno primario:	
Compensación:	
Diagnóstico:	

12. Paciente hombre de 56 años, tabáquico, obeso con antecedentes de Enfermedad Pulmonar Obstructiva Crónica y usuario de oxígeno domiciliario (1 L/m). Estando en su hogar aumenta la disnea habitual por lo que incrementa su oxigenoterapia a 4 L/m. Por persistencia de los síntomas consulta a urgencias donde destacan los siguientes gases arteriales:

a. pH 7,32
b. HCO_3^- 36 mEq/L
c. $PaCO_2$ 72 mmHg

Trastorno primario:	
Compensación:	
Diagnóstico:	

13. El paciente anterior es conectado a ventilación mecánica no invasiva. Al día siguiente, sus gases arteriales son los siguientes:

a. pH 7,54
b. HCO_3^- 34 mEq/L
c. $PaCO_2$ 51 mmHg

Trastorno primario:	
Compensación:	
Diagnóstico:	

14. Paciente de 25 años sin antecedentes mórbidos. Para cuidar su salud consume una dieta vegetariana, además de suplementos vitamínicos-minerales: calcio, magnesio, vitamina D y derivados de vitamina B. Se realiza exámenes generales donde aparece hipercalcemia. Para completar estudio se realiza niveles de PTH que resultan bajos, 25-OH-vitamina D levemente elevada, fosfatemia normal, albúmina plasmática normal y calcemia elevada. Sus gases venosos muestran lo siguiente:

a. pH 7,41
b. HCO_3^- 30 mEq/L
c. $PvCO_2$ 49 mmHg

Trastorno primario:	
Compensación:	
Diagnóstico:	

15. Hombre sano de 32 años se realiza exámenes de control general. En sus gases venosos destaca:

a. pH 7,39
b. HCO_3^- 25,6 mEq/L
c. $PvCO_2$ 42,9 mmHg

Trastorno primario:	
Compensación:	
Diagnóstico:	

16. Paciente de 25 años con antecedente de consumo de drogas alucinógenas. Luego de una sobredosis de drogas presenta episodio de despersonalización, ansiedad extrema y sensación de muerte inminente por lo que consulta a urgencias. En sus exámenes de gases venosos destaca lo siguiente:

a. pH 7,68
b. HCO_3^- 18,9 mEq/L
c. $PvCO_2$ 16 mmHg

Trastorno primario:	
Compensación:	
Diagnóstico:	

17. El paciente del caso anterior recibe sedantes y ansiolíticos para manejar el cuadro. Se logra mitigar el estado de ansiedad y agitación. El control con gases venosos objetiva:

a. pH 7,44
b. HCO_3^- 25,1 mEq/L
c. $PvCO_2$ 37 mmHg

Trastorno primario:	
Compensación:	
Diagnóstico:	

18. Hombre de 60 años con antecedentes de alcoholismo crónico y cirrosis por esta causa. Se hospitaliza para realizar una paracentesis evacuadora. Evoluciona con delirium y agitación. Se controlan exámenes entre los que destacan sus gases arteriales:

a. pH 7,56
b. HCO_3^- 28 mEq/L
c. $PaCO_2$ 32 mmHg

Trastorno primario:	
Compensación:	
Diagnóstico:	

19. Mujer de 15 años con antecedente de síndrome de Bartter (Capítulo 11). Presenta un cuadro gastrointestinal de tres días de evolución con vómitos alimentarios sin elementos patológicos. Requiere hospitalización para hidratación. En sus exámenes de ingreso destacan los siguientes gases arteriales:

a. pH 7,59
b. HCO_3^- 56 mEq/L
c. $PaCO_2$ 60 mmHg

Trastorno primario:	
Compensación:	
Diagnóstico:	

20. Hombre de 56 años con antecedente de Fibrosis Pulmonar Idiopática diagnosticada hace tres años. Usuario de oxígeno domiciliario 1 L/m. Se hospitaliza por cuadro de insuficiencia respiratoria global requiriendo aportes considerables de oxígeno. Se interpreta como causa descompensante un episodio de congestión pulmonar, por lo que se administra tratamiento depletivo con diuréticos. En exámenes de control presenta los siguientes gases arteriales:

a. pH 7,41
b. HCO_3^- 35 mEq/L
c. $PaCO_2$ 57 mmHg

Trastorno primario:	
Compensación:	
Diagnóstico:	

21. Paciente de 30 años hospitalizado en UCI luego de un politraumatismo grave por accidente automovilístico. Sufrió fractura de pelvis inestable más fractura de fémur. Ingresó con shock hipovolémico-hemorrágico. Requirió una intensa volemización, transfusiones y cirugía de estabilización. Actualmente, luego de dos días de evolución, continúa conectado a ventilación mecánica, con falla renal, hemodinamia en mejoría. Sus gases arteriales de control son los siguientes:

a. pH 7,39
b. HCO_3^- 12 mEq/L
c. $PaCO_2$ 20,5 mmHg

Trastorno primario:	
Compensación:	
Diagnóstico:	

21.2 Ejercicios nivel 1. Respuestas

4. Paciente mujer de 60 años, fumadora desde la juventud y portadora de Enfermedad Pulmonar Obstructiva Crónica debida al tabaquismo. Ingresa por cuatro días de dificultad respiratoria a urgencias con los siguientes gases arteriales:

   a. pH 7,34
   b. HCO_3^- 36 mEq/L
   c. $PaCO_2$ 68 mmHg

Trastorno primario:	Acidosis respiratoria
Compensación:	HCO_3^- esperado agudo = 24 + [(68−40)·0,1] = 26,8 HCO_3^- esperado crónico = 24 + [(68−40)·0,4] = 35,2 ±2
Diagnóstico:	Acidosis respiratoria crónica compensada

Explicación: La alteración del pH, HCO_3^- y $PaCO_2$, indican un trastorno ácido-base. En este caso, el pH bajo concuerda con el incremento de la $PaCO_2$ para configurar una acidosis respiratoria (Capítulo 9). El aumento del HCO_3^- sugiere compensación metabólica. El cuadro clínico tiene al menos cuatro días, tiempo en que la compensación metabólica puede completarse. Al analizar la fórmula se evidencia que la $PaCO_2$ de la paciente está en el rango esperado. Por lo tanto, se trata de un trastorno puro; una acidosis respiratoria compensada (Capítulo 8).

5. Hombre de 48 años, hipertenso, con antecedente de una nefropatía por IgA avanzada. En plan de iniciar hemodiálisis. Consulta por disnea y fatigabilidad de mínimos esfuerzos. Se objetiva anemia y falla renal severa. Sus gases arteriales son los siguientes:

a. pH 7,23
b. HCO_3^- 8 mEq/L
c. $PaCO_2$ 19,6 mmHg

Trastorno primario:	Acidosis metabólica
Compensación:	$PaCO_2$ esperada = 40−[(24−8)·1,2] = 20,8 ±2
Diagnóstico:	Acidosis metabólica compensada

Explicación: Tanto los gases como el cuadro clínico son compatibles con una acidosis metabólica. Debido a que es un trastorno crónico la compensación respiratoria debiera ser completa. Efectivamente, la respuesta respiratoria es la esperada según el rango estimado (18,8 a 22,8) (Capítulo 8). Por lo tanto, el diagnóstico es una acidosis metabólica compensada (Capítulo 12 y 14).

6. El paciente del caso anterior es hospitalizado. Por una anemia severa con Hemoglobina de 5 g/dL (Hematocrito de 15%), se transfunde glóbulos rojos. Además, se aporta $NaHCO_3$ intravenoso y se instala un catéter de hemodiálisis iniciando prontamente terapia de reemplazo renal. Al día siguiente se controla nuevamente exámenes. Sus gases arteriales muestran:

a. pH 7,36
b. HCO_3^- 15,3 mEq/L
c. $PaCO_2$ 27,6 mm Hg

Trastorno primario:	Acidosis metabólica
Compensación:	$PaCO_2$ esperada = 40–[(24–15)·1,2] = 29,6 ±2
Diagnóstico:	Acidosis metabólica compensada

Explicación: El paciente arrastra una acidosis metabólica ya descrita en el caso anterior. Sin embargo, por el cuadro clínico, el trastorno debiera ser mixto, ya que se está adicionando una alcalosis metabólica. La presencia de transfusión de hemoderivados con citrato, aporte de $NaHCO_3$ intravenoso y realización de hemodiálisis; implican un gran aporte de bases (alcalosis metabólica) (Capítulo 11). El sistema respiratorio compensa según las alteraciones del medio interno, y en este caso habrá un ascenso del pH lo que disminuirá la intensidad de la respuesta ventilatoria. Como la compensación respiratoria se completa prontamente, aparece un trastorno puro, ya que la $PaCO_2$ esperada se encuentra en el rango calculado (27,6 a 31,6) (Capítulo 8).

Este caso evidencia la limitación de evaluar solo los parámetros gasométricos para definir un trastorno ácido-base. Es fundamental conocer el cuadro clínico y utilizar herramientas complementarias. En este ejemplo, la determinación del ΔΔ Ratio permitiría descubrir la naturaleza del trastorno mixto. Este caso será reevaluado en los ejercicios de Nivel 3.

7. Paciente de 18 años sano, proveniente del campo. Se realiza exámenes generales en un centro médico rural. Los exámenes obtenidos son refrigerados y transportados a la ciudad más cercana. Se informa que se debe enviar nueva muestra por coagulación de esta, pero afortunadamente fue posible evaluar un examen de gases venosos.

a. pH 7,31
b. HCO_3^- 27,2 mEq/L
c. $PvCO_2$ 56 mmHg

Trastorno primario:	Acidosis respiratoria
Compensación:	HCO_3^- esperado agudo = 26 + [(56−45)·0,1] = 27,1 HCO_3^- esperado crónico = 26 + [(56−45)·0,4] = 30,4 ±2
Diagnóstico:	Acidosis respiratoria aguda compensada

Explicación: La disminución del pH junto al aumento de la $PvCO_2$, indican una acidosis respiratoria; mientras el aumento del HCO_3^- plasmático va en línea con una respuesta compensatoria (Capítulo 8). Es importante resaltar que en este caso la muestra de gases es venosa, por lo que se utilizan parámetros de normalidad distintos, pero las reglas de compensación siguen siendo las mismas. El HCO_3^- del paciente concuerda con una compensación metabólica aguda, es decir, una redireccionamiento químico por actividad *buffer* (Capítulo 9). En la práctica los trastornos ácido-base agudos son una evaluación de la calidad de la muestra (Capítulo 4 y 18). Como la respuesta aguda se completa a los 10 minutos del trastorno, realmente se está evaluando si la muestra tiene un exceso o déficit de CO_2. Es importante resaltar que para la respuesta compensatoria metabólica aguda no existe un rango esperable (±2), esto se debe a que como se sustenta en reacciones químicas los valores esperados tienden a ser exactos.

Al analizar el caso clínico se observa que se trata de un paciente sano con una muestra de gases mal tomada y transportada (Capítulo 4). Tanto la coagulación de esta como un procesamiento retardado (por transporte prolongado), producen acumulación de CO_2 lo que provoca una "acidosis respiratoria". Nuevamente, evaluando solo los gases el diagnóstico sería una acidosis respiratoria aguda compensada, sin embargo, al analizar el cuadro clínico podemos especular que realmente no hay un trastorno real y la alteración solo se debe a un manejo inadecuado de la muestra.

Otros métodos para evaluar la calidad de la muestra (al igual que los trastornos ácido-base respiratorios agudos), son el análisis del HCO_3^- estándar y el exceso de base (Capítulo 18). Ambos serán utilizados en los ejercicios de Nivel 3.

8. Paciente de 30 años, diabético tipo 1. Cursando un cuadro infeccioso respiratorio consulta en urgencias por deshidratación, hiperglicemia severa y dolor abdominal. Entre sus exámenes destacan los siguientes gases arteriales.

a. pH 7,3
b. HCO_3^- 12 mEq/L
c. $PaCO_2$ 25 mmHg

Trastorno primario:	Acidosis metabólica
Compensación:	$PaCO_2$ esperada = 40−[(24−12)·1,2] = 25,6 ±2
Diagnóstico:	Acidosis metabólica compensada

Explicación: El cuadro clínico y las alteraciones en los gases arteriales son compatibles con una acidosis metabólica. La disminución de la $PaCO_2$ está de acuerdo a la compensación ventilatoria la cual cumple el rango esperado. La temporalidad del trastorno debiera permitir que se complete la respuesta respiratoria.

9. Hombre de 65 años sin enfermedades importantes, luego de jubilar decide radicarse a vivir en las montañas. Durante el mes siguiente presenta cefaleas y malestar continuo. Luego de recibir evaluación médica, se toman múltiples exámenes de sangre entre los que destacan los siguientes gases arteriales.

a. pH 7,39
b. HCO_3^- 13,5
c. $PaCO_2$ 23 mmHg

Trastorno primario:	Acidosis metabólica
Compensación:	$PaCO_2$ esperada = 40 − [(24−13,5)·1,2] = 27,4 ±2
Diagnóstico:	Trastorno mixto: acidosis metabólica + alcalosis respiratoria

Explicación: Este caso nuevamente demuestra que la evaluación aislada de parámetros gasométricos es insuficiente para un diagnóstico ácido-base y es necesario contar con los elementos de la historia. La mínima disminución del pH junto a un gran descenso del HCO_3^-, sugieren una acidosis metabólica. Pero además, la $PaCO_2$ también se encuentra muy disminuida. Siempre, valores del HCO_3^- y PCO_2 muy alterados asociados a un pH "normal" deben hacer sospechar un trastorno mixto en donde 2 o más condiciones se antagonizan entre ellas produciendo esta "normalización" del pH. Al evaluar la respuesta compensatoria respiratoria esperable para una acidosis metabólica podemos notar que la compensación es inadecuadamente excesiva. Por otro lado, si hubiésemos pensado que el trastorno primario es una alcalosis respiratoria, dado la cronicidad del cuadro; la respuesta metabólica habría sido: HCO_3^- esperado crónico = 24−[(40−23)·0,45] = 16,4 ±2. En esta última condición la compensación metabólica también parece inadecuadamente excesiva. De hecho, el HCO_3^- tiende a descender en 0,4 a 0,5 unidades por cada 1 mmHg que disminuye la $PaCO_2$ (Capítulos 8 y 10).

Para resolver esta discordancia es necesario analizar el cuadro clínico. Como el paciente se encuentra en altura donde hay menor PO_2, la hiperventilación debiera originar una alcalosis respiratoria crónica. La compensación nunca logra normalizar el pH porque depende del trastorno para existir. Sin embargo, en la alcalosis respiratoria crónica se agrega una acidosis láctica (producto de exacerbación de glicólisis anaeróbica celular, inhibición de la fosforilación oxidativa y mayor afinidad de la Hb por el O_2 disminuyendo su entrega tisular). Todo lo anterior, es consecuencia de la alcalosis extra e intracelular. Para objetivarlo es necesario medir lactato (Capítulo 10).

Por lo tanto, la compensación metabólica a una alcalosis respiratoria crónica NO normaliza el pH (Capítulo 8). Sino que se agrega una acidosis metabólica (trastorno mixto) lo que permite esta "pseudonormalización" del pH (Capítulo 10).

10. Paciente de 65 años, con antecedentes de enfermedad renal crónica en etapa terminal pronto a iniciar diálisis. Es llevado a urgencias por presentar un episodio convulsivo que sede luego de varias dosis de anticonvulsivantes. En sus exámenes destacan los siguientes gases arteriales.

a. pH 6,84
b. HCO_3^- 6 mEq/L
c. $PaCO_2$ 32 mmHg

Trastorno primario:	Acidosis metabólica
Compensación:	$PaCO_2$ esperada = 40−[(24−6)·1,2] = 18,4 ±2
Diagnóstico:	Trastorno mixto: acidosis metabólica más acidosis respiratoria

Explicación: La disminución del pH y HCO_3^- plasmáticos son sugerentes de una acidosis metabólica. Por la temporalidad del cuadro clínico, la respuesta ventilatoria debiera ser completa. Sin embargo, no concuerda con el rango esperado (16,4 a 20,4). Probablemente, el estado de compromiso de conciencia sumado a fármacos sedantes, propician un estado de hipoventilación generando la acidosis respiratoria agregada. Por lo anterior, la acidosis es muy severa (Capítulos 8, 9 y 12).

11. Paciente mujer de 71 años con antecedentes de HTA, hipotiroidismo y diabetes mellitus tipo 2. Presenta cuadro de infección urinaria baja por el cual no consulta inicialmente. En la semana siguiente, el cuadro progresa con fiebre, compromiso del estado general y dolor lumbar. Consulta a urgencias donde se objetiva taquicárdica, mal perfundida e hipotensa. En sus exámenes de gases arteriales destaca lo siguiente:

a. pH 7,33
b. HCO_3^- 14 mEq/L
c. $PaCO_2$ 27 mmHg

Trastorno primario:	Acidosis metabólica
Compensación:	$PaCO_2$ esperada = 40−[(24−14)·1,2] = 28 ±2
Diagnóstico:	Acidosis metabólica compensada

Explicación: Los gases son compatibles con una acidosis metabólica. La disminución de la $PaCO_2$ indica una respuesta ventilatoria compensatoria. Según fórmula de $PaCO_2$ esperada y temporalidad del cuadro, el trastorno está adecuadamente compensado (Capítulo 8).

12. Paciente hombre de 56 años, tabáquico, obeso con antecedentes de Enfermedad Pulmonar Obstructiva Crónica y usuario de oxígeno domiciliario (1 L/m). Estando en su hogar aumenta la disnea habitual por lo que incrementa su oxigenoterapia a 4 L/m. Por persistencia de los síntomas consulta a urgencias donde destacan los siguientes gases arteriales:

a. pH 7,32
b. HCO_3^- 36 mEq/L
c. $PaCO_2$ 72 mmHg

Trastorno primario:	Acidosis respiratoria
Compensación:	HCO_3^- esperado agudo = 24+[(72−40)·0,1] = 27,2 HCO_3^- esperado crónico = 24+[(72−40)·0,4] = 36,8 ±2
Diagnóstico:	Acidosis respiratoria crónica compensada

Explicación: Un pH bajo asociado al incremento de la $PaCO_2$, indican la presencia de acidosis respiratoria. El HCO_3^- aumentado está de acuerdo a una compensación metabólica al trastorno. Por la temporalidad de la historia, la compensación renal pudiera aún no haberse completado. Según la fórmula el HCO_3^- plasmático debiera estar entre 34,8 a 38,8. Por lo tanto, el trastorno está compensado (Capítulos 8 y 9).

13. El paciente anterior es conectado a ventilación mecánica no invasiva. Al día siguiente, sus gases arteriales son los siguientes:

a. pH 7,54
b. HCO_3^- 34 mEq/L
c. $PaCO_2$ 51 mmHg

Trastorno primario:	Alcalosis metabólica
Compensación:	$PaCO_2$ esperada = 40+[(34–24)·0,7] = 47 ±2
Diagnóstico:	Trastorno mixto: alcalosis metabólica más acidosis respiratoria

Explicación: Este caso nuevamente demuestra cómo la evaluación aislada de los gases no permite un diagnóstico ácido-base correcto, y que por tanto, es necesario conocer el cuadro clínico. Según el valor de los gases arteriales el trastorno primario sería una alcalosis metabólica (pH y HCO_3^- elevados). Sin embargo, sabemos porque es el mismo paciente que el trastorno inicial era una acidosis respiratoria. La instauración de ventilación mecánica no invasiva permite corregir la ventilación alveolar, así se elimina el exceso de CO_2. Lógicamente, lo anterior provocará disminución de la acidosis, sin embargo, el riñón aún no ha podido desmontar la respuesta compensatoria que estaba llevando a cabo. Por lo tanto, persistirá una alcalosis metabólica generada por el riñón quien elimina un exceso de H^+ y reabsorbe mucho HCO_3^- para el grado de alteración ácido-base existente. Este cuadro corresponde a la alcalosis metabólica post-hipercápnica (Capítulo 11).

Retomando el análisis gasométrico, al evaluar la respuesta compensatoria respiratoria el valor de la $PaCO_2$ no se corresponde con el rango esperado (45 a 49).Decimos que existe una acidosis respiratoria, porque la compensación no es suficiente. En estas situaciones la "compensación respiratoria" no se debe a una respuesta fisiológica, sino que está determinada por la programación médica del ventilador mecánico. Por lo tanto, podría existir una acidosis respiratoria, una alcalosis respiratoria o una compensación adecuada solo por efecto de los parámetros ventilatorios programados (Capítulos 8, 9 y 10).

14. Paciente de 25 años sin antecedentes mórbidos. Para cuidar su salud consume una dieta vegetariana, además de suplementos vitamínicos-minerales: calcio, magnesio, vitamina D y derivados de vitamina B. Se realiza exámenes generales donde aparece hipercalcemia. Para completar estudio se realiza niveles de PTH que resultan bajos, 25-OH-vitamina D levemente elevada, fosfatemia normal, albúmina plasmática normal y calcemia elevada. Sus gases venosos muestran lo siguiente:

a. pH 7,41
b. HCO_3^- 30 mEq/L
c. $PvCO_2$ 49 mmHg

Trastorno primario:	Alcalosis metabólica
Compensación:	$PvCO_2$ esperada = 45+[(30–26)·0,7] = 47,8 ±2
Diagnóstico:	Alcalosis metabólica compensada

Explicación: Este caso trata de una alcalosis metabólica asociada al consumo abundante de vegetales, vitamina D e hipercalcemia. Los gases son venosos por lo que los parámetros de normalidad cambian. El pH se encuentra elevado (pH normal venoso es 7,38), lo que asociado a un aumento del HCO_3^-, indican una alcalosis metabólica. Clínicamente, el trastorno es crónico, por lo que la compensación respiratoria debiera ser completa. Efectivamente, en este caso la $PvCO_2$ esperable debería estar entre 45,8 a 49,8 mmHg. Por lo tanto, se trata de una alcalosis metabólica compensada (Capítulos 8 y 11).

15. Hombre sano de 32 años se realiza exámenes de control general. En sus gases venosos destaca:

a. pH 7,39
b. HCO_3^- 25,6 mEq/L
c. $PvCO_2$ 42,9 mmHg

Trastorno primario:	Alcalosis respiratoria
Compensación:	HCO_3^- esperado agudo = 26−[(45−42,9)·0,2] = 25,58 HCO_3^- esperado crónico = 26−[(45−42,9)·0,45] = 25,06 ±2
Diagnóstico:	Alcalosis respiratoria aguda compensada

Explicación: Los parámetros gasométricos están cercanos a sus valores normales venosos. El aumento mínimo del pH con disminución de la $PvCO_2$ sugiere una alcalosis respiratoria como trastorno primario. Lo esperable es una disminución del HCO_3^- en respuesta compensatoria. Si consideramos la compensación aguda el resultado es exactamente el HCO_3^- esperado. Del mismo modo, el HCO_3^- del paciente se encuentra en el rango esperado para la compensación crónica (23,06 a 27,06 mEq/L).

Para dilucidar esta discordancia es necesario evaluar el caso clínico. Se trata de un paciente sano que se está realizando exámenes generales. Por lo anterior, no debiera tener trastornos ácido-base. Lo más probable es que no exista ningún trastorno ácido-base en este paciente. Dada la exactitud del HCO_3^- del paciente y la respuesta aguda química amortiguadora, se debe sospechar una alteración aguda del CO_2, y no, una patología crónica. El incremento agudo de la $PvCO_2$ bien podría ser por ansiedad del paciente al momento de tomar la muestra (hiperventilación) o al contacto con aire de la muestra de sangre (burbujas o sellado inadecuado). Esta última condición produce escape de CO_2 al ambiente simulando una acidosis respiratoria aguda compensada (Capítulos 4, 8 y 10).

Es importante resaltar que los trastornos ácido-base respiratorios agudos compensados generalmente corresponden a un error en la manipulación de la muestra.

16. Paciente de 25 años con antecedente de consumo de drogas alucinógenas. Luego de una sobredosis de drogas presenta episodio de despersonalización, ansiedad extrema y sensación de muerte inminente, por lo que consulta a urgencias. En sus exámenes de gases venosos destaca lo siguiente:

a. pH 7,68
b. HCO_3^- 18,9 mEq/L
c. $PvCO_2$ 16 mmHg

Trastorno primario:	Alcalosis respiratoria
Compensación:	HCO_3^- esperado agudo = 26–[(45–16)·0,2] = 20,2 HCO_3^- esperado crónico = 26–[(45–16)·0,45] = 12,95 ±2
Diagnóstico:	Alcalosis respiratoria con compensación incompleta

Explicación: Los gases venosos son compatibles con una alcalosis respiratoria (pH elevado con $PvCO_2$ disminuida). En respuesta compensatoria el HCO_3^- tiene que disminuir. Por reacciones químicas del extracelular, a los 10 minutos del trastorno el HCO_3^- debiera ser 20,2 mEq/L; mientras que luego de una compensación metabólica completa (tres días), el valor debería estar en torno a 12,95 ±2 mEq/L. En este caso, la presentación es aguda por lo que el redireccionamiento químico inicial ya ocurrió. En cambio, no ha pasado el tiempo suficiente para completar una respuesta metabólica crónica, incluso, quizás aún no ha iniciado. Es probable que el HCO_3^- haya disminuido ligeramente más que lo esperable al efecto químico del extracelular producto de la acción *buffer* del intracelular. Cuando hay una extracción excesiva de CO_2, el sistema CO_2/HCO_3^- se redirecciona hacia los reactantes ($CO_2 \leftarrow HCO_3^- + H^+$). La gran disminución en los H^+ provocará que otros *buffer* del extracelular se redireccionen hacia sus productos (Ej. Albúmina^H → Albúmina$^-$ + H^+). Este aumento de H^+ en el extracelular redireccionará aún más el sistema CO_2/HCO_3^- hacia los reactantes. Por lo tanto, el HCO_3^- disminuye un poco más que lo esperable solo al redireccionamiento químico del sistema CO_2/HCO_3^- (Capítulos 3 y 8).

La respuesta metabólica crónica incluye el efecto de los amortiguadores extracelulares, intracelulares y respuesta renal; sin embargo, llegará a estar completa (en equilibrio) aproximadamente en tres días. Por lo anterior solo podemos asegurar que el trastorno se trata de una alcalosis respiratoria con compensación incompleta.

17. El paciente del caso anterior recibe sedantes y ansiolíticos para manejar el cuadro. Se logra mitigar el estado de ansiedad y agitación. El control con gases venosos objetiva:

a. pH 7,44
b. HCO_3^- 25,1 mEq/L
c. $PvCO_2$ 37 mmHg

Trastorno primario:	Alcalosis respiratoria
Compensación:	HCO_3^- esperado agudo = 26−[(45−37)·0,2] = 24,4 HCO_3^- esperado crónico = 26−[(45−37)·0,45] = 22,4 ±2
Diagnóstico:	Alcalosis respiratoria con compensación incompleta

Explicación: Con el tratamiento el paciente deja de hiperventilar, quizás se encuentre hipoventilando, ya que tanto los sedantes, como la alcalemia y $PvCO_2$ disminuidas inhiben los centros ventilatorios. Así sube rápidamente la $PvCO_2$. Por lo tanto, se está evaluando al paciente en una condición dinámica, en donde el CO_2 está aumentando, produciendo cambios en todos los *buffers* del extracelular (Capítulos 3 y 8).

Los gases se corresponden nuevamente con una alcalosis respiratoria. Al evaluar la respuesta metabólica, el HCO_3^- del paciente es más alto que lo esperable tanto para una respuesta compensatoria aguda o crónica. Esta situación puede explicarse por acción de los amortiguadores extracelulares no-CO_2/HCO_3^-. Al aumentar rápidamente la concentración de H^+ por incremento del CO_2, ellos redirigen su reacción hacia los reactantes (Ej. $Albúmina^- + H^+ \rightarrow$ Albúmina^H). Esto genera una disminución en el H^+ extracelular provocando que el sistema CO_2/HCO_3^- se direccione aún más hacia los productos (con aumento del HCO_3^- y disminución del CO_2).

En suma, la evaluación de trastornos ácido-base cuando estos se encuentran en períodos dinámicos es más difícil y hay que considerar que las reglas de compensación constituyen estados de "equilibrio fisiológico" donde se han completado las respuestas homeostáticas. En la práctica, la interpretación ácido-base en períodos dinámicos debiera sustentarse en el cuadro clínico, y no en la estimación de respuestas compensatorias.

18. Hombre de sesenta años con antecedentes de alcoholismo crónico y cirrosis por esta causa. Se hospitaliza para realizar una paracentesis evacuadora. Evoluciona con delirium y agitación. Se controlan exámenes entre los que destacan sus gases arteriales:

a. pH 7,56
b. HCO_3^- 28 mEq/L
c. $PaCO_2$ 32 mmHg

Trastorno primario:	Trastorno mixto: alcalosis metabólica más alcalosis respiratoria
Compensación:	-
Diagnóstico:	Trastorno mixto: alcalosis metabólica más alcalosis respiratoria

Explicación: En este caso existe una alcalosis (por aumento del pH) que es explicable tanto por el incremento del HCO_3^- (metabólica) como por el descenso de la $PaCO_2$ (respiratoria). La alteración es evidente en primera instancia por lo que no se justifica intentar calcular respuestas compensatorias (Capítulo 8).

Al evaluar el cuadro clínico, hay varias condiciones que propician una alcalosis metabólica: principalmente la disminución de volumen circulatorio efectivo por el daño hepático, uso de diuréticos y paracentesis evacuadora. Todo lo anterior induce hiperaldosteronismo secundario (Capítulos 6 y 11).

Por otro lado, la alcalosis respiratoria es una alteración propia del daño hepático crónico avanzado. Si a esto se agrega un fenómeno de agitación por privación alcohólica o encefalopatía hepática descompensada; se exacerba la condición de alcalosis respiratoria (Capítulo 10).

19. Mujer de quince años con antecedente de síndrome de Bartter. Presenta un cuadro gastrointestinal de tres días de evolución con vómitos alimentarios sin elementos patológicos. Requiere hospitalización para hidratación. En sus exámenes de ingreso destacan los siguientes gases arteriales:

a. pH 7,59
b. HCO_3^- 56 mEq/L
c. $PaCO_2$ 60 mmHg

Trastorno primario:	Alcalosis metabólica
Compensación:	$PaCO_2$ esperada = 40+[(56–24)·0,7] = 62,4 ±2
Diagnóstico:	Alcalosis metabólica compensada

Explicación: La alteración en los gases es concordante con una alcalosis metabólica (pH y HCO_3^- elevados). El aumento de la $PaCO_2$ ocurre acorde una compensación respiratoria. Por tiempo del cuadro clínico, la respuesta ventilatoria debiera ser completa (Capítulo 8). Al analizar la $PaCO_2$ esperada, el valor de la paciente es más bajo que el rango esperado (60,4 a 64,4). En este caso la menor respuesta ventilatoria no se debe a una compensación deficiente, sino a que se alcanzó el máximo grado de compensación (Capítulo 8 y 11). La hipoventilación tiene un límite, y este es cuando aparece hipoxemia que estimula el centro ventilatorio. Por lo anterior, en compensación a una alcalosis metabólica la $PaCO_2$ puede ascender hasta un máximo de 55-60 mmHg.

20. Hombre de 56 años con antecedente de Fibrosis Pulmonar Idiopática diagnosticada hace tres años. Usuario de oxígeno domiciliario 1 L/m. Se hospitaliza por cuadro de insuficiencia respiratoria global requiriendo aportes considerables de oxígeno. Se interpreta como causa descompensante un episodio de congestión pulmonar, por lo que se administra tratamiento depletivo con diuréticos. En exámenes de control presenta los siguientes gases arteriales:

a. pH 7,41
b. HCO_3^- 35 mEq/L
c. $PaCO_2$ 57 mmHg

Trastorno primario:	Alcalosis metabólica
Compensación:	$PaCO_2$ esperada = 40+[(35–24)·0,7] = 47,7 ±2
Diagnóstico:	Trastorno mixto: alcalosis metabólica más acidosis respiratoria

Explicación: En este caso el pH es prácticamente normal, sin embargo, tanto el HCO_3^- como la $PaCO_2$ se encuentran alteradas. Cualquier modificación en los parámetros de gases arteriales debe hacer sospechar un trastorno ácido-base. La elevación mínima del pH con un aumento del HCO_3^- se correlaciona con una alcalosis metabólica. Sin embargo, por historia clínica el trastorno primario es más concordante con una acidosis respiratoria.

Si se evalúa la compensación a una alcalosis metabólica, la $PaCO_2$ del paciente es más elevada que el rango esperado (45,7 a 49,7) denotando una acidosis respiratoria agregada.

Si, por el contrario, la interpretación inicial hubiese sido el de una acidosis respiratoria, la respuesta metabólica crónica esperada debiese ser 24+[(57–40)·0,4] = 30,8 ±2. Sin embargo, el HCO_3^- del paciente es 35 indicando una alcalosis metabólica agregada.

Independiente de cuál hubiese sido la interpretación del trastorno primario, el diagnóstico final seguiría siendo un trastorno mixto (Capítulo 8).

Analizando el caso, el paciente tiene una insuficiencia respiratoria crónica más oxigenoterapia, lo cual se asocia a acidosis respiratoria por hipoventilación. A lo anterior se agrega una alcalosis metabólica secundaria al uso de diuréticos e hiperaldosteronismo secundario (Capítulos 9 y 11).

21. Paciente de treinta años hospitalizado en UCI luego de un politraumatismo grave por accidente automovilístico. Sufrió fractura de pelvis inestable más fractura de fémur. Ingresó con shock hipovolémico-hemorrágico. Requirió una intensa volemización, transfusiones y cirugía de estabilización. Actualmente, luego de dos días de evolución, continúa conectado a ventilación mecánica, con falla renal, hemodinamia en mejoría. Sus gases arteriales de control son los siguientes:

a. pH 7,39
b. HCO_3^- 12 mEq/L
c. $PaCO_2$ 20,5 mmHg

Trastorno primario:	Acidosis metabólica
Compensación:	$PaCO_2$ esperada = 40−[(24−12)·1,2] = 25,6 ±2
Diagnóstico:	Trastorno mixto: acidosis metabólica más alcalosis respiratoria

Explicación: El pH es prácticamente normal, sin embargo, el HCO_3^- y $PaCO_2$ se encuentran muy alterados. El descenso leve del pH asociada a HCO_3^- disminuido, traducen la presencia de una acidosis metabólica. La $PaCO_2$ disminuye en compensación respiratoria, sin embargo, la respuesta ventilatoria fisiológica queda bloqueada cuando un paciente está conectado a ventilación mecánica. La $PaCO_2$ no corresponde al rango esperado (23,6 a 27,6), por lo que se concluye la presencia de un trastorno mixto (acidosis metabólica más alcalosis respiratoria) (Capítulo 8).

También, se podría haber interpretado a una alcalosis respiratoria como el trastorno primario (por la gran disminución de la $PaCO_2$). Efectivamente, la compensación metabólica crónica de una alcalosis respiratoria puede "normalizar" el pH por adición de acidosis láctica. En este caso, la respuesta compensatoria metabólica crónica es HCO_3^- esperado = 24−[(40−20,5)·0,45] = 15,23 ±2 mEq/L. Siendo estrictos en el rango (13,23 a 17,23) el trastorno no está adecuadamente compensado, sin embargo, el HCO_3^- del paciente es muy cercano a estos valores.

Cuando existe discordancia respecto a cómo interpretar los gases es fundamental analizar el cuadro clínico. El diagnóstico ácido-base debe ser concordante con el cuadro clínico, sino tiene que ser desestimado, ya sea que el problema se encuentre en un error humano de interpretación o por alteración en la técnica de medición. El diagnóstico ácido-base debe ajustarse al cuadro clínico, y no, al revés.

En este caso, tanto el cuadro de shock con hiperlactatemia, más falla renal y una abundante volemización; pueden provocar acidosis metabólica (Capítulo 14). Por el contrario, las transfusiones ocasionarán una alcalosis metabólica (Capítulo 11). La ventilación mecánica, si la ventilación alveolar está programada de manera excesiva, constituye una alcalosis respiratoria (Capítulo 10). Es decir, evidentemente existe un trastorno mixto en donde la interpretación ácido-base puede ser compleja por la superposición de trastornos. Sin embargo, existen varias herramientas para dilucidar las alteraciones subyacentes (Capítulo 13).

21.3 Ejercicios nivel 2. Conocimiento

La interpretación ácido-base se sustenta en reconocer las alteraciones en el sistema CO_2/HCO_3^- para detectar el sentido de una perturbación, y así, diagnosticar un trastorno. Como el sistema CO_2/HCO_3^- es el compuesto ácido-base más prevalente en el agua corporal, toda perturbación ácido-base modificará sus componentes. Por lo demás, el organismo también utiliza sus componentes para "detectar" y llevar a cabo una respuesta homeostática que permita restaurar un medio interno en el cual puedan ocurrir todas las funciones celulares. Sin embargo, reconocer el sentido de la perturbación por este método, corresponde a detectar el efecto neto de la suma de todas las alteraciones ácido-base que pudieran estar ocurriendo. Al organismo le interesa recuperar una homeostasis que permita la viabilidad celular. Al clínico le importa reconocer los trastornos ácido-base para tratarlos, y así, evitar las consecuencias deletéreas que pudieran tener en los pacientes.

Inevitablemente, cualquier aproximación ácido-base solo reconocerá la "suma de las perturbaciones" y esto se debe a la naturaleza de estas reacciones. Como ocurren en un solvente común para todos (agua corporal) con elementos y compuestos comunes a todos los sistemas (ej. H^+, OH^-, CO_2, etc.), es imposible detectar químicamente cada perturbación en forma aislada. A lo anterior se agrega que solo tenemos acceso a lo que ocurre en el extracelular, y no, al intracelular.

Por lo tanto, la única forma de detectar todos los posibles trastornos ácido-base que tiene un paciente proviene del conocimiento y de una exhaustiva evaluación clínica. Será fundamental contar con el dominio de todas las patologías o situaciones que producen trastornos ácido-base, y además, tener toda la información del cuadro clínico que está afectando al paciente.

En esta sección se deberá reconocer todos los trastornos ácido-base que potencialmente pudiera tener un paciente según un determinado cuadro clínico. Se recomienda dominar todas las causas de trastornos ácido-base (Capítulos 9, 10, 11, 12 y 14).

Caso 1.

Paciente de 60 años, estable, hospitalizado en sala básica hace varios días por tratamiento de una osteomielitis. Signos vitales: PA: 130/80 mmHg, FC: 76 lpm, $SaO_2Hb\%$: 99%, FR: 26 rpm, ambiental.

Sus indicaciones de tratamiento son las siguientes:

- Reposo relativo, régimen liviano
- Antibiótico: Cotrimoxazol (Trimetoprim + Sulfametoxazol) 160/800 mg (2 Amp.) cada 12 horas IV
- Analgesia: Paracetamol 1 gr cada 6 horas IV
- Tromboprofilaxis: Enoxaparina 40 mg al día SC

Mencione todos los trastornos ácido-base potenciales que podría tener este paciente.

Caso 2.

Hombre de 45 años, alcohólico, portador de una cirrosis alcohólica con ascitis refractaria a tratamiento diurético estándar. Se hospitaliza para realización de una paracentesis evacuadora.

Sus indicaciones de tratamiento son las siguientes:

- Propanolol 10 mg cada 8 horas VO
- Lactulosa 15 mL cada 8 horas VO para 2-3 deposiciones al día
- Espironolactona 100 mg cada 12 horas VO
- Furosemida 40 mg cada 12 horas VO
- Paracentesis evacuadora

Mencione todos los trastornos ácido-base potenciales que podría tener este paciente.

Caso 3.
Mujer de 70 años, fumadora desde su juventud, portadora de una Enfermedad Pulmonar Obstructiva Crónica asociada al tabaquismo. Hospitalizada por una fractura de cadera la cual fue operada recientemente.

Sus indicaciones de tratamiento son las siguientes:

- Reposo absoluto
- Oxígenoterapia 3 L/m por cánula nasal
- Paracetamol 1 g cada 8 horas IV
- Infusión de tramadol: 200 mg de tramadol en 250 mL de solución NaCl 0,9% a 10 mL/h
- Ketorolaco 10 mg cada 8 horas IV

Mencione todos los trastornos ácido-base potenciales que podría tener este paciente.

Caso 4.
Hombre de 55 años, con antecedente de obesidad, dislipidemia, diabetes mellitus tipo 2 e hipertensión arterial. Estas últimas dos patologías fueron diagnosticadas hace diez años. Además, es portador de una Enfermedad Renal Crónica aparentemente por nefropatía diabética; con creatinina plasmática de 1,8 mg/dL (filtración glomerular estimada 41 mL/min/1,73m^2) y relación de albuminuria/creatininuria en orina aislada de 468 mg/g.

Toma los siguientes fármacos como tratamiento:

- Enalapril 10 mg: 1 comprimido cada 12 horas
- Atorvastatina 20 mg: 1 comprimido en la noche
- Carvedilol 6,25 mg: 1 comprimido cada 12 horas
- Clortalidona 50 mg: 1 comprimido al día
- Empagliflozina 10 mg: 1 comprimido al día
- Metformina 850 mg: 1 comprimido 3 veces al día, antes de las principales comidas.

Mencione todos los trastornos ácido-base potenciales que podría tener este paciente.

Caso 5.
Mujer de 30 años con antecedentes de bulimia nerviosa purgativa desde su adolescencia, en tratamiento con topiramato y litio como estabilizadores del ánimo.

Mencione todos los trastornos ácido-base potenciales que podría tener esta paciente.

21.4 Ejercicios nivel 2. Respuestas

Caso 1.

- Acidosis piroglutámica: el paracetamol asociado a situaciones oxidantes (como una infección crónica) puede producir una depleción de glutatión y generación de ácido piroglutámico. Una acidosis por acumulación de NAPQI es poco probable dado que el paciente está recibiendo dosis terapéuticas (y no tóxicas) de paracetamol.
- Intoxicación por propilenglicol: el diluyente del fármaco cotrimoxazol es propilenglicol. El exceso de este alcohol (osmol) induce acidosis láctica, ya que el alcohol se metaboliza en este ácido, y además, el estado celular oxidativo asociado a la metabolización del alcohol y la infección crónica aumentan la relación $NADH/NAD^+$ favoreciendo fermentación láctica.
- ATR tipo 1 hiperkalémica: el trimetoprim es un fármaco que bloquea el canal ENaC. En el túbulo colector esta condición produce acidosis metabólica hiperclorémica más hiperkalemia (que también inhibe la síntesis de amonio proximal).
- ATR tipo 4 o hipoaldosteronismo: las heparinas (tanto no fraccionadas o de bajo peso molecular), pueden inhibir la síntesis de aldosterona. Así, se produce un estado de hipoaldosteronismo que se traduce en hiperkalemia. Esta última puede inhibir la amoniogénesis en el túbulo proximal.
- Metahemoglobinemia: el cotrimoxazol contiene trimetoprim y sulfametoxazol. Ambos compuestos producen oxidación de la hemoglobina. Así, no es posible transportar oxígeno en forma adecuada induciendo acidosis láctica.
- Acidosis láctica: como se menciona anteriormente, el cambio del estado redox intracelular asociado al exceso de propilenglicol y la presencia de metahemoglobinemia; pueden inducir acidosis láctica. Como no hay compromiso hemodinámico, esta acidosis no se debe a un estado de hipoperfusión sistémica.

Caso 2.

- Alcalosis respiratoria: el daño hepático crónico se caracteriza por un estado de hiperventilación. No está claro cuál es el mecanismo, pero podrían ser sustancias no eliminadas por el hígado que estimulan el centro respiratorio. Por otro lado, la privación alcohólica y delirium podrían precipitar este trastorno.
- Acidosis respiratoria: la presencia de ascitis importante o un cuadro de encefalopatía con compromiso de conciencia podrían inducir hipoventilación alveolar.
- Cetoacidosis y cetoalcalosis por etanol: ante un eventual consumo reciente de etanol, este osmol será transformado en cetoácidos. En esta metabolización aumenta la relación $NADH/NAD^+$ favoreciendo fermentación láctica y generación de β-hidroxibutirato. La condición de estrés y ayuno que acompañan al etilismo exacerban la cetosis. Por otro lado, una gastritis asociada al etanol induce vómitos abundantes, muchas veces provocando hipovolemia y alcalosis metabólica.
- ATR tipo 4 o hipoaldosteronismo: trastorno inducido por el uso de espironolactona. Lo anterior se acompaña de hiperkalemia que deteriora la síntesis de amonio proximal. El propanolol intensifica la alteración mencionada, ya que por su efecto β-bloqueador inhibe la secreción de renina desde las células granulosas del aparato yuxtaglomerular.
- Alcalosis metabólica por furosemida: los diuréticos de asa, además de inducir un hiperaldosteronismo secundario, alteran el manejo del sodio en el nefrón y generan hipokalemia. Todo esto puede precipitar una alcalosis metabólica.
- Hiperaldosteronismo secundario: el uso de laxantes, diuréticos y paracentesis evacuadora; provocan una disminución del volumen circulatorio efectivo que podría traducirse en una alcalosis metabólica. Por otro lado, la hipokalemia asociada, puede exacerbar el trastorno al incrementar la amoniogénesis proximal.
- Acidosis láctica y déficit de tiamina: la vitamina B1 es un cofactor enzimático para la enzima piruvato deshidrogenasa. Si lo anterior se suma a la alteración de la relación $NADH/NAD^+$, estado de hipovolemia y menor función cardiaca asociada a la cirrosis más el β-bloqueo; podría sobrevenir una acidosis láctica tipo A. Como el hígado es el principal parénquima responsable de metabolizar lactato, se acumula este sistema ácido-base en perjuicio de su transformación a ácido carbónico (CO_2/HCO_3^-; eliminable por el pulmón). Así, se acumula más ácido orgánico.
- Falla renal: el daño hepático crónico significa una condición de menor volumen circulatorio efectivo asociado a disfunción cardiaca y fenómenos

de vasoconstricción renal (injuria pre-renal). Esto puede ser exacerbado por el tratamiento, ya que se induce hipovolemia (diuréticos, laxantes, paracentesis) y menor gasto cardiaco (propanolol). A lo anterior, se agrega inflamación crónica y retención de sales biliares que pueden dañar el nefrón (injuria tóxica, isquémica e inflamatoria). El grado extremo es la aparición de un síndrome hepatorrenal. La falla renal, lógicamente puede provocar una acidosis metabólica.

Caso 3.

- Acidosis piroglutámica por paracetamol (fue explicada en el caso 1).
- Acidosis tubular renal tipo 4: los AINEs inhiben la secreción de renina y de aldosterona. A esto se agrega la tendencia a hiperkalemia que inhibe la síntesis de amonio en el túbulo proximal.
- Acidosis respiratoria-hipoventilación: la enfermedad pulmonar obstructiva crónica puede provocar un estado de hipoventilación crónica con retención de CO_2 y acidosis respiratoria. Lo anterior conlleva una respuesta renal compensatoria con mayor excreción de ácidos y reabsorción/generación de HCO_3^-. Este último ingresará al líquido céfalo-raquídeo alcalinizándolo. Esta condición inhabilita a la acumulación de CO_2 como un estímulo ventilatorio; ya que se requiere su difusión al LCR y acidificación de este ambiente para estimular los centros neumotáxicos del IV° ventrículo cerebral. Al administrar O_2 suplementario se elimina el único estímulo ventilatorio, además, de abrir unidades alveolares mal ventiladas (pérdida de vasoconstricción hipóxica). Se agrega el uso de opioides que es capaz de inhibir la respuesta ventilatoria. Así, es muy probable que se establezca una acidosis respiratoria por hipoventilación.
- Falla renal pre-renal: la retención crónica de CO_2 produce vasoconstricción de las arterias renales. Una fractura de cadera y luego la cirugía generan pérdida de volumen intravascular, provocando redistribución de flujo. Si además, se administran fármacos inhibidores de prostaglandinas es probable que la vasoconstricción de arterias y arteriolas renales disminuyan el flujo sanguíneo renal afectando la filtración glomerular (falla renal pre-renal). Si esta condición de bajo flujo renal se mantiene en el tiempo es posible que se establezca una injuria tubular isquémica. Así, producto de la falla renal aguda se acumulan ácidos fijos estableciendo una acidosis metabólica.
- Acidosis láctica: la hemorragia asociada a una fractura de cadera puede condicionar una contracción del volumen intravascular provocando hipoperfusión sistémica con aparición de acidosis láctica tipo A.

- Oxigenoterapia: además de inducir acidosis respiratoria por inhibición de la respuesta ventilatoria y pérdida de vasoconstricción hipóxica en unidades alveolares mal ventiladas; el oxígeno libre actúa como un ácido. El O_2 que se une a la Hb favorece liberación de H^+ desde esta.

$$O_2 + Hb^\wedge H^+ \leftrightarrow Hb^\wedge O_2 + H^+$$

Caso 4.

- Acidosis metabólica por enfermedad renal crónica: con la pérdida progresiva de la función renal se altera inicialmente la eliminación de amonio urinario, disminuyendo la excreción neta de ácido. En fases más avanzadas, además predomina la acumulación de ácidos minerales.
- Estilo de vida: este paciente es obeso, probablemente consume grasas y carbohidratos en abundancia. Estos pueden ser eliminados por la función ventilatoria como ácido carbónico. Sin embargo, la ingesta excesiva de carnes implica una sobrecarga de ácido mineral que un riñón deficiente no logra excretar.
- Hipoaldosteronismo hiporreninémico: la diabetes mellitus es una de las principales etiologías de esta condición. Al disminuir la actividad del sistema R-A-A, desciende la excreción renal de H^+ y K^+ por el túbulo colector. Lo anterior se exacerba con fármacos inhibidores de la enzima convertidora de angiotensina (como enalapril) o antagonistas del receptor de angiotensina II. Los fármacos β-bloqueadores intensifican la alteración, ya que mediante la activación de receptores adrenérgicos β1 se promueve la secreción de renina en células granulosas del aparato yuxtaglomerular. Finalmente, se produce una acidosis tubular renal tipo 4.
- Hiperkalemia: el estado de hipoaldosteronismo hiporreninémico, la falla renal, sumado al uso de inhibidores de la enzima convertidora de angiotensina y β-bloqueadores; generarán una hiperkalemia. Esta última condición es la que completa el cuadro de ATR tipo 4 al inhibir la amoniogénesis del túbulo proximal.
- Acidosis láctica: la metformina es una biguanida que puede inhibir la cadena respiratoria mitocondrial de electrones configurando una acidosis láctica tipo B.
- Cetoacidosis: una diabetes mellitus descompensada puede complicarse de este cuadro. Del mismo modo, los inhibidores de los transportadores SGLT2 del túbulo proximal, también se han asociado al desarrollo de cetoacidosis euglicémica.
- Alcalosis metabólica: los diuréticos inhibidores de transportadores NCC inducen contracción del VCE/VEC, además de aportar un exceso de Na^+

al túbulo colector. Este último se reabsorberá favoreciendo la excreción de H^+ y K^+. Una hipokalemia secundaria aumenta la amoniogénesis del túbulo proximal intensificando la alcalosis metabólica.

Caso 5.

- Alcalosis metabólica por vómitos: los vómitos inducidos producen pérdida de HCl. Pueden generar hipovolemia con activación del sistema R-A-A, y además, acompañado al déficit de cloro y potasio; perpetúan una alcalosis metabólica.
- Alcalosis metabólica por hiperaldosteronismo secundario: el litio puede producir diabetes insípida nefrogénica con poliuria. Nuevamente, la contracción de volumen produce alcalosis metabólica por activación del sistema R-A-A.
- Alcalosis metabólica por hipercalciuria: el uso crónico de litio puede producir hiperparatiroidismo, y así, hipercalciuria. Esta última induce mecanismos compensatorios tubulares que para evitar la precipitación de calcio, favorecen poliuria (contracción del VCE/VEC) y mayor excreción de H^+.
- Hiperparatiroidismo: un exceso de PTH inhibe la actividad del antiportador proximal NHE3. Inicialmente, puede provocar una ATR tipo 2. Sin embargo, a largo plazo, predomina una mayor excreción de fosfato (ácido titulable), que sumado al efecto de la hipercalcemia-hipercalciuria producen alcalosis metabólica.
- ATR tipo 2 y 3: como se mencionó, el exceso de PTH induce ATR tipo 2. Pero, además, el uso de topiramato, que inhibe la enzima anhidrasa carbónica, puede provocar ATR tipo 2 y/o tipo 3.
- ATR tipo 1 hipokalémica: el litio se acumula en las células del túbulo colector produciendo toxicidad en ellas. Con el uso crónico, la disfunción de este segmento tubular puede producir ATR tipo 1 clásica.
- Hipokalemia: una disminución severa del K^+ se asocia con alcalosis metabólica por activación de la amoniogénesis en el túbulo proximal. En este caso, pueden provocar hipokalemia: la poliuria, bicarbonaturia (ATR tipo 2), vómitos, hiperaldosteronismo 2° por contracción del VCE/VEC y el daño en el túbulo colector inducido por litio.
- Acidosis metabólica por enfermedad renal crónica: el uso crónico de litio y topiramato favorecen la precipitación de cristales de calcio. Además, el litio produce nefritis intersticial crónica por daño celular directo. Si además existe hipokalemia, esta condición se asocia con isquemia crónica renal túbulo-intersticial. Así, se produce un daño renal crónico afectando inicialmente la excreción de amonio (acidosis metabólica hiperclorémica), y en fases avanzadas, la eliminación de ácidos fijos (acidosis metabólica con AG aumentado).

21.5 Ejercicios nivel 3. Interpretación de trastornos ácido-base

Para los siguientes ejercicios realice un análisis ácido-base completo de cada caso clínico: reconociendo todos los posibles trastornos ácido-base, aplicar reglas de compensación y herramientas de diagnóstico diferencial, correlacionar los resultados con el cuadro clínico explicitado y plantear un manejo del trastorno. La realización de estos ejercicios requerirá todos los conocimientos entregados previamente en este libro.

Caso 1.

Hombre de 25 años en hemodiálisis desde hace cinco años, anúrico. Decide realizar un viaje durante una semana y no asiste a sus diálisis en este período. Al regresar a su casa presenta episodio convulsivo tónico-clónico generalizado de 5 minutos. Es trasladado rápidamente a urgencias donde vuelve a convulsionar. Se administra 4 mg de lorazepam intravenoso logrando controlar la crisis. Paciente queda en sopor, presión arterial 150/95 mmHg, frecuencia cardiaca 85 lpm sinusal, frecuencia respiratoria 12 rpm, oximetría de pulso 98%, temperatura 36° C. Se realizan exámenes de sangre obteniendo lo siguiente.

		Valor normal
Electrolitos plasmáticos:		
- Na^+ (mEq/L)	133	135-145
- K^+ (mEq/L)	5,9	3,5-5
- Cl^- (mEq/L)	88	100-108
Bioquímica en sangre:		
- Albúmina (g/dL)	4,4	3,5-5
- Glucosa (mg/dL)	82	70-99
- Creatinina (mg/dL)	18,3	0,7-1,2
- Nitrógeno ureico (mg/dL)	195	8-25
- Calcio (mg/dL)	8,4	8,5-10,5
- Fósforo (mg/dL)	6,2	2,5-4,5
- Lactato arterial (mmol/L)	2,1	0,5-2,2
Hemograma:		
- Hemoglobina (g/dL)	10,2	13,5-17,5
- Leucocitos (·1.000/µL)	12	4,5-11
- Plaquetas (·1.000/µL)	317	140-400

(continúa en la página 529)

Gases arteriales:		
- pH	7,12	7,35-7,45
- [HCO_3-] real (mEq/L)	15,0	22-26
- $PaCO_2$ (mmHg)	47,2	35-45
- PaO_2 (mmHg)	96	>60
- Saturación O_2 (%)	93,2	>90
- EB(B) (mmol/L)	−13,8	0 ±2,5
- EBS (mmol/L)	−14,3	0 ±2,5
- TCO_2 (mEq/L)	16,4	23-29
- st[HCO_3-] (mEq/L)	13,8	22-25
- AG (mmol/L)	30	8-12
- AG corregido (mmol/L)	30	8-12
- ΔΔ Ratio	2,22	
- ΔΔ Gap	11	

Como se mencionó en los ejercicios anteriores, la alteración en alguno de los siguientes: pH, HCO_3- y/o PCO_2, implica un trastorno ácido-base. En este caso la disminución del pH es compatible con acidosis y puede ser explicada tanto por un trastorno metabólico (descenso del HCO_3-) y/o un trastorno respiratorio (aumento de la $PaCO_2$). La alteración es mixta porque no existe una respuesta compensatoria adecuada.

Si se analiza el caso desde la perspectiva de una "acidosis respiratoria", el HCO_3- esperado por el método tradicional sería: Compensación aguda: HCO_3- esperado = (47,2−40)·0,1+24 = 24,7 mEq/L. En cambio, para una compensación crónica: HCO_3- esperado = (47,2−40)·0,4+24 = 26,9 ±2 mEq/L (Capítulo 8 y 9). Al realizar el mismo ejercicio con el método de EB, se concluye que el trastorno no puede ser agudo, ya que el EBS está fuera del rango normal. Por otro lado, el EBS esperado es (40−47,2)·0,4 = −2,9 mEq/L (Capítulo 18). Es decir, al comparar los valores del paciente con las respuestas esperadas, existe una "pérdida" de HCO_3- o un "déficit" de bases. Por lo tanto, la compensación metabólica es inadecuada, configurando un trastorno mixto: acidosis respiratoria más acidosis metabólica.

Desde el punto de vista de una "acidosis metabólica" la conclusión es similar. Por método tradicional, la $PaCO_2$ esperada es 40−((24−15)·1,2) = 29,2 ±2 mmHg. Según el EB, la $PaCO_2$ esperada es 40−14,3 = 25,7 mmHg (Capítulo 18). Existe una diferencia significativa en la evaluación de la compensación esperada según método tradicional versus EB. Independiente de cuál regla se utilice, el diagnóstico es un trastorno mixto: acidosis metabólica más acidosis respiratoria, ya que la respuesta compensatoria pulmonar es inadecuada. Si se utiliza la fórmula de

Winter para analizar la compensación respiratoria, se obtiene una $PaCO_2$ de 1,5·15 + 8 = 30,5 ±2 mmHg (Capítulo 8). Este valor nuevamente es alejado a la $PaCO_2$ esperada por método de EB.

En general la evaluación de las reglas de compensación mediante método tradicional y método de EB entregan conclusiones y resultados similares. Sin embargo, en trastornos mixtos la evaluación de respuesta compensatoria diverge. Por lo anterior, se recomienda considerar el valor obtenido por método tradicional, ya que distintas reglas compensatorias entregan el mismo valor y tiene mayor respaldo en la literatura.

El incremento del AG sugiere acidosis metabólica con AG aumentado. Si el trastorno fuese simple o puro, el ΔΔ Ratio sería entre 1-2. Pero como la acidosis respiratoria aporta HCO_3^- al sistema (por equilibrio químico, el exceso de CO_2 produce H^+ y HCO_3^-), el valor del denominador en el ΔΔ Ratio disminuye, provocando que el resultado sea >2 (Capítulos 2, 3 y 13).

El diagnóstico ácido-base (acidosis metabólica más acidosis respiratoria) es compatible con el cuadro clínico, porque la enfermedad renal crónica produce una acidosis metabólica con AG aumentado y el compromiso de consciencia sumado al uso de fármacos sedantes inducen hipoventilación con acidosis respiratoria (Capítulos 9, 12 y 14).

Por último resalta el efecto Bohr, ya que la acidemia y exceso de CO_2, determinan una menor saturación de Hb, pese a que la PaO_2 es adecuada. Lo contrario ocurre en alcalosis, donde aumenta la afinidad de la Hb por el O_2 provocando saturaciones de la Hb elevadas (Capítulos 4 y 5). Es necesario tener esto en cuenta, ya que durante una alcalemia la saturación de O_2 de la Hb puede ser "alta" con baja PaO_2. Lo contrario ocurre en "acidemia".

Para el tratamiento de este paciente será fundamental re-iniciar diálisis, pero con baja eficiencia y terapias frecuentes (para evitar desequilibrio y nuevas convulsiones). La corrección de acidemia debe ser lenta, ya que un rápido incremento del HCO_3^- induce acidosis intracelular, edema celular y más riesgo convulsivo (Capítulo 16). Una imagen del cerebro y monitorización electroencefalográfica serían de utilidad; la primera para buscar otras etiologías causantes del síndrome convulsivo y la monitorización para guiar el tratamiento anticonvulsivante. Respecto a la acidosis respiratoria (hipoventilación), lo más probable es que se resuelva espontáneamente conforme el paciente se recupera del estado post-ictal y se metabolizan los sedantes.

Caso 2.

Hombre de 20 años, estudiante de medicina y sin antecedentes mórbidos. Decide conocer sus parámetros normales del medio interno por lo que se realiza exámenes de laboratorio en forma ambulatoria. A continuación, se muestran los resultados.

		Valor normal
Electrolitos plasmáticos:		
- Na^+ (mEq/L)	140	135-145
- K^+ (mEq/L)	4	3,5-5
- Cl^- (mEq/L)	105	100-108
Bioquímica en sangre:		
- Albúmina (g/dL)	4,0	3,5-5
- Glucosa (mg/dL)	90	70-99
- Creatinina (mg/dL)	0,9	0,7-1,2
- Nitrógeno ureico (mg/dL)	15	8-25
Hemograma:		
- Hemoglobina (g/dL)	15,0	13,5-17,5
Gases arteriales:		
- pH	7,32	7,35-7,45
- [HCO_3^-] real (mEq/L)	25,18	22-26
- $PaCO_2$ (mmHg)	50,0	35-45
- PaO_2 (mmHg)	98	>60
- Saturación O_2 (%)	96,8	>90
- EB(B) (mmol/L)	−1,54	0 ±2,5
- EBS (mmol/L)	−0,91	0 ±2,5
- TCO_2 (mEq/L)	26,72	23-29
- st[HCO_3^-] (mEq/L)	22,81	22-25
- AG (mmol/L)	9,82	8-12
- AG corregido (mmol/L)	10,82	8-12

El trastorno ácido-base primario es una acidosis respiratoria (por el pH bajo y $PaCO_2$ elevada). Al analizar la compensación corresponde a una acidosis respiratoria aguda compensada, ya que el HCO_3^- esperado debiera ser en torno a: $HCO_3^- = (50-40)\cdot 0,1+24 = 25$ mEq/L (Capítulos 8 y 9). Sin embargo, por el cuadro clínico (hombre joven sano) puede ser discordante un estado de hipoventilación. Al evaluar otros parámetros, como el EBS y st[HCO_3^-] sus valores son normales (Capítulo 18). Esto se corresponde con un trastorno respiratorio agudo en donde *las alteraciones se deben únicamente a las reacciones químicas del extracelular. Por lo tanto, este trastorno es compatible con una mala manipulación de la muestra de sangre (Capítulos 5, 8 y 18). Probablemente, hubo retardo en el transporte de la muestra o una mezcla insuficiente con anticoagulante, que propiciaron el incremento del* CO_2*. El* TCO_2 *también se modifica según la* $PaCO_2$ *por lo que su valor se torna errático. Es importante destacar que los resultados de gases pueden informar el exceso de base solo como "EB", sin diferenciar si es en sangre (EB(B)) o líquido extracelular (EBS). Por lo tanto, si no se explicita será fundamental consultar qué valor se está informando.*

Caso 3.

Mujer de 27 años con antecedentes de diabetes mellitus tipo 1 e hipotiroidismo. Sin complicaciones macro ni microvasculares. En tratamiento con levotiroxina e insulina glargina más insulina aspártica previo a comidas. No consume drogas ni tiene hábitos tóxicos. Presenta cuadro infeccioso viral respiratorio alto con tos seca, sensación febril no cuantificada, compromiso estado general, mialgias y calofríos. Sin síntomas urinarios ni gastrointestinales. El cuadro respiratorio remite espontáneamente, pero a la semana desarrolla intensa anorexia, dolor abdominal inespecífico con náuseas y vómitos frecuentes, astenia, mayor compromiso de estado general, sin fiebre, ni síntomas respiratorios, urinarios, ni diarrea. Presenta episodio de lipotimia por lo que decide consultar en urgencias.

Ingresa afebril, presión arterial 85/60 mmHg, frecuencia cardiaca 114 lpm, oximetría de pulso 99%, frecuencia respiratoria 24 rpm, sin requerimientos de oxígeno. Al examen físico destaca deshidratación, perfusión adecuada y dolor abdominal difuso sin irritación peritoneal ni otros signos de alarma. Se realiza una radiografía de tórax y ecografía abdominal que resultan normales. Los exámenes en sangre son los siguientes:

		Valor normal
Electrolitos plasmáticos:		
- Na^+ (mEq/L)	138	135-145
- K^+ (mEq/L)	4,1	3,5-5
- Cl^- (mEq/L)	88	100-108
Bioquímica en sangre:		
- Albúmina (g/dL)	4,2	3,5-5
- Glucosa (mg/dL)	342	70-99
- Creatinina (mg/dL)	1,14	0,7-1,2
- Nitrógeno ureico (mg/dL)	15	8-25
- Calcio (mg/dL)	9,9	8,5-10,5
- Fósforo (mg/dL)	2,46	2,5-4,5
- Ácido úrico (mg/dL)	9,2	2,3-6,6
- Lactato arterial (mmol/L)	3,2	0,9-1,7
- Cetonemia (semicuantitativo)	+	negativo
- Lipasa (U/L)	21	13-60
Hemograma:		
- Hemoglobina (g/dL)	15	12-16
- Leucocitos ($\cdot 10^3/\mu L$)	13,92	4,5-11
- Plaquetas ($\cdot 10^3/\mu L$)	485	140-400
Gases arteriales:		
- pH	7,37	7,35-7,45
- $[HCO_3^-]$ real (mEq/L)	16,67	22-26
- $PaCO_2$ (mmHg)	29,5	35-45
- EB(B) (mmol/L)	−7,11	0 ±2,5
- EBS (mmol/L)	−8,62	0 ±2,5
- TCO_2 (mEq/L)	17,58	23-29
- st$[HCO_3^-]$ (mEq/L)	18,66	22-25
- AG (mmol/L)	33,3	8-12
- AG corregido (mmol/L)	33,8	8-12
- ΔΔ Ratio	3,25	
- ΔΔ Gap	16,5	
- Relación Cl^-/Na^+	0,638	

En un paciente diabético el principal trastorno a evaluar es una cetoacidosis. Sin embargo, en este caso el pH es muy cercano a lo normal, de hecho, aunque presentara algo de cetosis (por ayuno, por ejemplo) no cumple con los criterios de severidad para clasificarla como cetoacidosis diabética.

Al analizar el pH hay una ligera disminución (pH = 7,37). Esto podría significar la ausencia de trastornos ácido-base, sin embargo, tanto el HCO_3^- como $PaCO_2$ están alterados, por lo tanto, se comprueba la existencia de un trastorno ácido-base. La "normalidad" del pH sugiere un trastorno mixto. El HCO_3^- disminuido orienta hacia acidosis metabólica, luego, la compensación respiratoria esperable sería $PaCO_2$ mmHg = 40–1,2·(24–16,7) = 31,2 ±2 mmHg. Es decir, una acidosis metabólica compensada (Capítulo 8). Con el método de EB la $PaCO_2$ esperada = 40–8,6 = 31,4 mmHg. No se describen rangos de compensación por el método de EB, pero aplicando un rango similar al método tradicional, también sería una acidosis metabólica compensada (Capítulo 18).

Si no se realiza un análisis acabado del caso se podría concluir que "no" existe cetoacidosis. El cuadro sería solo una hiperglicemia simple, pero sin "cetoacidosis", ya que, por criterios de la American Diabetes Association, no hay acidemia. La cetonemia positiva sería producto solo de ayuno, y la hiperglicemia por diabetes descompensada.

Sin embargo, el cuadro clínico parece ser más grave (hipotensión, taquicardia, deshidratación, dolor abdominal intenso con náuseas y vómitos). Por otro lado, hay un gran incremento del AG con un ΔΔ Ratio = 3,2. Esto último, asociado a un pH cercano a lo normal, indica la coexistencia de una acidosis metabólica con AG aumentado más alcalosis metabólica (Capítulo 13). El ΔΔ Gap = 16,5 con un pH cercano a lo normal, también es concordante con el trastorno mixto indicado (acidosis metabólica con AG aumentado más alcalosis metabólica). La alcalosis metabólica se explica por deshidratación, vómitos e hipovolemia (Capítulo 6). El aumento de creatinina y ácido úrico también indican un estado de disminución del VCE.

Las pruebas de cetonemia en cetoacidosis diabética detectan acetoacetato, aunque solo de forma semicuantitativa. Al comienzo de una cetoacidosis el principal cuerpo cetónico generado es β-OH-butirato (Capítulo 14). Por lo tanto, el ideal es cuantificar niveles de β-OH-butirato.

La paciente presenta un cuadro llamado cetoalcalosis (Capítulo 14), una forma frecuente de descompensación diabética. Si solo se evalúan criterios diagnósticos de cetoacidosis sin un análisis exhaustivo del cuadro clínico y las alteraciones ácido-base, es posible pasar por alto los estados de cetoacidosis y alcalosis. Un diagnóstico incorrecto impide brindar el tratamiento adecuado aumentando la morbimortalidad. La paciente requerirá volemización abundante, monitorización seriada del medio interno más corrección de parámetros alterados (sobre todo, trastornos del K^+), además de insulinoterapia para revertir la cetosis.

En este caso los elementos que deben hacer pensar en un trastorno ácido-base cuando este no es evidente son: el cuadro clínico y las alteraciones significativas del HCO_3^-, $PaCO_2$ y Anion Gap. Las modificaciones del cloruro plasmático disociadas de la natremia, también deben hacer sospechar un trastorno ácido-base. En este caso, la presencia de hipocloremia con natremia normal es compatible con acidosis metabólica con AG aumentado y alcalosis metabólica (Relación $Cl^-/Na^+ = 0{,}638$; Capítulo 13).

Caso 4.

Paciente de 48 años portador de hipertensión arterial y una nefropatía por IgA con enfermedad renal crónica (VFG estimada en 15 mL/min). Se hospitaliza para confección de fístula arterio venosa, ya que deberá iniciar hemodiálisis en los próximos meses. Actualmente, solo presenta cansancio y anorexia leves. Sin otros síntomas de síndrome urémico. Al examen físico, presión arterial 150/75 mmHg, frecuencia cardiaca 75 lpm, sin edemas, bien perfundido. Como tratamiento utiliza: furosemida 40 mg al día VO, amlodipino 10 mg al día, ácido fólico 1 mg al día, eritropoietina 4.000 U semanales SC y fierro sacarato 100 mg IV mensual. Se realiza exámenes de control:

		Valor normal
Electrolitos plasmáticos:		
- Na^+ (mEq/L)	131	135-145
- K^+ (mEq/L)	4,2	3,5-5
- Cl^- (mEq/L)	102	100-108
Bioquímica en sangre:		
- Albúmina (g/dL)	4	3,5-5
- Glucosa (mg/dL)	80	70-99
- Creatinina (mg/dL)	4,3	0,7-1,2
- Nitrógeno ureico (mg/dL)	46	8-25
- Calcio (mg/dL)	9	8,5-10,5
- Fósforo (mg/dL)	5	2,5-4,5
Hemograma:		
- Hemoglobina (g/dL)	12	13,5-17,5
Gases arteriales:		
- pH	7,30	7,35-7,45
- [HCO_3^-] real (mEq/L)	12,13	22-26
- $PaCO_2$ (mmHg)	24,98	35-45
- EB(B) (mmol/L)	−12,53	0 ±2,5
- EBS (mmol/L)	−14,23	0 ±2,5
- TCO_2 (mEq/L)	12,89	23-29
- st[HCO_3^-] (mEq/L)	14,54	22-25
- AG (mmol/L)	17,87	8-12
- AG corregido (mmol/L)	18,87	8-12
- ΔΔ Ratio	0,74	
- ΔΔ Gap	−3	

Por la disminución del pH y [HCO_3^-] plasmático el trastorno es una acidosis metabólica. La $PaCO_2$ esperada debiera ser aproximadamente 25,76 ±2 mmHg. Por lo tanto, se trata de una acidosis metabólica compensada (Capítulo 8). Como el paciente no ha presentado variaciones bruscas en su medio interno y ha pasado el tiempo suficiente para completar las respuestas homeostáticas, es posible asumir que las reglas de compensación sí son aplicables en este caso (Capítulo 8, Figura 58). El EBS es −14,23 compatible con una acidosis metabólica, y la $PaCO_2$ esperada por este método de interpretación debiera estar en torno a $PaCO_2 = 40-14,23 = 25,77$ mmHg. Es decir, entrega un diagnóstico equivalente al método tradicional (Capítulo 18).

Luego, si se evalúa el AG corregido (≈19) el diagnóstico es una acidosis metabólica con AG aumentado y compensada. El ΔΔ Ratio de 0,75 sugiere la coexistencia de una acidosis metabólica con AG aumentado más un trastorno que elimina HCO_3^- del agua corporal; como acidosis metabólica hiperclorémica o alcalosis respiratoria (Capítulo 13).Para diferenciar cuál es el trastorno agregado basta con evaluar el pH y la compensación respiratoria. Si fuera acidosis metabólica con AG aumentado más alcalosis respiratoria, el pH tendería a estar cercano a lo "normal" (7,4) y la compensación respiratoria no sería adecuada. Por otro lado, si existiesen dos acidosis metabólicas (con AG aumentado más hiperclorémica), el pH tendería hacia la acidemia y la compensación no tendría por qué estar alterada. En este caso corresponde a la última situación mencionada. Concluimos que el trastorno es una acidosis metabólica con AG aumentado más acidosis metabólica hiperclorémica, con compensación respiratoria adecuada. La falla renal produce acumulación de ácidos minerales (sulfúrico, fosfórico y clorhídrico), por lo tanto, explica esta "combinación" de acidosis metabólicas (Capítulo 14).

La relación Cl^-/Na^+ es 0,77 (Capítulo 13), es decir, no compatible con acidosis metabólica con AG aumentado (Relación <0,75) ni hiperclorémica (Relación >0,79). Esto ocurre debido a la "suma" de ambos tipos de acidosis, por lo tanto, respalda el diagnóstico entregado por el ΔΔ Ratio. Al analizar el ΔΔ Gap, su valor es de −3. Como tiene un resultado entre −5 y 5; sugiere el diagnóstico de acidosis metabólica con AG aumentado (Capítulo 13). El ΔΔ Gap, como tiene menor sensibilidad, no detecta adecuadamente trastornos mixtos, a diferencia del ΔΔ Ratio.

Para el tratamiento será fundamental disminuir los ingresos de ácidos (posiblemente requiera una leve restricción dietaria de proteínas) además de agregar bicarbonato de sodio VO (Capítulos 14 y 16). En el futuro, la hemodiálisis permitirá optimizar el manejo de la acidosis, ya que elimina los ácidos minerales y orgánicos, además de aportar el HCO_3^- deficitario.

Caso 5.

El paciente del caso anterior comienza a usar por cuenta propia antiinflamatorios y paracetamol para disminuir el dolor post-operatorio luego de la realización de su fístula arterio-venosa. Logra controlar el dolor, pero sus deposiciones ahora son negras y de mal olor. Cinco días después, consulta a urgencias por disnea y fatigabilidad de mínimos esfuerzos. Al examen físico: bien perfundido, piel y mucosas pálidas, presión arterial 100/70 mmHg, frecuencia cardiaca 105 lpm en ritmo sinusal, saturación 99% con aire ambiental, frecuencia respiratoria

28 rpm. Al examen pulmonar no hay ruidos patológicos. En los exámenes de laboratorio inicial se objetiva falla renal, acidosis metabólica y anemia severas. Debido a las intensas alteraciones del medio interno se hospitaliza en unidad monitorizada, se suspenden todos los fármacos que estaba utilizando, se administra $NaHCO_3$ intravenoso e inhibidores de la bomba de protones, recibe transfusión de concentrado de glóbulos rojos, inicia hemodiálisis de agudo y se realiza endoscopía digestiva alta que muestra una úlcera duodenal Forrest III.

A continuación se muestran los exámenes de urgencia y al segundo día de evolución:

	Día 0	Día 2	Valor normal
Electrolitos plasmáticos:			
- Na^+ (mEq/L)	131	144	135-145
- K^+ (mEq/L)	5,8	4,5	3,5-5
- Cl^- (mEq/L)	102	92	100-108
Bioquímica en sangre:			
- Albúmina (g/dL)	3,9	3,8	3,5-5
- Glucosa (mg/dL)	86	92	70-99
- Creatinina (mg/dL)	15	10	0,7-1,2
- Nitrógeno ureico (mg/dL)	144	112	8-25
- Calcio (mg/dL)	8,5	8,8	8,5-10,5
- Fósforo (mg/dL)	6,2	5,8	2,5-4,5
Hemograma:			
- Hemoglobina (g/dL)	5	6,5	13,5-17,5
Gases arteriales:			
- pH	7,23	7,36	7,35-7,45
- $[HCO_3^-]$ real (mEq/L)	8,03	15,25	22-26
- $PaCO_2$ (mmHg)	19,61	27,61	35-45
- EB(B) (mmol/L)	−17,94	−9,30	0 ±2,5
- EBS (mmol/L)	−19,53	−10,20	0 ±2,5
- TCO_2 (mEq/L)	8,63	16,10	23-29
- st$[HCO_3^-]$ (mEq/L)	10,25	16,94	22-25
- AG (mmol/L)	20,97	36,75	8-12
- AG corregido (mmol/L)	22,22	38,25	8-12
- ΔΔ Ratio	0,77	3,23	
- ΔΔ Gap	−3,75	19,5	

Análisis del día 0

Al momento de ingreso existe una acidosis metabólica compensada (Capítulo 8). Como el trastorno es crónico la respuesta respiratoria es la adecuada y máxima para el grado de acidosis ($PaCO_2$ esperada = 40–1,2·(24–8) = 20,8 ±2 mmHg). Si se evalúa el trastorno con el método de EB, la $PaCO_2$ esperada = 40–19,53 = 20,47 mmHg. Es decir, apoya el diagnóstico anterior de acidosis metabólica compensada (Capítulos 8 y 18).

El AG aumentado sumado al cuadro clínico sugiere como causa la falla renal. Sin embargo, podría haber coexistencia de una acidosis láctica (hipoperfusión por hemorragia) y acidosis por paracetamol (Capítulos 13 y 14). No se dispone de información para corroborar estas etiologías. Los antiinflamatorios al disminuir la VFG y secreción de renina exageran una acidosis renal. El ΔΔ Ratio = 0,77 asociado a acidemia orientan a una etiología mixta, donde congenian una acidosis metabólica con AG aumentado sumado a otra hiperclorémica (Capítulo 13). La falla renal se comporta de esta manera: el AG incrementa por retención de ácidos minerales (fosfórico y sulfúrico) y además disminuye la excreción de NH_4Cl, produciendo acidosis hiperclorémica (Capítulos 6 y 14). Los antiinflamatorios exacerban una acidosis (Capítulo 14). El ΔΔ Gap, nuevamente, no logra pesquisar el componente de acidosis metabólica hiperclorémica en el trastorno.

Debido a la situación del paciente (hemorragia digestiva, acidosis metabólica, síndrome urémico y falla renal severa), además de estabilizar y detener el sangrado, lo ideal es realizar hemodiálisis para tratar los desórdenes del medio interno. Si la diálisis no se efectuará prontamente, es posible considerar $NaHCO_3$ intravenoso (Capítulo 16). Sin embargo, al iniciar corrección del medio interno en un paciente urémico, esta no debe ser muy intensa ni acelerada por el riesgo de producir desequilibrio y edema cerebral. La corrección rápida de una acidosis metabólica en un paciente urémico puede exacerbar estas complicaciones.

Análisis del día 2

Clínicamente, al trastorno inicial se agregaron múltiples condiciones que afectan el estado ácido-base: corrección de la volemia, administración de $NaHCO_3$ (y quizás otras soluciones cristaloides) y transfusión de hemoderivados con citrato.

Por los parámetros gasométricos persiste una acidosis metabólica y la compensación es adecuada ($PaCO_2$ esperada = (40–1,2·(24–15)) = 29,2 ±2 mmHg) (Capítulo 8). Por el método de EB, la compensación sería en torno a: $PaCO_2$ esperada = 40–10,2 = 29,8 mmHg (Capítulo 18). En este caso la $PaCO_2$ del paciente se aleja un poco más de la $PaCO_2$ esperada. El diagnóstico a partir del método de EB *podría ser una acidosis metabólica más alcalosis respiratoria. Clínicamente, no hay motivo para que exista una alcalosis respiratoria (excepto por ansiedad) o que aún se está "inhibiendo" la respuesta compensatoria del día anterior (como la corrección del* HCO_3^- *y pH fueron rápidas; aún no se habría completado la respuesta compensatoria respiratoria al nuevo estado ácido-base). Si se utiliza la fórmula de Winter (Capítulo 8;* $PaCO_2$ *esperada* $= 1{,}5 \cdot [HCO_3^-] + 8 \pm 2$ *mmHg), resulta en 30,9* ± 2 *mmHg, es decir, concuerda con el diagnóstico de acidosis metabólica más alcalosis respiratoria. Dependerá del clínico decidir qué diagnóstico parece más apropiado, pero debido a las limitaciones de la interpretación ácido-base, estas controversias son frecuentes.*

De todas formas, la compensación respiratoria debiera haberse completado por el tiempo transcurrido (>24 horas). Como la interpretación debe ser un reflejo del cuadro clínico, y no, adaptar el cuadro clínico a la interpretación; es más adecuado el diagnóstico establecido por el método tradicional (acidosis metabólica compensada).

Sin embargo, por el cuadro clínico se puede reconocer que una "acidosis metabólica compensada" no refleja todas las perturbaciones ácido-base en este paciente. Inicialmente, recibió bases intravenosas ($NaHCO_3$*, citrato y diálisis), por lo tanto, debe existir una alcalosis metabólica agregada. Como se utiliza el sistema* CO_2/HCO_3^- *y el pH en la interpretación ácido-base, solo se visualiza el "efecto neto" de las múltiples perturbaciones y respuestas compensatorias, lo que dificulta el diagnóstico diferencial. En este caso, tanto el trastorno primario (acidosis metabólica) como la perturbación adicional (alcalosis metabólica) actúan sobre el* HCO_3^- *plasmático, así, la que predomine determinará el diagnóstico ácido-base.*

Al utilizar otras herramientas de diagnóstico se observa un AG ~ 38 y $\Delta\Delta$ *Ratio ~ 3. Dado la tendencia a "normalidad" del pH se puede concluir que, coexiste una acidosis metabólica con AG aumentado más alcalosis metabólica (Capítulo 13). Esto es concordante con el cuadro clínico, ya que la infusión de* $NaHCO_3$*, citrato y hemodiálisis producen alcalosis metabólica. Nuevamente, se respalda el diagnóstico inicial establecido por el método tradicional (acidosis metabólica sin trastorno respiratorio asociado), ya que una alcalosis respiratoria adicionada a una acidosis metabólica con AG aumentado debiera disminuir el* $\Delta\Delta$ *Ratio (Capítulo 13).*

En la evaluación de trastornos ácido-base el mejor momento para realizar análisis diagnóstico es al momento de presentación del paciente. Solo en este período habrá un trastorno con una respuesta compensatoria probablemente máxima y completa al grado de perturbación del medio interno. En la evolución posterior se agregarán múltiples tratamientos y modificaciones del estado ácido-base, sumado a que las respuestas compensatorias probablemente no habrán tenido el tiempo suficiente para completarse. Así, la interpretación ácido-base se vuelve errática durante la evolución del paciente.

Caso 6.

Hombre de 61 años, con antecedentes de tabaquismo activo, hipertensión arterial, dislipidemia y enfermedad pulmonar obstructiva crónica. En tratamiento con hidroclorotiazida, atorvastatina e inhaladores de fenoterol-bromuro de ipratropio. Mientras estaba de vacaciones en la playa, presenta cuadro de 1 semana con fiebre, disnea de reposo, tos productiva purulenta y fatigabilidad extrema. Consulta en urgencias, presión arterial 90/60 mmHg, frecuencia cardiaca 99 lpm sinusal, saturación 90% con aire ambiental, frecuencia respiratoria 26 rpm, temperatura 38 °C. Extremidades frías sin edema, llene capilar 2 segundos, tórax en tonel, espiración prolongada, murmullo pulmonar muy disminuido globalmente y crépitos en la base pulmonar derecha. Se toman exámenes y se conecta a oxigenoterapia por máscara de alto flujo con meta de saturación en torno a 92% (por sospecha de retención de CO_2). Radiografía de tórax portátil informa hiperinsuflación pulmonar, condensación en lóbulo inferior derecho y leve derrame pleural asociado. Se administra nebulizaciones con bromuro de ipratropio-fenoterol y una dosis de furosemida intravenosa.

Los exámenes obtenidos al ingreso son los siguientes.

	Día 0	Valor normal
Electrolitos plasmáticos:		
- Na^+ (mEq/L)	146	135-145
- K^+ (mEq/L)	3,2	3,5-5
- Cl^- (mEq/L)	106	100-108
Bioquímica en sangre:		
- Albúmina (g/dL)	4,5	3,5-5
- Glucosa (mg/dL)	102	70-99
- Creatinina (mg/dL)	1,3	0,7-1,2
- Nitrógeno ureico (mg/dL)	32	8-25
- Lactato arterial (mmol/L)	3,1	0,5-2,2
Hemograma:		
- Hemoglobina (g/dL)	17,8	13,5-17,5
- Leucocitos (·1.000/µL)	18,1	4,5-11
- Plaquetas (·1.000/µL)	325	140-400
Gases arteriales:		
- pH	7,24	7,35-7,45
- $[HCO_3^-]$ real (mEq/L)	24,11	22-26
- $PaCO_2$ (mmHg)	57,54	35-45
- PaO_2 (mmHg)	68,2	>60
- Saturación O_2 (%)	89,0	>90
- EB(B) (mmol/L)	−4,50	0 ±2,5
- EBS (mmol/L)	−3,29	0 ±2,5
- TCO_2 (mEq/L)	25,87	23-29
- st$[HCO_3^-]$ (mEq/L)	20,28	22-25
- AG (mmol/L)	15,89	8-12
- AG corregido (mmol/L)	15,64	8-12
- ΔΔ Ratio	−51,27	
- ΔΔ Gap	5,75	

Solo con una visión general de los exámenes se puede deducir que el trastorno ácido-base corresponde a una acidosis respiratoria más acidosis metabólica. El pH disminuido y $PaCO_2$ elevados indican una acidosis respiratoria. Luego, la compensación metabólica debiera incrementar el HCO_3^- plasmático, sin embargo, este se encuentra "normal", por lo que, se deduce la coexistencia de una acidosis metabólica. Por tiempo de evolución el trastorno es crónico, así, al estimar las respuestas de compensación se obtendría la misma conclusión. Para el método tradicional la concentración de HCO_3^- esperado es $(57,54-40)\cdot 0,4+24 = 31 \pm 2$ mEq/L (Capítulo

8). Por método de exceso de base el EBS esperado es 0,4 · (57,54–40) = 7,02 (Capítulo 18). Es decir, debiera existir una ganancia de "capacidad buffer" que no presenta este paciente.

La acidosis metabólica podría ser por falla renal e hiperlactatemia. El AG aumentado sugiere la presencia de una acidosis con AG incrementado. Es posible que una gran neumonía más un shock séptico asociado provoquen acidosis respiratoria por trastorno V/Q y acidosis láctica tipo A (Capítulos 5, 9 y 14). Este paciente tiene presión 95/68 mmHg, sin embargo, es hipertenso y presenta alteraciones sugerentes de hipoperfusión clínica y de laboratorio.

Si la acidosis respiratoria se debe a una neumonía más shock séptico el tratamiento de la acidosis debiera ser ventilación mecánica invasiva, antibiótico precoz y volemización conforme exige el manejo de una sepsis. Por otro lado, existe la posibilidad de que la acidosis respiratoria sea explicable por un EPOC descompensado producto de la infección respiratoria, y el componente metabólico de la acidosis se deba más a falla renal que acidosis láctica por hipoperfusión. Otro escenario es que el paciente tenga una insuficiencia cardiaca descompensada secundario al proceso infeccioso, complicada con congestión pulmonar e hipoperfusión sistémica.

La forma de diferenciar si la acidosis respiratoria es secundaria a neumonía, congestión o la enfermedad pulmonar obstructiva es mediante la D(Aa)O_2 (Capítulos 5 y 9). Para este paciente la D(Aa)O_2 normal esperable a su edad es 61/4+4 = 19,25 mmHg. Es decir, una D(Aa)O_2 normal sería menor a ese valor. Como el paciente se encuentra a nivel del mar la presión atmosférica es 760 mmHg. Luego, la presión alveolar de O_2 es (760–47)·0,21–(57,54/0,8) = 77,81 mmHg; y la D(Aa)O_2 = 77,81–68,2 = 9,6 mmHg. Si la D(Aa)O_2 hubiera sido >19,25; la causa sí podría haber sido una neumonía o congestión pulmonar (alteración V/Q), pero como el intercambio de O_2 entre alvéolo y sangre es adecuado, la acidosis respiratoria se debe a hipoventilación.

Respecto a la acidosis metabólica, corroboramos su existencia por la falta de compensación adecuada a la acidosis respiratoria. El AG aumentado respalda este diagnóstico y sugiere que la acidosis "agregada" tiene AG elevado. El ΔΔ Ratio y ΔΔ Gap también son útiles para el diagnóstico diferencial (Capítulo 13). En este caso, el ΔΔ Ratio presenta un valor negativo, y este se debe a que el HCO_3- es ligeramente más elevado a lo normal (15,6-10/24-24,1). Esta situación ocurre porque el HCO_3- no descendió como debiera hacerlo ante una acidosis metabólica con AG aumentado, y su causa es la acidosis respiratoria subyacente. La otra condición que "evita" el descenso del HCO_3- plasmático en acidosis metabólica es la coexistencia *de una alcalosis metabólica. Pero el pH "ácido" más la presencia confirmada de una acidosis respiratoria sentencian el diagnóstico.*

El ΔΔ Gap >5 sugiere tres posibilidades: acidosis metabólica con AG aumentado aislada, acidosis metabólica con AG aumentado más alcalosis metabólica o acidosis metabólica con AG aumentado más acidosis respiratoria (Capítulo 13). Por el análisis reciente realizado con el ΔΔ Ratio se llega a la misma conclusión: acidosis respiratoria más acidosis metabólica con AG aumentado.

Los estados de acidosis crónica inducen natriuresis, y la hipercapnia crónica; vasoconstricción renal (Capítulo 17). Por lo tanto, es esperable que este paciente presentara tendencia a hipovolemia, más aún con tratamiento diurético. En el mismo sentido, si el paciente cursa un cuadro febril y tiene pérdidas insensibles aumentadas, se exagera la contracción del VCE/VEC. Lo anterior, se evidencia por una ligera hipernatremia. Así sobreviene una falla renal aguda e hipoperfusión sistémica (explicando la acidosis metabólica con AG aumentado).

En el trastorno inicial es posible la coexistencia de una alcalosis metabólica producto del uso de diuréticos y contracción del VCE/VEC. Lamentablemente, las herramientas de interpretación ácido-base actuales no permiten detectar un trastorno subyacente a "otro trastorno subyacente". Es decir, en este caso el trastorno primario evidente es la "acidosis respiratoria". Mediante las reglas de compensación y herramientas como el AG y ΔΔ Ratio, se pudo pesquisar la existencia de una "acidosis metabólica con AG aumentado". Sin embargo, quizás esa acidosis metabólica era mucho más intensa de lo que se visualiza y está minimizada por una "alcalosis metabólica". Esta condición ya no es posible detectarla y solo habría que presumir su existencia. Si la acidosis metabólica se intensificara al corregir el VCE/VEC, esto nos orientaría a la existencia de una alcalosis metabólica subyacente a la acidosis metabólica. Posiblemente, muchas "acidosis por solución salina", sean realmente un desenmascaramiento de una alcalosis metabólica subyacente.

En este caso se administró furosemida para tratar la insuficiencia respiratoria, probablemente de forma empírica asumiendo congestión pulmonar. La existencia de una acidosis metabólica con AG aumentado (por falla renal aguda más una posible acidosis láctica) contradice esta terapia. Lo ideal hubiera sido administrar volumen juiciosamente y ventilación mecánica no invasiva para corregir los trastornos mencionados. Todo lo anterior, además del tratamiento de la neumonía y el derrame pleural.

Caso 7.

Paciente de 28 años portador de VIH y virus hepatitis B; en tratamiento con Tenofovir, Lamivudina y Darunavir/Ritonavir. Comienza a presentar episodio de náuseas, vómitos y diarrea sin elementos patológicos ni fiebre. Logra consumir líquidos, pero no sólidos. El cuadro persiste por cinco días, agregándose fatigabilidad y disnea, motivo por el cual consulta a urgencias. Se constata paciente enflaquecido, bien hidratado y perfundido. Sin lesiones cutáneas ni mucosas, sin síntomas ni alteraciones pulmonares, urinarios ni neurológicos. Al examen abdominal no presenta signos de alarma, sin dolor, ruidos intestinales aumentados en tono y frecuencia. Presión arterial 115/82 mmHg, frecuencia cardiaca 94 lpm sinusal, frecuencia respiratoria 30 rpm, saturación 100% con aire ambiental, temperatura 36,2 °C.

Se instala una vía venosa periférica a partir de la cual se obtienen muestras de sangre y se inicia infusión de solución salina 0,9%. A los pocos minutos se informa desde laboratorio un valor de alerta con pH de 7,1 y bicarbonato de 8; motivo por el que se decide re-controlar gases y electrolitos, esta vez arteriales.

Los exámenes obtenidos al ingreso son los siguientes.

	Día 0	Valor normal
Electrolitos plasmáticos:		
- Na^+ (mEq/L)	138	135-145
- K^+ (mEq/L)	3,4	3,5-5
- Cl^- (mEq/L)	98	100-108
Bioquímica en sangre:		
- Albúmina (g/dL)	3,2	3,5-5
- Glucosa (mg/dL)	132	70-99
- Creatinina (mg/dL)	0,8	0,7-1,2
- Nitrógeno ureico (mg/dL)	12	8-25
- Lactato venoso (mmol/L)	1,5	0,5-2,2
- Bilirrubina total (mg/dL)	0,8	<1
- Bilirrubina directa (mg/dL)	0,2	<0,3
- Transaminasa oxaloacética (U/L)	20	10-40
- Transaminasa pirúvica (U/L)	15	10-55
- Gamaglutamiltransferasa (U/L)	15	<60
- Fosfatasa alcalina (U/L)	86	45-115
- Colesterol Total (mg/dL)	195	<200
- Triglicéridos (mg/dL)	205	<150
- Lipasa (U/L)	18	13-60
Hemograma:		
- Hemoglobina (g/dL)	14,8	13,5-17,5
- Leucocitos (·1.000/µL)	7,6	4,5-11
- Neutrófilos (·1.000/µL)	4,6	1,8-7,7
- Linfocitos (·1.000/µL)	2,3	1-4,8
- Plaquetas (·1.000/µL)	227	140-400
Gases venosos:		
- pH	7,15	7,33-7,43
- $[HCO_3^-]$ real (mEq/L)	8,0	24-28
- $PaCO_2$ (mmHg)	23,5	40-50
- EB(B) (mmol/L)	−19,04	0 ±2,5
- EBS (mmol/L)	−20,85	0 ±2,5
- TCO_2 (mEq/L)	8,72	25-32
- st$[HCO_3^-]$ (mEq/L)	10,28	
- AG (mmol/L)	32	8-12
- AG corregido (mmol/L)	35	8-12
- ΔΔ Ratio	1,56	
- ΔΔ Gap	9	

(continúa en la página 547)

Gases y electrolitos arteriales:		
- Na^+ (mEq/L)	138	135-145
- K^+ (mEq/L)	3,4	3,5-5
- Cl^- (mEq/L)	100	100-108
- pH	7,17	7,35-7,45
- [HCO_3^-] real (mEq/L)	6,28	22-26
- $PaCO_2$ (mmHg)	17,6	35-45
- PaO_2 (mmHg)	108	>60
- Saturación O_2 (%)	95,5	>90
- EB(B) (mmol/L)	−19,95	0 ±2,5
- EBS (mmol/L)	−22,25	0 ±2,5
- TCO_2 (mEq/L)	6,82	23-29
- st[HCO_3^-] (mEq/L)	9,36	22-25
- AG (mmol/L)	31,7	8-12
- AG corregido (mmol/L)	34,7	8-12
- ΔΔ Ratio	1,40	
- ΔΔ Gap	7	
Orina automatizada:		
pH	4,5	5-6
- Densidad	1.028	1.000-1.030
- Eritrocitos	−	Negativo
- Leucocitos	−	Negativo
- Nitritos	−	Negativo
- Cetonas	++	Negativo
- Glucosa	−	Negativo
- Proteínas	−	Negativo
- Sedimento: sin células ni cristales, cilindros hialinos escasos		

El análisis de este caso puede realizarse con gases arteriales o venosos. Como existe una intensa alteración en los parámetros ácido-base es posible usar indistintamente ambos métodos. Cuando las modificaciones son marginales, lo ideal es utilizar gases arteriales. Del mismo modo, si las respuestas de compensación o el cálculo de herramientas diagnósticas resultan en valores límites, es preferible emplear gases arteriales.

En general, el pH es 0,02 unidades más bajo en sangre venosa (7,38); el HCO_3^- *tiende a ser 2 unidades más alto (26 mEq/L) y la* $PvCO_2$ *5 unidades más alta (45 mmHg). Este último parámetro puede variar considerablemente, ya que si la muestra se obtiene desde una extremidad que ha sido sometida por mucho tiempo a isquemia (torniquete) y desde una punción proximal; la* $PvCO_2$ *será elevada. Por* *el contrario, si la muestra venosa es obtenida desde venas muy distales y con mínimo o nulo tiempo de isquemia; la $PvCO_2$ e incluso la PaO_2 pueden ser similares a sus valores arteriales. Por esta variabilidad de la $PvCO_2$, y en consecuencia del pH y HCO_3^-, siempre serán preferibles los gases arteriales (Capítulo 4).*

Como la sangre venosa transporta más CO_2, hay mayor producción de HCO_3^- en el eritrocito, y por tanto, más intercambio de HCO_3^- eritrocitario con Cl^- plasmático (Capítulo 5). Así, se eleva el HCO_3^- en sangre venosa y disminuye el Cl^- (Capítulo 17). Por lo mismo, el hematocrito venoso es mayor al arterial, ya que el Cl^- eritrocitario aumenta la osmolaridad intracelular promoviendo traspaso de plasma al eritrocito e incrementando el volumen celular. Afortunadamente, la concentración de hemoglobina se mantiene constante.

De lo anteriormente mencionado, se desprende que el AG se mantenga invariable independiente de que la muestra fuera obtenida desde sangre arterial o venosa, ya que obedece al principio de electroneutralidad (Capítulo 2 y 13). En la misma magnitud que aumenta el HCO_3^- venoso, disminuye el Cl^- plasmático. Sí se altera el ΔΔ Ratio, ya que considera como "normal" un HCO_3^- plasmático de 24 mEq/L. Sin embargo, si en lugar de "normal" se utiliza 26 mEq/L; el valor del ΔΔ Ratio venoso se iguala al arterial. En este caso, el ΔΔ Ratio venoso es 1,56; pero si se ajusta el valor a un HCO_3^- normal de 26 mEq/L ($35-10/26-8 = 1,39$) se iguala a su valor arterial.

En el paciente, el diagnóstico ácido-base primario es una acidosis metabólica. Por método tradicional la $PaCO_2$ esperada es $40-(24-6,28)\cdot 1,2 = 18,74 \pm 2$ mmHg. Si se utiliza gases venosos la $PvCO_2$ esperada es $45-(26-8)\cdot 1,2 = 23,4 \pm 2$ mmHg. Es decir, tanto los parámetros en gases venosos como arteriales determinan una acidosis metabólica compensada (Capítulo 8). Si bien, las reglas de compensación están diseñadas con parámetros en sangre arterial, se debieran cumplir en una muestra con parámetros ácido-base "venosos" representativos de la sumatoria de la actividad metabólica del organismo. La concentración de H^+, HCO_3^- y CO_2 se encuentran en un equilibrio regulado por un exhaustivo sistema homeostático (Capítulos 3, 5, 6, 7 y 8). Si la concentración de CO_2 aumenta en el lado venoso, también se modificarán el pH y HCO_3^- (Capítulo 3). Probablemente, en pequeñas variaciones de estos parámetros exista un comportamiento "lineal" y se cumplan las reglas de compensación en muestra venosa. Sin embargo, modificaciones grandes entrarán a escala logarítmica, por lo que las reglas de compensación no serán extrapolables a gases venosos. Afortunadamente, en los sistemas biológicos, las modificaciones del pH son ínfimas.

El exceso de base representa una "medida de bases conjugadas" en la sangre (EB(B)) o en el extracelular (EBS) (Capítulos 2 y 18). Como en sangre venosa hay más HCO_3^- (mayor transporte de CO_2), la capacidad buffer venosa es mayor a la arterial. Por eso, en este caso, tanto el EB(B) como el EBS venosos son menos negativos que sus contrapartes arteriales. No está claro si el EB venoso se puede utilizar para interpretación ácido-base. En el caso de la $PaCO_2$ esperada por método de EB es 40–22,25 = 17,8 mmHg, mientras que la $PvCO_2$ esperada sería 45–20,85 = 24,15. Si se utiliza el rango ±2 mmHg, por ambos mecanismos, la conclusión es una acidosis metabólica compensada.

El AG aumentado y el ΔΔ Ratio de 1,4 orientan a una acidosis metabólica con AG exclusiva. El ΔΔ Gap >5 no es capaz de diferenciar el tipo de acidosis.

Tanto el VIH como VHB pueden producir falla renal y acidosis láctica, ya sea por daños orgánicos inducidos por el mismo virus o su tratamiento (Capítulo 14). Sin embargo, por la normalidad en la creatinina y lactato, y ausencia de evidencias de daño hepático y/o renal, estas etiologías serían descartables. El tenofovir puede provocar una ATR tipo 2, en cambio el darunavir/ritonavir; cetoacidosis. La combinación tenofovir + lamivudina se emplea frecuentemente para tratamiento de la co-infección VIH y VHB. Pero la ATR tipo 2 es una acidosis metabólica hiperclorémica, ausente en este caso. Por otro lado, el pH urinario ácido, ausencia de proteinuria y glucosuria, aunque sean evaluados desde un examen de orina automatizado; desestiman un síndrome de Fanconi por tenofovir (Capítulo 14). Los inhibidores de proteasa (darunavir/ritonavir) pueden provocar diarrea, náuseas, vómitos, hiperglicemia, hipertrigliceridemia y cetoacidosis. En este caso no hay medición de β-OH-butirato ni otros cetoácidos en sangre, sin embargo, la presencia de cetonuria hace factible una complicación por inhibidores de proteasas. Además, el ayuno y disminución de la masa muscular favorecen el desarrollo de cetosis (Capítulo 14).

Para corroborar el diagnóstico de cetoacidosis, y descartar ATR tipo 2 por tenofovir, se requiere un análisis urinario (Capítulo 13). Como en ambos trastornos la excreción de amonio debiera estar conservada, tanto el Gap osmolar urinario como la cuantificación de amonio urinario serían elevados (>200 mOsm/L y >100 mEq/L respectivamente). Al comienzo de una ATR tipo 2 habrá bicarbonaturia, la que se puede comprobar con gases en orina. Aunque con pH de 4,5 se puede asegurar ausencia de HCO_3^- urinario. Esto, al igual que la ausencia de proteinuria y glucosuria, desacredita una ATR tipo 2. En este caso, el anion gap urinario no sirve para cuantificar la excreción de amonio, ya que se están eliminando aniones cetónicos (cetonuria). Pero esta misma realidad sirve para el diagnóstico. Una *excreción de amonio adecuada (medida por Gap osmolar o amonio urinario) asociado a un AG urinario elevado; sugieren fuertemente la presencia de bases conjugadas apoyando el diagnóstico de cetoacidosis con eliminación urinaria de aniones cetónicos. Finalmente, la cuantificación de cetonemia y β-OH-butirato en sangre permitiría zanjar rápidamente el diagnóstico de cetoacidosis.*

Para el tratamiento, además de volemización, será necesario cambiar el inhibidor de proteasa por otro fármaco anti-retroviral. Afortunadamente, como la acidosis no es tubular (no es hiperclorémica), se puede mantener el tratamiento con tenofovir.

Caso 8.

Hombre de 45 años con antecedentes de depresión. Es encontrado por familiares en su pieza en estado de sopor, por lo que es rápidamente trasladado a un servicio de emergencias. Signos vitales: presión arterial 105/73 mmHg, frecuencia cardiaca 88 lpm, saturación 100% con aire ambiental, frecuencia respiratoria 26 rpm, temperatura 38 °C. Examen físico: sopor leve, escala de coma de Glasgow = 13, bien hidratado y perfundido, sin lesiones cutáneas, sin historia ni hallazgos de alteraciones respiratorias, cardiovasculares, intestinales ni urinarias. Sin focalidad neurológica ni signos meníngeos. Extremidades sin edemas, yugulares visibles no ingurgitadas.

Mantiene monitorización electrocardiográfica continua y evaluación neurológica seriada. Se toman exámenes arteriales y venosos, se instala una vía venosa periférica para infusión de solución salina 0,9%, catéter urinario permanente y se programa la realización de un escáner de cerebro sin contraste. Por sospecha de intoxicación se deja instalada sonda naso enteral para eventual inicio de carbón activado y administración de tratamientos. Se desestima lavado gástrico por compromiso de consciencia. Resultados de exámenes:

	Día 0	Valor normal
Electrolitos plasmáticos:		
- Na^+ (mEq/L)	142	135-145
- K^+ (mEq/L)	4,5	3,5-5
- Cl^- (mEq/L)	119	100-108
Bioquímica en sangre:		
- Albúmina (g/dL)	3,8	3,5-5
- Glucosa (mg/dL)	64	70-99
- Creatinina (mg/dL)	0,9	0,7-1,2
- Nitrógeno ureico (mg/dL)	16	8-25
- Ácido úrico (mg/dL)	0,3	2,3-6,6
- Calcio (mg/dL)	9,8	8,5-10,5
- Lactato (mmol/L)	4,6	0,5-2,2
- β-OH-Butirato (mg/dL)	25	0,2-2,8
- Osmolaridad (mOsm/L)	293	285-295
- Acetaminofeno (μg/mL)	<1,2	<1,2
- Salicilato (μg/mL)		<3
- Amonio (μmol/L)	12	10-60
- Bilirrubina total (mg/dL)	0,9	<1
- Bilirrubina directa (mg/dL)	0,2	<0,3
- Transaminasa oxaloacética (U/L)	38	10-40
- Transaminasa pirúvica (U/L)	52	10-55
- Gamaglutamiltransferasa (U/L)	57	<60
- Fosfatasa alcalina (U/L)	112	45-115
- Proteína C reactiva (mg/dL)	0,4	<0,5
- Procalcitonina (ng/mL)	<0,09	<0,09
- Tiempo protrombina (%)	50	70-120
Hemograma:		
- Hemoglobina (g/dL)	15,2	13,5-17,5
- Leucocitos (·1.000/μL)	5,3	4,5-11
- Neutrófilos (·1.000/μL)	3,18	1,8-7,7
- Plaquetas (·1.000/μL)	196	140-400

(continúa en la página 552)

Gases arteriales:		
- pH	7,34	7,35-7,45
- [HCO_3^-] real (mEq/L)	9,28	22-26
- $PaCO_2$ (mmHg)	17,6	35-45
- PaO_2 (mmHg)	105	>60
- Saturación O_2 (%)	97,3	>90
- EB(B) (mmol/L)	−13,6	0 ±2,5
- EBS (mmol/L)	−16,5	0 ±2,5
- TCO_2 (mEq/L)	9,82	23-29
- st[HCO_3^-] (mEq/L)	13,41	22-25
- AG (mmol/L)	13,7	8-12
- AG corregido (mmol/L)	15,2	8-12
- ΔΔ Ratio	0,35	
- ΔΔ Gap	−9,5	
- Relación Cl^-/Na^+	0,84	
Orina automatizada:		
- pH	5	5-6
- Densidad	1.020	1.000-1.030
- Eritrocitos	−	Negativo
- Leucocitos	−	Negativo
- Nitritos	−	Negativo
- Cetonas	++	Negativo
- Glucosa	+	Negativo
- Proteínas	+−	Negativo
- Sedimento sin células ni cilindros ni cristales		
Drogas en orina:	No detectados	
- Droga y metabolitos de: Anfetaminas, Antidepresivos Tricíclicos, Barbitúricos, Benzodiazepinas, Cocaína, Metanfetamina, Metilendioximetanfetamina, Metadona, Opiáceos, Tetrahidrocanabinoides, Fenciclidina, Propoxifeno		

El cuadro clínico es complejo, ya que no orienta a una causa específica. Podría ser una encefalopatía por intoxicación, trastornos del medio interno, disfunción orgánica severa, infección o complicaciones vasculares-estructurales del sistema nervioso central. Por la normalidad en parámetros inflamatorios, función renal y hepática, *además de ausencia de drogas en orina; estas etiologías son poco probables. Destaca una gran disminución del HCO_3^- plasmático y $PaCO_2$ junto a otras alteraciones hidroelectrolíticas y prolongación del tiempo de protrombina.*

Por la disminución del pH, HCO_3^- y $PaCO_2$ el diagnóstico ácido-base primario es una acidosis metabólica. La $PaCO_2$ esperada es $40-(24-9{,}28)\cdot 1{,}2 = 22{,}34 \pm 2$ mmHg. Según el EB la $PaCO_2$ esperada es $40-16{,}5 = 23{,}5$ mmHg. Es decir, por ambos métodos existe un trastorno mixto: acidosis metabólica más alcalosis respiratoria. Una situación extraña se produce al analizar el AG y ΔΔ Ratio. El AG está levemente aumentado, pero el ΔΔ Ratio = 0,35 es compatible con una acidosis metabólica hiperclorémica (Capítulo 13).

La intoxicación por salicilatos produce todas las alteraciones mencionadas. El salicilato estimula el centro ventilatorio generando alcalosis respiratoria. Además, desacopla la membrana interna mitocondrial, (evitando la generación de ATP) sin bloquear la cadena respiratoria. Así, se exagera catabolización de nutrientes (glucosa, ácidos grasos y aminoácidos) en un intento de producir ATP; y secundariamente existirá depleción de glucosa, cetosis, fermentación láctica e hipertermia (Capítulo 14). Se establece una acidosis con AG aumentado.

El salicilato interfiere la medición de Cl^-, motivo por el cual aumenta su valor. Probablemente, el AG plasmático es más elevado que el calculado (AG > 15,2). Si existe una acidosis metabólica con AG aumentado el ΔΔ Ratio debiera ser >1, pero en este caso se afecta producto del salicilato y alcalosis respiratoria. Como el AG calculado está "falsamente" disminuido, el numerador del ΔΔ Ratio desciende en comparación al denominador (ΔΔ Ratio <1). Luego, se agrega la alcalosis respiratoria, un proceso que "extrae" HCO_3^- del sistema. Así, el valor del denominador será aún más grande. Finalmente, resulta un ΔΔ Ratio <0,4; simulando "falsamente" una acidosis metabólica hiperclorémica (Capítulo 13).

El exceso de salicilato aumenta la excreción urinaria de ácido úrico generando hipouricemia, prolonga el tiempo de protrombina y produce encefalopatía (Capítulo 14).

El diagnóstico se confirma con salicilemia en sangre, que en este paciente fue muy elevada (823 µg/mL). Para el tratamiento será necesario administrar carbón activado e iniciar alcalinización urinaria con $NaHCO_3$ intravenoso buscando un pH urinario >7,5 (Capítulo 16). Por la gravedad de los síntomas y nivel de salicilemia se requerirá iniciar hemodiálisis para evitar mayor daño sistémico y complicaciones potencialmente letales (Capítulo 14).

Caso 9.

Hombre de 63 años con antecedentes de hipertensión arterial, diabetes mellitus tipo II, dislipidemia e infarto al miocardio hace cinco años. Posterior a ello, quedó con insuficiencia cardiaca y fracción de eyección del ventrículo izquierdo de 32%.

Se hospitaliza por edema pulmonar agudo debido a una insuficiencia cardiaca descompensada por sobrecarga de volumen. Hace dos semanas había suspendido todos sus tratamientos (furosemida, aspirina, atorvastatina, amlodipino y carvedilol) por un episodio de hematuria.

Actualmente hospitalizado, en tratamiento con régimen hiposódico, furosemida 60 mg cada 6 horas intravenoso, amlodipino 10 mg al día vía oral, doxazosina 4 mg al día vía oral e insulina subcutánea. Inicialmente, responde de forma favorable con resolución de congestión pulmonar y edema en extremidades inferiores, pero con episodios de hipotensión. Luego de cinco días con tratamiento diurético intenso, presenta nuevamente disnea y se agrega dolor torácico precordial izquierdo opresivo. Se realiza radiografía de tórax que muestra cardiomegalia y derrame pleural bilateral leve. Electrocardiograma objetiva elevación del segmento ST en pared anterior.

A continuación se muestran los exámenes al ingreso y quinto día de evolución.

	Día 0	Día 5	Valor normal
Electrolitos plasmáticos:			
- Na^+ (mEq/L)	141	130	135-145
- K^+ (mEq/L)	4,8	2,9	3,5-5
- Cl^- (mEq/L)	106	89	100-108
Bioquímica en sangre:			
- Albúmina (g/dL)	4,2	4,4	3,5-5
- Glucosa (mg/dL)	122	105	70-99
- Creatinina (mg/dL)	1,1	1,4	0,7-1,2
- Nitrógeno ureico (mg/dL)	19	38	8-25
- Ácido úrico (mg/dL)	3,5	8,2	2,3-6,6
- Troponina ultra sensible (pg/mL)	13	229	<14
Hemograma:			
- Hemoglobina (g/dL)	14,6	15,2	13,5-17,5
Gases arteriales:			
- pH	7,44	7,62	7,35-7,45
- $[HCO_3^-]$ real (mEq/L)	18,62	32,02	22-26
- $PaCO_2$ (mmHg)	28,04	31,86	35-45
- PaO_2 (mmHg)	57,60	95,6	>60
- Saturación O_2 (%)	90,4	98,8	>90
- Presión atmosférica (mmHg)	526	30	21
- Fracción inspirada de O_2 (%)	30	526	0 ±2,5
- EB(B) (mmol/L)	−4,01	10,77	0 ±2,5
- EBS (mmol/L)	−5,54	10,78	23-29
- TCO_2 (mEq/L)	19,48	33,0	22-25
- st$[HCO_3^-]$ (mEq/L)	21,09	33,76	8-12
- AG (mmol/L)	16,4	9	8-12
- AG corregido (mmol/L)	16,9	9,5	
- ΔΔ Ratio	1,28	0,06	

Análisis del día 0

Al momento de ingresar, el paciente debiera presentar una alcalosis respiratoria (Capítulo 8 y 10). Había suspendido el diurético de asa (eliminando alguna posibilidad de alcalosis metabólica subyacente) y tenía edema pulmonar más hipoxemia.

El aumento del pH asociado a disminución en la $PaCO_2$ y HCO_3^-, son compatibles con una alcalosis respiratoria. Por el cuadro clínico es difícil reconocer si es crónica, ya que son necesarios dos a tres días para completar la compensación metabólica y es posible que el edema pulmonar haya comenzado hace menos tiempo (Capítulo 8). La compensación aguda a una alcalosis respiratoria es un

HCO_3^- de (40–28)·0,2+24 = 26,4 mEq/L; mientras que la compensación crónica es (40–28)·0,45+24 = 29,4 ±2 mEq/L (Capítulo 8). Se debe recordar que la "compensación aguda" ocurre por fenómenos químicos del extracelular y se completa en pocos minutos, por lo que tiende a ser exacta; a diferencia de la "compensación crónica" que posee un rango más amplio. En este caso, los exámenes se comportan como una alcalosis respiratoria crónica compensada.

El st[HCO_3^-] y EB ayudan a definir temporalidad de compensación. En alcalosis respiratoria aguda, ambos debieran estar en rango normal (23 mEq/L y 0 ±2,5 mEq/L; respectivamente). Al contrario, como en este caso, se modifican si hay compensación crónica (Capítulo 18). Lo anterior, respalda el diagnóstico de alcalosis respiratoria crónica. Luego, si se analiza el caso con el método de EB, obtenemos que el EBS esperado es (28–40)·0,4 = –4,8 mEq/L. Al aplicar el mismo rango que en el método tradicional, también se concluye una alcalosis respiratoria crónica compensada.

El anion gap se utiliza principalmente en acidosis metabólica. Sin embargo, resalta el efecto de la alcalosis sobre el AG (Capítulo 13). Cuando aumenta el pH, muchos buffers "ceden" su H^+ quedando en la forma "negativa" (base conjugada: $AH \rightarrow A^- + H^+$). Al incrementar la extracción de CO_2 (por alcalosis respiratoria), se redirecciona el sistema CO_2/HCO_3^- hacia los reactantes, disminuyendo el HCO_3^-. Esto último exacerba el redireccionamiento químico de los otros buffers, aumentando los productos de la reacción (A^- y H^+) (Capítulos 2, 8 y 20). Como la concentración de bases conjugadas no-HCO_3^- aumenta (aniones no medidos); el AG plasmático también se eleva.

Como el trastorno es leve, la corrección del edema pulmonar con diuréticos, más la búsqueda y restauración de factores descompensantes de una insuficiencia cardiaca; permitirán resolver la alcalosis respiratoria. De especial utilidad es el uso prudente de diuréticos de asa más ahorradores de potasio, ya que evitan la aparición de trastornos hidroelectrolíticos.

Análisis del día 5.

Se agrega un síndrome coronario agudo en el que pudieron contribuir los trastornos electrolíticos y ácido-base. Tanto la hipokalemia como la alcalemia promueven vasoconstricción e isquemia miocárdica. Peor si existe hipovolemia. Un pH elevado asociado a disminución de la $PaCO_2$ y aumento del HCO_3^-, necesariamente reflejan un trastorno mixto: alcalosis respiratoria y metabólica. Lo más probable es que el uso excesivo de diuréticos de asa degeneró en disminución del VCE, hipoperfusión renal e hiperaldosteronismo secundario. Esto explica la aparición de hiponatremia, *hipokalemia, alcalosis metabólica y una falla renal pre-renal (Capítulo 6). La alcalosis respiratoria se produce por ansiedad, dolor y podría existir congestión pulmonar.*

Al evaluar la respuesta esperada para una alcalosis respiratoria crónica, debiera ser HCO_3^- plasmático de $(40-31{,}9)\cdot 0{,}45+24 = 27{,}6 \pm 2$ mEq/L. La compensación a una alcalosis metabólica es $PaCO_2 = (32-24)\cdot 0{,}7+40 = 45{,}6 \pm 2$ mmHg. Es decir, al analizar las respuestas compensatorias esperables se comprueba un trastorno mixto (Capítulo 8). El mismo ejercicio con el método de EB obtiene: para alcalosis respiratoria el $EBS = (32-40)\cdot 0{,}4 = -3{,}2$ mEq/L; mientras para alcalosis metabólica la $PaCO_2$ esperada es $10{,}78\cdot 0{,}6+40 = 46{,}47$ mmHg. Nuevamente, se comprueba la naturaleza mixta del trastorno. El componente respiratorio es crónico (alcalosis respiratoria crónica) por la información obtenida desde el cuadro clínico, st[HCO_3^-] y EB (Capítulo 18).

El uso de diuréticos debe ser prudente. La dosis de diurético de asa debe ser la necesaria para bloquear los transportadores NKCC2 (que con función renal normal no es necesario dosis altas). La adición de espironolactona evita el desarrollo de hipokalemia y alcalosis metabólica. Mientras exista una adecuada perfusión renal, no hay problema en usar diuréticos, pero si disminuye el intravascular rápidamente puede haber desarrollo de falla renal aguda.

La prioridad de tratamiento será el síndrome coronario agudo, siendo fundamental el tratamiento anticoagulante, antiplaquetario, anti-isquémico y angioplastía coronaria. Respecto a las medidas anti-isquémicas, además de disminuir el trabajo cardiaco, mejorar oxigenación e inducir vasodilatación coronaria; es necesario corregir la alcalemia e hipokalemia (ambas condiciones inducen vasoconstricción).

La alcalosis metabólica es perpetuada por el hiperaldosteronismo secundario, hipokalemia, falla renal e hipocloremia (Capítulo 6 y 11). Restaurando el VCE se puede corregir todas esas alteraciones. Para normalizar el potasio puede ser necesario además suplementar KCl intravenoso. La hipocloremia e hiponatremia se desarrollan por secreción no osmótica de ADH, por lo tanto, mantener un VCE adecuado es fundamental. Si el paciente está hipotenso, basta con suspender los vasodilatadores sistémicos procurando una presión arterial normal, que indirectamente implica un VCE adecuado. Es posible mantener terapia depletiva con dosis bajas de espironolactona, procurando balances neutros o levemente negativos si existe congestión e insuficiencia cardiaca.

La alcalosis respiratoria se resolverá al manejar la ansiedad y dolor del paciente (Capítulo 10). La respuesta de estrés a la ansiedad y dolor, puede significar un trabajo cardiaco mucho más intenso que mantener su función de bomba con VCE conservado (normotensión). Como se mencionó previamente, la terapia depletiva debe ser juiciosa. Un método para establecer si existe congestión pulmonar, además del estudio imagenológico y examen físico, es calcular la $D(Aa)O_2$ *(Capítulos 5 y 9). La* $D(Aa)O_2$ *esperable para este paciente es menor a* $63/4+4 \leq 19{,}75$ *mmHg. Al momento de ingreso la* $D(Aa)O_2 = (0{,}3\cdot(526-47)-(28/0{,}8))-57{,}6 = 51{,}1$*; mientras que al 5° día la* $D(Aa)O_2 = (0{,}3\cdot(526-47)-(31{,}9/0{,}8))-95{,}6 = 8{,}2$*. El valor >19,75 al ingreso confirma una patología del parénquima pulmonar (trastorno V/Q), en cambio el resultado <19,75 al 5° día objetiva ausencia de enfermedad pulmonar parenquimatosa, es decir, de congestión.*

Caso 10.

Joven de 25 años, sin antecedentes mórbidos, es llevado a urgencias por sus amigos luego de una fiesta donde hubo gran consumo de alcohol y bebidas adulteradas. El paciente ingresa comprometido de conciencia, en sopor superficial con los siguientes signos vitales: presión arterial 80/55 mmHg, frecuencia cardiaca 120 lpm (ritmo sinusal), frecuencia respiratoria 26 rpm, oximetría de pulso 100%, temperatura 37 °C, peso 70 kg. Los amigos refieren que el paciente previamente había referido dolor abdominal y vomitado en repetidas oportunidades.

Se administra volemización inicial con solución salina isotónica y se toman exámenes de control, incluyendo hemocultivo y urocultivo. Los primeros resultados demuestran hiponatremia la que es interpretada como asociada a contracción del VCE/VEC. Con la volemización mejora la presión arterial a 118/66 mmHg y disminuye la frecuencia cardiaca a 102 lpm sinusal.

Por los antecedentes de la historia se pensó en un cuadro de origen infeccioso, siendo posibles los focos respiratorios (neumonía aspirativa) o abdominal (perforación de úlcera digestiva); por lo que se realiza un escáner de cerebro, tórax, abdomen y pelvis con contraste. Una hora después de su ingreso, al regresar del escáner, el paciente se encuentra en coma. Sus signos vitales son: presión arterial 115/54 mmHg, frecuencia cardiaca 110 lpm, frecuencia respiratoria 20 rpm, oximetría de pulso 100%, temperatura 37 °C. Bien perfundido.

Es evaluado por residente de Unidad de Cuidados Intensivos. Se decide intubar al paciente y traslado a UCI. Paciente conectado a ventilación mecánica, monitorización continua, continúa volemización abundante, se instala vía venosa central y arterial. Se administra $NaHCO_3$ intravenoso y se toman nuevos exámenes (dos horas posteriores a su admisión). El TAC de cerebro, tórax, abdomen y pelvis es completamente normal. A continuación, se detallan todos los exámenes.

Tiempo (horas)	0 (h)	+1 (h)	+2 (h)	Valor normal
Electrolitos plasmáticos:				
- Na^+ (mEq/L)	125	130	141	135-145
- K^+ (mEq/L)	4,5	4,2	3,5	3,5-5
- Cl^- (mEq/L)	88	85	88	100-108
Bioquímica en sangre:				
- Albúmina (g/dL)	4,0	4,1	3,9	3,5-5
- Glucosa (mg/dL)	110	122	115	70-99
- Creatinina (mg/dL)	1,1		1,2	0,7-1,2
- Nitrógeno ureico (mg/dL)	28	26	25	8-25
- Calcio (mg/dL)	8,5		8,7	8,5-10,5
- Fósforo (mg/dL)	3,5		3,1	2,5-4,5
- Ácido úrico (mg/dL)	6,2		6,0	2,3-6,6
- Lipasa (U/L)	22			13-60
- Amonio (µmol/L)	14			10-60
- Bilirrubina total (mg/dL)	0,8		0,9	<1
- Bilirrubina directa (mg/dL)	0,2		0,3	<0,3
- Transaminasa oxaloacética (U/L)	38		78	10-40
- Transaminasa pirúvica (U/L)	45		65	10-55
- Gamaglutamiltransferasa (U/L)	32		74	<60
- Fosfatasa alcalina (U/L)	62		65	45-115
- Tiempo protrombina (%)	101		90	70-120
- Proteína C reactiva (mg/dL)	0,5		0,8	<0,5
- Procalcitonina (ng/mL)	<0,09		<0,09	<0,09
- Etanol (g/dL)	0,03			0
- Cetonemia			+	Negativo
- Lactato arterial (mmol/L)	6	12	16	0,5-2,2
- β-OH-Butirato (mg/dL)			4	0,2-2,8
- Osmolaridad (mOsm/L)			361	285-295
- Acetaminofeno (µg/mL)			<1,2	<1,2
- Salicilato (µg/mL)			<3	<3
- Calcio iónico (mmol/L)	4,7	4,8	4,5	4,68-5,2
Hemograma:				
- Hemoglobina (g/dL)	12	11,8	12	13,5-17,5
- Leucocitos (·1.000/µL)	18		17,9	4,5-11
- Neutrófilos (·1.000/µL)	16,3		16,4	1,8-7,7
- Plaquetas (·1.000/µL)	203		205	140-400

(continúa en la página 560)

Gases arteriales:				
- pH	7,35	7,12	7,26	
- $[HCO_3^-]$ real (mEq/L)	18,1	15,0	17,6	7,35-7,45
- $PaCO_2$ (mmHg)	33,5	47,2	40,1	22-26
- PaO_2 (mmHg)	110	75	92	35-45
- Saturación O_2 (%)	97,8	86,9	95,2	>60
- EB(B) (mmol/L)	−6,63	−13,9	−8,9	>90
- EBS (mmol/L)	−7,53	−14,3	−9,48	0 ±2,5
- TCO_2 (mEq/L)	19,11	16,4	18,8	0 ±2,5
- st$[HCO_3^-]$ (mEq/L)	19,05	13,8	17,3	23-29
- AG (mmol/L)	18,9	30	35,4	22-25
- AG corregido (mmol/L)	19,9	30,8	36,7	8-12
- ΔΔ Ratio	1,68	2,3	4,2	8-12

Por la historia y evolución, el caso podría tratarse de una intoxicación. La evolución es desfavorable desde un principio con compromiso de consciencia progresivo (no explicable por el grado de acidemia, aunque sí podría contribuir), disnatremia que se "resuelve" en el tiempo, elevación progresiva de enzimas hepáticas y una acidosis que empeora rápidamente.

Respecto a la acidosis en un comienzo corresponde a acidosis metabólica compensada, tanto por análisis con método tradicional y EB: $PaCO_2$ esperada = 40−((24−18,1)·1,2)=32,9 ±2 mmHg; o según EB, $PaCO_2$ esperada = 40−7,53 = 32,47 mEq/L (Capítulos 8, 12 y 18). El AG plasmático y ΔΔ Ratio son compatibles con una acidosis metabólica con AG aumentado (19,9 y 1,68; respectivamente) (Capítulo 13). Como causas de acidosis metabólica solo existe hiperlactatemia; no hay falla renal, ni se ha buscado una cetoacidosis ni posibles tóxicos hasta este momento. Se puede descartar el consumo de etanol como causa del compromiso de consciencia por sus bajos niveles plasmáticos. Tampoco, pareciera existir un cuadro infeccioso que explique el caso por la normalidad en los estudios imagenológicos y parámetros inflamatorios. Aun así, una infección del sistema nervioso central, no es del todo descartable. La acidosis láctica podría ser tipo A y/o B (Capítulo 14), se necesita más antecedentes para encontrar la o las causas.

En un segundo momento, empeora el compromiso de consciencia, aumenta la natremia y el lactato en sangre. Este último, incrementa sin un mayor deterioro hemodinámico. Por el tiempo transcurrido, la restauración del intravascular no parece ser la única explicación para la "corrección espontánea" de la natremia. Por otro lado, la acidosis empeora; el AG plasmático se incrementa y la compensación respiratoria deja de ser adecuada (trastorno mixto: acidosis metabólica y respiratoria), *situación que se evidencia en la aparición de acidemia severa (Capítulo 8). Por método tradicional o por EB el trastorno ácido-base es mixto: $PaCO_2$ esperada = 40–((24–15)·1,2)=29,2 ±2 mmHg; o según EB, $PaCO_2$ esperada = 40–14,3 = 25,7 mEq/L (Capítulos 8 y 18). El AG plasmático ahora es 30,8 y el ΔΔ Ratio 2,3. Este último valor >2 se explica por la acidosis metabólica con AG aumentado más acidosis respiratoria que "agrega HCO_3-" por redireccionamiento químico (Capítulo 13).*

Luego, continúa la evolución del caso, esta vez en UCI y con mayor estudio de las posibles causas. Destaca aumento del lactato con ausencia de acetaminofeno y salicilato en sangre. La prueba de cetonemia "+" y β-OH-Butirato levemente elevado no explican la acidosis metabólica. La osmolaridad plasmática está extremadamente elevada (361 mOsm/L), con un Gap osmolar plasmático de 63 mOsm/L (Capítulo 13). Las intoxicaciones por alcoholes explican las alteraciones de este caso, específicamente, el metanol. Inicialmente, el alcohol es un osmol activo que arrastra agua del intracelular al extracelular, provocando una "falsa hiponatremia" que se resuelve espontáneamente conforme el alcohol se metaboliza en un ácido (Capítulo 14). Luego, el formato (producido por el metabolismo hepático del metanol) bloquea la cadena respiratoria mitocondrial produciendo una acidosis láctica tipo B. Aparecen distintas disfunciones orgánicas, sobre todo, del sistema nervioso central y hepática. Ambos sistemas se encuentra afectados en este paciente. El aumento del AG plasmático y disminución de natremia demuestran cómo rápidamente se transforma el alcohol tóxico en un ácido.

Algunos alcoholes "modificados" contienen metanol en lugar de etanol. Por lo tanto, un consumo inadvertido de este tóxico podría ser la causa.

En UCI, el trastorno ácido-base necesariamente es mixto, ya que a la acidosis metabólica inicial, se agrega el aporte de $NaHCO_3$ intravenoso y ventilación mecánica, por lo que ninguna respuesta compensatoria fisiológica es evaluable. De hecho, la $PaCO_2$ esperada es 32,3 ±2 mmHg o 30,5 mmHg, por método tradicional y EB respectivamente. Sin embargo, las reglas de compensación deben ser utilizadas para los trastornos iniciales, cuando ya hay manipulación por distintos tratamientos administrados, la interpretación se torna errática. Al evaluar el AG, este continúa aumentando, al igual que el ΔΔ Ratio. Este último se exagera, porque a la acidosis respiratoria anterior se agrega una alcalosis metabólica (aporte de $NaHCO_3$ intravenoso), condición que también "agrega HCO_3-".

El tratamiento debe guiarse en medidas de soporte vital además de "eliminar" el tóxico y/o "evitar" su transformación en ácido. Luego, vendrán las repercusiones del daño multisistémico que también deberán ser vigiladas y tratadas (Capítulo 14). El vómito inducido o lavado gástrico está contraindicado por el compromiso de consciencia. La descontaminación digestiva es de escasa utilidad, porque el metanol se absorbe rápidamente. La infusión de abundante $NaHCO_3$ *intravenoso sí es útil, debido a que favorece el estado hidrosoluble del ácido fórmico (formato-), y no su forma liposoluble (que ingresa a la célula inhibiendo la acción mitocondrial). El ácido folínico favorece el metabolismo del formato-. Los inhibidores de la enzima alcohol deshidrogenasa (etanol o fomepizol) son el tratamiento de elección para disminuir la producción de ácido fórmico. Finalmente, la hemodiálisis permite extraer tanto ácidos como metanol.*

Caso 11.

Mujer de 38 años con antecedentes de anorexia y depresión desde la adolescencia. En tratamiento con sertralina 50 mg/d. Hospitalizada hace tres años por episodio de hipokalemia en el cual no se pudo establecer la causa.

Actualmente presenta un día de evolución con calambres y debilidad en las cuatro extremidades. Luego, sufre varios episodios de desmayos por lo que consulta en urgencias. Al examen físico: temperatura 35 °C, peso 55 kg, talla 1,70 m, presión arterial 56/40 mmHg, frecuencia cardiaca 130 lpm (ritmo sinusal). Mal perfundida con frialdad en extremidades. Yugulares no visibles. Además del tratamiento de soporte inicial se solicitan múltiples exámenes.

		Valor normal
Electrolitos plasmáticos:		
- Na+ (mEq/L)	128	135-145
- K+ (mEq/L)	2,8	3,5-5
- Cl− (mEq/L)	80	100-108
Bioquímica en sangre:		
- Albúmina (g/dL)	4,4	3,5-5
- Glucosa (mg/dL)	78	70-99
- Creatinina (mg/dL)	1,8	0,7-1,2
- Nitrógeno ureico (mg/dL)	56	8-25
- Calcio (mg/dL)	8,2	8,5-10,5
- Fósforo (mg/dL)	3	2,5-4,5
- Magnesio (mg/dL)	1,4	1,6-2,6
- Osmolaridad (mOsm/L)	276	280-295
- Lactato (mmol/L)	6,5	0,5-2,2
- β-OH-Butirato (mg/dL)	2	0,2-2,8
Hemograma:		
- Hemoglobina (g/dL)	12	12-16
Gases arteriales:		
- pH	7,39	7,35-7,45
- [HCO_3^-] real (mEq/L)	20,21	22-26
- $PaCO_2$ (mmHg)	34,15	35-45
- EB(B) (mmol/L	−4,03	0 ±2,5
- EBS (mmol/L)	−4,75	0 ±2,5
- TCO_2 (mEq/L)	21,26	23-29
- st[HCO_3^-] (mEq/L)	21,08	22-25
- AG (mmol/L)	27,79	8-12
- AG corregido (mmol/L)	27,79	8-12
- ΔΔ Ratio	4,7	
- ΔΔ Gap	14	
- Relación Cl^-/Na^+	0,625	
Orina aislada:		
- pH	6	4,5-6,5
- Glucosa, Proteínas, Cetonas	–	Negativo
- Creatinina (mg/dL)	45	
- Nitrógeno ureico (mg/dL)	280	
- $Na^+/K^+/Cl^-$ (mEq/L)	100/45/110	
- Ca^{++}/Mg^{++} (mg/dL)	16/5	
- Osmolaridad (mOsm/L)	560	

Aunque el pH tienda a ser "normal" una modificación en el [HCO_3^-] plasmático y/o $PaCO_2$ indican la existencia de un trastorno ácido-base. El bicarbonato plasmático disminuido con un pH <7,4 sugieren la presencia de acidosis metabólica. En el mismo sentido, una $PaCO_2$ <40 mmHg orienta hacia una respuesta compensatoria pulmonar. Al evaluar si la respuesta compensatoria es adecuada, la $PaCO_2$ esperada resulta en 35,5 ±2 mmHg (Capítulo 8). Utilizando el EBS la $PaCO_2$ esperada es en torno a ~35,3 (Capítulo 18). Es decir, por ambos métodos de evaluación de trastornos ácido-base el diagnóstico es una acidosis metabólica compensada.

En todo trastorno metabólico es fundamental evaluar el AG y ΔΔ Ratio (~28 mmol/L y 4,5 en este caso). Una falla renal aguda y el estado de hipoperfusión sistémica con acidosis láctica explican la acidosis metabólica con AG aumentado (Capítulo 14). Por el antecedente de anorexia pudiera haber presentado cetoacidosis por ayuno (Capítulo 14), sin embargo, el β-OH-butirato normal lo descarta. También es posible una Rabdomiólisis producto de hipokalemia, esto generaría acidosis metabólica con AG aumentado (Capítulo 14). El ΔΔ Ratio sugiere un trastorno mixto (Capítulo 13). Como el pH es cercano al valor normal, obliga a sospechar la coexistencia de una acidosis metabólica más alcalosis metabólica. Debido a que el organismo detecta el "efecto neto" de todos los trastornos ácido-base y las modificaciones que generan en el sistema CO_2/HCO_3^-, la magnitud de la respuesta compensatoria ventilatoria es adecuada a las variaciones en el pH y $PaCO_2$.

La alcalosis metabólica se acompaña de cloro urinario >20 mEq/L, sin embargo, el cuadro clínico es el propio de un estado de hipovolemia. Por lo tanto, sí podría requerir administración de solución salina 0,9%. Esta condición es sugerente de que el riñón es el causante del estado de contracción del VCE/VEC (Capítulo 11).

Al estimar los índices urinarios se obtiene: FENa 3,13%, FECl 5,5%, FENU 20%, FEK 64,29%, FECa 13%, FEMg 20,41%, TTKG 8. Son múltiples elementos los que sugieren una intensa hipovolemia con activación del eje R-A-A y secreción no osmótica de ADH: el examen físico con hipotensión y mala perfusión clínica, la acidosis láctica, una falla renal pre-renal (BUN/Creatinina >20), la hiponatremia con osmolaridad plasmática baja, la alcalosis metabólica, FENU <35% y una excreción de K^+ aumentada (FEK y TTKG elevados). Si bien, los índices urinarios en orina aislada y con falla renal tienen menor rendimiento que los estudios en orina de 24 horas, pueden orientar hacia el diagnóstico. En contexto de hipokalemia la FEK y TTKG se encuentran aumentados (debiendo ser <10% y <4 respectivamente). Es decir, el riñón es la causa de la hipokalemia. Además, la FECa y FEMg están elevadas (deberían ser <2% y <4% en condición de hipocalcemia e hipomagnesemia).

Una disfunción del asa ascendente gruesa de Henle explica todos los trastornos. Inicialmente, pérdidas aumentadas de agua, Na^{+}, Cl^{-}, K^{+}, Mg^{++}, Ca^{++}. La activación secundaria del sistema R-A-A induce generación de alcalosis metabólica y mayor pérdida de K^{+} urinario (Capítulo 11). A su vez, la hipokalemia es capaz de exagerar la alcalosis metabólica mediante "efecto de intercambio" de K^{+} intracelular con H^{+} extracelular (Capítulo 17), además de incremento en la amoniogénesis en el túbulo proximal (Capítulo 6). La hipoperfusión renal por contracción del VCE genera insuficiencia renal aguda con disminución de la VFG. Lo anterior, frena parcialmente las pérdidas de K^{+} por el riñón provocando que la hipokalemia sea menor a lo que realmente pudiera ser. Pero también, una disminución brusca de la VFG empeora la alcalosis metabólica (Capítulo 11). Mientras exista falla renal se acumularán ácidos orgánicos que contrarrestan la alcalosis metabólica mediante la adición de una acidosis metabólica con AG elevado. A lo anterior, se agrega la intensa contracción del VCE/VEC con hipoperfusión sistémica y desarrollo de acidosis láctica, lo cual, empeora la acidosis metabólica con AG aumentado. Finalmente, la acidosis metabólica es mayor en intensidad a la alcalosis metabólica, demostrándose en los gases arteriales. El sistema respiratorio detecta la "suma" de estos trastornos ejerciendo una respuesta compensatoria según la magnitud del trastorno.

Por la edad de la paciente, un defecto genético en el asa ascendente gruesa es poco probable (síndrome de Bartter, Capítulo 11). Dado los antecedentes psiquiátricos y un episodio aislado de hipokalemia antiguo, la causa más factible es el abuso de diuréticos de asa. Para confirmar el diagnóstico se requiere medir niveles plasmáticos y/o urinarios de diuréticos de asa.

El tratamiento requerirá administrar solución cristaloide isotónica para restaurar prontamente el VCE/VEC. Se puede utilizar solución NaCl 0,9% o Ringer Lactato. El trastorno ácido-base no es grave por lo que puede seguir monitorizándose. La normalización del VCE/VEC solucionará la acidosis láctica, y si aún no existe una injuria renal tubular isquémica, mejorará la acidosis de causa renal. Por otro lado, la inhibición del sistema R-A-A y recuperación de la VFG frenarán los mecanismos generadores de alcalosis metabólica. El manejo de la hipokalemia, por los riesgos que presenta, precisa de administración intravenosa de K^{+}. Esto debe realizarse con monitorización seriada de electrolitos plasmáticos, ya que, producto de la falla renal, puede haber una rápida elevación del K^{+} plasmático. La hiponatremia inicialmente se debe a secreción no osmótica de ADH por hipovolemia, luego, se agrega la falla renal aguda con hiperazoemia y adición de falsa hiponatremia. Probablemente, la corrección de la hipovolemia y falla renal permitan que la hiponatremia se solucione espontáneamente.

El efecto del diurético puede tardar horas o días en desaparecer. Así que será necesario corroborar que el riñón comience a actuar concordantemente a las alteraciones del medio interno (disminuyendo la FEK, TTKG, FECa y FEMg). Será fundamental el tratamiento en una unidad de paciente crítico con monitorización electrocardiográfica y evaluación seriada de la perfusión, función renal y las alteraciones del medio interno.

BIBLIOGRAFÍA COMPLEMENTARIA

1. Henderson LJ. Das Gleichgewicht zwischen Basen Und Sauren. *Ergebn Physiol.* 1909; 8: 254-325.
2. Singer RB., Hastings AB. Improved clinical method for estimation of disturbances of acid-base balance of human blood. *Medicine* (Baltimore). 1948; 27: 223-242.
3. Andersen OS., Engel K. A new acid-base nomogram. An improved method for the calculation of the relevant blood acid-base data. *Scand J Clin Lab Invest.* 1960;12:177-86.
4. Stewart PA. (1981). *How to understand acid-base: a quantitative acid-base primer for biology and medicine*. Editorial: Elsevier.
5. Chang R. (2007). *Química* (9ª edición). Mc Graw-Hill/Interamericana.
6. Pearson RG. Hard and soft acids and bases. *J Am Chem Soc.* 1963; 85(22): 3533-3539.
7. Narins RG., Emmett M. Simple and mixed acid-base disorders: a practical approach. *Medicine* (Baltimore). 1980;59(3):161-87.
8. Hood I., Campbell JM. Is pK OK? *N Engl J Med* 1982; 306: 864-866.
9. Hamm LL., Nakhoul N., Hering-Smith KS. Acid-base homeostasis. *Clin J Am Soc Nephrol.* 2015;10(12):2232-42.
10. Roos A., Boron WF. Intracellular pH. *Physiol Rev.* 1981;61(2):296-434.
11. Guyton AC., Hall JE. (2001). *Tratado de fisiología médica.* 10° edición. Mc Graw-Hill/ Interamericana.
12. Koeppen BM., Stanton BA. (2009). *Berne y Levy Fisiología.* 6° Edition. Elsevier.
13. Gallardo PA., Velarde V., Vio CP., *et al.* (2007). Fisiología renal y metabolismo hidrosalino. Ediciones Universidad Católica de Chile.
14. Kraut JA., Madias NE. Metabolic acidosis: pathophysiology, diagnosis and management. *Nat Rev Nephrol.* 2010;6(5):274-85.
15. Skorecki K., Chertow GM., Marsden PA., *et al.* (2016). Brenner and rector's the kidney, 10° edition. Elsevier.
16. Martínez M., Rodicio JL., Herrera J. (1993). *Tratado de nefrología*, 2° edición. Ediciones Norma.
17. Smith HW. (2015). *From fish to philosopher; the story of our internal environment.* Scholar's Choice.
18. Pines D., Ditkovich J., Mukra T., *et al.* How acidic is carbonic acid? *J Phys Chem B.* 2016;120(9):2440-51.

19. Häubi SC., Moreno-Santillán A., de León-Ponce MD., *et al.* Teoría ácido-básico de Stewart, un nuevo paradigma en medicina crítica. *Rev Mex Anest.* 2006;29(4):240-244.

20. Henderson LJ. The theory of neutrality regulation in the animal organism. *Am J Physiol.* 1907;18:427-448.

21. Rennke HG., Denker BM. (2008). *Fisiopatologia renal. Fundamentos.* 2° edición. Lippincott Williams & Wilkins.

22. van Slyke DD. Studies of acidosis II. A method for the determination of carbon dioxide and carbonates in solution. *J Biol Chem.* 1917;30:347-68.

23. van Slyke DD., Neill JM. The determination of gases in blood and other solutions by vacuum extraction and manometric measurements. *Int J Biol Chem.* 1924;61:523-573.

24. Kaissirer JP., Bleich HL. Rapid estimation of plasma carbon dioxide tension from pH and Total carbon dioxide content. *N Engl J Med.* 1965;272:1067-8.

25. Seifter JL., Chang HY. Disorders of acid-base balance: new perspectives. *Kidney Dis* (Basel). 2017;2(4):170-186.

26. Montoreano R. (2005). *Manual de fisiología y biofísica para estudiantes de medicina.* Edición electrónica.

27. Valdivieso A. (1988). *Equilibrio ácido-básico.* Laboratorios SAVAL S.A.

28. Marino PL. (2014). *El Libro de la UCI.* Lippincott Williams and Wilkins.

29. Zhang DJ., Elswick RK., Miller WG., *et al.* Effect of serum-clot contact time on clinical chemistry laboratory results. *Clin Chem.* 1998;44(6 Pt 1):1325-33.

30. Scott MG., Heusel J., LeGrys VA., *et al.* (1999). *Tietz textbook of clinical chemistry and molecular diagnostics.* 3° edition. W. B. Saunders Company.

31. Kumar V., Karon BS. Comparison of measured and calculated bicarbonate values. *Clin Chem.* 2008;54(9):1586-7.

32. Rodríguz-Roisín R., García-Navarro AA., Rincón FB., *et al.* (1998). *Gasometría arterial.* Recomendaciones SEPAR.

33. Raphael KL. Metabolic acidosis in CKD: Core curriculum 2019. *Am J Kidney Dis.* 2019;74(2):263-275.

34. Kraut JA., Madias NE. Re-evaluation of the normal range of serum total CO_2 Concentration. *Clin J Am Soc Nephrol.* 2018;13(2):343-347.

35. Bergman L., Lundbye JB. Acid-base optimization during hypothermia. *Best Pract Res Clin Anaesthesiol.* 2015;29(4):465-70.

36. Gokel Y., Paydas S., Koseoglu Z., *et al.* Comparison of blood gas and acid-base measurements in arterial and venous blood samples in patients with uremic acidosis and diabetic ketoacidosis in the emergency room. *Am J Nephrol.* 2000;20(4):319-23.

37. Ak A., Ogun CO., Bayir A., *et al.* Prediction of arterial blood gas values from venous blood gas values in patients with acute exacerbation of chronic obstructive pulmonary disease. *Tohoku J Exp Med.* 2006;210(4):285-90.

38. Lim BL., Kelly AM. A meta-analysis on the utility of peripheral venous blood gas analyses in exacerbations of chronic obstructive pulmonary disease in the emergency department. *Eur J Emerg Med.* 2010;17(5):246-8.

39. Kelly AM. Review article: Can venous blood gas analysis replace arterial in emergency medical care. *Emerg Med Australas.* 2010;22(6):493-8.

40. Byrne AL., Bennett M., Chatterji R., *et al.* Peripheral venous and arterial blood gas analysis in adults: are they comparable? A systematic review and meta-analysis. *Respirology.* 2014;19(2):168-75.

41. Do Pico JL., Greloni G., Giannasi S., *et al.* (2009). *Nefrología crítica*, 1° edición. Ediciones Journal.

42. Valizad Hassanloei M., Mahoori A., Karami N., *et al.* The relationship between arterial and central venous blood gases values in patients undergoing mechanical ventilation after cardiac surgery. *Anesth Pain Med.* 2018;8(3):e74243.

43. Bijapur MB., Kudligi NA., Asma S. Central venous blood gas analysis: an alternative to arterial blood gas analysis for pH, PCO2, bicarbonate, sodium, potassium and chloride in the intensive care unit patients. *Indian J Crit* Care Med. 2019;23(6):258-262.

44. West JB. (2002). *Fisiologia respiratoria*, 6° edición. Editorial Médica Panamericana.

45. Guyton A., Hall J. (2006). *Tratado de fisiología médica.* 11° edición. Elsevier España.

46. Arthurs,GJ, Sudhakar. M: Carbon dioxide transport. *Contin Educ Anaesth Crit Care Pain.* 2005;5(6):207-210.

47. Des Jardins T. (2007). *Cardiopulmonary anatomy and physiology: essentials for respiratory care*, 5° edition. Cengage Learning.

48. West JB. (2009). Fisiopatología Pulmonar, 7° Edición. Editorial: Lippincott Williams & Wilkins.

49. Berend K, de Vries AP, Gans RO. Physiological approach to assessment of acid-base disturbances. N Engl J Med. 2014;371(15):1434-45.

50. Nagami GT, Hamm LL. Regulation of Acid-Base Balance in Chronic Kidney Disease. Adv Chronic Kidney Dis. 2017;24(5):274-279.

51. Boron WF. Acid-base transport by the renal proximal tubule. J Am Soc Nephrol. 2006;17(9):2368-82.

52. Liu FY, Cogan MG. Angiotensin II stimulation of hydrogen ion secretion in the rat early proximal tubule. Modes of action, mechanism, and kinetics. *Journal of Clinical Investigation.* 1988;82(2):601-607.

53. Curthoys NP., Moe OW. Proximal tubule function and response to acidosis. *Clin J Am Soc Nephrol.* 2014;9(9):1627-38.

54. Wagner CA., Devuyst O., Bourgeois S., *et al.* Regulated acid-base transport in the collecting duct. Pflugers Arch. 2009;458(1):137-56.

55. Roy A., Al-bataineh MM., Pastor-Soler NM. Collecting duct intercalated cell function and regulation. *Clin J Am Soc Nephrol.* 2015;10(2):305-24.

56. Izumi Y., Hori K., Nakayama Y., *et al.* Aldosterone requires vasopressin V1a receptors on intercalated cells to mediate acid-base homeostasis. *J Am Soc Nephrol.* 2011;22(4):673-80.

57. Gilbert SJ., Weiner DE. (2014). *National kidney foundation primer on kidney diseases*, 6° edition. Elsevier Saunders.

58. Karim Z., Szutkowska M., Vernimmen C., *et al.* Renal handling of NH_3/NH_4^+: recent concepts. *Nephron Physiol.* 2005;101(4):77-81.

59. Goodman AD., Fuisz RE., Cahill GF. Jr. Renal gluconeogenesis in acidosis, alkalosis, and potassium deficiency: its possible role in regulation of renal ammonia production. *J Clin Invest.* 1966;45(4):612-9.

60. Weiner ID., Mitch WE., Sands JM. Urea and ammonia metabolism and the control of renal nitrogen excretion. *Clin J Am Soc Nephrol.* 2015;10(8):1444-58.

61. Hughey RP, Rankin BB, Curthoys NP. Acute acidosis and renal arteriovenous differences of glutamine in normal and adrenalectomized rats. Am J Physiol. 1980;238(3):F199-204.

62. Good DW, Burg MB. Ammonia production by individual segments of the rat nephron. J Clin Invest. 1984;73(3):602-10.

63. Han KH. Mechanisms of the effects of acidosis and hypokalemia on renal ammonia metabolism. Electrolyte Blood Press. 2011;9(2):45-9.

64. Attmane-Elakeb A, Mount DB, Sibella V, et al. Stimulation by in vivo and in vitro metabolic acidosis of expression of rBSC-1, the Na^+-K^+(NH_4^+)-$2Cl^-$ cotransporter of the rat medullary thick ascending limb. J Biol Chem. 1998;273(50):33681-91.

65. Murer H, Hopfer U, Kinne R. Sodium/proton antiport in brush-border-membrane vesicles isolated from rat small intestine and kidney. Biochem J. 1976;154(3):597-604.

66. Baum M, Twombley K, Gattineni J, et al. Proximal tubule Na+/H+ exchanger activity in adult NHE8-/-, NHE3-/-, and NHE3-/-/NHE8-/- mice. Am J Physiol Renal Physiol. 2012;303(11):F1495-502.

67. Du Z, Yan Q, Duan Y, et al. Axial flow modulates proximal tubule NHE3 and H-ATPase activities by changing microvillus bending moments. Am J Physiol Renal Physiol. 2006;290(2):F289-96.

68. Emmett M. Metabolic alkalosis: a brief pathophysiologic review. *Clin J Am Soc Nephrol.* 2020;15(12):1848-1856.

69. Oshima Y., Morimoto S., Ichihara A. Roles of the (pro)renin receptor in the kidney. *World J Nephrol.* 2014;3(4):302-7.

70. Schmitt BM., Biemesderfer D., Romero MF., *et al.* Immunolocalization of the electrogenic Na+-HCO-3 cotransporter in mammalian and amphibian kidney. *Am J Physiol.* 1999;276(1):F27-38.

71. Pereira PC., Miranda DM., Oliveira EA., *et al.* Molecular pathophysiology of renal tubular acidosis. *Curr Genomics*. 2009;10(1):51-9.

72. Kurtz I., Zhu Q. Structure, function, and regulation of the SLC4 NBCe1 transporter and its role in causing proximal renal tubular acidosis. *Curr Opin Nephrol Hypertens*. 2013;22(5):572-83.

73. Guo YM., Liu Y., Liu M., *et al.* Na+/HCO3- Cotransporter NBCn2 Mediates HCO3- Reclamation in the Apical Membrane of Renal Proximal Tubules. *J Am Soc Nephrol.* 2017 Mar 9.

74. Petrovic S., Wang Z., Ma L., *et al.* Regulation of the apical Cl-/HCO-3 exchanger pendrin in rat cortical collecting duct in metabolic acidosis. *Am J Physiol Renal Physiol.* 2003 ;284(1):F103-12.

75. Gao X., Eladari D., Leviel F., *et al.* Deletion of hensin/DMBT1 blocks conversion of beta- to alpha-intercalated cells and induces distal renal tubular acidosis. *Proc Natl Acad Sci U. S. A.* 2010;107(50):21872-7.

76. Peng H., Vijayakumar S., Schiene-Fischer C., *et al.* Secreted cyclophilin A, a peptidylprolyl cis-trans isomerase, mediates matrix assembly of hensin, a protein implicated in epithelial differentiation. *J Biol Chem.* 2009;284(10):6465-75.

77. Hossain SA., Chaudhry FA., Zahedi K., *et al.* Cellular and molecular basis of increased ammoniagenesis in potassium deprivation. *Am J Physiol Renal Physiol.* 2011;301(5): F969-78.

78. Brown D., Wagner CA. Molecular mechanisms of acid-base sensing by the kidney. *J Am Soc Nephrol.* 2012;23(5):774-80.

79. Skelton LA., Boron WF. Effect of acute acid-base disturbances on ErbB1/2 tyrosine phosphorylation in rabbit renal proximal tubules. *Am J Physiol Renal Physiol.* 2013;305(12): F1747-64.

80. Zhou Y., Skelton LA., Xu L., *et al.* Role of receptor protein tyrosine phosphatase γ in sensing extracellular CO_2 and HCO_3. *J Am Soc Nephrol.* 2016;27(9):2616-21.

81. Preisig PA. The acid-activated signaling pathway: starting with Pyk2 and ending with increased NHE3 activity. *Kidney Int.* 2007;72(11):1324-9.

82. Holzer P. Acid-sensitive ion channels and receptors. *Handb Exp Pharmacol.* 2009;(194):283-332.

83. Sun X., Yang LV., Tiegs BC., *et al.* Deletion of the pH sensor GPR4 decreases renal acid excretion. *J Am Soc Nephrol.* 2010;21(10):1745-55.

84. Palmer LG., Schnermann J. Integrated control of Na transport along the nephron. *Clin J Am Soc Nephrol.* 2015;10(4):676-87.

85. Gerich JE. Role of the kidney in normal glucose homeostasis and in the hyperglycaemia of diabetes mellitus: therapeutic implications. *Diabet Med.* 2010;27(2):136-42.

86. Lewy PR., Quintanilla A., Levin NW., *et al.* Renal energy metabolism and sodium reabsorption. *Annu Rev Med*. 1973; 24: 365-84.

87. Weiner ID., Hamm LL. Molecular mechanisms of renal ammonia transport. *Annu Rev Physiol.* 2007;69: 317-40.

88. Wu D., Kraut JA. Role of NHE1 in the cellular dysfunction of acute metabolic acidosis. *Am J Nephrol.* 2014;40(1):36-42.

89. Madshus IH. Regulation of intracellular pH in eukaryotic cells. *Biochemical Journal.* 1988;250(1):1-8.

90. Lee HJ., Park HJ., Lee S., *et al.* The sodium-driven chloride/bicarbonate exchanger NDCBE in rat brain is upregulated by chronic metabolic acidosis. Brain Res. 2011;1377:13-20.

91. Maren TH. The kinetics of HCO3- synthesis related to fluid secretion, pH control, and CO2 elimination. *Annu Rev Physiol.* 1988;50:695-717.

92. Iwanaga T., Kishimoto A. Cellular distributions of monocarboxylate transporters: a review. *Biomed Res*. 2015;36(5):279-301.

93. Wallace KB., Starkov AA. Mitochondrial targets of drug toxicity. *Annu Rev Pharmacol Toxicol.* 2000;40:353-88.

94. Adrogué HJ., Madias NE. Management of life-threatening acid-base disorders. First of two parts. *N Engl J Med.* 1998;338(1):26-34.

95. Handy JM., Soni N. Physiological effects of hyperchloraemia and acidosis. *Br J Anaesth.* 2008;101(2):141-150.

96. Fabiato A., Fabiato F. Effects of pH on the myofilaments and the sarcoplasmic reticulum of skinned cells from cardiace and skeletal muscles. *J Physiol.* 1978; 276: 233-255.

97. Harrison SM., Frampton JE., McCall E., *et al.* Contraction and intracellular Ca^{2+}, Na^{+}, and H^{+} during acidosis in rat ventricular myocytes. *Am J Physiol.* 1992;262(2 Pt 1):C348-57.

98. Schotola H., Toischer K., Popov AF., *et al.* Mild metabolic acidosis impairs the β-adrenergic response in isolated human failing myocardium. *Crit Care.* 2012;16(4):R153.

99. Choi HS., Trafford AW., Orchard CH., *et al.* The effect of acidosis on systolic Ca^{2+} and sarcoplasmic reticulum calcium content in isolated rat ventricular myocytes. *J Physiol.* 2000;529 Pt 3(Pt 3):661-8.

100. Sinning A., Hübner CA. Minireview: pH and synaptic transmission. *FEBS Lett.* 2013;587(13):1923-1928.

101. Kazmaier S., Weyland A., Buhre W., *et al.* Effects of respiratory alkalosis and acidosis on myocardial blood flow and metabolism in patients with coronary artery disease. *Anesthesiology*. 1998;89(4):831-837.

102. Chen LQ., Shepherd AP. Role of H^+ and alpha 2-receptors in escape from sympathetic vasoconstriction. *Am J Physiol.* 1991;261(3 Pt 2):H868-H873.

103. Ryan AJ., Gisolfi CV. Responses of rat mesenteric arteries to norepinephrine during exposure to heat stress and acidosis. *J Appl Physiol* (1985). 1995;78(1):38-45.

104. Brackett NC. Jr, Wingo CF., Muren O., *et al.* Acid-base response to chronic hypercapnia in man. *N Engl J Med.* 1969;280(3):124-30.

105. Brackett NC. Jr, Cohen JJ., Schwartz WB. Carbon dioxide titration curve of normal man. Effect of increasing degrees of acute hypercapnia on acid-base equilibrium. *N Engl J Med.* 1965;272:6-12.

106. Arbus GS., Herbert LA., Levesque PR., *et al.* Characterization and clinical application of the "significance band" for acute respiratory alkalosis. *N Engl J Med.* 1969;280(3):117-23.

107. Albert MS., Dell RB., Winters RW. Quantitative displacement of acid-base equilibrium in metabolic acidosis. *Ann Intern Med.* 1967;66(2):312-22.

108. Van Ypersele de Strihou, Frans A. The respiratory response to chronic metabolic alkalosis and acidosis in diseased. *Clin Sci Mol Med.* 1973;45(4):439-48.

109. Sood P., Paul G., Puri S. Interpretation of arterial blood gas. *Indian J Crit Care Med.* 2010 Apr;14(2):57-64.

110. Herd AM. An approach to complex acid-base problems: keeping it simple. *Can Fam Physician.* 2005;51(2):226-32.

111. Arbus GS. An in vivo acid-base nomogram for clinical use. *Can Med Assoc J.* 1973;109(4):291-3.

112. Müller-Plathe O. A nomogram for the interpretation of acid-base data. *J Clin Chem Clin Biochem.* 1987;25(11):795-8.

113. Walsh PR., Tse Y., Ashton E., *et al.* Clinical and diagnostic features of Bartter and Gitelman syndromes. *Clin Kidney J.* 2018;11(3):302-309.

114. Sabatine MS. (2007). *Pocket medicine: the massachusetts general hospital handbook of internal medicine*, 6° edition. Lippincott Williams & Wilkins.

115. Schwartz WB., Brackett NC., Cohen JJ. The response of extracellular hydrogen ion concentration to graded degrees of chronic hypercapnia: the physiologic limits of the defense of pH. *J Clin Invest.* 1965; 44(2): 291-301.

116. Sepúlveda RA., Romero J., Sepúlveda S., *et al.* Severe respiratory alkalosis due to psychogenic hyperventilation. Report of one case. *Rev Med Chil.* 2022;150(4):554-558.

117. Adrogué HJ., Gennari FJ., Galla JH., *et al.* Assessing acid-base disorders. *Kidney Int.* 2009;76(12):1239-47.

118. oster GT., Vaziri ND., Sassoon CS. Respiratory alkalosis. *Respir Care*. 2001;46(4):384-91.

119. Fong J., Khan A. Hypocalcemia: updates in diagnosis and management for primary care. *Can Fam Physician*. 2012;58(2):158-62.

120. Raichle ME., Plum F. Hyperventilation and cerebral blood flow. *Stroke*. 1972;3(5):566-75.

121. Webb RC. Smooth muscle contraction and relaxation. *Adv Physiol Educ*. 2003;27(1-4):201-6.

122. Palmer BF., Clegg DJ. Physiology and pathophysiology of potassium homeostasis: core curriculum. 2019. *Am J Kidney Dis*. 2019;74(5):682-695.

123. Adrogué HJ., Brensilver J., Madias NE. Changes in the plasma anion gap during chronic metabolic acid-base disturbances. *Am J Physiol*. 1978;235(4):F291-F297.

124. Knochel JP. Complications of total parenteral nutrition. *Kidney Int*. 1985;27(3):489-96.

125. Strong JA., Cameron D., Riddell MJ. The electrolyte concentration of human gastric secretion. *Q J Exp Physiol*. 1960;65:1-11.

126. Oelkers WK. Effects of estrogens and progestogens on the renin-aldosterone system and blood pressure. *Steroids*. 1996;61(4):166-171.

127. Knepper MA., Brooks HL. Regulation of the sodium transporters NHE3, NKCC2 and NCC in the kidney. *Curr Opin Nephrol Hypertens*. 2001;10(5):655-659.

128. Kamynina E., Staub O. Concerted action of ENaC, Nedd4-2, and Sgk1 in transepithelial Na(+) transport. *Am J Physiol Renal Physiol*. 2002;283(3):F377-87.

129. Ma X., Lian QQ., Dong Q., *et al*. Environmental inhibitors of 11β-hydroxysteroid dehydrogenase type 2. *Toxicology*. 2011;285(3):83-89.

130. Van Goidsenhoven GM., Gray OV., Price AV., *et al*. The effect of prolonged administration of large doses of sodium bicarbonate in man. *Clin Sci*. 1954;13(3):383-401.

131. Lorenz JN., Weihprecht H., Schnermann J., *et al*. Renin release from isolated juxtaglomerular apparatus depends on macula densa chloride transport. *Am J Physiol*. 1991;260(4 Pt 2): F486-F493.

132. Luke RG., Galla JH. It is chloride depletion alkalosis, not contraction alkalosis. *J Am Soc Nephrol*. 2012;23(2):204-7.

133. Fardella CE., Mosso LM., Carvajal CA. Primary aldosteronism. *Rev Med Chil*. 2008;136(7):905-14.

134. Castaño I., Slon MF., García-Fernández N. Estudios de función renal: función glomerular y tubular. Análisis de la orina. *NefroPlus*. 2009;2(1):1-62.

135. Ellison DH. Clinical pharmacology in diuretic use. *Clin J Am Soc Nephrol*. 2019;14(8):1248-1257.

136. García T., Montañés B., Reig R., *et al*. Ácido clorhídrico en el tratamiento de la alcalosis metabólica severa. *Farmacia Hospitalaria*, 2013;37(4):337-338.

137. Gunnerson KJ., Saul M., He S., *et al.* Lactate versus non-lactate metabolic acidosis: a retrospective outcome evaluation of critically ill patients. *Crit Care.* 2006;10(1):R22.

138. Eustace JA., Astor B., Muntner PM., *et al.* Prevalence of acidosis and inflammation and their association with low serum albumin in chronic kidney disease. *Kidney Int.* 2004;65(3):1031-40.

139. Bakker J., Kattan E., Annane D., *et al.* Current practice and evolving concepts in septic shock resuscitation. *Intensive Care Med.* 2022;48(2):148-163.

140. Bergofsky EH., Lehr DE., Fishman AP. The effect of changes in hydrogen ion concentration on the pulmonary circulation. *J Clin Invest.* 1962;41(7):1492-502.

141. Figge J., Jabor A., Kazda A., *et al.* Anion gap and hypoalbuminemia. *Crit Care Med.* 1998;26(11):1807-1810.

142. Lolekha PH., Vanavanan S., Lolekha S. Update on value of the anion gap in clinical diagnosis and laboratory evaluation. *Clin Chim Acta.* 2001;307(1-2):33-6.

143. Emmett M. Anion-gap interpretation: the old and the new. *Nat Clin Pract Nephrol.* 2006;2(1):4-5.

144. Cieza J., Sovero Y., Estremadoyro L., *et al.* Electrolyte disturbances in elderly patients with severe diarrhea due to cholera. *J Am Soc Nephrol.* 1995;6(5):1463-7.

145. Madias NE., Ayus JC., Adrogué HJ. Increased anion gap in metabolic alkalosis: the role of plasma-protein equivalency. *N Engl J Med.* 1979;300(25):1421-1423.

146. Mokhlesi B., Leiken JB., Murray P., *et al.* Adult toxicology in critical care: part I: general approach to the intoxicated patient. *Chest.* 2003;123(2):577-92.

147. Sklar AH., Linas SL. The osmolal gap in renal failure. *Ann Intern Med* 1983;98(4):481-2.

148. Lemann J. Jr., Litzow JR., Lennon EJ. The effects of chronic acid loads in normal man: further evidence for the participation of bone mineral in the defense against chronic metabolic acidosis. *J Clin Invest.* 1966;45(10):1608-14.

149. Lennon EJ., Lemann J. Jr., Litzow JR. The effects of diet and stool composition on the net external acid balance of normal subjects. *J Clin Invest.* 1966;45(10):1601-7.

150. Goldstein MB., Bear R., Richardson RM., *et al.* The urine anion gap: a clinically useful index of ammonium excretion. *Am J Med Sci.* 1986;292(4):198-202.

151. Kamel KS., Ethier JH., Richardson RM., *et al.* Urine electrolytes and osmolality: when and how to use them. *Am J Nephrol.* 1990;10(2):89-102.

152. Inase N., Ozawa K., Sasaki S., *et al.* Is the urine anion gap a reliable index of urine ammonium excretion in most situations? *Nephron.* 1990; 54(2): 180-181.

153. Batlle DC., Hizon M., Cohen E., *et al.* The use of the urinary anion gap in the diagnosis of hyperchloremic metabolic acidosis. *N Engl J Med.* 1988;318(10):594-9.

154. Palmer BF., Perazella MA., Choi MJ. *American Society of Nephrology quiz and questionnaire 2013: electrolyte and acid-base. Clin J Am Soc Nephrol.* 2014;9(6):1132-7.

155. Dyck RF., Asthana S., Kalra J., *et al.* A modification of the urine osmolal gap: an improved method for estimating urine ammonium. *Am J Nephrol.* 1990;10(5):359-62.

156. Gennari FJ., Adrogue HJ., Galla JH., *et al.* (2005). *Acid-Base disorders and their treatment*. CRC Press.

157. Raphael KL., Carroll DJ., Murray J., *et al.* Urine ammonium predicts clinical outcomes in hypertensive kidney disease. *J Am Soc Nephrol.* 2017;28(8):2483-2490.

158. Kraut JA., Madias NE. Differential diagnosis of nongap metabolic acidosis: value of a systematic approach. *Clin J Am Soc Nephrol.* 2012;7(4):671-9.

159. Halperin ML., Margolis BL., Robinson LA., *et al.* The urine osmolal gap: a clue to estimate urine ammonium in "hybrid" types of metabolic acidosis. *Clin Invest Med.* 1988;11(3):198-202.

160. Ha LY., Chiu WW., Davidson JS. Direct urine ammonium measurement: time to discard urine anion and osmolar gaps. *Ann Clin Biochem.* 2012;49(Pt 6):606-8.

161. Kraut JA., Madias NE. Metabolic acidosis of ckd: an update. *Am J Kidney Dis.* 2016;67(2):307-17.

162. Vincent-Johnson A., Scialla JJ. Importance of metabolic acidosis as a health risk in chronic kidney disease. *Adv Chronic Kidney Dis.* 2022;29(4):329-336.

163. Sonikian M., Gogusev J., Zingraff J., *et al.* Potential effect of metabolic acidosis on beta 2-microglobulin generation: in vivo and in vitro studies. *J Am Soc Nephrol.* 1996;7(2):350-6.

164. Banerjee T., Crews DC., Wesson DE., *et al.* High dietary acid load predicts esrd among adults with CKD. *J Am Soc Nephrol.* 2015;26(7):1693-700.

165. de Brito-Ashurst I., Varagunam M., Raftery MJ., *et al.* Bicarbonate supplementation slows progression of CKD and improves nutritional status. *J Am Soc Nephrol.* 2009;20(9):2075-84.

166. Mahajan A., Simoni J., Sheather SJ., *et al.* Daily oral sodium bicarbonate preserves glomerular filtration rate by slowing its decline in early hypertensive nephropathy. *Kidney Int.* 2010;78(3):303-9.

167. Goraya N., Munoz-Maldonado Y., Simoni J., *et al.* Fruit and vegetable treatment of chronic kidney disease-related metabolic acidosis reduces cardiovascular risk better than sodium bicarbonate. *Am J Nephrol.* 2019;49(6):438-448.

168. Rodríguez Soriano J. Renal tubular acidosis: the clinical entity. *J Am Soc Nephrol.* 2002;13(8):2160-70.

169. Soleimani M., Rastegar A. Pathophysiology of renal tubular acidosis: core curriculum 2016. *Am J Kidney Dis.* 2016;68(3):488-98.

170. Haque SK., Ariceta G., Batlle D. Proximal renal tubular acidosis: a not so rare disorder of multiple etiologies. *Nephrol Dial Trasplant.* 2012;27(12):4273-4287.

171. Fernández-Fernández B., Montoya-Ferrer A., Sanz AB., *et al.* Tenofovir nephrotoxicity: 2011 update. *AIDS Res Treat.* 2011;2011:354908.

172. Bergwitz C., Jüppner H. Regulation of phosphate homeostasis by PTH, vitamin D, and FGF23. *Annu Rev Med.* 2010;61:91-104.

173. Luft FC. Lactic acidosis update for critical care clinicians. *J Am Soc Nephrol.* 2001;12 Suppl 17:S15-9.

174. Cohen RD., Woods HF. Lactic acidosis revisited. *Diabetes.* 1983;32(2):181-91.

175. van Hall G. Lactate kinetics in human tissues at rest and during exercise. *Acta Physiol (Oxf).* 2010;199(4):499-508.

176. Ostermann M., Bagshaw SM., Lumlertgul N., *et al.* Indications for and Timing of Initiation of KRT. *Clin J Am Soc Nephrol.* 2022;CJN.05450522.

177. Kraut JA., Madias NE. Lactic acidosis: current treatments and future directions. *Am J Kidney Dis.* 2016;68(3):473-82.

178. Jansen TC., van Bommel J., Bakker J. Blood lactate monitoring in critically ill patients: a systematic health technology assessment. *Crit Care Med.* 2009;37(10):2827-39.

179. Kraut JA., Madias NE. Lactic acidosis. *N Engl J Med.* 2014;371(24):2309-19.

180. Shah AD., Wood DM., Dargan PI. Understanding lactic acidosis in paracetamol (acetaminophen) poisoning. *Br J Clin Pharmacol.* 2011;71(1):20-8.

181. Stacpoole PW., Wright EC., Baumgartner TG., *et al.* Natural history and course of acquired lactic acidosis in adults. DCA-Lactic Acidosis Study Group. *Am J Med.* 1994;97(1):47-54.

182. Rastegar A. Use of the DeltaAG/DeltaHCO3- ratio in the diagnosis of mixed acid-base disorders. *J Am Soc Nephrol.* 2007;18(9):2429-31.

183. Kim HJ., Son YK., An WS. Effect of sodium bicarbonate administration on mortality in patients with lactic acidosis: a retrospective analysis. *PLoS One.* 2013;8(6):e65283.

184. Hood VL., Tannen RL. Maintenance of acid base homeostasis during ketoacidosis and lactic acidosis: implications for therapy. *Diabetes Rev.* 1994;2: 177-94.

185. Kimmoun A., Ducrocq N., Sennoun N., Issa K. Strub C., Escanyé JM., Leclerc S., Levy B. Efficient extra and intracellular alkalinization improves cardiovascular functions in severe lactic acidosis induced by hemorrhagic shock. *Anesthesiology.* 2014;120(4):926-34.

186. Jeppesen JB., Mortensen C., Bendtsen F., *et al.* Lactate metabolism in chronic liver disease. *Scand J Clin Lab Invest.* 2013;73(4):293-9.

187. Jacob AD., Elkins N., Reiss OK., *et al.* Effects of acetate on energy metabolism and function in the isolated perfused rat heart. *Kidney Int.* 1997;52(3):755-60.

188. Myburgh JA., Mythen MG. Resuscitation fluids. *N Engl J Med.* 2013;369(13):1243-51.

189. Polaschegg HD., Sodemann K. Risks related to catheter locking solutions containing concentrated citrate. *Nephrol Dial Transplant.* 2003;18(12):2688-90.

190. Yatani A., Fujino T., Kinoshita K., *et al.* Excess lactate modulates ionic currents and tension components in frog atrial muscle. *J Mol Cell Cardiol.* 1981;13(2):147-61.

191. Sikes PJ., Zhao P., Maass DL., *et al.* Sodium/hydrogen exchange activity in sepsis and in sepsis complicated by previous injury: 31P and 23Na NMR study. *Crit Care Med.* 2005;33(3):605-15.

192. Doherty JR., Cleveland JL. Targeting lactate metabolism for cancer therapeutics. *J Clin Invest.* 2013;123(9):3685-92.

193. Mokhlesi B., Leikin JB., Murray P., *et al.* Adult toxicology in critical care: Part II: specific poisonings. *Chest.* 2003;123(3):897-922.

194. Umbreit J. Methemoglobin--it's not just blue: a concise review. *Am J Hematol.* 2007;82(2):134-44.

195. Mansouri A., Lurie AA. Concise review: methemoglobinemia. *Am J Hematol.* 1993;42 (1):7-12.

196. Wright RO., Lewander WJ., Woolf AD. Methemoglobinemia: etiology, pharmacology, and clinical management. *Ann Emerg Med.* 1999;34 (5):646-56.

197. Sepúlveda RA., Barnafi E., Rojas V., *et al.* Methemoglobinemia caused by dapsone. Report of one case. *Rev Méd Chile.* 2020;148(12):1838-1843.

198. Lu J., Zello GA., Randell E., *et al.* Closing the anion gap: contribution of D-lactate to diabetic ketoacidosis. *Clin Chim Acta.* 2011;412(3-4):286-91.

199. Petersen C. D-lactic acidosis. *Nutr Clin Pract.* 2005;20(6):634-45.

200. Adrogué HJ., Chap Z., Okuda Y., *et al.* Acidosis-induced glucose intolerance is not prevented by adrenergic blockade. *Am J Physiol.* 1988;255(6 Pt 1): E812-23.

201. Shafiee MA., Kamel KS., Halperin ML. A conceptual approach to the patient with metabolic acidosis. Application to a patient with diabetic ketoacidosis. *Nephron.* 2002;92 Suppl 1:46-55.

202. Palmer BF., Clegg DJ. Electrolyte and acid-base disturbances in patients with diabetes mellitus. *N Engl J Med.* 2015;373(6):548-59.

203. Lemieux G., Vinay P., Robitaille P., *et al.* The effect of ketone bodies on renal ammoniogenesis. *J Clin Invest.* 1971;50(9):1781-91.

204. Cox K., Cocchi MN., Salciccioli JD., *et al.* Prevalence and significance of lactic acidosis in diabetic ketoacidosis. *Crit Care.* 2012;27(2):132-7.

205. Gosmanov AR., Gosmanova EO., Dillard-Cannon E. Management of adult diabetic ketoacidosis. Diabetes, metabolic syndrome and obesity: targets and therapy. 2014;7:255-264.

206. Westerberg DP. Diabetic ketoacidosis: evaluation and treatment. *Am Fam Physician.* 2013;87(5):337-46.

207. Cartwright MM., Hajja W., Al-Khatib S., *et al.* Toxigenic and metabolic causes of ketosis and ketoacidotic syndromes. *Crit Care Clin.* 2012;28(4):601-31.

208. Kitabchi AE., Umpierrez GE., Miles JM., *et al.* Hyperglycemic crises in adult patients with diabetes. *Diabetes Care.* 2009;32(7):1335-43.

209. Palermo NE., Sadhu AR., McDonnell ME. Diabetic ketoacidosis in COVID-19: unique concerns and considerations. *J Clin Endocrinol Metab.* 2020;105(8):dgaa360.

210. Li MY., Li L., Zhang Y., *et al.* Expression of the SARS-CoV-2 cell receptor gene ACE2 in a wide variety of human tissues. *Infect Dis Poverty.* 2020;9(1):45.

211. Laffel L. Ketone bodies: a review of physiology, pathophysiology and application of monitoring to diabetes. *Diabetes Metab Res Rev.* 1999;15(6):412-26.

212. Aguilar C., Sepúlveda RA., Tagle R. Stress induced ketoacidosis in spinal muscular atrophy. Report of one case. *Rev Méd Chil.* 2020;148(6):875-880.

213. Yu X., Zhang S., Zhang L. Newer perspectives of mechanisms for euglycemic diabetic ketoacidosis. *Int J Endocrinol* 2018;2018:7074868.

214. Saponaro C., Pattou F., Bonner C. SGLT2 inhibition and glucagon secretion in humans. *Diabetes Metab.* 2018;44(5):383-385.

215. Suga T., Kikuchi O., Kobayashi M., *et al.* SGLT1 in pancreatic α cells regulates glucagon secretion in mice, possibly explaining the distinct effects of SGLT2 inhibitors on plasma glucagon levels. *Mol Metab.* 2019;19:1-12.

216. Chae H., Augustin R., Gatineau E., *et al.* SGLT2 is not expressed in pancreatic α- and β-cells, and its inhibition does not directly affect glucagon and insulin secretion in rodents and humans. *Mol Metab.* 2020;42:101071.

217. Schrör K. (2009). Acetylsalicylic acid. Wiley-Blackwell.

218. Sepúlveda RA., Ortega M., Donoso N., Jara A. Physiopathology and management of acetylsalicylic acid intoxication. *Rev Med Chil.* 2018;146(11):1309-1316.

219. Jacob J., Lavonas EJ. Falsely normal anion gap in severe salicylate poisoning caused by laboratory interference. *Ann Emerg Med.* 2011;58(3):280-281.

220. Daugirdas JT., Peter GB., Todd SI. (2014). *Handbook of dialysis.* 5th revised edition. Lippincott Williams and Wilkins.

221. Pérez J., Sánchez S., Sepúlveda RA., *et al.* Acute kidney injury caused by rhabdomyolysis as a SARS-CoV-2 infection manifestation. Report of one case. *Rev Med Chil.* 2021;149(4):641-647.

222. McCarron DA., Elliott WC., Rose JS., *et al.* Severe mixed metabolic acidosis secondary to rhabdomyolysis. *Am J Med.* 1979;67(5):905-8.

223. Pham AQ., Xu LH., Moe OW. Drug-induced metabolic acidosis. F1000Res. 2015;4:F1000.

224. Murakami K., Tomita M., Kawamura N., *et al.* Severe metabolic acidosis and hypokalemia in a patient with enterovesical fistula. *Clin Exp Nephrol.* 2007;11(3):225-229.

225. Ávila E., Sepúlveda RA., Ruedi C., *et al.* Severe metabolic disorder associated with an enterovesical fistula. *Rev Med Chil.* 2022;150(1):120-124.

226. Shaydakov ME., Pastorino A., Tuma F. Enterovesical fistula. 2022. In: StatPearls [Internet: https://www.ncbi.nlm.nih.gov/books/NBK532936/].

227. Saxena R., Rutecki GW., Whittier FC. Enterovesical fistula presenting as life-threatening normal anion gap metabolic acidosis. *Am J Kidney Dis.* 1997;30(1):131-3.

228. Koch MO., McDougal WS., Thompson CO. Mechanisms of solute transport following urinary diversion through intestinal segments: an experimental study with rats. *J Urol.* 1991;146(5):1390-4.

229. Koch MO., McDougal WS. The pathophysiology of hyperchloremic metabolic acidosis after urinary diversion through intestinal segments. *Surgery.* 1985;98(3):561-70.

230. Hall MC., Koch MO., McDougal WS. Mechanism of ammonium transport by intestinal segments following urinary diversion: evidence for ionized NH4+ transport via K(+)-pathways. J Urol. 1992;148(2 Pt 1):453-7.

231. Koch MO., Hall MC. Mechanism of ammonium transport: inhibition by potassium and barium. *J Urol.* 1992;148(4):1285-7.

232. Castell DO, Moore EW. Ammonia absorption from the human colon. The role of nonionic diffusion. *Gastroenterology.* 1971;60(1):33-42.

233. Alberti C. Metabolic and histological complications in ileal urinary diversion. Challenges of tissue engineering technology to avoid them. *Eur Rev Med Pharmacol Sci.* 2007;11(4):257-64.

234. Dudeja PK., Rao DD., Syed I., *et al.* Intestinal distribution of human Na+/H+ exchanger isoforms NHE-1, NHE-2, and NHE-3 mRNA. *Am J Physiol.* 1996;271(3 Pt 1): G483-93.

235. Mills RD., Studer UE. Metabolic consequences of continent urinary diversion. *J Urol.* 1999;161(4):1057-66.

236. Reddi BA. Why is saline so acidic (and does it really matter?). *Int J Med Sci.* 2013;10(6): 747-750.

237. Gattinoni L., Carlesso E., Maiocchi G., *et al.* Dilutional acidosis: where do the protons come from? *Intensive Care Med.* 2009;35(12):2033-43.

238. Leth PM., Gregersen M. Ethylene glycol poisoning. *Forensic Sci Int.* 2005; 155: 179-84.

239. Watson WA., Litovitz TL., Klein-Schwartz W., *et al.* 2003 annual report of the American Association of Poison Control Centers Toxic Exposure Surveillance System. *Am J Emerg Med.* 2004;22(5):335-404.

240. Kraut JA., Kurtz I. Toxic alcohol ingestions: clinical features, diagnosis, and management. *Clin J Am Soc Nephrol.* 2008;3(1):208-25.

241. Brent J. Fomepizole for ethylene glycol and methanol poisoning. *N Engl J Med.* 2009;360(21):2216-23.

242. Kruse JA. Methanol poisoning. *Intensive Care Med.* 1992;18(7):391-7.

243. Brent J. Current management of ethylene glycol poisoning. *Drugs*. 2001;61(7):979-88.

244. Litovitz TL., Klein-Schwartz W., White S., *et al.* 2000 Annual report of the American Association of Poison Control Centers Toxic Exposure Surveillance System. *Am J Emerg Med.* 2001;19(5):337-95.

245. Karlson-Stiber C., Persson H. Ethylene glycol poisoning: experiences from an epidemic in Sweden. *J Toxicol Clin Toxicol.* 1992;30(4):565-74.

246. Porter WH., Rutter PW., Bush BA., *et al.* Ethylene glycol toxicity: the role of serum glycolic acid in hemodialysis. *J Toxicol Clin Toxicol.* 2001;39(6):607-15.

247. Gabow PA., Clay K., Sullivan JB., *et al.* Organic acids in ethylene glycol intoxication. *Ann Intern Med.* 1986;105(1):16-20.

248. Eder AF., McGrath CM., Dowdy YG., *et al.* Ethylene glycol poisoning: toxicokinetic and analytical factors affecting laboratory diagnosis. *Clin Chem.* 1998;44(1):168-77.

249. Sepúlveda RA., Selamé E., Roessler E., *et al.* Intoxicación por etilenglicol, fisiopatología y enfrentamiento clínico. *Rev Med Chil.* 2019;147(12):1572-1578.

250. Spillane L., Roberts JR., Meyer AE. Multiple cranial nerve deficits after ethylene glycol poisoning. *Ann Emerg Med.* 1991;20(2):208-10.

251. Jacobsen D., Akesson I., Shefter E. Urinary calcium oxalate monohydrate crystals in ethylene glycol poisoning. *Scand J Clin Lab* Invest. 1982;42(3):231-4.

252. Meng QH., Adeli K., Zello GA., *et al.* Elevated lactate in ethylene glycol poisoning: True or false? *Clin Chim Acta.* 2010;411(7-8):601-4.

253. Schep LJ., Slaughter RJ., Temple WA., *et al.* Diethylene glycol poisoning. *Clin Toxicol (Phila)*. 2009;47(6):525-35.

254. Rietjens SJ., de Lange DW., Meulenbelt J. Ethylene glycol or methanol intoxication: which antidote should be used, fomepizole or ethanol? *Neth J Med.* 2014;72(2):73-9.

255. Lim TY., Poole RL., Pageler NM. Propylene glycol toxicity in children. *J Pediatr Pharmacol Ther.* 2014;19(4):277-282.

256. Slaughter RJ., Mason RW., Beasley DM., *et al.* Isopropanol poisoning. *Clin Toxicol (Phila)*. 2014 Jun;52(5):470-8.

257. McGuire LC., Cruickshank AM., Munro PT. Alcoholic ketoacidosis. *Emerg Med J.* 2006;23(6):417-20.

258. Hoffman RS., Burns MM., Gosselin S. Ingestion of caustic substances. *N Engl J Med.* 2020;382(18):1739-1748.

259. Ruiz M., Santana C. Enfoque práctico para el diagnóstico de los errores congénitos del metabolismo. *Acta Pediátrica Español.* 1998;56(1):39-52.

260. Kraut JA., Kurtz I. Controversies in the treatment of acute metabolic acidosis. *NephSAP*. 2006;5:1-9.

261. Forsythe SM., Schmidt GA. Sodium bicarbonate for the treatment of lactic acidosis. *Chest*. 2000;117(1):260-7.

262. Cooper DJ., Walley KR., Wiggs BR., *et al.* Bicarbonate does not improve hemodynamics in critically ill patients who have lactic acidosis. A prospective, controlled clinical study. *Ann Intern Med.* 1990;112(7):492-8.

263. Patel MP., Ahmed A., Gunapalan T., *et al.* Use of sodium bicarbonate and blood gas monitoring in diabetic ketoacidosis: A review. *World J Diabetes* 2018;9(11):199-205.

264. Sabatini S., Kurtzman NA. Bicarbonate therapy in severe metabolic acidosis. *J Am Soc Nephrol.* 2009;20(4):692-5.

265. Jaber S., Paugam C., Futier E., *et al.* Sodium bicarbonate therapy for patients with severe metabolic acidaemia in the intensive care unit (BICAR-ICU): a multicentre, open-label, randomised controlled, phase 3 trial. *Lancet* 2018;392(10141):31-40.

266. Glaser N., Barnett P., McCaslin I., *et al.* The Pediatric Emergency Medicine Collaborative Research Committee of the American Academy of Pediatrics. *N Engl J Med.* 2001;344(4):264-9.

267. Fernández PC., Cohen RM., Feldman GM. The concept of bicarbonate distribution space: the crucial role of body buffers. *Kidney Int.* 1989;36(5):747-52.

268. Adrogué HJ., Madias NE. Hyponatremia. *N Engl J Med.* 2000;342(21):1581-9.

269. Nahas GG., Sutin KM., Fermon C., *et al.* Guidelines for the treatment of acidaemia with THAM. *Drugs*. 1998;55(2):191-224.

270. Bleul U., Bachofner C., Stocker H., *et al.* Comparison of sodium bicarbonate and carbicarb for the treatment of metabolic acidosis in newborn calves. *Vet Rec.* 2005;156(7):202-6.

271. Zhou FQ. Pyruvate in the correction of intracellular acidosis: a metabolic basis as a novel superior buffer. *Am J Nephrol.* 2005;25(1):55-63.

272. Klaerner G., Shao J., Biyani K., *et al.* Mechanism of action of veverimer: a novel, orally administered, nonabsorbed, counterion-free, hydrochloric acid binder under development for the treatment of metabolic acidosis in chronic kidney disease. *J Pharmacol Exp Ther.* 2020;375(3):439-450.

273. Aronson PS., Giebisch G. Effects of pH on potassium: new explanations for old observations. *J Am Soc Nephrol.* 2011;22(11):1981-9.

274. Adrogué HJ., Madias NE. Changes in plasma potassium concentration during acute acid-base disturbances. *Am J Med.* 1981;71(3):456-67.

275. Alexander RT., Cordat E., Chambrey R., *et al.* Acidosis and urinary calcium excretion: insights from genetic disorders. *J Am Soc Nephrol.* 2016;27(12):3511-3520.

276. Nijenhuis T., Renkema KY., Hoenderop JG., *et al.* Acid-base status determines the renal expression of Ca2+ and Mg2+ transport proteins. *J Am Soc Nephrol.* 2006;17(3):617-26.

277. Riccardi D., Valenti G. Localization and function of the renal calcium-sensing receptor. *Nat Rev Nephrol.* 2016;12(7):414-25.

278. Ambühl PM., Zajicek HK., Wang H., *et al.* Regulation of renal phosphate transport by acute and chronic metabolic acidosis in the rat. *Kidney Int.* 1998;53(5):1288-98.

279. Nowik M., Picard N., Stange G., *et al.* Renal phosphaturia during metabolic acidosis revisited: molecular mechanisms for decreased renal phosphate reabsorption. *Pflugers Arch.* 2008;457(2):539-49.

280. Krapf R., Vetsch R., Vetsch W., *et al.* Chronic metabolic acidosis increases the serum concentration of 1,25-dihydroxyvitamin D in humans by stimulating its production rate. Critical role of acidosis-induced renal hypophosphatemia. *J Clin Invest.* 1992;90(6):2456-63.

281. Virkki LV., Biber J., Murer H., *et al.* Phosphate transporters: a tale of two solute carrier families. *Am J Physiol Renal Physiol.* 2007;293(3):F643-54.

282. Lee SW., Russell J., Avioli LV. 25-hydroxycholecalciferol to 1,25-dihydroxycholecalciferol: conversion impaired by systemic metabolic acidosis. *Science.* 1977;195(4282):994-6.

283. Kraut JA., Gordon EM., Ransom JC., *et al.* Effect of chronic metabolic acidosis on vitamin D metabolism in humans. *Kidney Int.* 1983;24(5):644-8.

284. Hsu CH., Vanholder R., Patel S., *et al.* Subfractions in uremic plasma ultrafiltrate inhibit calcitriol metabolism. *Kidney Int.* 1991;40(5):868-73.

285. Hulter HN., Peterson JC. Acid-base homeostasis during chronic PTH excess in humans. *Kidney Int.* 1985;28(2):187-92.

286. Souto G., Donapetry C., Calviño J., *et al.* Metabolic acidosis-induced insulin resistance and cardiovascular risk. *Metab Syndr Relat Disord.* 2011;9(4):247-253.

287. Park M., So R., Joo KW., *et al.* Association between lower serum bicarbonate and renal hyperfiltration in the general population with preserved renal function: a cross-sectional study. *BMC Nephrol.* 2016;17:3.

288. So R., Song S., Lee JE., *et al.* The association between renal hyperfiltration and the sources of habitual protein intake and dietary acid load in a general population with preserved renal function: the koges study. *PLoS ONE.* 2016;11(11):e0166495.

289. Kellum JA., Song M., Li J. Science review: Extracellular acidosis and the immune response: clinical and physiologic implications. *Critical Care*. 2004;8(5):331-336.

290. Vervaet BA., Verhulst A., D'Haese PC., *et al.* Nephrocalcinosis: new insights into mechanisms and consequences. Nephrol Dial Transplant. 2009;24(7):2030-5.

291. Wiederkehr M., Krapf R. Metabolic and endocrine effects of metabolic acidosis in humans. *Swiss Med Wkly*. 2001;131(9-10):127-32.

292. Sicuro A., Mahlbacher K., Hulter HN., *et al.* Effect of growth hormone on renal and systemic acid-base homeostasis in humans. *Am J Physiol.* 1998;274(4 Pt 2):F650-7.

293. Mak RH. Insulin and its role in chronic kidney disease. *Pediatr Nephrol*. 2008;23(3):355-62.

294. Teta D., Bevington A., Brown J., *et al.* Acidosis downregulates leptin production from cultured adipocytes through a glucose transport-dependent post-transcriptional mechanism. *J Am Soc Nephrol*. 2003;14(9):2248-54.

295. Boron WF., Boulpaep EL. (2017). *Fisiología médica*. 3° edición. Elsevier.

296. Kleger GR., Turgay M., Imoberdorf R., *et al.* Acute metabolic acidosis decreases muscle protein synthesis but not albumin synthesis in humans. *Am J Kidney Dis*. 2001;38(6):1199-207.

297. Ballmer PE., McNurlan MA., Hulter HN., *et al.* Chronic metabolic acidosis decreases albumin synthesis and induces negative nitrogen balance in humans. *J Clin Invest*. 1995;95(1):39-45.

298. Mitch WE., Medina R., Grieber S., *et al.* Metabolic acidosis stimulates muscle protein degradation by activating the adenosine triphosphate-dependent pathway involving ubiquitin and proteasomes. *J Clin Invest*. 1994;93(5):2127-33.

299. Konstantinides FN. Nitrogen balance studies in clinical nutrition. *Nutr Clin Pract*. 1992;7(5):231-8.

300. McSherry E., Morris RC Jr. Attainment and maintenance of normal stature with alkali therapy in infants and children with classic renal tubular acidosis. *J Clin Invest*. 1978;61(2):509-27.

301. Winters RW. (1973). *The body fluids in pediatrics*. Little, Brown and Company.

302. Astrup A. A simple electrometric technique for the determination of carbon dioxide tension in blood and plasma, total content of carbon dioxide in plasma, and bicarbonate content in separated plasma at a fixed carbon dioxide tension (40 mm Hg). *Scand J Clin Lab Invest*. 1956;8(1):33-43.

303. Jorgensen K., Astrup P. Standard bicarbonate, its clinical significance, and a new method for its determination. *Scand J Clin Lab Invest*. 1957;9(2):122-32.

304. Schwartz WB., Relman AS. A critique of the parameters used in the evaluation of acid-base disorders. "Whole-blood buffer base" and "standard bicarbonate" compared with blood pH and plasma bicarbonate concentration. *N Engl J Med*. 1963;268:1382-8.

305. Payne JP., Conway CM. Standard bicarbonate values of whole blood. *Nature*. 1962;194:480.

306. Andersen OS., Engel K., Jorgensen K., *et al.* A micro method for determination of pH, carbon dioxide tension, base excess and standard bicarbonate in capillary blood. *Scand J Clin Lab Invest*. 1960;12:172-6.

307. Mohammadhoseini E., Safavi E., Seifi S., *et al.* Effect of sample storage temperature and time delay on blood gases, bicarbonate and ph in human arterial blood samples. *Iran Red Crescent Med J*. 2015;17(3):e13577.

308. Astrup P., Jorgensen K., Andersen OS., *et al.* The acid-base metabolism. A new approach. Lancet. 1960;1(7133):1035-9.

309. Severinghaus JM. Siggaard-Andersen and the "Great Trans-Atlantic Acid-Base Debate". *Scand J Clin Lab Invest Suppl*. 1993;214:99-104.

310. Andersen OS. An acid-base chart for arterial blood with normal and pathophysiological reference areas. *Scand J Clin Lab Invest*. 1971;27(3):239-45.

311. Andersen OS. The van Slyke equation. *Scand J Clin Lab Invest Suppl*. 1977;146:15-20.

312. Corey HE. Stewart and beyond: new models of acid-base balance. *Kidney Int*. 2003;64(3):777-87.

313. Berend K. Diagnostic use of base excess in acid-base disorders. *N Engl J Med*. 2018;378(15):1419-1428.

314. Stewart PA. Independent and dependent variables of acid-base control. *Resp Physiol*. 1978;33:9-26.

315. Kellum JA., Elbers PWG. (Editores). (2009). *Stewart`s textbook of acid-base*. 2° edition. Lulu.com.

316. Andersen OS, Andersen NF. Base excess or buffer base (strong ion difference) as measure of a non-respiratory acid-base disturbance. *Acta Anaesthesiol Scand Suppl*. 1995;107:123-8.

317. Morgan TJ. The meaning of acid-base abnormalities in the intensive care unit: part III -- effects of fluid administration. *Crit Care*. 2005;9(2):204-11.

318. Carrillo R., Carrillo JR., Carrillo LD. Abordaje del equilibrio ácido-base de acuerdo al modelo fisicoquímico de Stewart. *Medigraphic Artemisa*. 2007;14(2):56-63.

319. Huttmann SE., Windisch W., Storre JH. Techniques for the measurement and monitoring of carbon dioxide in the blood. *Ann Am Thorac Soc*. 2014;11(4):645-52.

320. Henderson LJ. Concerning the relationship between the strength of acids and their capacity to preserve neutrality. *American Journal of Physiology*. 1908;21(2):173-179.

321. van Slyke DD., Cullen GE. Studies of acidosis: I. The bicarbonate concentration of the blood plasma; its significance, and tis determination as a measure of acidosis. *Journal of Biological Chemistry*. 1917;30(2):289-346.

322. van Slyke DD. Studies of acidosis: XVII. The normal and abnormal variations in the acid-base balance of the blood. *Journal of Biological Chemistry*. 1922;48(1):153-176.

323. van Slyke DD. Studies of acidosis: XVIII. Determination of the bicarbonate concentration of the blood and plasma. *Journal of Biological Chemistry*. 1922;52(2):495-499.

324. Sendroy J., Seelig S., Van Slyke DD. Studies of acidosis: XXIII. The carbon dioxide tension and acid-balance of human urine. *Journal of Biological Chemistry*. 1934;106(2):479-500.

325. Hastings AB., Salvesen HA., Sendroy J., *et al.* Studies of gas and electrolyte equilibria in the blood: IX. The distribution electrolytes between transudates and serum. *J Gen Physiol.* 1927;8(6):701-11.

326. National Academy of Sciences. (1976). Hastings AB. Donald Dexter Van Slyke: a biographical memoir. En: Biographical memoirs: Volume 48. The National Academies Press.

327. Schlichtig R., Grogono AW., Severinghaus JW. Human PaCO2 and standard base excess compensation for acid-base imbalance. *Crit Care Med.* 1998;26(7):1173-9.

328. Edsall JT. Reviewed work: the history of blood gases, acids and bases by poul astrup, john severinghaus. *Journal of the History of Biology*. 1987;20(2):281-283.

329. Oh MS., Carroll HJ. The anion gap. *N Engl J Med.* 1977;297(15):814-7.

330. Goldstein MB., Bear R., Richardson RM., *et al.* The urine anion gap: a clinically useful index of ammonium excretion. *Am J Med Sci.* 1986;292(4):198-20.

331. Adrogué HJ., Wilson H., Boyd AE 3rd, *et al.* Plasma acid-base patterns in diabetic ketoacidosis. *N Engl J Med.* 1982;307(26):1603-10.

332. Morgan TJ. The Stewart approach--one clinician's perspective. *Clin Biochem Rev.* 2009;30(2):41-54.

333. Masevicius FD., Dubin A. Has Stewart approach improved our ability to diagnose acid-base disorders in critically ill patients? *World J Crit Care Med.* 2015;4(1):62-70.

334. Kurtz I., Kraut J., Ornekian V., *et al.* Acid-base analysis: a critique of the Stewart and bicarbonate-centered approaches. *Am J Physiol Renal Physiol.* 2008;294:F1009-F1031.

335. Dubin A., Menises MM., Masevicius FD., *et al.* Comparision of three different methods of evaluation of metabolic acid-base disorders. *Crit Care Med.* 2007;35:1264-1270.

336. Fencl V., Jabor A., Kazda A., *et al.* Diagnosis of metabolic acid-base disturbances in critically ill patients. *Am J Respir Crit Care Med.* 2000;162(6):2246-51.

www.ingramcontent.com/pod-product-compliance
Lightning Source LLC
LaVergne TN
LVHW082236051026
849532LV00012B/3997
* 9 7 8 9 5 6 1 4 3 2 3 0 7 *